Michael Marten

Flugfunk

Kommunikation und Navigation in der Luftfahrt

Grundlagen, Technik, Funkverkehr, Frequenzlisten

Siebel Verlag

Die Deutsche Bibliothek – CIP Einheitsaufnahme

Marten, Michael:
Flugfunk – Kommunikation und Navigation in der Luftfahrt - Grundlagen, Technik, Funkverkehr, Frequenzlisten / Michael Marten
Meckenheim: Siebel, 2000
ISBN 3-89632-029-7

ISBN 3-89632-029-7

Ausgabe 2000

Satz und Gestaltung: Michael Marten

Druck: betz-Druck GmbH, Darmstadt-Arheilgen

Inhalt

Wichtiger Hinweis

Seit dem Jahr 1992 gelten in Deutschland für Funkempfänger neue gesetzliche Bestimmungen. Praktisch gibt es jetzt keine Beschränkungen mehr, welche Frequenzbereiche ein Funkempfänger oder Scanner bieten darf, vorausgesetzt, das Gerät verfügt über mindestens einen Rundfunkbereich und entspricht zudem den technischen Vorschriften. Die Einhaltung der technischen Vorschriften erkennt man am CE-Zeichen für Inverkehrbringung nach europäischer Norm.

Die Freigabe von Funkempfängern für Jedermann, mit denen auch der nationale und internationale Flugfunkverkehr abgehört werden kann, ist aber nicht zu verwechseln mit der Erlaubnis, nun damit auch alles empfangen zu dürfen, was rein technisch möglich ist. Allgemein genehmigt ist nur der Empfang von Rundfunksendungen und der Amateurfunkempfang.

Der Empfang anderer Funkdienste war bisher mit den Ausnahmen Wetterfunk sowie Zeitzeichen- und Normalfrequenzfunk ausschließlich den dazu besonders befugten Personen mit dafür zugelassenen Geräten gestattet. Wer im Besitz des offiziellen Luftfahrtsprechfunkzeugnisses AZF ist, hat damit noch nicht die Berechtigung erworben, den Flugfunkverkehr mit einem Scanner abzuhören.

Wer nicht berechtigt ist und unbeabsichtigt Aussendungen des Flugfunkdienstes in Deutschland abhört, darf nach den derzeit geltenden Gesetzen die Informationen über Inhalt und Umstände der Sendung nicht an Dritte weitergeben. Wer unberechtigt den Flugfunkverkehr abhört, macht sich möglicherweise strafbar und kann mit Geld- oder Gefängnisstrafe bestraft werden.

Alle Angaben in diesem Buch wurden gründlich recherchiert und geben den derzeitigen Stand bei Redaktionsschluß dieser Buchauflage wieder. Da auch die Frequenzzuweisungen im beweglichen Flugfunkdienst ständigen Änderungen unterliegen, kann keine Gewähr für die Richtigkeit der Angaben gegeben werden. Bitte greifen Sie bei der realen Flugvorbereitung auf die amtlichen Publikationen der Deutschen Flugsicherung GmbH oder einem anderen autorisierten Anbieter wie zum Beispiel Jeppesen zurück. Nur diese Unterlagen bieten die Gewähr für ständig aktualisierte und von den Flugsicherungsstellen verifizierte Angaben für eine sichere Flugdurchführung.

Einführung

Als Otto Lilienthal - der fliegende Mensch, so seine Berliner Zeitgenossen - vor über 100 Jahren seine ersten Flugversuche auf den Hügeln zwischen Berlin und Potsdam machte, war an Flugfunk noch lange nicht zu denken. Die Kommunikation zwischen dem Flugpionier, dem Verrückten vom Fliegerberg, wie ihn eine Zeitung damals nannte - und den am Boden stehenden Begleitern und Schaulustigen geschah während der Gleitflüge am Hang mit dem Segler aus Weidenholzgerippe durch lautes Zurufen.
Auch nach der Jahrhundertwende, in der Frühzeit der kommerziellen und militärischen Fliegerei, waren Funkgespräche und Funknavigation technisch nicht möglich, weil auch die Funktechnik ebenso wie die Fliegerei noch in den Kinderschuhen steckte. In niedriger Flughöhe orientierten sich die Pilot an markanten Geländepunkten wie Kirchtürmen, Straßen und anderen, weithin sichtbaren Bauwerken. Auf den Dächern von Bahnhöfen und größeren Gebäuden waren die jeweiligen Ortsnamen mit großen Buchstaben aufgepinselt. Ein Vergleich zwischen dem Ortsnamen und der Landkarte auf dem Kniebrett des Piloten reichte zur Orientierung aus. Schwierig wurde diese Art von Navigation allerdings bei Dunkelheit, Gewitter, Nebel oder tiefhängenden Wolken.
Erst in den 20er Jahren, als die zurücklegbaren Distanzen größer wurden und das Verkehrsaufkommen wuchs, zogen die Funker in die Flugmaschinen ein. Mit großen und schweren Röhrensendern übermittelten sie ihre Nachrichten im Morsecode an die Bodenfunkstellen und empfingen von dort Peilanweisungen und Wetterberichte. Wegen der verwendeten Frequenzen im Langwellenbereich mußte beim Absetzen eines Funkspruchs immer eine zwischen 50 und 100 Meter lange Schleppantenne aus dem Heck des Flugzeuges herausgekurbelt werden. Das war zwar effektiv, aber auch umständlich und gefährlich, wenn etwa vor der Landung vergessen wurde, die lange Drahtantenne wieder einzuholen.
Von Funknavigation war im Mai 1926 noch keine Rede, als die Luft Hansa mit einer dreimotorigen Junkers G-24 zum ersten Passagiernachtflug von Berlin-Tempelhof über Danzig nach Königsberg startete. Das Ereignis war um so sensationeller, da der Nachtflug in den Pionierjahren der Fliegerei grundsätzlich nach Sicht durchgeführt wurde. Von Standortpeilungen, wie sie auf Schiffen durchgeführt wurden einmal abgesehen, gab es noch kein Funknavigationssystem. Deshalb mußte die rund 650 Kilometer lange Strecke mit einer durchgehenden Lichterkette markiert werden.
Diese Navigationsfeuer waren im Abstand von 30 Kilometer entlang des Kurses aufgestellt und bestanden aus starken Scheinwerfern. Zwischen den 22 Markierungslichtern, in deren Nähe sich behelfsmäßig ausgeleuchtete Notlandepisten befanden, waren im Abstand von fünf Kilometern orangefarbige Neon-Baken aufgestellt.

Erst 1931 wurde in Deutschland das sogenannte ZZ-Verfahren für Landungen bei schlechter Sicht eingesetzt. Dieses frühe Funknavigations- und Instrumentenlandeverfahren bestand aus Peilfunk, Morsetelegrafie und menschlichem Hörvermögen. Die Morsezeichen ZZ, die dem Verfahren ihren Namen gaben, standen für die Aufforderung des Landeplatzes an den Flugzeugführer, „Durch die Wolken stoßen - kurzer Endteil zur Landung".
Der Autor Hans Schueler beschreibt in einem Aufsatz über die Pionierleistungen der Lufthansa im Jahrbuch 1991der Fluggesellschaft das erste funkunterstützte Landeverfahren so: Der Flugleiter, heute würde man sagen der Tower-Lotse, stand auf dem Platz vor der Funkpeilstation. In der Station saß der Funkleiter am Tastfunkgerät und übermittelte dem Bordfunker Kursanweisungen, mit denen die Maschine an den Platz herangeführt wurde. Für die Anflugrichtung mußte lediglich Hindernisfreiheit gewährleistet sein; feste Landebahnen gab es nicht.
Um es anschaulich zu machen: Wind aus Westen, Wolkenuntergrenze 60 Meter, Bodensicht am Platz 400 Meter. Das Flugzeug wird nach Aufnahme des Funkkontaktes so herangepeilt, daß es sich dem Platz mit Rückenwind nähert und im Anflug auf etwa 500 Meter über Grund sinkt. Beim Überflug erhält der Pilot über Funk die Meldung Platz. Er setzt seine Stoppuhr in Gang und fliegt auf der vorher festgelegten Grundlinie genau sieben Minuten lang weiter. Nach Ablauf der Frist fliegt er eine Kehrtkurve um 180 Grad und steuert den Platz zur Landung an. Während des Endanfluges erhält er jede Minute eine Richtungspeilung, die ihm etwa notwendige Kurskorrekturen ermöglicht. Sobald der Flugleiter das Motorengeräusch der Maschine hört, läßt der die Buchstabengruppe MO funken. Zu diesem Zeitpunkt hat der Bordfunker in der Regel schon sieben Kurspeilungen empfangen. Das Flugzeug befindet sich jetzt rund zwei Kilometer vor der Platzbegrenzung im Sinkflug, Mindesthöhe inzwischen 100 Meter über Platz. Nun, wiederum ungefähr in Hörweite folgt das Abschlußzeichen ZZ. Der Flugzeugführer zieht den Gashebel sachte auf Leerlauf zurück, hebt die Nase leicht an und schwebt mit der geringstmöglichen, sicheren Geschwindigkeit auf die Graspiste zu.
Das Instrumentenlandesystem ILS, das mittlerweile auf allen mittleren und großen Landeplätzen installiert ist und selbst bei „Sicht Null", Flieger sprechen von CAT IIIc, eine sichere Landung ermöglicht, wurde erst nach dem Zweiten Weltkrieg eingeführt.
Heute fliegen Großraumflugzeuge mit 70 Meter Spannweite, einem maximalen Startgewicht von 400 Tonnen und mit bis zu 500 Passagieren an Bord über Distanzen von mehr als 14000 Kilometer. Ohne Zwischenlandung bleiben die Langstreckenflugzeuge zwölf und mehr Stunden in der Luft. An Bord haben sie die verschiedensten Funkanlagen, vom Langwellenempfänger über Kurzwellensprechfunkgerät, UKW-Sendeempfänger bis hin zu Mikrowellenempfänger für Präzisionslandeanflüge und Satelliten- navigationsempfangsanlagen. Die ganze Elektronik mit ihren Sendern, Empfängern, Verstär-

kern und Antennen - der Fachbegriff dafür heißt Avionik - summiert sich bei einem Großraumflugzeug vom Typ Boeing 747-400 zu einem Gewicht, das dem des Nachtflugzeuges Ju G-24 von 1926 entspricht. Etwa 30 Prozent der Herstellungskosten für einen Jumbo entfallen auf die elektronische Ausrüstung. Je nach Ausstattung eine Summe zwischen 30 und 60 Millionen US-Dollar.

Längst sind die Gehäuse der Sender und Empfänger aus dem Blickfeld der Piloten verschwunden. Im Cockpit, zwei Stockwerke über dem vollklimatisierten Elektronikraum, von dem aus sich viele Kilometer Kabel in alle Teile des Flugzeuges verzweigen, findet man nur noch die Bediengeräte sowie Lautsprecher, Kopfhörer, Mikrofon und Sprechtaste. Die neueste Generation der Kommunikationsgeräte besteht aus einem Bedienteil von der Größe eines gewöhnlichen Autoradios, über das alle Komponenten fernbedient werden.

In jeder Sekunde sind Hunderte von Passagierflugzeugen weltweit in der Luft. Von der Cityverbindung zwischen Frankfurt und München über transkontinentale Nonstop-Flüge von Europa nach Südamerika oder Fernost, vom Versorgungsflug zu einer Forschungsstation in der Antarktis bis zum Island-Hopper zwischen den Inseln im Pazifik, herrscht ein reger Verkehrsfluß in der Luft. Hinzu kommen täglich einige tausend militärische Flüge und ebenso viele Starts und Landungen von Privatflugzeugen.

Damit dieser von Jahr zu Jahr anwachsende Verkehrsfluß, der sich in einer nur zwölf Kilometer breiten Zone zwischen Himmel und Erde abspielt, in geordneten und sicheren Bahnen vollzieht, müssen die Flugbewegungen vom Boden aus kontrolliert und koordiniert werden.

Jedes Verkehrsflugzeug im Liniendienst fliegt nach einem festgelegten Flugplan, dem sogenannten Slot, der nicht nur die Start- und Landezeiten sondern auch die Überflugzeiten über bestimmten Punkten entlang der Strecke festlegt. Nur so ist ein Einfädeln von den Abflugstrecken der Flughäfen in die Luftstraßen möglich. Diese Luftstraßen überziehen die Kontinente wie ein Spinnennetz. Nach Flughöhen gestaffelt bewegen sich die Flugzeuge auf diesen Autobahnen der Lüfte wie an einer Perlenkette aufgereiht. Aufgabe der Fluglotsen ist es, dafür zu sorgen, daß zwischen den einzelnen Luftfahrzeugen ein Sicherheitsabstand eingehalten wird und daß es an den Kreuzungen von Luftstraßen oder beim Einfädeln in eine solche Airway nicht zu Zusammenstößen kommt.

Um diese Sicherheit zu gewährleisten, müssen die Lotsen ständig über den Standort der Flugzeuge in dem von ihnen kontrollierten Gebiete informiert sein. In dicht besiedelten Regionen wie Europa oder Nordamerika geschieht dies mit einer lückenlosen Radarüberwachung und Computer. Über den Meeren und weniger besiedelten Kontinenten wie Afrika oder Südamerika informieren die Piloten die Lotsen mit ständigen Positionsmeldungen.

Ohne eine Sprechverbindung zwischen Bord und Boden wäre dies nicht möglich. Nicht jeder Flug kann exakt nach Flugplan durchgeführt werden.

Verspätungen beim Start haben Auswirkungen auf den gesamten Verkehrsfluß in der Luft innerhalb einer Region. Bei schlechtem Wetter müssen vorgesehene Luftstraßen verlassen und Ausweichkurse geflogen werden.
Mit geringem technischen Aufwand kann jeder Ohrenzeuge dieser Vorgänge werden. Bereits einfache Überwachungsempfänger (Scanner) gestatten im VHF-Flugfunkband einen Einblick in den Ablauf der Flugbewegungen in der Nähe eines Verkehrsflughafens oder im regionalen Luftraum. Mit Kurzwellenempfängern ist sogar die weltweite Beobachtung der Flugbewegungen zwischen den Kontinenten und über weit entfernten Gebieten möglich.
Die Internationale Zivilluftfahrtbehörde ICAO hat für die Durchführung des Sprechfunks weltweit die Sprachen Englisch, Französisch, Spanisch, Portugiesisch, Chinesisch und Arabisch zugelassen. Die Sprache der Piloten ist jedoch in weiten Teilen der Welt Englisch. Die geflügelten Worte haben jedoch nur wenig mit dem Englisch zu tun, das man in der Schule lernt.
Zwischen Himmel und Erde hat sich eine völlig neue Mundart entwickelt, das Fliegerenglisch. Der Wortschatz ist sehr klein und ganze Sätze werden nach immer wiederkehrenden festen Redewendungen formuliert. Weil Funkverbindungen zwischen Flugzeugen und Bodenstationen vor allem auf Kurzwelle häufig von atmosphärischen Störungen oder anderen Signalen zerhackt werden, die Sicherheit in der Luft aber keine Mißverständnisse zuläßt, hat die ICAO, eine Unterorganisation der Vereinten Nationen, jeden Dialog, der weltweit im Flugsprechfunk übermittelt wird, Wort für Wort festgelegt. Dazu gehört auch, daß jede Anweisung und Mitteilung von der Gegenstation wörtlich wiederholt wird, readback wird dieser Vorgang in der Fachsprache genannt. Ein einfaches roger oder o.k. wird man als Bestätigung für eine empfangene Mitteilung deshalb im Flugfunk nicht hören.
Zum Flugfunk gehört neben dem Sprechfunkverkehr zwischen Piloten und Lotsen auch der Navigationsfunk mit unterschiedlichen Systemen und der Wetter- und der Betriebsfunk der Fluggesellschaften.
Der technische Aufwand zum Abhören des nationalen und internationalen Flugfunks ist sehr gering. Mit handelsüblichen Geräten zu günstigen Preisen kann man Funkgespräche und Wetterberichte aus vielen tausend Kilometer Entfernung mithören. Allerdings gibt es eine kleine Einschränkung: Zwar ist der Besitz von Handscannern und Spezialfunkempfängern inzwischen in Deutschland erlaubt, der Flugfunk selbst gilt, mit Ausnahme des Flugwetterfunks, als nichtöffentlicher beweglicher Funkdienst. In Deutschland ist daher nach derzeitig gültiger Rechtslage das Abhören der Gespräche zwischen Piloten und Fluglotsen verboten. Jenseits der Grenze herrschen andere oder gar keine Gesetze, die dies regeln oder einschränken.

Geschichte der Flugfunktechnik

1910 bis 1920

Der Ursprung des Flugfunkverkehrs läßt sich nach Ansicht von Historikern auf das Jahr 1910 zurückdatieren, als die ersten Luftschiffe des Grafen Zeppelin mit einer Anlage zum Empfang von drahtlosen telegraphischen Nachrichten ausgerüstet wurden. Bereits 1906 war der erste Kristalldetektorempfänger für den Hörempfang von Telefunken eingeführt worden. Mit einer feinen Kristallspitze mußte man dabei auf der Oberfläche eines Silizium-Kristalls eine geeignete Stelle finden. Mit diesem primitiven Empfänger konnten die Signale von Löschfunkensendern über eine größere Entfernung aufgenommen werden.

Eine ähnliche Anlage wurde 1911 in einen Freiballon eingebaut. Dabei konnten die Morsezeichen aus der Luft aus über 50 Kilometer Entfernung empfangen werden. Ein Jahr später experimentierte man mit einer solchen Anlage von Bord eines Flugzeuges aus. Das erste Flugzeug in Deutschland, das mit einer Bordfunkanlage flog, war ein Aufklärungsdoppeldecker vom Typ Albatros C1. Nach dem Absturz des Versuchsflugzeugs wurden die Experimente mit der Drahtlostelegraphie zunächst eingestellt.

Ein Bild aus den dreißiger Jahren: Der Bordfunker als Kontaktmann zur Bodenfunkstelle bei Peilungen hatte seinen Arbeitsplatz vorne in der Kabine.

Der erste Flugsicherheitsdienst war ein Flugwetterdienst, der 1911 vom Aeronautischen Institut Lindenberg zusammengestellt und ausgestrahlt wurde. Das Institut sammelte täglich von 500 Telegraphenstationen Standortwettermeldungen ein und verbreitete diese über einen 3500 Watt starken Löschfunkensender.
Obwohl das Militär kein weiteres Interesse an dem neuen Kommunikationsmedium zeigte, experimentierten die Firmen Telefunken, Lorenz und Huth weiter. Man arbeitete mit batteriebetriebenen Funkeninduktor-Sendern und Kristaldetektorempfängern. Die Sender hatten Ausgangsleistungen zwischen 40 und 100 Watt, die Empfänger arbeiteten im Frequenzbereich 120 bis 2000 Kilohertz. Wegen der starken Vibrationen im Flugzeug war die Abstimmung der feinen Kristallspitze im Detektorempfänger äußerst schwierig. Eine Verbesserung der Justierung wurde erst mit der Einführung sogenannter Karborund-Detektoren erreicht.
Eine Funktelegraphieanlage um 1912 wog rund 50 Kilogramm, die überbrückbaren Reichweiten lagen zwischen 50 und 75 Kilometer. Als Antenne diente ein Draht, der während des Fluges abgerollt wurde. Neben diesen Schleppantennen erprobte man auch einen etwa sechs Meter hohen Antennenmast, der auf der Rumpfoberseite des Flugzeuges angebracht war. Der Mast beeinträchtigte allerdings die Flugeigenschaften so sehr, daß man diese Antennenart wieder abmontierte.
Der erste Boden-Bord-Boden-Funkverkehr wurde während des Ersten Weltkrieges von deutschen Truppen 1915 an der Ostfront mit einem 125 Watt starken Sender zwischen einem Albatros-Doppeldecker und einer Kanonenbatterie durchgeführt. Der Beobachter im Flugzeug übermittelte dem Funker am Boden den Standort einer russischen Batteriestellung. Anhand der vom Flugzeug übermittelten Einschlagstellen der deutschen Granaten konnte die Zieleinstellung so geändert und verbessert werden, bis die gegnerische Stellung zerstört wurde.
Im Juni 1916 wurde die erste deutsche Fliegerfunkertruppe gegründet, die über 320 Bodenstationen und 520 Flugzeugfunkstellen verfügte. Der Mittelwellenfrequenzbereich wurde für die verschiedenen Flugzeugarten aufgeteilt. Die sogenannten Riesenflugzeuge, deren Bordsender bis zu 500 Watt Ausgangsleistung hatten, sendeten im Frequenzbereich von 188 bis 1000 kHz, Großflugzeugen war der Bereich 250 bis 1000 kHz, gepanzerten Aufklärern 600 bis 2000 kHz und Kampfmaschinen 1000 bis 2000 kHz zugewiesen.

1920 bis 1930

Die im militärischen Bereich gesammelten Erfahrungen kamen zu Beginn der 20er Jahre auch der zivilen Fliegerei zugute. Die ersten Röhren-Funkstationen an Bord der Flugzeuge der Deutschen Luftreederei waren Telefunken-Geräte vom Typ ARS-80. Bis 1925 wurden fast alle Löschfunkensender gegen modernere Röhrensender ausgetauscht. Eine speziell für die Verkehrs-

fliegerei entwickelte Anlage mit 80 Watt Sendeleistung für den Langwellenfrequenzbereich 222 bis 545 kHz stellte Lorenz 1925 vor. Als Bordfunkanlage zog diese Station in die Junkers G-24 ein. Eine elektrisch betriebene Winde zum Ein- und Ausfahren der Schleppantenne war vorhanden. Währen der Empfänger dieser Station vom Typ SRV008V25 batteriebetrieben war, erhielt der Sender seine Energie von einem Windschraubengenerator, der außen am Flugzeugrumpf angebracht war und vom Fahrtwind angetrieben wurde. Der Sender arbeitete in den Modulationsarten unmodulierte Telegrafie, modulierte Telegrafie und Telefonie.
Mit zunehmendem Flugaufkommen wurde eine Koordinierung der Flüge vom Boden aus erforderlich. Die Gründung der ersten Flugsicherungsstelle geht auf das Jahr 1927 zurück, als die Zentralstelle für Flugsicherung - ZFF ins Leben gerufen wurde. Der Streckenfernmeldedienst zwischen den 15 mit Funkstationen ausgestatteten Flugplätzen in Deutschland wurde auf 125 kHz abgewickelt. Die Frequenzen 322 und 333 kHz standen für Funkpeilverfahren und Sprechfunkverkehr zwischen Flugzeug und Boden zur Verfügung. Für den Wetterfunkdienst in Telegrafie waren die Frequenzen 178 kHz und 181 kHz reserviert, das Peilfunkverfahren vom Boden aus wurde auf 345 kHz durchgeführt.

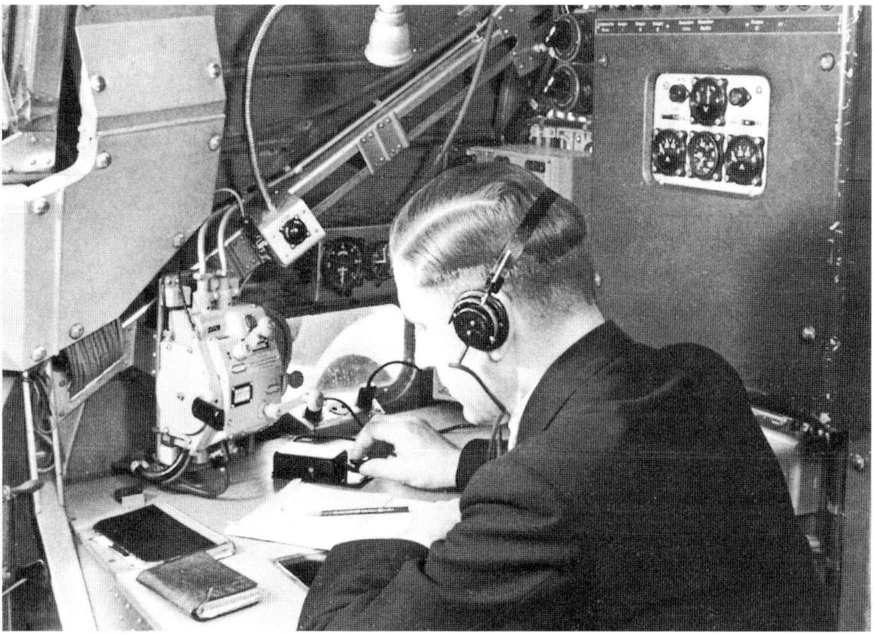

Ein Bordfunker in der Pilotenkanzel einer Junkers Ju 90. Die Morsetaste gehörte zu den wichtigsten Arbeitsutensilien.

Parallel zur kommerziellen Funktechnik auf Lang- und Mittelwelle begannen um 1910 technisch interessierte Laien mit dem Amateurfunk. Die Hobbyfunker arbeiteten ausschließlich mit selbstgebauten Geräten. Mit einer solchen Ausrüstung gelang 1921 die erste private transkontinentale Funkverbindung zwischen Amerika und Europa. In Deutschland vergab die Reichspost 1924 die ersten Amateurfunklizenzen an Clubstationen und Privatpersonen. Zu dieser Zeit hatten die Funkpioniere ein großes Frequenzspektrum für ihre Versuchssendungen zugewiesen bekommen. Da von den Betreibern der kommerziellen Funkstationen Frequenzen oberhalb von 1500 kHz nicht genutzt wurden, weil dieser Bereich als wenig geeignet eingestuft wurde, konnten die Funkamateure den gesamten Kurzwellenbereich von 3000 bis 30000 Kilohertz nutzen. Erst als die Industrie darauf aufmerksam wurde, daß die Hobbyfunker mit sehr kleinen Geräten und geringen Sendeleistungen ebenso große Reichweiten wie die tonnenschweren Löschfunkensender mit ihren kilometerlangen Antennen überbrücken konnten, widmete man sich verstärkt diesem Bereich. Für ihre Pionierarbeit erhielten die Funkamateure wenig Dank. Sie mußten den Kurzwellenbereich mit Ausnahme weniger Amateurfunkbänder, die es heute noch gibt, wieder räumen und für den Weitverkehrsfunk Platz machen.
Die zunächst nur für den Betrieb in Bodenstationen entwickelten kommerziellen Kurzwellenfunkgeräte zogen 1928 in die Zeppeline und die Langstreckenflugzeuge Dornier Wal und Dornier X ein. Dabei wurden 1500 Watt starke Lorenz-Sender verwendet, die aus einem quarzgesteuerten, zweistufigen Sender und einem Einkreis-Empfänger mit vier Röhren bestanden. Sender und Empfänger waren für den Funkbetrieb im Bereich von 2,9 bis 7,5 Megahertz ausgelegt.
Untersuchungen von Telefunken und Lorenz in den Jahren 1928 bis 1930 belegten, daß auch der UKW-Bereich für den Sprechfunkverkehr über kleine Entfernungen brauchbar war. Die Versuchsstationen arbeiteten auf 81 und 100 Megahertz, wurden jedoch im regulären Flugbetrieb nicht eingesetzt.

1930 bis 1940

Nach der stürmischen Entwicklung in den 20er-Jahren wurde zu Beginn der 30er-Jahre die bevorzugte Modulationsart Telefonie wieder zurückgedrängt. Nach 1930 verwendete man auf Kurzwelle verstärkt wieder Telegrafie. Um die Sprechgruppen zu vereinheitlichen und die Funktelegramme zwischen Bord und Boden zu verkürzen, wurde ein internationaler Q-Code verwendet. Bei diesem aus drei Buchstaben bestehenden Schlüssel, der jeweils mit einem Q beginnt. hat jede Gruppe eine festgelegte Bedeutung. Mit QBG gab der Bordfunker der Bodenstation zu verstehen, daß er sich über den Wolken befand, QRV hieß empfangsbereit und mit QSL wurde der Empfang eines Telegramms (QTC) bestätigt. Neben den Q-Gruppen für die Fliegerei wurde für den internationalen Telegrafenverkehr ein aus ebenfalls drei Buchstaben be-

stehender Z-Code entwickelt. Beide Schlüssel werden heute noch beim militärischen Telegrafiefunkverkehr und im Amateurfunk verwendet und haben die gleiche Bedeutung wie vor 70 Jahren.
1938 erhielt Lorenz vom Reichsluftfahrtministerium den Auftrag für die Entwicklung eines UKW-Flugfunkgerätes. Das FuG 17 hatte eine Senderausgangsleistung von 10 Watt und konnte im Frequenzbereich zwischen 42 und 48 Megahertz eingesetzt werden. Die Reichweite der Station war von der Flughöhe abhängig. Aus 10000 Meter Flughöhe konnten in Telefonie und Telegrafie mit bis zu 300 Kilometer entfernten Bodenstationen Informationen ausgetauscht werden. Der große Vorteil des UKW-Bereichs war, daß man mit sehr kleinen Antennen arbeiten konnte. Das Nachfolgegerät FuG 16, von dem ab 1941 in verschiedenen Varianten etwa 150000 Stück produziert wurden, arbeitete im Bereich von 38 bis 42 Megahertz und war ausschließlich für Boden-Bord und Bord-Bord-Funkverkehr in AM-Telefonie verwendbar.

1940 bis 1960

Während des Zweiten Weltkrieges entwickelte die Rüstungsindustrie auf Basis der weit verbreiteten Flugzeugbordgeräte FuG 16 und FuG 17 etwa ein Dutzend Derivate. Mit Zusatzgeräten erreichte man eine bessere Zielfluggenauigkeit und eine höhere Auflösung bei der elektronischen Entfernungsmessung. Die Geräte vom Typ FuG 16 versahen fast ausschließlich in Jagd- und Kampfflugzeugen ihren Dienst, während Nah- und Fernaufklärer mit dem Modell FuG 17 ausgestattet waren. Schlachtflugzeuge hatten das Modell FuG 16 ZS an Bord.
Im Jahre 1942 brachte Lorenz das Funkgerät FuG 15 zur Serienreife. Dieses Modell war vollkommen fernbedienbar und mit einer besonderen Hochfrequenz- und Oszillatorschaltung für Wechselsprechbetrieb ausgelegt. Der Vorteil dieser Technik lag in der nur einmal vorhandenen Abstimmskala. Bei den Vorgängermodellen mußten Sender und Empfänger getrennt über zwei Abstimmknöpfe auf zwei verschiedenen Skalen eingestellt werden. Zur Produktion dieses Gerätes kam es jedoch zunächst nicht, weil das Reichsluftfahrtministerium wegen einer neuen Jägerführung ein Gerät mit getrenntem Empfänger für Relaisbetrieb forderte. Erst 1943 orderte das Ministerium eine geringe Stückzahl vom Gerät FuG 15 in der Version Z. Bis Kriegsende kamen jedoch nur wenige Geräte zum Einsatz.
Ein 15-Watt-Gerät für den Frequenzbereich 24 bis 75 MHz wurde bei Lorenz zwischen 1942 und 1944 als FuG 18 entwickelt. Zur Abstimmung auf die 1020 Funkkanäle verfügte dieses Modell über ein Kegelschleifenvariometer. Die Sende- und Empfangsfrequenz wurde auf einem etwa 120 Zentimeter langen aufgewickelten Band abgelesen. Das Band wurde dafür von einem Elektromotor angetrieben.
Neben den Modulationsarten Sprechfunk in AM und FM konnten Zielanflüge auf gerichtete und ungerichtete Funkfeuer durchgeführt werden. Die Entwick-

lungsarbeit wurde vor der Serienreife im Jahre 1944 zugunsten eines anderen Modells eingestellt.
Nach Kriegsende übernahmen die Alliierten Streitkräfte die Koordinierung und Sicherung des ausschließlich militärischen Flugbetriebes in den Besatzungszonen.
Nach Wiedererlangen der deutschen Lufthoheit mußten alle Bordfunkgeräte den amerikanischen Lufttüchtigkeitsanforderung (Minimum Performance Standard - MPS) entsprechen. Die amerikanischen Fluggesellschaften hatten sich in der Aeronautical Radio Incorporated - ARINC, einer privaten Fernmeldegesellschaft für die Übermittlung von Nachrichten der Luftfahrtgesellschaften, zusammengeschlossen und Spezifikationen für die elektrischen und mechanischen Merkmale und die Geräteabmessungen verfügt. Dadurch wurde eine Systemkompatibilität erreicht, das heißt die Flugzeuge konnten aufgrund der spezifizierten Verkabelung und Einbaumaße mit Funkgeräten und Bedienteilen verschiedener Hersteller ausgestattet werden. Gleichzeitig war es möglich, neuere Gerätevarianten in die dafür vorgesehenen Positionen problemlos einzubauen.
Die ARINC-Spezifikation 404 sieht für den Einbau in Schwingrahmen (Air Traffic Rack - ATR) für die Frontplatte folgende Breiten vor: 390 mm (ATR 1 ½), 255 mm (ATR 1), 191 mm (ATR 3/4) 124 mm (ATR ½), 81 mm (ATR 3/8) und 57 mm (ATR 1/4). Auch Gerätetiefe und Höhe wurden von ARINC auf den Millimeter genau festgelegt. Das ATR-Long-Gehäuse ist 500 mm, das Short-Gehäuse 323 mm lang. ATR-High hat eine Höhe von 195 mm, ATR-Low 97 mm. Wurden also für ein Flugfunkgerät die Spezifikationen ARINC ATR 3/4/Short/Low verfügt, so hatte das Gerät die Gehäuseabmessungen 124 x 323 x 97 mm (B x T x H).
Per Gesetz wurde im Juli 1953 die Bundesanstalt für Flugsicherung (BFS) ins Leben gerufen. Flugverkehrskontrolldienst, Flugberatungsdienst, Flugfernmeldedienst und Technische Dienste gehörten zu den Aufgabenbereichen dieser jungen Bundesbehörde.
Nach Gründung des Luftfahrtbundesamtes (LBA) im Jahre 1954 oblag dieser Behörde die Musterzulassung deutscher Flugzeuge. Während bei amerikanischen Bordgeräten die dortigen Zulassungsurkunden auch in der Bundesrepublik Deutschland ohne Einzelprüfung anerkannt wurden, mußten die deutschen Flugzeugausrüster ihre Produkte zunächst bei der Prüfstelle für Luftfahrtgeräte, später bei der Bundesanstalt für Flugsicherung und beim Fernmeldetechnischen Zentralamt (FTZ) der Deutschen Bundespost zur Musterzulassung prüfen lassen.

1960 bis 1990

Da die Personalkosten bei den Fluggesellschaften einen erheblichen Anteil an den Betriebskosten ausmachen, wurde die Zahl der Besatzungsmitglieder ständig verringert. Der bei transkontinentalen Flügen lange Zeit unentbehrli-

Blick in das Cockpit einer Boeing 747-400, der neuesten Generation des Jumbo-Jet. Auf der Konsole in der Mitte zwischen den Pilotensitzen befinden sich die Bedienteile der Navigations- und Kommunikationsgeräte.

che Navigator verlor als erster seinen Sitz in der Kanzel. Seine Arbeit wurde von Navigationsrechnern, Langstreckennavigationsempfängern und Trägheitsnavigationsgeräten übernommen. Auch der Funkoffizier wurde von der modernen Technik abgelöst. Da der Morsefunk in der zivilen Fliegerei völlig abgeschafft wurde, ging die Durchführung des Sprechfunkverkehrs in die Verantwortung von Kapitän und Co-Pilot über. Schließlich fiel auch der Bordingenieur den Computern zum Opfer. Von wenigen Flugzeugtypen wie B 727, DC-10, und Concorde abgesehen, sind alle Verkehrsflugzeuge neuer Bauart mit einem Zwei-Mann-Cockpit ausgestattet.
Um die Arbeit der Piloten zu erleichtern, wurde die Zahl der Bediengeräte für die Bordfunkanlage weiter reduziert. Während das Centerpanel zwischen den Pilotensitzen in den 70er und 80er Jahren noch mit den Schaltern, Drehknöpfen und Skalen für die Navigations- und Kommunikationsanlage vollgestopft war, finden sich in einem Düsenverkehrsflugzeug der 90er Jahre nur noch wenige Komponenten.
Im Pedestal (Centerpanel) eines Airbus A 320 befinden sich zwei Radio Management Panel (RMP), zwei Audio Control Panel (ACP), zwei Main Computer Display Units (MCDU) für das Flight-Management-System (FMS) und das

Bediengerät für den Transponder. Ein drittes Radio Management Panel ist im Overhead Panel über den Köpfen der Piloten integriert.
Zur Reduzierung des Sprechfunkverkehrs wurde Ende der 80er Jahre ein System entwickelt, daß den Datenaustausch zwischen Bodenstation und Flugzeug ermöglicht. Dieses Aircraft Communication Addressing and Reporting System (ACARS) arbeitet ähnlich dem Packet-Radio-System der Funkamateure. Die Daten können sowohl vom Flugzeug an die Bodenstation als auch von Boden an das Flugzeug geschickt werden. Das System wird fast ausschließlich für den Datenaustausch zwischen Flugzeug und Verkehrslenkungszentrale der Fluggesellschaften eingesetzt. Ein Einsatz von ACARS für die Kommunikation mit Flugsicherungsstellen ist derzeit nicht vorgesehen.

1990 bis 2000

Neben einer automatischen Einstellung der Navigations- und Kommunikationsfunkgeräte mit den im Bordcomputer gespeicherten Streckenpläne, Datenbanken für Bodenstationen mit exakten Angaben zu Standort und Frequenz sowie der Einführung des Antikollisionswarnsystems TCAS ist die schrittweise Einführung der Satellitennavigation mit dem Global Positioning System (GPS) und des Sprechfunks über Inmarsat- Nachrichtensatelliten sowie die Umstellung des Kanalrasters im VHF-Flugfunkband von 25 kHz auf 8,33 kHz eine der wichtigsten Änderungen im letzten Jahrzehnts des Jahrhunderts. Die konventionelle Navigation der Luftfahrt im europäischen Luftraum beruht im wesentlichen auf bodengestüzte Navigationsanlagen. Wegen des zunehmenden Luftverkehrs und der immer größer werden Probleme mit Engpässen im europäischen Luftraum haben sich die Verkehrsminister der europäischen Zivilluftfahrtkonferenz (ECAC) 1990 dazu entschlossen, ein neues System der Routenauswahl einzuführen, die Flächennavigation (Area Navigation B-RNAV). Diese Form der Navigation erlaubt es, Flugzeuge auf Routen zu beliebigen Punkten navigieren zu lassen, ohne die Notwendigkeit bestimmte bodengebundene Navigationsanlagen wie UKW-Drehfunkfeuer oder Langwellenfunkfeuer überfliegen zu müssen. B-RNAV wurde im europäischen Luftraum im April 1998 eingeführt und erfordert, daß ein Luftfahrzeug eine Positionsgenauigkeit von plus minus fünf Nautischen Meilen während des gesamten Fluges erfüllt. Bei der Flächennavigation (RNAV) handelt es sich um ein Navigationsverfahren, mit dem ein Luftfahrzeug auf jedem gewünschten Flugweg innerhalb der Reichweite von bodengestützten Navigationshilfen oder innerhalb der Betriebsgrenzen von bordautonomen Navigationshilfen operieren kann. Auch eine Kombination beider Verfahren ist möglich. Flächennavigationssysteme führen eine automatische Positionsbestimmung unter Verwendung eines oder mehrerer der nachfolgenden Sensoren durch. Sie sind mit einer Einrichtung zur Bestimmung und Einhaltung des gewünschten Flugweges verbunden. VOR/DME, DME/DME, INS oder IRS, LORAN C, GPS.

Die Zulassung für Flächennavigation (Basic RNAV) im europäischen Luftraum ist an Mindestforderungen gebunden: Kurshaltegenauigkeit mindestens +/- 5 NM, Verfügbarkeit mindestens während 95% der Flugzeit. Dieser Wert schließt Signalfehler einer Quelle, Flugzeugempfängerfehler, Anzeigesystemfehler und flugtechnische Fehler mit ein. Diese Navigationsleistung setzt eine ausreichende Abdeckung durch bodengestützte oder satellitengestützte Navigationshilfen für die geplante Flugroute voraus.
Die Mindestwerte für Verfügbarkeit und Integrität, die für die Verwendung von Flächennavigationssystemen (Basic RNAV) im zugewiesenen und veröffentlichten europäischen Luftraum erforderlich sind, können durch ein einzelnes System mit einem oder mehreren Sensoren, Flächennavigationsrechner, Kontrollanzeigeeinheit und ein oder mehreren Navigationsanzeigen (zum Beispiel ND, HSI oder CDI) erfüllt werden. Voraussetzung hierfür ist, daß das System von der Flugbesatzung beobachtet wird und das Luftfahrzeug im Falle eines Systemfehlers die Fähigkeit hat, nach bodengestützten Navigationsverfahren zu navigieren (VOR, DME und NDB).

Kurzwellenfunkanlage aus einem Langstreckenflugzeug der 80er-Jahre. Links das Gehäuse des Sende-Empfängers, in der Mitte zwei automatische Antennenabstimmgeräte, rechts das Cockpit-Bediengerät. Die Sendeleistung dieser Collins-628T-Funkanlage beträgt bei SSB-Modulation 400 Watt. Das HF-Signal wird zum Beispiel bei einer Boeing 747-200 über Stabantennen an den Tragflächenspitzen abgestrahlt.

Die folgenden Systemfunktionen gelten als Mindestanforderungen für die Durchführung von Flächennavigation (Basic RNAV): Kontinuierliche Anzeige der Flugzeugposition bezogen auf den Kurs über Grund, im primären Sichtfeld des Pilot Flying.
Im Falle einer Mindestbesatzung bestehend aus zwei Piloten, muß zusätzlich die Flugzeugposition bezogen auf den Kurs über Grund, im primären Sichtfeld des Pilot Not Flying angezeigt werden können.
Anzeige von Entfernung und Richtung zum aufgerufenen Wegpunkt (TO), Anzeige der Geschwindigkeit über Grund oder der Zeit zum aufgerufenen Wegpunkt (TO), Speichermöglichkeit von mindestens vier Wegpunkten.
Zusätzlich zu den aufgeführten Anforderungen werden die folgenden Systemfunktionen und Ausrüstungsmerkmale empfohlen: Anschlußmöglichkeit an Autopilot und/oder Flight Director, Angabe der gegenwärtigen Position in Länge und Breite, „Direct To" - Funktion, Anzeige der Navigationsgenauigkeit (Qualitätsfaktor), automatische Frequenzwahl der Funknavigationshilfen, Navigationsdatenbank, automatische Abfolge der Flugabschnitte mit Ankündigung des Kurswechsels.
B-RNAV hat eine Reihe von Vorteilen gegenüber konventioneller Navigation, der Luftraum kann durch ein flexibles Routennetzwerk besser genutzt werden, direkte, Kraftstoff sparende Strecken können geflogen werden und die Anzahl der bodengebundenen Sendeanlagen und Antennen der Navigationshilfen kann auf dem heutigen Stand bleiben.
Seit April 1998 muß bei allen Streckenflügen nach Instrumentenflugregeln (IFR) oberhalb der Flugfläche 100 (3048 Meter) ein B-RNAV- Navigationsgerät, beispielsweise ein Navigationssatellitenempfänger für das Global Positioning Satellite System (GPSS) mitgeführt werden.

2000 bis 2010

Der rasante Anstieg des Weltluftverkehrs im Passagier- und im Frachtbereich wird sich auch in den nächsten Jahren fortsetzen. Durch moderne und miniaturisierte Komponenten an Bord der Flugzeuge und in den Bodenstationen wird die Sicherheit der Luftfahrt trotz einer notwendigen noch engeren Staffelung im Luftraum erhöht werden können.
Besonders in Gebieten ohne flächendeckende Radar- und Sprechfunküberwachung auf VHF, also über den Ozeanen und dünn besiedelten Gebieten in Afrika und Südamerika, wird es erhebliche Verbesserungen geben. Bereits in der praktischen Erprobung sind Systeme, bei denen die durch GPS und das Trägheitsnavigationssystem INS ermittelten exakten Positionsdaten zusammen mit anderen Daten wie Flughöhe, Geschwindigkeit und Kurs als Datenpaket über Satellitenfunk an die zuständigen Bodenkontrollstellen übermittelt werden. Der Fluglotse erhält diese Daten aufbereitet auf einem Monitor angezeigt und kann die Flugzeuge auch außerhalb der Radarreichweite anhand der Daten auf dem virtuellen Radarschirm überwachen.

Vom Start zur Landung

Mit dem Cityjet von Düsseldorf nach Paris

Während in amerikanischen oder russischen Verkehrsflugzeugen das Cockpit für Passagiere als absolutes Sperrgebiet gilt, ist es bei deutschen Fluggesellschaften und insbesondere bei den Ferienfliegern durchaus möglich, während des Fluges einmal einen Blick in die Pilotenkanzel zu werfen. Die beste Zeit dafür ist, wenn die Flugbegleiter ihren Kabinenservice beendet und alle Fluggäste mit Speisen und Getränken versorgt haben. Dann sind die Kabinengänge auch nicht mehr von den Versorgungswagen blockiert und der Weg in den vordersten Teil des Flugzeuges ist frei. Im Cockpit ist es, wenn das Flugzeug auf Reiseflughöhe ist, nach der hektischen Start- und Steigphase auch ruhiger geworden. Schwieriger ist es dagegen für Passagiere einen Start oder eine Landung im Cockpit zu erleben. Während dieser Flugphasen wird von den Piloten allerhöchste Konzentration und schnelles Handeln gefordert. Ein neugieriger Passagier, der alle Handgriffe und Aktionen erklärt haben möchte, wirkt mehr als störend.

Um die Zusammenhänge besser zu verstehen, sind einige Kenntnisse über die Aktionen im Cockpit hilfreich. Am Beispiel eines Linienfluges von Düsseldorf nach Paris soll die Arbeit der Besatzung im Cockpit verdeutlicht werden. Der Flug von Düsseldorf nach Paris gehört mit einer Flugzeit von knapp einer Stunde zur Kategorie der innereuropäischen Kurzstreckenflüge, von denen an jedem Tag einige Hundert durchgeführt werden.

Vor dem Start

Flughafen Düsseldorf, Terminal A, Flugsteig 70. Die Boeing 737-300 der Deutschen Lufthansa ist abflugbereit. Die Passagiere haben ihre Plätze eingenommen und die Türen sind geschlossen. Kurz bevor die Passagiere an Bord gekommen sind, hat der Flugkapitän einen Außencheck vorgenommen. Er ist rund um das Flugzeug gegangen und hat Zelle, Tragflächen und Triebwerke auf mögliche mechanische Beschädigungen überprüft. Die Reifen des Fahrgestells werden auf Profiltiefe und mögliche Risse oder andere Beschädigungen untersucht. Sichtbare Hydraulikleitungen im Bereich des Fahrgestells werden in Augenschein genommen. Während dieser Zeit hat der First Officer, der Co-Pilot, die Daten für den bevorstehenden Flug nach Paris Charles de Gaulle - so der offizielle Name des größten französischen Flughafens - über die Tastatur des MCDU in das Flight Management System (FMS) eingegeben. Dieser Flugwegcomputer übernimmt nach dem Start die Streckenführung und steuert den Autopiloten. Die Frequenzen der Navigationsfunkanlagen im UKW-Bereich (VOR - Very High Frequency Omnidirectional Radio Beacon) und Langwellenbereich (NDB - Nondirectional Radio Beacon) werden aus einer Datenbank automatisch an die Navigationsfunkempfänger übermittelt und eingestellt. Die Frequenzen können über Einstellräder aber

auch direkt an den Bediengeräten der Navigationsfunkempfänger (NAV) und der Sprechfunkgeräte (COM-Radio) eingestellt werden. Die Richtung zu den Funkfeuern am Boden wird auf Rundinstrumenten im Center Panel, sozusagen dem Hauptarmaturenbrett im Cockpit, das sich direkt vor den Piloten befindet, angezeigt. Das Abfluggewicht, die mitgeführte Treibstoffmenge, die Außenlufttemperatur und die Beschaffenheit der Startbahn werden ebenso in das FMS eingegebenen wie die Kennummer der Startbahn, die vorgesehene Abflugroute und die Flugnummer. Da die Strecke Düsseldorf-Paris mehrmals am Tag bedient wird, ist eine entsprechende Standardroute im Flight Management System vorhanden. Durch Eingabe der internationalen Flugplatzkenner EDDL für Düsseldorf und LFPG für Paris Charles de Gaulle wird die Standardroute aus der Datenbank ausgelesen. Fast jeder Flugplatz weltweit hat einen solchen aus vier Buchstaben bestehenden ICAO-Kenner, in Deutschland ist der erste Buchstabe ein E für die Zone und D für das Land. Frankreich, Spanien und Portugal liegen in einer anderen Zone, deshalb führen die Flugplätze dieser Länder ein L als Anfangsbuchstaben, F steht für Frankreich, P für Portugal und E für Spanien.
Aus Sicherheitsgründen sind im Cockpit alle wichtigen Systeme redundant ausgelegt, das heißt sie sind zwei oder sogar dreifach vorhanden. So sind auch zwei FMS-Computer mit getrennten Eingabetastaturen und zwei Monitoren vorhanden. Nach dem Außencheck überprüft der Kapitän die vom Co-Piloten eingegebenen Daten und programmiert das zweite FMS-Geräte mit den gleichen Daten.
Es ist kurz nach 14 Uhr Ortszeit. Lufthansa-Flug LH 4110, einer von vier werktäglichen Flügen von der nordrhein-westfälischen Landeshauptstadt in die Seine-Metropole ist abflugbereit.
Nach einem festgelegten Plan wird von den Piloten die erste Checkliste verlesen. Die Arbeit im Cockpit ist Teamwork. Der Kapitän entscheidet vor jedem Flug, wer Pilot Flying und Pilot Not-Flying ist. Der Pilot Flying ist nach dieser Aufgabenteilung derjenige, der alle Aktionen im Cockpit einleitet, die Steuerelemente und die Schubhebel bedient und die Daten für den Autopiloten entsprechend der Anweisungen der Fluglotsen einstellt. Der Pilot Not-Flying beobachtet dabei die Aktionen des fliegenden Piloten und ist für den Sprechfunk und die Navigation verantwortlich. Jeder Co-Pilot ist ein ausgebildeter Verkehrsflugzeugführer, der das Flugzeug alleine fliegen kann. Bei Kurz- und Mittelstreckenflügen innerhalb Europas, bei denen die gleiche Besatzung das Flugzeug vom Zielort wieder zum Ausgangspunkt der Reise zurückfliegt, wird es oft so gehandhabt, daß der Flugkapitän auf dem Hinflug Pilot-Flying ist und der Co-Pilot diese Aufgabe auf dem Rückflug übernimmt. Damit der Co-Pilot, der auf dem rechten Sitz im Cockpit seinen Platz hat, eines Tages den vierten Streifen an der Uniform als Flugkapitän tragen und auf dem linken Cockpitsitz Platz nehmen kann, muß er eine gewisse Anzahl an Flugstunden, Starts- und Landungen als Pilot-Flying nachweisen können.

Für den Flug LH 4110 nach Paris hat der Flugkapitän als höchste Instanz im Flugzeug entschieden, daß er auf dem Hinflug Pilot-Flying ist, während sein Co-Pilot die Maschine am späten Nachmittag von Paris nach Düsseldorf zurückfliegen wird.
Nach dem Schließen der Kabinentüren wird zunächst die sogenannte Cockpit-Checkliste verlesen. Der Co-Pilot verliest die einzelnen Punkte der Liste und der Kapitän überprüft die Instrumente und Daten und gibt die Antworten. Bei einigen Punkten antwortet auch der Co-Pilot. Der Grund ist, daß Kapitän und Co-Pilot die gleichen Instrumente im Panel vor sich haben, die aber aus Sicherheitsgründen von unterschiedlichen Systemen angesteuert werden. Es muß deshalb darauf geachtet werden, daß die doppelt vorhandenen Instrumente auf beiden Seiten des Instrumentenbretts, also für Kapitän und Co-Pilot, die gleichen Daten und Werte anzeigen.
Die cockpit checklist sieht bei der Boeing 737 so aus:
Co-Pilot: „Light Test?“ - Kapitän: „Tested.“
Co-Pilot: „Oxygen and masks?“ - Kapitän: „Checked, 100 percent.“
Co-Pilot: „Checked, 100 percent. Fuel?“ - Kapitän: „5900 Kilograms, 8 tons.“
Co-Pilot: „Emergency exit lights?“ - Kapitän: „Armed.“
Co-Pilot: „Cabin signs?“ - Kapitän: „All door on.“
Co-Pilot: „Window heat?“ - Kapitän: „On.“
Co-Pilot: „Hydraulics?“ - Kapitän: „Normal.“
Co-Pilot: „Stall warning?“ - Kapitän: „Tested.“
Co-Pilot: „Cabin control?“ - Kapitän: „Set, ground.“
Co-Pilot: „Autopilots?“ - Kapitän: „Off.“
Co-Pilot: „Instruments?“ - Kapitän: „251.“
Co-Pilot: „Altimeters?“ - Kapitän: „1100 feet.“
Co-Pilot: „1100. Anti-skid?“ - Kapitän: „On.“
Co-Pilot: „Autobreak?“ - Kapitän: „Auto.“
Co-Pilot: „FMC?“ - Kapitän: „Set.“
Co-Pilot „Set. Speedbreaks? - Kapitän: „Ground, detent.“
Co-Pilot: „Trim colour switches?“ - Kapitän: „Normal.“
Co-Pilot: „Fire warning?“ - Kapitän: „Tested.“
Co-Pilot: „Radar?“ - Kapitän: „On.“
Co-Pilot: „Weather-Radar mode?“ - Kapitän: „Off.“
Co-Pilot: „Off. Radios?“ - Kapitän: „Set for Nörvenich-Departure.“
Co-Pilot: „Set Nörvenich-Departure. Cockpit check completed.“
In der Praxis dauert das Verlesen dieser Check-Liste nicht länger als eine Minute. Jeder der beiden Piloten kennt die aufgerufenen Punkte auswendig und weiß genau, wo welches abzulesende Intstument und die entsprechenden Schalter und Einstellknöpfe sind. Für den Passagier ohne Flugerfahrung beinhaltet die Checkliste jedoch so viele unbekannte Begriffe, daß sie der ausführlichen Erläuterung bedürfen. Deshalb noch einmal die Cockpit-Checkliste mit Übersetzung:

Co-Pilot: „Light Test?“ - Light Test ist eine Überprüfung aller Kontrolleuchten im Cockpit. Mit Druck auf eine Taste können alle Lämpchen kurz eingeschaltet werden. Damit wird festgestellt, ob im Notfall die entsprechenden Warnlampen aufleuchten und nicht wegen eines defekten Birnchens versagen.
Kapitän: „Tested“ - Die Überprüfung ist ohne Beanstandung abgeschlossen.
Co-Pilot: „Oxygen and masks?“ Der in Stahlflaschen im Frachtraum mitgeführte Sauerstoffvorrat und die Sauerstoffmasken für Kabine und Cockpit werden überprüft. Im Falle eines Druckverlustes in großer Höhe fallen automatisch Sauerstoffmasken aus einer Abdeckung über den Passagiersitzen. Durch diese Masken können die Passagiere Sauerstoff aus den Flaschen im Frachtraum atmen, bis das Flugzeug nach einem Notabstieg eine Flughöhe erreicht hat, in welcher der Sauerstoffgehalt für ein natürliches Atmen ausreicht. Mangelnder Sauerstoffgehalt in der Atemluft kann von Konzentrationsstörungen bis zur Ohnmacht führen.
Kapitän: „Checked, 100 percent“ - Überprüft, die Notfallsauerstofflaschen sind zu 100 Prozent gefüllt. Co-Pilot: „Checked, 100 percent. Fuel?“ - Auch der Co-Pilot überprüft sein Sauerstoffsystem und seine Maske. Der nächste Item genannte Punkt der Checkliste gilt dem Kerosinvorrat in den Tanks, die sich bei der Boeing 737 in den Tragflächen befinden.
Kapitän: „5900 liter, eight tons!“ - Für den Flug nach Paris sind 5900 Liter Kerosin in die Tanks gepumpt worden. Ein Liter Kerosin wiegt bei Standarddruck und Standardlufttemperatur 1,39 Kilogramm. Die 5900 Liter Kraftstoff erhöhen das Gewicht des Flugzeuges also um 8207 Kilogramm oder 8,2 Tonnen. Beide Maßangaben sind erforderlich, weil sich mit zunehmender Höhen und abnehmendem Luftdruck Volumen und die Dichte von Flüssigkeiten ändert. Die Masse bleibt gleich. Der Außendruck halbiert sich etwa alle 5500 Meter. Herrscht am Boden ein Druck von 1020 hPa, so sind es in fünf Kilometer Höhe 510 hPa und in zehn Kilometer Höhe nur noch etwa 255 hPa.
Co-Pilot: „Emergency exit lights?“ - Die Emergency Exit Lights weisen den Passagieren durch Leuchtzeichen den Weg zu den Notausstiegen.
Kapitän: „Armed!“ - Das System steht auf Automatik und ist verriegelt.
Co-Pilot: „Cabin signs?“ - Cabin Signs sind die Leuchtzeichen für „Bitte Anschnallen“ und „Nicht Rauchen“ über den Passagiersitzen.
Kapitän: „All door on!“ - Die Kontakte an den Kabinen- und den Frachtraumtüren zeigen an, daß alle Öffnungen geschlossen und in Flugposition sind.
Co-Pilot: „Window heat?“ - Window heat sind die beheizten Scheiben der Cockpitfenster, die ein Beschlagen oder Zufrieren von außen verhindern.
Kapitän: „On!“ - Die Fensterheizung ist eingeschaltet.
Co-Pilot: „Hydraulics?“ - Die hydraulischen Systeme für die Betätigung der Steuerklappen, des Fahrwerks und der Bremsen werden auf Druck und Flüssigkeitsmenge überprüft. Kapitän: „Normal!“
Co-Pilot: „Stall warning?“ - Bei zu geringer Geschwindigkeit kann die Strömung entlang der Tragflächen abreißen. Das Flugzeug gerät dann in einen

unkontrollierten Zustand, der zum Absturz führt. Rechtzeitig vor Erreichen dieser gefährlichen Geschwindigkeit werden die Piloten durch diese Warnung darauf hingewiesen, die Geschwindigkeit durch mehr Triebwerkschub zu erhöhen und den Anstellwinkel zu verringern. Neben einem deutlichen Warnton werden die Steuersäulen durch einen Motor unter dem Cockpitboden in Vibration versetzt. Kapitän: „Tested!" - Das automatische System wurde auf seine Funktion hin überprüft.
Co-Pilot: „Cabin control?" - Dieses System regelt automatisch oder manuell die Kabinentemperatur und den Luftdruck. Mit zunehmender Flughöhe sinkt der Luftdruck ab. Um den Passagieren aber nicht die Atmosphäre eines Himalaja-Achttausenders zuzumuten, wird der Kabinendruck nur gering abgesenkt. In einer Flughöhe von etwa 11000 Meter empfindet man als Passagier einen Luftdruck, wie er etwa auf der Zugspitze, also in knapp 3000 Meter Höhe, anzutreffen ist. Tatsächlich befindet sich das Flugzeug aber in einer Luftdruckzone, die nur noch ein Viertel des Luftdrucks am Boden beträgt. Theoretisch könnte man die Passagierkabine mit Kompressoren so aufblasen, daß auch in großer Höhe ein Druck wie auf dem Erdboden herrscht. Diese Druckerhöhung würde jedoch zu einer erhöhten Materialbeanspruchung und zu einem schnelleren Alterungsprozeß der gesamten Flugzeugzelle führen.
Kapitän: „Set, ground!" - Die Automatik ist eingeschaltet und steht auf „Boden", nach dem Start wird auf die Position „Flight" umgeschaltet.
Co-Pilot: „Autopilots?" - Alleine die Beschreibung von Funktion und Bedienung des Autopiloten würde mehrere Bücher füllen. Der Autopilot ist knapp gesagt der dritte Mann/Frau im Cockpit, der das Flugzeug automatisch auf Kurs, Höhe und Geschwindigkeit hält, den Kraftstoffzufluß zu den Triebwerken und damit den Schub regelt und bei Erreichen bestimmter Wegpunkte entlang der Flugstrecke den Kurs ändert. Das alles geschieht, um die menschlichen Piloten von Routineaufgaben zu entlasten. Nach dem Start und dem Einschalten des Autopiloten kann der Pilot-Flying die Hände und Füße von den Steuerorganen (Steuersäule und Pedale) nehmen. Der Autopilot gibt selbständig die Impulse zu den Stellmotoren an Höhen-, Seiten- und Querrudern und fährt bei Bedarf die Luftbremsen aus und ein.
Kapitän: „Off!" - Am Boden sind alle Autosteuersysteme ausgeschaltet.
Co-Pilot: „Instruments?" Hiermit werden die beiden Rosen der Magnetkompasse überprüft.
Kapitän: „251!" Das Flugzeug zeigt mit der Nase in Richtung Westen, auf beiden Kompaßrosen wird die Gradzahl 251 abgelesen.
Co-Pilot: „Altimeters?" - Die beiden Haupthöhenmesser und das Reserveinstrument werden auf den aktuellen Luftdruck am Boden eingestellt. Das Instrument zeigt dann die Höhe in Fuß über dem Meeresspiegel an. In der Fliegerei hat sich der barometrische Höhenmesser bewährt, der auf den atmosphärischen Luftdruck reagiert. Gemessen wird das Gewicht der umgebenden Luft, gemessen in Pascal (Pa). Die alte nicht mehr verwendete wertglei-

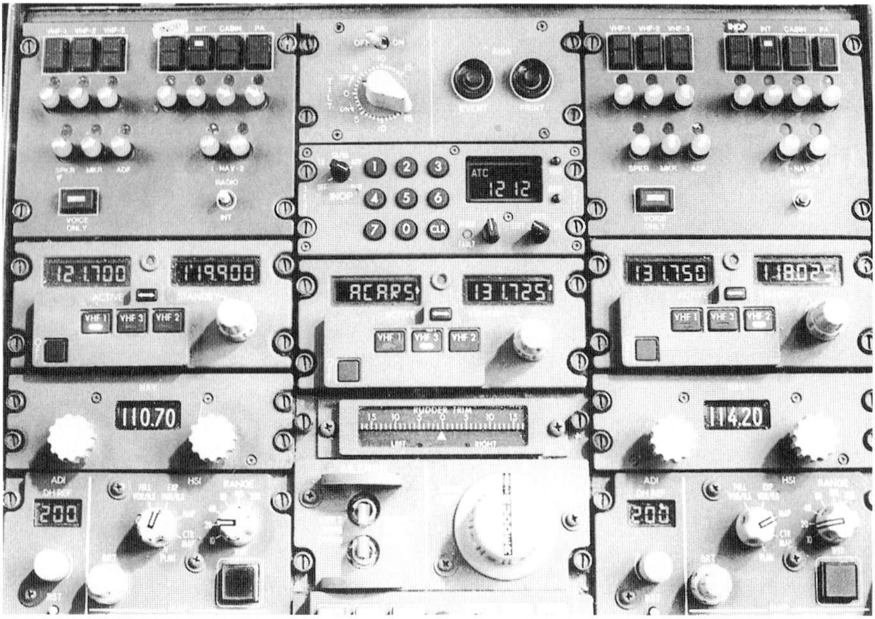

Die Bedienteile für Sprechfunk und Navigation der Boeing 737 befinden sich in der Pedestal genannten Mittelkonsole zwischen den Pilotensitzen. Oben links das Radio Management Panel (RMP) des Kapitäns. Über die schwarzen Drucktasten werden die Geräte ausgewählt, mit den Drehknöpfen darunter wird die Wiedergabelautstärke eingestellt. Darunter befindet sich das VHF-1-Sprechfunkgerät. Die im linken Display eingestellte Frequenz 121,700 MHz ist die aktive Frequenz, 119,900 MHz im rechten Fenster ist die vorgewählte (standby) Frequenz. Unter dem VHF-1-Radio ist der Navigationsempfänger NAV 1 eingebaut, im Bild ist ein Instrumentenlandesystemsender auf 110,700 MHz eingestellt. Auf der rechten Seite des Fotos sind die Geräte des Co-Piloten mit RMP, VHF-2 und NAV-2 zu sehen. In der mittleren Reihe von oben nach unten die Bedienelemente des Wetterradars, des Sekundärradartransponders, des VHF-3-Radios und die Seiten- und Querrudertrimmung.

che physikalische Einheit war Bar. Der mittlere Luftdruckwert beträgt 1013250 Pascal (Newton pro Quadratmeter). Der Luftdruck nimmt logarithmisch mit der Höhe ab. Linienflugverkehr findet in dem Teil der Erdatmosphäre statt, der Troposphäre genannt wird. Barometrische Höhenstufen unterscheiden sich jeweils um 1 Hektopascal (hPa). Da der Luftdruck auch noch von der Temperatur abhängig ist, wurde eine Standardatmosphäre definiert. Standardluftdruck in Meereshöhe ist 1013,25 hPa, in 1000 Fuß Höhe (305 Meter) 977 hPa, in 5000 Fuß Höhe (1524 Meter) 843 hPa, in 10000 Fuß Höhe (3048 Meter) 697 hPa.

Luftdruckwerte werden auf verschiedene Höhendruckwerte bezogen und mit einer aus drei Buchstaben bestehenden Q-Gruppe abgekürzt. QNH steht für Meereshöhe (MSL – mean sea level), QFE ist der Druck bezogen auf die Höhe des Flugplatzes, Flugfläche (FL - Flight level) ist das Höhenband konstanten Luftdrucks, bezogen auf den Standardluftdruck 1013 hPa.
Kapitän: „1100 feet!"
Co-Pilot: „1100! Anti-skid?" Auf beiden Druckhöhenmessern wird eine Höhe von 1100 Fuß abgelesen. Nächster Punkt ist die Überprüfung des automatischen Bremssystems. Anti-skid ist das gleiche wie ABS bei den Bremsen von Kraftfahrzeugen, das ein Blockieren der Bremsen, zum Beispiel bei einem Startabbruch kurz vor dem Abheben auf nasser Rollbahn, verhindert.
Kapitän: „On!" - Das System ist eingeschaltet.
Co-Pilot: „Autobreak?" - Im Falle eines Startabbruchs muß, gerade kurz vor dem Abheben, das Flugzeug auf der verbleibenden Strecke der Startbahn zum Stillstand gebracht werden. Die Wirkung der Bremsen kann manuell auf verschiedene Stärken und die Beschaffenheit der Startbahnoberfläche (Beton/Asphalt, naß/trocken) eingestellt werden.
Kapitän: „Auto!" - Bei trockener oder wenig feuchter Startbahn und ausreichender Startbahnlänge wird auf Automatikbetrieb beziehungsweise auf Rejected Take off geschaltet. Damit werden beim Einschalten der Schubumkehr bei der Landung oder einer Notfallbremsung gleichzeitig die Störklappen zur Verminderung des Auftriebs an den Tragflächen ausgefahren.
Co-Pilot: „FMC?" FMC ist der bereits erwähnte Flight Management Computer, ein Teil des Flight Management System (FMS). Es ist eines der komplexesten Systeme moderner Verkehrsflugzeuge zur automatischen Flugzeugführung. Das System unterstützt die Piloten bei der Erstellung der Flugroute, berechnet kostenoptimierte Flugprofile und übernimmt über weite Strecken des Fluges die Kontrolle und Steuerung des Flugzeuges. Die Wirtschaftlichkeit, der Komfort und die Sicherheit im Flugverkehr profitieren von dieser automatischen Flugzeugführung. Das Flight Management System besteht aus dem Flight Management Computer (FMC), der Benutzeroberfläche des Flugwegrechners (Central Display Unit - CDU/MCDU) und dem Navigationsbildschirm (Navigation Display - ND). Über die Tastatur des MCDU werden die Daten in das Flight Management System eingegeben.
Kapitän: „Set!" - Die für den Flug erforderlichen Daten sind eingestellt.
Co-Pilot: „Set! Speedbreaks?" - Auch der FMC des Co-Piloten ist eingestellt und überprüft. Nächster Punkt der Check-Liste sind die Bremsklappen auf der Oberseite der Tragflächen. Die Speedbreaks stören in ausgefahrenem Zustand absichtlich die Strömung an den Tragflächen und verringern somit die Geschwindigkeit. Nach der Landung werden alle Speedbreaks ausgefahren und sorgen dafür, daß kein Auftrieb mehr an den Tragflächen herrscht. Damit wird verhindert, daß das Flugzeug nach dem Aufsetzen ungewollt wieder abhebt.

Kapitän: „Ground, detent!“ - Die Speedbreaks sind auf Position Boden und damit eingefahren und verriegelt.
Co-Pilot: „Trim colour switches?“ - Die Trimmung des Höhenleitwerks kann über einen Schalter am Steuerhorn elektrisch betätigt werden. Manuell wird die Trimmung über ein Handrad, das sich links und rechts neben dem mittleren Panel befindet, geregelt.
Kapitän: „Normal!“ - Die Höhenleitwerktrimmung erfolgt über den Fernsteuerschalter am Steuerhorn.
Co-Pilot: „Fire warning?“ - Im ganzen Flugzeug verteilt sind Rauch- und Feuermelder untergebracht. Diese geben Alarm, wenn ein Feuer ausbricht. In den Gehäusen der Triebwerke sind Patronen mit Löschmittel untergebracht, die ein mögliches Feuer ersticken.
Kapitän: „Tested!“ - Das System ist überprüft.
Co-Pilot: „Radar?“ - Der Zustand des Wetterradargerätes in der Flugzeugnase wird überprüft. Kapitän: „On!“ - Das Radargerät ist betriebsbereit.
Co-Pilot: „Weather-Radar mode?“ - Hiermit wird die Einstellung des Wetterradars überprüft. Kapitän: „Off!“ - Am Boden bleibt das Radargerät ausgeschaltet, um Störungen zu vermeiden.
Co-Pilot: „Off! Radios?“ Auch der zweite Schalter des Wetterradars steht auf der Position Aus. Radios ist ein Sammelbegriff sowohl für die Sprechfunk als auch für die Navigationsfunkgeräte im Cockpit. Kapitän: „Set for Nörvenich-Departure!“ Die Funkgeräte sind für die Abflugstrecke über das Funkfeuer Nörvenich eingestellt.
Co-Pilot: „Set Nörvenich-Departure. Cockpit check completed, checklist completed!“ - Der Co-Pilot hat seine NAV/COM-Geräte ebenfalls für das vorgesehene Abflugverfahren eingestellt. Die Cockpit-Checkliste ist damit abgeschlossen und Flug LH 4110 ist abflugbereit.
Der Kapitän gibt das Kommando zum „Start up“, dem Zurücksetzen von der Parkposition und dem Anlassen der Triebwerke. Der Co-Pilot hat sein VHF-Funkgerät auf die Frequenz 123,775 MHz eingestellt und hört „Düsseldorf ATIS“ ab. ATIS ist die Abkürzung für „Automatic terminal information service“ und steht für die automatische Ausstrahlung von Start- und Landeinformationen. Auf dieser Frequenz wird kontinuierlich das aktuelle Wetter mit Luftdruck am Boden, Temperatur und Taupunkt, Windrichtung und Windgeschwindigkeit und die in Betrieb befindlichen Start- und Landebahnen in englischer Sprache ausgestrahlt. Bei Bedarf werden auch Informationen über besondere Betriebszustände wie Bauarbeiten oder Sperrungen von Rollwegen übermittelt. Die Daten werden alle zehn Minuten aktualisiert. Jede Meldung wird mit einem fortlaufenden Buchstaben gekennzeichnet. Der Fluglotse im Tower weiß damit, welche Meldung die Piloten empfangen haben. Anschließend schaltet der Co-Pilot das Funkgerät um auf die Frequenz 121,775 MHz. Auf diesem Kanal ist „Düsseldorf Delivery“ erreichbar. Dieser ebenfalls im Tower befindliche Flugfunkdienst, der im Sprechfunkverkehr mit „Ground“ geru-

fen wird, ist für den ersten Anruf der abflugbereiten Flugzeuge und die Freigabe zum push back und Anlassen der Triebwerke zuständig.
Co-Pilot: „Düsseldorf Ground, guten Morgen, die Lufthansa 4110 with information Kilo requesting start up."
Die zuletzt von ATIS eingeholten Informationen waren mit dem Kennbuchstaben „K" gekennzeichnet. Der Co-Pilot teilt dies der Bodenkontrolle mit, indem er die „Information Kilo" als empfangen bestätigt.
Ground: „Lufthansa 4110 guten Morgen, start up is approved. Request your gate?"
Das push back genannte Zurücksetzen wird genehmigt. Da der Bodenlotse vom Tower aus nicht sehen kann, welches Flugzeug auf dem Vorfeld welche Flugnummer hat, fragt er nach der Nummer des Fluggaststeiges.
Co-Pilot: „Lufthansa 4110, gate number is seven zero."
Damit weiß der Bodenlotse, daß sich die Boeing 737 vor dem Fluggaststeig 70 befindet. Es ist international festgelegt, daß im Sprechfunkverkehr Zahlen einzeln durchgegeben werden, anstelle von „seventy" sagt man „seven zero".
Über eine Kabelverbindung ist das Cockpit mit einem „Marshall" verbunden, der in Sichtkontakt zum Cockpit neben dem Flugzeug steht. Er muß überwachen, daß keine Hindernisse im Rollweg des Flugzeuges sind und gibt nötige Steuerkommandos an den Fahrer des Schleppfahrzeuges. Mit diesem viele hundert PS starken Spezialfahrzeug werden die Flugzeuge rückwärts aus der Abstellposition vor der Fluggastbrücke auf das Vorfeld geschoben. Dabei gibt es zwei verschiedene Arten von Fahrzeugen. Kleine Flugzeuge werden mit einer Schleppstange am Bugfahrwerk mit dem Push-back-Fahrzeug verbunden. Bei größeren Flugzeugen fährt das Fahrzeug unter den vorderen Rumpf und klemmt die Bugräder mit einer Spezialvorrichtung ein und hebt diese und damit das gesamte Flugzeug ein paar Zentimeter an. Der Schlepper übernimmt damit die Funktion des Bugfahrwerks.
Der Co-Pilot teilt dem Marshall am Boden mit, daß vom Tower die push-back-clearance erteilt wurde und die Maschine abflugbereit ist.
Vor dem Anlassen der Triebwerke wird im Cockpit die „before start checklist" verlesen:
Co-Pilot: „Before start: A-pumps? - Kapitän: „Off."
Co-Pilot: „Packs?" - Kapitän: „Off."
Co-Pilot: „Start pressure?" - Kapitän: „48 PSI."
Co-Pilot: „Anti-collision-lights?" - Kapitän: „On."
Co-Pilot: „Parking break?" - Kapitän: „Released."
Co-Pilot: „Before start checklist completed."
Die A-pumps sind die Pumpen des Hydrauliksystems A, diese sind momentan abgeschaltet, packs sind die Drucklufterzeuger an den Triebwerken, die unter anderem auch für die Klimaanlage in der Kabine verwendet werden. Der Druck für den Anlasskompressor der Triebwerke wird überprüft, er beträgt 48 PSI. PSI ist eine angelsächsische Druckeinheit und steht für pound

per square-inch (Pfund pro Quadratzoll), wobei ein PSI in das internationale Einheitensystem umgerechnet 6890 Pascal (Pa) entspricht. Die roten Warnleuchten auf der Ober- und Unterseite des Rumpfes, die Anti-collision-lights, sind wie bei jeder Rollbewegung vorgeschrieben, eingeschaltet und die Parkbremse ist gelöst.
Über das Interphone, eine Kabelsprechverbindung zum Marshall genannten Rangiermeister auf dem Vorfeld, meldet der Co-Pilot die Abflugbereitschaft.
Co-Pilot: „Ground, parking break released, ready for push-back."
Ground: „Jawohl, dann geht's los, beide engines klar!"
Daß die engines, also die Triebwerke klar sind, heißt, daß sich keinerlei Gegenstände wie Gepäckwagen, Bremsklötze oder Aggregate der Bodendienste mehr in der Nähe der Lufteinläufe befinden. Selbst ein kleiner Gegenstand, der versehentlich vom Triebwerk angesaugt wird, kann zu einem fatalen Schaden der teuren Jet-Triebwerke führen.
Kapitän: „Engine number two: start". Die Zündung in der Brennkammer wird eingeschaltet, das Treibstoffventil geöffnet und Druckluft bläst auf die Schaufeln der Niederdruckturbinenstufe im Inneren des Triebwerks. Die Reihenfolge, in der die Triebwerke gestartet werden, ist von Flugzeugtyp zu Flugzeugtyp unterschiedlich. Bei der Boeing 737 wird zuerst das in Flugrichtung gesehen rechte Triebwerk eingeschaltet. Nach knapp einer Minute hat Triebwerk Nummer zwei in der Turbinenstufe 48 Prozent seiner Leistung erreicht. Jetzt wird das links angebrachte Triebwerk Nummer eins nach der gleichen Prozedur eingeschaltet. Das Flugzeug ist vom Schlepper inzwischen auf eine Vorfeldposition gebracht worden, von wo es aus eigener Kraft und ohne Hindernisse im Weg zur Startbahn rollen kann. Vom Bodendienst kommt über Interphone die Anweisung „Please release parking break.". Die Feststellbremse des Fahrwerks wird angezogen, damit das Flugzeug nicht wegrollt. Unter dem Flugzeug wird die starre Verbindung zum Schleppfahrzeug gelöst. Beide Triebwerke laufen jetzt im Leerlauf. Die Instrumente für die Umdrehung des Fan genannten großen Schaufelrades am Triebwerkeinlaß zeigen 22 Prozent der Höchstdrehzahl an. Der Marshall am Boden hat das Kabel der Sprechverbindung zum Cockpit gelöst und signalisiert mit einem Handzeichen, daß die Schleppstange entfernt wurde und der Schlepper den Rollweg frei gemacht hat.
Im Cockpit wird jetzt die after start checklist verlesen:
Co-Pilot: „After start checklist. Electric?" - Kapitän: „Set."
Co-Pilot: „Pitot heat?" - Kapitän: „On."
Co-Pilot: „Anti-ice?" - Kapitän: „Engine, on."
Co-Pilot: „Cabin-control?" - Kapitän: „Set, flight."
Co-Pilot: „Start switches?" - Kapitän: „Continous."
Co-Pilot: „N1, speed-bugs?" - Kapitän: „98,8, 138 knots."
Co-Pilot: „138 knots. Start levers?" - Kapitän: „Idle, detent."
Co-Pilot: „After start checklist completed."

Der Strom für die gesamte Bordelektrik wird jetzt von einem Generator erzeugt, der direkt vom Triebwerk angetrieben wird. Die Heizung für das Staurohr, das den Fahrtmesser ansteuert, ist eingeschaltet, die Enteisungsanlage an den Triebwerkseinläufen ist eingeschaltet. Dabei wird ein Teil des heißen Luftstroms aus den Triebwerken nach vorne zu den Einläufen umgeleitet und verhindert, daß sich Eisklumpen an der Beplankung bilden, welche die Schaufeln des Fan-Rotors oder die seitliche Abdeckung des Triebwerks beschädigen können. Die Zündung in der Brennkammer ist eingeschaltet. Die Marke für die Höchstumdrehungszahl des Fan-Rotors wurde auf 98,8 Prozent der Höchstdrehzahl gesetzt und auf dem Fahrtmesser wurde eine Marke für 138 Knoten als Abhebegeschwindigkeit eingestellt.
Der Co-Pilot stellt sein Funkgerät jetzt auf die Frequenz 121,900 MHz und ruft die Rollkontrolle, die für die Bewegungslenkung auf dem Vorfeld (Apron) und den Rollwegen (Taxiway) zur Start- und Landebahn (Runway)zuständig ist.
Co-Pilot: „Düsseldorf Ground, Lufthansa 4110, requesting taxi."
Er bittet um die Rollfreigabe über die Taxiway zur Runway.
Ground: „Lufthansa 4110 taxi via Tango, Mike, holding position runway 23." - Co-Pilot: „Tango, Mike, two three, Lufthansa 4110."
Die Rollwege auf Flughäfen sind durch unterschiedliche Buchstaben gekennzeichnet. Auf den Flugplatzkarten, die zu den Flugunterlagen gehören und im Cockpit vorhanden sind, sind diese Wege mit den entsprechenden Buchstaben eingezeichnet. Taxiway Tango ist ein kurzes Verbindungsstück zwischen dem Vorfeld etwas nördlich von Terminal A gelegen, Taxiway Mike verläuft parallel zur Start-Landebahn 23L/05R. Start- und Landebahnen werden mit der Himmelsrichtung in Grad bezeichnet, in die sie von Anfangspunkt aus gesehen zeigen. Die Bahn 23 zeigt in Richtung 230 Grad, die Bahn 05 in 50 Grad. Bei Parallelbahnen, also zwei Pisten die in die gleiche Richtung ausgerichtet sind, werden die Bahnen mit den Buchstaben L für left (links) und R für right (rechts) unterschieden. Bei drei Bahnen, wie zum Beispiel in Hannover, trägt die mittlere Piste die Bezeichnung C für center (Mitte). Die Besatzung wird angewiesen, am Wartepunkt vor der Bahn 23L anzuhalten. Der Co-Pilot bestätigt diese Anweisung.
Die Boeing rollt jetzt mit etwa 15 Knoten Geschwindigkeit (28 km/h) über die Taxiway zum Anfang der Startbahn 23L. Auf der Frequenz von Düsseldorf Ground meldet sich der Lotse.
Ground: „Lufthansa 4110, ready to copy?" - Co-Pilot: „Lufthansa 4110, go ahead!"
Ground: „Lufthansa 4110 ist cleared to Paris Charles de Gaulle, departure Route Nörvenich-Four-Tango, SQUAWK 3235." - Co-Pilot: „Lufthansa 4110, cleared Paris Charles de Gaulle via Nörvenich-Four-Tango, 3235." - Ground: „Readback correct, contact tower one one eight decimal three."
Der Flug von Düsseldorf nach Paris ist freigegeben. Wie im Streckenplan bereits ausgedruckt und als Route im FMC gespeichert, erfolgt der Abflug über

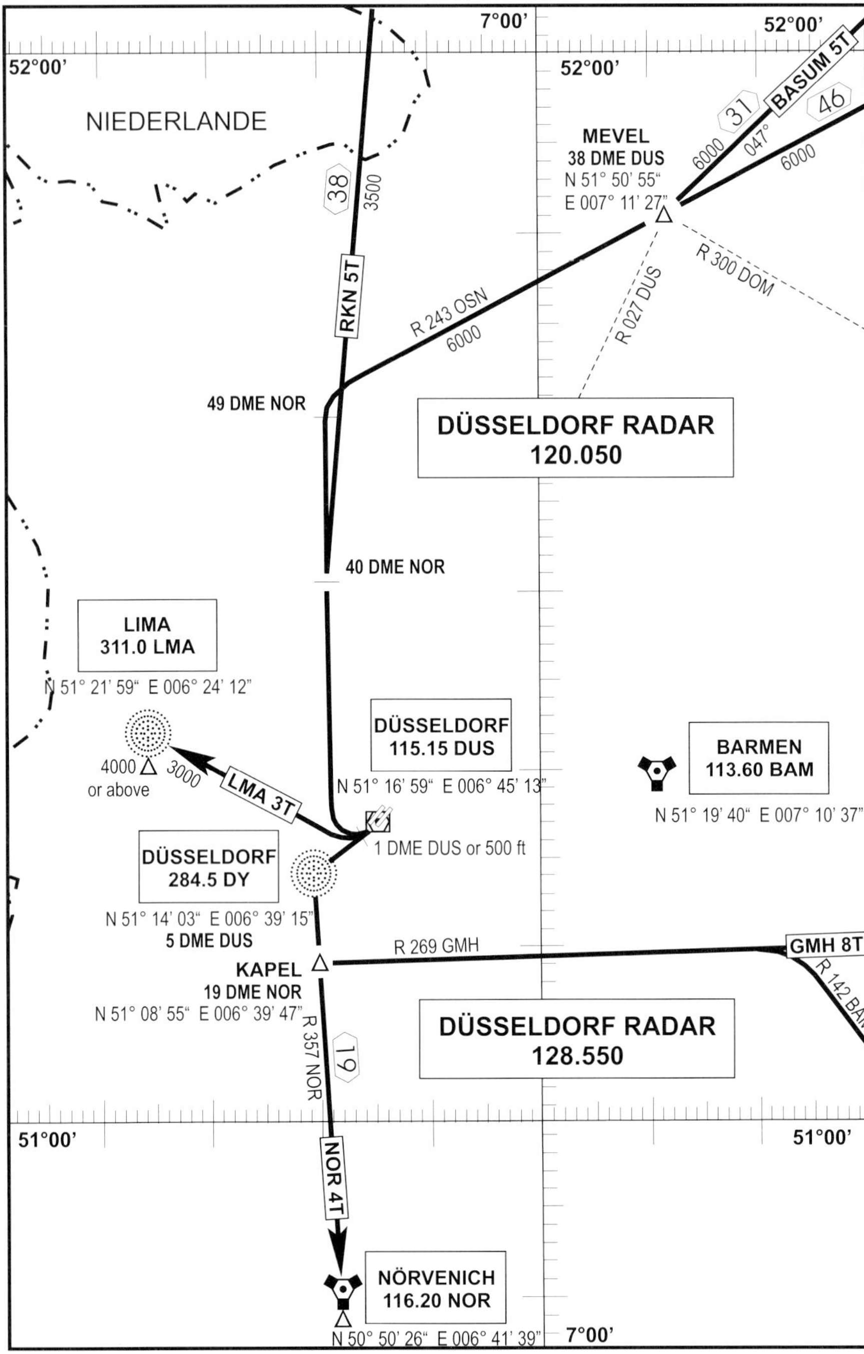
7°00'
52°00'
52°00'
52°00'
NIEDERLANDE
MEVEL
38 DME DUS
N 51° 50' 55"
E 007° 11' 27"
BASUM 5T
31
46
6000
047°
6000
38
3500
RKN 5T
R 243 OSN
6000
R 027 DUS
R 300 DOM
49 DME NOR
DÜSSELDORF RADAR
120.050
40 DME NOR
LIMA
311.0 LMA
N 51° 21' 59" E 006° 24' 12"
DÜSSELDORF
115.15 DUS
N 51° 16' 59" E 006° 45' 13"
BARMEN
113.60 BAM
N 51° 19' 40" E 007° 10' 37"
4000
or above
3000
LMA 3T
1 DME DUS or 500 ft
DÜSSELDORF
284.5 DY
N 51° 14' 03" E 006° 39' 15"
5 DME DUS
R 269 GMH
GMH 8T
R 142 BAM
KAPEL
19 DME NOR
N 51° 08' 55" E 006° 39' 47"
R 357 NOR
19
DÜSSELDORF RADAR
128.550
51°00'
51°00'
NOR 4T
NÖRVENICH
116.20 NOR
N 50° 50' 26" E 006° 41' 39"
7°00'

die Standardroute NOR4T. Für den Radar-Transponder wurde der Code 3235 vergeben. SQUAWK heißt wörtlich übersetzt Hahnenschrei, wird aber in der internationalen Luftfahrt als Kennwort für die vierstellige Radaridentifizierungsnummer verwendet. Wenn das Flugzeug in der Luft ist und vom Radarstrahl des Bodenradars getroffen wird, empfängt ein spezielles, Transponder genanntes, Gerät einen Abfrageimpuls. Diese elektronische Abfrage wird mit dem vereinbarten Code, der vierstelligen SQUAWK- Nummer, beantwortet. Für den SQUAWK-Code stehen die Ziffern 1, 2, 3, 4, 5, 6, 7 und 0 zur Verfügung. Die Ziffern 8 und 9 finden keine Verwendung. Das System erlaubt die Vergabe von insgesamt 4096 unterschiedlichen Codes. Gleichzeitig mit dem SQUAWK-Code werden in einem kurzen Datentelegramm Flugnummer, Flughöhe und Fluggeschwindigkeit übermittelt. Der Radarlotse kann anhand des Transponder-Codes das Echo des empfangenen Radarsignals eindeutig dem Flug LH 4110 zuordnen. Neben der Flugnummer werden Höhe und Geschwindigkeit über Grund auf dem Radarschirm angezeigt.
Zur Vereinfachung der Verkehrslenkung um große Flugplätze wurden standardisierte Ab- und Anflugrouten geschaffen. Die standardisierte Instrumentenabflugrouten heißen SID Standard Instrument Departure, die Anflugrouten STAR Standard Arrival Routes Instrument. Instrument heißt dabei, daß nicht nach Sichtflugregeln (VFR - Visual Flight Rules) sondern nach Instrumentenflugregeln (IFR - Instrument Flight Rules) geflogen wird. Navigiert und gesteuert wird nach den Instrumenten und den Radarvektoren, also den Kursangaben der Fluglotsen.
Für den Abflug über die Runway 23L gibt es je nach Flugziel verschiedene Abflugrouten in unterschiedliche Richtungen wie zum Beispiel LMA3T, RKN5T, OSN6T und andere. Diese SIDs führen entweder von der Startbahn zu einem Funkfeuer oder einem Fixpunkt. Der Kenner (Designator) NOR4T weist zum Funkfeuer Nörvenich, das zur Identifikation die Morsekennung NOR ausstrahlt und auf der Frequenz 116,2 MHz sendet. Bei Flugzeugen, die mit einem Flight Management Computer ausgestattet sind, reicht es, NOR4T in das System einzugeben. Die Steuerkurse, Flughöhen und Frequenzen werden aus der bordeigenen Datenbank ausgelesen und automatisch an die NAV-Empfänger und den Autopiloten gegeben.
NOR4T beinhaltet folgende Fluganweisungen: After take-off direct DY course 231 degrees, at 5 DME DUS LT, on R 357 NOR via KAPEL to NOR.
Übersetzt heißt das: Direkt nach dem Start zum Düsseldorfer Langwellen-Locator-Funkfeuer mit der Kennung „DY" (Frequenz 284,5 kHz) mit Steuerkurs 231 Grad, in einer Entfernung von fünf Nautischen Meilen (9,26 km) vom Düsseldorf-VOR mit der Kennung DUS, das auf 115,15 MHz sendet,

Die Karte links zeigt die Standard-Abflugrouten (SID) des Düsseldorfer Flughafens. Koordinaten und Funkfrequenzen sind darin enthalten.

wird eine Linkskurve (LT = left turn) eingeleitet, bis das Radial 357 Grad des Nörvenich-VOR empfangen wird. Der Fixpunkt KAPEL liegt auf diesem Radial in einer Entfernung von 19 Nautischen Meilen vom Nörvenich-VOR entfernt. Von hier aus geht es weiter direkt zum VHF-Funkfeuer Nörvenich.
Der Co-Pilot erhielt von Düsseldorf Ground die Anweisung, den Tower auf der Frequenz 118,3 MHz zu rufen. Im Sprechfunk wird das Komma, das die Megahertzstelle von der Einhunderter-Kilohertzstelle der Frequenzangabe trennt, als decimal gesprochen. Das Flugzeug befindet sich jetzt auf der Taxiway Mike parallel zur Startbahn und rollt mit etwa 18 Knoten Geschwindigkeit (18 kts gleich 34 km/h) zum Haltepunkt am Ende des Taxiway.
Co-Pilot: „Düsseldorf Tower, Lufthansa 4110." - Tower: „Lufthansa 4110, line up two three left."
Damit wird die Freigabe zum Rollen bis zum Übergang zwischen Taxiway und Startbahn 23L erteilt. Während des Rollen zur Startbahn wird die taxi checklist verlesen:
Kapitän: „Taxi checklist."
Co-Pilot: „Taxi checklist. Flight controls?" - Kapitän: „Checked."
Co-Pilot: „Checked. APU?" - Kapitän: „Off."
Co-Pilot: „Flaps?" - Kapitän: „Flaps one, green light."
Co-Pilot: „One, green light. Trim?" - Kapitän: „Four point one, zero, zero."
Co-Pilot: „Cabin report?" - Kapitän: „Received."
Co-Pilot: „Taxi checklist completed."
Flight controls ist eine Überprüfung der Steuerorgane von Kapitän und Co-Pilot. Mit der Steuersäule wird das Höhenruder, mit dem Steuerhorn das Querruder per Hand betätigt. Die Steuersäule bewirkt durch Heranziehen eine Auslenkung des Höhenruders nach oben, das Flugzeug steigt. Durch Drücken der Säule nach vorne wird das Höhenruder nach unten verstellt, das Flugzeug sinkt. Das Steuerhorn ist an der Oberseite der Steuersäule angebracht. Es kann ähnlich einem Autolenkrad nach rechts für Rechtskurven und nach links für Linkskurven ausgelenkt werden. Die Fußpedale dienen der Auslenkung des Seitenruders. Wird das linke Pedal durchgetreten, erfolgt eine Richtungsänderung nach links, ein Tritt auf das rechte Fußpedal lenkt das Flugzeug nach rechts. Wird gleichzeitig Druck auf den oberen Teil der Pedale ausgeübt, so wird die Fußbremse, die auf alle Räder des Fahrgestells wirkt, aktiviert. Während der taxi checklist wird überprüft, ob sich alle Ruder bis zum Endausschlag bewegen lassen und nicht blockiert sind.
Die Flaps genannten Landeklappen werden nicht nur zur Landung benötigt, sondern auch zum Start. Klappen sind nichts anderes als bewegliche Teile an den Tragflächen, die das Profil des Flügels und die Grundfläche verändern. Die Klappenstellung hängt von verschiedenen Faktoren wie Abfluggewicht, Außentemperatur und Länge der Startbahn ab. Bei der Boeing 737 lassen sich die Flaps an der Hinterkante der Tragflächen in die Stellungen 1, 5, 10, 20, 25 und 30 Grad ausfahren. Beim Start werden die Klappen in die Positio-

nen 1, 5 oder 10 Grad gebracht, die Stellungen 20, 25 oder 30 Grad werden bei der Landung verwendet. Zur Kontrolle leuchtet beim Aus- und Einfahren der Klappen eine grüne Kontrollampe auf. Anschließend wird die Trimmung von Höhenflosse, Seitenruder und Querruder überprüft. An der Skala des Trimmrades wird ein Wert von 4,1 für die Höhenflosse abgelesen, das heißt, daß das gesamte Flugzeug schwanzlastig getrimmt und die Höhenflosse am Heck des Flugzeuges um 4,1 Grad gegenüber der Längsachse verstellt ist. Seitenruder und Querruder stehen in Neutralstellung, deshalb wird der Wert 0 Grad angesagt. Cabin report ist die Meldung der Flugbegleiter aus der Passagierkabine, daß sich alle Passagiere auf ihren Sitzen befinden und die Sicherheitsgurte angelegt haben, die Abdeckungen der Gepäckfächer über den Sitzen geschlossen, die Servierwagen für den Bordservice in der Küche verankert sind und die Flugbegleiter ihre Plätze neben den Notausstiegstüren eingenommen haben.

Vor Erreichen der Startbahn besprechen Kapitän und Co-Pilot das start briefing. Dabei wird festgelegt, welche Maßnahmen einzuleiten sind, falls beim Start ein Triebwerk ausfällt oder ein anderer Vorgang den festgelegten Ablauf beeinträchtigt und zu einer Rückkehr zum Flughafen zwingt.

Kapitän: „Briefing: In case of engine failure steigen wir auf 1700 Fuß, dann eine Rechtskurve zum NDB LIMA, wir steigen weiter auf 3000 Fuß und lassen uns Radarvektoren zurück zum Platz geben."

Aufgrund des Erfassungswinkels der Radargeräte werden Flugzeuge erst ab einer bestimmten Höhe über Grund auf den Schirmen der Radarlotsen sichtbar. Deshalb muß das Flugzeug auf eine Höhe von 1000 Meter über Grund steigen. Dann erst kann der Radarlotse, der auf seinem Schirm einen Überblick über die Situation rund um den Flughafen hat, den Piloten Kursangaben (radar vectors) geben, die sie zurück zur Landebahn führen.

Um Mißverständnisse während der Startphase auszuschließen, stimmen Kapitän und Co-Pilot die SID-Route für den Start miteinander ab.

Kapitän: „Die Departureroute: geradeaus bis Delta Yankee, ist eingestellt, fünf DME Düsseldorf VOR links rum 179 Grad nach Nörvenich VOR, ist auf NAV1 gesetzt, erste Höhe ist 5000 Fuß und Squawk ist eingestellt und die Departure-Frequenz ist set."

Damit wird gleichzeitig überprüft, ob die beim Abflug benötigten Funkfeuer auf den Navigationsempfängern eingestellt sind. Der Transponder ist auf den von Düsseldorf Ground mitgeteilten Code eingestellt und die Frequenz für den Radarlotsen des Abflugsektors voreingestellt. Über Funk meldet sich auf 118,900 MHz der Tower.

Tower: „Lufthansa 4110 line up runway two three left and wait" - Co-Pilot: „Lining up and wait, Lufthansa 4110."

Mit dieser Anweisung wird die Besatzung aufgefordert, bis zur Startbahnschwellenmarkierung vorzurollen. Vom Zurücksetzen von der Fluggastbrücke bis zum Erreichen der Startbahnschwelle sind knapp elf Minuten vergan-

gen. Der Tower meldet sich erneut.
Tower: „Lufthansa 4110 wind one six five degrees six knots, cleared for take off runway two three left, good by."
Der Tower-Lotse übermittelt noch einmal die aktuelle Windrichtung (165 Grad) und die Windstärke (6 Knoten) und gibt schließlich den Start frei.
Co-Pilot: „Lufthansa 4110 cleared for take-off, by."

Start und Steigflug

Es ist 14.15 Uhr Ortszeit, der Kapitän gibt das Kommando zum Start: „Take off!". Mit diesem Kommando wird der Start eingeleitet. Der Co-Pilot schiebt die beiden Schubhebel der Triebwerke ganz nach vorne. Mit den Fußbremsen hält der Kapitän die Maschine an der Position bis etwa 70 Prozent der Startleistung erreicht ist. Die Bremsen werden gelöst und das Flugzeug setzt sich in Bewegung. Nach knapp sieben Sekunden bestätigt der Co-Pilot mit „take off power set" daß die Startleistung von 98 Prozent der Triebwerkleistung zur Verfügung steht. Bei Erreichen einer Geschwindigkeit von etwa 60 Knoten beginnt die Nadel am Fahrtmesser mit dem Ausschlag. Wenn die Nadel 80 Knoten anzeigt, ruft der Co-Pilot „eighty". Der Pilot bestätigt dies mit „checked". Diese Prozedur dient dazu, den gleichen Ausschlag auf den Geschwindigkeitsanzeigen von Piloten und Co-Piloten zu bestätigen. Außerdem überprüft das eine Besatzungsmitglied, ob das andere Besatzungsmitglied „Herr seiner Sinne" ist. Bleibt die Bestätigung bei 80 Knoten aus, muß der Start abgebrochen werden. Kurzzeitig können moderne Düsentriebwerke bis zu 120 Prozent ihrer Leistung erreichen. Aus Lärmschutzgründen, um teuren Treibstoff zu sparen und um die Triebwerke, von denen jedes etwa vier Millionen Mark teuer ist, zu schonen, wird die Höchstleistung in der Regel nicht eingesetzt. Nur bei Starts auf geographisch sehr hoch gelegenen Flugplätzen mit geringer Luftdichte und bei sehr hohem Abfluggewicht wird eine Startleistung von 108 bis 115 Prozent eingesetzt. Das Abfluggewicht dieses Fluges beträgt knapp 55 Tonnen. Eine Startleistung von 98 Prozent reicht auf der 2400 Meter langen Bahn 23L aus.
Nun ruft der Co-Pilot mit Blick auf den Fahrtmesser kurz hintereinander V1, VR, V2. V1 (Vee one) ist die sogenannte go or go-no speed, bis zum Erreichen dieser Geschwindigkeit kann der Start im Notfall abgebrochen werden, etwa wenn ein Hindernis auf der Startbahn auftaucht oder ein Vogelschwarm in geringer Höhe über der Bahn fliegt. Die verbleibende Länge der Startbahn ist groß genug, um das Flugzeug mit einer Vollbremsung zum Stillstand zu bringen. VR (Vee R) ist die rotation speed, die optimale Geschwindigkeit zum Abheben und V2 (Vee two) die take-off safety speed, die Sicherheitsstartgeschwindigkeit. Jeder Flugzeugtyp hat andere Werte für diese drei wichtigen Geschwindigkeiten. Außerdem besteht eine Abhängigkeit zum Startgewicht, der Gegen- oder Seitenwindkomponente und der Höhe des Startplatzes über dem Meeresspiegel und der Lufttemperatur. Für unseren Flug wurden die

Werte V1 = 136 kt (252 km/h), VR = 138 kt (256 km/h), V2 = 142 kt (263 km/h) berechnet. Die beiden Düsentriebwerke der Boeing 737-300 entwickeln einen maximalen Startschub von je 89 Kilonewton. Das entspricht in etwa 16500 PS oder um es anders auszudrücken der Leistung von über 200 Personenwagen der Mittelklasse. Dieser enorme Schub beschleunigt das beim Start etwa 55 Tonnen schwere Flugzeug aus dem Stand in etwa 40 Sekunden auf die optimale Startgeschwindigkeit von rund 250 km/h. Beim Ausrufen der VR-Geschwindigkeit zieht der Kapitän als Pilot-Flying das Steuerhorn zu sich heran bis ein Anstellwinkel von 25 Grad erreicht ist. Auch dieser Pitch genannte Anstellwinkel beim Abheben ist von Flugzeug zu Flugzeug unterschiedlich. Eine Boeing 747 (Jumbo Jet), die ein maximales Startgewicht von 400 Tonnen hat, wird mit 17,5 Grad Pitch vom Boden gehoben.
Es ist 14.16 Uhr Ortszeit. Das Flugzeug hebt vom Boden ab. Sobald am Variometer, dem Instrument, das Steigen oder Sinken in Fuß pro Minute anzeigt, eine positive Steigrate angezeigt wird, erfolgt mit „gear up“ das Kommando zum Einfahren des Fahrgestells. Dadurch wird der Luftwiderstand deutlich verringert und die Beschleunigung nimmt weiter zu. Etwa 500 Meter über Grund werden die Schubhebel von der Startleistung auf Steigleistung (climb power) zurückgenommen. Bei einer Geschwindigkeit von 190 Knoten (352 km/h) werden die Klappen eingefahren. Das Flugzeug ist jetzt aerodynamisch sauber, da keine ausgefahrenen Teile mehr den optimalen Strömungsweg beeinträchtigen.
Etwa eine Minute nach dem Abheben von der Startbahn zeigt der Höhenmesser 2000 Fuß (604 m) über Grund an. Der Co-Pilot hat die Departure-Frequenz von Düsseldorf 128,550 MHz auf seinem VHF-Funkgerät bereits eingestellt. Durch Umlegen eines Kippschalters wird die auf stand-by geschaltete Frequenz aktiviert. Nach kurzem Hereinhören auf dieser Frequenz und nachdem kein anderer Funkverkehr festgestellt wurde, meldet sich der Co-Pilot beim Radarlotsen der Abflugkontrolle an.
Co-Pilot: „Düsseldorf Radar, Lufthansa 4110 out of 2000 climbing 5000.“
Er hat das Durchfliegen der Höhe 2000 Fuß und das Weitersteigen auf 5000 Fuß mitgeteilt.
Radar: „Lufthansa 4110, Düsseldorf Radar, identified, climb to flight level 140.“ - Co-Pilot: „Climbing level 140, Lufthansa 4110.“
Zunächst bestätigt der Radarlotse, daß er das Flugzeug auf seinem Monitor oder Radarschirm erkannt hat und daß der eingestellte Transpondercode korrekt empfangen wird. Er gibt die Anweisung, sofort auf die Flugfläche 140 weiterzusteigen.
Höhenangaben bis 5000 Fuß werden als ganze Zahl ausgesprochen, Höhen, die darüber liegen, werden mit sogenannten Flugflächen (flight level) angegeben. Fliegt das Flugzeug in 6000 Fuß Höhe, befindet es sich in flight level 60 (FL 60). Die Umrechnung in die Höhe in Fuß erfolgt durch Multiplikation der Level-Zahl mit 100. Durch die Anweisung des Lotsen ist der Flug zum Auf-

stieg auf 14000 Fuß (4230 m) oder, wie gesagt, FL 140 freigegeben. Bei Erreichen der transition altitude genannten Übergangshöhe, sie liegt in Deutschland bei 5000 Fuß, werden die barometrischen Höhenmesser vom Luftdruckwert des Flughafens, von dem gestartet wurde, auf Standardatmosphäre von 1013,5 hPa (Hektopascal) umgestellt. Damit wird gewährleistet, daß alle Flugzeuge, unabhängig davon, unter welchem Luftdruck sie gestartet sind, die gleiche Höhenmesserangabe haben. Nur wenn am Boden zufällig ein Luftdruck von 1013,5 hPa herrscht, wird vom Druckhöhenmesser die tatsächliche Höhe über Grund angezeigt. Bei höherem oder tieferem atmosphärischen Druck am Boden zeigt der Höhenmesser einen größeren oder kleineren Höhenwert als die tatsächliche Flughöhe an. Bei der Landung wird deshalb der Radarhöhenmesser eingesetzt. Er strahlt ein Signal von einer Antenne am Flugzeugrumpf nach unten ab. Der Strahl wird vom Boden reflektiert und von der Antenne wieder empfangen. Die Laufzeit des Signals wird in eine Wegstrecke umgerechnet und am Anzeigeinstrument des Radarhöhenmessers sehr genau angezeigt.
Etwa drei Minuten nach dem Abheben hat die Besatzung beim Überfliegen des NDB-Funkfeuers DY den Kurs auf 177 Grad geändert und fliegt direkt auf das Nörvenich-VOR zu.
Eine weitere Minute später meldet sich der Lotse von Düsseldorf Departure auf 128,550 MHz: „Lufthansa 4110 contact Radar on 128,65." und der Co-Pilot bestätigt die Anweisung: „128,65 Lufthansa 4110". Die Frequenz 128,650 MHz ist die DFS-Radarfrequenz für den südöstlichen Sektor von Düsseldorf, die in den amtlichen Publikationen mit SR2 gekennzeichnet ist. Der Co-Pilot schaltet das VHF-Funkgerät auf die angewiesene Frequenz um.
Co-Pilot: „Düsseldorf Radar Lufthansa 4110 out of level 110 climbing 140." - Radar: „Lufthansa 4110, identified, climb to level 170 initially, there is crossing traffic from left to right. I call you back for further climb." - Co-Pilot: „Climbing 170 initially, Lufthansa 4110."
Der Lotse weist auf ein anderes Luftfahrzeug hin, das den Flugweg der Boeing von links nach rechts kreuzt und erteilt die Anweisung, unverzüglich auf FL 170 zu steigen. Durch Erhöhung des Schubs wird die Steigleistung von 1800 Fuß pro Minute auf 2200 Fuß pro Minute erhöht. Da der Autopilot inzwischen eingeschaltet ist und die Steuerung übernommen hat, werden die neue Höhe von 17000 Fuß und die höhere Steigrate am Autopiloten eingestellt. Auch die Schubregelung ist auf Automatikbetrieb autothrottle gestellt, der weitere Steigflug erfolgt deshalb automatisch. Die Besatzung hat jetzt Zeit, die „after take off checklist" zu verlesen.
Kapitän: „After take off checklist: Altimeters?" - Co-Pilot: „Standard, level 138." - Kapitän: „Standard, level 138. After take off checklist completed."
Bei dieser Checkliste wird nur überprüft, ob beide Höhenmesser auf den Standardluftdruck 1013,5 hPa eingestellt sind. Beide Instrumente zeigen eine barometrische Höhe von 13800 Fuß an. Etwa sechs Minuten nach dem Start

meldet sich Düsseldorf Radar:
Radar: „Lufthansa 4110 make a right turn direct Olno and climb to level 220 to cross FIR-boundary 200 or above." - Co-Pilot: „Lufthansa 4110 right to Olno, climbing level 220 to cross the boundary at level 200 or above."
Der NAV1-Empfänger, der bisher auf 116,200 MHz für das Funkfeuer Nörvenich eingestellt war, wird auf Anweisung des Kapitäns auf 112,800 MHz umgeschaltet. Auf dieser Frequenz sendet das belgische Funkfeuer Olno mit der Kennung LNO. Der direkte Kurs auf Olno vor Erreichen des Nörvenich-VOR bedeutet eine kleine Abkürzung. Gleichzeitig hat der Lotse die Besatzung angewiesen, die neue Flughöhe FL 220 anzusteuern. Die Steigrate soll dabei so gewählt werden, daß die Grenze zum belgischen Luftraum (FIR = Flight Information Region) in mindestens 20000 Fuß Höhe überflogen wird. Nach Einstellung des Olno-VOR im Navigationsempfänger wird die Kurssteuerung des Autopiloten auf NAV umgestellt. Das System leitet automatisch eine Rechtskurve ein, bis das Funkfeuer direkt voraus liegt.
Radar: „Lufthansa 4110, are you out of level 190?" - Co-Pilot: „Affirmative, out of 190, Lufthansa 4110." - Radar: „Roger, change to Maastricht 132,85." - Co-Pilot: „Maastricht 132,85 Lufthansa 4110."

Reiseflug

Kurz vor dem Überfliegen der belgischen Grenze und Erreichen der Flughöhe 20000 Fuß wird der Flug an die Flugsicherungszentrale Eurocontrol abgegeben. Eurocontrol ist die europäische Organisation zur Sicherung der Luftfahrt, von der die Luftverkehrskontrolle in Europa zentral koordiniert wird. Das Maastricht Upper Area Control Centre im niederländischen Maastricht ist zuständig für die Kontrolle des oberen Luftraumes in den Benelux-Staaten und Norddeutschland. Jetzt sind diese Lotsen für die Kontrolle des Fluges bis zur französischen Grenze zuständig. Bei 20000 Fuß wird der Oberen Luftraum erreicht und somit kommt das Flugzeug in die Zuständigkeit der Upper Area Control (UAC) von Maastricht Radar. Alle Flugzeuge die höher als FL 200 im Olno-Sektor fliegen, sprechen die Lotsen auf 132,850 MHz an.
Co-Pilot: „Maastricht Radar, Lufthansa 4110, out of level 210 climbing level 220." - Radar: „Lufthansa 4110, identified, climb to level 240." - Co-Pilot: „Climbing level 240, Lufthansa 4110."
Nach der Identifizierung auf dem Radarschirm weist der Lotse die Besatzung an, weiter auf FL 240 (7250 m) zu steigen. Für den relativ kurzen Flug von Düsseldorf nach Paris wurde FL 240 als endgültige Reiseflughöhe bei der Flugplanung festgelegt. Da die Triebwerke in großer Höhe weniger Kerosin verbrauchen, ist jede Fluggesellschaft aus Kostengründen daran interessiert, daß die Flugzeuge bereits nach dem Start möglichst schnell ihre optimale Reiseflughöhe erreichen. Aus Flugsicherungsgründen ist dies nicht immer möglich. Zwar kann die Boeing 737-300 bis auf FL 370 (11200 m) steigen, auf dem kurzen Flug nach Paris würde dies jedoch keinen Sinn machen, da die

Piloten nach Erreichen dieser Höhe sehr bald zur Landung wieder absteigen müßten. Seit dem Start in Düsseldorf sind etwa 13 Minuten vergangen. Der Co-Pilot greift zum Mikrofon des VHF-Funkgerätes: „Maastricht Radar, Lufthansa 4110 reaching and maintaining level 240." Maastricht Radar bestätigt, daß LH 4110 die Reiseflughöhe erreicht hat und einhalten wird. Für die nächsten 15 Minuten ist dies also die Reiseflughöhe.

Seit dem Start sind jetzt 14 Minuten vergangen. Die Boeing erreicht das Funkfeuer Olno. Hier macht die Luftstraße R15 einen Knick nach Süden. Der NAV1-Empfänger wird auf das französische Funkfeuer Montmedy (Kennung MMD, Frequenz 109,400 MHz) umgestellt und der Autopilot richtet das Flugzeug auf den neuen Kurs von 200 Grad aus. Der Streckenabschnitt zwischen den VOR Olno und Montmedy hat eine Länge von 56 Nautischen Meilen (NM). Das sind 104 Kilometer. Bei einer Geschwindigkeit über Grund (Groundspeed) von 410 Knoten (760 km/h) zeigt der Flight Management Computer eine Flugzeit von etwa acht Minuten für diese Teilstrecke an.

Beim Überfliegen der Grenze zwischen Belgien und Frankreich wird die Kontrolle des Fluges von Maastricht Radar an die französischen Fluglotsen für den oberen Luftraum in Paris übergeben.

Radar: „Lufthansa 4110 contact now Paris Radar on 128,1."

Nach der Bestätigung dieser Anweisung wird das VHF1-Funkgerät wird auf diese Frequenz umgestellt und der Co-Pilot nimmt den ersten Kontakt mit der französischen UAC-Flugsicherungsstelle Paris Radar auf.

Co-Pilot: „Paris Radar bon jour, Lufthansa 4110, level 240." - Radar: „Lufthansa 4110, bon jour, maintain flight level 240, proceed Reims, Boursonne, Charles de Gaulle." - Co-Pilot: „Level 240, proceeding Reims, Boursonne, Charles de Gaulle, Lufthansa 4110." - Radar: „Correct!"

Die Besatzung wird damit angewiesen, zunächst auf Flugfläche 240 zu verbleiben. Außerdem bestätigt der Fluglotse die geplante Anflugroute über die Funkfeuer Reims und Boursonne, wie sie im Streckenflugplan auch vorgesehen ist. So wie es standardisierte Abflugrouten (SID) von den großen Flughäfen gibt, hat man auch Standardanflugrouten für den Anflug der Flugzeuge geschaffen. Die Route über Reims und Boursonne nach Paris Charles de Gaulle ist eine Standard Arrival Route STAR auf die Landebahn 27 des Zielflughafens.

Beim Überfliegen des Montmedy-Funkfeuers wird die Airway mit der Kennummer R15 verlassen. Nächster Orientierungspunkt ist das Funkfeuer Reims mit der Kennung REM auf der Frequenz 112,300 MHz, das 42 Meilen westlich von Montmedy liegt. Der neue Kurs ist 266 Grad. Die Boeing ist jetzt noch etwa 120 Meilen (222 km) vom Zielflughafen entfernt. In einer Flughöhe von 7300 Meter kann man bereits den automatischen Informationsdienst aus Paris auf VHF empfangen. Der Co-Pilot schaltet das VHF2-Funkgerät auf die Frequenz 128,000 MHz von CDG-ATIS und schreibt die automatisch ausgestrahlten aktuellen Informationen mit.

Paris Charles-de-Gaulle ATIS: „De-Gaulle-Information Lima. Landing and take-off runways two seven and two eight, expect SID seven Alfa, seven Bravo, seven Yankee. Taxiway three November closed. Transition level 50. Surface wind 185 degrees, seven knots, visibility nine kilometers, scattered one two zero zero feet broken, temperature eight, dewpoint five, QNH 1005, QFE runway 27 1004, QFE runway 28 1004. Confirm you received information Lima."
Durch diese Information erfährt die Cockpitbesatzung, daß in Paris die Landebahnen 27 und 28 in Betrieb sind. In 5000 Fuß Höhe werden die Höhenmesser vom Standardluftdruck auf den aktuellen Luftdruck am Boden von 1005 Hektopascal umgeschaltet. Der Wind weht aus 185 Grad Richtung mit einer Stärke von sieben Knoten. Zum Schluß wird die Crew angewiesen, beim Kontakt mit dem Tower mitzuteilen, daß die Information mit der fortlaufenden Kennung Lima empfangen wurde. Da bis zum Aufsetzen aber noch etwa 20 Minuten Flugzeit verstreichen werden, wird der Co-Pilot später noch einmal CDG-ATIS abhören und die dann aktuellsten Mitteilungen mit der Kennung Mike oder November empfangen.

Sinkflug

Damit der Abstieg von der Reiseflughöhe für die Fluggäste nicht unangenehm wird, beschließt der Kapitän, den Sinkflug etwa 70 Meilen vor dem Zielflughafen, etwa auf halber Strecke zwischen den Funkfeuern Montmedy und Reims, einzuleiten.
Co-Pilot: „Paris Radar, Lufthansa 4110, standing-by for descent." - Radar: „Lufthansa 4110 descent flight level 200, set course direct Boursonne , speed 290 knots." - Co-Pilot: „Lufthansa 4110, descending level 200, direct Boursonne and speed 290 knots."
Paris Radar weist als ersten Schritt der Anflugphase eine neue Flughöhe von 20000 Fuß zu. Das Funkfeuer Boursonne soll direkt angesteuert und die Fluggeschwindigkeit auf 290 Knoten reduziert werden.
Die Schubregler werden auf Leerlauf (idle) zurückgezogen und mit einer Sinkrate von etwa 1500 Fuß pro Minute wird die neue Flughöhe angesteuert. Damit die Reisefluggeschwindigkeit von 410 Knoten schnell auf die vom Radarlotsen geforderten 290 Knoten abgebaut werden kann, werden die Speedbreaks auf der Oberseite der Tragflächen ausgefahren. Der NAV1-Empfänger ist auf die Frequenz 112,500 MHz des Boursonne-VOR eingestellt. Im Kopfhörer ist die Morsekennung BSN zu hören. Nach knapp drei Minuten ist FL 200 erreicht. Schon meldet sich der Fluglotse.
Radar: „Lufthansa 4110 descent level 120." - Co-Pilot: „Descending level 120, Lufthansa 4110."
Das Boursonne-VOR ist ein Anfangsanflugpunkt, den man Initial Approach Fix (IAF) nennt. Diesen Fixpunkt müssen alle Flugzeuge anfliegen, die für eine Landung auf der Bahn 27 vorgesehen sind. Das Standardanflugverfahren sieht vor, daß das BSN-Funkfeuer in 8000 Fuß überflogen und ab diesem

Blick in das 737-Cockpit während des Reisefluges. Der Autopilot steuert das Flugzeug und hält Kurs, Höhe und Geschwindigkeit.

Punkt der Sinkflug auf 4000 Fuß fortgesetzt wird.
Im Autopiloten wird zunächst die vom Fluglotsen zugewiesene Höhe von 12000 Fuß eingestellt und dabei die Sinkrate auf 1800 Fuß pro Minute erhöht. Der Abstieg von FL 200 auf FL 120 dauert knapp fünf Minuten. Noch bevor die Flugfläche 190 erreicht ist, meldet sich der Lotse.
Radar: „Lufthansa 4110 descent level 80." - Co-Pilot: „Lufthansa 4110 passing 190, descending 80."
Kurz danach wird die Kontrollzone des Charles de Gaulle Airport erreicht.
Radar: „Lufthansa 4110 reduce speed to 280 knots, contact De Gaulle on 121,15." - Co-Pilot: „Reducing to 280 knots, De Gaulle on 121,15."
Am Einstellrad des Autopiloten wird die neue Geschwindigkeit 280 Knoten eingestellt. Die Automatik fährt die Bremsklappen selbständig so lange aus, bis diese Geschwindigkeit erreicht ist. Der Co-Pilot schaltet das VHF1-Funkgerät auf die Frequenz 121,150 MHz der Anflugkontrolle um.
Co-Pilot: „De Gaulle, bon jour, Lufthansa 4110 out of level 170, descending 80." - Radar: „Lufthansa 4110, bon jour, proceed Boursonne, descend level 60, ILS 27." - Co-Pilot: „Lufthansa 4110, proceeding Boursonne, level 60 for ILS 27."
ILS 27 heißt, daß das Flugzeug nach dem Instrumenten Anflugverfahren auf der Landebahn 27 landen soll. Der Kapitän erklärt das Anflugverfahren.

Kapitän: „Zum Anflug auf die Zwo-Sieben 41 DME level 140, Maximum 250 Knoten und ein Minimum Sektor in unserem Bereich von 2000 Fuß um Papa Golf Sierra. Die Bahn ist 3600 Meter lang, bei einem missed approach geht es geradeaus auf 3000 Fuß, bei 6,5 DME PGS rechts rum heading 320 nach MERUE. Die Daten sind im FMC.“
Zunächst wird die aktuelle Position mit 41 Meilen vom Funkfeuer Charles-de-Gaulle CGN in einer Flughöhe von 14000 Fuß ermittelt. Die Mindestsicherheitshöhe über Grund, Minimum Safety Altitude (MSA) genannt, die im Anflugsektor um das PGS-VOR nicht unterschritten werden darf, beträgt 2000 Fuß. Bei einem Abbruch der Landung soll nach dem festgelegten Fehlanflugverfahren (Missed Approach Procedure) weiter geradeaus auf 3000 Fuß gestiegen werden. In einer Entfernung von 6,5 Meilen vom PGS-VOR wird eine Rechtskurve eingeleitet und ein Kurs von 320 Grad geflogen. MERUE ist ein Fixpunkt, der nordwestlich des Flughafens liegt. Von dort aus kann nach dem STAR-Verfahren über das Funkfeuer Creil ein neuer Landeversuch unternommen werden. Das komplette Missed Approach Procedure ist im Flight Management Computer gespeichert. Falls die Landung abgebrochen werden muß, steuert der Autopilot das Flugzeug automatisch entsprechend den Vorgaben des Verfahrens.
Seit dem Start in Düsseldorf sind 31 Minuten vergangen. Flug LH 4110 ist inbound Boursonne, das heißt, die Maschine fliegt auf das IAF-Funkfeuer Boursonne zu. Bewegt sich ein Flugzeug von einem Funkfeuer weg, wird das outbound genannt. Entsprechend einer internationalen Vorschrift dürfen Flugzeuge unterhalb von FL 100 (3020 m) nicht schneller als 250 Knoten (463 km/h) fliegen. Kurz vor Erreichen dieser Höhe wird die Fluggeschwindigkeit weiter auf 250 Knoten reduziert. Nach 40 Minuten Flugzeit erfolgt der Überflug des Boursonne VOR in 8000 Fuß Höhe.
Radar: „Lufthansa 4110, left heading 230, descent 4000 feet 1005.“ - Co-Pilot: „Lufthansa 4110, left heading 230, descending 4000 and the QNH 1005.“
Die STAR sieht nach dem Überfliegen des Boursonne-VOR einen Kurs von 214 Grad vor, um nach 9,1 Meilen den Funkstrahl des ILS-Localizers zu schneiden. Da sich noch andere Flugzeuge im Anflugsektor befinden, verkürzt der Fluglotse das Anflugverfahren und erteilt der Crew von Flug LH 4110 „radar vectors“, das heißt, daß die Boeing vom Standardanflugverfahren abweicht und die Steuerkurse, in diesem Fall 230 Grad, vom Lotsen erhält. Da beim Durchfliegen der Höhe 5000 Fuß (transition altitude) die Höhenmesser vom Standardluftdruck 1013,5 hPa auf den tatsächlichen Luftdruck am Boden umgestellt werden müssen, teilt der Lotse den Luftdruck (QNH) von 1005 hPa zusammen mit der Anweisung, auf 4000 Fuß zu sinken, mit. Bei der nun folgenden approach checklist werden beide Höhenmesser daraufhin überprüft, ob 1005 hPa als QFE eingestellt ist und auf den Instrumenten die gleiche Höhe, nun wieder über Grund, angezeigt wird.

Endanflug und Landung

Der NAV1-Empfänger wurde für den Empfang der Signale des ILS-Systems auf 110,700 MHz eingestellt. Auf dieser Frequenz wird die Kennung CGW ausgestrahlt. Der exakte Anflugkurs auf die Runway 27 beträgt 268 Grad. Das Flugplatz-VOR mit der Kennung PGS auf 117,050 MHz ist im NAV2-Empfänger eingestellt. Im ADF-Empfänger für ungerichtete Funkfeuer (NDB) ist die Bodenstation RSY auf 356 kHz gerastet. Das RSY-NDB dient als Anflugfunkfeuer (Locator-Beacon) für Flugzeuge ohne ILS-Ausrüstung. Die Anzeige des DME zeigt jetzt 15 Meilen Entfernung vom CGN-VOR.

Radar: „Lufthansa 4110, cleared to intercept localizer 27." - Co-Pilot: „Lufthansa 4110, cleared to intercept localizer 27."

Diese Anweisung besagt, daß die Besatzung den Kurs von 230 Grad beibehält und den Funkstrahl des Landekurssenders anschneidet. Wenn das auf 268 Grad eingestellte Instrument das Erreichen des Schnittpunktes anzeigt, wird mit neuem Kurs von 268 Grad die Landebahn 27 direkt angesteuert.

Radar: „Lufthansa 4110, reduce speed 180." - Co-Pilot: „Lufthansa 4110, reducing speed to 180 knots."

Die Landeklappen werden auf die Ein-Grad-Stellung ausgefahren.

Radar: „Lufthansa 4110, reduce speed 160 knots, cleared final 27, call Tower on 119,25."

Der Radarlotse erteilt die Freigabe für die Endanflugstrecke (final) auf die Bahn 27 mit einer Geschwindigkeit von 160 Knoten. Der Kapitän schaltet den Autopiloten aus und geht auf „manual flight". Das Flugzeug wird nun von Hand gesteuert. Mit der Höhenrudertrimmung und dem Querruder folgt er dem Signal von Landekurssender und Gleitwegsender. Die Klappen werden in Fünf-Grad-Position gebracht. Im VHF-Gerät ist die Frequenz 119,250 MHz von De-Gaulle-Tower eingestellt.

Co-Pilot: „De Gaulle Tower, Lufthansa 4110, ILS 27." - Tower: „Lufthansa 4110, continue on final 27, wind 182 degrees, eight knots." - Co-Pilot: „Lufthansa 4110, continuing." - Kapitän: „Gear down!" - Co-Pilot: „Gear down."

Das Fahrwerk wird ausgefahren, die Landeklappen auf 30 Grad gesetzt. Im Cockpit ertönt ein hoher Piepton, der das Überfliegen des Outer Marker, der sich 3,5 Meilen vor der Landebahnschwelle befindet, signalisiert. Im Cockpit wird die final checklist verlesen.

Co-Pilot: „Final checklist. speed break?" - Kapitän: „Armed, green light."

Co-Pilot: „Gear?" - Kapitän: „Down, three green."

Co-Pilot: „Flaps?" - Kapitän: „30, green light."

Co-Pilot: „30, green light. Final checklist completed."

Beim Überfliegen des Outer Marker zeigte der barometrische Höhenmesser eine Flughöhe von 1600 Fuß über Grund an. Ab dieser Höhe liefert der Radarhöhenmesser vom Luftdruck unabhängige exaktere Daten. Eine halbe Meile vor dem Aufsetzpunkt ertönt das Signal des Middle Marker. Der Co-Pilot liest die Höhe vom Radarhöhenmesser ab: „500" und der Kapitän be-

stätigt dies mit „Checked, continue". Der Anflug wird fortgesetzt.
Tower: „Lufthansa 4110 cleared to land 27." - Co-Pilot: „Lufthansa 4110, cleared to land."
Die endgültige Landefreigabe ist erteilt. Wenige Augenblicke später setzt die Boeing 737 auf. Wenn das Hauptfahrwerk Kontakt mit dem Boden hat, werden die Speedbreaks ganz ausgefahren. Damit wird die Strömung an den Tragflächen und der Auftrieb abgebaut. Zusätzlich sind die Radbremsen aktiviert. Die Umkehrschubklappen werden geöffnet und die Triebwerke heulen erneut auf. Diesmal wird der Abgasstrahl aber nach vorne in Rollrichtung umgeleitet. Wenn das Flugzeug auf etwa 80 Knoten abgebremst ist, wird der Umkehrschub abgeschaltet und das Abbremsen bis zur Taxi-Speed von etwa 15 Knoten mit den Radbremsen alleine erreicht.
Tower: „Lufthansa 4110 contact Ground on 121,6." - Co-Pilot: „Ground on 121,6, Lufthansa 4110."
Der Co-Pilot schaltet das Funkgerät auf die Frequenz 121,600 MHz des Bodenlotsen im Kontrollturm um.
Co-Pilot: „De-Gaulle-Ground, Lufthansa 4110." - Ground: „Lufthansa 4110, taxi via Delta-loop entry one zero stand X-Ray four." - Co-Pilot: „Via Delta-loop entry one zero to stand X-Ray four, 4110."
Knapp 50 Minuten nach dem Abheben in Düsseldorf hat Lufthansa-Flug 4110 die Abstellposition X4 auf dem Pariser Flughafen Charles de Gaulle erreicht. In dieser Zeit wurde eine Flugstrecke von 240 Meilen (444 km) zurückgelegt. Im Cockpit wird die parking checklist verlesen.
Kapitän: „Parking checklist."
Co-Pilot: „Parking checklist: window- and pitot-heat?" - Kapitän: „Off."
Co-Pilot: „Anti-ice?" - Kapitän: „Off."
Co-Pilot: „Anti-collision-lights?" - Kapitän: „Off."
Co-Pilot: „Start switches?" - Kapitän: „Off."
Co-Pilot: „Landing lights?" - Kapitän: „Off."
Co-Pilot: „Flaps?" - Kapitän: „Up."
Co-Pilot: „Speedbreaks?" - Kapitän: „On, detent."
Co-Pilot: „Start levers?" - Kapitän: „Cutoff."
Co-Pilot: „Parking break?" - Kapitän: „Set."
Co-Pilot: „Weather radar?" - Kapitän: „Off."
Co-Pilot: „Parking checklist completed."
Der Flug ist beendet. In der Regel wird die Besatzung bei solchen Europa-Kurzstreckenflüge nach einem Aufenthalt von 60 bis 90 Minuten den Rückflug nach Düsseldorf antreten. In dieser Zeit werden einige Tonnen Kerosin nachgetankt, das Gepäck der Reisenden entladen, die Kabine gereinigt und anschließend das Gepäck der neuen Fluggäste verladen. Im Cockpit wird die Wartezeit mit Papierkram erledigt und das Flight Management System mit den Daten für den Rückflug programmiert.
Das realitätsnahe Beispiel hat gezeigt, daß ein kontrollierter Flug ohne Funk-

INSTRUMENT APPROACH CHART

ELEV 387

ATIS	128.00
APPROACH	121.15
TOWER	119.25
GROUND	121.60

PARIS CHARLES DE GAULLE ILS RWY 27

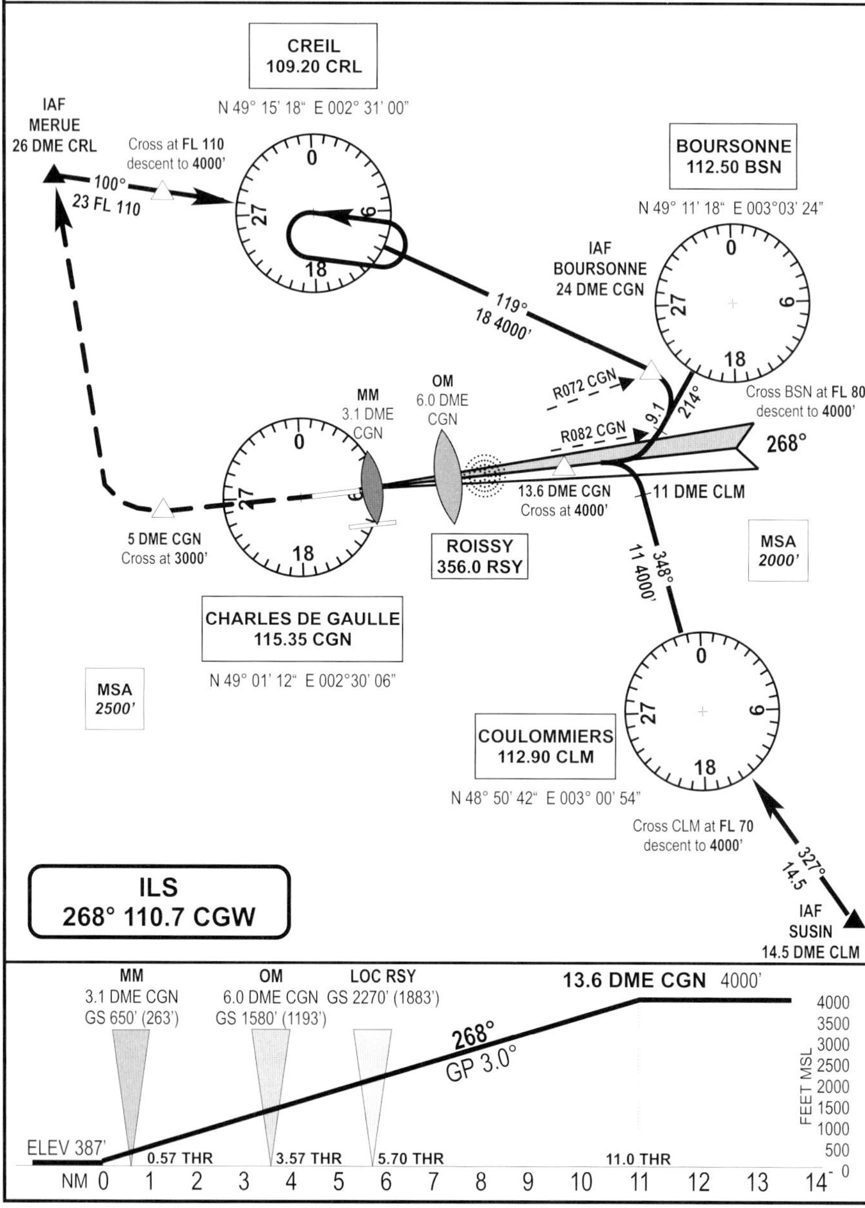

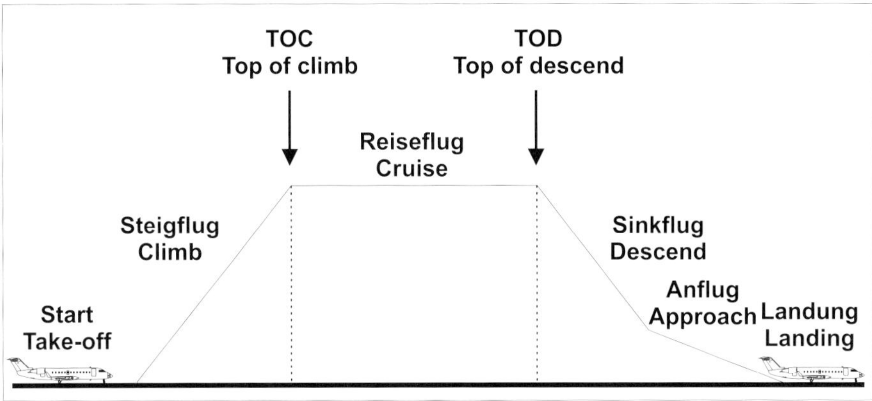

Die einzelnen Phasen eines Fluges vom Start zur Landung.

kommunikation nicht stattfinden kann. Außerdem wurde deutlich, daß selbst während eines Kurzstreckenfluges mit einer reinen Flugzeit von unter einer Stunde eine Vielzahl von Frequenzen eingestellt werden mußten.
Vorfeldkontrolle, Rollkontrolle, Tower-Lotse, Abflugradarkontrolle, Radarkontrolle für den Oberen Luftraum, Anflugkontrolle, Tower-Lotse, Rollkontrolle und Vorfeldkontrolle sind die Ansprechpartner während des Fluges gewesen. Jeder Flugfunkdienst ist auf einer anderen Frequenz anzusprechen.
Während eines Fluges von Frankfurt nach Lissabon in Portugal muß die Besatzung im Cockpit etwa 20 Mal die Sprechfunkfrequenz wechseln.
Problematisch wird es oft bei Flügen nach Süd- und Südosteuropa. Zwar werden die verschiedenen Flugfunkdienste auch bei solchen Flügen über VHF angesprochen, Unterschiede gibt es aber bei der Weiterleitung der aktuellen Flugpläne und Streckenfreigaben. In Europa existieren zum Leid der Fluggesellschaften etwa 20 verschiedene Flugsicherungssysteme. Während in den Eurocontrol-Ländern diese Daten per Computer-Standleitung weiterverteilt werden, kommt es gerade in den Ferienmonaten immer wieder zu langen Verspätungen, weil die Flugdaten zum Beispiel von Sofia in Bulgarien nach Athen in Griechenland per Telefon übermittelt werden. Bricht das Telefonsystem zwischen den so miteinander verbundenen Kontrollzonen zusammen, kann keine Strecken- und Einflugfreigabe erteilt werden. Diese muß aber vor dem Start vorliegen, sonst kann die Maschine am Ausgangspunkt nicht starten. Die Folgen sind entnervte Passagiere, die viele Stunden im Warteraum oder Flugzeug sitzen.

Die Grafik auf der linken Seite zeigt die ILS-Anflugkarte für die Piste 27 von Paris Charles de Gaulle.

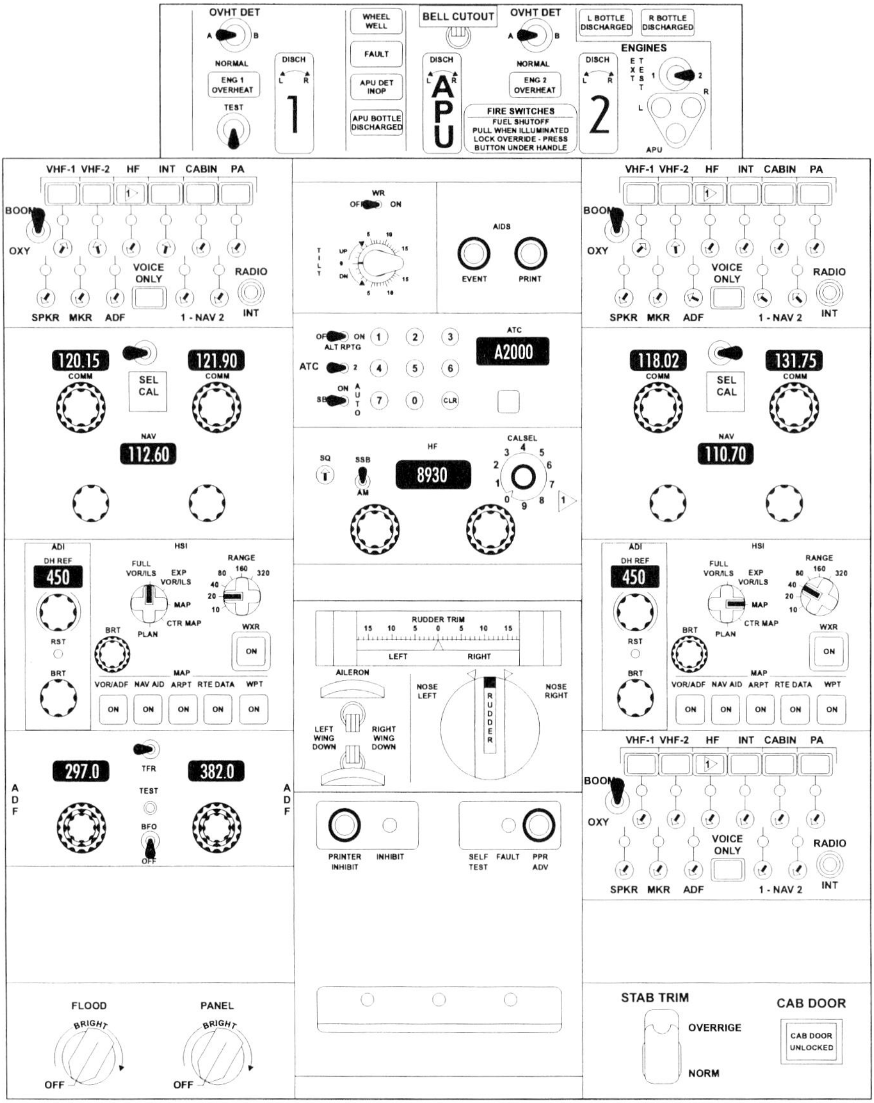

Die elektronischen Geräte für Kommunikation und Navigation in der Luftfahrt werden mit dem Kunstwort "Avionik" bezeichnet. Die Grafik zeigt das Avionik-Panel einer Boeing 737.

Flugsicherung in Deutschland

Einführung

Das Symbol für Flugsicherheit ist der Tower. In diesen weithin sichtbaren Türmen sitzt hoch über dem Flughafen die Platzkontrolle. Die Towerlotsen koordinieren per Sprechfunk den Flugverkehr auf den Start- und Landebahnen sowie in unmittelbarer Flughafennähe. Meist sind sie mit den Maschinen in Sichtkontakt. Auf der Towerfrequenz erteilen sie den Cockpit Crews die nötigen Freigaben.

Nach dem Start und vor der Landung übernimmt Approach Control (An- und Abflugkontrolle) die Flugbetreuung. Sie leitet den Abflug (Departure) bis zu einer vorgegebenen Höhe und den Anflug (Arrival) bis zur Übergabe an den Tower. Computergestützte Anlagen helfen stark frequentierten Flughäfen, den Andrang zu bewältigen. Wie an einer Perlenkette aufgereiht schweben die Flugzeuge in der Rush-hour ein. Was von der Besucherterrasse aus wie ein Kinderspiel aussieht, ist in Wahrheit Präzisionsarbeit.

Noch während des Steigflugs wechselt der Pilot auf Anweisung des Fluglotsen die Funkfrequenz. Der Position Report des Flugzeugführers geht jetzt an Area Control (Bezirkskontrolle). Auf Strecke durchquert das Flugzeug mehrere dieser Kontrollen, immer geleitet durch die Fluglotsen des jeweiligen Bezirks. Mit Hilfe von Funkfeuern und modernen bodenunabhängigen Navigationssystemen hält das Flugzeug Kurs. Verläßt ein Pilot die zugewiesene Strecke, wird er aufgefordert, seinen alten Kurs wieder aufzunehmen. – Den Fluglotsen entgeht keine Bewegung am Himmel.

Im Gegensatz zu den Fluglotsen im Tower arbeiten Approach- und Area Control ohne Sichtkontakt zu den Flugzeugen. Sie sitzen in den Kontrollzentralen vor ihren Radarschirmen. Ihre Arbeitsinstrumente sind Telekommunikations- und Radaranlagen. Die Lotsen müssen in der Lage sein, sich die Informationen, die ihnen das zweidimensionale Radarbild liefert, räumlich, also dreidimensional vorzustellen.

Aufbau und Struktur

Der Luftraum über Deutschland gehört nach Auskunft der Deutschen Flugsicherung GmbH (DFS) zu den verkehrsreichsten der Welt. Der Flugverkehr ist 1998 um fünf Prozent auf 2,32 Millionen Instrumentenflüge gegenüber 2,21 Millionen im Jahr 1997 gestiegen – ein neuer Rekord. An jedem Tag des Jahres kontrollierten die Fluglotsen durchschnittlich 6200 Flüge auf den Luftstraßen und Flughäfen. Hinzu kommen noch rund 1,8 Millionen Sichtflüge, die nicht der Kontrolle durch die Flugsicherung unterliegen. Die Kontrolle des Luftraums über Deutschland stellt damit höchste Ansprüche an Mensch und Technik. Mit rund 30 Prozent machten die 682000 Überflüge den größten Anteil aus. Ein- und Ausflüge von und in die Nachbarländer betrugen jeweils 25 Prozent und die innerdeutschen Flüge 20 Prozent.

Fluglotsen der Deutschen Flugsicherung GmbH an den Arbeitsplätzen der An- und Abflugkontrolle (Approach/Departure) in der Flugsicherungsregionalstelle Frankfurt/Main.

Nach Auskunft der unabhängigen Expertenkommission Aircraft Proximity Evaluation Group (APEG) kam es 1998 zu 17 Luftfahrzeugannäherungen, von denen neun der Kategorie „akute Zusammenstoßgefahr“ und acht der Kategorie „Sicherheit nicht gewährleistet“ zugerechnet wurden. In fünf Fällen trug die Flugsicherung die Verantwortung dafür. Trotzdem bezeichnet die DFS den deutschen Luftraum als Sicher, der Anteil der Vorfälle, die in keinem Fall zu einem Zusammenstoß oder Absturz führten, betrug 0,0007 Prozent des von der Flugsicherung kontrollierten Flugverkehrs.
Die DFS hat am 1. Januar 1993 als bundeseigenes privatrechtlich organisiertes Unternehmen die Dienste von der 1953 gegründeten Bundesanstalt für Flugsicherung (BFS) übernommen. Gesellschafter der DFS ist die Bundesrepublik Deutschland, vertreten durch den Bundesminister für Verkehr. Sitz der Gesellschaft mit rund 5000 Mitarbeitern ist Offenbach am Main. Gegenstand des Unternehmens ist die Entwicklung, Bereitstellung und Durchführung der Flugsicherungsdienste. Mit einer Rechtsverordnung vom November 1992 beauftragte der Bundesminister für Verkehr die DFS mit der Wahrnehmung der im Luftverkehrsgesetz genannten hoheitlichen Flugsicherungsaufgaben: Es sind dies die Durchführung der Flugsicherungsbetriebsdienste und der flugsicherungstechnischen Dienste, die Planung und Erprobung von Verfahren

und Einrichtungen für die Flugsicherung sowie die Sammlung und Bekanntgabe der „Nachrichten für Luftfahrer NfL“. Darüber hinaus hat die DFS auch die Aufgabe der überörtlichen militärischen Flugsicherung übernommen. Bereits im Februar 1994 konnte die Integration der überörtlichen zivilen und militärischen Flugsicherung zu einem Gesamtsystem größtenteils vollzogen werden. Im September 1996 erfolgte schließlich noch die Angliederung des überörtlichen militärischen Flugsicherungssektors A in den Niederlanden als Niederlassung Maastricht innerhalb der DFS-Region Nord. Seitdem nimmt die DFS sämtliche Flugsicherungsaufgaben für den überörtlichen militärischen Luftverkehr im gesamten Luftraum der Bundesrepublik Deutschland - im Jahr 1998 mehr als 100000 Militärflüge - wahr.

Die Aufgaben der Flugsicherung sind im einzelnen im Luftverkehrsgesetz geregelt. Sie umfassen vor allem die Verkehrslenkung (Flugverkehrskontrolle) sowie die Entgegennahme, Bearbeitung und Weiterleitung von Flugplänen. Die DFS ist außerdem für die Planung, Errichtung und Inbetriebhaltung aller für diese Zwecke notwendigen technischen Einrichtungen und der Funknavigationsanlagen für Luftverkehrsteilnehmer zuständig.

Kontrollierte Flüge, das sind praktisch alle Linien-, Charter- und Frachtflüge, bleiben vom Start bis zur Landung in der Obhut der Flugsicherung. Fluglotsen in den Kontrolltürmen sowie in den Radarkontrollzentralen stellen durch Freigabe und Anweisungen an die Piloten den notwendigen Sicherheitsabstand zwischen den Flugzeugen her. Sie weisen Strecken und Flughöhen zu oder schreiben Geschwindigkeiten vor, wenn dies zum Zweck der Verkehrslenkung erforderlich ist. Dabei muß die DFS ihre Dienste flächendeckend anbieten. Sie ist deshalb in Deutschland an 17 internationalen Flughäfen mit Regionalstellen oder Niederlassungen vertreten.

Die Streckenkontrolle für den „Unteren Luftraum“ bis etwa 8000 Meter Flughöhe (Flugfläche 240) erfolgt an den Regionalstellen Bremen (Region Nord), Düsseldorf (Region West), Frankfurt (Region Mitte), Berlin (Region Ost) und München (Region Süd).

Für den „Oberen Luftraum“ stehen vier Kontrollzentralen zur Verfügung. Der norddeutsche Luftraum wird von der Eurocontrol-Zentrale in Maastricht (Niederlande), Süddeutschland von München und die östlichen Bundesländer von Berlin aus kontrolliert. Die DFS-Niederlassung Karlsruhe ist seit Ende 1998 der Region Süd zugeordnet.

Im Rahmen von Umstrukturierungsmaßnahmen wird die Zahl der Kontrollzentralen ab dem Jahr 2000 von sechs auf drei – eine im Norden, eine in der Mitte und eine im Süden - verringert. Die DFS strebt damit jährliche Einsparungen in mehrstelliger Millionenhöhe an, will noch wirtschaftlicher arbeiten und die Flugsicherungsgebühren mittelfristig weiter senken. Es werden die Kontrollzentralen in Bremen und Berlin am Standort Bremen und die Zentralen Frankfurt und Düsseldorf im südhessischen Langen zusammengelegt. Die Entscheidung über die beiden süddeutschen Standorte München und

Karlsruhe wird mit der künftigen Ausgestaltung der Vier-Staaten Kontrollzentrale Maastricht später getroffen.
Von der Zusammenlegung der Zentralen Berlin und Bremen erwartet die DFS Einsparungen in zweistelliger Millionenhöhe bei den Personal-, Sach- und Kapitalkosten. Der Standort Bremen wurde aus wirtschaftlichen Gründen gewählt, weil dort in einem DFS-eigenen Gebäude ausreichend Platz vorhanden ist. Die Verlagerung der Arbeitsplätze, von denen 290 Mitarbeiter betroffen sind, wird nicht vor dem Jahr 2003 erfolgen.
Die Zentralen Düsseldorf und Frankfurt werden am Standort Langen (Landkreis Offenbach) zusammengelegt, weil dort eine der modernsten Radarkontrollzentralen Europas entsteht. Die Verkehrsgebiete der bisherigen Kontrollzentralen mit ihrer in Deutschland einmaligen Dichte von sehr stark beflogenen Lufträumen legt nach Ansicht von Experten aus Gründen der Kapazität eine Zusammenlegung in eine Kontrollzentrale nahe. In der Langener DFS-Niederlassung wird derzeit jene Gerätegeneration eingerüstet, mit der später auch die übrigen Kontrollzentralen ausgestattet werden. Vom Umzug, der nicht vor dem Jahr 2001 erfolgen wird, sind 250 Mitarbeiter betroffen.
Bestimmte Modelle für die zukünftige Ausgestaltung der Vier-Staaten Kontrollzentrale Maastricht betreffen auch Lufträume, die zur Zeit von München und Karlsruhe aus kontrolliert werden. Bis zur endgültigen Klärung dieser Frage werden im Süden die beiden Zentralen München und Karlsruhe beibehalten. Die Umsetzung der Standortentscheidung wird nicht vor dem Jahr 2005 erfolgen. Beide Zentralen werden parallel mit der neuen Generation von Flugsicherungssystemen ausgestattet
Von dem Drei-Zentralen-Modell unberührt bleibt die Existenz der DFS-Kontrolltürme an den internationalen Verkehrsflughäfen in Deutschland. Von dort aus wird auch in Zukunft der Luftverkehr an den Flughäfen und in deren unmittelbarer Umgebung kontrolliert

Flugsicherungsdienste

Aufgabe der DFS ist nach dem Luftverkehrsgesetz die Durchführung verschiedener Dienste mit dem Ziel, die Sicherheit des Luftverkehrs zu gewährleisten, Gefahren für die Sicherheit des Luftverkehrs und Gefahren für die öffentliche Sicherheit und Ordnung durch den Luftverkehr abzuwenden und für eine sichere, zügige und wirtschaftliche Abwicklung des Verkehrs zu sorgen.
Es gibt in Deutschland folgende Flugsicherungsbetriebsdienste:

- Flugverkehrskontrolldienst (Air Traffic Control Service - ATC)
- Fluginformationsdienst (Flight Information Service - FIS)
- Flugalarmdienst (Alerting Service - AS)
- Flugberatungsdienst (Aeronautical Information Service - AIS)
- Flugfernmeldedienst (Aeronautical Telecommunication Service - ATS)
- Flugsicherungstechnischer Dienst (Air Nav. Engineering Service - ANES)

Die Flugverkehrskontrolle erfaßt jede Phase eines kontrollierten Fluges. Flugverkehrslotsen (Fluglotsen/Controller) und Luftfahrzeugführer (Piloten) stehen auf zahlreichen VHF- und UHF-Sprechfunkfrequenzen in ständiger Sprechfunkverbindung miteinander.
Dem Flugverkehrskontrolldienst sind Flüge nach Instrumentenflugregeln (IFR), Flugplatzverkehr (Aerodrome Traffic), Sonderflüge nach Sichtflugregeln (VFR) und kontrollierte Flüge nach Sichtflugregeln im Luftraum Charlie (Controlled Visual Flight Rules - CVFR) unterstellt. Diese Flüge nennt man kontrollierte Flüge (Controlled Flights).
Im voraus bekannte Daten wie Flugzeugtyp, Fluggeschwindigkeit und Flugweg zusammen mit den aus dem Sprechfunkverkehr und der Radardarstellung gewonnenen Informationen bieten den Fluglotsen ein kontinuierliches Bild der Luftverkehrslage.
Der Kontrollturm (Tower) überwacht den Verkehr in der unmittelbaren Umgebung des Flugplatzes sowie auf den Start-, Lande- und Rollbahnen. Die An- und Abflugkontrolle (Approach Control Service) kontrolliert die an- und abfliegenden Luftfahrzeuge, die Bezirkskontrolle (Area Control Service) ist für den Luftverkehr auf den Luftstraßen (En-route Traffic) zuständig. Zusätzlich üben diese Kontrollstellen den Alarm- und den Fluginformationsdienst aus. Der Alarmdienst hat die Aufgabe, Hilfs- und Suchmaßnahmen für in Not geratene oder vermißte Luftfahrzeuge einzuleiten und zu koordinieren. Der Fluginformationsdienst gibt Hinweise und Informationen, welche die sichere und zweckmäßige Abwicklung der Flüge erleichtern.
Für die Staffelung der Flüge sind von der Internationalen Zivilluftfahrtbehörde (ICAO) weltweit gültige Richtlinien und Empfehlungen erarbeitet worden. Diese Regeln haben in Deutschland und in mehr als 170 Ländern Gültigkeit.
Grundsätzlich werden Luftfahrzeuge durch bestimmte zeitliche Abstände, durch Zuweisung unterschiedlichster Flughöhen oder in festgelegten seitlichen Abständen voneinander gestaffelt. Die im Sprechfunkverkehr ausgetauschten Daten und die Luftlagedarstellung auf den Radarschirmen der Fluglotsen lassen die Gefahr von unzulässigen Annäherungen rechtzeitig erkennen und geben dem Lotsen die Möglichkeit, durch geeignete Kontrollmaßnahmen, etwa durch die Anordnung bestimmter Ausweichmanöver, Unterschreitungen der festgelegten Mindestabstände sowie Geschwindigkeitsänderungen zu vermeiden.

Flugverkehrskontrolldienst

Die Aufgabe des Flugverkehrskontrolldienstes ist die Durchführung der Flugverkehrskontrolle und der Bewegungslenkung im kontrollierten Luftraum und an kontrollierten Flugplätzen. Dazu gehört es, Zusammenstöße zwischen Luftfahrzeugen in der Luft und am Boden zu vermeiden und für eine schnelle und flüssige Verkehrsabwicklung zu sorgen. Dafür müssen die Flugverkehrskontrollstellen die Standorte der Luftfahrzeuge anhand der eingehenden In-

Zwei Fluglotsen an den Arbeitsplätzen der Platzkontrolle im Tower-Süd des Frankfurter Rhein-Main-Flughafens.

formationen (Flugpläne, Positionsmeldungen und Radarinformationen) bestimmen und durch Anweisungen, Freigaben und Informationen an die Piloten für eine Staffelung sorgen.

Der Flugverkehrskontrolldienst (Air Traffic Control Service - ATCS/AIC) wird von den Flugverkehrskontrollstellen (Air Traffic Control Units - ATCU) durchgeführt. Diese Stellen sind für den Bezirkskontrolldienst (Area Control Service - ACS) in Bremen, Düsseldorf, Frankfurt und München, den Anflugkontrolldienst (Approach Control Service - ACS) und den Flugplatzkontrolldienst (Aerodrome Control Service) auf kontrollierten Flugplätzen zuständig. Dem Flugverkehrskontrolldienst sind Flüge nach Instrumentenflugregeln, der Flugplatzverkehr (Aerodrome Traffic), Sonderflüge nach Sichtflugregeln und kontrollierte Flüge nach Sichtflugregeln (Controlled Visual Flight Rules - CVFR) unterstellt. Diese Flüge nennt man kontrollierte Flüge (Controlled Flights).

Die einzelnen ATC-Dienste werden von folgenden Stellen wahrgenommen:

- Bezirkskontrolldienst (Area Control Service) von Bezirkskontrollstellen (Area Control Centers - ACC)
- Anflugkontrolldienst (Approach Control Service) von Anflugkontrollstellen (Approach Control Offices - APP)
- Flugplatzkontrolldienst von Flugplatzkontrollstellen (Aerodrome Control Towers - TWR)

Die Zuständigkeitsbereiche werden bezeichnet als:

- Kontrollbezirke (Control Area -CTA)
- Nahverkehrsbereiche (Terminal Control Area -TMA)
- Kontrollzonen (Control Zones -CTR)

Die Staffelung der Luftfahrzeuge im kontrollierten Luftraum geschieht durch bestimmte zeitliche Abstände auf gleicher Flugroute (Längenstaffelung - Longitudinal Separation), unterschiedliche Flughöhen (Höhenstaffelung - Vertical Separation), festgelegte seitlich getrennter Flugrouten (Seitenstaffelung - Lateral Separation), zeitlich gestaffelte Zuweisung gleicher Flugrouten, Trennung der Flugwege durch Zuweisung bestimmter Kurse anhand von Radarinformationen (Radarstaffelung - Radar Separation)

Fluginformationsdienst

Der Fluginformationsdienst (Flight Information Service - FIS) gibt den Piloten während des Fluges Informationen und Hinweise, die für eine gesicherte, geordnete und flüssige Durchführung der Flüge erforderlich ist. Er steht allen Flügen im kontrollierten und unkontrollierten Luftraum zur Verfügung und wird derzeit noch von den Flugsicherungsregionalstellen Bremen, Düsseldorf, Frankfurt und München und der Flugsicherungsleitstelle Karlsruhe durchgeführt. Zum Fluginformationsdienst gehört auch die Ausstrahlungen von Wetterberichten (VOLMET) als Flugrundfunksendungen im VHF-Flugfunkband. Ferner gehört das automatische Ausstrahlen von Flugplatzinformationen für an- und abfliegende Flugzeuge (Automatic Terminal Information Service - ATIS) zum Fluginformationsdienst.

Die DFS hat den Fluginformationsdienst (FIS) am 1. März 1999 erweitert. In einem einjährigen Probebetrieb innerhalb der Bremen FIR wird untersucht, inwieweit sich die Informationsverbreitung für VFR-Flüge durch permanente Ausstrahlung gebietsbezogener Meldungen als Flugrundfunkmeldung (ähnlich ATIS) über vorhandene VOR-Anlagen verbessern läßt.

Die Informationen werden in englischer und deutscher Sprache ausgestrahlt und enthalten Angaben über den Status von Lufträumen, ein Minimum Gebiets-QNH und signifikante Wettererscheinungen.

Die Ausstrahlung von FIS-Flugrundfunkmeldungen erfolgt über:

Hehlingen VOR	117,300 MHz	HLZ
Helgoland VOR	116,300 MHz	DHE
Michaelsdorf VOR	112,200 MHz	MIC
Osnabrück VOR	114,300 MHz.	OSN
Weser VOR	112,900 MHz	WSR

Sendezeit ist täglich von 0800 UTC bis 1900 UTC (0700 UTC bis 1800 UTC während der gesetzlichen Sommerzeit), maximal Sonnenuntergang.

Eine Flugrundfunkmeldung setzt sich zusammen aus: Sender plus Kennbuchstabe, Aufsprechzeitpunkt, Minimum Gebiets-QNH, aktueller Status von HX-Lufträumen Klasse D und E 1000/1700, Angaben über Gefahren-/Flug-

beschränkungsgebiete, Ausfall von Funknavigationsanlagen, Hinweise auf Luftfahrtveranstaltungen, gravierende Wettererscheinungen.
Die Angaben sind den VOR's fest zugeordnet und werden ausschließlich entsprechend dieser Zuordnung ausgestrahlt.
In der Minimum Gebiets-QNH Vorhersage wird der während einer Gültigkeitsperiode von zwei Stunden jeweils zu erwartende niedrigste QNH-Wert für das Vorhersagegebiet Bremen FIR in der Maßeinheit Hektopascal angegeben.

Lande- und Startinformationen (ATIS)

Zur Verminderung des Sprechfunkverkehrs auf VHF werden täglich Lande- und Startinformationen für die internationalen Verkehrsflughäfen und verschiedene Regionalflughäfen in Deutschland über VHF-Frequenzen ausgestrahlt.
Diese automatische Ausstrahlung die grundsätzlich in englischer Sprache erfolgt, umfaßt folgende Informationen:

- Name des Flugplatzes
- das Wort „Information" und der Kennbuchstabe aus dem ICAO-Alphabet
- Zeit der Beobachtung (in UTC)
- Art des zu erwartenden Anflugs
- Betriebspisten
- ungewöhnlicher Zustand der Pistenoberfläche, und Bremswirkung
- An- und Abflugverzögerungen von 20 Minuten und mehr, wenn benötigt
- Übergangsfläche
- weitere besondere Hinweise (Einschränkungen in der Benutzbarkeit, Bauarbeiten)
- Bodenwindrichtung und –stärke sowie wesentliche Änderungen dazu
- Sicht und gegebenenfalls Pistensichtweite
- gegenwärtiges Wetter
- Wolken unterhalb 10000 Fuß außer bei Angabe CAVOK
- Temperatur
- Taupunkt
- QNH in vollen Hektopascalstufen (auf Wunsch auch in Zoll/Inches)
- wichtige Wettererscheinungen im An- und Abflugbereich des Flugplatzes
- Trend

Das Wort „Information" mit Wiederholung des Kennbuchstabens und das Wort „out" als Abschlußhinweis.
Bei Aufnahme des Sprechfunkverkehrs mit der für den An- oder Abflug zuständigen Flugverkehrskontrolle ist die Kennung der empfangenen Information durch den Piloten sicherzustellen, um sicherzustellen, daß die letzte gültige Ausstrahlung empfangen worden ist.

ATIS-Frequenzen

Berlin-Schönefeld	124,950 MHz
Berlin-Tegel	124,950 MHz
Berlin-Tempelhof	126,025 MHz
Bremen	117,450 MHz
Dortmund	125,125 MHz
Dresden	118,875 MHz
Düsseldorf	123,775 MHz
Erfurt	136,175 MHz
Frankfurt	118,025 MHz
Friedrichshafen	129,600 MHz
Hamburg	123,125 MHz
Hannover	132,125 MHz
Köln/Bonn	119,025 MHz
Leipzig-Halle	120,525 MHz
Mönchengladbach	109,800 MHz
München	123,125 MHz
Münster-Osnabrück	127,175 MHz
Nürnberg	123,075 MHz
Paderborn-Lippstadt	125,725 MHz
Saarbrücken	113,850 MHz
Stuttgart	126,125 MHz

Darüber hinaus sind in den Anflugkontrollstellen internationaler Flughäfen besondere Arbeitsplätze für Verkehrsinformationen (Terminal Flight Information Service - TFIS) eingerichtet. Dieser Dienst ist unter dem Namen des Flugplatzes und dem Rufzeichenzusatz „Radar" ansprechbar.

Terminal-FIS-Frequenzen

Hamburg Radar	124,625 MHz
Bremen Radar	119,825 MHz
Berlin Radar	121,050 MHz
Hannover Radar	120,225 MHz
Düsseldorf Radar	118,650 MHz
Köln/Bonn (D'dorf Radar)	120,900 MHz
Frankfurt Radar	119,150 MHz
Nürnberg Radar	127,975 MHz
Stuttgart Radar	128,950 MHz

FIS-Frequenzen

Bremen Information	135,700 MHz	
Bremen Information	125,100 MHz	Nord
Berlin Information	126,350 MHz	Nord
Berlin Information	125,800 MHz	Süd

Düsseldorf Information	129,875 MHz	
Frankfurt Information	123,525 MHz	Nord
Frankfurt Information	123,325 MHz	West
Frankfurt Information	120,575 MHz	Süd
München Information	120,650 MHz	Nord
München Information	126,950 MHz	Süd

Flugverkehrsberatungsdienst

In Teilen des unkontrollierten Luftraumes innerhalb der Fluginformationsgebiete kann im Rahmen eines erweiterten Fluginformationsdienstes für IFR-Flüge ein Beratungsdienst (Air Traffic Advisory Service) durchgeführt werden. Dieser kann eine Staffelung der bekannten Flüge vornehmen. Zur Zeit wird der Flugverkehrsberatungsdienst Deutschland nicht durchgeführt.

Flugberatungsdienst

Der Flugberatungsdienst (Aeronautical Information Service - AIS) informiert die Piloten über alles, was für eine sichere, geordnete und flüssige Durchführung von Flügen notwendig ist. Diese Beratung findet vor dem Flug am Boden in den Büros der Flugberatungsstellen statt. Der Flugberatungsdienst nimmt die Flugpläne, Landemeldungen und andere Mitteilungen entgegen und leitet sie weiter an die zuständigen Stellen. Weitere Aufgaben des Dienstes sind die Sammlung, Auswertung, Herausgabe und der zwischenstaatliche Austausch von Nachrichten über das gesamte Themengebiet Luftfahrt und die Veröffentlichung der amtlichen Luftfahrerkarten durch das Büro der Nachrichten für Luftfahrer.
Advanced Aeronautical Information Service, kurz AAIS, steht für ein erweitertes Serviceangebot zur Flugvorbereitung. Die Flugberatungsstelle der DFS in München bietet mit der zusätzlichen Dienstleistung AAIS ein auf die Bedürfnisse der Kunden zugeschnittenes Leistungsspektrum an.
Sowohl für gewerbliche als auch für private Flüge werden alle Formalitäten rund um die Flugvorbereitung erledigt: von der Routenplanung und Flugplanaufgabe bis hin zum Einholen von Überfluggenehmigungen. Zusätzlich können Unterlagen der Flugwetterberatung übermittelt werden. Aus dem Gesamtangebot des AAIS wählt der Kunde diejenigen Leistungen aus, die er für seinen Flug benötigt.
Wenn die Standardangaben des Luftfahrzeuges vorliegen, sind lediglich Minimalangaben wie Flugzeugtyp, Abflug-, Ziel- und Ausweichflughafen, Höchstflugdauer und Zahl der Passagiere erforderlich.

Flugalarmdienst

Der Flugalarmdienst (Alerting Service - AS), veranlaßt in Notfällen Such- und Rettungseinsätze und koordiniert diese. Der Dienst wird für alle Flüge durchgeführt, für die ein Flugplan aufgegeben wurde. Es wurden verschiedene

Alarmstufen festgelegt, die über die Dringlichkeit von Maßnahmen für Such- und Rettungsflüge entscheiden. Diese Stufen sind: Ungewißheitsstufe (Uncertainly Phase - INCEFA), Bereitschaftsstufe (Alerting Phase - ALERFA) und Notstufe (Distress Phase - DETRESFA).
Der Such- und Rettungsdienst (Search and Rescue Service - SAR) wird in Deutschland in Zusammenarbeit mit den Bundesministerien für Verteidigung, Verkehr und Inneres durchgeführt. Die Bundesrepublik ist in zwei SA -Bereiche mit Leitstellen in Münster/Westfalen für das Landgebiet und Glücksburg für Nor und Ostsee aufgeteilt. Diese Leitstellen (Rescue Coordination Center - RCC) sind für die Einleitung, Koordinierung und Durchführung der Such- und Rettungsoperationen verantwortlich.

Flugfernmeldedienst

Dieser Dienst gliedert sich auf in den festen Flugfernmeldedienst, den beweglichen Flugfernmeldedienst, den Flugrundfunkdienst und den Flugnavigationsfunkdienst.
Der feste Flugfernmeldedienst ist für die erforderliche Übermittlung von Nachrichten, welche die Luftfahrt betreffen, zuständig. Die Nachrichten werden im festen Flugfernmeldedienst (Aeronautical Fixed Telecommunications Network - AFTN) über Telefon und Fernschreiber, teilweise auch zwischen den Computern der einzelnen Dienststellen direkt übermittelt. Im beweglichen Flugfernmeldedienst ist der Dienst für die Nachrichtenübermittlung zwischen Bodenfunkstellen und Luftfunkstellen sowie zwischen Luftfunkstellen untereinander zuständig.
Die Flugfernmeldezentrale für die Bundesrepublik Deutschland befindet sich auf dem Flughafen Frankfurt. Sie ist an ein weltumspannendes Fernschreibnetz angeschlossen, über das alle ein- wie ausgehenden Meldungen wie Flugplandaten, aufgrund international vereinbarter Leitwege und mit Hilfe von weitgehend vollautomatischen Einrichtungen übermittelt werden.
Der Flugrundfunkdienst (Aeronautical Broadcasting Service - ABS) ist für die Erstellung und Ausstrahlung von Informationen für die Luftfahrt zuständig.
Der Flugnavigationsfunkdienst (Aeronautical Radionavigation Service) unterstützt die Piloten bei der Navigation durch Planung, Errichtung und Betrieb von Funknavigationsanlagen.

Flugsicherungstechnischer Dienst

Der flugsicherungstechnische Dienst errichtet, betreibt und überwacht die technischen Einrichtungen. Dazu gehören Radaranlagen, Funknavigationsanlagen einschließlich der Instrumentenlandesysteme, Fernmeldeeinrichtungen, Sprechfunkgeräte und elektronische Datenverarbeitungsanlagen.
Während die Radaranlagen dem Flugverkehrslotsen eine direkte Standortanzeige der Flugzeuge in seinem Kontrollbezirk vermittelt, stellen die Navigationsfunkanlagen am Boden hinsichtlich der Standortbestimmung eine indi-

rekte Informationsquelle, nämlich über den Piloten dar. Sie weisen den Cockpit-Besatzungen bei jedem Wetter den richtigen Weg und ermöglichen damit einen nahezu wetterunabhängigen Luftverkehr.
Der Flugnavigationsfunkdienst der unterstützt mit seinen Anlagen die Piloten bei der Navigation während des Fluges und erlaubt eine Standort- und Richtungsbestimmung aus dem Flugzeug (Eigennavigation).
Zu den Funkanlagen, die für die Streckennavigation erforderlich sind, betreibt die DFS folgende Navigationsfunkanlagen:

- 23 UKW-Drehfunkfeuer (Very High Frequency Omnidirectional Radio Range - VOR). Als derzeitige Standard-Navigationshilfen der Internationalen Zivilluftfahrtorganisation übermitteln diese Anlagen dem Piloten auf einem Anzeigegerät im Cockpit stets die genaue Richtung und Entfernung von beziehungsweise zur im Empfänger eingestellten Bodenstation. Die Verwendung von Ultrakurzwellen ergibt eine weitgehende Störungsfreiheit der VOR-Anlagen gegen atmosphärische Störungen, begrenzt die Reichweite aber auf 80 bis 200 Nautische Meilen (148 bis 370 Kilometer). Dazu kommen noch zwölf militärische TACAN-Anlagen, die zum Teil zivil mitbenutzt werden.
- 39 Doppler-Drehfunkfeuer (DVOR)
- 51 elektronische Entfernungsmeßanlagen (Distance Measuring Equipment - DME)
- 65 ungerichtete Funkfeuer (Non Directional Beacon - NDB). Diese NDB werden vereinzelt noch als Bodenorientierungspunkte an markanten Stellen der Luftstraßen und zur Durchführung des Endanfluges als Locator Beacon verwendet.
- UKW-Fächerfunkfeuer (VHF-Fan Marker - FM)
- UKW-Peilanlagen (Very High Frequency Direction Finding Equipment - VDF)
- 48 Instrumentenlandesysteme (Instrumental Landing System - ILS) mit Landekurssendern, Gleitwegsendern (GS), Außen-Markern (OM) und Mittel-Markern (MM). An allen internationalen Verkehrsflughäfen in Deutschland sind solche elektronischen Landehilfen installiert. Der Landekurssender übermittelt dem Piloten die genaue Kursangabe zum Aufsetzpunkt der Landebahn; der Gleitwegsender liefert während des Landeanfluges Informationen, ob sich das Flugzeug in der richtigen Höhe befindet; zwei Marker-Funkfeuer (OM/MM) geben durch optische und akustische Signale im Cockpit die Entfernung zum Aufsetzpunkt an. Von den 48 ILS-System erfüllen 28 Anlagen die Allwetterflugbedingungen nach CAT II oder CAT III.
- 9 Mittelbereichsradaranlagen (vier weitere sind in Planung) sowie Nahbereichs und Rollfeldradaranlagen (Primär- und Sekundärradaranlagen - Primary and Secondary Radar Equipment) an den Flughäfen.

Radarunterstützung

Die für die Flugverkehrskontrolle benötigten Radardaten werden von Radaranlagen unterschiedlichster Typen geliefert. Für die Streckenkontrolle hat die DFS eine Kette von Mittelbereichs-Rundsichtradaranlagen (RSR) aufgebaut, die im L-Band im Frequenzbereich von . Sie orten mit Primärradar Flugzeuge bis zu einer Entfernung von 150 NM/278 km und einer Flughöhe bis 45000 Fuß/13760 Meter. Mit einem Sekundärradarsystem werden Flughöhe und Identität des Flugzeuges mitgeteilt und auf dem Radarschirm des Fluglotsen angezeigt. Die Standorte dieser Mittelbereichs-Rundsichtradaranlagen vom Typ SRS-LL1 bzw. SRE-M5 sind Boostedt (Landkreis Segeberg), Bremen (Land Bremen), Gosheim (Landkreis Tuttlingen), Lüdenscheid (Märkischer Kreis), Lauterhofen-Mittersberg (Landkreis Neumarkt in der Oberpfalz), Wennigsen am Deister (Landkreis Hannover) und Modautal-Neunkirchen (Landkreis Bergstraße).

Im Bereich der Flughäfen werden für An- und Abflüge sogenannte Flughafenrundsichtradaranlagen (Airport Surveillance Radar - ASR) eingesetzt. Diese Anlagen haben eine Reichweite von etwa 60 NM/111 Kilometer und zeichnen sich durch eine besonders hohe Auflösung bis in eine Flughöhe von 35000 Fuß/10670 Meter aus.

Diese TAR-Anlagen vom Typ ASR-8 stehen in Düsseldorf, Frankfurt, Hamburg, Hannover, Köln/Bonn, München, Nürnberg und Stuttgart.

ASDE-Anlagen stehen auf den Flughäfen Berlin-Schönefeld, Berlin-Tegel, Düsseldorf, Frankfurt, Hamburg, Köln/Bonn und München.

Die verschiedenen Radarsysteme arbeiten in unterschiedlichen Frequenzbereichen im Dezi- und Zentimeterwellenbereich. Man unterscheidet:

L-Band	1,25 bis 1,35 Gigahertz (GHz)	Wellenlänge 24 bis 22 cm
S-Band	2,70 bis 3,40 Gigahertz (GHz)	Wellenlänge 11 bis 8 cm
X-Band	9,00 bis 9,18 Gigahertz (GHz)	Wellenlänge 3,3 bis 3,2 cm

Mit der leistungsfähigen Radarkette ist ein mehrfache Radarüberdeckung Deutschlands erreicht worden.

Primär- und Sekundärradar

Die Primärradaranlage arbeitet nach dem Reflexionsprinzip. Dabei wird die Laufzeit der Funkwellen von der Radarantenne zum Flugzeug und zurück gemessen und in die Entfernung umgerechnet. Die Stellung der rotierenden Antenne bestimmt die Richtung des Flugzieles. Beim Sekundärradar löst ein Radarimpuls auf einer anderen Frequenz einen automatischen Sender an Bord eines Flugzeuges aus. Dieser Sender, Transponder genannt, übermittelt in Form eines kodierten Datentelegramms die Identität des Flugzeuges und die vom Höhenmesser im Flugzeug ermittelte Flughöhe an die Bodenstation. Der Vorteil des Sekundärradars ist, daß die relativ schwachen Refle-

xionssignale des Primärradars nicht mehr verloren gehen können und der Empfang durch Wolken oder Bodenreflexionen nicht gestört wird.
Alle Primärradaranlagen in Deutschland sind mit Sekundärradarsystemen (SSR) verbunden, Abfragemöglichkeiten (Mode) 1, 2 3/A, B, C und D. Eingestelltes Wechselabfrageprogramm: 3/A und C. Die Luftfahrzeuge strahlen das Transpondersignal auf 1090 MHz aus, die Radaranlagen antworten auf 1030 MHz.
Weltweit stehen für die Sekundärradarsysteme 4096 Mode A Codes - im Sprechfunkverkehr erfolgt die Zuweisung mit der Sprechgruppe SQUAWK ALPHA - zur Verfügung, davon 896 in Deutschland. Ein Teil darf nur für Flüge innerhalb einer FIR vergeben werden, andere nur für nationale und wieder andere für internationale Flüge. Die entsprechende Code-Vergabe kann bereits heute nur durch Abweichung von den, in einem komplexen internationalen Prozeß abgestimmten, Regeln erfolgen, das heißt Codes werden für Flü-

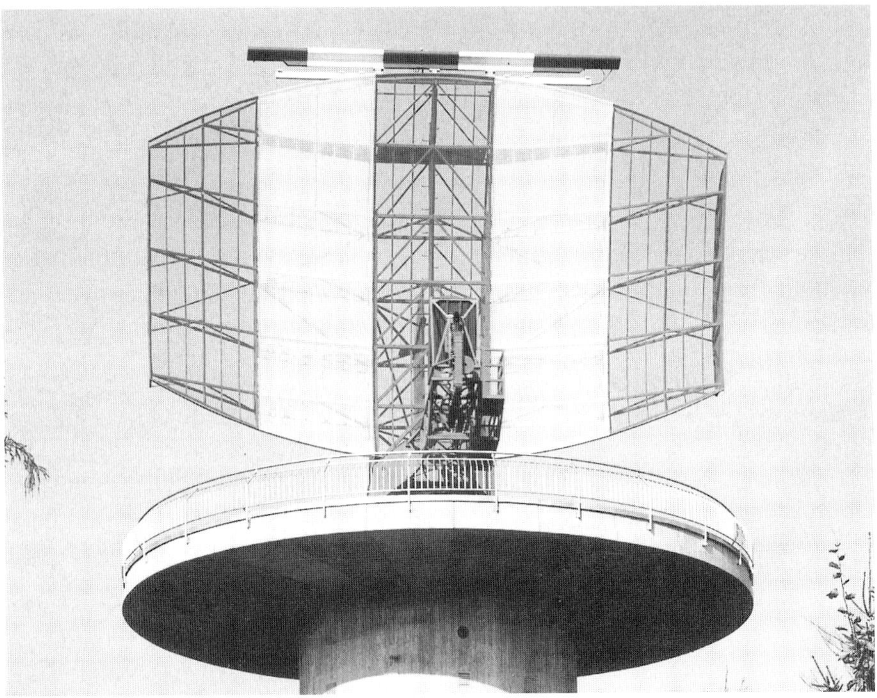

Mittelbereichsradaranlage vom Typ SRE M5 auf dem Deister nahe Hannover. Neun solcher Anlagen betreibt die DFS, vier weitere sind in Planung. Die Reichweite beträgt etwa 280 Kilometer. Der große Schirm gehört zum Primärradarsystem zur Objekterfassung, der darüber befindliche Balken ist die Antenne der Sekundärradaranlage.

Die Antenne des Rollfeldradars (ASDE) auf dem Dach der Towerkanzel des Flughafens Köln/Bonn.

ge vergeben, für die sie eigentlich nicht bestimmt sind. Dies erfordert entweder häufige Code-Wechsel durch die Piloten oder zusätzlichen Koordinationsaufwand für die Lotsen. Kurz nach dem Jahr 2000 wird aber auch das nicht mehr helfen.

Diese entsteht zum einen durch die große Anzahl von aktiven bodengestützten Abfragern (SSR), von denen nur ein kleiner Teil durch die zivile Flugsicherung genutzt wird. Zum anderen wächst die Anzahl bordgestützter Abfrager durch das Kollisionswarnsystems TCAS. Die starke Funkfeldbelastung führt insbesondere bei sehr hoher Verkehrsdichte wie im Raum Frankfurt zu Problemen: So können sich die Antwortsignale verschiedener Flugzeuge so weit überlappen, daß sie für die Bodenanlagen nicht mehr dechiffrierbar sind. Außerdem sind die Bord-Transponder so häufig mit Antworterzeugung beschäftigt, daß sie nicht mehr alle Abfragen beantworten. Die Erfassungswahrscheinlichkeit sinkt und damit steigt die Gefahr, daß ein Flugzeug über längere Zeit nicht auf dem Radarschirm erscheint. Zur Lösung dieser beiden Probleme kommt nach Ansicht der DFS nur die Einführung des neuen Mode S in Frage. Insbesondere durch die gezielte Abfrage jedes einzelnen Flugzeuges im Erfassungsbereich können die Funkfeldbelastung durch Bodenabfrager reduziert und Antwortüberlappungen ausgeschlossen werden. Die Ausrüstung möglichst vieler Flugzeuge mit Mode S Transpondern ist ein weiterer wichtiger Faktor zur Verringerung der Funkfeldbelastung, denn die TCAS Abfragerate sinkt deutlich, je höher der Anteil von Mode S Transpondern im Erfassungsbereich ist. Der Praxistest wurde für Anwendungen der Luftraumüberwachung begonnen. Wenn sie erfolgreich verläuft, kann mit einem Inkrafttreten des Standards frühestens im Jahre 2001 gerechnet werden. Danach ist erfahrungsgemäß eine fünfjährige Zeitspanne für Industriespezifikationen, Herstellung der Geräte, Testvorschriften, Zertifizierung und Bordeinrüstung mit akzeptablem Planungsvorlauf nötig. Erst nach Abschluß dieser Maßnahmen könnte dann ab etwa 2007 die operationelle Nutzung für die Flugsicherung erfolgen.

Radarbild in 240-Meilen-Darstellung von "München Radar" (ACC). Zu sehen ist der Sektor Süd. Luftstraßen, Flughäfen und Kontrollzonen sind fest in das Bild eingeblendet. Die Flugzeuge werden als Quadrate mit weißem Rand dargestellt und ziehen eine Bewegungsspur mit weißen Punkten hinter sich her.

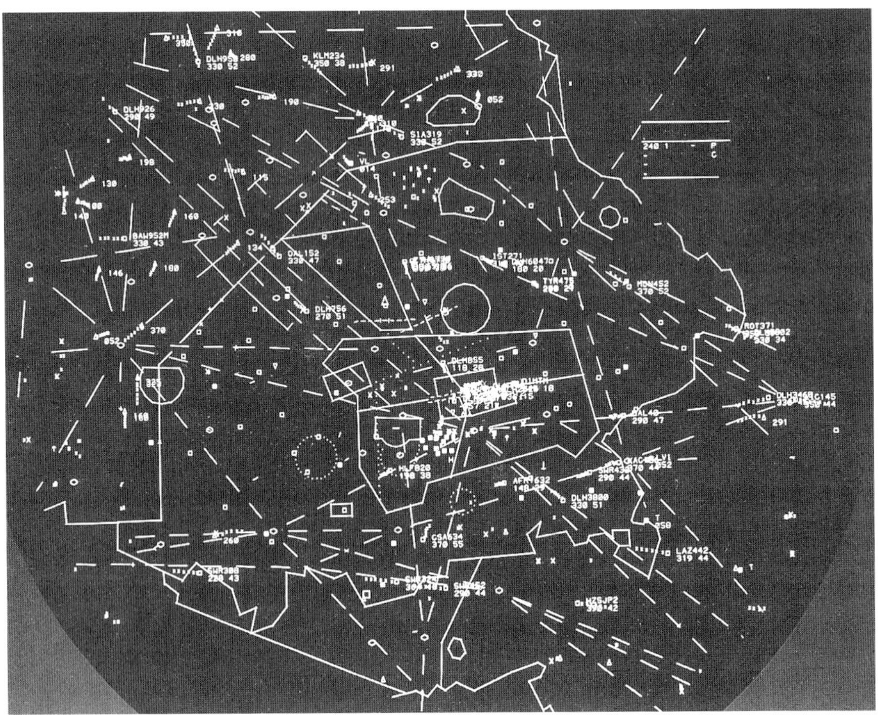

Fluginformationsgebiete

Für die räumliche Gliederung des Fluginformationsdienstes wurden Fluginformationsgebiete (Flight Information Region - FIR) und Obere Fluginformationsdienste (Upper Flight Information Region - UIR) geschaffen. Unterhalb der Flugfläche 245 umfassen die Informationsgebiete den gesamten kontrollierten und unkontrollierten Luftraum. Im Luftraum von Deutschland gibt es die fünf Fluginformationsgebiete Berlin, Bremen, Düsseldorf, Frankfurt und München. Für die Durchführung des Dienstes in diesen Gebieten sind die Bezirkskontrollstellen in Berlin, Bremen, Düsseldorf, Frankfurt und München zuständig.

Für den Oberen Luftraum (UIR), der sich von Flugfläche 245 unbegrenzt nach oben erstreckt, wurde das Bundesgebiet in drei Fluginformationsgebiete, „Berlin“, „Hannover“ und „Rhein“ , geteilt. Die Ausdehnung des Hannover-UIR entspricht der Ausdehnung der FIR-Gebiete Bremen und Düsseldorf. Rhein-UIR stimmt mit den Grenzen der zusammengefaßten FIR-Gebiete Frankfurt und München überein.

Der Fluginformationsdienst des Oberen Fluginformationsgebietes Hannover wird von der Eurocontrol-Bezirkskontrollstelle Maastricht (Niederlande) durchgeführt, die Bezirkskontrollstellen Karlsruhe und München sind für das Obere Fluginformationsgebiet „Rhein“ zuständig.

Rhein Radar

Jedem Kontrollsektor im Zuständigkeitsbereich von „Rhein Radar“ ist eine Funkfrequenz im VHF- und UHF-Bereich zugewiesen, auf welcher der Sprechverkehr zwischen Lotsen und Piloten abgewickelt wird.

Die Sender und Empfänger dieser Frequenzen werden zur Abdeckung des Zuständigkeitsbereiches an unterschiedlichen Sende- beziehungsweise Empfängerstandorten betrieben: Götzenhain (Frankfurt), Neunkirchner Höhe, Feldberg (Taunus), Haidberg (Nürnberg), Nürnberg Flughafen, Sandkopf (Hunsrück), Ruppelstein (Hunsrück), Gosheim (Stuttgart), Kochelsberg (Stuttgart), Deister (Hannover) und Döbraer Berg (Kulmbach).

Diese Streuung der Standorte ist notwendig, um bei der Größe des kontrollierten Luftraumes die notwendige Funküberdeckung zu gewährleisten. Über Datenleitungen der Telekom ist die Zentrale Karlsruhe mit diesen Standorten verbunden. Rechnersysteme der Niederlassung verwalten diese Leitungen, überwachen ihre Funktionsfähigkeit, melden Ausfälle und schalten Ersatzleitungen, damit die Funkverbindung jederzeit gesichert ist.

Als Ausfallreserve sind zusätzlich zwei sowohl voneinander als auch vom Hauptsystem unabhängige Notfunksysteme installiert.

Die Ausfallreserve 1 nutzt die eigenen Sender in Busenbach und die Empfänger auf dem Dach der Niederlassung Karlsruhe.

Die Ausfallreserve 2 besteht aus je einem Mehrkanalfunkgerät für UHF/VHF mit eigenen Sende- und Empfangsantennen auf dem Dach der Zentrale.

Folgende Frequenzen sind für die einzelnen Sektoren der Bezirkskontrollstelle Karlsruhe mit dem Funkrufnamen „Rhein Radar“ in Gebrauch:

SEKTOR	**VHF**	**UHF**
Nattenheim (unterer Bereich)	133,075 MHz	253,200 MHz
	134,950 MHz	
Nattenheim (militärische Flüge)		318,100 MHz
		345,100 MHz
Nattenheim (oberer Bereich)	136,725 MHz	242,050 MHz
Söllingen (unterer Bereich)	120,925 MHz	255,400 MHz
		310,300 MHz
Söllingen (militärische Flüge)		308,900 MHz
		344,750 MHz
Söllingen (oberer Bereich)	136,725 MHz	242,050 MHz
Tango (unterer Bereich)	132,400 MHz	300,700 MHz
Tango (militärische Flüge)		341,000 MHz
		315,850 MHz
Tango (oberer Bereich)	133,275 MHz	342,250 MHz
Frankfurt (unterer Bereich)	132,325 MHz	379,750 MHz
Frankfurt (militärische Flüge)		312,250 MHz
		385,550 MHz
Frankfurt (oberer Bereich)	128,825 MHz	315,400 MHz
Fulda (unterer Bereich)	133,650 MHz	282,450 MHz
Fulda (oberer Bereich)	128,225 MHz	264,670 MHz
Würzburg (unterer Bereich)	124,025 MHz	372,400 MHz
Würzburg (militärische Flüge)		294,700 MHz
		252,400 MHz
Würzburg (oberer Bereich)	136,525 MHz	311,400 MHz
Erlangen (unterer Bereich)	132,150 MHz	258,950 MHz
Erlangen (oberer Bereich)	128,225 MHz	264,670 MHz
Wach- und Ausweichfrequenz	135,950 MHz	362,300 MHz
TRAMON Rhein Monitor		281,000 MHz
		293,100 MHz
		293,550 MHz

Maastricht Radar

Die Bezirkskontrollstelle für den oberen Luftraum in Maastricht verwendet für die Kontrolle der zivilen Flüge über Norddeutschland den Funkrufnamen „Maastricht Radar“, für die Kontrolle militärischer Flüge den Rufnamen „Lippe Radar“ auf folgenden Frequenzen:

SEKTOR	VHF	UHF
Coastal	135,450 MHz	340,775 MHz
Ruhr	133,250 MHz	249,950 MHz
Solling	135,650 MHz	249,950 MHz
Hamburg	135,150 MHz	249,950 MHz
Münster	133,850 MHz	249,950 MHz
Ausweichfrequenz	133,950 MHz	359,850 MHz
Militärische Wachfrequenz	138,575 MHz	362,300 MHz
Militärisch (Nordsektor)		375,900 MHz
Militärisch (Ostsektor)		309,300 MHz
Militärisch (Südsektor)		257,100 MHz
Militärisch (Westsektor)		312,000 MHz
TRAMON Lippe Monitor		277,950 MHz
		279,150 MHz
		318,200 MHz

Berlin Radar

Für den oberen Luftraum über Berlin, Brandenburg, Mecklenburg-Vorpommern, Sachsen-Anhalt, Sachsen und Thüringen ist „Berlin Radar“ zuständig. Die Frequenzen sind:

SEKTOR	VHF	UHF
Nord 1	126,425 MHz	379,925 MHz
Nord 2	136,050 MHz	387,625 MHz
West 1	123,225 MHz	338,975 MHz
West 2	133,575 MHz	389,350 MHz
Ost 1	136,450 MHz	260,125 MHz
Süd 1	131,050 MHz	372,525 MHz
ACC-Ausweichfrequenz	124,125 MHz	290,725 MHz
oberer Bereich 1	119,425 MHz	362,425 MHz
oberer Bereich 2	126,550 MHz	356,725 MHz
oberer Bereich 3	120,775 MHz	312,575 MHz
UAC-Ausweichfrequenz	128,075 MHz	356,925 MHz
TRAMON Nord		315,700 MHz
		344,300 MHz
TRAMON Süd		255,775 MHz
		341,925 MHz

München Radar

Die DFS Flugsicherungsstelle München überwacht den süddeutschen Luftraum mit einer Regionalkontrollstelle München Radar auf den Frequenzen:

SEKTOR	**VHF**	**UHF**
Nord 1	124,825 MHz	312,050 MHz
Nord 2	129,100 MHz	362,100 MHz
Nord 3		371,700 MHz
Nord 4	132,550 MHz	362,100 MHz
Süd 1	124,050 MHz	340,800 MHz
Süd 2	133,675 MHz	339,950 MHz
West	129,450 MHz	397,050 MHz
Ausweichfrequenz	126,450 MHz	
oberer Bereich 1	132,725 MHz	362,100 MHz
oberer Bereich 2	127,375 MHz	340,800 MHz
oberer Bereich 3	132,875 MHz	340,800 MHz
Ausweichfrequenz	128,975 MHz	
HR 1	133,750 MHz	375,250 MHz
SR 3	134,150 MHz	340,800 MHz

Einführung des 8,33 kHz Kanalrasters

Wegen des stetig steigenden Luftverkehrs und der damit verbundenen Forderung nach immer mehr Kommunikationskanälen zwischen Bord und Boden haben die ICAO/EUR-Region und Eurocontrol die Einführung des 8,33 kHz Kanalrasters in Europa beschlossen.
Bis Mitte November 1996 wurde eine Strategie zur Einführung des 8,33 kHz Kanalrasters in Europa zu verabschieden. Die ursprünglich für den 1. Januar 1999 vorgesehene Umstellung mußte verschoben werden.
Die DFS beabsichtigt ab dem 7. Oktober 1999 mit der Einführung des 8,33 kHz Kanalrasters im VHF-Sprechfunkfrequenzband zu beginnen. Es sind diejenigen Frequenzen betroffen, die zur Flugverkehrskontrolle des Oberen Luftraumes (UAC) verwendet werden.
Eine parallele Nutzung von Frequenzen im 8,33 kHz-Raster und 25 kHz-Raster für einen bestimmten Flugsicherungsdienst wird im allgemeinen nicht möglich sein. Luftfahrzeuge, welche die von der Umstellung betroffenen Lufträume nutzen, müssen über eine entsprechende VHF-Ausrüstung verfügen.
Detaillierte Informationen zu betroffenen Lufträumen, Übergangsverfahren, technischen Zulassungsvorschriften usw. werden vom Luftfahrtbundesamt und der DFS veröffentlicht, sobald entsprechende Festlegungen im Rahmen der zu erarbeitenden europäischen Einführungsstrategie getroffen und Zulassungsvorschriften erarbeitet worden sind.
Informationen darüber, welche UAC-Dienste von der Kanalrasterumstellung im Oktober 1999 betroffen sind, lag bei Redaktionsschluß noch nicht vor.

Flugflächen

Zur Vermeidung von Unsicherheiten bei der Übermittlung von barometrisch gemessenen Flughöhen hat man das Flugflächensystem (Flightlevel System) eingeführt. Dieses System der Höhenbänder ermöglicht es einem Piloten auch bei längeren Streckenflügen mit nur einer Höhenmessereinstellung auszukommen. Als Standard-Höhenmessereinstellung hat man einen Luftdruckwert von 1013,25 hPa und im englischen Maßsystem 29,92 Inch gewählt. Das Flugflächensystem kommt erst in einer Höhe von 5000 bis 7000 Fuß über dem Meeresspiegel zur Anwendung. In höher gelegenen Gebieten wird der Höhenmesser bereits bei einer Flughöhe von 2000 Fuß über Grund auf den Standardwert umgestellt. Das System gewährleistet, daß alle Luftfahrzeuge die höher als 5000 Fuß über dem Meeresspiegel oder 2000 Fuß über Grund fliegen, mit der gleichen Höhenmessereinstellung arbeiten.

Als Flugfläche (Flight Level - FL) bezeichnet man die zum Zweck der Höhenstaffelung vorgesehenen Druckflächen (Isobare), bezogen auf den Standardluftdruckwert. Die Abstände zwischen den einzelnen Flugflächen betragen 500 Fuß (150 Meter). Den Zahlwert der Flugfläche erhält man, indem man die Höhenmesserangabe in Fuß um die Einer- und Zehnerstelle kürzt. Zeigt der Höhenmesser zum Beispiel 30000 Fuß (9150 Meter) an, befindet sich das Flugzeug auf der Flugfläche 300 (FL 300).

Die Höhenbänder haben keinen konstanten Abstand zum Erdboden oder zur fiktiven Meeresoberfläche sonder unterliegen den örtlichen Luftdruckschwankungen.

Halbkreisflughöhe

Zur Vermeidung von Kollisionen von Luftfahrzeugen, die sich in der gleichen Höhe bewegen, wurden Halbkreisflughöhen (Semicircular cruising levels) eingeführt. Die Flugflächen haben einen Abstand von 2000 Fuß (610 m). Alle kontrollierten Flüge mit einem mißweisenden Kurs zwischen 0° und 179° werden auf den ungradzahligen Flugflächen durchgeführt (290, 310, 330 usw.), alle Flüge mit einem mißweisenden Kurs zwischen 180° und 359° finden auf gradzahligen Flugflächen (300, 320, 340 usw.) statt. Für alle Flüge die nach Sichtflugregeln durchgeführt werden, sind zu den jeweiligen Flugflächen noch 500 Fuß hinzu zu addieren.

Luftraumgliederung

In der Luftfahrt unterscheidet man zwischen kontrolliertem und unkontrolliertem Luftraum. Der kontrollierte Luftraum erstreckt sich über das gesamte Bundesgebiet und ist unterteilt in die Klassen A bis G. Zum kontrollierten Luftraum zählen die Luftraumklassen A bis E, in denen Flugsicherungsdienste in unterschiedlichem Umfang angeordnet sind. IFR-Flugverkehr wird ausnahmslos im gesamten kontrollierten Luftraum von der Flugverkehrskontrolle erfaßt und gestaffelt. VFR-Flüge sind aus den Lufträumen Klasse A ausge-

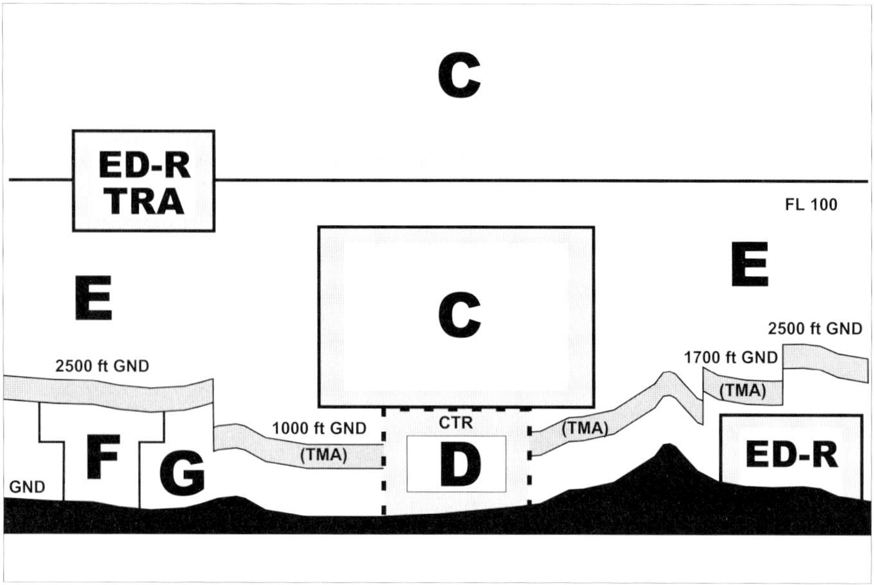

Klassifizierung des Luftraums in Deutschland. Die ICAO-Luftraumklassen A und B sind in Deutschland nicht eingerichtet.

schlossen und werden in anderen Lufträumen in unterschiedlichem Umfang kontrolliert. Eine solche Kontrolle stellt aber an den Luftfahrzeugführer hinsichtlich der Funknavigation und des Sprechfunkverkehrs und an das Luftfahrzeug bei der Flugsicherungsausrüstung besondere Anforderungen. Unabhängig davon aber bleibt die Verantwortlichkeit des Luftfahrzeugführers bestehen, Zusammenstöße mit anderen Luftfahrzeugen im Luftraum durch Einhalten der festgelegten Flugsichten und Wolkenabstände zu vermeiden. Die Flugsicherungsdienste sollen mit Staffelungen, Ausweichempfehlungen und Verkehrshinweisen den Luftfahrzeugführer bei dieser Aufgabe unterstützen und ihm die Möglichkeit bieten, den Luftraum optimal zu nutzen.

Luftraum Klasse A: Dieser Luftraum ist nach ICAO-Vorgabe dem Instrumentenflugverkehr vorbehalten, in Deutschland gibt es die Klasse A nicht.

Luftraum Klasse B: In dieser Luftraumklasse sollen nach ICAO-Vorgaben IFR- und VFR-Flüge unter einer strikten Flugverkehrskontrolle zugelassen sein. Auch diese Luftraumart ist in der Deutschland noch nicht eingerichtet.

Luftraum Klasse C: Dieser Luftraum ist in der Bundesrepublik oberhalb FL 100 flächendeckend eingerichtet. Er erfaßt auch abgegrenzte Lufträume in den Einzugsbereichen um die meisten Verkehrsflughäfen. VFR-Flüge sind dabei in das Flugsicherungssystem besonders umfassend integriert.

Luftraum Klasse D: Der Luftraum der Klasse D entspricht in Deutschland der Kontrollzone. Er ist also ein Luftraum um einen kontrollierten Flugplatz mit

IFR-Flugbetrieb. Wegen des intensiven Luftverkehrs innerhalb einer Kontrollzone werden an VFR-Flüge besondere Anforderungen gestellt.
Luftraum Klasse E: In Deutschland wurde diese Luftraumklasse nur außerhalb der Einzugsbereiche der Verkehrsflughäfen und nur unterhalb Flugfläche 100 eingerichtet. Zugelassen sind IFR- und VFR-Flüge. Wegen der geringeren Verkehrsdichte müssen VFR-Flüge keine Flugsicherungsdienste in Anspruch nehmen.
Luftraum Klasse F: In diesem Teil des unkontrollierten Luftraums nahe unkontrollierten Flugplätzen sind die folgenden Regeln zu beachten: Mindestflugsicht fünf Kilometer, Abstände von Wolken mindestens 1,5 Kilometer horizontal und 1000 Fuß vertikal, Fluggeschwindigkeit nicht höher als 250 kt.
Luftraum Klasse G: Im Luftraum G sind keine IFR-Flüge zugelassen. Da es aber zum Beispiel militärische Tiefflüge gibt, sollte der Flug je nach Gefährdung in größerer Höhe fortgesetzt werden.

Kontrollbezirke

Die Kontrollbezirke (Control Areas - CTA) entsprechen in der räumlichen Ausdehnung denen der Fluginformationsdienste. Es gibt für den unteren Luftraum die fünf Bezirke Berlin, Bremen, Düsseldorf, Frankfurt und München und im oberen Luftraum die zwei Kontrollbezirke „Hannover" und „Rhein". Die Untergrenze der Kontrollbezirke beträgt 2500 Fuß (750 Meter) über Grund. Während die Obergrenze des Oberen Luftraums nach oben unbegrenzt ist, wurde als Obergrenze für die Kontrollbezirke die Flugfläche 460 (14000 Meter) festgelegt.

Nahverkehrsbereiche

Die Nahverkehrsbereiche (Terminal Control Areas - TMA) sind Bestandteil der Kontrollbezirke. Im unteren Luftraum bildet ihre Untergrenze gleichzeitig die Untergrenze des Kontrollbezirks. Die obere Grenze der TMA ist mit der Obergrenze des unteren Luftraums und der Fluginformationsgebiete mit der Flugfläche 245 identisch. Die Untergrenze der Nahverkehrsbereiche ist unterschiedlich und ändert sich mit zunehmender Entfernung von dem innerhalb des Nahverkehrsbereiches gelegenen Flugplatzes. TMA-Sektor A hat eine Untergrenze von 1000 Fuß über Grund, die Untergrenze von Sektor B liegt bei 1700 Fuß über Grund, Sektor C hat eine Untergrenze von 2500 Fuß über Grund. Die Untergrenze des TMA-Sektors C ist gleichzeitig die Untergrenze des zugehörigen Kontrollbezirks.

Kontrollzonen

Die Kontrollzonen (CTR) sind kontrollierte Lufträume um kontrollierte Flugplätze. Ihre räumliche Ausdehnung hängt von der Flugzeugart ab, von welcher der Flugplatz hauptsächlich angeflogen wird. Bei Düsenflugzeugen ist die Ausdehnung der Kontrollzone wegen ihrer höheren Start- und Landege-

schwindigkeit größer, als bei leichten Kolbenmotorflugzeugen.
Die Kontrollzonen bestehen aus einem Zylinder mit einem Radius von fünf nautischen Meilen um den Mittelpunkt des Flugplatzes herum. Dieser Zylinder wird von rechteckigen Ansätzen mit einer Breite von drei nautischen Meilen beiderseits der verlängerten Start- und Landebahn-Mittellinie bis zu einer Entfernung von fünf bis sieben nautischen Meilen vom Flugplatzzentrum erweitert. Die Obergrenze liegt bei etwa 2500 Fuß über Grund. Der genaue Wert wird durch eine Angabe in der Luftfahrerkarte angegeben.

Luftstraßen

Der Luftverkehr bewegt sich, ähnlich wie der Autoverkehr auf Straßen, auf einem Netz von Luftstraßen. Auf diesen Luftstraßen (Airway - AWY), die auch als Flugverkehrsstrecken (Air Traffic Service Routes oder ATS-Routes) bezeichnet werden, fliegen die Flugzeuge von Funkfeuer zu Funkfeuer. Aus einer Streckenkarte kann der Pilot für jeden Streckenabschnitt den zu steuernden Kurs, die Entfernung und die Mindestflughöhe, die einen sicheren Abstand über jedem Hindernis gewährleistet, entnehmen. Sendestationen am Boden markieren den Verlauf der Flugverkehrsstrecken. Deren Signale werden im Flugzeug empfangen und ein Anzeigegerät im Cockpit stellt dem Piloten die genaue Richtung seines Flugzeuges in bezug zur empfangenen Sendestation dar. Stimmt der angezeigte mit dem festgelegten Kurs auf der Streckenkarte überein, so befindet sich das Flugzeug auf der Luftstraße. Mit Hilfe eines Zusatzgerätes erhält der Pilot weiterhin eine Anzeige über die Entfernung zum eingestellten Funkfeuer. Somit ist er in der Lage, die vorgeschriebene Strecke genau einzuhalten.

Flugplätze

Der Begriff „Flugplatz“ steht für Flughäfen (Verkehrs- und Sonderflughäfen), Landeplatz (Verkehrs- und Sonderlandeplatz), Segelfluggelände, Hubschrauberlandeplätze und Militärflugplätze. Dabei ergibt sich folgende Untergliederung: Verkehrsflughäfen mit Kontrollzone (CTR) befinden sich in Berlin (Tegel, Tempelhof, Schönefeld, Bremen, Dresden, Düsseldorf, Erfurt, Frankfurt, Hamburg, Hannover, Köln/Bonn, Leipzig, München, Münster/Osnabrück, Nürnberg, Saarbrücken und Stuttgart. Diese Verkehrsflughäfen sind mit einer Außenstelle der DFS besetzt von wo auch die Bewegungslenkung der Luftfahrzeuge durch den Flugverkehrskontrolldienst erfolgt. Die aufgezählten Flughäfen werden auch als internationale Flughäfen bezeichnet, weil sich hier in der Regel eine Paßkontrollstelle des Bundesgrenzschutzes und eine Zollabfertigungsstelle der Bundeszollverwaltung befindet.
Verkehrsflughäfen ohne Kontrollzone und ohne Flugverkehrskontrolldienst haben einen Flugleiter oder Beauftragten der Luftaufsicht, der für die Bewegungslenkung der Flugzeuge verantwortlich ist. Gleiches gilt für Verkehrslandeplätze.

Wetterfunk

Flugwetterdienst

Vor jedem Start müssen sich die Piloten von Sport-, Geschäfts- und Verkehrsflugzeugen eingehend über die Wetterverhältnisse informieren. Damit sich die Crews auf längeren Strecken stets über das aktuellste Wetter an ihrem Zielflughafen informieren können, gibt es den Flugwetterfunk auf UKW und Kurzwelle.

Wetterberatung

Die Erdatmosphäre besteht aus 78 Prozent Stickstoff, 21 Prozent Sauerstoff und zusammengenommen 1 Prozent Argon, Kohlendioxid, Wasserstoff und anderen Elementen und Verbindungen. In dieser vom Erdboden bis in etwa 70 Kilometer Höhe reichenden Gashülle spielt sich das gesamte Wettergeschehen ab. Der Flugverkehr wird in einem nur 12 Kilometer breiten Band, der Troposphäre innerhalb der Atmosphäre durchgeführt. Es besteht also ein enger Zusammenhang zwischen dem Wettergeschehen und der Fliegerei. Störungen in der Atmosphäre führen dazu, daß ein Flugzeug vom vorgesehenen Kurs abweichen muß oder an einem Ausweichflughafen, und nicht am vorgesehenen Zielflughafen, landen muß. In Extremfällen kann das Wettergeschehen, etwa bei einem Blitzeinschlag, sogar zum Absturz von Luftfahrzeugen führen.

Zur Durchführung eines sicheren Flugverkehrs gehört es deshalb zu den Pflichten eines jeden Piloten, sich vor dem Start eingehend über die gesamte Wetterlage und die meteorologischen Bedingungen entlang seines Flugweges zu informieren. Der Gang der Cockpitcrew von Verkehrsflugzeugen zum MET-Office für eine individuelle Wetterberatung ist deshalb eine obligatorische Prozedur vor jedem Start.

Der Flugwetterdienst (Aeronautical Meteorological Service - AMS) wird in der Bundesrepublik Deutschland vom Deutschen Wetterdienst (DWD) mit Hauptsitz in Offenbach durchgeführt. Seine Aufgabe ist es, den Piloten und anderen Luftfahrtdiensten Wettermeldungen und Vorhersagen zur Verfügung zu stellen.

Zur Wetterberatung in den Diensträumen der Flugwetterdienste, die sich auf allen größeren Verkehrsflughäfen befinden, gehört die Dokumentation des Wettergeschehens in tabellarischer oder bildlicher Form. Sie umfaßt die Flughafenwettervorhersage für Start-, Ziel- und Ausweichflughäfen und die Vorhersagekarten des Streckenwetters.

Die individuelle Wetterberatung der Verkehrspiloten wird am Kartentisch des Meteorologen vom Dienst in Dialogform geführt, das heißt, der Pilot kann Rückfragen stellen und bestimmte, ihn besonders interessierende Punkte ausführlich erörtern. Bei der Wetterberatung über Funk, die zumeist kurz vor dem Landeanflug erfolgt, reicht die Zeit für eine ausführliche Beratung nicht aus. Der Controller im Tower beschränkt sich bei seiner Kurzberatung auf die Mitteilung der gerade in Betrieb befindlichen Landebahn, der Sichtverhältnisse, Wolkenuntergrenzen über dem Platz, Temperatur und Luftdruck sowie Windrichtung und Windgeschwindigkeit. Diese Informationen stehen der Besatzung aber auch während des gesamten Fluges zur Verfügung. Die Wetterdienste strahlen ununterbrochen Wetterberichte (Metreports) und Wettervorhersagen (Forecasts) für die allgemeine Luftfahrt in englischer Sprache aus. Diese Wetterfunkdienste werden VOLMET genannt.

Flugwetterberatungsdienst

Der Flugwetterberatungsdienst (Aeronautical Meteorological Forecast Service - AMFS) wird von den Flugwetterwarten des DWD ausgeübt. Die Beratung erfolgt in deutscher oder englischer Sprache mündlich oder schriftlich. Die dafür benötigte Dokumentation wir in tabellarischer oder bildlicher Form (Wetterkarten und Satellitenbilder) ausgegeben und umfaßt:

- Flughafenwettervorhersagen für Start-, Ziel- und Ausweichflughäfen;
- Vorhersagekarten des Streckenwetters mit signifikanten Wettererscheinungen, Höhenwinden und Temperaturen, Tropopausenhöhen und Maximalwinden;
- Für innerdeutsche Flüge und Flüge zu Zielen im benachbarten Ausland geben die Flugwetterwarten vereinfachte tabellarische Darstellungen oder Wetterübersichten heraus.

Privatflugzeugführer, die nach VFR fliegen, können die Flugwetterberatung telefonisch einholen. Sammelberatungen für bestimmte Gebiete werden auf Anrufbeantworter aufgezeichnet und können dort abgerufen werden. Weitere automatische Abrufmöglichkeiten sind Bildschirmtext und Telefax.

Meteorologischer Warndienst

Der Deutsche Wetterdienst unterhält zur meteorologischen Sicherung des Luftverkehrs einen Überwachungs- und Warndienst (Area Meteorological Watch and Warning Service). Dieser besteht in der Überwachung der Wetterentwicklung in den unteren und oberen Fluginformationsgebieten und der Ausgabe entsprechender Informationen (SIGMET) durch die Flugwetter-Überwachungsstellen. Außerdem gibt der Meteorologische Warndienst Warnungen für den örtlichen Flughafen der Flugwetterwarte und angeschlossene Flugplätze heraus.

Der Meteorologische Gebietsüberwachungsdienst (Area Meteorological Watch Service) wird von folgenden Flugwetter-Überwachungsstellen (Meteorological Watch Offices - WMO) wahrgenommen:

Berlin-Schönefeld - für Berlin FIR sowie das oberhalb dieser Region liegende Berlin UIR;

Düsseldorf - für Düsseldorf FIR sowie der oberhalb dieses FIR gelegene Teil von Hannover UIR;

Frankfurt: für Frankfurt FIR und den darüber liegenden Teil von Rhein UIR;
Hamburg: für Bremen FIR und den darüber liegenden Teil von Hannover UIR;
München: für München FIR und den oberhalb dieses Gebietes liegenden Teil von Rhein UIR.

Die Flugwetter-Überwachungsstellen geben SIGMET-Informationen über das Vorkommen oder das erwartete Vorkommen einer oder mehrerer signifikanter meteorologischer Erscheinungen heraus:

- aktive Gewitter
- starke Böenlinien
- starker Hagel
- starke Turbulenzen
- starke Vereisung
- ausgeprägte Wellenbildung an Gebirgen
- verbreitet Sand- oder Staubsturm
- Vulkanaschewolken

SIGMET werden in englischer Sprache ausgegeben und für jeden Tag, um 0001 UTC beginnend, durchlaufend numerieren. Ihre Gültigkeitsdauer beträgt in der Regel vier Stunden. Die SIGMET für Deutschland und benachbarter Flugwetter-Überwachungsstellen werden vom Wetterdienst an die betreffenden Regionalkontrollstellen weitergeleitet und als Flugrundfunksendung durch die Regionalkontrollstellen Bremen, Düsseldorf, Frankfurt und München für das eigene Fluginformationsgebiet sowie durch die Flugsicherungsstellen Hamburg, Hannover, Nürnberg und Stuttgart für ihren eigenen Zuständigkeitsbereich verbreitet. Die Informationen dienen der Sicherung von Flügen der Allgemeinen Luftfahrt und sind auf den unteren Luftraum beschränkt. Die Ausstrahlung erfolgt nach Eingang der Meldung auf den Frequenzen für den Fluginformationsdienst und wird während der Gültigkeitsdauer zu jeder halben und vollen Stunde wiederholt.

Zur Sicherung parkender und abgestellter Luftfahrzeuge und zum Schutz von Flughafeneinrichtungen werden von allen Flugwetterwarten Warnungen ausgegeben, wenn am örtlichen Flughafen eine oder mehrere Wettererscheinungen wie Sturm, Gewitter, Hagel, Frost, starke Rauhreifbildung, starker Schneefall, gefrierender Niederschlag erwartet werden.

Für Privatpiloten, die von und zu kleinen Verkehrslandeplätzen und Clubplätzen fliegen, an denen keine Wetterberatung stattfindet, stellt der Flugwetterdienst automatische Wetterberatungen über telefonische Anrufbeantworter als General Aviation Forecast - GAFOR bereit. Diese Tonbandtexte charakterisieren die Wetterlage in Kurzform und werden alle drei Stunden aktualisiert.

GAMET-Meldungen sind Gebietsvorhersagen für den unteren Luftraum für ein Fluginformationsgebiet (FIR) oder einen Teil davon. Vorhergesagt werden signifikante Wetterbedingungen. In Deutschland werden GAMETs vier mal täglich um 0200, 0800, 1400 und 2000 UTC erstellt. GAMETs werden korrigiert, wenn vorhergesagte Erscheinungen nicht mehr erwartet werden.

AIRMET-Meldungen sind Warnungen vor dem Auftreten signifikanter Wetterbedingungen, die Auswirkungen auf die Luftfahrt im unteren Luftraum haben. Die Wetterbedingungen entsprechen im wesentlichen denen im GAMET. AIRMET ersetzen die bisher ausgegebenen ADVICEs FOR GENERAL AVIATION. Sie werden nur bei Bedarf ausgegeben.
Der Meldungsaufbau entspricht dem SIGMET. Folgende Regelungen sind zu beachten:

- bei Gewitter entfallen Hinweise auf Vereisung und Turbulenz
- es wird (wenn notwendig und möglich) eine Ortsangabe gemacht
- es wird eine Angabe über Verlagerungsrichtung und -geschwindigkeit gemacht.
- bei allen Ereignissen werden Intensitätsänderungen und Tendenzen beschrieben
- die Gültigkeitsdauer beschränkt sich auf maximal vier Stunden, nur in Ausnahmefällen sind sechs Stunden erlaubt

AIRMETs werden täglich fortlaufend numeriert, sie werden aufgehoben, wenn das auslösende Ereignis nicht mehr erwartet wird.
GAMET/AIRMET werden in der englischen Klartextkurzform der ICAO formuliert. Sie werden international ausgetauscht und sind für den unteren Luftraum bis Flugfläche 100, im FIR München bis Flugfläche 150 gültig.
Die GAMET/AIRMET-Meldungen werden als Teil einer individuellen Beratung und im Rahmen der vom DWD angebotenen Selbstbriefing-Verfahren wie Telefax (GAMET), INFOMET-Telefon und Internet zur Verfügung gestellt.
AIRMET-Informationen werden kontrolliert fliegenden Piloten zusätzlich von der DFS beim Einflug in ein FIR über Funk mitgeteilt. VFR-Piloten ohne regulären Funkkontakt wird empfohlen, die Flugsicherung in eigenem Interesse auf eventuell ausgegebene AIRMET anzusprechen.
GAMET/AIRMET-Meldungen müssen wegen der Beschränkung auf die Vorhersage signifikanter Wettererscheinungen von mäßiger Intensität in engem Zusammenhang mit ausgegebenen SIGMET verwendet werden. Ihre Nutzung entbindet den Piloten nicht, sich umfassend zu informieren.

SIGMET-Frequenzen

Bremen	133,550 MHz
	135,700 MHz
Düsseldorf	135,350 MHz
Frankfurt	124,475 MHz
	124,725 MHz
	130,975 MHz
München	120,650 MHz
	126,950 MHz

Wetterrundsendungen

Wetterrundsendungen (VOLMET - französisch: Vol = Flug, Met = Meteorologie) werden vom Deutschen Wetterdienst über vier VOLMET-Sender in Berlin-Schönefeld, Frankfurt und Bremen (Senderstandort: Hannover) routinemäßig mit Flughafenwettermeldungen von Flughäfen der Bundesrepublik Deutschland und des benachbarten Auslandes auf VHF-Frequenzen im Dauerbetrieb ausgestrahlt.

Frankfurt Volmet 1 auf 127,600 MHz sendet die aktuellen Wettermeldungen der europäischen Flughäfen Frankfurt Rhein-Main, Brüssel, Amsterdam, Zürich, Genf, Basel, Wien, Prag und Paris Charles-de-Gaulle. Frankfurt Volmet 2 strahlt auf 135,775 MHz die Berichte der deutschen Flughäfen Frankfurt, Köln/Bonn, Düsseldorf, Stuttgart, Nürnberg, München, Hamburg, Berlin-Tempelhof und Berlin-Tegel aus.

Bremen Volmet auf 127,400 MHz sendet die Wetterdaten von Hannover, Hamburg, Bremen, Köln/Bonn, Frankfurt, Berlin-Tempelhof, Berlin-Tegel, Amsterdam und Kopenhagen. Berlin Schönefeld Volmet auf 128,400 MHz strahlt Wetterberichte von Berlin-Schönefeld, Berlin-Tempelhof, Berlin-Tegel, Dresden, Leipzig, Prag, Kopenhagen, Warschau und Wien aus.

Brüssel Volmet sendet auf 127,800 MHz und bietet aktuelle Wettermeldungen für Brüssel, Ostende, Luxemburg-Kindel, Amsterdam, Köln/Bonn, Düsseldorf, Frankfurt, Paris-Orly und Paris Charles de Gaulle.

Innsbruck Volmet ist auf der Frequenz 130,475 MHz und sendet das Wetter von Innsbruck, Salzburg, München, Zürich, Patscherkofel, Kufstein, Sankt Johann, Zell am See, Schwaz, Gerlos, Landeck, Hohenems und Bozen.

Zürich Volmet auf 127,200 MHz sendet das Wetter für Zürich, Genf, Basel, Frankfurt, München, Stuttgart, Mailand-Malpensa/Linate und Lugano.

Wettermeldungen

Wettermeldungen für die Luftfahrt) bestehen aus den Wetterelementen:

- Bodenwind (Surface Wind)
- Mittlere Windrichtung (Mean Wind Direction)
- Mittlere Windgeschwindigkeit (Mean Wind Speed)
- Spitzenböen (Peak Gusts - MAX)
- Windminima (Wind Minima - MNM)
- Schwankungsbreite der Windrichtung (Directional Variations)
- Sichtweite (Visibility - VIS)
- Landebahnsicht (Runway Visual Range- RVR)
- Gegenwärtiges Wetter (Present Weather)
- Bewölkung (Clouds)
- Luft- und Taupunkttemperatur (Air and Dew Point Temperature)
- Luftdruck (Atmospheric Pressure - QNH)
- Landewettervorhersage (Landing Forecast - Trend)

Die Angabe der Wetterelemente Sichtweite, gegenwärtiges Wetter und Be-

wölkung wird durch das Wort „CAVOK" (Ceeling and Visibility o.k.) ersetzt, wenn zur Beobachtungszeit gleichzeitig folgende Bedingungen erfüllt sind: Sichtweite 10 Kilometer und mehr; gegenwärtiges Wetter ohne Niederschlag, Gewitter, Nebel oder Schneefegen; keine Wolken unterhalb 5000 Fuß und kein Cumulonimbus.
Die Messung und Mitteilung der Windgeschwindigkeit erfolgt in Knoten, die Windrichtung in Kompasgrad von 0° bis 359°, die Sichtweite in Meter oder Kilometer. Die verwendete Einheit bei der Bewölkung wird in Bedeckungsgrad in Achteln (Oktas) von 1/8 bis 8/8, die Wolkengattung in international verwendeten Abkürzungen und die Wolkenhöhe in 100er Fuß angegeben. Die Höhe der Wolkenuntergrenze über Flugplatzhöhe wird in vollen Fuß angegeben . Die verwendete Einheit für Luft- und Taupunkttemperatur ist Grad Celsius. Temperaturen unter 0 Grad Celsius werden mit „minus" bezeichnet. Der Luftdruck wird in Hektopascal, auf Anforderung auch im amerikanischen Zoll-System (Inches) angegeben.

VOLMET-Ansage

Frankfurt Volmet 1 als Beispiel:
„Frankfurt Volmet 1 Broadcast: Frankfurt 1250 - wind 190 degrees, 9 knots, CAVOK, temperature 24, dewpoint 10, QNH 1018, NOSIG. Brussels 1250 - wind 200 degrees, 10 knots, visibility 8 kilometers, rain, 2/8 1000 ft, 3/8 2000 ft, 6/8 5000 ft, temperature 19, dewpoint 17, QNH 1019, TEMPO: visibility 3500 meters."
Zu Beginn einer Ausstrahlung identifiziert sich die aussendende Station mit ihrem Namen, im Beispiel „Frankfurt Volmet 1", es folgt der Name des Flughafens für Wettermeldung und die Uhrzeit in UTC, zu der die Daten für die Meldung erfaßt wurde. Anschließend werden die aktuellen Werte für Windrichtung und Windgeschwindigkeit, Bodensicht, aktuelles Wetter, Bewölkung mit Bewölkungsgrad und Wolkenuntergrenze über dem Flughafen, Temperatur und Taupunkt und Luftdruck am Boden genannt. Während im Beispiel das Wetter in Frankfurt stabil bleibt (NOSIG), wird für Brüssel eine zeitweilige, kurze Veränderung (TEMPO) der Bodensicht von 8 km auf 3500 ft vorhergesagt. Weitere Begriffe für Veränderungen sind GRADU (Gradual change) für allmählichen Übergang, INTER (Intermitted variation) für eine aussetzende Änderung, PROB (Probability) für die Angabe der Änderungswahrscheinlichkeit in Prozent und RAPID (Rapidly) für eine schnelle Änderung innerhalb von weniger als 30 Minuten.

Bewölkung

Die Bewölkung des sichtbaren Himmelsgewölbes wird in Achteln (Oktas) angegeben:1/8 = heiter, 2/8 = heiter, 3/8 = heiter, 4/8 =halb bedeckt, 5/8 = bewölkt, 6/8 = bewölkt, 7/8 = bewölkt, 8/8 = bedeckt.
In Nordamerika wird der Bedeckungsgrad des Himmels durch Wolken in Pro-

zent angegeben. In Volmet-Sendungen bedeutet „clear“ eine Bedeckung unter 10 Prozent, „scattered“ eine Bedeckung zwischen 10 und 60 Prozent, „broken“ eine Bedeckung zwischen 60 und 90 Prozent und „overcast“ einen Bedeckungsgrad zwischen 90 und 100 Prozent.

Luftdruck

Unter Luftdruck versteht man den Druck, den die atmosphärische Luft an irgendeinem Punkt allseitig ausübt. Er gleich dem Gewicht der über dem betreffenden Punkt liegenden Luftsäule je Flächeneinheit. Gemessen wird der Luftdruck mit einem Barometer. Die Maßeinheit ist das Hektopascal (hPa), früher wurde der Druck in Millibar (mbar) angegeben.
Der sogenannte Standardluftdruck dient als Bezugsdruckfläche. Er beträgt 1013,25 hPa entsprechend 29,92 Inches nach dem amerikanischen Maßsystem oder 760 Millimeter Quecksilbersäule (mm Hg) nach altem System.
In der Luftfahrt wird die Standarddruckfläche in barometrischen Höhenmessern eingestellt, damit alle Flugzeuge unabhängig vom tatsächlich herrschenden Luftdruck eine „geeichte“ Flughöhe angezeigt bekommen, die auf die gleiche Bezugsgröße aufgebaut ist. Der angezeigte Wert entspricht dabei in der Regel nicht der tatsächlichen Höhe über Grund oder über dem Meeresspiegel, sondern der Höhe über der Druckfläche 1013,25 hPa.
Der tatsächliche Luftdruck der an einem Flugplatz herrscht, wird mit „QFE“ bezeichnet und an einem Barometer direkt abgelesen. Ein barometrischer Höhenmesser, der auf den QFE-Wert eingestellt wurde, muß folglich am Boden die Höhe 0 zeigen. Der in Volmet-Ausstrahlungen genannte „QNH-Wert“ ist der theoretische Luftdruck in Meereshöhe. Er wird nach den Bedingungen der Standardatmosphäre vom Luftdruck am Flugplatz auf Normalnull (Abk. NN) zurückgerechnet. Am Boden zeigt ein mit dem QNH-Wert eingestellter Höhenmesser die Höhe des Platzes über Normalnull (Mean Sea Level - MSL) an. Der tatsächliche aktuelle Luftdruck in Meereshöhe, der mit „QFF“ bezeichnet wird, ist in der Luftfahrt nicht von Bedeutung. Bei einem Flugplatz in Meereshöhe ist QFF gleich QFE.
„Standard-Atmosphäre“ werden die Grunddaten der Atmosphäre genannt, die von der internationalen Zivilluftfahrtbehörde ICAO festgelegt wurden. Danach beträgt die Luftfeuchtigkeit 0 Prozent, die Temperatur in Meereshöhe +15 Grad Celsius (59 Grad Fahrenheit), der Luftdruck in Meereshöhe 1013,25 hPa, der Temperaturgradient -0,65 Grad Celsius pro 100 Meter und die konstante Stratosphärentemperatur -56,5 Grad Celsius.

Wind

Unter Wind versteht man die horizontale Luftverschiebung, die durch barometrische Druckunterschiede in der Atmosphäre verursacht wird.
In der Luftfahrt wird der Wind durch Richtung und Stärke bestimmt. Für die Windrichtung wird diejenige Richtung auf der Kompaßrose angegeben, aus

der der Wind weht. Die Windrichtung wird in Kompaßgrad rechtweisend dreistellig von 000 Grad bis 359 Grad in 10-Grad-Einheiten angegeben. Für Volmet- und Sigmet-Aussendungen wird der Bodenwind am Flugplatz in zehn Meter Höhe gemessen.
Das Maß für die Windgeschwindigkeit ist in der Luftfahrt der Knoten. Ein Knoten entspricht einer Geschwindigkeit von einer Nautischen Meile pro Stunde. Nach dem metrischen System sind das 1,852 km/h bzw. 0,51 m/s. In Volmet-Ansagen wird in der Regel die mittlere Windgeschwindigkeit innerhalb des zurückliegenden Meßzeitraums angegeben.

Temperatur

Temperatur ist das Maß für den Wärmezustand eines Körpers. Je höher die Temperatur ist, desto größer ist die mittlere Bewegungsenergie seiner Moleküle oder Atome. Bei der tiefsten möglichen Temperatur von -273,16 Grad Celsius sind alle Atome in Ruhe. Gewöhnlich wird die Temperatur in Grad Celsius gemessen. Der Nullpunkt der Celsius-Skala ist der Punkt, bei dem Wasser zu Eis gefriert. Der Siedepunkt des Wassers bei einem Luftdruck von 1013,25 hPa wurde willkürlich zu +100 Grad Celsius festgesetzt.
In der Luftfahrt ist, ebenso wie in der Meteorologie, die Lufttemperatur gemeint, wenn von Temperatur gesprochen wird.
Im englischen und amerikanischen Maßsystem ist Fahrenheit (Abk. F) das Maß für die Temperatur. Der Gefrierpunkt von Wasser (0 Grad Celsius) liegt bei 32 Grad Fahrenheit und der Siedepunkt (100 Grad Celsius) bei 212 Grad Fahrenheit. Die Umrechnungsformel lautet: F=1,8*C+32; C=(F-32)*0,555.

Taupunkt

Der Taupunkt (Dewpoint) ist die Temperatur, bis zu der die feuchte Luft abgekühlt werden kann, bis der in ihr enthaltene Wasserdampf zu kondensieren beginnt, das heißt Feuchtigkeitssättigung eintritt und der unsichtbare Wasserdampf in der Luft flüssig wird. Sichtbar wird dies durch die Bildung von Nebel oder Wolken. Die Taupunkttemperatur kann mit einem Taupunkthydrometer direkt abgelesen oder aus den Werten für Lufttemperatur und Luftfeuchtigkeit berechnet werden. Je kleiner die Temperaturdifferenz (Spread) zwischen Lufttemperatur und Taupunkttemperatur ist, desto wahrscheinlicher ist die Bildung von Nebel und Wolken.

Sicht

Sicht (Visibility) ist ein in der Luftfahrt wichtiges meteorologisches Element. Die Sichtweite wird als diejenige Entfernung definiert, in der Bäume, Häuser oder Berge in ihren Umrissen erkannt werden können. Die Sichtweite wird auf Flugplätzen mit speziellen Messgeräten bestimmt. Mit diesen Transmissometern wird die Durchsichtigkeit der Luft und damit die Sichtweite bestimmt. Gemessen wird bei diesem Verfahren die Absorption eines Lichtstrahls durch

die Luftmoleküle auf einer geeichten Prüfstrecke.
In der Luftfahrt unterscheidet man zwischen Horizontal-, Vertikal-, Schräg- und Landebahnsicht. Flugsicht ist die Sicht aus dem Cockpit eines im Flug befindlichen Flugzeuges in Flugrichtung.
In Volmet-Sendungen wird die Sichtweite am Flugplatz, also die Bodensicht, angegeben. Die Sichtweite wird bis 5000 Meter in Stufen von 100 Meter, darüber in Stufen von 1000 Meter angegeben

Niederschlag

Niederschlag (Hydrometeore) ist in der Meteorologie der Sammelbegriff für das aus Wolken fallende Wasser. Dabei unterscheidet man zwischen Niederschlagsarten am Boden oder an festen Körpern und in der freien Atmosphäre. Zu den Bodenniederschlagsarten gehören Tau (Dew) und Reif (Hoar frost), Niederschlagsarten aus den Wolken sind Regen (Rain), Nieseln oder Sprühregen (Drizzle), Schnee (Snow), Grieseln (Grain), Graupeln (Snow pellets) und Hagel (Hail). Der Niederschlag fällt dabei in Form von Tropfen, Kristallen, Flocken, Graupeln oder Schloßen auf die Erde.
Besonders gefährlich ist in der Luftfahrt der unterkühlte Regen (Freezing rain). Dabei wird der Niederschlag auf der Flugzeugaußenhaut zu Eis, die Sicht wird stark behindert, das Gewicht des Flugzeuges nimmt immer mehr zu und schließlich zerstört das Eis auf den Tragflächen die Aerodynamik. Ähnliche Eigenschaften auf ein fliegendes Flugzeug hat Schnee nahe der Nullgradgrenze.

Nebel und Dunst

Nebel (Fog) und Bodennebel (Shallow fog) ist eine von der Erde aufsteigende Wolkenschicht, die aus mikroskopisch kleinen, in der Luft schwebenden Wassertröpfchen oder Eiskristallen besteht. Nebel erschwert wegen der geringen Sichtweiten insbesondere in der Endanflug- und Landephase den Flugverkehr. Mit Dunst (Haze/Mist) bezeichnet man eine Trübung der Luft, die entweder durch feine Wassertröpfchen (feuchter Dunst, Mist) oder durch mikroskopisch kleine Staub- oder Rauchteilchen oder Salzkristalle (trockener Dunst, Haze) entsteht. Der Unterschied zwischen feuchtem Dunst und Nebel liegt in der Sichtweite, die bei Nebel unter einem Kilometer liegt.
Dabei können den Begriffen, je nach Wetterlage die Zusätze „recent“ für kürzlich, also innerhalb der letzten Stunde, jedoch nicht zum Beobachtungszeitraum und „slight“ für leicht, „moderate“ für mäßig und „heavy“ für stark oder heftig, vorangestellt werden.
Der Nachteil der VHF-Volmet-Dienste ist, daß die Reichweite der Sender aufgrund der Ausbreitungsbedingungen der Meterwellen begrenzt ist. Zwar können die VHF-Flugfunksender in hoch fliegenden Flugzeugen auch bei schlechten Ausbreitungsbedingungen noch mehr als 400 km weit gehört werden. Bei Flügen über den Ozeane sind VHF-Volmet-Stationen jedoch nicht zu

hören. Um den Piloten insbesondere bei transkontinentalen Langstreckenflügen die Möglichkeit zu geben, sich schon lange Zeit vor der Landung auf dem Bestimmungsflughafen ein Bild über das lokale Wetter zu machen, wurden Volmet-Dienste auf Kurzwelle eingerichtet.

Volmet-Frequenzen

In Deutschland werden Volmet-Sendungen von drei Stationen in Berlin, Bremen (Senderstandort Hannover) und Frankfurt ausgestrahlt.

Berlin-Schönefeld	128,400 MHz
Frankfurt 1	127,600 MHz
Frankfurt 2	135,775 MHz
Bremen	127,400 MHz

Für die Bereitstellung der meteorologischen Dienste sind die Flugwetterwarten auf den Flughäfen Berlin-Schönefeld, Berlin-Tegel, Berlin-Tempelhof, Bremen, Dresden, Düsseldorf, Erfurt, Frankfurt/Main, Hamburg, Hannover, Köln/Bonn, Leipzig, München, Münster/Osnabrück, Nürnberg, Saarbrücken und Stuttgart zuständig.
Die Tätigkeit des Flugwetterdienstes wird entsprechend den Bestimmungen der Internationalen Zivilluftfahrtorganisation und der Weltorganisation für Meteorologie (World Meteorological Organisation - WMO) durchgeführt.

Die Hauptaufgaben des Flugwetterdienstes bestehen im Einzelnen in:

- der schriftlichen und mündlichen Wetterberatung des Luftfahrtpersonals einschließlich seiner Versorgung mit allen für die Planung und Durchführung des Flugverkehrs erforderlichen meteorologischen Informationen;
- der Versorgung der Flugverkehrsdienststellen mit Wettermeldungen, Vorhersagen und Warnungen, die diese für die Sicherung des Luftverkehrs sowie für die Übermittlung an Luftfahrzeuge im Fluge benötigen;
- der Durchführung eines den Erfordernissen der Luftfahrt angepaßten Wetterbeobachtungs- und Meldedienstes;
- der kontinuierlichen Bearbeitung flugmeteorologischer Probleme und Bereitstellung flugklimatologischer Daten.

Für diese Leistungen sowie für Auskünfte, Beratungen und Gutachten erhebt der Deutsche Wetterdienst von den Flugverkehrsgesellschaften eine Gebühr.

Sprechfunkverkehr

Vorbemerkung

Die Internationale Zivilluftfahrtbehörde ICAO hat Verfahren und Sprechgruppen für den Funkverkehr zwischen Flugzeugen und Bodenfunkstellen erarbeitet, denen sich die meisten Länder der Welt angeschlossen haben. Die Verfahren und Sprechgruppen werden von der ICAO und für das Gebiet der Bundesrepublik Deutschland von der Deutschen Flugsicherung GmbH (DFS) veröffentlicht. Grundlage ist das ICAO-Dokument PANS-RAC 4444 - Procedures for Air Navigation Services, Rules of the Air, Air Traffic Services, das auf einem 1946 in Dublin verabschiedeten Verfahren zur Durchführung des Funkverkehrs aufbaut.
Das ICAO-Dokument 9432 - AN/925 Manual of Radiotelephony schreibt die zu verwendenden Sprechgruppen und Aussprachen für jede mögliche Situation bei der Flugdurchführung und der Flugsicherung (ATC - Air Traffic Control) vor. Die DFS hat dieses Regelwerk übernommen und veröffentlicht die Phraseologie und deren Ergänzungen in der AIP - Aeronautical Information Publication.

Art der Durchführung

Funkverkehr im beweglichen Flugfunkdienst wird als Sprechfunkverkehr durchgeführt. Beweglicher Flugfunkdienst ist ein Funkdienst zwischen Bodenfunkstellen und Luftfunkstellen oder zwischen Luftfunkstellen untereinander. Im Rahmen des beweglichen Flugfunkdienstes dürfen auch Rettungsgerätefunkstellen und Funkbojen, die zur Markierung der Position bei Luftnotfällen dienen, auf festgelegten Funkfrequenzen betrieben werden.
Im beweglichen Flugfunkdienst sind folgende Meldungen in der dargestellten Rangfolge zulässig:

- **Notmeldungen** sind Meldungen über Luftfahrzeuge und deren Insassen, die von schwerer und unmittelbarer Gefahr bedroht sind und sofortiger Hilfe bedürfen.
- **Dringlichkeitsmeldungen** sind Meldungen, welche die Sicherheit eines Luft- oder eines anderen Fahrzeuges oder einer Person betreffen.
- **Peilfunkmeldungen** sind Meldungen zur Übermittlung von Peilwerten.
- **Wettermeldungen** sind Meldungen zur Übermittlung von Wetterdaten.
- **Flugsicherheitsmeldungen** sind Meldungen, die bei der Durchführung der Flugverkehrskontrolle übermittelt werden (Flugverkehrskontrollmeldungen),
- **Standortmeldungen** von Luftfahrzeugführern oder Meldungen von Luftfahrzeugführern oder Luftfahrzeughaltern, die für im Flug befindliche Luftfahrzeuge von unmittelbarer Bedeutung sind.
- **Flugbetriebsmeldungen** sind Meldungen über Änderungen in den Flug-

betriebsplänen für Luftfahrzeuge; Meldungen über die Wartung von Luftfahrzeugen, Anweisungen an Beauftragte der Luftfahrzeughalter über Änderungen der Erfordernisse für Fluggäste und Besatzung, die durch unvermeidbare Abweichungen von den Flugbetriebsplänen verursacht werden; Meldungen über außerplanmäßige Landungen; Meldungen über dringend benötigte Luftfahrzeugteile und Material; Meldungen über den Betrieb oder die Wartung von Einrichtungen, die für die Sicherheit oder Regelmäßigkeit des Flugbetriebes wichtig sind.
- **Staatstelegramme** sind Meldungen, die von an Bord eines Luftfahrzeuges befindlichen Staatsoberhäuptern oder diesen gleichgestellten Personen übermittelt werden.

Flugbetriebsmeldungen und Staatstelegramme sind auf Frequenzen des Fluginformationsdienstes oder einer anderen von der Flugverkehrskontrolle zugewiesenen Frequenz zu übermitteln, um die Durchführung der Flugverkehrskontrolle nicht zu beeinträchtigen.

Sprache

Der Sprechfunkverkehr im beweglichen Flugfunkdienst wird in englischer Sprache durchgeführt. Bei Flügen nach Sichtflugregeln und im Rollverkehr kann der Sprechfunkverkehr in deutscher Sprache durchgeführt werden, sofern in der Ersten Durchführungsverordnung zur Luftverkehrsordnung (Festlegung der Funkfrequenzen) hierfür besondere Funkfrequenzen festgelegt worden sind. Das Flugsicherungsunternehmen kann in besonderen Fällen die deutsche und die englische Sprache für die Durchführung des Sprechfunkverkehrs auf besonders festgelegten Funkfrequenzen zulassen, sofern dadurch die öffentliche Sicherheit oder Ordnung, insbesondere die Sicherheit des Luftverkehrs, nicht beeinträchtigt wird. Die erforderlichen Einzelheiten werden von dem Flugsicherungsunternehmen jeweils in den Nachrichten für Luftfahrer (NfL) bekanntgemacht.
Der Sprechfunkverkehr im beweglichen Flugfunkdienst auf Frequenzen der nicht von dem Flugsicherungsunternehmen betriebenen Bodenfunkstellen wird in deutscher Sprache durchgeführt. Er kann in englischer Sprache durchgeführt werden, sofern hierfür besondere Funkfrequenzen festgelegt worden sind.

Zeitsystem

Alle Funkstellen des beweglichen Flugfunkdienstes haben die koordinierte Weltzeit (UTC Universal Time Coordinated) anzuwenden. Der Beginn des Tages wird mit 0000, das Ende mit 2359 bezeichnet.
Als Uhrzeit wird die Minutenzahl der laufenden Stunde (zweistellig) übermittelt. Wenn eine Verwechslung möglich ist, sind alle vier Ziffern der laufenden Stunde und der Minuten in UTC zu übermitteln.
Die Minute beginnt mit der Sekunde 00 und endet mit der Sekunde 59.

Rufzeichen von Bodenfunkstellen

Das Rufzeichen einer Bodenfunkstellen setzt sich zusammen aus der Ortsbezeichnung oder dem Namen der Bodenfunkstellen und einem der nachfolgend aufgeführten Kennwörter.

Für die Durchführung des Sprechfunkverkehrs in englischer Sprache:

CONTROL	Bezirkskontrolle ohne Radar
APPROACH	An- und Abflugkontrolle ohne Radar
RADAR	Flugverkehrskontrolle mit Radar
DEPARTURE	Abflugkontrolle mit Radar
ARRIVAL	Anflugkontrolle mit Radar
DIRECTOR	Endanflugkontrolle mit Radar
PRECISION	Endanflugkontrolle mit Präzisionsradar
TOWER	Flugplatzkontrolle
GROUND	Flugverkehrskontrolle auf dem Rollfeld
DELIVERY	Übermittlung von Streckenfreigaben
INFORMATION	Fluginformationsdienst der Flugsicherung
APRON	Vorfeldbewegungslenkung des Flughafenbetreibers
INFO	Flugplatzinformationsdienst durch Luftaufsicht
DISPATCH	Flugbetriebsmeldungen einer Fluggesellschaft
OPERATIONS	Flugbetriebszentrale einer Fluggesellschaft

Für die Durchführung des Sprechfunkverkehrs in deutscher Sprache:

TURM	Flugplatzkontrolle
ROLLKONTROLLE	Flugverkehrskontrolle auf dem Rollfeld
INFORMATION	Fluginformationsdienst der Flugsicherung
START/SCHULE	Ausbildung von Luftfahrern
INFO	Flugplatzinformationsdienst durch Luftaufsicht
VORFELD	Vorfeldbewegungslenkung des Flughafenbetreibers
SEGELFLUG	Segelflugbetrieb
RÜCKHOLER	Segelflugbegleit- und Rückholbetrieb
VERFOLGER	Freiballonbegleit- und Rückholbetrieb
WETTBEWERB	Wettbewerbsveranstaltungen

Rufzeichen von Luftfunkstellen

Als Rufzeichen von Luftfunkstellen sind zulässig:

- Die Zeichen, die dem Staatszugehörigkeitszeichen und dem Eintragungszeichen des Luftfahrzeugs entsprechen (Beispiel: D-ABOC);
- die für das Luftfahrtunternehmen festgelegte Sprechfunkabkürzung in Verbindung mit dem Zeichen (Beispiel: AIR BERLIN D-ABAB);
- die für das Luftfahrtunternehmen festgelegte Sprechfunkabkürzung in Verbindung mit der Kennzeichnung des Fluges (Beispiel: DELTA 076);
- das Luftfahrzeugmuster in Verbindung mit dem Zeichen entsprechend

dem ersten Absatz (Beispiel: LEARJET D-CAVE);
- ein aus höchstens sieben Zeichen bestehendes Funkrufzeichen, zum Beispiel für militärische Luftfahrzeuge(Beispiel: GAF1001).

Die Rufzeichen von Luftfunkstellen dürfen während des Fluges nicht geändert werden, es sei denn, die Bodenfunkstelle hat zur Vermeidung einer Verwechslung für die Dauer des Durchflugs durch ihren Zuständigkeitsbereich ausdrücklich ein anderes Rufzeichen zugewiesen.

Abgekürzte Rufzeichen von Luftfunkstellen sind nur zugelassen, nachdem Funkverbindung hergestellt und eine Verwechslung nicht möglich ist. Eine Luftfunkstelle darf ihr abgekürztes Rufzeichen nur benutzen, sofern die Bodenfunkstelle das abgekürzte Rufzeichen bereits verwendet hat.

Die Rufzeichen von Luftfunkstellen werden wie folgt abgekürzt:
- Das erste und die beiden letzten Zeichen des Rufzeichens, wenn ein Rufzeichen benutzt wird, beziehungsweise das erste und die drei letzten Zeichen, sofern das Rufzeichen aus mehr als fünf Zeichen besteht (Beispiel: DLM für D-EDLM bzw. N 234 für N-01234);
- die für das Luftverkehrsunternehmen festgelegte Sprechfunkabkürzung in Verbindung mit den beiden letzten Zeichen des Rufzeichens (Beispiel: AIR BERLIN AB für AIR BERLIN D-ABAB).
- das Luftfahrzeugmuster mit den beiden letzten Zeichen des Rufzeichen (Beispiel: LEARJET VE für LEARJET D-CAVE).

Unbeschadet der Vorschrift im ersten Absatz haben Führer von Luftfahrzeugen mit einer höchstzulässigen Startmasse von 136 Tonnen oder mehr bei der Aufnahme der Funkverbindung mit der Flugverkehrskontrolle sowie nach jedem Frequenzwechsel ihrem Rufzeichen das Wort HEAVY anzufügen.

Der zweite Buchstabe des Eintragungszeichens gibt Aufschluß über das höchstzulässige Fluggewicht und die Art des Luftfahrzeuges:

A	für Flugzeuge über 20 t	D-AAAA	bis	D-AZZZ
B	für Flugzeuge von 14 t bis 20 t	D-BAAA	bis	D-BZZZ
C	für Flugzeuge von 5,7 bis 14 t	D-CAAA	bis	D-CZZZ
E	für einmotorige Flugzeuge bis 2 t	D-EAAA	bis	D-EZZZ
F	für einmotorige Flugzeuge von 2 bis 5,7 t	D-FAAA	bis	D-FZZZ
G	für mehrmotorige Flugzeuge bis 2 t	D-GAAA	bis	D-GZZZ
H	für Hubschrauber	D-HAAA	bis	D-HZZZ
I	für mehrmotorige Flugzeuge von 2 bis 5,7 t	D-IAAA	bis	D-IZZZ
K	für Motorsegler	D-KAAA	bis	D-KZZZ
L	für Luftschiffe/Zeppeline	D-LAAA	bis	D-LZZZ
M	für Ultraleicht-Flugzeuge	D-MAAA	bis	D-MZZZ
N	für Motordrachen	D-NAAA	bis	D-NZZZ
O	für Freiballone	D-OAAA	bis	D-OZZZ

Segelflugzeuge führen hinter dem Staatszugehörigkeitszeichen D eine vierstellige Registriernummer (Beispiel: D-1234). Eine Ausnahme bilden Ballone. Diese können im amtlichen Eintragungszeichen einen Namen führen wie zum Beispiel D-Tecklenburger Land oder D-Hessen.

Herstellung der Sprechfunkverbindung

Die Sprechfunkverbindung ist wie folgt herzustellen:
Einleitungsanruf:: Rufzeichen der anzusprechenden Funkstelle; Rufzeichen der rufenden Funkstelle DÜSSELDORF RADAR LUFTHANSA 4110;
Antwort: Rufzeichen der anzusprechenden Funkstelle; Rufzeichen der antwortenden Funkstelle LUFTHANSA 4110 DÜSSELDORF RADAR.
Wenn zu erwarten ist, daß die gerufene Funkstelle den Anruf empfängt, kann eine Meldung unmittelbar im Anschluß an den Einleitungsanruf gesendet werden. Dieses Verfahren darf bei Flügen nach Sichtflugregeln nur nach Aufforderung zum Frequenzwechsel durch die Flugverkehrskontrolle angewendet werden.
Funkstellen des beweglichen Flugfunkdienstes können gleichzeitig mehrere Funkstellen anrufen (Mehrfachanrufe). Die in einem Mehrfachanruf gerufenen Funkstellen haben den Empfang der Meldung in der von der rufenden Funkstelle benutzten Reihenfolge zu bestätigen.
Funkstellen des beweglichen Flugfunkdienstes können gleichzeitig alle Funkstellen, die auf einer Frequenz hörbereit sind, anrufen (Allgemeiner Anruf). Ein Allgemeiner Anruf beginnt mit der Sprechgruppe An alle (all stations), gefolgt vom Rufzeichen der sendenden Funkstelle; er ist nicht zu bestätigen.
Wird bei einem Anruf das Rufzeichen der rufenden Funkstelle nicht verstanden, ist die Verfahrenssprechgruppe Wiederholen Sie Ihr Rufzeichen (say again your callsign) zu verwenden. Besteht Ungewißheit darüber, ob die Funkstelle gerufen wurde, so ist dieser Anruf nicht zu beantworten, sondern ein klärender Anruf abzuwarten.
Bei jedem Frequenzwechsel hat der Luftfahrzeugführer auf einem Flug nach Instrumentenflugregeln die derzeitige Flughöhe und bei Steig- oder Sinkflug zusätzlich die freigegebene Flughöhe anzugeben. Bei einem Wechsel von Anflugkontrolle zur Flugplatzkontrolle entfällt die Angabe der Flughöhe. Bei Anflügen zu Flughäfen mit Parallelpisten ist neben dem Funkrufzeichen des Luftfahrzeuges die Bezeichnung der angeflogenen Piste zu nennen.
Gelingt es einem Luftfahrzeugführer nicht, auf der vorgeschriebenen Funkfrequenz Sprechfunkverbindung mit der zuständigen Flugverkehrskontrolle aufzunehmen, so hat er zu versuchen, eine Sprechfunkverbindung auf anderen für die Flugstrecke festgelegten Funkfrequenzen herzustellen, zum Beispiel der Notfrequenz 121,5 MHz. Bleiben auch diese Versuche erfolglos, hat er sich zu bemühen, eine Sprechfunkverbindung mit anderen Bodenfunkstellen oder Luftfahrzeugen aufzunehmen. Kommt auch über diese eine Sprechfunkverbindung mit der zuständigen Flugverkehrskontrolle nicht zustande,

hat der Luftfahrzeugführer die Funkausfallverfahren zu befolgen.
Wenn der Luftfahrzeugführer vergeblich versucht hat, eine Sprechfunkverbindung mit der zuständigen Flugverkehrskontrolle aufzunehmen, er aber Anzeichen dafür hat, daß seine Sendungen empfangen werden, so hat er über die Vorschrift hinaus wichtige Meldungen blind auszusenden. Der Meldung ist die Sprechgruppe Blindsendung (transmitting blind) voranzustellen. Die Meldung ist anschließend vollständig zu wiederholen. Dabei ist die Zeit anzugeben, zu der die nächste Sendung stattfinden wird, und, für den Fall eines beabsichtigten Frequenzwechsels, auch diese Funkfrequenz sowie die zu rufende Bodenfunkstelle.
Ist es einer Bodenfunkstelle nicht möglich, mit einem Luftfahrzeug Sprechfunkverbindung auf einer der Frequenzen, die das Luftfahrzeug möglicherweise abhört, herzustellen, soll sie

- andere Bodenfunkstellen um Hilfe bitten, das Luftfahrzeug zu rufen beziehungsweise Meldungen weiterzuleiten, wenn nötig;
- Luftfahrzeuge in der Nähe ersuchen, Funkverbindung herzustellen und Meldungen weiterzugeben, wenn nötig.

Bleiben die oben genannten Versuche erfolglos, sollte die Bodenfunkstelle Meldungen für das Luftfahrzeug, jedoch keine Flugverkehrskontrollfreigaben, durch Blindsendung auf den Frequenzen, die das Luftfahrzeug möglicherweise abhört, absetzen (Notfrequenzen 121,5 MHz und 243,0 MHz).
Blindsendungen von Flugverkehrskontrollfreigaben an ein Luftfahrzeug durch ein anderes Luftfahrzeug sind nur nach spezieller Aufforderung der Flugverkehrskontrolle weiterzugeben.

Überprüfen von Funkanlagen

Wenn eine Überprüfung der Funkanlage oder die Durchführung einer Verständigungsprobe für notwendig erachtet wird, soll die Testsendung nicht länger als zehn Sekunden dauern.
Die Verständlichkeit des Funktests wird in den folgenden Stufen gewertet:
1 = unverständlich (unreadable)
2 = zeitweise verständlich (readable now and then)
3 = schwer verständlich (readable but with difficulty)
4 = verständlich (readable)
5 = sehr gut verständlich (perfectly readable)

Verfahrensweise im Sprechfunkverkehr

Um eine knappe, unmißverständliche und einheitliche Übermittlungsform zu erzielen, sind möglichst festgelegte Sprechgruppen zu verwenden. Hierbei ist deutlich und im Tonfall der Umgangssprache sowie mit gleichbleibendem Stimmaufwand und gleichbleibender Sprechgeschwindigkeit zu sprechen. Sachfremde und unsachliche Äußerungen sind nicht zulässig.
Abkürzungen im Sprechfunkverkehr sind nicht zulässig. Das gilt nicht für im

Luftverkehr gebräuchliche Abkürzungen wie ATC, FIR, IFR, RVR, VMC, VOR sowie für die Q-Gruppen QNH, QFE, QDM, QDR und QTE.
Eine Luftfunkstelle hat den Empfang einer Meldung durch das Übermitteln des eigenen Rufzeichens und der Verfahrenssprechgruppe Verstanden (roger) zu bestätigen.
Den Empfang von Flugverkehrskontrollfreigaben und Anweisungen, die Auswirkungen auf die Bewegung des Luftfahrzeuges haben, Anweisungen zur Schaltung von Sekundärradarmodi und -codes, Luftdruckwerte zur Höhenmessereinstellung, die Pistenbezeichnung sowie bei Frequenzwechsel die Frequenz, hat die Luftfunkstelle dadurch zu bestätigen, daß sie die entsprechende Meldung wörtlich wiederholt. Den Empfang von anderen Anweisungen kann mit der Verfahrenssprechgruppe Wilco bestätigt werden.
Die Bodenfunkstelle bestätigt den Empfang der Meldung einer Luftfunkstelle

- durch das Übermitteln des eigenen Rufzeichens und gegebenenfalls der Verfahrenssprechgruppe Verstanden (roger) oder
- durch das Übermitteln des Rufzeichens der Luftfunkstelle und der Verfahrenssprechgruppe Verstanden (roger)

Nach Herstellung der Funkverbindung können, wenn eine Verwechslung ausgeschlossen ist, das Rufzeichen der Bodenfunkstelle und einzelne Verfahrenssprechgruppen, wie Verstanden (roger) weggelassen werden.
Das Verlassen einer Kontrollfrequenz ist nur mit ausdrücklicher Genehmigung der Flugverkehrskontrolle gestattet. Das Verlassen einer Fluginformationsfrequenz ist zu melden.
Flüge in Lufträumen der Klassen E, F und G können von der Flugverkehrskontrolle aufgefordert werden, das Verlassen des Luftraumes zu melden beziehungsweise auf der Frequenz zu verbleiben.

Anweisen und Meldung von Flughöhen

Flughöhen sind entsprechend der Einstellung des Höhenmessers zu melden. Bei Einstellung auf einen QNH-Wert ist der Höhenangabe die Bezeichnung Flughöhe (altitude) voranzustellen und das Wort Fuß (feet) anzufügen. Bei Verwendung der Standard-Höhenmessereinstellung ist der Höhenangabe die Bezeichnung Flugfläche (flight level) voranzustellen. In der englischen Sprache ist beim Anweisen beziehungsweise Melden von Flughöhen das Wort to nicht zu verwenden.

Übermittlung von Sichtwerten

Die Werte für Flugsicht, Bodensicht und Pistensichtweite sind zu übermitteln:

- in Metern bei einer Sicht von fünf Kilometern oder weniger;
- in Kilometern bei einer Sicht von mehr als fünf Kilometern, aber weniger als zehn Kilometern;
- als eine Sicht von zehn Kilometern bei einer Sicht von zehn oder mehr.

Notverkehr

Ein Notanruf soll durch das vorzugsweise dreimalige Aussenden des Notsignals mayday eingeleitet und auf der benutzten Sprechfunkfrequenz oder auf der Notfrequenz übermittelt werden; er soll an eine bestimmte Bodenfunkstelle gerichtet sein und muß das Rufzeichen des in Not befindlichen Luftfahrzeuges enthalten. Die dem Notanruf folgende Notmeldung soll folgende Angaben enthalten:

- Art der Notlage;
- Absichten des Luftfahrzeugführers;
- Art der gewünschten Hilfe;
- Angaben über Standort, Kurs und Flughöhe.

Die in Not befindliche oder die den Notverkehr steuernde Funkstelle kann allen im Empfangsbereich der Notmeldung liegenden oder bestimmten, den Notverkehr störenden Funkstellen eine Funkstille auferlegen. Die Anordnung lautet: Halten Sie Funkstille - mayday (stop transmitting mayday).
Wenn der Notverkehr beendet ist oder die Aufrechterhaltung der Funkstille auf einer für den Notverkehr verwendeten Frequenz nicht mehr nötig ist, hat die Funkstelle, die den Notverkehr gesteuert hat, auf derselben Frequenz folgende Meldung zu übermitteln: Notverkehr beendet (distress traffic ended).
Die Benutzung der Notfrequenzen ist nur in Notfällen oder bei Ausfall aller anderen Frequenzen gestattet.

Dringlichkeitsverkehr

Ein Dringlichkeitsanruf soll durch das vorzugsweise dreimalige Aussenden des Dringlichkeitssignals „pan“ eingeleitet und auf der benutzten Sprechfunkfrequenz übermittelt werden; er soll an eine bestimmte Bodenfunkstelle gerichtet sein und muß das Rufzeichen des die Meldung absetzenden Luftfahrzeuges enthalten. Die dem Dringlichkeitsanruf folgende Dringlichkeitsmeldung soll folgende Angaben enthalten:
Art der Schwierigkeit oder Beobachtung; andere, für die Hilfeleistung wichtige Informationen; falls zutreffend, Absichten des Luftfahrzeugführers; falls zutreffend, Angaben über Standort, Kurs und Flughöhe.

Flugrundfunkdienst

Der Flugrundfunkdienst wird mittels Sprechfunk durchgeführt. Die im Flugrundfunkdienst ausgestrahlten Informationen sind nicht an einen bestimmten Empfänger, sondern an alle Funkstellen gerichtet.

Übermitteln von Buchstaben und Zahlen

Wenn es erforderlich ist, Rufzeichen, Wörter oder vorschriftsmäßige Abkürzungen zu buchstabieren, ist auch in deutscher Sprache das ICAO-Buchstabieralphabet entsprechend zu benutzen. Das Rufzeichen D-CAVE ist beim Erstanruf oder Frequenzwechsel folgendermaßen zu übermitteln:

DELTA- CHARLIE-ALPHA-VICTOR- ECHO

Ziffern oder Zeichen sind wie folgt zu übermitteln:

- Alle Zahlen, ausgenommen ganze Hunderter, ganze Tausender und Kombinationen von Tausendern und ganzen Hundertern, sind durch die getrennte Aussprache jeder einzelnen Ziffer zu übermitteln.
- Ganze Hunderter und ganze Tausender sind zu übermitteln, indem jede einzelne Ziffer in der Zahl der Hunderter oder Tausender ausgesprochen und jeweils das Wort hundert oder tausend hinzugefügt wird.

Beispiele: 300 dreihundert, three hundred - 4000 viertausend, four thousand
Kombinationen von Tausendern und ganzen Hundertern sind zu übermitteln, indem jede einzelne Ziffer in der Zahl der Tausender ausgesprochen und das Wort Tausend hinzugefügt wird, danach die Zahl der Hunderter, gefolgt von dem Wort Hundert.
Beispiele: 13600 eins drei Tausend sechs Hundert, one three thousand six hundred - 4300 vier Tausend drei Hundert, four thousand three hundred
Ausnahmen von den vorstehenden Regelungen:

- Richtungsangaben nach Uhrzeigerstellung bei Verkehrshinweisen, die zum Beispiel als zehn, elf, zwölf Uhr zu übermitteln sind,
- Anweisungen zum Fliegen eines Vollkreises, die in der englischen Sprache mit make a threesixty (left/right) erteilt werden.

In Verbindung mit Einhundert und Eintausend ist die Zahl Eins als Ein auszusprechen. Bei der Übermittlung von Sprechfunkfrequenzen sind maximal fünf Ziffern anzugeben, wobei nach der dritten Ziffer das Wort Komma (decimal) zu sprechen ist.

Beispiele:
118,000 wird angegeben als: eins eins acht Komma null
one one eight decimal zero
118,025 wird angegeben als: eins eins acht Komma null zwo
one one eight decimal zero two
118,050 wird angegeben als: eins eins acht Komma null fünf
one one eight decimal zero five
118,075 wird angegeben als: eins eins acht Komma null sieben
one one eight decimal zero seven
118,100 wird angegeben als: eins eins acht Komma eins
one one eight decimal one

Buchstabe	Schlüsselwort	Aussprache
A	Alpha	ALF AH
B	Bravo	BRAH VOH
C	Charlie	CHAR LEE
D	Delta	DELL TAH
E	Echo	ECK OH
F	Foxtrot	FOKS TROT
G	Golf	GOLF
H	Hotel	HOH TELL
I	India	IN DEE AH
J	Juliett	JEW LEE ETT
K	Kilo	KEY LOH
L	Lima	LEE MAH
M	Mike	MIKE
N	November	NO VEM BER
O	Oscar	OSS CAH
P	Papa	PAH PAH
Q	Quebec	KEH BECK
R	Romeo	ROM ME OH
S	Sierra	SEE AIR RAH
T	Tango	TAN GO
U	Uniform	YOU NEE FORM
V	Victor	VIC TAH
W	Whiskey	WISS KEY
X	X-Ray	ECKS RAY
Y	Yankee	YANG KEY
Z	Zulu	ZOO LOO
0	null/zero	ZE RO
1	ein(s)/one	WUN
2	zwo/two	TOO
3	drei/three	TREE
4	vier/four	FOW-ER
5	fünf/five	FIFE
6	sechs/six	SIX
7	sieben/seven	SEV-EN
8	acht/eight	AIT
9	neun/nine	NIN-ER
100	hundert/hundred	HANDRID
1000	tausend/thousand	TAUSAND
,	Komma/decimal	DES-SIMAL
/	Schrägstrich/diagonal	DIE-AGONAL

Flugfunk-Sprechgruppen

Verfahrenssprechgruppen

Im Sprechfunk- beziehungsweise Fernsprechverkehr sind die nachfolgenden Verfahrenssprechgruppen zu verwenden:

ACKNOWLEDGE	**BESTÄTIGEN SIE** „Teilen Sie mit, daß die Meldung empfangen und verstanden wurde“
AFFIRM	**POSITIV** „ja“
APPROVED	**GENEHMIGT** „Erlaubnis für das vorgeschlagene Verfahren erteilt“
BREAK	**TRENNUNG** „Ich zeige hiermit die Trennung zwischen Teilen der Meldung an. (Zu benutzen, wenn keine klare Trennung zwischen dem Text und anderen Teilen der Meldung erkannt werden kann).“
BREAK BREAK	**TRENNUNG TRENNUNG** „Ich zeige hiermit die Trennung zwischen Meldungen an, die in einer hochbelasteten Verkehrssituation an verschiedene Luftfahrzeuge übermittelt werden“
CANCEL	**AUFGEHOBEN** „Die vorher übermittelte Freigabe ist aufgehoben“
CHECK	**ÜBERPRÜFEN SIE** „Prüfen Sie ein System oder ein Verfahren. (Eine Antwort wird normalerweise nicht erwartet).“
CLEARED	**FREI** „Genehmigung, unter festgelegten Bedingungen zu verfahren“
CONFIRM	**BESTÄTIGEN SIE** „Habe ich die folgende Meldung richtig/haben Sie die folgende Meldung richtig empfangen“
CONTACT	**RUFEN SIE** „Stellen Sie Funkverbindung her mit...“
CORRECT	**RICHTIG** „Das ist richtig“

CORRECTION	**BERICHTIGUNG** “Bei der Übermittlung ist ein Fehler unterlaufen, Es muß richtig heißen...“
DISREGARD	**IGNORIEREN SIE** „Betrachten Sie die Übermittlung als nicht gesendet“
GO AHEAD	**KOMMEN** „Setzen Sie Ihre Meldung ab“
HOW DO YOU READ	**WIE VERSTEHEN SIE MICH** „Wie ist die Verständlichkeit meiner Sendung“
I SAY AGAIN	**ICH WIEDERHOLE** „Ich wiederhole zur Klarstellung oder Betonung“
MONITOR	**MONITOR** „Hören Sie (Frequenz) ab“
NEGATIVE	**NEGATIV** „Nein/Erlaubnis wird nicht erteilt/das ist nicht richtig“
OVER	**KOMMEN** „Meine Übermittlung ist beendet, und ich erwarte Ihre Antwort“
OUT	**ENDE** „Die Übermittlung der Meldung ist beendet. Ich erwarte keine Antwort“
READ BACK	**WIEDERHOLEN SIE WÖRTLICH** „Wiederholen Sie alles oder den bezeichneten Teil dieser Meldung wörtlich“
RECLEARED	**FREIGABEÄNDERUNG** „Es hat sich eine Änderung gegenüber Ihrer letz ten Freigabe ergeben, und diese neue Freigabe ersetzt die vorherige Freigabe oder Teile davon“
REPORT	**MELDEN SIE** „Geben Sie mir die folgende Information“
REQUEST	**ERBITTE** „Ich möchte wissen/ich beantrage“
ROGER	**VERSTANDEN** „Ich habe Ihre letzte Meldung vollständig erhalten“
SAY AGAIN	WIEDERHOLEN SIE „Wiederholen Sie alles oder den folgenden Teil Ihrer Meldung“
SPEAK SLOWER	**SPRECHEN SIE LANGSAMER** “Vermindern Sie Ihre Sprechgeschwindigkeit“

SQUAWK — **SQUAWK**
„Schalten Sie den Transponder auf Mode/Code

STANDBY — **WARTEN SIE**
„Warten Sie und ich werde Sie rufen"

VERIFY — **ÜBERPRÜFEN SIE**
„Überprüfen Sie und bestätigen Sie mit dem Aufgeber"

WILCO — **WILCO** (Abkürzung für „will comply")
„Ich habe Ihre letzte Meldung verstanden und werde entsprechend handeln"

WORDS TWICE — **WORTE DOPPELT**
"Als Bitte: Die Verständigung ist schwierig. Bitte senden Sie jedes Wort, oder jede Gruppe von Worten, doppelt. Als Information: Da die Verständigung schwierig ist, wird jedes Wort, oder jede Gruppe von Worten, in dieser Meldung doppelt gesendet."

Sprechgruppenübersicht

Die nachstehenden Sprechgruppen können nicht alle Situationen abdecken, deshalb sind bei Bedarf zusätzliche Redewendungen, die kurz gefaßt und unmißverständlich sind, zu verwenden.
Für Flüge nach Instrumentenflugregeln (IFR) und für Flüge nach Sichtflugregeln im Luftraum der Klasse C in und oberhalb Flugfläche 100 finden nur englische Sprechgruppen Anwendung. Eine deutsche Übersetzung, die jedoch im Sprechfunkverkehr nicht verwendet wird, dient nur der Erläuterung.
Durch runde Klammern () gekennzeichnete Teile der Sprechgruppen sind durch die entsprechenden Angaben zu ersetzen. Begriffe in geschweiften Klammern {} sind, soweit erforderlich, als Ergänzung ebenfalls zu benutzen.
Von wem der am Sprechfunk beteiligten Station die Sprechgruppe verwendet wird, ist durch die Kennungen „A" und „G" gekennzeichnet. A: steht für Aircraft (Luftfunkstelle), G: für Ground (Bodenfunkstelle).

FLUGPLÄTZE OHNE FLUGVERKEHRSKONTROLLE

Rollen zwischen zwei Punkten auf einem Flugplatz

A: TAXIING FROM (position) TO (position)
A: ROLLE VON (Position) ZU (Zielpunkt)
A: TAXIING VIA {(position/taxi route)} TO (position) {AVOIDING (information)}
A: ROLLE {ÜBER (Position/Rollstrecke)} ZUM/ZUR (Position) {VERMEIDE (Information)}
A: AIR-TAXIING TO HELICOPTER STAND/HELIPAD/HELICOPTER PARKING POSITION (position)
A: SCHWEBE ZUM HUBSCHRAUBERABSTELLPLATZ/HUBSCHRAUBER/ZUR HUBSCHRAUBERPARKPOSITION (Position)
A: WILL CROSS RUNWAY (designator)

A: ÜBERQUERE PISTE (Bezeichnung)
A: WILL CROSS RUNWAY (designator) BEHIND LANDING/DEPARTING (callsign)
A: ÜBERQUERE PISTE (Bezeichnung) NACH LANDENDER/STARTENDER (Rufzeichen)

Rollinformation für abfliegende Luftfahrzeuge

A: (callsign) VFR VIA (departure route) (position)/TO THE (direction) REQUEST TAXI AIR-TAXI INFORMATION {(intentions)}
A: (Rufzeichen) VFR ÜBER (Abflugstrecke)/(Position)/NACH (Richtung) ERBITTE ROLL-/SCHWEBEINFORMATIONEN {(Absichten)}
G: RUNWAY (designator) VIA (taxi route) WIND (direction, speed) {QNH (figures) (traffic information)}
G: PISTE (Bezeichnung) ÜBER (Rollstrecke) WIND (Richtung, Geschwindigkeit) {QNH (Ziffern) (Verkehrsinformation)}

Abflug

G: REPORT READY {FOR DEPARTURE}
G: MELDEN SIE ABFLUGBEREIT
A: READY {FOR DEPARTURE}
A: ABFLUGBEREIT
G: WIND (direction, speed) KNOTS (traffic information)
G: WIND (Richtung, Geschwindigkeit) KNOTEN (Verkehrsinformation)
A: REQUEST RIGHT TURN {WHEN AIRBORNE}
A: ERBITTE RECHTSKURVE {NACH DEM ABHEBEN}
G: RIGHT TURN APPROVED {WHEN AIRBORNE}
G: RECHTSKURVE {NACH DEM ABHEBEN} GENEHMIGT
A: TAKING OFF OFF BEHIND LANDING/DEPARTING (callsign)
A: STARTE NACH LANDENDER/STARTENDER (Rufzeichen)

Anflug

A: (callsign) (position) FOR LANDING/LOW APPROACH/TOUCH AND GO
A: (Rufzeichen) (Position) ZUR LANDUNG/ZUM TIEFANFLUG ZUM AUFSETZEN UND DURCHSTARTEN
A: LANDING INFORMATION RECEIVED {BY (unit)}
A: LANDEINFORMATION ERHALTEN {VON (Bodenfunkstelle)}
G: RUNWAY (designator) WIND (direction, speed) {QNH (figures) (traffic information)}
G: PISTE (Bezeichnung) WIND (Richtung, Geschwindigkeit) {QNH (Ziffern) (Verkehrsinformation)}
A: REQUEST RIGHT TRAFFIC CIRCUIT/RIGHT DOWNWIND/RIGHT BASE/STRAIGHT-IN-APPROACH
A: ERBITTE RECHTSPLATZRUNDE/RECHTEN GEGENANFLUG/RECHTEN QUERANFLUG GERADEAUSANFLUG
G: RIGHT TRAFFIC CIRCUIT/RIGHT DOWNWIND/RIGHT BASE APPROVED
G: RECHTSPLATZRUNDE/RECHTER GEGENANFLUG RECHTER QUERANFLUG GENEHMIGT

Besondere Absichten des Luftfahrzeugführers

A: GOING AROUND
A: STARTE DURCH
A: MAKING LOW APPROACH
A: MACHE TIEFANFLUG
A: MAKING SHORT/LONG LANDING
A: MACHE KURZE/LANGE LANDUNG
A: MAKING SPOT LANDING

A: *MACHE ZIELLANDEÜBUNG*
A: APPROACHING FOR BANNER PICK-UP
A: *FLIEGE AN ZUR BANNERAUFNAHME*
A: APPROACHING TO DROP BANNER/ROPE
A: *FLIEGE AN ZUM BANNER-/SEILABWURF*
A: FLYING TRAFFIC CIRCUIT(S)
A: *FLIEGE PLATZRUNDE(N)*
A: MAKING TOUCH AND GO
A: *MACHE AUFSETZ- UND DURCHSTARTÜBUNG*
A: LEAVING YOUR FREQUENCY
A: *VERLASSE IHRE FREQUENZ*

Anweisungen zur Abwehr von Gefahren

G: HOLD POSITION {(reason)}
G: *HALTEN SIE POSITION*
A: HOLDING
A: *HALTE*
G. VACATE RUNWAY IMMEDIATELY {(reason)}
G: *VERLASSEN SIE SOFORT PISTE*
A: VACATING RUNWAY IMMEDIATELY
A: *VERLASSE SOFORT PISTE*
G: EXPEDITE TAKE OFF/TAXIING {(reason)}
G: *BESCHLEUNIGEN SIE START/ROLLEN*
A: EXPEDITING TAKE OFF/TAXIING
A: *BESCHLEUNIGE START/ROLLEN*
G: TAKE OFF/LANDING NOT PERMITTED {(reason)}
G: *START/LANDUNG NICHT ERLAUBT*
G: STOP IMMEDIATELY (repeat aircraft call sign) STOP IMMEDIATELY
G: *SOFORT ANHALTEN (Wiederholen des Rufzeichens) SOFORT ANHALTEN*
A: STOPPING
A: *HALTE AN*
G: GO AROUND {(reason)}
G: *STARTEN SIE DURCH*
A: GOING AROUND
A: *STARTE DURCH*

FLUGPLÄTZE MIT FLUGVERKEHRSKONTROLLE

Anlaßverfahren

A: (position) REQUEST START UP {INFORMATION (ATIS code letter) RECEIVED}
A: *(Position) ERBITTE ANLASSERLAUBNIS/-INFORMATION (ATIS-Kenner) ERHALTEN*
G: START UP APPROVED
G: *ANLASSEN ERLAUBT*
G: EXPECT START UP AT (time)
G: *ERWARTEN SIE ANLASSEN UM (Zeit)*
G: START UP AT OWN DISCRETION
G: *ANLASSEN NACH EIGENEM ERMESSEN*
G: EXPECT DEPARTURE AT (time) START UP AT OWN DISCRETION
G: *ERWARTEN SIE ABFLUG UM (Zeit) ANLASSEN NACH EIGENEM ERMESSEN*

Anlaßverfahren Bodenmannschaft/Pilot

G: {ARE YOU} READY TO START UP - (BEREIT ZUM ANLASSEN)
A: STARTING NUMBER (engine number(s)) - (TRIEBWERK(E) WERDEN ANGELASSEN)

Zurückstoßen

A: (position) REQUEST PUSH-BACK - ((Position) ERBITTE FREIGABE ZUM ZURÜCKSTOSSEN)
G: PUSH BACK APPROVED - (ZURÜCKSTOSSEN GENEHMIGT)
G: STAND BY - (WARTEN)
G: PUSH BACK AT OWN DISCRETION - (ZURÜCKSTOSSEN NACH EIGENEM ERMESSEN)
G: EXPECT (number) MINUTES (delay) {DUE TO (reason)} - (ERWARTEN SIE (Zahl) MINUTEN (Verzögerung))
G: ARE YOU READY FOR PUSH BACK - (BEREIT ZUM ZURÜCKSTOSSEN?)
A: READY FOR PUSH BACK - (BEREIT ZUM ZURÜCKSTOSSEN)
G: CONFIRM BRAKES RELEASED - (BESTÄTIGEN SIE BREMSEN GELÖST)
A: BRAKES RELEASED - (BREMSEN GELÖST)
G: CONFIRM BRAKES SET - (BESTÄTIGEN SIE BREMSEN AKTIVIERT)
A: BRAKES SET - (BREMSEN AKTIVIERT)
G: COMMENCING PUSH BACK - (ZURÜCKSTOSSEN EINGELEITET)
G: PUSH BACK COMPLETED - (ZURÜCKSTOSSEN BEENDET)
A: STOP PUSH BACK - (ZURÜCKSTOSSEN ABBRECHEN)
A: DISCONNECT - (SCHLEPPVERBINDUNG GETRENNT)
G: DISCONNECTING STAND BY FOR VISUAL AT YOUR LEFT/RIGHT - (TRENNUNG ERFOLGT ERWARTEN SIE HANDZEICHEN VON LINKS/RECHTS)

Schleppzugverfahren

A: REQUEST TOW (company name) (aircraft type) FROM (position) TO (position) - (ERBITTE SCHLEPPZUGVERFAHREN (Fluggesellschaft) (Flugzeugtyp) VON (Position) NACH (Position))
G: TOW APPROVED VIA (route) - (SCHLEPPZUGVERFAHREN ERTEILT ÜBER (Route))
G: HOLD POSITION - (POSITION BEIBEHALTEN)
G: STAND BY - (WARTEN)

Flugplatzdaten für abfliegende Luftfahrzeuge

A: REQUEST DEPARTURE INFORMATION
A: ERBITTE ABFLUGINFORMATION
G: RUNWAY (designator) WIND (direction, speed) {VISIBILITY (figures) METERS/KILOMETERS; RVR (figures) METERS} TEMPERATURE (figures) DEW POINT (figures) QNH (figures)
G: PISTE (Bezeichnung) WIND (Richtung, Geschwindigkeit) {SICHT (Ziffern) METER/KILOMETER; PISTENSICHTWEITE (Ziffern) METER} TEMPERATUR (Ziffern); TAUPUNKT (Ziffern) QNH (Ziffern)

Rollverfahren bei Abflug mit Flugplan

A: (position) REQUEST TAXI {INFORMATION (ATIS code) RECEIVED}
A: (Position) ERBITTE ROLLEN {INFORMATION (ATIS-Kenner) ERHALTEN}

Rollverfahren bei Abflug ohne Flugplan

A: (callsign) (position) VFR VIA (departure route) {INFORMATION (ATIS code letter) RECEIVED} REQUEST TAXI {(intentions)}
A: (Rufzeichen) (Position) VFR ÜBER (Abflugstrecke) -INFORMATION (ATIS-Kennbuchstabe) ERHALTEN} ERBITTE ROLLEN {(Absichten)}

Rollen/Schweben

G: TAXI TO HOLDING POINT RUNWAY (designator) VIA (taxi route) {WIND (direction, speed QNH (figures)}

G: ROLLEN SIE ZUM ROLLHALT PISTE (Bezeichnung) ÜBER (Rollstrecke) {WIND (Richtung, Geschwindigkeit) QNH (Ziffern)}
G: TAKE FIRST/SECOND (taxi route) LEFT/RIGHT
G: ROLLEN SIE IN DIE/DEN ERSTE(N)/ZWEITE(N) (Rollstrecke) LINKS/RECHTS
G: TAXI VIA (taxi route)
G: ROLLEN SIE ÜBER (Rollstrecke)
G: TAXI VIA RUNWAY (designator)
G: ROLLEN SIE AUF PISTE (Bezeichnung)
G: TAXI TO (destination on aerodrome)
G: ROLLEN SIE ZUM (Zielpunkt auf dem Flughafen)
A: REQUEST BACKTRACK {(runway designator)}
A: ERBITTE ZURÜCKROLLEN {(Bezeichnung der Piste)}
G: BACKTRACK {APPROVED} {(runway designator)}
G: ZURÜCKROLLEN GENEHMIGT {(Bezeichnung der Piste)}
A: (position) REQUEST TAXI (to destination on aerodrome)
A: (Position) ERBITTE ROLLANWEISUNG (zu Zielpunkt auf Flughafen)
G: TAXI STRAIGHT AHEAD
G: ROLLEN SIE GERADEAUS
G: TAXI/TURN LEFT/RIGHT (taxi route)
G: ROLLEN/DREHEN SIE AN DER/DEM (Rollstrecke) NACH LINKS/RECHTS
G: GIVE WAY TO (description and position of traffic)
G: WEICHEN SIE (Beschreibung und Position des Verkehrs) AUS
A: GIVING WAY {TO (traffic)}
A: WEICHE {(Verkehr)} AUS
A: TRAFFIC IN SIGHT
A: VERKEHR IN SICHT
G: TAXI INTO HOLDING BAY
G: ROLLEN SIE IN DIE HALTEBUCHT
G: FOLLOW (description of traffic)
G: FOLGEN SIE (Beschreibung des Verkehrs)
G: VACATE RUNWAY
G: VERLASSEN SIE PISTE
A: RUNWAY VACATED
A: PISTE VERLASSEN
G: EXPEDITE TAXI {(reason)}
G: BESCHLEUNIGEN SIE ROLLEN
A: EXPEDITING
A: BESCHLEUNIGE
G: {CAUTION} TAXI SLOWER {(reason)}
G: {VORSICHT} ROLLEN SIE LANGSAMER
A: SLOWING DOWN

Halten

G: HOLDING POSITION
G: HALTEN SIE POSITION
A: HOLDING
A: HALTE

Halten vor einer Piste

G: HOLD (direction) OF (position)
G: HALTEN SIE (Richtung) VON (Position)
G: HOLD (distance) FROM (position)
G: HALTEN SIE (Entfernung) VON/VOR (Position)

G: HOLD SHORT {OF (position)}
G: HALTEN SIE {VOR (Position)}
A: HOLDING SHORT {OF (position)}
A: HALTE {VOR (Position)}
G: HOLD AT {CAT II/III} HOLDING POINT
G: HALTEN SIE AM {CAT II/III} ROLLHALT
A: HOLDING AT {CAT II/III} HOLDING POINT
A: HALTE AM {CAT II/III} ROLLHALT

Überqueren einer Piste

A: REQUEST TO CROSS RUNWAY (designator)
A: ERBITTE ÜBERQUEREN DER PISTE (Bezeichnung)
G: CROSS RUNWAY (designator) {REPORT VACATED}
G: ÜBERQUEREN SIE PISTE (Bezeichnung) {MELDEN SIE VERLASSEN}
G: EXPEDITE CROSSING RUNWAY {(designator)} {TRAFFIC (aircraft type) (distance) MILES FINAL}
G: BESCHLEUNIGEN SIE ÜBERQUEREN DER PISTE {(Bezeichnung) { {VERKEHR (Rufzeichen) (Entfernung) MEILEN ENDANFLUG}
A: RUNWAY VACATED
A: PISTE VERLASSEN

Abfluganweisungen

A: REQUEST DEPARTURE INSTRUCTIONS {(details)}
A: ERBITTE ABFLUGANWEISUNGEN {(Einzelheiten)}
G: LEAVE CONTROL ZONE {SPECIAL VFR} VIA (route) {AT ALTITUDE (figures) FEET/OR ABOVE/BELOW} {(instructions)}
G: VERLASSEN SIE KONTROLLZONE {SONDER-VFR} ÜBER (Strecke) {IN FLUGHÖHE (Ziffern) FUSS/ODER HÖHER/TIEFER} {(Anweisungen)}
G: UNABLE TO ISSUE DEPARTURE VIA (designator) {(reason)}
G: ABFLUG ÜBER (Bezeichnung) NICHT MÖGLICH
G: REPORT READY {FOR DEPARTURE}
G: MELDEN SIE {ABFLUG-} BEREIT
G: ARE YOU READY {FOR DEPARTURE}
G: SIND SIE {ABFLUG-} BEREIT
A: READY {FOR DEPARTURE}
A: {ABFLUG-} BEREIT
G: ARE YOU READY FOR IMMEDIATE {DEPARTURE}
G: SIND SIE BEREIT ZUM SOFORTABFLUG
A: READY FOR IMMEDIATE {DEPARTURE}
A: {BIN} BEREIT ZUM SOFORTABFLUG
G: WAIT {(reason)}
G: HALTEN SIE
G: WHEN AIRBORNE (instructions)
G: NACH DEM ABHEBEN (Anweisungen)

Freigabe auf die Piste zu rollen/Startfreigabe abwarten

G: LINE UP „RUNWAY (designator) {AND WAIT}
G: ROLLEN SIE ZUM ABFLUGPUNKT {Piste (Bezeichnung)} {DORT HALTEN}
G: LINE UP {RUNWAY (designator)} {BE READY FOR/EXPECT IMMEDIATE} {DEPARTURE}
G: ROLLEN SIE ZUM ABFLUGPUNKT {Piste (Bezeichnung)} {BEREITHALTEN FÜR/ERWARTEN SIE SOFORTABFLUG}

Konditionelle Freigabe

G: BEHIND LANDING/DEPARTING (traffic information) LINE UP {RUNWAY (designator) {AND WAIT}

G: NACH LANDENDER/STARTENDER (Verkehrsinformation) ROLLEN SIE ZUM ABFLUGPUNKT {PISTE (Bezeichnung)} -DORT HALTEN}

A: BEHIND LANDING/DEPARTING (traffic information) LINING UP BEHIND {RUNWAY (designator)} {AND WAITING}

A: (Auflage) ROLLE ZUM ABFLUGPUNKT NACH LANDENDER STARTENDER (Verkehrsinformation) {PISTE (Bezeichnung)} {HALTE DORT}

Start

G: WIND (direction, speed) CLEARED FOR TAKE OFF {REPORT AIRBORNE}

G: WIND (Richtung, Geschwindigkeit) START FREI {MELDEN SIE ABHEBEN}

G: WIND (direction, speed) CLEARED FOR IMMEDIATE TAKE OFF

G: WIND (Richtung, Geschwindigkeit) FREI ZUM SOFORTSTART

Bei mehreren Pisten

G: WIND (direction, speed) CLEARED FOR TAKE OFF RUNWAY (designator) {REPORT AIRBORNE}

G: WIND (Richtung, Geschwindigkeit) START FREI PISTE (Bezeichnung) {MELDEN SIE ABHEBEN}

Wenn der Freigabe zum Start nicht nachgekommen wurde

G: TAKE OFF IMMEDIATELY OR VACATE RUNWAY

G: STARTEN SIE SOFORT ODER VERLASSEN SIE DIE PISTE

G: TAKE OFF IMMEDIATELY OR HOLD {(position) SHORT OF RUNWAY}

G: STARTEN SIE SOFORT ODER HALTEN SIE {(Position) z.B.: VOR DER PISTE}

Streichen einer Startfreigabe

G: HOLD POSITION CANCEL I SAY AGAIN CANCEL TAKE OFF {(reason)}

G: HALTEN SIE POSITION START-FREIGABE AUFGEHOBEN ICH WIEDERHOLE STARTFREIGABE AUFGEHOBEN

A: HOLDING

A: HALTE

Startabbruch in einem Notfall

G: STOP IMMEDIATELY (repeat aircraft call sign) STOP IMMEDIATELY

G: SOFORT ANHALTEN (Wiederholen des Rufzeichens der Luftfunkstelle) SOFORT ANHALTEN

A: STOPPING

A: HALTE AN

Nach dem Abheben

A: REQUEST LEFT/RIGHT TURN

A: ERBITTE LINKS-/RECHTSKURVE

G: LEFT/RIGHT TURN NEGATIVE/APPROVED

G: LINKS-/RECHTSKURVE NEGATIV/GENEHMIGT

G: WILL ADVISE LATER FOR LEFT/RIGHT TURN

G: ANWEISUNG FÜR LINKS-/RECHTSKURVE SPÄTER

G: AFTER PASSING (level/position) (instructions)

G: NACH DURCH-/ÜBERFLIEGEN VON (Höhe/Position) (Anweisungen)

Zu fliegender Steuerkurs

G: CLIMB STRAIGHT AHEAD {(instructions)}
G: STEIGEN SIE GERADEAUS {(Anweisungen)}
G: {WHEN AIRBORNE} FLY HEADING (three digits) TURN LEFT/RIGHT/CLIMB (instructions)
G: {NACH DEM ABHEBEN} FLIEGEN SIE STEUERKURS (drei Ziffern) DREHEN SIE LINKS/RECHTS/STEIGEN SIE (Anweisungen)

Einflug in die Kontrollzone/Platzrunde

A: (callsign) VFR (position) FOR LANDING LOW APPROACH/TOUCH AND GO
A: (Rufzeichen) VFR (Position) ZUR LANDUNG/ZUM TIEFANFLUG ZUM AUFSETZEN UND DURCHSTARTEN
G: ENTER CONTROL ZONE {SPECIAL VFR} VIA (route) {(altitude)} RUNWAY (designator) QNH (figures) {(instructions)}
G: FLIEGEN SIE IN DIE KONTROLLZONE {SONDER-VFR} ÜBER (Strecke) {(Höhe)} PISTE (Bezeichnung) QNH (Ziffern) {(Anweisungen)}
A: REQUEST RIGHT TRAFFIC CIRCUIT
A: ERBITTE RECHTSPLATZRUNDE
G: JOIN TRAFFIC CIRCUIT/RIGHT TRAFFIC CIRCUIT RUNWAY (designator) {WIND (direction, speed)} QNH (figures) {(traffic information)}
G: FLIEGEN SIE IN DIE PLATZRUNDE/RECHTSPLATZRUNDE {PISTE (Bezeichnung)} {WIND (Richtung, Geschwindigkeit)} QNH (Ziffern) {(Verkehrsinformation)}
G: FLY TRAFFIC CIRCUIT(S)/RIGHT TRAFFIC CIRCUIT(S) RUNWAY (designator) {WIND (direction, speed)} QNH (figures) {(traffic information)}
G: FLIEGEN SIE PLATZRUNDE(N)/RECHTSPLATZRUNDE(N) PISTE (Bezeichnung)} {WIND (Richtung, Geschwindigkeit)} QNH (Ziffern) {(Verkehrsinformation)}

Verkürzen der Platzrunde

A: REQUEST DIRECT BASE/RIGHT BASE
A: ERBITTE DIREKTEN QUERANFLUG/RECHTEN QUERANFLUG
G: JOIN DIRECT BASE/RIGHT BASE {(traffic information)}
G: FLIEGEN SIE DIREKT IN DEN QUERANFLUG/RECHTEN QUERANFLUG {(Verkehrsinformation)}
A: REQUEST STRAIGHT-IN-APPROACH/DIRECT APPROACH {(runway designator)}
A: ERBITTE GERADEAUSANFLUG/DIREKTANFLUG {(Bezeichnung der Piste)}
G: MAKE STRAIGHT-IN-/DIRECT APPROACH {(runway designator)} {(traffic information)}
G: MACHEN SIE GERADEAUS-/DIREKTANFLUG {(Bezeichnung der Piste)}

Anfordern von Positionsmeldungen

G: REPORT FIELD/RUNWAY/APPROACH LIGHTS IN SIGHT
G: MELDEN SIE PLATZ/PISTE/ANFLUGBEFEUERUNG IN SICHT
G: REPORT (details/position in traffic circuit)
G: MELDEN SIE (Einzelheiten/Teil der Platzrunde)

Anweisungen für Landefolge

G: NUMBER (figure) FOLLOW (type of aircraft, position
G: NUMMER (Ziffer) FOLGEN SIE (Rufzeichen, Position)
G: MAKE SHORT/LONG APPROACH
G: MACHEN SIE KURZEN/LANGEN ANFLUG
G: EXTEND/SHORTEN DOWNWIND (details)
G: VERLÄNGERN/VERKÜRZEN SIE GEGENANFLUG (Einzelheiten)
G: CONTINUE {APPROACH/BASE/DOWNWIND FINAL}
G: {ANFLUG/GEGEN-/QUER-/ENDANFLUG} FORTSETZEN

Landung

G: WIND (direction, speed) CLEARED TO LAND
G: WIND (Richtung, Geschwindigkeit) LANDUNG FREI
G: MAKE SHORT/LONG LANDING
G: MACHEN SIE KURZE/LANGE LANDUNG

Hubschrauberbetrieb

G: WIND (direction, speed) CLEARED TO LAND {RUNWAY (designator)}/{ON THE HELI-PAD} {ON (position)}
G: WIND (Richtung, Geschwindigkeit) LANDUNG FREI {PISTE (Bezeichnung)}/{AUF DEM HUBSCHRAUBERLANDEPLATZ} {AUF (Position)}

Bei mehreren Pisten

G: WIND (direction, speed) CLEARED TO LAND RUNWAY (designator)
G: WIND (Richtung, Geschwindigkeit) LANDUNG FREI PISTE (Bezeichnung)

Besondere Verfahren

A: REQUEST TOUCH AND GO
A: ERBITTE AUFSETZEN UND DURCHSTARTEN
G: CLEARED TOUCH AND GO
G: FREI ZUM AUFSETZEN UND DURCHSTARTEN
G: MAKE FULL STOP {LANDING}
G: MACHEN SIE ABSCHLUSSLANDUNG

Anflug entlang oder parallel zu einer Piste

A: REQUEST LOW APPROACH
A: ERBITTE TIEFANFLUG
G: CLEARED LOW APPROACH {RUNWAY (designator)} {(altitude restriction)/(go around instructions)
G: FREI ZUM TIEFANFLUG {PISTE (Bezeichnung)} {(Höhenbeschränkung)} (Verfahren nach dem Tiefanflug)

Sichtkontrolle durch Personen am Boden

A: REQUEST LOW PASS
A: ERBITTE TIEFEN VORBEIFLUG
G: CLEARED LOW PASS (instructions)
G: FREI ZUM TIEFEN VORBEIFLUG (Anweisungen)

Verzögern von Luftfahrzeugen

G: HOLD IN THE PUBLISHED HOLDING PATTERN/OVER e.g. SOUTH (position) {UNTIL (time)}
G: WARTEN SIE IN DER VERÖFFENTLICHTEN WARTERUNDE/ÜBER/z.B.: SÜDLICH (Position) {BIS (Zeit)}
G: ORBIT {LEFT/RIGHT} FROM PRESENT POSITION
G: KREISEN SIE {LINKS/RECHTS} /VON GEGENWÄRTIGER POSITION
G: MAKE A THREE SIXTY LEFT/RIGHT
G: MACHEN SIE VOLLKREIS LINKS/RECHTS

Fehlanflug

G: GO AROUND
G: STARTEN SIE DURCH
A: GOING AROUND
A: STARTE DURCH

SPRECHGRUPPEN FÜR FLUGPLATZVERKEHR

Fahrwerksstörung

A: HAVE LANDING GEAR TROUBLE
A: HABE STÖRUNG AM FAHRWERK
G: (part(s) of landing gear) DO(ES) {NOT} APPEAR DOWN/UP
G: (Teil(e) des Fahrwerks) SCHEINT(EN) {NICHT} AUS-/EINGEFAHREN

Sonstige Störungen (keine Notlage)

G: IT SEEMS YOU ARE LOSING FUEL/OIL
G: SIE SCHEINEN TREIBSTOFF/ÖL ZU VERLIEREN
G: YOUR AIRCRAFT IS TRAILING SMOKE
G: IHR LUFTFAHRZEUG HAT EINE RAUCHFAHNE
G: YOUR ROPE/BANNER DID NOT DETACH
G: IHR SCHLEPPSEIL/BANNER HAT SICH NICHT GELÖST

Luftfahrzeug ohne Sendefunkgerät

G: ACKNOWLEDGE BY MOVING AILERONS RUDDER
G: BESTÄTIGEN SIE DURCH BEWEGEN DER QUERRUDER/DES SEITENRUDERS
G: ACKNOWLEDGE BY ROCKING WINGS
G: BESTÄTIGEN SIE DURCH WACKELN
G: ACKNOWLEDGE BY FLASHING LANDING LIGHTS
G: BESTÄTIGEN SIE DURCH BLINKEN MIT LANDESCHEINWERFER

Verkehrsinformation

G: GLIDER FLYING/MODEL FLYING/PARACHUTE JUMPING/ACROBATICS BANNER TOWING/GLIDER TOWING (position)
G: SEGELFLUG MODELLFLUG/FALLSCHIRMABSPRÜNGE/KUNSTFLUG BANNER-SCHLEPP/SEGELSCHLEPP (Position)
G: (callsign) (position) FOR FULL STOP LANDING/TOUCH-AND-GO/LOW APPROACH/SPOT LANDING
G: (Rufzeichen) (Position) MACHT ABSCHLUSSLANDUNG/DURCHSTARTÜBUNG/TIEF-ANFLUG/ZIELLANDEÜBUNG
G: {ADDITIONAL} TRAFFIC IS (details)
G: {ZUSÄTZLICHER} VERKEHR (Einzelheiten)
G: NO REPORTED TRAFFIC
G: KEIN GEMELDETER VERKEHR
G: (traffic) (position) APPROACHING HEAD ON/CROSSING/SAME DIRECTION
G: (Verkehr) (Position) VON VORNE/VON LINKS/VON RECHTS IN GLEICHER RICHTUNG
G: (callsign) DEPARTING/LANDING ON RUNWAY (designator)
G: (Rufzeichen) STARTET/LANDET AUF PISTE (Bezeichnung)
G: (callsign) APPROACHING FROM DEPARTING TO (direction)
G: (Rufzeichen) IM ANFLUG AUS/IM ABFLUG NACH (Richtung)
G: UNKNOWN TRAFFIC (direction, distance and other information)
G: UNBEKANNTER VERKEHR (Richtung, Entfernung und andere Informationen)
A: LOOKING OUT
A: HALTE AUSSCHAU
A: TRAFFIC IN SIGHT
A: VERKEHR IN SICHT
G: CLEAR OF TRAFFIC
G: FREI VON VERKEHR

Wirbelschleppenwarnung

G: CAUTION WAKE TURBULENCE
G: VORSICHT WIRBELSCHLEPPEN
G: NUMBER TWO BEHIND (callsign) (position) {(altitude)}
G: NUMMER ZWO HINTER (Rufzeichen) (Position) {(Höhe)}

Abgasstrahl

G: CAUTION JET BLAST
G: VORSICHT ABGASSTRAHL

Flugplatzzustand

G: CONSTRUCTION WORK BOTH SIDES LEFT/RIGHT OF (part of movement area)
G: BAUARBEITEN BEIDERSEITS/LINKS RECHTS VON (Teil der Bewegungsfläche)
G: (part of movement area) IS DAMP/WET/FLOODED
G: (Teil der Bewegungsfläche) IST FEUCHT NASS ÜBERFLUTET
G: WATER PATCHES ON (part of movement area)
G: WASSERPFÜTZEN AUF (Teil der Bewegungsfläche)
G: (part of movement area) DRY/PARTLY COVERED WITH SNOW/ICE/SLIPPERY
G: (Teil der Bewegungsfläche) IST TROCKEN/STELLENWEISE MIT SCHNEE/EIS BEDECKT/GLATT
G: (part of movement area) SNOW/ICE REMOVED/SANDED
G: (Teil der Bewegungsfläche) GERÄUMT GESTREUT
G: SNOW WALLS/DRIFTS (part of movement area)
G: SCHNEEWÄLLE/SCHNEEWEHEN (Teil der Bewegungsfläche)
G: (part of movement area) CLOSED/SOFT/ROUGH
G: (Teil der Bewegungsfläche) GESPERRT/AUFGEWEICHT/UNEBEN

Bremswirkung in Landerichtung

G: BRAKING ACTION GOOD/MEDIUM/POOR REPORTED BY (source)
G: (Informationsquelle) MELDET BREMSWIRKUNG GUT/MITTEL/SCHLECHT

Bremskoeffizienten in Landerichtung

G: BRAKING COEFFICIENTS (values) {RUNWAY (designator)}
G: BREMSKOEFFIZIENTEN (Werte) {PISTE (Bezeichnung)}

Betriebszustand von Sicht- und anderen Anflughilfen

G: (part of lighting system) UNSERVICEABLE
G: (Teil der Befeuerung) AUSGEFALLEN
G: (description of visual or nonvisual approach aid) RUNWAY (deficiencies)
G: (Beschreibung der Sicht- oder anderer Anflughilfen) PISTE (Bezeichnung) (Beschreibung der Mängel)
G: (type) LIGHTING (status)
G: (Art) BEFEUERUNG (Betriebszustand)

Meteorologische Bedingungen

G: WIND (direction, speed) KNOTS
G: WIND (Richtung, Geschwindigkeit) KNOTEN
G: VISIBILITY (figures) METERS/KILOMETERS
G: SICHT (Ziffern) METER/KILOMETER
G: CLOUDS: - SKY CLEAR - FEW (1-2/8) - SCATTERED (3-4/8) - BROKEN (5-7/8) - OVERCAST (8/8) - NO SIGNIFICANT CLOUDS
G: WOLKEN - WOLKENLOS - WENIG BEWÖLKT (1 -2/8) - LEICHT BEWÖLKT (3-4/8) - BEWÖLKT (5-7/8) - BEDECKT (8/8) - KEINE MARKANTEN WOLKEN

Luftdruckwert zur Höhenmessereinstellung

G: QNH/QFE (figures)
G: QNH/QFE (Ziffern)

Peilinformation

A: REQUEST QDM (QDR/QTE)
A: ERBITTE QDM (QDR/QTE)
G: TRANSMIT FOR DF
G: SENDEN SIE FÜR PEILUNG
A: TRANSMITTING FOR DF
A: SENDE FÜR PEILUNG
G: QDM (QDR/QTE) (DF value)
G: QDM (QDR/QTE) (Peilwert)
G: DF OUT OF SERVICE
G: PEILER AUSGEFALLEN

Anweisen zur Identifikation die Scheinwerfer einzuschalten

G: SHOW LANDING LIGHTS
G: SCHALTEN SIE LANDESCHEINWERFER EIN

Informationen über Zeiten

A: REQUEST TIME CHECK
A: ERBITTE UHRZEIT
G: TIME (figures)
G: ZEIT (Ziffern)
A: REQUEST AIRBORNE TIME
A: ERBITTE ABFLUGZEIT
G: AIRBORNE AT/TIME (figures)
G: ABFLUGZEIT (Ziffern)
A: REQUEST LANDING TIME
A: ERBITTE LANDEZEIT
G: LANDING TIME (figures)
G: LANDEZEIT (Ziffern)

FREQUENZWECHSEL

IFR-Verkehr sowie VFR in Luftraum C

G: {AT/OVER (time/position)} CONTACT (unit) {ON} (frequency)
{BEI/ÜBER (Zeit/Position)} RUFEN SIE (Station) {AUF} (Frequenz)
G: IF NO CONTACT (instructions)
WENN KEINE VERBINDUNG (Anweisungen)
A: REQUEST CHANGE TO (frequency)
ERBITTE WECHSEL AUF (Frequenz)
G: FREQUENCY CHANGE APPROVED
FREQUENZWECHSEL ERTEILT
G: REMAIN {ON} THIS FREQUENCY
VERBLEIBEN SIE {AUF} DIESER FREQUENZ

VFR- und IFR-Verkehr

A: REQUEST TO LEAVE FREQUENCY {FOR (figures) MINUTE(S)}
A: ERBITTE VERLASSEN DER FREQUENZ {FÜR (Ziffer) MINUTE(N)}
G: APPROVED TO LEAVE FREQUENCY {FOR (figures) MINUTE(S)}
G: VERLASSEN DER FREQUENZ GENEHMIGT {FÜR (Ziffer) MINUTE(N)}

G: REMAIN THIS FREQUENCY {UNTIL (position time)/FOR (figures) MINUTE(S)}
G: BLEIBEN SIE AUF DIESER FREQUENZ {BIS (Position Zeit) FÜR (Ziffer) MINUTE(N)}
G: CONTACT (unit) {ON} (frequency)
G: RUFEN SIE (Bodenfunkstelle) {AUF} (Frequenz)
A: CONTACT (unit) {ON} (frequency)
A: RUFE (Bodenfunkstelle) {AUF} (Frequenz)
G: STAND BY {ON} (frequency) FOR (unit) {WHEN AIRBORNE}
G: WARTEN SIE {AUF} (Frequenz) FÜR (Bodenfunkstelle){NACH ABHEBEN}
A: STAND BY {ON} (frequency) {WHEN AIRBORNE}
A: WARTE {AUF} (Frequenz) {NACH DEM ABHEBEN}
G: MONITOR (unit) {ON (frequency)
G: MONITOR (Bodenfunkstelle) {AUF} (Frequenz)
A: MONITORING (unit) {ON} (frequency)
A: MONITOR (Bodenfunkstelle) {AUF} (Frequenz)

VFR-FLÜGE IM LUFTRAUM DER KLASSE C

Unterhalb FL 100 in der Umgebung von Verkehrsflughäfen

Anforderung einer Freigabe

A: (callsign) (position) VFR AT ALTITUDE (figures) FEET/FLIGHT LEVEL (figures) REQUEST CROSSING AIRSPACE CHARLIE VIA (route) ALTITUDE (figures) FEET/FLIGHT LEVEL (figures)
A: (Rufzeichen) (Position) VFR IN FLUGHÖHE (Ziffern) FUSS/FLUGFLÄCHE (Ziffern) ERBITTE DURCHFLUG DURCH LUFTRAUM C ÜBER (Flugstrecke) FLUGHÖHE (Ziffern) FUSS/FLUGFLÄCHE (Ziffern)

Freigabe

G: CROSSING APPROVED VIA (route) ALTITUDE (figures) FEET/FLIGHT LEVEL (figures)
G: DURCHFLUG GENEHMIGT ÜBER (Flugstrecke) FLUGHÖHE (Ziffern) FUSS/FLUGFLÄCHE (Ziffern)

Beginn der Kontrolle

G: YOU ARE ENTERING CHARLIE
G: SIE FLIEGEN IN LUFTRAUM CHARLIE EIN

Streckenanweisung

G: PROCEED ON RADIAL (three digits) OF (name of VOR) TO (position)
G: FOLGEN SIE RADIAL (drei Ziffern) VON (Name der VOR) BIS (Position)

Höhenanweisung

G: MAINTAIN ALTITUDE (figures) FEET/FLIGHT LEVEL (figures)
G: HALTEN SIE FLUGHÖHE (Ziffern) FUSS/FLUGFLÄCHE (Ziffern)
G: CROSS (position) AT ALTITUDE (figures) FEET FLIGHT LEVEL (figures) {OR ABOVE/BELOW}
G: ÜBERFLIEGEN SIE (Position) IN FLUGHÖHE (Ziffern) FUSS FLUGFLÄCHE (Ziffern) {ODER HÖHER/TIEFER}
G: CLIMB/DESCEND ALTITUDE (figures) FEET/FLIGHT LEVEL (figures) {AFTER PASSING (position):
G: STEIGEN/SINKEN SIE AUF FLUGHÖHE (Ziffern) FUSS FLUGFLÄCHE (Ziffern) {NACH ÜBERFLIEGEN VON (Position)}
G: REPORT LEAVING/PASSING/AT ALTITUDE (figures) FEET/FLIGHT LEVEL (figures)
G: MELDEN SIE VERLASSEN/DURCHFLIEGEN/ERREICHEN VON FLUGHÖHE (Ziffern)

Warteanweisung

G: HOLD OVER (position) {EXPECT CLEARANCE AT (time)/IN (minutes)}
G: WARTEN SIE ÜBER (Position) {ERWARTEN SIE FREIGABE UM (Zeit)/IN (Minuten)}

Anfordern einer geänderten Freigabe

A: REQUEST ALTITUDE (figures) FEET/FLIGHT LEVEL (figures) VIA (route) {DUE TO (reason)}
A: ERBITTE FLUGHÖHE (Ziffern) FUSS/FLUGFLÄCHE (Ziffern) ÜBER (Strecke) {WEGEN (Begründung)}

Verlassen des Luftraums

G: LEAVE AIRSPACE CHARLIE DIRECTION/HEADING (three digits)/ALTITUDE (figures) FEET/FLIGHT LEVEL (figures) {(reason)}
G: VERLASSEN SIE LUFTRAUM CHARLIE RICHTUNG STEUERKURS/FLUGHÖHE (Ziffern) FUSS/FLUGFLÄCHE (Ziffern)
A: LEAVING CHARLIE
A: VERLASSE LUFTRAUM CHARLIE
G: YOU ARE LEAVING CHARLIE
G: SIE VERLASSEN CHARLIE

Flüge in und oberhalb Flugfläche 100

Anforderung einer Freigabe

A: (callsign) SPEED (figures) POSITION (position) ALTITUDE (figures) FEET/FLIGHT LEVEL (figures) VFR TO (destination) REQUEST ENTERING AIRSPACE CHARLIE AND FLIGHT LEVEL (figures) VIA (route)
(Rufzeichen) GESCHWINDIGKEIT (Ziffern) POSITION (Position) HÖHE (Ziffern) FUSS/FLUGFLÄCHE (Ziffern) VFR NACH (Zielort) ERBITTE FREIGABE ZUM EINFLIEGEN IN LUFTRAUM CHARLIE UND FLUGFLÄCHE (Ziffern) ÜBER (Route)

Freigabe

G: ENTER CHARLIE CLIMB FLIGHT LEVEL (figures) PROCEED TO (position)
FLIEGEN SIE IN LUFTRAUM STEIGEN AUF FLUGFLÄCHE (Ziffern) NACH (Position)

Anweisung zum Verlassen des Luftraums

A: DESCEND BELOW FLIGHT LEVEL 100
SINKEN SIE UNTER FLUGFLÄCHE 100

Gemeinsame Anweisungen bei Radarführung

G: SQUAWK (code)
G: SQUAWK (Kode)
G: SQUAWK IDENT
G: SQUAWK IDENT
G: IDENTIFIED {(position)}
G: IDENTIFIZIERT {(Position)}
G: TURN LEFT/RIGHT HEADING (three digits) {FOR SEPARATION} {IF UNABLE {(alternative instruction) AND} ADVISE}
G: DREHEN SIE LINKS/RECHTS STEUERKURS (drei Ziffern) {ZUR STAFFELUNG} {FALLS NICHT MÖGLICH {(alternative Anweisung) UND} MELDEN SIE}
A: UNABLE TO COMPLY (reason)
A: BEFOLGEN NICHT MÖGLICH (Begründung)

Beendigung der Radarführung

G: RADAR VECTORING TERMINATED RESUME OWN NAVIGATION YOUR POSITION (position)
G: RADARFÜHRUNG BEENDET ÜBERNEHMEN SIE EIGENNAVIGATION IHRE POSITION (Position)

FLÜGE NACH INSTRUMENTENFLUGREGELN

Abfluganweisungen

G: {WHEN AIRBORNE} TURN LEFT/RIGHT HEADING (three digits)
{NACH DEM ABHEBEN} DREHEN SIE LINKS/RECHTS KURS (Ziffern)
G: PROCEED/FLY DIRECT (position) {AT (time/position)}
VERFAHREN SIE/FLIEGEN SIE DIREKT (Position) {UM (Zeit/Position)}
G: AFTER PASSING/WHEN AT (level/point) PROCEED/FLY DIRECT (position)
NACH PASSIEREN/ERREICHEN VON (Flugfläche/Wegpunkt) VERFAHREN SIE/FLIEGEN SIE DIREKT NACH (Position)
G: CLEARANCE EXPIRES AT (time)
FREIGABE ERLISCHT UM (Zeit)

Anfluganweisungen

G: CLEARED TO (clearance limit) {VIA (details of route to be followed)}
FREIGEGEBEN NACH (Freigabeeinschränkung) {ÜBER (Route)}
A: REQUEST (type of approach) {RUNWAY (designator)}
ERBITTE (Anflugart) {PISTE (Kenner)}
G: CLEARED (type of approach) {RUNWAY (designator)}
FREIGEGEBEN FÜR (Anflugart) {PISTE (Kenner)}
G: COMMENCE APPROACH AT (time)
BEGINNEN SIE ANFLUG UM (Zeit)
G: REPORT RUNWAY/LIGHTS/FIELD IN SIGHT
MELDEN SIE LANDEBAHN/BEFEUERUNG/FLUGPLATZ IN SICHT
G: REPORT (position) OUTBOUND/INBOUND
MELDEN SIE (Position) VOR/NACH (Funkfeuer)
G: NO (type of approach) POSSIBLE
KEIN (Anflugart) MÖGLICH
G: MAINTAIN OWN SEPARATION (traffic)
HALTEN SIE ABSTAND NACH EIGENEM ERMESSEN
G: ARE YOU FAMILIAR WITH (type of approach) {RUNWAY (designator)}
IST (Anflugart) {LANDEBAHN (Kenner)} BEKANNT?

Warteanweisungen nach Sicht

G: HOLD VISUAL OVER (position)/BETWEEN (positions)
WARTEN SIE ÜBER (Position)/ZWISCHEN (Position)

Warteverfahren über einer Funknavigationshilfe

G: HOLD OVER (position) AT (level) {EXPECT APPROACH/FURTHER CLEARANCE AT (time)/IN (figures) MINUTES/UNTIL (time)}
WARTEN SIE ÜBER (Position) IN (Flugfläche) {ERWARTEN SIE ANFLUGFREIGABE/WEITERE FREIGABE UM (Zeit)/IN (Ziffern) MINUTEN/BIS (Zeit)}

Beschreibung eines VOR/NDB-Warteverfahrens

A: REQUEST HOLDING INSTRUCTIONS
ERBITTE EINWEISUNG IN WARTEVERFAHREN
G: HOLD OVER (position) {(identification/frequency)} AT (level) INBOUND TRACK (three di-

A: READY FOR VISUAL APPROACH {RUNWAY (designator)}
BEREIT FÜR SICHTANFLUG {PISTE (Kenner)}

Wenn Flugverkehrskontrolle einen Sichtanflug anbietet

G: CAN YOU ACCEPT A VISUAL APPROACH {RUNWAY (designator)}
KÖNNEN SIE SICHTANFLUG {PISTE (Kenner)} DURCHFÜHREN

A: AFFIRM
JA

Einhaltung der Staffelung durch Luftfahrzeugführer

G: NUMBER (figures) FOLLOW (callsign) (position) MAINTAIN OWN SEPARATION
NUMMER (Ziffern) FOLGEN SIE (Rufzeichen) (Position) HALTEN SIE STAFFELUNGS-ABSTAND NACH IHRER ENTSCHEIDUNG EIN

Parallelanflügen

G: POSITION (number) MILES (from position)} TURN LEFT/RIGHT HEADING (three digits) {MAINTAIN (level) UNTIL GLIDE PATH INTERCEPTION} CLEARED ILS APPROACH RUNWAY (designator)
POSITION (Nummer) MEILEN (Ziffern) DREHEN SIE LINKS/RECHTS STEUERKURS (Ziffern) {FLUGFLÄCHE (Ziffern) BEIBEHALTEN BIS ERREICHEN DES GLEITPFADES} FREIGEGEBEN ILS-ANFLUG AUF PISTE (Bezeichnung)

G: YOU HAVE CROSSED THE ILS LOCALIZER COURSE TURN LEFT/RIGHT {IMMEDIATELY} AND RETURN TO ILS LOCALIZER COURSE
SIE HABEN ILS-LANDEKURSLEITSTRAHL ÜBERFLOGEN DREHEN SIE {SOFORT} LINKS/RECHTS UND KEHREN SIE ZUM LANDEKURSLEITSTRAHL ZURÜCK

G: ILS RUNWAY (designator) LOCALIZER FREQUENCY IS (frequency)
INSTRUMENTENANFLUGSYSTEM FÜR PISTE (Bezeichnung) FREQUENZ DES LANDEKURSSENDERS IST (Frequenz)

Allwetterflugbetrieb (Betriebsstufen CAT II/III)

Pistensichtweite

G: RVR RUNWAY (designator) TOUCHDOWN ZONE (value) METERS MID POINT (value) METERS STOP END (value) METERS
SICHTWEITEN PISTE (Bezeichnung) AUFSETZZONE (Wert) METER MITTELZONE (Wert) METER PISTENENDE (Wert) METER

G: RVR RUNWAY (designator) FIRST PART (value) METERS SECOND PART (value) METERS THIRD PART (value) METERS {FOURTH PART (value) METERS}
SICHTWEITEN PISTE (Bezeichnung) ERSTE ZONE (Wert) METER ZWEITE ZONE (Wert) METER DRITTE ZONE (Wert) METER {VIERTE ZONE (Wert) METER}

G: TRANSMISSIOMETER (position) UNSERVICEABLE
TRANSMISSIOMETER (Standort) NICHT VERFÜGBAR

Ausfälle

G: APPROACH LIGHTS {PARTLY} UNSERVICEABLE
ANFLUGBEFEUERUNG (TEILWEISE) AUSGEFALLEN

G: TOUCHDOWN ZONE LIGHTS {PARTLY} UNSERVICEABLE
AUFSETZZONENBEFEUERUNG (TEILWEISE) AUSGEFALLEN

G: RUNWAY EDGE LIGHTS {PARTLY} UNSERVICEABLE
PISTENRANDBEFEUERUNG (TEILWEISE) AUSGEFALLEN

G: SECONDARY POWER SUPPLY NOT AVAILABLE
NOTSTROMVERSORGUNG NICHT VERFÜGBAR

G: EVERY SECOND/THIRD LAMP OF RUNWAY LIGHTING UNSERVICEABLE

JEDE ZWEITE/DRITTE LAMPE DER PISTENBEFEUERUNG AUSGEFALLEN

G: FAILURE OF TWO PHASES OF POWER SUPPLY OF RUNWAY CENTRE LINE LIGHTING
AUSFALL VON ZWEI PHASEN DER PISTENMITTELLINIENBEFEUERUNG DEFEKT

Rückstufung

G: ILS UNSERVICEABLE DUE TO LOCALIZER FAILURE NDB APPROACH AVAILABLE ONLY
INSTRUMENTENANFLUGSYSTEM AUSGEFALLEN WEGEN DEFEKT DES LANDEKURSSENDERS NDB-ANFLUGVERFAHREN MÖGLICH

G: ILS CAT II/III DOWNGRADED DUE TO TRANSMISSIOMETER FAILURE CAT I AVAILABLE ONLY
INSTRUMENTENANFLUGVERFAHREN NACH KATEGORIE II/III WEGEN TRANSMISSIOMETERFEHLER NICHT MÖGLICH ANFLUG NACH KATEGORIE I MÖGLICH

Flugplanwechsel von IFR nach VFR

A: {REQUEST} CANCELLING IFR {FLIGHT}
(ERBITTE) AUFHEBUNG DER INSTRUMENTENFLUGREGELN (DES FLUGES)

G: IFR {FLIGHT} CANCELLED AT (time) {(instructions)}
FLUG NACH INSTRUMENTENFLUGREGELN AUFGEHOBEN (Zeit)

G: UNABLE TO ACCEPT CANCELLATION {DUE TO (reason)}
FLUG NACH INSTRUMENTENFLUGREGELN KANN NICHT AUFGEHOBEN WERDEN (Begründung)

Wechsel von VFR nach IFR

A: REQUEST IFR CLEARANCE
ERBITTE FREIGABE NACH INSTRUMENTENFLUGREGELN

G: CLEARED TO (clearance limit) VIA (route) CLIMB (level) {(route)} IFR STARTS AT (position)/WHEN PASSING (level)/NOW {(instructions)}
FREIGEGEBEN BIS (Freigabegrenzen) ÜBER (Route) STEIGEN SIE (Flugfläche) {(Route)} FLUG NACH INSTRUMENTENFLUGREGELN BEGINNT BEI (Position)/BEI ERREICHEN (Flugfläche)/JETZT

Einflug eines IFR-Fluges in den unkontrollierten Luftraum

G: REPORT LEAVING CONTROLLED AIRSPACE
MELDEN SIE VERLASSEN DES KONTROLLIERTEN LUFTRAUMES

A: LEAVING CONTROLLED AIRSPACE
VERLASSEN KONTROLLIERTEN LUFTRAUM

G: CONTROL TERMINATED CONTINUE IFR IN UNCONTROLLED AIRSPACE
KONTROLLE BEENDET SETZTEN SIE FLUG NACH IFR IN UNKONTROLLIERTEM LUFTRAUM FORT

SPRECHGRUPPEN FÜR KONTROLLIERTE FLÜGE

Erteilung einer Streckenfreigabe

G: CLEARED TO (clearance limit) VIA (departure route/instructions) FLIGHT PLANNED ROUTE (or description of route) {CLIMB (level)} SQUAWK (four digits) {(instructions)}
FREIGEGEBEN NACH (Freigabegrenze) ÜBER (Abflugroute) FLUGPLANROUTE (Anweisung) {STEIGEN SIE (Flugfläche) TRANSPONDERCODE (Ziffern)}

G: CLEARED TO (clearance limit) {VIA (route) (level) (details)} SQUAWK (four digits)
FREIGEGEBEN NACH (Freigabegrenze) {ÜBER (Abflugroute) (Flugfläche) (Einzelheiten)} Transpondercode (Ziffern)}

G: RECLEARED (enroute clearance details) -URSPRÜNGLICHE FREIGABE GEÄNDERT

Bei Verzögerung der Freigabe

G: EXPECT CLEARANCE AT (time)/IN (figures) MINUTES
ERWARTEN SIE FREIGABE UM (Zeit) IN (Ziffern) MINUTEN

Zeitliche Begrenzung der Gültigkeit der Freigabe

G: DEPART NOT EARLIER/LATER THAN (time)
ABFLUG NICHT FRÜHER/SPÄTER ALS (Zeit)
G: CLEARANCE/SLOT VALID FROM (time) TO (time)
FREIGABE/SLOT GÜLTIG VON (Zeit) BIS (Zeit)
G: CLEARANCE/SLOT EXPIRES AT (time)
FREIGABE/SLOT ENDET UM (Zeit)

Wenn Zweifel bestehen

G: IF UNABLE {(instructions) AND} ADVISE
BENACHRICHTIGEN SIE WENN ANWEISUNG NICHT BEFOLGT WERDEN KANN

Wenn ein Pilot Freigabe oder Anweisung nicht folgen kann

A: UNABLE TO COMPLY
BEFOLGEN NICHT MÖGLICH

Flugverkehrskontrollfreigaben ohne Freigabezusatz

Strecke

G: JOIN (route) AT (position) AT (level/time)
FLIEGEN SIE (Route) BEI ERREICHEN (Position) IN (Flugfläche/Zeit)
G: PROCEED FROM (position) TO (position)
FLIEGEN SIE VON (Position) NACH (Position)
G: PROCEED/FLY (followed as necessary by) - TO (position) - DIRECT (position) - VIA (route and/or position(s)) - VIA (distance) ARC (direction) OF (name of DME station) DME
FLIEGEN SIE - NACH (Position) - DIREKTER KURS NACH (Position) - ÜBER (Route/Position) - ÜBER (Entfernung) BOGEN (Richtung) (Entfernung) VON (Funkfeuer)
G: (level/route) NOT AVAILABLE {DUE TO (reason)/ALTERNATIVE(S) IS/ARE (levels/routes) ADVISE INTENTIONS}
FLUGFLÄCHE/ROUTE NICHT VERFÜGBAR {WEGEN (Begründung)/AUSWEICHMÖGLICHKEITEN SIND (Flugfläche/Route) TEILEN SIE IHRE ABSICHT MIT}

Höhe(n)

G: FLIGHT LEVEL (number)
FLUGFLÄCHE (Ziffern)
G: ALTITUDE (figures) FEET
FLUGHÖHE (Ziffern) FUSS
G: MAINTAIN (level) (followed as necessary by)
BEIBEHALTEN DER (Flugfläche)
- TO (position)
- *BIS (Position)*
- UNTIL PASSING (position)
- *BIS ÜBERFLUG VON (Position)*
- UNTIL (time)
- *BIS (Zeit)*
- UNTIL ADVISED BY (unit)
- *BIS ANWEISUNG VON (Bodenstation) ERFOLGT*
- UNTIL FURTHER ADVISED
- *BIS AUF WEITERES*

Höhenwechsel, Sink-/Steigraten

G: CLIMB/DESCEND (followed as necessary by)
STEIGEN/SINKEN SIE
- (level)
- *(AUF FLUGFLÄCHE)*
- AT YOUR CONVENIENCE
- *WIE ES IHNEN AM BESTEN PASST*
- IMMEDIATELY
- *SOFORT*
- TO REACH (level) AT (time/position)
- *ZUR (Flugfläche) UM (Zeit)/BEI ERREICHEN VON (Position)*
- AT (figures) FEET PER MINUTE OR MORE/LESS {(restrictions)} RESUME NORMAL RATE OF CLIMB/DESCENT
- *MIT STEIG-/SINKRATE (Wert) FUSS PRO MINUTE ODER MEHR/WENIGER KEHREN SIE ZU NORMALER STEIG-/SINKRATE ZURÜCK)*

A: REQUEST LEVEL CHANGE/CLIMB/DESCENT AT (time/position)
ERBITTE ÄNDERUNG DER FLUGFLÄCHE/STEIGFLUG/SINKFLUG UM (Zeit)/BEI (Position)

G: EXPECT LEVEL CHANGE/CLIMB/DESCENT FROM (unit)/AT (time/position)/AFTER PASSING (position)/IN (figures) MINUTES
ERWARTEN SIE ÄNDERUNG DER FLUGFLÄCHE/STEIGFLUG/SINKFLUG VON (Bodenstation) BEI/UM (Position/Zeit) NACH ÜBERFLUG (Position) IN (Ziffern) MINUTEN

G: STOP CLIMB/DESCENT AT (level)
BEENDEN SIE STEIG-/SINKLFUG IN FLUGFLÄCHE (Ziffern)

G: CONTINUE CLIMB DESCENT (level)
SETZEN SIE STEIG-/SINKFLUG AUF FLUGFLÄCHE (Ziffern) FORT

G: EXPEDITE CLIMB/DESCENT UNTIL PASSING (level)
BESCHLEUNIGEN SIE STEIG-/SINKFLUG BIS ERREICHEN VON (Flugfläche)

Spezifizierung von Reiseflughöhen

G: CROSS (position) AT/ABOVE/BELOW (level)
ÜBERFLIEGEN SIE (Position) IN/OBERHALB/UNTERHALB (Flugfläche)

G: CROSS (position) AT (time) OR LATER/BEFORE AT (level)
ÜBERFLIEGEN SIE (Position) UM (Zeit) ODER FRÜHER/SPÄTER IN (Flugfläche)

G: CROSS (distance) (direction) (name of DME station) DME AT/ABOVE/BELOW (level)
ÜBERFLIEGEN SIE (Entfernung) (Richtung) (Funkfeuer) IN/OBERHALB/UNTERHALB (Flugfläche)

Staffelungsanweisungen

G: {ARRANGE FLIGHT SO AS TO} CROSS (position) AT (time) OR LATER/BEFORE
(RICHTEN SIE DEN FLUG SO EIN DASS SIE) (Position) ÜBERFLIEGEN UM (Zeit) ODER SPÄTER/FRÜHER

G: ADVISE IF ABLE TO CROSS (position) AT (time)
BENACHRICHTIGEN SIE WENN ÜBERFLIEGEN (Position) UM (Zeit) MÖGLICH IST

G: MAINTAIN MACH(mach number)/INDICATED/TRUE AIRSPEED (figures) KNOTS
HALTEN SIE MACH (Machzahl)/ANGEZEIGTE/WAHRE FLUGGESCHWINDIGKEIT (Ziffern) KNOTEN

Kursanweisungen

G: LEAVE (position) HEADING (three digits)
VERLASSEN SIE (Position) STEUERKURS (Ziffern)

G: CONTINUE HEADING (three digits)
FLIEGEN SIE WEITER NACH STEUERKURS (Ziffern)

G: CONTINUE PRESENT HEADING
FLIEGEN SIE WEITER MIT DERZEITIGEM KURS

G: FLY HEADING (three digits)
SETZEN SIE KURS (Ziffern)

G: TURN LEFT/RIGHT (figures) DEGREES/HEADING (three digits)
DREHEN SIE LINKS/RECHTS (Ziffern) GRAD/KURS (Ziffern)

G: MAKE A THREE SIXTY LEFT/RIGHT {(reason)}
DREHEN SIE EINEN VOLLKREIS NACH LINKS/RECHTS

G: ORBIT LEFT/RIGHT „(reason)}
KREISEN SIE NACH LINKS/RECHTS

G: STOP TURN HEADING (three digits)
BEENDEN SIE KURVENFLUG KURS (Ziffern)
- FOR TRAFFIC
- *WEGEN VERKEHR*
- FOR SPACING
- *WEGEN SICHERHEITSABSTAND*
- FOR SEPARATION
- *WEGEN STAFFELUNG*
- FOR DOWNWIND/BASE/FINAL
- *ZUM QUER-/GEGEN-/ENDANFLUG*

Geschwindigkeiten

A: SPEED (figures) KNOTS/MACH (mach number)
GESCHWINDIGKEIT (Ziffern) KNOTEN/MACH (Machzahl)

G: REPORT INDICATED/TRUE AIRSPEED/MACH NUMBER
MELDEN SIE ANGEZEIGTE/WAHRE FLUGGESCHWINDIGKEIT/MACHZAHL

G: MAINTAIN (figures) KNOTS/MACH (mach number) UNTIL (position)
BEHALTEN SIE (Ziffern) KNOTEN/MACH (Machzahl) BIS (Position)

G: MAINTAIN PRESENT SPEED
BEHALTEN SIE GEGENWÄRTIGE GESCHWINDIGKEIT BEI

G: INCREASE/REDUCE SPEED TO (figures) KNOTS/MACH (digits)
ERHÖHEN/VERRINGERN SIE GESCHWINDIGKEIT AUF (Ziffern) KNOTEN/MACH (Machzahl)

G: INCREASE/REDUCE SPEED BY (figures) KNOTS/MACH (digits)
ERHÖHEN/VERRINGERN SIE GESCHWINDIGKEIT UM (Ziffern) KNOTEN/MACH (Machzahl)

G: RESUME NORMAL SPEED
RÜCKKEHR ZU NORMALER GESCHWINDIGKEIT

G: NO SPEED RESTRICTIONS
KEINE GESCHWINDIGKEITSBESCHRÄNKUNGEN

A: UNABLE TO COMPLY WITH SPEED RESTRICTIONS INDICATED AIRSPEED WILL BE (figures) KNOTS/MACH {NUMBER} WILL BE (digits)

Bei vermutetem Ausfall der Funkverbindung

G: IF RADIO CONTACT LOST (instructions)
G: FALLS FUNKVERBINDUNG UNTERBROCHEN (Anweisungen)

G: IF NO TRANSMISSION RECEIVED FOR (figure(s) MINUTE(S)/SECONDS (instructions)
G: FALLS KEINE SENDUNG EMPFANGEN WURDE FÜR (Ziffer(n) MINUTE(N)/SEKUNDEN (Anweisungen)

G: TRANSMITTING BLIND (instructions/information)
G: BLINDSENDUNG (Anweisungen/Information)

G: IF YOU READ (instructions)
G: FALLS SIE MICH HÖREN (Anweisungen)

G: (manoeuvre) OBSERVED {POSITION (position)} WILL CONTINUE {TO PASS} INSTRUCTIONS
G: (Manöver) BEOBACHTET {POSITION (Position)} WERDE MIT ANWEISUNGEN FORTFAHREN

Identifizierung von Luftfahrzeugen

G: SQUAWK {(code)} {IDENT}
Transpondercode {(Ziffern)} {IDENT}

G: REPORT HEADING/FLIGHT LEVEL/ALTITUDE
MELDEN SIE STEUERKURS/FLUGFLÄCHE/FLUGHÖHE

G: FOR IDENTIFICATION TURN LEFT/RIGHT HEADING (three digits) FOR (maximum time two minutes) MINUTE(S)/SECONDS
DREHEN SIE ZUR IDENTIFIZIERUNG NACH LINKS/RECHTS STEUERKURS (Ziffern) FÜR (maximal zwei Minuten) MINUTEN/SEKUNDEN

G: TRANSMIT FOR IDENTIFICATION AND REPORT HEADING
SENDEN SIE ZUR IDENTIFIZIERUNG UND MELDEN SIE STEUERKURS

G: {(manoeuvre) OBSERVED} IDENTIFIED {POSITION (position)} {(instructions)}
{(Manöver) BEOBACHTET} IDENTIFIZIERT {STANDORT (Position)} {Anweisungen}

G: IDENTIFIED {(position)}
IDENTIFIZIERT/POSITIVER RADARKONTAKT {(Position)}

G: NOT IDENTIFIED CONTINUE OWN NAVIGATION
NICHT IDENTIFIZIERT SETZEN SIE EIGENNAVIGATION FORT

Positionsmeldungen durch Flugverkehrskontrolle

G: POSITION (distance) (direction) OF (position)
STANDORT (Entfernung) (Richtung) VON (Position)

G: POSITION OVER/ABEAM (position)
STANDORT ÜBER/QUERAB (Position)

Positionsmeldungen durch Piloten

A: POSITION (actual time over)
STANDORT IST (Aktuelle Zeit über Position)

Wenn Positionsmeldungen unterbleiben sollen

G: OMIT POSITION REPORTS (specify the duration)
BEENDEN SIE ABGABE VON POSITIONSMELDUNGEN FÜR (Zeitdauer)

G: NEXT REPORT AT (position)
NÄCHSTE POSITIONSMELDUNG BEI (Position)

G: REPORT(S) REQUIRED ONLY AT (position(s)
POSITIONSMELDUNG(EN) NUR ERFORDERLICH BEI (Position)

G: RESUME POSITION REPORTS
NEHMEN SIE ABGABE VON POSITIONSMELDUNGEN WIEDER AUF

Verkehrsinformationen

G: {UNKNOWN} TRAFFIC (figure) O'CLOCK (bearing by clock reference and distance) (direction of flight) (information)
{UNBEKANNTER} VERKEHR RICHTUNG (Ziffern) UHR
- SLOW/FAST MOVING
- *BEWEGT SICH LANGSAM/SCHNELL*
- CLOSING
- *NÄHERT SICH*
- OPPOSITE/SAME DIRECTION
- *ENTGEGENGESETZTE/GLEICHE RICHTUNG*

- OVERTAKING
- ÜBERFLIEGT
- CROSSING LEFT TO RIGHT/RIGHT TO LEFT - TYPE (if known) - LEVEL (if known) - CLIMBING/DESCENDING (if known)
- KREUZT VON LINKS NACH RECHTS/VON RECHTS NACH LINKS - FLUGZEUGTYP - FLUGFLÄCHE - STEIGEND/SINKEND

A: REQUEST AVOIDANCE ADVICE
ERBITTE AUSWEICHEMPFEHLUNG

A: REQUEST VECTORS
ERBITTE KURSFÜHRUNG

G: CLEAR OF TRAFFIC {(instructions)}
FREI VON VERKEHR

Beendigung des Dienstes

G: RADAR CONTROL TERMINATED {DUE TO (reason)}
RADARÜBERWACHUNG BEENDET

G: RADAR SERVICE TERMINATED {(instructions)}
RADARUNTERSTÜTZUNG BEENDET

G: RESUME OWN NAVIGATION (position) {(instructions)}
NEHMEN SIE EIGENNAVIGATION AUF

G: WILL SHORTLY LOSE IDENTIFICATION (instructions/information)
WERDE RADARKONTAKT BALD VERLIEREN

G: IDENTIFICATION LOST {(reasons)} {(instructions)}
RADARKONTAKT VERLOREN

Nutzung des Transponders

Zur Ermittlung der Art der Sekundärradar-Ausrüstung

G: ARE YOU TRANSPONDER EQUIPPED
G: HABEN SIE TRANSPONDER
A: NEGATIVE TRANSPONDER
A: TRANSPONDER NEGATIV
G: ADVISE TYPE OF TRANSPONDER
G: MELDEN SIE TRANSPONDERTYP
A: TRANSPONDER (type)
A: TRANSPONDER (Ausführung)

Anweisung zum Schalten des Transponders

G: {WHEN AIRBORNE} SQUAWK (code)
G: {NACH DEM ABHEBEN} SQUAWK (Kode)
G: RECYCLE (mode, code)
G: RECYCLE (Modus, Kode)
A: RECYCLING (mode, code)
A: RECYCLING (Modus, Kode)
G: CONFIRM SQUAWK
G: BESTÄTIGEN SIE SQUAWK
A: SQUAWKING (code)
A: SQUAWK (Kode)
G: SQUAWK (followed as necessary by) - IDENT - CHARLIE - STANDBY
G: SQUAWK (nach Bedarf gefolgt von) - IDENT - CHARLIE - STANDBY
G: CHECK ALTIMETER SETTING AND CONFIRM LEVEL
G: ÜBERPRÜFEN SIE HÖHENMESSEREINSTELLUNG UND BESTÄTIGEN SIE FLUGHÖ-HE

G: STOP SQUAWK CHARLIE WRONG INDICATION
G: STOP SQUAWK CHARLIE FALSCHE ANZEIGE
G: STOP SQUAWK
G: STOP SQUAWK

FLUGINFORMATIONSDIENST

Wetterinformationen

G: ATC RADAR SHOWS HEAVY PRECIPITATION AREA (figures) O'CLOCK (distance) MILES AREA (figures) MILES DEEP EXTENDING FROM (direction) TO (direction) FOR (figures) MILES
G: FLUGSICHERUNGSRADAR ZEIGT STARKES NIEDERSCHLAGSGEBIET (Ziffern) UHR (Entfernung) MEILEN GEBIET IST (Ziffern) MEILEN TIEF UND ERSTRECKT SICH VON (Richtung) NACH (Richtung) ÜBER (Entfernung) MEILEN

Von offizieller Wettermeldung abweichende Beobachtung

G: TOWER OBSERVATION VISIBILITY TO (direction) (distance) METERS
G: TURMBEOBACHTUNG SICHT NACH (Richtung) (Ziffern) METER

Verkehrsinformation

G: {UNKNOWN} TRAFFIC (figure) O'CLOCK (distance) MILES OPPOSITE/LEFT/RIGHT TO RIGHT/LEFT/SAME DIRECTION (further information, e.g. FAST MOVING)
G: {UNBEKANNTER} VERKEHR (Ziffer) UHR (Entfernung) MEILEN VON VORNE/VON LINKS/VON RECHTS IN GLEICHER RICHTUNG (weitere Informationen, z.B. SCHNELL FLIEGEND)
A: REQUEST AVOIDANCE ADVICE/VECTORS
A: ERBITTE AUSWEICHEMPFEHLUNG/KURSFÜHRUNG
G: SUGGEST {LEFT/RIGHT TURN} HEADING (three digits)
G: EMPFEHLE {LINKS-/RECHTSKURVE} STEUERKURS (drei Ziffern)
G: (aircraft type) VFR (direction) ALTITUDE (figures) FEET/FLIGHT LEVEL (figures) ESTIMATING (position) (time)
G: (Rufzeichen) VFR RICHTUNG (Richtung) FLUGHÖHE (Ziffern) FUSS/FLUGFLÄCHE (Ziffern) VORAUSSICHTLICHE ÜBERFLUGZEIT (Position) (Zeit)
A: LOOKING OUT
A: HALTE AUSSCHAU
A: TRAFFIC IN SIGHT
A: VERKEHR IN SICHT
G: CLEAR OF TRAFFIC
G: FREI VON VERKEHR

Navigatorische Unterstützung

A: UNSURE OF POSITION REQUEST NAVIGATIONAL ASSISTANCE {TO (position)}
A: POSITION UNGEWISS ERBITTE NAVIGATORISCHE UNTERSTÜTZUNG {NACH (Position)}
G: TRANSMIT FOR DF
G: SENDEN SIE FÜR PEILUNG
G: QDM/QDR (three digits)
G: QDM/QDR (drei Ziffern)
G: SQUAWK (code)
G: SQUAWK (Kode)
G: IDENTIFIED {POSITION (position)}

G: IDENTIFIZIERT {POSITION (Position)}
G: MAINTAIN VMC
G: BLEIBEN SIE VMC
G: OBSERVE MINIMUM SAFE HEIGHT/OBSTACLE CLEARANCE
G: ACHTEN SIE AUF SICHERHEITSMINDESTHÖHE HINDERNISFREIHEIT
G: SUGGEST {LEFT/RIGHT TURN} HEADING (three digits)
G: EMPFEHLE {LINKS-/RECHTSKURVE} STEUERKURS (drei Ziffern)
G: NAVIGATIONAL ASSISTANCE TERMINATED RESUME OWN NAVIGATION POSITION (position or navigational information)
G: NAVIGATORISCHE UNTERSTÜTZUNG BEENDET ÜBERNEHMEN SIE EIGENNAVIGATION POSITION (Positionsangabe oder navigatorische Hinweise)

Anweisung zum Schalten des Transponders

G: RECYCLE (mode, code)
G: RECYCLE (Modus, Kode)
A: RECYCLING (mode, code)
A: RECYCLING (Modus, Kode)
G: CONFIRM SQUAWK
G: BESTÄTIGEN SIE SQUAWK
A: SQUAWKING (code)
A: SQUAWKING (Kode)
G: SQUAWK (followed as necessary by)
- IDENT
- CHARLIE
- STANDBY

G: SQUAWK (nach Bedarf gefolgt von)
- *IDENT*
- *CHARLIE*
- *STANDBY*

G: STOP SQUAWK
G: STOP SQUAWK

Aufheben und Schließen des Flugplans

A: CANCELLING MY FLIGHT PLAN
A: ICH HEBE MEINEN FLUGPLAN AUF
G: FLIGHT PLAN CANCELLED AT (time)
G: FLUGPLAN AUFGEHOBEN UM (Zeit)

Aufheben des IFR-Teiles des Flugplans

A: {REQUEST} CANCELLING IFR {FLIGHT}
{ERBITTE} AUFHEBUNG IFR {FLUGES}
G: IFR {FLIGHT} CANCELLED AT (time) {(instructions)}
IFR {FLUG} AUFGEHOBEN UM (Zeit) {(Anweisungen)}
G: UNABLE TO ACCEPT CANCELLATION {DUE TO (reason)}
AUFHEBUNG NICHT MÖGLICH {WEGEN (Begründung)}

Schließen des Flugplans

A: {LANDING TIME (figures)} REQUEST TO CLOSE MY FLIGHT PLAN
A: {LANDEZEIT (Ziffern)} ERBITTE SCHLIESSUNG DES FLUGPLANS
G: FLIGHT PLAN CLOSED AT (figures)
G: FLUGPLAN GESCHLOSSEN UM (Ziffern)

NOTVERFAHREN

Funkausfall

G: IF YOU READ SQUAWK (mode, code)/IDENT

G: FALLS SIE HÖREN SQUAWK (Modus, Kode)/IDENT

G: IF YOU READ TURN LEFT/RIGHT HEADING (three digits) FOR (maximum time 2 minutes) MINUTE(S)/SECONDS

G: FALLS SIE HÖREN DREHEN SIE LINKS/RECHTS STEUERKURS (drei Ziffern) FÜR (Zeitmaximum 2 Minuten) MINUTE(N) SEKUNDEN

G: {TURN OBSERVED} IDENTIFIED {POSITION (position)} {WILL CONTINUE {TO PASS} INSTRUCTIONS (instructions)}

G: {KURSÄNDERUNG BEOBACHTET} IDENTIFIZIERT {POSITION (Position)} {WERDE MIT ANWEISUNGEN FORTFAHREN (Anweisungen)}

G: IF YOU READ ROCK YOUR WINGS/SHOW LANDING LIGHTS

G: FALLS SIE HÖREN BESTÄTIGEN SIE DURCH WACKELN EINSCHALTEN DER LANDESCHEINWERFER

Notsinkflug

A: EMERGENCY DESCENT (intentions)
NOTSINKFLUG (Ursachen)

G: ALL STATIONS (unit) EMERGENCY DESCENT AT (position) ALL AIRCRAFT BELOW (level) WITHIN (distance) OF (position) LEAVE IMMEDIATELY (specific instructions as to direction, heading or track etc.)
AN ALLE (Stationen) NOTSINKFLUG BEI (Position) ALLE LUFTFAHRZEUGE UNTERHALB (Flugfläche) INNERHALB (Entfernung) VON (Position) VERLASSEN SOFORT (Besondere Anweisungen)

Verfahren bei Ausfall des Kurskreisels

G: THIS WILL BE A NO GYRO VECTOR FOR (type of approach) TO (runway or other limit) EXECUTE DIRECTIONAL INSTRUCTIONS IMMEDIATELY UPON RECEIPT OF THE WORD NOW MAKE TURNS RATE ONE
SIE ERHALTEN KURSFÜHRUNG FÜR (Anflugart) NACH (Piste) FÜHREN SIE DIE RICHTUNGSANWEISUNGEN SOFORT NACH AUSSPRACHE AUS

G: TURN LEFT/RIGHT NOW
DREHEN SIE JETZT LINKS/RECHTS

G: STOP TURN NOW
BEENDEN SIE KURVENFLUG

G: MAKE ALL TURNS RATE HALF
MACHEN SIE ALLE KURVENFLÜGE MIT HALBER RATE

Anweisung zum Senden des Notfallcodes

G: SQUAWK MAYDAY/7700

G: SQUAWK MAYDAY/7700

Treibstoffschnellablaß

G: ALL STATIONS (unit) USE CAUTION FUEL DUMPING IN PROGRESS BY (callsign) AT (position) ON COURSE (direction) FROM (level) AVOID FLIGHT WITHIN FIVE MILES OF FUEL DUMPING AREA

G: AN ALLE (Bodenfunkstelle) VORSICHT TREIBSTOFFSCHNELLABLASS WIRD DURCHGEFÜHRT VON (Rufzeichen) ÜBER (Position) MIT KURS (Richtung) VON (Flughöhe) DER LUFTRAUM BIS 5 MEILEN UM DAS GEBIET DES TREIBSTOFFSCHNELLABLASSES IST ZU MEIDEN

G: ALL STATIONS (unit) FUEL DUMPING HAD BEEN IN PROGRESS AT (position) FROM

(level) AVOID THIS AREA UNTIL (time)
G: AN ALLE (Bodenfunkstelle) TREIBSTOFFSCHNELLABLASS WURDE DURCHGEFÜHRT ÜBER (Position) VON (Flughöhe) DIESES GEBIET IST BIS (Zeit) ZU MEIDEN

Unterstützung bei in navigatorischen Schwierigkeiten

A: LOSS OF POSITION REQUEST ASSISTANCE
A: HABE ORIENTIERUNGSVERLUST ERBITTE UNTERSTÜTZUNG
G: REQUEST REMAINING FLIGHT TIME
G: ERBITTE VERBLEIBENDE FLUGZEIT
G: ARE YOU ABLE TO CONTINUE VISUALLY
G: KÖNNEN SIE NACH SICHT WEITERFLIEGEN
G: YOU MAY DESCEND ALTITUDE (figures) FEET/FLIGHT LEVEL (figures)
G: SIE KÖNNEN AUF FLUGHÖHE (Ziffern) FUSS/FLUGFLÄCHE (Ziffern) SINKEN
G: YOU SHOULD TURN (figures) DEGREES TO THE LEFT/RIGHT
G: SIE SOLLTEN (Ziffern) GRAD NACH LINKS/RECHTS DREHEN

Spezielle Transponder-Kodierungen

Bei einem Ausfall der Sprechfunkanlage oder wenn Sprechfunkverkehr durch einen ungesetzlichen Eingriff in den Luftverkehr (Entführung) nicht möglich ist, kann die Flugzeugbesatzung der Radarkontrollstelle durch Schalten und Aussenden eines speziellen Transpondercodes in Mode A/3 einen Hinweis auf die Situation an Bord geben. In vielen Radarkontrollzentren löst der Empfang eines Transpondercodes, der mit 75, 76 oder 77 beginnt und durch beliebige Ziffern zum vollständigen vierstelligen Code ergänzt wird, ein Alarmsignal aus.

SQUAWK A/....

7500 Unlawful interference (hijack) - Flugzeugentführung
7600 Communication failure - Ausfall der Funkanlage
7700 Emergency - Notfall

Sprechfunkfrequenzen

Der Flugsprechfunk ist neben Radar und Navigationsfunk die wichtigste Einrichtung für die Sicherung und Verkehrsführung in der Luftfahrt. Unter dem Begriff „beweglicher Flugfunkdienst" versteht man die Kommunikation zwischen der Bodenstation und dem Luftfahrzeug sowie zwischen Luftfunkstellen untereinander. Das Gegenteil ist der „feste Flugfunkdienst". Hierbei sind zwei oder mehrere bodengebundene Funkstellen miteinander verbunden. Der bewegliche Funkverkehr wird im Simplex-Verfahren durchgeführt, das heißt Bodenstelle und Luftfunkstelle arbeiten wechselseitig auf der gleichen Frequenz.

Von der Internationalen Fernmeldeverwaltung in Genf (ITU) sind die Länder der Erde in drei Regionen aufgeteilt.

- **Region I** umfaßt Afrika und Europa (einschließlich des asiatischer Teils von Rußland und der Äußere Mongolei)
- **Region II** vereint Nordamerika, Südamerika und die Hawaii-Inseln
- **Region III** umfaßt Asien (außer asiatischer Teil von Rußland und der Äußere Mongolei), Ozeanien (außer Hawaii-Inseln)

In der Region I wurde dem beweglichen Flugfunkdienst der Frequenzbereich von 117,975 MHz bis 137,000 MHz zugewiesen. Die niedrigste nutzbare Frequenz in diesem Bereich ist 118,000 MHz, die höchste 136,975 MHz.

Der Kanalabstand zwischen den einzelnen Frequenzen beträgt derzeit 25 kHz, wird aber im Herbst 1999 auf das neue 8,33 kHz Raster umgestellt.

Der deutschsprachige Sprechfunkverkehr wird überwiegend im „unteren nationalen Band" im Bereich von 122,000 MHz bis 123,675 MHz durchgeführt. Die darin enthaltenen 67 Sprechfunkkanäle werden von der überwiegenden Zahl der 200 Landeplätze und über 300 Segelfluggelände genutzt. Der Nutzungsbereich ist von der Bundesanstalt für Flugsicherung lediglich auf 15 Nautische Meilen in einer Höhe von 3000 Fuß festgelegt. Nur für wenige der mehr als 500 Flugfunk-Bodenstellen besteht ein Nutzungsbereich von 25 Nautischen Meilen in 4000 Fuß Höhe. Daher kommt es im unteren nationalen Band zwangsläufig zu Überschneidungen und Mehrfachbelegungen. Insbesondere in den Sommermonaten und bei Inversionswetterlage werden die gegenseitigen Störungen von verschiedenen Nutzern auf einer Frequenz durch Überreichweiten der Funksignale größer. Durch dieses physikalische Phänomen ertönen dann in den Bordlautsprechern der Luftfahrzeuge und in den Kontrolltürmen Signale von Stationen, die viele hundert Kilometer entfernt sind und bei normalen Ausbreitungsbedingungen nicht zu hören sind.

Weitere Flugfunkfrequenzen sind im UHF-Bereich (Dezimeterwellen) von 230,0 bis 328,6 MHz und 335,4 MHz bis 399,9 MHz zu finden. Diese Frequenzen werden überwiegend von militärischen Luftfahrzeugen genutzt. Die UHF-Bereiche werden aber auch vom zivilen Luftverkehr verwendet. Wegen der häufigen Überlastung des VHF-Bereichs findet man vor allem an großen

Flughäfen Funkaktivitäten im UHF-Bereich. Für den beweglichen Flugfunkdienst ist auch der untere Bereich von 29,7 bis 74,8 MHz in Gebrauch. In diesem Band sind ausschließlich militärische Funkaktivitäten, in Deutschland die von Heeresfliegern und NATO-Streitkräften anzutreffen.
Neben den jeder Bodenfunkstelle zugewiesenen Frequenzen gibt es im VHF-Band einige Kanäle, die für bestimmte Zwecke funktionsgebunden und bundesweit einheitlich festgelegt wurden.
Die verwendete Modulationsart im oberen VHF-Flugfunkband und in den UHF-Bereichen ist die Amplitudenmodulation (AM). Im unteren VHF-Bereich wird mit Frequenzmodulation (FM) gearbeitet.
Der Frequenzbereich von 108,000 bis 117,975 MHz dient dem Navigationsfunkdienst. Im Teilbereich von 108,100 bis 111,900 MHz strahlen die Navigationsfunkanlagen für das Instrumentenlandesystem (ILS) ihre Signale aus.
Zwischen 108,000 und 117,975 MHz sind auch die automatischen Ansagedienste für Start- und Landeinformationen anzutreffen. Diese werden bei einigen Flugplätzen auf den Frequenzen der An- und Abflugfunkfeuer (VOR) zusätzlich zu der Morsekennung des Funkfeuers in AM-Modulation ausgestrahlt.

Sprechfunkgerät für den VHF-Sprechfunkbereich. Die aktive Frequenz wird im linken, die Stand-by-Frequenz im rechten Display angezeigt.

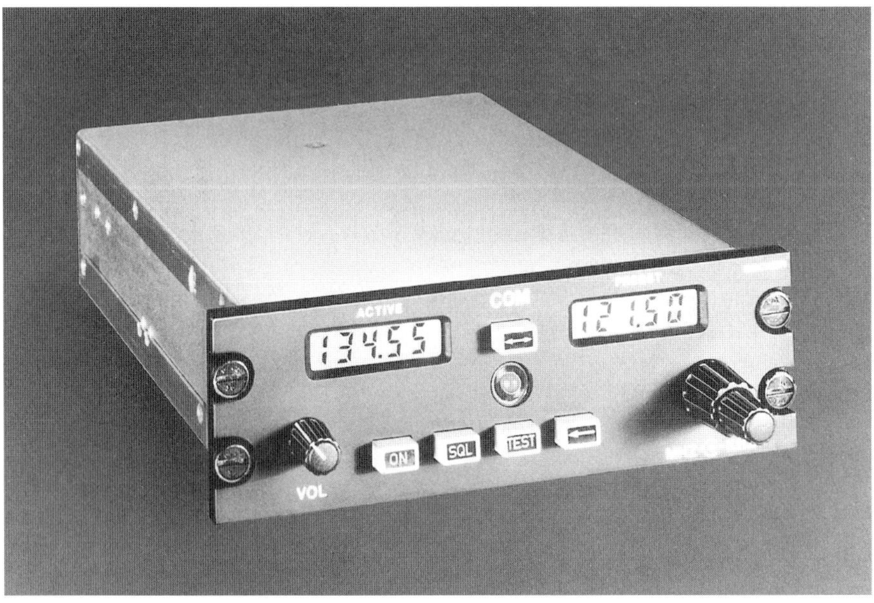

Flugfunkfrequenzen in Deutschland auf VHF und UHF

Frequenzliste

Die Frequenzliste enthält alle Bodenfunkstellen ziviler und militärischer Einrichtungen auf Flughäfen und Landeplätzen, der Flugsicherungsstellen sowie die Betriebsfunkfrequenzen internationaler Fluggesellschaften und privater Bodenabfertigungsdienste in Deutschland im Bereich von 118,000 MHz (VHF-Flugfunkband) bis 400,000 MHz (UHF-Flugfunkband). Frequenzen die für bestimmte Anwendungen überregional verwendet werden sind durch Fettdruck hervorgehoben. Die Modulationsart bei allen Sprechfunkdiensten ist Amplitudenmodulation (AM), das Kanalraster beträgt 25 kHz. Stationen, die ab Herbst 1999 nach dem neuen 8,33-MHz-Kanalraster arbeiten werden, standen bei Redaktionsschluß noch nicht fest.

118,000 bis 121,600 MHz Beweglicher Flugfunkdienst

118,025	Frankfurt ATIS	
118,050	Hannover Approach	Reserve
118,075	Barth Information	
	Speyer Information	
118,100	Berlin-Tempelhof Tower	
	Kassel-Calden Tower	
	Nürnberg Ground	
118,125	Günzburg-Donauried Information	
	Mönchengladbach Tower	
118,150	Hannover Approach	
	Wunstorf Departure	Luftwaffe
118,175	Allendorf (Eder) Information	
	Dessau Information	
	Lachen-Speyerdorf Information	
	Neumagen-Dhron Information	
	Oldenburg-Hatten Information	
	Rothenburg/Tauber Information	
	Thannhausen Information	
118,200	Hamburg Arrival	
	Weiden Information	
118,250	Freiburg im Breisgau Information	
	Wyk auf Föhr Information	
118,275	Bad Windsheim Information	
	Erbach Information	
	Königsdorf Segelflug	
	Paderborn/Lippstadt Tower	
	Walldorf Information	
118,300	Düsseldorf Tower	
	Hildesheim Information	
	Nürnberg Tower	
118,325	Hirzenhain Information	
	Nabern (Teck) Information	
118,350	Beilngries Information	
	Bielefeld-Windelsbleiche Information	
	Frankfurt Radar	Notfallfrequenz
	Saarbrücken-Ensheim Tower	
118,400	Karlsruhe-Baden-Baden Tower	
	Mannheim-Neuostheim Tower	

118,425	Dachau-Gröbenried Information	
	Dinkelsbühl-Sinbronn Information	
	Eggenfelden Information	
	Eudenbach Segelflug	
	Laage-Rostock Tower	
	Laarbruch VHF Collector	Royal Airforce
	Lager Hammelburg Information	
118,450	Bayreuth Information	
118,500	Bremen Tower	
	Frankfurt Arrival	TE 2
	Neubiberg Information	
118,525	Kulmbach Information	
118,550	Arnbruck Information	
	Bremen Radar	NR 4
	Gunzenhausen-Reutberg Information	
	Saarbrücken-Ensheim Tower	Reserve
118,575	Bremen Tower	Reserve
118,600	Stuttgart Radar	CVFR-Gebiet/FIS
118,625	Brandenburg-Mühlenfeld Information	
	Ganderkesee Atlas Airfield	Information
	Kirchdorf Information	
	Nordhausen Information	
	Pirna-Pratzschwitz Information	
	Regensburg-Oberhub Information	
	Regenstauf Information	
	Stralsund Information	
118,650	Cottbus-Drewitz Information	
	Düsseldorf Radar	T-FIS CVFR
	Schleswig-Kropp Information	
118,675	Osnabrück-Atterheide Information	
118,700	Berlin-Tegel Tower	PL
	München Tower	PL1-N
	Northeim Information	
118,750	Düsseldorf Radar	SR 3
118,775	Egelsbach Tower	
118,800	Stuttgart Tower	
118,825	München Director	TE
118,875	Dresden ATIS	
118,925	Bad Sobernheim-Domberg Information	
	Blomberg-Borkhausen Information	
	Karlshöfen Information	
	Neustadt/Aisch Information	
	Nittenau-Bruck Information	
118,950	Dortmund-Wickede Information	
118,975	Nürnberg Approach	
119,000	Hodenhagen Information	
	Reichelsheim Information	
119,025	Köln/Bonn ATIS	
119,050	Finwo Information	
	Stuttgart Tower	
119,075	Frankfurt Radar	NR 6
119,150	Frankfurt Radar	T-FIS
	Sankt Peter-Ording Information	
119,175	Neubrandenburg Tower	Luftwaffe
	Vilshofen Information	
119,200	Stadtlohn-Wenningfeld Information	
	Stuttgart Approach	
119,250	Bonn-Hangelar Information	
119,300	Magdeburg Information	

119,350	Braunschweig-Waggum Tower	
119,400	Düsseldorf Arrival	Anflug Düsseldorf
119,425	Berlin Radar	UR 1
119,450	Altenburg-Nobitz Information	
	Bremen Radar	Luftraum C
119,475	Nürnberg Arrival	
119,500	Berlin Departure	TR2-E
119,525	Nürnberg Arrival	
119,550	Oberpfaffenhofen Tower	
119,575	Berlin-Tempelhof Tower	PL
119,600	Hannover Arrival	
119,625	Berlin Arrival	TR1-N to RDN
119,650	Hahn Tower	
	Ramstein Approach	US Air Force
	Seedorf Information	
119,700	Berlin-Schönefeld Director	
	Brüggen Tower	Royal Airforce
	Cottbus Radar	Heeresflieger
	Dresden Tower	Reserve
	Düsseldorf Director	
	Erfurt-Bindersleben Tower	Ausweichfrequenz
	Friedland Radar	
	Heringsdorf Tower	Ausweichfrequenz
	Laarbruch Approach	Royal Airforce
	Leipzig/Halle Tower	Alternat Freq
	Regionale Wachfrequenz	EUM-Region
119,750	Eisenach-Kindel Information	
	Essen/Mülheim Information	
	Nauen Information	
	Westerland/Sylt Tower	
119,775	Mühldorf Information	
	Niederstetten Information	
119,800	Hassfurt Information	
119,825	Bremen Information	T-FIS/SIGMET
119,850	Stuttgart Arrival	
119,900	Frankfurt Tower	PL 1
	Konstanz Information	
	Schwandorf Information	
119,975	Kiel-Holtenau Tower	KFG
	Korbach Information	
	Neumarkt (Oberpfalz) Information	
	Pfarrkirchen Information	
	Schweinfurt-Süd Information	
	Weißenhorn Information	
120,000	Schwerin-Parchim Tower	
120,025	Berlin-Schönefeld Tower	PL 1
120,050	Düsseldorf Radar	Arrival Nord
120,075	Rottweil-Zepfenhan Information	
120,150	Frankfurt Departure	
120,175	Bamberg Airfield Tower	US Army
	Bamberg-Breitenau Information	
	Hannover Tower	
120,200	München Homer	Reserve
120,225	Hannover Radar	Luftraum C/T-FIS
120,250	Düsseldorf Arrival	
120,275	Berlin Radar	UR 3
120,300	Eggenfelden Information	
120,350	Bremen Radar	SR 4

120,375	Bottenhorn Information	
120,425	Frankfurt Departure	via HERBI/VETIL
120,450	Frankfurt Radar	OR 4
	Kiel-Holtenau GCA	Marineflieger
120,500	Essen/Mülheim Information	Reserve
	Juist Information	
	Köln/Bonn Tower	
	München Tower	PL1-S
	Norden-Norddeich Information	
120,525	Leipzig/Halle ATIS	
120,575	Frankfurt Information	FIS S/E SIGMET OR 1
120,600	Hamburg Approach	
	Hoppstädten-Weiersbach Information	
	Ingolstadt Ingo GCA	Luftwaffe
120,625	Berlin Departure	TR2-W
120,650	München Information	FR-N
120,775	München Arrival	TR1-S
120,800	Frankfurt Approach	
120,900	Düsseldorf Radar	Luftraum C/T-FIS Köln-Bonn
120,925	Rhein Radar	Söllingen Sector
120,975	**überregional Ultraleicht Flugverkehr**	
121,000	Baden-Baden-Oos Information	
121,025	Anspach im Taunus Information	
	Nordholz-Spieka Information	
	Mengeringhausen Information	
	Vogtareuth Information	
	Wahlstedt Information	
121,050	Berlin Radar	Luftraum C/T-FIS
	Düsseldorf Arrival	Anflug Köln/Bonn
121,100	Leipzig/Halle Tower	
121,125	Berlin Arrival	
121,150	Erfurt-Bindersleben Tower	
121,175	Bad Pyrmont Information	
121,275	Hamburg Tower	
121,300	Berlin-Schönefeld Director	
121,375	Berlin Arrival	TE
121,400	Attendorn-Finnentrop Information	
121,500	Internationale Notruffrequenz	Wachfrequenz

121,600 bis 121,975 MHz Bewegungslenkung am Boden

121,600	Berlin-Schönefeld Ground	PB 1
	Frankfurt Ramp	US Air Force
121,650	München De-Icing	GP RWY 08R/26L
121,700	Frankfurt Apron	
	Hamburg Apron	
	Münster	SAR-Training
	Stuttgart Apron	
121,725	Egelsbach Apron	
	Köln/Bonn Tower	Reserve
	München Delivery	PB2 Initial Call
121,750	Berlin-Tegel Ground	PB 2
	Bremen Ground	
	Dresden Apron	
	Erfurt-Bindersleben Ground	
	Frankfurt Radar	Wachfrequenz
121,775	Düsseldorf Delivery	Start-up clearance

121,775	München Apron	
	Stuttgart Apron	
121,800	Berlin-Schönefeld Ground	PB 2
	Frankfurt Ground	PL 2
	Hamburg Ground	Initial/Start-Up
	Leipzig/Halle Ground	
	Nürnberg Apron	
121,825	München Ground	PB1-S
	Westerland/Sylt Apron	
121,850	Frankfurt Apron	FAG
	Hannover ATIS	Abflug
	Köln/Bonn Ground	
121,875	München De-Icing	GP RWY 08L/26R
121,900	Berlin-Tempelhof Ground	
	Dresden Ground	PB
	Düsseldorf Ground	
	Erfurt-Bindersleben Apron	
	Frankfurt Ground	Initial/Start-Up
	Kiel-Holtenau Apron	
	Stuttgart Ground	
121,925	Berlin-Tegel Ground	PB 1
	Mönchengladbach Ground	PB 1
	München Apron	
121,950	Berlin-Tempelhof Ground	PB
	Frankfurt Apron	
	Hannover Ground	
	Köln/Bonn Ground	
	Münster/Osnabrück Ground	
121,975	München Ground	PB1-N

122,000 bis 122,050 MHz Beweglicher Flugfunkdienst (national)

122,000	Allstedt Information
	Anklam Information
	Bad Kissingen Information
	Barssel Information
	Brandenburg Information
	Bremgarten Information
	Bronkow Information
	Eisenhüttenstadt Information
	Finow Information
	Fürstenzell Information
	Görlitz Information
	Greiz-Obergrochlitz Information
	Güstrow Information
	Hölleberg Information
	Kempten-Durach Information
	Klein Mühlingen Information
	Lauf-Lillinghof Information
	Marl-Loemühle Information
	Nienburg-Holzbalge Information
	Nittenau-Bruck Information
	Oppenheim Information
	Pasewalk-Franzfelde Segelflug
	Roitzschjora Information
	Sierksdorf Information
	Sömmerda-Dermsdorf Information
	Taucha Information
	Zweibrücken Information
122,025	Deggendorf Information
	Hornberg Segelflug

122,025	Langeoog Information	
	Schameder Information	
	Wesel-Römerwardt Information	
122,050	Braunschweig-Waggum Information	
	Burg bei Magdeburg Information	
	Donauwörth Information	Heliport
	Fehmarn-Neujellingsdorf Information	
	Frankfurt Apron	
	Jena-Schöngleina Information	
	Meschede-Schüren Information	
	Kamenz Information	
	Neubrandenburg Information	
	Neuhardenberg Information	
	Rheine-Eschendorf Information	
	Rothenburg/Wümme Information	
	Sonnen Information	
	Trier-Föhren Information	
	Wriezen Information	
122,100	Altenstadt Tower	Heeresflieger
	Ansbach Heliport Tower	US Army 1st AVN
	Bad Kreuznach Heliport Tower	US Army
	Berlin-Tempelhof Tower	
	Bonames Maurice Rose Tower	US Army
	Bonn-Hangelar Tower	BGS Fliegerstaffel West
	Bonn-Hardthöhe Heliport Tower	Luftwaffe
	Brüggen Tower	Royal Airforce
	Büchel Tower	Luftwaffe JBG 33
	Bückeburg Tower	Heeresflieger HFWS/VS
	Celle Tower	Heeresflieger
	Cottbus Tower	Heeresflieger
	Diepholz Tower	Luftwaffe LTG 62 (LTG)
	Eggebek Egmont Tower	Marineflieger MFG 2
	Erding Tower	Luftwaffe
	Faßberg Tower	Heeresflieger HFR 10
	Fritzlar Tower	Heeresflieger HFR 36
	Fürstenfeldbruck Fürsty Tower	Luftwaffe
	Geilenkirchen Frisbee Tower	NATO AWACS
	Giebelstadt Airfield Tower	US Army
	Grafenwöhr Airfield Tower	US Army
	Gütersloh GCA	Royal Airforce
	Hanau Airfield Tower	US Army
	Heidelberg Airfield Tower	US Army
	Hohenfels Airfield Tower	US Army
	Hohn Tower	Luftwaffe
	Holzdorf Tower	Luftwaffe
	Hopsten Tower	Luftwaffe
	Husum Tower	Luftwaffe
	Illesheim Tower	US Army
	Ingolstadt Ingo Tower	Luftwaffe
	Itzehoe Hungriger Wolf Tower	Heeresflieger
	Jever Tower	Luftwaffe
	Kaufbeuren Tower	Luftwaffe
	Kiel-Holtenau Tower	Marineflieger
	Kitzingen Airfield Tower	US Army
	Köln/Bonn Tower	Luftwaffe
	Laage Tower	Luftwaffe
	Laarbruch Ground	Royal Airforce
	Landsberg Tower	Luftwaffe
	Laupheim Lima Tower	Heeresflieger
	Lechfeld Tower	Luftwaffe
	Leck Tower	
	Ludwigsburg Tower	
	Manching Ingo Tower	Luftwaffe
	Manching Segelflug	

122,100	Mannheim Coleman Airfield Tower	US Army
	Memmingen Tower	Luftwaffe
	Mendig Segelflug	
	Mendig Tower	Heeresflieger
	Meppen Tower	Heeresflieger
	Militärische Wachfrequenz Tower	
	Neubiberg Tower	Luftwaffe
122,100	Neubrandenburg Tower	Luftwaffe
	Neuburg Donau Tower	Luftwaffe
	Niederstetten Stetten Tower	Heeresflieger
	Nordholz Tower	Marineflieger
	Nordholz-Spieka Tower	
	Nörvenich Segelflug	
	Oberpfaffenhofen Tower	
	Ochsenfurt Giebelstadt Tower	
	Oldenburg Oldy Tower	Luftwaffe
	Rheine-Bentlage Tower	Heeresflieger
	Rotenburg/Wümme Romeo Tower	Heeresflieger
	Roth Tower	Heeresflieger
	Schleswig-Jagel Tower	Marineflieger
	Schwäbisch Hall-Weckrieden Tower	
	Spangdahlem GCA	US Air Force
	Werl Tower	
	Wertheim Tower	US Army
	Wiesbaden-Erbenheim Tower	US Army
	Wittmundhafen Tower	Luftwaffe
	Wunstorf Tower	Luftwaffe

122,150 bis 123,250 MHz Beweglicher Flugfunkdienst (national)

122,150	Mannheim-Neuostheim Information	
122,175	Kippeneck Segelflug	
	Lauterbach Information	
	Lüneburg Information	
	Oerlinghausen Information	
	Teck Segelflug	
	Würzburg-Schenkenturm Information	
122,200	Altena-Hegenscheid Information	
	Bad Frankenhausen Segelflug	
	Bautzen-Klix Information	
	Cochstedt-Schneidlingen Information	
	Eibau Information	
	Günterode Segelflug	
	Jena-Schöngleina Segelflug	
	Klein Gartz Segelflug	
	Oschatz Information	
	Spangdahlem Tower	US Air Force
	Waren-Vielist Information	
	Wittstock-Berlinchen Start	
122,250	überregional Freiballonsport	
122,300	überregional Ausbildung am Platz	
122,300	Barth Segelflug	
	Drewitz Segelflug	
	Eschenlohe Segelflug	
	Garbenheim Segelflug	
	Grünstadt Segelflug	
	Ithwiesen Segelflug	
	Johannesberg/Bad Hersfeld Start	
	Johannisau Segelflug	
	Juist Segelflug	
	Kaufbeuren Segelflug	
	Kempten-Durach Segelflug	

122,300	Kirchheim/Teck-Hahnweide Segelflug	
	Kirn Segelflug Start	
	Langhennersdorf Segelflug	
	Ludwigshafen-Dannstadt Segelflug	
	Magdeburg Segelflug	
	Neuhardenberg Information	
	Neuhausen/Cottbus Information	
	Oberhinkofen Segelflug	
	Peenemünde Start	
	Quackenbrück Segelflug	
	Schauendahl Segelflug	
	Schwann-Connweiler Segelflug	
	Unterwössen Segelflug	
	Wershofen Segelflug	
	Zellhausen Segelflug	
	Zierenberg Segelflug	
122,350	Bad Ditzenbach Information	
	Bad Neuenahr-Ahrweiler Information	
	Giengen Information	
	Göppingen-Berneck Information	
	Lemwerder Tower	DASA/Airbus
	Montabaur Segelflug	
	Pirmasens Information	
122,375	Bremerhaven-Am Luneort Information	
	Dahlemer Binz Information	
	Klietz-Scharlibbe Information	
	Mainbullau Information	
	Mengen-Hohentengen Information	
	Porta Wesffalica Information	
122,400	Aalen-Elchingen Information	
	Aventoft Segelflug	
	Bad Dürkheim Information	
	Fulda-Jossa Information	
	Harle Information	
	Kiel-Holtenau Information	
	Oschersleben Information	
	Purkshof Information	
	Stendal-Borstel Information	
	Verden-Scharnhorst Information	
	Wangerooge Information	
	Weimar-Umpferstedt	
	Wipperfürth-Neye Information	
122,425	Faßberg GCA	Heeresflieger HFR 10
	Gera-Leumnitz Information	
	Hettstadt Information	
	Iserlohn-Sümmern Segelflug	
	Jesenwang Information	
	Leverkusen Information	
	Schmallenberg-Rennefeld Information	
122,450	Helgoland-Düne Information	
122,475	Amöneburg Segelflug	
	Esslingen-Jägerhaus Segelflug	
	Helmstedt Rote Wiese Information	
	Heppenheim Segelflug	
	Hoya Segelflug	
	Kirchzarten Segelflug	
	Langenfeld-Wiescheid Segelflug	
	Laucha Information	
	Laufenselden Segelflug	
	Peine-Glindbruchkippe Segelflug	
	Roßfeld Segelflug	
	Saal Am Kreuzberg Segelflug	
	Sinsheim Segelflug	

122,475	Wustweiler Segelflug	
122,500	**überregional Segelflug auf Verkehrsplätzen**	
122,500	Bamberg-Breitenau Tower	
	Bohmte-Bad Essen Information	
	Bonn-Hangelar Information	
	Chemnitz-Jahnsdorf Information	
	Dortmund-Wickede Information	
	Ebern-Sendelbach Information	
	Elsenthal-Grafenau Information	
	Emden Information	
	Fehrbellin Information	
	Fürstenwalde Information	
	Gießen-Lützellinden Information	
	Gotha-Ost Information	
	Greding Segelflug	
	Gundelfingen Segelflug	
	Immenstadt Information	Heliport
	Landsberg Segelflug	
	Lüchow-Rehbeck Information	
	Luneberg Information	
	Mockmühl-Zuttlingen Information	
	Neuburg-Egweil Information	
	Nordenbeck Information	
	Nordern Hage Information	
	Oehna Information	
	Pinnow Information	
	Ramstein Arrival	US Air Force
	Salzgitter-Schäferstuhl Information	
	Sankt Michaelisdonn Information	
	Scharnstein Information	
	Schwabmünchen Information	
	Tannhausen Information	
122,550	**überregional Segelflug Überlandstreckenflug**	
122,550	Neuhausen/Cottbus Segelflug	
122,600	Ahrenlohe Information	
	Backnang-Heiningen Information	
	Bad Frankenhausen Information	
	Bad Wörishofen-Nord Information	
	Boxberg-Unterschüpf Information	
	Breitscheid Information	
	Dedelow Information	
	Dessau Information	
	Diepholz Information	
	Donzdorf-Messelberg Information	
	Düren untere Saar Information	
	Griesau Information	
	Grube Information	
	Heide-Büsum Information	
	Iphofen Information	Heliport
	Laage Information	
	Lahr Tower	
	Linkenheim Information	
	Norderney Information	
	Offenburg Information	
	Peine-Eddesse Information	
	Pritzwalk-Sommersberg Information	
	Riesa-Göhlis Information	
	Rudolstadt-Groschwitz Information	
	Saarlouis-Düren Information	
	Soest-Bad Sassendorf Information	
	Treuchtlingen-Bubenheim Information	
	Unterschüpf Information	
	Werneuchen Information	

122,600	Weser-Wümme Information	
122,625	Hamm-Lippewiesen Information	
	Kührstedt-Bederkesa Information	
122,650	Anklam Information	
	Koblenz-Winningen Information	
	Nordhorn-Lingen Information	
122,675	Aschaffenburg-Großostheim Information	
	Schlierstadt-Seligenberg Information	
	Werdohl-Küntrop Information	
	Werneuchen Information	
122,700	Auerbach Information	
	Ballenstedt Information	
	Dinslaken-Schwarze Heide Information	
	Gera-Leumnitz Information	
	Großenhain Information	
	Schönhagen Tower	
	Uetersen Information	
122,725	Kyritz Information	
	Neuhausen Information	
	Suhl-Goldlauter Information	
122,750	Betzdorf-Kirchen Information	
	Biberach/Riss Information	
	Detmold Tower	Royal Army
	Kehl-Sundheim Information	
	Walldürn Information	
122,775	Karlsruhe-Baden ATIS	
122,800	**überregional Bord-Bord-Funkverkehr**	
122,800	Frankfurt Radar	DFS Technik
122,825	Preschen	
	Tannheim Information	
122,850	Bad Langensalza Information	
	Bienenfarm Information	
	Bopfingen Information	
	Flensburg-Schäferhaus Information	
	Friedrichsdorf Information	
	Gardelegen Information	
	Herzogenaurach Information	
	Hüttenbusch/Worpswede Information	
	Idar-Oberstein-Göttschied Information	
	Krefeld-Egelsberg Information	
	Mauterndorf Information	
	Mosbach-Lohrbach Information	
	Mühlhausen Information	
	Münster-Telgte Information	
	Ober-Mörlen Information	
	Reinsdorf Information	
	Salzgitter-Drütte Information	
	Schmoldow Information	
	Schwenningen am Neckar Information	
	Uelzen Information	
122,875	Aachen-Merzbrück Information	
	Langenlonsheim Information	
	Leutkirch-Unterzeil Information	
122,900	Leipzig/Halle Tower	Militärische Flüge
	Merseburg Information	
	München Radar	DFS Technik
	Obermehler-Schlotheim Information	
	Rhein Radar	DFS Technik
	Zwickau Information	
122,925	Borken-Hoxfeld Information	
	Dresden Tower	PL
	Herscheid Information	

122,925	Mainz-Finthen Information	
	Plettenberg-Hüinghausen Information	
	Rinteln Information	
122,975	**überregional Segelflug Ausbildung**	
122,975	Mindelheim-Mattsies Information	
123,000	Alkersleben-Wülfershausen Information	
	Bad Gandersheim Information	
	Bad Waldsee-Reute Information	
	Böhlen Information	
	Bordelum Information	
	Borkum Information	
	Eggersdorf-Müncheberg Information	
	Eichstatt Information	
	Gerstetten Information	
	Großrückerswalde Information	
	Güttin auf Rügen Information	
	Kamp-Lintfort Information	
	Lichtenfels Information	
	Marburg-Schönstadt Information	
	Meschede-Schüren Information	
	Nardt Information	
	Neumünster Information	
	Ochsenfurt Information	
	Ottengrüner Heide Information	
	Reiselfingen Segelflug	
	Remscheid-Wilhelmshöhe Information	
	Rerik-Zweedorf Information	
	Schmidgaden Information	
	Schönebeck-Zackmünde Information	
	Schweighofen Information	
	Stade Information	
	Stadtlohn-Wenningfeld Segelflug	
	Tailfingen-Degerfeld Information	
	Traben-Trarbach Information	
	Varrelbusch/Cloppenburg Information	
	Vilsbiburg Information	
	Wenzenbach Information	
123,025	Arnsberg-Ruhrwiese Information	
	Heubach Information	
123,050	Achmer Information	
	Ailertchen Information	
	Baltrum Information	
	Bautzen-Litten Information	
	Blumberg Information	
	Gelnhausen Information	
	Magdeburg Information	
	Mosenberg Information	
	Neunkirchen-Bexbach Segelflug	
	Nordenham-Einswarden Information	Heliport
	Oberschleißheim Segelflug	
	Pennewitz Information	
	Poltringen Segelflug	
	Rechlin-Lärz Information	
	Schwäbisch Hall-Weckrieden Information	
	Strausberg Information	
	Uetersen Information	
	Wismar-Müggenburg Information	
	Wülzburg Segelflug	
123,075	Nürnberg ATIS	
123,100	**überregional Such- und Rettungseinsätze SAR**	
123,125	Hamburg ATIS	
	München ATIS	
	Neresheim Information	

123,150	**überregional Segelflug Ausbildung nicht Platz**	
123,150	Babenhausen Heliport Tower	US Army
	Babenhausen Segelflug	
	Bad Buchau-Egelsee Segelflug	
	Baumerlenbach Segelflug	
	Bisperode Segelflug	
	Bollrich Segelflug	
	Borkenberge Segelflug	
	Braunfels Segelflug	
	Düsseldorf-Wolfsaap Segelflug	
	Ellwangen Segelflug	
	Emmerich-Palmersward Segelflug	
	Große Wiese Segelflug	
	Hagensteinerhof Segelflug	
	Hamburg-Bergedorf Boberg Segelflug	
	Hangensteiner Hof Segelflug	
	Hellenhagen Segelflug	
	Herbrum/Ems Segelflug	
	Hornberg Segelflug	
	Hülben Segelflug	
	Kell Segelflug	
	Kyritz Segelflug	
	Oppingen-Au Segelflug	
	Pohlheim-Vierheide Segelflug	
	Rothenberg Segelflug	
	Singhofen Segelflug	
	Stüde-Bernsteinsee Segelflug	
	Sultmer Berg Segelflug	
	Tarmstedt Segelflug	
	Tauberbischofsheim Segelflug	
	Übersberg Segelflug	
	Vielbrunn Segelflug	
	Waldeck Segelflug	
	Welzheim Segelflug	
123,200	**überregional Flight Information Service (FIS)**	
123,200	Bremen Information	SIGMET
	Düsseldorf Information	T-FIS/SIGMET
	München Information	SIGMET
123,225	Berlin Radar	WR 1
123,250	Hamburg-Finkenwerder Tower	DASA/Airbus
	Herten-Rheinfelden Information	
	Kirchheim/Teck-Hahnweide Segelflug	
	Pfullendorf Information	
	Rothenburg/Oberlausitz Information	
123,300	Brüggen Final Radar	Royal Airforce
	Büchel GCA	Luftwaffe JBG 33
	Bückeburg GCA	Heeresflieger HFWS/VS
	Eggebek Egmont GCA	Marineflieger MFG 2
	Erding GCA	Luftwaffe
	Faßberg GCA	Heeresflieger HFR 16
	Fritzlar GCA	Heeresflieger HFR 33
	Fürstenfeldbruck Fürsty GCA	Luftwaffe
	Geilenkirchen Frisbee GCA	NATO AWACS
	Gütersloh GCA	Royal Airforce
	Heidelberg Airfield GCA	US Army
	Hohn GCA	Luftwaffe
	Holzdorf Radar	Luftwaffe
	Hopsten GCA	Luftwaffe
	Ingolstadt Ingo GCA	Luftwaffe
	Itzehoe Hungriger Wolf GCA	Heeresflieger
	Jever GCA	Luftwaffe
	Kiel-Holtenau GCA	Marineflieger
	Laage GCA	Luftwaffe

123,300	Laarbruch GCA	Royal Airforce
	Landsberg GCA	Luftwaffe
	Laupheim Lima Final Radar	Heeresflieger
	Lechfeld GCA	Luftwaffe
	Manching Ingo GCA	Luftwaffe
	Memmingen GCA	Luftwaffe
	Mendig GCA	Heeresflieger
	Neubrandenburg Radar	Luftwaffe
	Neuburg Donau GCA	Luftwaffe
	Niederstetten Stetten GCA	Heeresflieger
	Nordholz GCA	Marineflieger
	Nörvenich GCA	Luftwaffe
	Rheine-Bentlage Radar	Heeresflieger
	Schleswig-Jagel GCA	Marineflieger
	Wiesbaden-Erbenheim GCA	US Army
	Wilsche Segelflug	
	Wittmundhafen GCA	Luftwaffe
	Wunstorf GCA	Luftwaffe
123,325	Agathazeller Moos Segelflug	
	Aichach Segelflug	
	Frankfurt Information	FIS W/CVFR

123,350 bis 123,650 MHz Segelflug und kleine Flugplätze

123,350	**überregional Segelflug allgemein**
123,350	Agathazeller Moos Segelflug
	Aichach Segelflug
	Aschendorf Segelflug
	Aukrug Segelflug
	Bad Brückenau Segelflug
	Bad Wildungen Segelflug
	Bad Wörishofen Segelflug
	Bartholomä-Amalienhof Segelflug
	Bischofsberg Segelflug
	Borkenberge Segelflug
	Büchel Segelflug
	Bunderthal-Rumbach Segelflug
	Büren Segelflug
	Burgheim Segelflug
	Cham-Janahof Segelflug
	Daun-Senheld Segelflug
	Dobenreuth Segelflug
	Dornsode Segelflug
	Dorsten Segelflug
	Düsseldorf-Wolfsaap Segelflug
	Ellwangen Segelflug
	Emmerich-Palmersward Segelflug
	Erbendorf-Schweißlohe Segelflug
	Frechen Segelflug
	Friesener Warte Segelflug
	Füssen Segelflug
	Große Wiese Segelflug
	Großes Moor Segelflug
	Hagensteinerhof Segelflug
	Haiterbach-Nagold Segelflug
	Hallertau Segelflug
	Halver Segelflug
	Hangensteiner Hof Segelflug
	Haßloch Segelflug
	Hermuthausen Segelflug
	Hersbruck Segelflug
	Holtorfsloh Segelflug

123,350	Hornberg Segelflug	
	Kirchheim/Teck-Hahnweide Segelflug	
	Kitzingen Segelflug	
	Konz-Könen Segelflug	
	Kreuzberg/Rhön Segelflug	
	Kronach Segelflug	
	Kusel Segelflug	
	Leuzendorf Segelflug	
	Ludwigshafen-Dannstadt Segelflug	
	Lüsse Segelflug	
	Malmsheim Segelflug	
	Markdorf Segelflug	
	Oberems Segelflug	
	Ottenberg Segelflug	
	Paterzell Segelflug	
	Peißenberg Segelflug	
	Pennewitz Segelflug	
	Quackenbrück Segelflug	
	Rammertshof Segelflug	
	Schäferhalde Segelflug	
	Tröstau Segelflug	
	Utscheid Segelflug	
	Weipertshofen Segelflug	
	Zell-Haidberg Segelflug	
123,375	Aschersleben Information	
	Bensheim Segelflug	
	Büching Segelflug	
	Delmenhorst Segelflug	
	Hilden-Kesselsweier Segelflug	
	Hilzingen Segelflug	
	Ithwiesen Segelflug	
	Kirn Information	
	Michelbach Segelflug	
	Neustadt (Glewe) Information	
	Nidda Segelflug	
	Schwalmstadt Segelflug	
	Siegen-Eisernhardt Segelflug	
	Vaihingen Segelflug	
	Zell-Haidberg Segelflug	
123,400	**überregional Segelflug Begleitung und Rückholer**	
123,400	Arnsberg-Ruhrwiese Segelflug	
	Bad Königshofen Segelflug	
	Borghorst-Füchten Segelflug	
	Bückeburg-Weinberg Segelflug	
	Geitau Segelflug	
	Grambeker Heide Segelflug	
	Hilden-Kesselsweier Segelflug	
	Hoya Segelflug	
	Mannheim-Neuostheim Segelflug	
	Nordhorn-Klausheide Segelflug	
	Oeventrop-Ruhrwiesen Segelflug	
	Steinberg/Wesseln Segelflug	
	Stüde-Bernsteinsee Segelflug	
	Wilsche Segelflug	
123,425	**überregional Ultraleicht Ausbildung**	
123,425	Haren-Dankern Information	
	Sprossen Information	
123,450	**überregional Bord-Bord**	
123,450	Groß Kreutz Information	Heliport
	Hengsen-Opherdicke Segelflug	
	Wilhelmshaven-Mariensiel Wiking	
123,475	Bollrich Information	
	Butzbach Segelflug	

123,475 Eßweiler Segelflug
Fürth-Seckendorf Segelflug
Gedern Segelflug
Karlstadt-Saupurzel Segelflug
Löchgau Segelflug
Marpingen Segelflug
Radevormwald-Leye Segelflug
Reinheim Segelflug
Renneritz Information
Schnuckenheide-Repke Information
Stillberghof Segelflug
Wächtersberg-Hub Segelflug

123,500 überregional Segelflug Ausbildung am Platz

123,500 Aachen-Diepenlinchen Segelflug
Alsfeld Segelflug
Altenbachtal Segelflug
Altfeld Segelflug
Altötting Segelflug
Asperden-Knobbenhof Segelflug
Bad Brückenau Segelflug
Bad Zwischenahn-Rostrup Segelflug
Baldenau Segelflug
Bartholomä-Amalienhof Segelflug
Benediktbeuren Segelflug
Berneck Segelflug
Biberach/Riss Segelflug
Bischofsberg Segelflug
Bisperode Segelflug
Bohlenberger Feld Segelflug
Borkenberge Segelflug
Brannenburg Segelflug
Brockzetel Segelflug
Büching Segelflug
Bückeburg-Weinberg Segelflug
Burgheim Segelflug
Daun-Senheld Segelflug
Degmann Segelflug
Der Dingel Segelflug
Diemelstadt Segelflug
Dornberg-Sontra Segelflug
Dürabuch Segelflug
Düsseldorf-Wolfsaap Segelflug
Edermünde-Grifte Segelflug
Emden Segelflug
Emmerich-Palmersward Segelflug
Eßweiler Segelflug
Etting-Adelmannsberg Segelflug
Farrenberg Segelflug
Finsterwalde Information
Freising Lange-Haken Segelflug
Geilenkirchen-Teveren Segelflug
Geratshof Segelflug
Goch Information
Greding Segelflug
Haßloch Segelflug
Hattenbach Segelflug
Hattorf/Aue Segelflug
Hayingen Segelflug
Heilbronn-Böckingen Segelflug
Heiligenberg Segelflug
Hellenhagen Segelflug
Hengsen-Opherdicke Segelflug
Hermuthausen Segelflug
Hersbruck Segelflug

123,500 Hessisch-Lichtenau Segelflug
Hienheim Segelflug
Hildesheim Sieben Bergen Segelflug
Hoherodskopf Segelflug
Homberg/Ohm Segelflug
Höpen Segelflug
Hornberg Segelflug
Im Unteren Stadtteich Segelflug
Iserlohn-Rheinermark Segelflug
Isny-Rotmoos Segelflug
Karlstadt-Saupurzel Segelflug
Kirchheim/Teck-Hahnweide Segelflug
Kitzingen Segelflug
Klein Gartz Segelflug
Kleve Wisseler Dünen Segelflug
Konz-Könen Segelflug
Kreuzberg/Rhön Segelflug
Kronach Segelflug
Laucha Segelflug
Lechfeld Segelflug
Leuzendorf Segelflug
Lindlar Segelflug
Lünen-Lippeweiden Segelflug
Magdeburg Segelflug
Memmingen Segelflug
Menden-Barge Segelflug
Metzingen Segelflug
Münsingen-Eisberg Segelflug
Neresheim Segelflug
Nordenham-Blexen Segelflug
Ochsenhausen Segelflug
Oldenburg-Hatten Segelflug
Oppershausen Segelflug
Ottenberg Segelflug
Plätzer Segelflug
Pleidelsheim Segelflug
Pritzwalk-Sommersberg Segelflug
Rammertshof Segelflug
Rüdesheim Segelflug
Saal Am Kreuzberg Segelflug
Salzgitter-Drütte Segelflug
Sankt Michaelisdonn Segelflug
Schäferhalde Segelflug
Scheuen Segelflug
Schlechtenfeld Segelflug
Schnuckenheide-Repke Segelflug
Schotten Segelflug
Schreckhof Segelflug
Segeletz Start
Sevelen Segelflug
Stauffenbühl Segelflug
Steinberg/Surwold Segelflug
Stolberg-Diepenlinchen Segelflug
Stölln-Rhinow Start
Stralsund Start
Stüde-Bernsteinsee Segelflug
Sultmer Berg Segelflug
Sundern-Seidfeld Segelflug
Treuchtlingen-Bubenheim Segelflug
Tröstau Segelflug
Ummern Segelflug
Uslar Segelflug
Vinsebeck-Frankenberg Segelflug
Walsrode-Luisenhöhe Segelflug

123,500	Wangen-Kißleg Segelflug	
	Warburg Segelflug	
	Weipertshofen Segelflug	
	Wenzendorf Segelflug	
	Wershofen Segelflug	
	Witzenhausen Segelflug	
	Wülzburg Segelflug	
123,525	Frankfurt Information	FIS N/CVFR/NR 7
123,550	Hannover Tower	
	Ramstein Tower	US Air Force
123,575	Altenburg-Nobitz Information	
123,600	Ampfing-Waldkraiburg Information	
	Bruchsal Information	
	Dingolfing Information	
	Eggebek Egmont Radar	Marineflieger MFG 2
	Elz Information	
	Hetzleser Berg Information	
	Hohn Radar	Luftwaffe
	Kiel-Holtenau Radar	
	Saulgau Information	
	Weinheim (Bergstrasse) Information	
123,625	Grefrath-Niershorst Information	
	Hoppstädten-Weiersbach Information	
	Höxter-Holzminden Information	
123,650	Ansbach-Petersdorf Information	
	Bad Berka Information	
	Bad Neustadt-Grasberg Information	
	Bergneustadt-Auf dem Dümpel Information	
	Celle-Arloh Information	
	Gießen-Reiskirchen Information	
	Hildesheim Information	Heliport
	Hockenheim Information	
	Köthen Information	
	Lauenbrück Information	
	Melle-Grönegau Information	
	Michelstadt Information	
	Moosburg Information	
	Pasewalk-Franzfelde Information	
	Rendsburg-Schachtholm Information	
	Saarmund Information	
	Thalmässing-Waizenhofen Information	
	Westerstede-Felde Information	
	Winzeln-Schramberg Information	

123,775 bis 120,675 Verkehrsflugplätze

123,775	Düsseldorf ATIS	An- und Abflug
123,825	Zweibrücken Information	
123,900	München Departure	TR2-N
123,925	Bremen Radar	SR 1
124,000	Laage Tower	Luftwaffe
	Neubrandenburg Tower	Luftwaffe
124,025	Rhein Radar	Würzburg Sector
124,050	München Radar	SR 1
124,075	Bremen Radar	WR 2
124,125	Berlin Radar	Ausweichfrequenz
124,175	Berlin Radar	TRL/C Anflug Leipzig/Halle
124,225	Hamburg Approach	
124,250	Donaueschingen-Villingen Information	

124,275	Siegen-Siegerland Information	
124,350	Düsseldorf Radar Friedrichshafen Tower Hof Tower	FR 2
124,375	Frankfurt Radar	WR 2
124,425	Frankfurt Radar	NR 4
124,450	Münster/Osnabrück Hopsten GCA	Luftwaffe
124,475	Frankfurt Radar Irsingen Segelflug	WR 1/SIGMET
124,500	Holzdorf Tower	Luftwaffe
124,525	Berlin-Tegel Tower	PL
124,575	Augsburg ATIS	
124,600	Worms Information	
124,625	Hamburg Radar	Luftraum C/T-FIS
124,650	Bremen Radar Straubing-Wallmühle Information	WR 4
124,675	Düsseldorf Radar	Anflug Mönchengladbach
124,725	Frankfurt Radar	NR 2/SIGMET
124,750	Halle-Oppin Information Offenburg Information	
124,800	Bremen Radar	OR 2
124,825	München Radar	NR 1
124,850	Frankfurt Tower	Starts RWY 18
124,900	Frankfurt Radar	NR 1
124,950	Berlin-Schönefeld ATIS	
124,975	Augsburg Tower Köln/Bonn Tower	
125,025	Bremen Radar	OR 4
125,050	Stuttgart Approach	
125,100	Albstadt-Degernfeld Information Bremen Information	
125,125	Dortmund-Wickede ATIS Spangdahlem	 USAF 22 FS Air-to-Air
125,175	Lahr Information	
125,200	Frankfurt Radar	OR 2
125,225	Düsseldorf Radar	An-/Abflug Paderborn-Lippstadt
125,300	Saarbrücken ATIS	
125,350	Bremen Radar	SR 1
125,400	Frankfurt Radar	OR 3
125,500	Bremen Radar	SR 4
125,575	Manching Ingo GCA	Luftwaffe
125,600	Frankfurt Radar Hahn Approach Kiel-Holtenau Tower	WR 4 WR 5
125,625	Berlin Radar	TRD Dresden
125,650	Bremen Radar	TR
125,675	Illertissen Information	
125,700	Karlsruhe-Forchheim Information	
125,725	Paderborn/Lippstadt ATIS	
125,800	Berlin Information	S-FIR
125,850	Bremen Radar	OR 3
125,875	Borkenberge Information Karlsruhe/Baden Baden Tower	
125,900	Berlin-Tegel ATIS	
125,975	Maastricht Radar	Brüssel Sector
126,025	Berlin-Tempelhof ATIS	

126,075	Berlin Radar	Ausweichfrequenz
126,125	Stuttgart ATIS	
126,150	Düsseldorf Radar	OR 2
126,325	Köln/Bonn Director	
126,350	Berlin Information	N-FIR
126,425	Berlin Radar	NR 1
126,450	München Radar	Ausweichfrequenz FIR
126,550	Berlin Radar	UR 2
126,650	Bremen Radar	SR 3
126,700	Cottbus Radar	Heeresflieger
126,725	**überregional Fallschirmspringer**	
126,725	Gransee Information Kassel-Calden Tower	 Fallschirmspringer
126,750	Koblenz-Winningen Information	Fallschirmspringer
126,850	Hamburg Tower	
126,900	München Information IFBP	FIS/SIGMET
126,950	München Information	FR-S
127,050	Frankfurt Radar	SR 2
127,100	Hartenholm Information	
127,125	Berlin Arrival	TE
127,150	Altdorf-Wallburg Information	
127,175	Münster/Osnabrück ATIS	
127,275	Frankfurt Radar	Reserve
127,375	München Radar	UAC UR 2/SIGMET
127,400	Bremen Volmet	
127,450	Rosenthal-Plössen Information Wolfhagen-Graner Berg Information	
127,500	Frankfurt Radar	SR 1
127,525	Bayreuth Tower	
127,600	Frankfurt Volmet 1	
127,625	Maastricht Radar	Delta Sector
127,700	Laichlingen Information	
127,725	Frankfurt Radar	NR 3
127,875	Berlin-Schönefeld Tower	PL 2
127,925	Frankfurt Radar	Ausweichfrequenz
127,950	München Departure	TR2-S
127,975	Giebelstadt Airfield Tower Nürnberg Information	US Army E FIR FRA TMA
128,025	München Arrival	TR1-N
128,075	Berlin Radar	Ausweichfrequenz
128,225	Rhein Radar	UH Fulda & Erlangen
128,250	München Departure	TR2-A
128,300	Friedland Radar	
128,375	Bruchsal Information	
128,400	Berlin-Schönefeld Berlin Volmet	
128,550	Düsseldorf Radar	Arrival Süd
128,650	Düsseldorf Radar	SR 2 Anflug Köln/Bonn
128,700	Lübeck-Blankensee Tower	
128,775	Bremen Radar	NR 5
128,800	Laage Final Radar	Luftwaffe
128,825	Rhein Radar	UH Frankfurt
128,850	Düsseldorf Arrival	
128,925	Dierdorf-Wienau Information	
128,950	Stuttgart Information	

128,975	München Radar	Ausweichfrequenz UIR
129,000	Haxterberg Information	
	Karlsruhe-Baden-Baden Tower	
	Neubrandenburg Radar	Luftwaffe
	Paderborn-Haxterberg Information	
129,050	Ramstein Approach	US Air Force
129,100	München Radar	NR 2
129,150	Bautzen Information	
129,175	Düsseldorf Radar	OR 1
129,225	Schwäbisch Hall-Hessental Information	
	Schwäbisch Hall-Weckrieden Information	
129,250	Brandis Information	
	Donauwörth-Genderkingen Information	
	Wilhelmshaven-Mariensiel Information	
129,375	Brilon Information	
129,450	München Radar	WR
129,500	Illertissen Information	
	Laage GCA	Luftwaffe
129,600	Friedrichshafen ATIS	
129,675	Frankfurt Radar	SR 4 SR 5
129,700	Hamburg Tower	Prüffrequenz

129,750 bis 131,925 Betriebsfunk Fluggesellschaften/Bodendienste

129,750	Berlin-Schönefeld	Ogden Aviation Handling
	Bremen	Intair Ops
	Düsseldorf	Ogden Aviation Handling
	Hamburg	Services Inter INTAIR
	Hannover	Ops
	Köln/Bonn	Ogden Aviation Handling
	Stuttgart	Stuttgart Operations
129,800	Coburg-Steinrücken Information	
	Landshut-Ellermühle Information	
	Münster/Osnabrück Tower	
129,850	Holzdorf GCA	Luftwaffe
	Ingolstadt Ingo Tower	Luftwaffe
	Memmingen	Luftwaffe
	Neuburg Donau Tower	Luftwaffe
	Nörvenich GCA	Luftwaffe
129,875	Düsseldorf Information	VFR/SIGMET
129,900	Berlin-Schönefeld	Aerodienst Station
	Berlin-Tempelhof	Private Wings Dispatch
	Reichelsheim	Heli-Flight Operations
	Stuttgart/Mannheim	Deutsche Rettungsflugwacht DRF
129,950	Berlin-Schönefeld	BSF Hubschrauber Dispatch
	Casino Schloß Berg Tower	Heliport
	Dippenricht Information	Heliport
	Düsseldorf	EUF Euroflight Handling
	Ingolstadt	DASA Ops
	Köln/Bonn	United Parcel Service Ops
	Köln/Bonn	Air Evex Ops
	Nürnberg	Ops
	Ottobrunn Information	Heliport
129,975	Altdorf-Hagenhausen Segelflug	
	Asslar Segelflug	
	Bad Marienberg/Oberroßbach Segelflug	
	Bohlhof Segelflug	
	Bolhof Segelflug	
	Bückeburg-Weinberg Segelflug	

129,975	Ernzen Segelflug	
	Eutingen Segelflug	
	Gammelsdorf Segelflug	
	Geilenkirchen-Teveren Segelflug	
	Gruibingen-Nortel Segelflug	
	Hamburg-Neugraben Fischbeck Segelflug	
	Kamen-Heeren Segelflug	
	Langenpreising Segelflug	
	Langenselbold Segelflug	
	Leibertingen Segelflug	
	Lüsse Information	
	Malsch Segelflug	
	Mockmühl-Korb Segelflug	
	Mönchsheide Segelflug	
	Müllheim Segelflug	
	Riedlingen Segelflug	
	Schwarzheide-Schipkau Information	
	Uslar Information	
	Wilsche Information	
130,000	Augsburg	Augsburg Airways Dispatch
	Nürnberg	Aero Lloyd Station
	Oberursel	Aero Lloyd Dispatch
	Stuttgart	Contact Air Ops
130,025	Berlin-Tegel	Germania Dispatch
	Hirzenhain Segelflug	
	Köln/Bonn	Germania Ops
130,050	**überregional Flugvermessung von Navigationsfunkanlagen**	
130,050	Düsseldorf Radar	DFS Technik
	Frankfurt Radar	DFS Technik
	Hamburg Tower	DFS Technik
	Köln/Bonn Tower	DFS Technik
	München Radar	DFS Technik
130,075	Berlin-Schönefeld	GEA Germanavia Handling
	Düsseldorf	GEA Germanavia Handling
	Gerlingen Information	Heliport
	Köln/Bonn	Germania Ops
	Meppen Flugvermessung Tower	Heeresflieger
	München	KLM Ops Airport Service
	Reutlingen-Betzingen Information	Heliport
	Schwieberdingen Information	Heliport
130,100	Frankfurt	FRAGAS/FAG
	Mannheim-Neuostheim	Argus Ops
130,125	Altfeld Segelflug	
	Bad Königshofen Segelflug	
	Bergheim Segelflug	
	Deckenpfronn-Egelsee Segelflug	
	Dillingen Segelflug	
	Frechen Segelflug	
	Grabenstetten Segelflug	
	Hörbach Segelflug	
	Hünsborn Information	
	Hütten/Hotzenwald Segelflug	
	Landau-Ebenberg Segelflug	
	Lebenstedt Segelflug	
	Meiersberg Segelflug	
	Mülben Segelflug	
	Musbach Segelflug	
	Nastätten Segelflug	
	Neresheim Segelflug	
	Osterholz-Scharmbeck Segelflug	
	Riedelbach Segelflug	
	Stahringen-Wahlwies Segelflug	
	Völkleshoven-Lichtenberg Segelflug	

130,150	Frankfurt	Lufthansa Station/Catering
	Köln/Bonn	Lufthansa Station
	Lippe Radar	MR Monitor
	Nordholz	Marineflieger
130,175	Frankfurt	Lufthansa Cityline
	Hamburg-Finkenwerder	DASA Ops
	Köln/Bonn	Lufthansa Cityline
	München	Lufthansa Cityline
	Münster/Osnabrück	Lufthansa Cityline
	Saarbrücken-Ensheim	DLT/Aero Lloyd Ops
	Düsseldorf	Air Traffic (Snoopy Dispatch)
130,200	Harle Information	
	Kassel-Calden	HFS Ops
	Paderborn/Lippstadt	Hapag Lloyd Ops
	Westerland/Sylt	Westerland Dispatch
130,250	Dortmund-Wickede	Flamingo Eurowings Station
	Frankfurt	Cathay Pacific Ops
	Ganderkesee	Atlas Air-Service
	Hamburg	Delta Airlines Station
	Köln/Bonn	FTG Field Handling Ops
	München	Delta Airlines Station
	Untermusbach Segelflug	
	Westerland/Sylt	Friesen-Flug
130,325	Bronkow Information	
	Waren-Vielist Information	
130,400	**überregional Flugvermessung von Navigationsfunkanlagen**	
130,400	Frankfurt Radar	DFS Technik
	Hamburg Tower	DFS Technik
	Köln/Bonn Tower	DFS Technik
	Ramstein Ground	US Air Force
130,425	Berlin-Tegel	Air Berlin Dispatch
130,450	Allendorf (Eder)	Vissmann-Werke
	Düsseldorf	Hapag Lloyd Ops
	Erfurt-Bindersleben	Thuringia Airlines (Brandy)
	Frankfurt	Hapag Lloyd Ops
	Hahn	Dispatch
	Hannover	Hapag Lloyd Ops
	Mannheim-Neuostheim	EAS Ops
130,500	Baden-Baden-Oos	Air Charter Minninger Dispatch
	Brüggen GCA	Royal Airforce
	Gütersloh GCA	Royal Airforce
	Laarbruch GCA	Royal Airforce
130,550	Berlin-Schönefeld	AHS Aviation Handling Services
	Berlin-Tegel	AHS Aviation Handling Services
	Bremen	AHS Aviation Handling Services
	Düsseldorf	AHS Aviation Handling Services
	Hamburg	AHS Aviation Handling Services
	Hannover	AHS Aviation Handling Services
	Köln/Bonn	AHS Aviation Handling Services
	Harste Tower	Heliport
130,575	**überregional Segelflug Schulbetrieb**	
130,600	Binningen Information	
	Blaubeuren Information	
	Dresden	FGD Flughafen GmbH
	Emmendingen Information	Windenreute Näger-Heliport
	Ingelfingen-Bühlhof Information	
	Lübeck-Blankensee	Holsten Air Ops
	Meinerzhagen Information	
	München De-Icing	FMG RWY 08L/26R
	Nannhausen Information	
	Saffig	Heliport
	Westerland/Sylt	Aeroline Ops

130,650	Düsseldorf	LTU Dispatch
	Erfurt-Bindersleben	FGE Flughafen GmbH
	Friedrichshafen	Speedway Deutsche BA
	München	Speedway Deutsche BA
	München	Mucair/Avitrans/LTU
130,700	Berlin Tower	BGS-Fliegerstaffel Ost
	Bonn-Hangelar Tower	BGS Fliegerstaffel West
	überregional	BGS-Fliegerstaffeln Tower
	Erndtebrück Loneship Radar	CRC/GCI
	national	Koordinierungsfrequenz Polizei/BGS
130,750	Frankfurt	Condor OZ
130,775	Burg Feuerstein Information	
	Leer-Papenburg Information	
130,800	Brüggen Approach	Royal Airforce
	überregional	Rettungshubschrauber Bord-Bord
	Düsseldorf Clutch Radar	Royal Airforce
	Gütersloh Tower	Royal Airforce
	Laarbruch Approach	Royal Airforce
130,850	Berlin-Tempelhof	Augsburg Airways
	Berlin-Tempelhof	Air Berlin Ops
	Dortmund	LGW Ops
	Düsseldorf	AIS Airport Service 2000
	Düsseldorf	Japan Airlines Ops
	Hamburg	Groundair Ops
	Köln/Bonn	Groundair Ops
	Nürnberg	Air France/Air Berlin/Eurowings
130,900	überregional	BGS-Fliegerstaffeln
130,975	Frankfurt Radar	Ausweichfrequenz/SIGMET
131,050	Berlin Radar	SR 1
131,075	Lippe Radar	Area Radar
131,125	Cochstedt-Schneidlingen Information	
131,225	Koblenz-Winningen Sperber	
	München Radar	CVFR-Gebiet
	national	Koordinierungsfrequenz
131,300	Frankfurt Radar	SR 3
131,325	Hannover Approach	
131,375	Bremen Radar	ICF Bremen TCA South
131,400	Berlin-Tegel	Delta Airlines Station
	Berlin-Tempelhof	Air Tempelhof
131,425	Frankfurt	World Air Ops
	Stuttgart	Air Services
131,450	Berlin-Tegel	Ogden Aviation Handling
	Frankfurt	Alitalia Charlie Ops
	Frankfurt	Air Canada/Canadian Pacific Ops
	Frankfurt	Air New Zealand Ops
	Frankfurt	Finnair Ops
131,475	Frankfurt	Lufthansa Station
131,500	Frankfurt	Air France/Saudia
	Frankfurt	Eurowings Ops
	Stuttgart	Eurowings Ops
	München	Air France Ops
131,525	ACARS-Datenfunk	SITA/AIRCOM
131,550	Berlin-Schönefeld	WDL Aviation
	Berlin-Tempelhof	BAS Berlin Air Service
	Frankfurt	Lufthansa Maintenance
	Hannover	Lufthansa Maintenance
	Köln/Bonn	Lufthansa Maintenance
	München	Lufthansa Maintenance
131,575	Düsseldorf	Lufthansa Cargo Station
	Frankfurt	Lufthansa Cargo Ops

131,575	Frankfurt/Kelsterbach	Condor Flugdienst
131,625	Frankfurt	Luxair Ops
131,650	Frankfurt	Japan Airlines Ops
	Frankfurt	KLM Ops
	München	Lufthansa Cityline Ops
	München	KLM Ops
131,675	Frankfurt	Alitalia Charlie Ops
131,700	Berlin-Tempelhof	Scandinavian Station
	Düsseldorf	Swissair Station
	Frankfurt	VIASA Ops
131,725	ACARS-Datenfunk	SITA/AIRCOM
131,750	Frankfurt	Lufthansa Operations
131,775	Berlin-Tegel	MAS Manage Air Service
	Berlin-Tempelhof	MAS Manage Air Service
	Dortmund	Eurowings Ops
	Hannover	Eurowings Ops
	München	Eurowings Ops
	Nürnberg	Eurowings Ops
131,800	Air-to-Air	Nordatlantik Pilotenfrequenz
	Berlin-Tegel	Speedway Deutsche BA
	Düsseldorf	Speedway Deutsche BA
	Hamburg	Speedway Deutsche BA
	Köln/Bonn	Speedway Deutsche BA
	München	Speedway Deutsche BA
	Stuttgart	Speedway Deutsche BA
131,825	ACARS-Datenfunk	Lufthansa/Air France
	Frankfurt	TAP Air Portugal
131,850	Berlin-Schönefeld	Condor Flugdienst
	Berlin-Schönefeld	Trafco/BLAS
	Frankfurt	Delta Airlines Station
131,875	Bremen	Lufthansa Verkehrsfliegerschule
	Frankfurt	Lufthansa Dispatch/Flight Plan
	Köln/Bonn	Lufthansa Station
131,900	Frankfurt	Lufthansa
	Frankfurt	Speedbird British Airways Ops
131,925	Berlin-Tegel	Lufthansa Station
	Bremen	Lufthansa
	Dresden	Lufthansa
	Düsseldorf	Lufthansa Maintenance
	Frankfurt	Lufthansa B747 Maintenance
	Frankfurt	Lufthansa Crew-Bus
	Friedrichshafen	Lufthansa Station
	Hamburg	Lufthansa
	Leipzig/Halle	Lufthansa Station
	München	Lufthansa Station
	Nürnberg	Lufthansa Station
	Stuttgart	Lufthansa
136,950	Berlin	NEAN Digitales ATIS
	Braunschweig	NEAN Digitales ATIS
	Bremen	NEAN Digitales ATIS
	Frankfurt	NEAN Digitales ATIS
	Köln/Bonn	NEAN Digitales ATIS

132,000 bis 136,775 MHz Beweglicher Flugfunkdienst (international)

132,025	Helgoland Radar	
	Pegnitz-Zipser Berg Information	
132,050	Herrenteich Information	
132,075	Rhein Radar	Nattenheim Sector

132,125	Hannover ATIS	
132,150	Rhein Radar	Erlangen Sector
132,200	Maastricht Radar	Brüssel West Sector
132,250	Fürstenwalde Münster	SAR Fürstenwalde SAR Münster
132,300	Berlin Radar	TR-E Erfurt
132,325	Rhein Radar	Frankfurt Sector
132,375	Bad Pyrmont Information	
132,400	Rhein Radar	Tango Sector
132,425	Mönchengladbach Tower	Reserve
132,500	Fürstenwalde	SAR Fürstenwalde
132,550	München Radar	NR 4
132,575	Cottbus-Drewitz Tower	
132,700	Berlin Arrival	TR1-S to KLF
132,725	München Radar	UAC UR 1
132,750	Maastricht Radar	Reserve Brüssel west Sector
132,825	Heringsdorf Tower	
132,850	Maastricht Radar	Olno Sector
132,875	München Radar	UAC UR 3
133,075	Nördlingen Information	
133,250	Maastricht Radar	Ruhr Sector
133,275	Rhein Radar	Upper High Tango
133,300	Damme Information	
133,325	Schwabach-Heidenberg Information	
133,350	Maastricht Radar	Luxemburg Sector
133,425	Wasserkuppe Segelflug	
133,550	Bremen Info	SIGMET
133,575	Berlin Radar	WR 2
133,625	Laage Radar	Luftwaffe
133,650	Rhein Radar	Fulda Sector
133,675	München Radar	SR 2
133,700	Oberschleißheim	Ops
133,725	Bremen Radar	Ausweichfrequenz
133,750	München Radar	UAC HR 1
133,775	Düsseldorf Radar Paderborn/Lippstadt Tower	CAC Gütersloh Reserve
133,850	Maastricht Radar	Münster Sector
133,950	Maastricht Radar	Reserve
134,150	München Radar	UAC SR 3
134,175	Dortmund-Wickede Tower	
134,200	Frankfurt Radar	OR 6
134,325	Maastricht Radar	Reserve Brüssel Sector
134,650	Berlin Radar	NR 1
134,850	Welzow Information	
134,900	Coburg-Brandensteinsebene Information	
134,950	Rhein Radar	Nattenheim Sector
135,150	Maastricht Radar	Hamburg Sector
135,225	Nürburgring Info Frankfurt De-icing	Heliport
135,350	Düsseldorf Information	SIGMET
135,425	Schwabach-Heidenberg Information	
135,450	Maastricht Radar	Coastel Sector
135,600	Fürstenfeldbruck Fürsty Tower	Luftwaffe
135,650	Maastricht Radar	Solling Sector
135,700	Bremen Information	FIR-S/SIGMET

135,725	Frankfurt Radar	OR 5
135,750	Berlin Radar	UR 1
135,775	Frankfurt Volmet 2	
135,825	Lippe Radar	Militärische Flüge
135,950	Rhein Radar	Ausweichfrequenz
135,975	Maastricht Radar	Reserve Delta High Sector
136,000	Berlin-Tegel Militär	Heeresflieger
136,025	Rhein Radar	Reservefrequenz Ost Sectoren
136,050	Berlin Radar	NR 2
136,175	Erfurt-Bindersleben ATIS	
136,250	Köln/Bonn	BMfV Flugbereitschaft
136,275	Bremen Radar	FIS
136,450	Berlin Radar	OR 1
136,525	Rhein Radar	UH Würzburg
136,625	Düsseldorf Radar	Ausweichfrequenz
136,700	Düsseldorf Radar	Anflug Münster-Osnabrück
136,725	Rhein Radar	Upper High Söllinge/Nattenheim
136,825	Dresden	Lufthansa Station B737
	Düsseldorf	Lufthansa Station B737
	Hannover	Lufthansa Station B737
	Köln/Bonn	Lufthansa Station B737
	München	Lufthansa Station B737
	Stuttgart Tower	De-Icing-Ops
136,850	Frankfurt	Lufthansa Cityline
	Frankfurt	All Nippon Ops
	Köln/Bonn	Lufthansa Cityline
136,875	Frankfurt	Lufthansa Station
136,900	ACARS-Datenfunk	SITA/AIRCOM

137,000 bis 144,000 Beweglicher Flugfunkdienst (militärisch)

138,025	Spangdahlem	US Air Force 22 FS Stinger Ops
138,100	überregional	Staffelführung
	Ramstein AMC Command	US Air Force
138,125	Spangdahlem	US Air Force 22 FS Air-to-Air
138,150	Jever Tower	Luftwaffe Kanal 07
138,200	Landsberg Radar	Luftwaffe
	Nörvenich Nörvenich GCA	Luftwaffe
138,225	Spangdahlem	US Air Force 22 FS Air-to-Air
138,250	Grafenwöhr Airfield Approach	US Army
	Rheine-Bentlage Tower	Heeresflieger
	Schwäbisch Hall Approach	US Army
	Spangdahlem	US Air Force 81 FS Air-to-Air
138,275	Spangdahlem SOF Saber	US Air Force
138,300	Geilenkirchen Frisbee Tower	NATO AWACS
138,350	Lechfeld GCA	Luftwaffe
138,400	Landsberg Tower	Luftwaffe
138,425	Ramstein Delta Ops	US Air Force
138,450	Büdingen Airfield Tower	US Army AVN
	Laupheim Lima Final Radar	Heeresflieger
	Mendig	Heeresflieger
138,500	Fürstenfeldbruck Fürsty GCA	Luftwaffe
	Spangdahlem	US Air Force 22 FS Air-to-Air
	Wiesbaden-Erbenheim Ground	US Army
138,550	Wittmundhafen Local Radar	Luftwaffe
138,575	Lippe Radar	Wachfrequenz

138,600	Darmstadt Tower	US Army
	Landstuhl Army Heliport Advisory	US Army
	Nellingen Tower	
	Schleswig-Jagel GCA	Marineflieger Kanal 28
	Schwäbisch Gmünd Tower	
	Wunstorf Tower	Luftwaffe
138,675	Spangdahlem	US Air Force 23 FS Air-to-Air
138,700	International NATO-Intern 2	
	Landsberg Technik	Luftwaffe
138,750	Giebelstadt Airfield Tower	US Army
	Laupheim Lima Tower	Heeresflieger
138,775	Ramstein ATIS	US Air Force
138,850	Schweinfurt Heliport Tower	US Army
138,900	Eggebek Egmont Tower	Marineflieger MFG 2
	Lechfeld GCA	Luftwaffe
	Ramstein Approach	US Air Force
139,050	Ansbach Heliport Tower	US Army 1st AVN
	Schleswig-Jagel Tower	Marineflieger
139,150	Jever GCA	Luftwaffe Kanal 19
139,200	Bückeburg Radar	Heeresflieger HFWS/VS
139,225	Spangdahlem	US Air Force 23 FS Hawk Ops
139,250	Büchel GCA	Luftwaffe JBG 33
	Nordholz Tower	Marineflieger
139,300	Niederstetten Stetten GCA	Heeresflieger
139,350	Giebelstadt Airfield	US Army
	Wittmundhafen	Flugsportgruppe
139,400	Ingolstadt Ingo Tower	Luftwaffe
139,500	Lechfeld Tower	Luftwaffe
	Mannheim Coleman Airfield	US Army
139,525	Wiesbaden-Erbenheim ATIS	US Army
139,550	Spangdahlem	US Air Force 22 FS Air-to-Air
139,600	Wiesbaden-Erbenheim	US Army Air-to-Air
139,750	Gütersloh Radar	Royal Airforce
139,875	Geilenkirchen Magic Command	NATO AWACS
139,950	Faßberg Tower	Heeresflieger HFR 16
140,000	überregional	Staffelführung
140,025	Luftwaffe	Air-to-Air
140,050	Itzehoe Hungriger Wolf Radar	Heeresflieger
140,075	Geilenkirchen Frisbee Tower	NATO AWACS
140,100	Eggebek Egmont Tower	VHF Airborne Ops
	Jever	VHF Airbome Ops
140,300	Giebelstadt Airfield Metro	US Army
	Grafenwöhr Airfield Metro	US Army
	Hanau Airfield Metro	US Army
	Heidelberg Airfield Metro	US Army
	Mannheim Coleman Airfield METRO	US Army
	Schwäbisch Hall METRO	US Army
	Stuttgart Metro	US Army
	Wiesbaden-Erbenheim METRO	US Army
140,400	Wittmundhafen Tower	Luftwaffe
140,450	Büchel Tower	Luftwaffe JBG 33
	Frankfurt Airbase Tower	US Air Force
140,500	Eggebek Egmont Tower	Marineflieger MFG 2
	Geilenkirchen	NATO AWACS
140,600	Diepholz Tower	Luftwaffe LTG 62
	Memmingen Tower	Luftwaffe Kanal 05
140,700	Hohn Tower	Luftwaffe
	Spangdahlem	US Air Force 22 FS Air-to-Air

140,750	Rheine-Bentlage GCA	Heeresflieger
140,900	Ramstein Approach	US Air Force
140,950	Luftwaffe	C-160 Air-to-Air
	Memmingen GCA	Luftwaffe
	Wiesbaden-Erbenheim GCA	US Army
141,100	Rhein Radar	Eifel Control Approach
	Hohn GCA/Final	Luftwaffe
	Spangdahlem Advisory	US Air Force
141,125	Spangdahlem	US Air Force 81 FS Panther Ops
141,200	Spangdahlem	US Air Force 23 FS Air-to-Air
141,300	Ansbach Heliport Ground	US Army
	Giebelstadt Airfield Ground	US Army
	Grafenwöhr Airfield Ground	US Army
	Hanau Airfield Ground	US Army
	Heidelberg Airfield Tower	US Army
	Kitzingen Airfield Ground	US Army
	Mannheim Coleman Airfield Ground	US Army
	Schwäbisch Hall Ground	US Army
141,350	Bückeburg Tower	Heeresflieger HFWS/VS
141,450	Kaufbeuren Tower	Luftwaffe
	Spangdahlem	US Air Force 23 FS Air-to-Air
141,500	Eggebek Egmont Tower	Marineflieger MFG 2
	Spangdahlem	US Air Force 22 FS Air-to-Air
141,600	Geilenkirchen	NATO AWACS
	Nordholz Radar	Marineflieger
141,625	Geilenkirchen	NATO AWACS
141,650	Geilenkirchen	NATO AWACS
	Stuttgart Operations	US Army
141,700	Faßberg Tower	Heeresflieger HFR 10
	Hohn Tower	Luftwaffe
141,700	Rheine-Bentlage Tower	Heeresflieger
141,800	Gablingen Operations	
141,825	Luftwaffe	Air-to-Air
141,950	Bad Kreuznach Heliport Tower	US Army
	Hohenfels Airfield Tower	US Army
	Wertheim Tower	US Army
142,050	Giebelstadt Airfield Tower	US Army
142,100	Spangdahlem	US Air Force 23 FS Air-to-Air
142,125	Ramstein GCA	US Air Force
142,175	Spangdahlem	US Air Force 22 FS Air-to-Air
142,200	Heidelberg Airfield Tower	US Army
142,350	Wiesbaden-Erbenheim Tower	US Army
142,450	Grafenwöhr Airfield Tower	US Army
	Hanau Airfield Tower	US Army
	Hohn	Intem
	Schwäbisch Hall Tower	US Army
142,500	Memmingen Tower	Luftwaffe
	Neubiberg Tower	Luftwaffe
142,500	Wunstorf GCA	Luftwaffe
142,550	Spangdahlem	US Air Force 81 FS Air-to-Air
142,650	Kitzingen Airfield Tower	US Army
	Mannheim Coleman Airfield Tower	US Army
142,750	Hohn	VHF Wing Ops
142,800	Spangdahlem	US Air Force 81 FS Air-to-Air
142,850	Hohn	Luftwaffe
	Landstuhl Hospital Heliport	US Army
	Münster	Luftwaffe LTK
142,900	Baumholder Airfield Tower	US Army

142,900	Bonames Maurice Rose Tower	US Army
	Illesheim Tower	US Army
	Nordholz Tower	Marineflieger
	Nörvenich Tower	Luftwaffe
143,000	Spangdahlem	US Air Force 81 FS Air-to-Air
143,050	Spangdahlem	US Air Force 23 FS Air-to-Air
143,100	Heidelberg Airfield GCA	US Army
143,150	Spangdahlem	US Air Force 81 FS Air-to-Air
143,275	Spangdahlem	US Air Force 23 FS Air-to-Air
143,350	Laupheim Lima Final Radar	Heeresflieger
143,400	Geilenkirchen Radar	NATO AWACS
	Heidelberg Airfield GCA	US Army
143,425	Spangdahlem ATIS	US Air Force
143,450	Diepholz Tower	Luftwaffe LTG 62
143,475	Spangdahlem	US Air Force 81 FS Air-to-Air
143,500	Spangdahlem	US Air Force 22 FS Air-to-Air
143,650	Büchel GCA	Luftwaffe JBG 33
143,675	Ramstein	US Air Force 76 ALS Elvis Ops
143,750	Heidelberg Airfield Approach	US Army
	Neubrandenburg Radar	Luftwaffe
143,925	Rhein Radar	Sector Nattenheim
220,000	Brüggen	Royal Airforce
	Hopsten	Luftwaffe
	Neuburg	Luftwaffe
	Wittmundhafen	Luftwaffe

230,000 bis 328,600 Beweglicher Flugfunkdienst (militärisch)

229,475	Glücksburg AWACS	Marineflieger
230,400	Berlin Radar	Militärische Flüge
230,500	Hamburg Tower	Prüffrequenz
231,300	Berlin Radar	Ausweichfrequenz
	Frankfurt Airbase Ramp	US Air Force
231,650	Bremen Radar	NATO Hamburg Sector
	Ingolstadt Ingo Tower	Luftwaffe
231,700	Spangdahlem	US Air Force 606 ACS Galley GCI
231,900	Rhein Radar	Eifel Control Arrival
	Spangdahlem Advisory	US Air Force
233,000	Geilenkirchen	AIRCENT Centre LC
233,200	Rhein Radar	Sector Tango
233,575	Kiel-Holtenau	Marineflieger Kanal 28
234,400	Maastricht Radar	
234,900	Laupheim Lima Tower	Heeresflieger
235,200	Rhein Radar	
240,550	Erndtebrück Loneship Radar	CRC/GCI
240,675	Meßstetten Sweetapple Radar	CRC/GCI
241,200	Luftwaffe	Air-to-Air
241,725	Berlin Radar	NR 1
241,775	Ingolstadt Radar	Luftwaffe
	Manching Ingo Radar	Luftwaffe
241,950	München Information	FR-S FR-N CR
242,000	Bremen Radar	NR 5
	Giebelstadt Airfield Ground	US Army
242,050	Rhein Radar	UH Nattenheim
242,150	Rheine-Bentlage	Heeresflieger

242,200	Düsseldorf Radar	Anflug Münster/Osnabrück
	Greven Radar	Militärische Flüge
242,250	Jever GCA	Luftwaffe
242,400	Bord-Bord	NATO
	Büchel	Luftwaffe JBG 33
	Hopsten	Luftwaffe Notfrequenz
242,400	Jever	Luftwaffe Notfrequenz
	Memmingen	Luftwaffe Notfrequenz
	Nörvenich	Luftwaffe Notfrequenz
	Wittmundhafen	Luftwaffe Notfrequenz
242,500	Brüggen Approach	Royal Airforce
	Faßberg Tower	Heeresflieger
242,575	Meßstetten Sweetapple Radar	CRC/GCI
242,600	Luftwaffe/Marine	Notfrequenz E 03
242,700	Ramstein Approach	US Air Force
243,000	**Internationale Notruffrequenz**	**Wachfrequenz**
243,300	Faßberg Tower	Heeresflieger HFR 16
243,400	Bord-Bord	NATO Kanal E1
	Büchel	Luftwaffe JBG 33
	Eggebek Egmont Tower	Marineflieger MFG 2
	Hopsten	Luftwaffe Notfrequenz
	Jever	Luftwaffe Notfrequenz
	Memmingen	Luftwaffe Notfrequenz
	Neuburg Donau Tower	Luftwaffe Notfrequenz
	Nörvenich	Luftwaffe Notfrequenz
	Schleswig-Jagel	Notfrequenz
	Wittmundhafen	Luftwaffe Notfrequenz
243,475	Brockzetel Round Up Radar	CRC/GCI
243,600	Frankfurt Ramp	US Air Force
	Schleswig-Jagel	Notfrequenz
243,800	Eggebek Egmont Tower	Marineflieger MFG 2
244,350	Laage Homer	Luftwaffe
244,550	Büchel Radar	Luftwaffe JBG 33
244,625	Jever	Luftwaffe JBG 38 2 St Ops
244,675	Laarbruch	RAF 3 SQN Cockertrees Ops
244,825	Lampertheim Range	
244,850	Prüm Morpha Radar	NATO
244,900	Rhein Radar	Militärische Flüge
245,000	Nordholz	Air Safe
	Schleswig-Jagel	Marineflieger Air Safe
245,100	überregional	SAR-Übungsfrequenz
	Faßberg Tower	Heeresflieger HFR 10
	Nellingen Tower	
245,250	Laarbruch	RAF 4 SQN Air-to-Air
245,300	Spangdahlem Command Post	US Air Force
245,350	Heidelberg Airfield Tower	US Army
245,750	Kiel-Holtenau	Marineflieger Kanal 00
246,000	Wunstorf Tower	Luftwaffe
246,450	Spangdahlem	US Air Force 53 FS Air-to-Air
246,850	Laarbruch	RAF 4 SQN Skeleton Ops
246,900	Detmold Tower	Royal Army
246,975	Laarbruch	RAF 4 SQN Air-to-Air
247,100	Münster	Luftwaffe LTK
	Ramstein	US Air Force 37 ALS Air-to-Air
247,150	Spangdahlem	US Air Force 606 ACS Galley GCI
247,350	Brekendorf Bugle Radar	CRC/GCI
247,650	Geilenkirchen Frisbee Tower	NATO AWACS
247,775	Meßstetten Sweetapple Radar	CRC/GCI

247,900	Hohn	Luftwaffe
248,400	Maastricht Radar	
248,425	Meßstetten Sweetapple Radar	CRC/GCI
248,450	Maastricht Radar	
248,525	Spangdahlem	US Air Force 22 FS Air-to-Air
249,400	Bückeburg Tower	Heeresflieger HFWS/VS
249,450	Nordholz GCA	Marineflieger
249,500	Itzehoe Hungriger Wolf Radar	Heeresflieger
249,650	Bad Kreuznach Heliport Tower	US Army
	Hohenfels Airfield Tower	US Army
	Memmingen Tower	Luftwaffe
	Memmingen Tower	Luftwaffe
	Wertheim Tower	US Army
249,700	Ansbach Heliport Tower	US Army 1st AVN
249,800	Dröverheide	Luftwaffe
	Neuburg Donau Homer	Luftwaffe
	Schleswig-Jagel Tower	Marineflieger
249,850	München Radar	Militärische Flüge
249,950	Maastricht Radar	Ruhr & Solling Sector
250,000	Hohn Tower	Luftwaffe
250,050	Wittmundhafen	Inflight
250,300	Büchel	Luftwaffe JBG 33
	Düsseldorf Radar	SR 1
	Maastricht Radar	
250,500	Memmingen	Münsingen Range
250,775	Schönewalde Sunrise Radar	CRC/GCI
250,900	Faßberg Tower	Heeresflieger Kanal 21
	Wiesbaden-Erbenheim ATIS	US Army
251,325	Brüggen	RAF 14 SQN Crusader Ops
251,375	Brüggen	RAF 9 SQN Vampire Ops
251,400	Meppen Information	Heeresflieger
251,500	Diepholz Tower	Luftwaffe LTG 62 (LTG)
	Gütersloh	Royal Airforce Air-to-Air
252,100	Bremen Radar	SA PLR Reserve
	Ramstein Ground	US Air Force
252,150	Heidelberg Airfield Tower	US Army
252,400	Rhein Radar	Militärische Flüge Würzburg Sec
252,450	Frankfurt Approach	
252,500	Büchel	Luftwaffe JBG 33
252,800	überregional	SAR-Übungsfrequenz
253,200	Rhein Radar	Nattenheim Sector
253,350	Geilenkirchen Frisbee Ground	NATO AWACS
253,450	Lechfeld Tower	Luftwaffe
253,500	Büchel	Luftwaffe JBG 33
	Büdingen Airfield Tower	US Army AVN
	Frankfurt Radar	WR 5
	Frankfurt Radar	Spangdahlem Approach
253,550	Heidelberg Airfield Approach	US Army
253,600	Laarbruch	Royal Airforce
	Lauda Batman Radar	CRC/GCI
253,700	Cölpin Mindreader Radar	CRC/GCI
253,800	Schönewalde Sunrise Radar	CRC/GCI
254,000	Faßberg Tower	Heeresflieger Kanal 24
	Grafenwöhr Airfield Approach	US Army
254,200	Düsseldorf Radar	CAC Brüggen
254,250	Kiel-Holtenau Tower	Marineflieger
	Neuburg Donau GCA	Luftwaffe

254,350	Geilenkirchen	Magic Spare Fighter Control
254,425	Berlin Radar	Wachfrequenz
254,500	Laarbruch Tower	Royal Airforce
	Rhein Radar	Würzburg Sector
254,550	Spangdahlem GCA	US Air Force
254,650	Fürstenfeldbruch Fürsty Radar	Luftwaffe
	Itzehoe Hungriger Wolf Tower	Heeresflieger
254,700	Düsseldorf Radar	SR 3
255,300	Maastricht Radar	Brüssel West Sector
255,400	Kiel-HoltenauTower	Marineflieger Kanal 14
	Rhein Radar	Söllingen Sector
255,650	überregional	Heeresflieger Tower
	Bückeburg Tower	Heeresflieger HFWS/VS
	Cottbus Tower	Heeresflieger
	Itzehoe Hungriger Wolf Tower	Heeresflieger
	Maastricht Radar	
	Mendig Radar	Heeresflieger
	Rheine-Bentlage Tower	Heeresflieger
	Roth Tower	Heeresflieger
255,700	Meppen Tower	Heeresflieger Kanal 21
255,775	Berlin Radar	TRA-S Sachsen 1
255,800	Giebelstadt Airfield Tower	US Army
256,000	Mendig	Heeresflieger Kanal 16
256,525	Erndtebrück Loneship Radar	CRC/GCI
256,775	Meßstetten Sweetapple Radar	CRC/GCI
256,800	Bückeburg Tower	Heeresflieger HFWS/VS
	Laupheim Lima Tower	Heeresflieger
	Mendig Tower	Heeresflieger
	Rheine-Bentlage Tower	Heeresflieger
	Rotenburg/Wümme Romeo Tower	Heeresflieger
257,000	Bückeburg Final Radar	Heeresflieger HFWS/VS
	München Radar	UAC
257,100	Lippe Radar	Geilenkirchen Approach
	Landsberg GCA	Luftwaffe
	Lippe Radar	Initial Contact South Sector
257,175	Nordholz TAC	Marineflieger
257,250	Düsseldorf Radar	Militärische Flüge
257,325	Lauda Batman Radar	CRC/GCI
257,500	Freising	Luftwaffe
	Nordholz Tower	Marineflieger
257,650	Giebelstadt Airfield Ground	US Army
257,650	Oldenburg Oldy Tower	Luftwaffe
257,750	Ramstein Metro	US Air Force
	Spangdahlem Metro	US Air Force
257,800	NATO Tower	Kanal 2
	Altenstadt Tower	Heeresflieger
	Bonn-Hardthöhe Heliport Tower	Luftwaffe
	Brüggen Tower	Royal Airforce
257,800	Büchel Tower	Luftwaffe JBG 33
	Bückeburg Tower	Heeresflieger HFWS/VS
	Detmold Tower	Royal Army
	Diepholz Tower	Luftwaffe LTG 62 (LTG)
	Eggebek Egmont Tower	Marineflieger MFG 2
	Erding Tower	Luftwaffe
	Faßberg Tower	Heeresflieger HFR 10
	Fritzlar Tower	Heeresflieger HFR 36
	Fürstenfeldbruck Fürsty Tower	Luftwaffe
	Geilenkirchen Frisbee Tower	NATO AWACS
	Gütersloh Tower	Royal Airforce
	Heidelberg Airfield Tower	US Army

257,800	Hohn Tower	Luftwaffe
	Holzdorf Tower	Luftwaffe
	Hopsten Tower	Luftwaffe
	Husum Tower	Luftwaffe
	Ingolstadt Ingo Tower	Luftwaffe
	Itzehoe Hungriger Wolf Tower	Heeresflieger
	Jever Tower	Luftwaffe
	Kaufbeuren Tower	Luftwaffe
	Kiel-Holtenau Tower	Marineflieger
	Laage Tower	Luftwaffe
	Laarbruch Tower	Royal Airforce
	Landsberg Tower	Luftwaffe
	Laupheim Lima Tower	Heeresflieger
	Lechfeld Tower	Luftwaffe
	Manching Ingo Tower	Luftwaffe
	Memmingen Tower	Luftwaffe
	Mendig Tower	Heeresflieger
	Meppen Tower	Heeresflieger
	Münster/Osnabrück Ground	
	Neubiberg Tower	Luftwaffe
	Neubrandenburg Tower	Luftwaffe
	Neuburg Donau Tower	Luftwaffe
	Niederstetten Stetten Tower	Heeresflieger
	Nordholz Tower	Marineflieger
	Nörvenich Tower	Luftwaffe
	Oberpfaffenhofen Tower	Luftwaffe
	Oldenburg Oldy Tower	Luftwaffe
	Paderborn/Lippstadt Tower	
	Ramstein Tower	US Air Force
	Rheine-Bentlage Tower	Heeresflieger
	Rotenburg/Wümme Romeo Tower	Heeresflieger
	Roth Tower	Heeresflieger
	Schleswig-Jagel Tower	Marineflieger
	Spangdahlem	US Air Force
	Wittmundhafen Wittmund Tower	Luftwaffe
	Wunstorf Tower	Luftwaffe
257,925	Brockzetel Round Up Radar	CRC/GCI
258,100	Brekendorf Bugle Radar	CRC/GCI
	Delmenhorst	Luftwaffe
258,825	Berlin Radar	TR2-E/W
258,850	Frankfurt Radar	SR 5
258,900	Bremen Radar	OR 2
258,950	Rhein Radar	Erlangen Sector
259,050	Bonn-Hardthöhe Heliport Tower	Luftwaffe
259,150	Hamburg-Finkenwerder Tower	DASA/Airbus
259,400	Frankfurt Metro	US Air Force
259,475	Laarbruch Director	Royal Airforce
259,525	Brüggen Talkdown	Royal Airforce
259,650	Geilenkirchen	NATO AWACS
	München Radar	Militärische Flüge
259,700	Kiel-Holtenau	Marineflieger Kanal 05
259,750	Maastricht Radar	Solling Sector
259,950	Wittmundhafen	JG 71 WOC Red Yellow
260,000	Bremen Radar	SR 4
	Brüggen	Cowden Range Join
	Landsberg Final Radar	Luftwaffe
260,050	Brüggen Info	Royal Airforce
	Büchel	Luftwaffe JBG 33
260,100	Geilenkirchen	TLP Ops
260,125	Berlin Radar	OR 1

260,225	Brockzetel Round Up Radar	CRC/GCI
260,900	Frankfurt Command Post	US Air Force
260,950	Laarbruch	RAF 3 SQN Air-to-Air
261,050	Hopsten Homer	Luftwaffe
261,200	Geilenkirchen	Voice Tell
261,275	Ramstein Dispatcher	US Air Force
261,350	Wunstorf Tower	Luftwaffe
262,700	Memmingen Homer	Luftwaffe
262,875	Brüggen Tower	Royal Airforce
262,900	Bremen Radar	SR 3/SR 5
263,075	Eggebek Egmont Tower	Marineflieger MFG 2
263,250	Maastricht Radar	
263,300	Memmingen	Luftwaffe JBG 34 Ops
263,325	Spangdahlem	US Air Force HQ
263,375	Cölpin Mindreader Radar	CRC/GCI
263,425	Nörvenich	JBG 31 Ops TAC 1
264,200	Geilenkirchen	Magic ACI Fighter Control
264,300	Geilenkirchen	Magic ACI Fighter Control
264,675	Rhein Radar	UH Fulda & Erlangen
264,850	Spangdahlem	US Air Force 606 ACS Galley GCI
264,925	Cölpin Mindreader Radar	CRC/GCI
265,150	Maastricht Radar	Brüssel High Sector
265,400	Lauda Batman Radar	CRC/GCI
265,625	Meßstetten Sweetapple Radar	CRC/GCI
266,100	Wunstorf Radar	Luftwaffe
267,500	Rhein Radar	
267,550	Maastricht Radar	
267,600	Geilenkirchen Kiel-Holtenau	Datenfunk Marineflieger Kanal 11
267,700	Hopsten Tower	Luftwaffe
267,875	Erndtebrück Loneship Radar	CRC/GCI
268,000	Geilenkirchen	Magic ACI Fighter Control
268,150	Spangdahlem GCA	US Air Force
268,400	Laage Final Radar Laarbruch	Luftwaffe Royal Airforce
268,500	Maastricht Radar	Coastel/Ruhr Sector
268,600	Ramstein ATIS Wittmundhafen	US Air Force Inflight
268,950	Hohn	Luftwaffe
269,000	Lechfeld GCA	Luftwaffe
269,150	Fritzlar Final Radar	Heeresflieger HFR 32
269,325	Brockzetel Round Up Radar	CRC/GCI
269,550	Wiesbaden-Erbenheim Tower	US Army
269,700	Lippe Radar Neuburg Donau Tower	Militärische Flüge Süd Sector 2 Luftwaffe
270,000	Bückeburg Tower	Heeresflieger HFWS/VS
270,050	Frankfurt Radar	WR 1 WR 2
270,100	Bremen Radar Giebelstadt Airfield	NATO Bremen Sector US Army
275,350	Lechfeld GCA	Luftwaffe
275,400	Bremen Radar Jever GCA Neuburg Donau Radar	ACC/FIC Monitor EDR201N Luftwaffe Luftwaffe Kanal 18
275,450	Geilenkirchen ATIS	NATO AWACS
275,550	Düsseldorf Radar	OR 1 Hopsten

275,650	Faßberg Tower	Heeresflieger Kanal 25
	Frankfurt Radar	Spangdahlem Approach
275,750	Faßberg Tower	Heeresflieger Kanal 28
	Rhein Radar	Militärische Flüge
275,850	Bremen Radar	NR 4
	Eggebek Egmont Tower	Marineflieger MFG 2
	Bremen Radar	
275,900	Laupheim Lima Tower	Heeresflieger Kanal 08
	Lippe Radar	Militärische Flüge Nord Sector 2
275,950	Giebelstadt Airfield	US Army
	Neubiberg Tower	Luftwaffe
276,000	Ramstein Approach	US Air Force
276,050	Spangdahlem	US Air Force 606 ACS Coordination
276,150	Düsseldorf Radar	CAC Laarbruch/Nörveni
276,350	Frankfurt Radar	Monitor EDR205B/Spangdahlem
276,600	Holzdorf	Luftwaffe
276,800	Wittmund Tower	
276,800	Prüm Jeremiah Radar	NATO
	Wittmundhafen Tower	Luftwaffe
276,900	Bremen Monitor	WR 5
276,950	Fritzlar Radar	Heeresflieger HFR 34
277,050	Hopsten GCA	Luftwaffe
	Laupheim Lima GCA	Heeresflieger Kanal 12
277,100	Nordholz TAC	Marineflieger
277,200	Cottbus Tower	Heeresflieger
277,200	Ramstein Tower	US Air Force
	Spangdahlem Tower	US Air Force
277,350	Büchel	Luftwaffe JBG 33
	Düsseldorf Radar	An-/Ab Mönchengladbach
277,400	Geilenkirchen	Magic Spare Fighter Control
277,450	Bonn-Hangelar Tower	BGS Fliegerstaffel West
277,500	Frankfurt Radar	Militärische Flüge
277,550	Faßberg Tower	Heeresflieger
277,600	Giebelstadt Airfield Tower	US Army
	Hohn GCA	Luftwaffe
	Nürnberg Information	E FIR FRA TMA
277,650	Rhein Radar	Eifel Control Approach
	Mendig GCA	Heeresflieger Kanal 10
277,700	Bremen Radar	TR C
	Ingolstadt Ingo Tower	Luftwaffe
277,750	Jever Homer	Luftwaffe
277,950	Lippe Radar	Militärische Flüge Ost Sector 2
278,000	Düsseldorf Radar	ICF/WMF
	Düsseldorf Radar	ICF
	Frankfurt Radar	NR 2
	Gütersloh Radar	Royal Airforce
	Paderborn/Lippstadt Radar	Militärische Flüge
278,050	Stuttgart Radar	CVFR-Gebiet
278,100	Kiel-Holtenau	Marineflieger Kanal 26
278,150	Eggebek Egmont Tower	Marineflieger MFG 3 Kanal 14
	Wiesbaden-Erbenheim Tower	US Army
278,425	Spangdahlem	US Air Force HQ
278,450	Erndtebrück Loneship Radar	CRC/GCI
278,800	Lahr Approach	
278,950	Heidelberg Airfield Tower	US Army
279,000	Bückeburg Tower	Heeresflieger HFWS/VS
	Kalkar Disbound Radar	ICF/WMF
279,150	Lippe Radar	Upper Area

279,200	Jever GCA	Luftwaffe
	Spangdahlem Ground	US Air Force
279,250	Landsberg Tower	Luftwaffe
	Nörvenich GCA/Radar	Luftwaffe
279,300	Niederstetten Stetten Radar	Heeresflieger
279,350	Stuttgart Arrival	
279,400	Eggebek Egmont Tower	Marineflieger MFG 2
	Nordholz TAC	Marineflieger
279,600	Bremen Radar	WR 4
	München Arrival	TR1/2-N TR1/2 S CAC Erding
279,650	Ramstein Tower	US Air Force
279,750	Büchel Radar	Luftwaffe JBG 33
279,800	Spangdahlem	US Air Force 23 FS Air-to-Air
279,950	Aachen-Merzbrück Tower	Belgische Armee
280,000	Kiel-Holtenau	Marineflieger Kanal 25
280,200	Rheine-Bentlage Tower	Heeresflieger
280,300	Maastricht Radar	
280,500	Neuburg Donau Tower	Luftwaffe
280,550	Brüggen Approach	Royal Airforce
	Geilenkirchen	TLP Ops
280,625	Freising Coldtrack Radar	CRC/GCI
	Meßstetten Sweetapple Radar	CRC/GCI
280,675	Erndtebrück Loneship Radar	CRC/GCI
280,900	Berlin Information	N-FIR
281,000	Rhein Radar	TRA Eifel 2
281,100	Maastricht Radar	
281,300	Laupheim Lima Tower	Heeresflieger
281,400	Frankfurt Radar	NR 4
281,500	Bückeburg Tower	Heeresflieger HFWS/VS
281,575	Kalkar Limelight Radar	TACON
281,650	Spangdahlem	US Air Force 606 ACS Galley GCI
281,750	Lauda Batman Radar	CRC/GCI
282,050	Bremen Monitor	WR 5 TRA 201/N Husum
	Frankfurt Command Post	US Air Force
282,350	Lemwerder Tower	DASA/Airbus
	München Radar	Area Radar
282,400	Wunstorf GCA	Luftwaffe
282,450	Rhein Radar	Fulda Sector
282,650	Ingolstadt Ingo Radar	Luftwaffe
282,700	Ramstein Tower Clearance	US Air Force
282,800	International SAR-Frequenz	
	Bremen Radar	NATO SAR
	Eggebek Egmont Tower	NATO SAR
	Hohn	Luftwaffe
	Köln/Bonn Tower	NATO SAR
	Nordholz SAR	Marineflieger
	Rheine-Bentlage SAR	Heeresflieger
	Schleswig-Jagel SAR	Marineflieger
283,000	Spangdahlem ATIS	US Air Force
283,250	Rheine-Bentlage	Heeresflieger
283,350	Erndtebrück Loneship Radar	CRC/GCI
283,500	Fritzlar Tower	Heeresflieger HFR 35
283,550	Frankfurt Radar	NR 1
283,600	Brüggen	RAF 17 SQN Blackhand Ops
283,700	Schleswig-Jagel Homer	Marineflieger
283,950	Rhein Radar	Sector Frankfurt

284,050	Maastricht Radar	
284,525	Nörvenich Homer	Luftwaffe
284,700	Brekendorf Bugle Radar	CRC/GCI
284,900	Hopsten GCA	Luftwaffe Final 2
285,100	Bremen Radar	SR 1
	Lechfeld Tower	Luftwaffe
288,250	Glücksburg AWACS	Whitecastle Common
289,675	Neuburg	Luftwaffe JG 741 St Ops
290,400	Landstuhl Heliport Advisory	US Army
	Schwäbisch Gmünd Tower	US Army
290,400	Schweinfurt Tower	US Army
	Spangdahlem GCA	US Air Force
290,500	Rhein Radar	Monitor EDR304
290,600	Bremen Radar	WR 4
290,650	Wittmund GCA	
	Wittmundhafen Final Radar	Luftwaffe
290,725	Berlin Radar	Ausweichfrequenz
290,800	Düsseldorf Radar	OAT North/ Münsterland
	Gütersloh Radar	Royal Airforce
	Landsberg Tower	Luftwaffe
	Paderborn/Lippstadt Radar	Militärische Flüge
290,850	Rheine-Bentlage Tower	Heeresflieger
290,900	Luftwaffe	Test Flights
291,050	Geilenkirchen Frisbee Tower	NATO AWACS
	Niederstetten Stetten Tower	Heeresflieger
291,150	Mendig Tower	Heeresflieger Kanal 08
291,200	Köln/Bonn Tower	
291,650	Düsseldorf Arrival	Anflug Düsseldorf
291,700	Eggebek Egmont Tower	Marineflieger MFG 2
291,725	Spangdahlem SOF Saber	US Air Force
291,800	Wiesbaden-Erbenheim	GCA
291,900	Büchel	Luftwaffe JBG 33
	Hohn	Northern Fixer (WFU)
	Ingolstadt Ingo Tower	Luftwaffe
	Rheine-Bentlage	Northern Fixer (WFU)
292,050	Geilenkirchen	Magic ACI Fighter Control
292,350	Geilenkirchen	Magic ACI Fighter Control
292,450	München Radar	Area Radar
292,475	Gütersloh Tower	Royal Airforce
292,550	Düsseldorf Arrival	Anflug Köln/Bonn
292,600	Geilenkirchen Radar	NATO AWACS
	Ingolstadt Ingo Tower	Luftwaffe
292,650	Ramstein ATIS	US Air Force
292,700	Roth Tower	Heeresflieger Kanal 07
292,800	Glücksburg AWACS	Marineflieger
	Oberpfaffenhofen Tower	Luftwaffe
293,100	Rhein Radar	TRA Saar 2
293,300	Kiel-Holtenau	Marineflieger Kanal 24
293,450	Spangdahlem	US Air Force 606 ACS Coordination
293,550	Rhein Radar	TRA Pfalz 2
293,600	Rhein Radar	ICF Rhein UIR
293,675	Kalkar Limelight Radar	TACON
293,800	Faßberg Radar	Heeresflieger
	Memmingen GCA	Luftwaffe
293,850	Eggebek Egmont Tower	Marineflieger MFG 2
	Schleswig-Jagel	Marineflieger TAC Area B
294,700	Rhein Radar	Würzburg Sector

294,850	Bremen Radar	OATS Deister
296,400	Hopsten	MR Boomer Erika
296,400	Wittmundhafen	MR Boomer Enka
296,725	Berlin Arrival	TR1-N/S to RDN/KLF
296,750	Büchel	Luftwaffe JBG 33
	Jever	Noordvaarder Range (WFU)
296,800	Köln/Bonn Tower	Luftwaffe
297,250	Bremen Radar	ACC/FIC Monitor EDR202
297,400	Ingolstadt Ingo Tower	Luftwaffe
297,750	Wittmundhafen	MR Boomer Rosy/Kim
297,800	Fritzlar Tower	Heeresflieger HFR 36
297,900	Lippe Radar	Militärische Flüge West Sector 2
298,550	Düsseldorf Radar	Luftraum C/T-FIS
298,700	Geilenkirchen	Magic ACI Fighter Control
298,800	Geilenkirchen	NATO AWACS
298,950	Geilenkirchen	Magic ACI Fighter Control
299,000	Holzdorf Radar	Luftwaffe
299,100	Fürstenfeldbruck Final Radar	Luftwaffe
299,400	München Radar	UAC
299,600	Hopsten	AAR Boomer Erika
	Wittmundhafen	AAR Boomer
299,850	Bremen Radar	NR 5
	Eggebek Egmont Tower	Marineflieger MFG 2
299,950	Hannover Radar	
300,000	Spangdahlem	US Air Force 606 ACS Galley GCI
300,025	Spangdahlem	US Air Force HQ
300,050	Spangdahlem	US Air Force HQ
300,075	Jever	Luftwaffe JBG 38 1 St Ops
300,150	Roth Tower	Heeresflieger Kanal 08
300,225	Berlin Radar	UR 1
300,500	Geilenkirchen	Magic ACI Fighter Control
300,550	Düsseldorf Radar	Monitor EDR203/ Münsterland
300,650	München Radar	Militärische Flüge
	Paderborn/Lippstadt Radar	Militärische Flüge TRA
300,700	Rhein Radar	Tango Sector
300,800	Wiesbaden-Erbenheim METRO	US Army
300,875	Schleswig-Jagel	Marineflieger AG 52 Tiger Ops
301,025	Nordholz Wing Ops	Marineflieger MFG 3
301,200	Kiel-Holtenau Homer	Marineflieger Kanal 18
305,000	Geilenkirchen	NATO AWACS
305,750	Laage	Luftwaffe
306,550	Grafenwöhr Airfield Tower	US Army
306,800	Bonames Maurice Rose Tower	US Army
307,125	Freising Coldtrack Radar	CRC/GCI
307,400	Cölpin Mindreader Radar	CRC/GCI
307,650	überregional	NATO Bord-Bord
	Frankfurt Radar	DFS Technik
	Leipzig/Halle Tower	DFS Technik
	Rhein Radar	DFS Technik
307,800	Manching Ingo Radar	Luftwaffe
308,300	Lauda Batman Radar	CRC/GCI
308,350	Geilenkirchen	Magic ACI Fighter Control
308,575	Geilenkirchen	NATO AWACS
308,900	Rhein Radar	Sector Sollingen/ICF West
309,300	Lippe Radar	Anruffrequenz Sektor Ost

309,550	Eggebek Egmont Tower	Marineflieger MFG 2
	Schleswig-Jagel	Copenhagen Info
309,600	Altenstadt Tower	Heeresflieger
309,625	Spangdahlem	US Air Force 53 FS Air-to-Air
309,750	Bremen Radar	ACC/FIC Monitor EDR201N
	Laage Radar	Luftwaffe
309,900	Faßberg Final Radar	Heeresflieger
	Memmingen	EDR207 Greenhorn
310,000	Ingolstadt Ingo Tower	Luftwaffe
310,050	Maastricht Radar	
310,075	Spangdahlem	US Air Force HQ
310,300	Laarbruch Tower	Royal Airforce
	Rhein Radar	Söllingen Sector
311,000	Spangdahlem	US Air Force 53 FS Air-to-Air
311,350	Nörvenich Homer	Luftwaffe
311,400	Rhein Radar	Würzburg Sector
311,475	Hopsten	LuftwaffeJG 72 1 St Ops
311,600	Spangdahlem	US Air Force 606 ACS Galley GCI
311,850	Faßberg Tower	Heeresflieger Kanal 23
311,950	Lechfeld Homer	Luftwaffe
	Wittmundhafen GCA	Luftwaffe
312,000	Lippe Radar	Initial Contact West Sector
312,050	München Radar	NR 1
312,100	Berlin-Tegel Militär	Heeresflieger
	Köln/Bonn	BMfV Flugbereitschaft
312,200	Hannover Arrival	
312,250	Rhein Radar	Sector Frankfurt
312,300	Bückeburg Radar	Heeresflieger HFWS/VS
312,350	Geilenkirchen Frisbee Ground Control	NATO AWACS
312,450	Wiesbaden-Erbenheim Ground	US Army
312,575	Berlin Radar	UR 3
312,650	Memmingen	Heuberg Range
312,800	Hohn GCA	Luftwaffe
312,825	Berlin-Tegel Tower	PL
313,350	Mannheim Coleman Airfield Tower	US Army
313,600	Wittmund GCA	Kanal 16
313,750	Hopsten Wing Ops	Luftwaffe
313,850	Geilenkirchen	Magic Spare Fighter Control
314,350	Ramstein GCA	US Air Force
314,375	Brüggen Homer	Royal Airforce
314,500	Düsseldorf Radar	CAC Gütersloh
	Heidelberg Approach	US Army
	Paderborn/Lippstadt Radar	Militärische Flüge
314,700	Dortmund-Wickede Tower	
314,750	Büchel Radar	Luftwaffe JBG 33
315,100	Rhein Radar	Eifel Control Approach
315,300	Neuburg Donau GCA	Luftwaffe
315,400	Rhein Radar	UH Frankfurt
315,450	Gablingen Operations	
	Ingolstadt Ingo GCA	Luftwaffe
	Laarbruch Ground	Royal Airforce
	Manching Ingo Radar	Luftwaffe
	Nordholz Homer	Marineflieger
315,500	Rheine-Bentlage GCA	Heeresflieger
315,550	Eggebek Egmont Tower	Marineflieger MFG 5 Kanal 16
	Frankfurt Radar	SR 3

315,600	Hopsten GCA	Luftwaffe Final 1
315,650	Düsseldorf Radar	Luftraum C/T-FIS
315,700	Berlin Radar	TRA-N Mecklenburg 1
315,850	Rhein Radar	Sector Tango
316,000	Geilenkirchen Radar	NATO AWACS
316,125	Spangdahlem	US Air Force
316,350	Wittmundhafen	MR Boomer Gini
316,500	Ramstein Tower	US Air Force
316,900	Düsseldorf Radar	OR 2
317,500	NATO Tower	Kanal 1
	Borfink Erwin Complex	NATO
	Büchel Homer	Luftwaffe JBG 33
	Eggebek Egmont Tower	Marineflieger MFG 2
	Geilenkirchen	NATO Wachfrequenz
	Hohn	NATO Wachfrequenz
	Holzdorf	NATO Wachfrequenz
	Hopsten Guard	Luftwaffe
	Jever Guard	NATO Wachfrequenz
	Lechfeld Guard	Luftwaffe
	Memmingen Guard	Luftwaffe
	Neuburg Guard	Luftwaffe
	Nordholz Guard	Marineflieger
	Nörvenich Guard	Luftwaffe
	Rheine-Bentlage Guard	Heeresflieger
	Schleswig-Jagel Guard	Marineflieger
	Wittmundhafen	NATO Wachfrequenz
317,700	Maastricht Radar	
317,750	Bremen Tower	Militärische Flüge
	München Tower	Militärische Flüge
	Nürnberg Tower	Militärische Flüge
	Stuttgart Tower	US Army
317,800	Lauda Batman Radar	CRC/GCI
318,100	Büchel	Luftwaffe JBG 33
	Rhein Radar	
	Rhein Radar	Sector Nattenheim NE 3
	Rhein Radar	
318,200	Lippe Radar	Militärische Flüge Tramont Sector
319,400	Ramstein AMC Command	US Air Force
335,150	Geilenkirchen	NATO Datenfunk

335,400 bis 399,950 Beweglicher Flugfunkdienst (militärisch)

335,450	Frankfurt Radar	OR 5/OR 6
335,975	Brüggen	RAF 31 SQN Goldstar Ops
336,200	Holzdorf Tower	Luftwaffe
336,250	Hopsten	Luftwaffe
336,300	Berlin Radar	TR-E Erfurt
336,350	Fürstenfeldbruck Fürsty Tower	Luftwaffe
336,400	Friedrichshafen Tower	
	Laage Tower	
336,450	Frankfurt Radar	OR 1 OR 2
	Wunstorf Tower	Luftwaffe
336,500	Berlin Radar	NR 1
336,800	Ingolstadt Ingo Tower	Luftwaffe
336,900	Eggebek Egmont Tower	Marineflieger MFG 2
	Kiel-Holtenau Inflight	Marineflieger Kanal 15
337,000	Geilenkirchen	AIRCENT Centre LC
	Spangdahlem Ground	US Air Force

337,450	Hahn Tower	
337,500	Brekendorf Bugle Radar	CRC/GCI
	Geilenkirchen Magic Command	NATO AWACS
337,575	Schleswig-Jagel	Inflight W/O
337,725	Dresden Tower	PL
337,750	Bremen Tower	
	Düsseldorf Ground	
	Frankfurt Tower	
	Hannover Tower	Militärische Flüge
	München Tower	PL1-N
	Nürnberg Tower	
	Stuttgart Tower	
337,800	Berlin Radar	Militärische Flüge
	Düsseldorf	Jamming Control
338,000	Berlin-Tempelhof Tower	PL
338,025	Laarbruch	Royal Airforce
	Spangdahlem	US Air Force HQ TOD
338,025	Wittmundhafen	Luftwaffe
338,525	Schleswig-Jagel GCA	Marineflieger
338,550	Frankfurt Radar	NR 3
	Ramstein	US Air Force
338,650	Laage Homer	Luftwaffe
	Stuttgart Approach	
338,700	Geilenkirchen Magic Command	NATO AWACS
	Schwetzingen Heidelberg Tower	
338,750	Wiesbaden-Erbenheim Ground	US Army
338,800	Bremen Radar	WR 2
	Memmingen GCA	Luftwaffe
338,875	Spangdahlem	US Air Force 53 FS Tiger Ops
338,975	Augsburg Tower	
	Berlin Radar	WR 1
339,075	Laarbruch Talkdown	Royal Airforce
339,350	Neubrandenburg Radar	Luftwaffe
339,425	Spangdahlem	US Air Force HQ
339,550	Glücksburg AWACS	Whitecastle Common
339,850	Spangdahlem Dispatcher	US Air Force
339,950	Faßberg Tower	Heeresflieger Kanal 27
340,100	Schleswig-Jagel	Marineflieger AG 5 Eagle Ops
340,125	Büchel	Luftwaffe JBG 33
	Frankfurt Radar	WR 4
340,250	Meppen Flugvermessung Tower	Heeresflieger
340,300	Dröverheide	Luftwaffe
	Geilenkirchen ATC	NATO AWACS
	Grafenwöhr Airfield Tower	US Army
	Maastricht Radar	
	Ramstein Tower	US Air Force
340,525	Berlin Radar	Reserve
340,600	Frankfurt Arrival	
340,700	Geilenkirchen	TLP Ops
	Laupheim Lima GCA	Heeresflieger Kanal 13
340,750	Rheine-Bentlage	Heeresflieger Einsatz HFR 15
340,775	Maastricht Radar	Coastal Sector
340,800	München Radar	UAC SR 3/UR 2/3
340,850	Bremen Radar	WR 4
340,900	Ansbach Heliport Approach	US Army 1st AVN
341,000	Mendig Radar	Heeresflieger
	Rhein Radar	Sector Tango
341,250	Geilenkirchen	Magic ACI Fighter Control

341,725	Glücksburg AWACS	Marineflieger
341,750	Geilenkirchen Frisbee Tower	NATO AWACS
341,800	Nörvenich Nörvenich GCA	Luftwaffe Kanal 18
341,850	Frankfurt Radar	OR 3/OR 4
341,925	Berlin Radar	TRA-S Sachsen 2
342,075	Brüggen Ground	Royal Airforce
342,100	Fürstenfeldbruck Final Radar	Luftwaffe
342,250	Rhein Radar	Upper High Tango
342,775	Meßstetten Highlander Radar	CRC/GCI
342,800	Geilenkirchen	TLP Ops
342,950	Kaufbeuren Tower	Luftwaffe
343,300	Grafenwöhr Airfield Tower	US Army
	Ramstein	US Air Force
343,350	Geilenkirchen	Datenfunk
343,400	Nordholz Tower	Marineflieger
343,550	Düsseldorf Radar	Arrival Nord
	Stuttgart Radar	
343,650	Geilenkirchen	Magic ACI Fighter Control
343,700	Lampertheim Range Tower	
343,850	Erndtebrück Loneship Radar	CRC/GCI
343,900	Büchel Radar	Luftwaffe JBG 33
344,000	NATO Tower	Kanal 4
	Brüggen Director	Royal Airforce
	Büchel	Luftwaffe JBG 33
	Bückeburg Radar	Heeresflieger HFWS/VS
	Eggebek Egmont Director	Marineflieger MFG 2
	Faßberg Radar	Heeresflieger
	Geilenkirchen Director	NATO AWACS
	Hohn Director	Luftwaffe
	Holzdorf Radar	Luftwaffe
	Hopsten Director	Luftwaffe
	Jever Director	Luftwaffe
	Laage Radar	Luftwaffe
	Landsberg Radar	Luftwaffe
	Lechfeld Director	Luftwaffe
	Manching Ingo GCA	Luftwaffe
	Memmingen Director	Luftwaffe
	Neuburg Director	Luftwaffe
	Niederstetten Stetten GCA	Heeresflieger
	Nordholz Director	Marineflieger
	Nörvenich Director	Luftwaffe
	Rheine-Bentlage Director	Heeresflieger
	Schleswig-Jagel Director	Marineflieger
	Wittmundhafen	NATO Director
	Wunstorf Radar	Luftwaffe
344,225	Brüggen Director	Royal Airforce
344,300	Berlin Radar	TRA-N Mecklenburg 2
344,350	Geilenkirchen Ground	NATO AWACS
344,350	Jever Tower	Luftwaffe
344,500	Nürnberg Approach	
344,600	Rhein Radar	Nattenheim Sector
344,700	Düsseldorf Radar	WR 2
344,750	Rhein Radar	Sector Sollingen
344,875	Wittmundhafen	Luftwaffe
344,900	Geilenkirchen GCA	NATO AWACS
	Niederstetten Stetten Final	Heeresflieger
345,100	Rhein Radar	Sector Nattenheim NE 3
345,200	Mendig GCA	Heeresflieger Kanal 09

346,600	Mendig Tower	Heeresflieger
	Rotenburg/Wümme Romeo Tower	Heeresflieger
346,650	Giebelstadt Airfield Tower	US Army
346,775	Kiel-Holtenau	Marineflieger Kanal 19
355,700	Spangdahlem	US Air Force 53 FS Air-to-Air
356,050	Brockzetel Round Up Radar	CRC/GCI
356,200	Hohn	Luftwaffe
356,250	Erding Tower	Luftwaffe
356,300	Frankfurt Radar	CVFR-Gebiet
356,375	Schleswig-Jagel GCA	Marineflieger
356,725	Berlin Radar	UR 2
356,800	Bremen Radar	Bremen ACC/FIC Area Radar
356,925	Berlin Radar	Ausweichfrequenz
357,000	Werl Tower	
357,300	Neuburg Ingo GCA	Luftwaffe
357,350	Ingolstadt Radar	Luftwaffe
	Manching Final Radar	Luftwaffe
357,375	Nordholz TAC	Marineflieger
357,475	Lechfeld	Luftwaffe JBG 32 2 St Ops
357,550	Spangdahlem	US Air Force 53 FS Air-to-Air
358,000	Berlin-Tempelhof Tower	
358,225	Memmingen GCA	Luftwaffe
358,400	Nörvenich Pluto Wing Ops	Luftwaffe
358,475	Frankfurt Radar	MR Monitor Baumholder
358,550	Manching Ingo Radar	Luftwaffe
358,575	Erfurt-Bindersleben Tower	
	Frankfurt Radar	Notfallfrequenz
358,600	Berlin-Schönefeld Tower	PL 1
359,000	Spangdahlem	US Air Force 53 FS Air-to-Air
359,050	Nörvenich	JBG 31 Ops TAC 2
359,100	Geilenkirchen	Magic Spare Fighter Control
359,175	Brüggen	Nordhorn Range
	Nordhorn Range Tower	NATO
359,300	Heeresflieger	Koordinierung Gebiergsflug
359,500	Berlin Radar	Ausweichfrequenz
359,525	Nordholz GCA	GCA
359,800	Düsseldorf Radar	Militärische Flüge Reserve
359,850	Maastricht Radar	
360,000	Spangdahlem	US Air Force 53 FS Air-to-Air
360,450	Wittmundhafen	Luftwaffe
360,550	Rhein Radar	Reservefrequenz Ost Sectoren
360,750	Büchel Tower	Luftwaffe JBG 33
	Itzehoe Hungriger Wolf Final Radar	Heeresflieger
360,800	Bremen Radar	NATO Tanker Bremen
	Gütersloh Approach	Royal Airforce
	Manching Ingo Radar	Luftwaffe
361,100	Meßstetten Sweetapple Radar	CRC/GCI
361,300	Düsseldorf Radar	Area Radar
361,325	Erndtebrück Loneship Radar	CRC/GCI
361,650	Brockzetel Round Up Radar	CRC/GCI
361,700	Brekendorf Bugle Radar	CRC/GCI
361,900	Brüggen Ground	Royal Airforce
362,000	Bremen Radar	SR 2
362,050	Lippe Radar	MR Monitor Gini Kim
362,100	München Radar	UAC UR 1/NR 2/4

362,250	Maastricht Radar	Ruhr Sector
362,300	NATO Tower	Kanal 6
	Berlin Radar	Wachfrequenz
	Bremen Radar	Wachfrequenz
	Brüggen Approach	Royal Airforce
	Büchel	Luftwaffe JBG 33
	Düsseldorf Radar	NATO Kanal 6
	Eggebek Egmont Approach	Marineflieger MFG 2
	Frankfurt Radar	Wachfrequenz
	Geilenkirchen Approach	NATO AWACS
	Gütersloh Approach	Royal Airforce
	Hohn Approach	Luftwaffe
	Hopsten Approach	Luftwaffe
	Jever Approach	Luftwaffe
	Laarbruch Approach	Royal Airforce
	Lippe Radar	Militärische Wachfrequenz
	Memmingen Approach	Luftwaffe
	Mendig Radar	Heeresflieger
	München Radar	Wachfrequenz
	Neuburg Approach	Luftwaffe
	Nordholz Approach	Marineflieger
	Rhein Radar	Militärische Wachfrequenz
	Rheine-Bentlage Approach	Heeresflieger
	Schleswig-Jagel Approach	Marineflieger
	Wittmundhafen	NATO Approach
	Wunstorf Tower	Luftwaffe
362,350	Hohn	UHF Wing Ops
362,400	Frankfurt Departure	
362,425	Berlin Radar	UR 1
362,500	Spangdahlem	US Air Force
362,575	Eggebek Egmont Tower	Marineflieger MFG 4 Kanal 15
362,700	Bremen Radar	Monitor
363,625	Brüggen Talkdown	Royal Airforce
363,750	Maastricht Radar	
364,000	Kitzingen Airfield Tower	US Army
364,000	Spangdahlem Tower	US Air Force
364,200	NATO Tower	Kanal 5
	Borfink Erwin Complex	NATO
	Büchel	Luftwaffe JBG 33
	Eggebek Egmont Tower	Marineflieger MFG 2
	Geilenkirchen GCA	NATO AWACS
	Glücksburg AWACS	Whitecastle NATO ICF
	Jever GCI	Luftwaffe
	Memmingen GCI	Luftwaffe
	Neuburg GCI	Luftwaffe
	Schleswig-Jagel GCI	Marineflieger
	Spangdahlem GCA	US Air Force
	Westerland Heliport Sylt-Ost	Luftwaffe
364,550	Nordhorn Range Tower	NATO
364,800	Eggebek Egmont Tower	Marineflieger MFG 2
	Schleswig-Jagel	Marineflieger TAC Area C
364,850	Hopsten Tower	Luftwaffe
	Wittmundhafen	Luftwaffe
365,400	Cölpin Mindreader Radar	CRC/GCI
365,450	Spangdahlem	US Air Force
365,550	Memmingen GCA	Luftwaffe
365,725	Erndtebrück Loneship Radar	CRC/GCI
365,800	Cölpin Mindreader Radar	CRC/GCI
366,000	Braunschweig-Waggum Tower	
	Kassel-Calden Tower	

366,750	Brüggen Tower	Royal Airforce
367,150	Wunstorf Tower	Luftwaffe
367,200	Schwäbisch Hall Approach	US Army
367,250	Glücksburg AWACS	Marineflieger
367,400	Kiel-Holtenau	Marineflieger Kanal 07
	Maastricht Radar	
367,500	Erndtebrück Loneship Radar	CRC/GCI
367,600	Laarbruch	Royal Airforce
367,725	Spangdahlem ATIS	US Air Force
367,850	Hanau Airfield Ground	US Army
	Jever Wing Ops	Luftwaffe
368,250	Eggebek Egmont Tower	Marineflieger MFG 2
	Schleswig-Jagel	Copenhagen Radar
368,275	Laarbruch	RAF 3 SQN Air-to-Air
368,350	Faßberg Tower	Heeresflieger Kanal 26
	Rhein Radar	Monitor EDR305B
368,700	Wittmundhafen Wittmund Tower	Luftwaffe
368,750	Diepholz Tower	Luftwaffe LTG 62 (LTG)
368,775	Freising Coldtrack Radar	CRC/GCI
368,800	Jever Tower	Luftwaffe
	Schleswig-Jagel Tower	Marineflieger
369,150	Maastricht Radar	Olno Sector
369,225	Schleswig-Jagel Wing Ops	Marineflieger
369,250	Roth Tower	Heeresflieger Kanal 09
369,300	Giebelstadt Airfield Tower	US Army
369,300	Laage Tower	Luftwaffe
	Nörvenich Tower	Luftwaffe Kanal 14
369,575	Kiel-Holtenau	Marineflieger Kanal 13
369,800	Giebelstadt Airfield Tower	US Army
369,925	Spangdahlem	US Air Force 53 FS Air-to-Air
370,100	Fürstenfeldbruck Fursty Ground Control	Luftwaffe
370,150	Hohn	Luftwaffe
370,250	Hohn	Luftwaffe
370,450	Freising Coldtrack Radar	CRC/GCI
370,500	Geilenkirchen	NATO AWACS
370,900	Laupheim Lima Tactical	Heeresflieger Kanal 20
370,950	Ramstein AMC Command	US Air Force
371,000	Wiesbaden-Erbenheim	US Army 1 MIB Air-to-Air
371,200	Büchel	Luftwaffe JBG 33
	Hohn	Southem Fixer (WFU)
	Neuburg	Southem Fixer (WFU)
371,250	Düsseldorf Radar	CAC Geilenkirchen
371,700	München Radar	NR 3
371,800	Laarbruch Approach	Royal Airforce
372,250	Erding Homer	Luftwaffe
372,400	Rhein Radar	Würzburg Sector
372,500	München Radar	ICF East
	Neuburg Ingo GCA	Luftwaffe
372,525	Berlin Radar	SR 1
372,650	Hamburg Approach	
372,700	Düsseldorf Radar	OAT South
372,750	Baumholder Airfield Tower	US Army
	Bonames Maurice Rose Tower	US Army
	Illesheim Tower	US Army
372,825	Meßstetten Sweetapple Radar	CRC/GCI
373,200	Brekendorf Bugle Radar	CRC/GCI

373,400	Eggebek Egmont Tower	Marineflieger MFG 2
373,500	Ramstein Command Post	US Air Force
373,800	Frankfurt Radar	SR 4
374,000	Erndtebrück Loneship Radar	CRC/GCI
374,200	Stuttgart Operations	US Army
374,300	Stuttgart Operations	US Army
374,375	Hopsten	LuftwaffeJG 72 1 St Ops
374,400	Büchel Tower	Luftwaffe JBG 33
374,700	Nörvenich Nörvenich GCA	Luftwaffe Kanal 19
374,775	Spangdahlem	US Air Force
375,000	Ramstein Ground	US Air Force
375,025	Laarbruch Approach	Royal Airforce
375,150	Bremen Radar	OATS Deister
375,250	Faßberg Tower	Heeresflieger Kanal 08
375,300	Rheine-Bentlage GCA	Heeresflieger
375,325	Berlin Information	S-FIR
375,450	Büchel Tower	Luftwaffe JBG 33
375,500	Düsseldorf Radar	Monitor EDR203
375,800	Geilenkirchen	NATO AWACS
375,900	Lippe Radar	Initial Contact North Sector
376,200	Eggebek Egmont Tower	Marineflieger MFG 2
	Schleswig-Jagel	Marineflieger TAC Area A
376,525	Büchel	Luftwaffe JBG 33
	Eggebek Egmont Tower	Marineflieger MFG 2
376,550	Leipzig/Halle Tower	
376,600	München Radar	Militärische Flüge
376,700	Bremen Information	FIR-N
376,750	Ramstein Approach	US Air Force
376,850	Ansbach Heliport Ground	US Army 1st AVN
	Grafenwöhr Airfield Ground	US Army
	Kitzingen Airfield Ground	US Army
	Mannheim Coleman Airfield Ground	US Army
	Schwäbisch Hall Ground	US Army
377,150	Erndtebrück Loneship Radar	CRC/GCI
377,275	Freising Coldtrack Radar	CRC/GCI
377,725	Brockzetel Round Up Radar	CRC/GCI
377,800	Ramstein MAC Airlift Comd	US Air Force
377,825	Brekendorf Bugle Radar	CRC/GCI
378,050	Geilenkirchen	NATO AWACS
378,175	Nordholz GCA	GCA
378,250	Heidelberg Airfield GCA	US Army
	Kiel-Holtenau GCA	Marineflieger Kanal 16
378,300	Faßberg Tower	Heeresflieger Kanal 22
	Rhein Radar	MR Monitor Erika Sandy
378,450	Köln/Bonn Ramp	Luftwaffe
378,700	Rhein Radar	Eifel Control Approach
378,900	Geilenkirchen	TLP Ops
379,000	Büchel	Luftwaffe JBG 33
	Ramstein METRO	US Air Force
	Rhein Radar	Monitor EDR204
	Stuttgart Metro	US Army
379,125	Kiel-Holtenau	Marineflieger Kanal 27
379,250	Heidelberg	US Army Duke Ops
379,300	Bremen Monitor	WR 5 TRA 201/S Bremen
379,400	Lechfeld	Luftwaffe JBG 32 1 St Ops
379,575	Eggebek Egmont Tower	Marineflieger MFG 2

379,750	Rhein Radar	Frankfurt Sector
379,800	Hohn Homer	Luftwaffe
	München Radar	Militärische Flüge
379,825	Gütersloh Final	Royal Airforce
379,850	Memmingen	Siegenburg Range
	Neuburg	Siegenburg Range
	Ramstein Tower	US Air Force
379,925	Berlin Radar	NR 1
379,950	Lippe Radar	Area Radar
380,000	Geilenkirchen	Magic Spare Fighter Control
380,075	Büchel Radar	Luftwaffe JBG 33
	Nordholz Gefechtsstand	Marineflieger
380,100	Nordholz TAC	Marineflieger
380,450	Laarbruch Talkdown	Royal Airforce
380,750	Büchel	Luftwaffe JBG 33
381,000	Eggebek Egmont Tower	Marineflieger MFG 2
381,100	Düsseldorf Radar	Luftraum C/T-FIS Köln-Bonn
381,150	Eggebek Egmont Tower	Marineflieger MFG 2
	München Radar	WR
	Schleswig-Jagel GCA	Marineflieger
381,250	Holzdorf Final Radar	Luftwaffe
381,300	Spangdahlem Tower	US Air Force
381,650	München Radar	CAC Ingolstad/Neuburg
382,400	Schwäbisch Hall Tower	US Army
382,450	Maastricht Radar	Brüssel Sector
382,600	Brüggen Reddoor Ops	Royal Airforce
382,900	Brüggen Clutch Radar	Royal Airforce
382,950	Memmingen Tower	Luftwaffe
383,175	Spangdahlem	US Air Force 53 FS Air-to-Air
383,350	Jever GCA	Luftwaffe
383,400	München Radar	
383,450	Rheine-Bentlage GCA	Heeresflieger
383,500	Neuburg Donau GCA	Luftwaffe Kanal 18
384,225	Brüggen Approach	Royal Airforce
384,350	Geilenkirchen	Datenfunk
	Köln/Bonn Tower	Luftwaffe
384,650	Nörvenich Tower	Luftwaffe
385,200	Bremen Information	FIR-S
385,300	Erndtebrück Loneship Radar	CRC/GCI
385,400	NATO Tower	Kanal 3
	Brüggen Final Radar	Royal Airforce
	Büchel	Luftwaffe JBG 33
	Bückeburg Radar	Heeresflieger HFWS/VS
	Eggebek Egmont Tower	Marineflieger MFG 2
	Faßberg Radar	Heeresflieger
	Geilenkirchen Final	NATO AWACS
	Hohn Final	Luftwaffe
	Holzdorf Radar	Luftwaffe
	Hopsten Final	Luftwaffe
	Jever Final	Luftwaffe
	Laage Radar	Luftwaffe
	Laarbruch Final	Royal Airforce
	Landsberg Radar	Luftwaffe
	Manching Ingo GCA	Luftwaffe
	Memmingen Final	Luftwaffe
	Mendig Tower	Heeresflieger
	Neuburg Final	Luftwaffe
	Niederstetten Stetten GCA	Heeresflieger

385,400	Nordholz Final	Marineflieger
	Nörvenich Nörvenich Final	Luftwaffe
	Rheine-Bentlage Radar	Heeresflieger
	Schleswig-Jagel Radar	Marineflieger
	Wittmundhafen	NATO Final
	Wunstorf Radar	Luftwaffe
385,525	Spangdahlem	US Air Force HQ
385,550	Rhein Radar	Sector Frankfurt/ICF East
385,900	Luftwaffe	Air-to-Ground
386,550	Glücksburg AWACS	Marineflieger
386,700	Gütersloh Tower	Royal Airforce
386,725	Berlin Radar	TRD Dresden
386,800	Frankfurt Radar	SR 1/SR 2
386,800	Maastricht Radar	
	Schleswig-Jagel Tower	Marineflieger
386,900	Lechfeld GCA	Luftwaffe
387,050	Ramstein Camera Command	US Air Force 86 AW
387,200	Fritzlar Tower	Heeresflieger HFR 36
387,250	Düsseldorf Radar	Militärische Flüge
387,625	Berlin Radar	NR 2
387,675	Berlin Radar	TRL/C Anflug Leipzig/Halle
388,800	Frankfurt Radar	SR 1/SR 2
389,050	Glücksburg AWACS	Marineflieger
389,350	Berlin Radar	WR 2
389,650	Rhein Radar	Initial Contact Frequency
389,950	Nörvenich Tower	Luftwaffe
395,050	Erndtebrück Loneship Radar	CRC/GCI
395,100	Hanau Airfield Tower	US Army
395,950	Eggebek Weser Radar	Marineflieger MFG 2
396,250	Düsseldorf	Initial Contact
396,350	Bremen Radar	OR 3
396,550	Gütersloh Ground	Royal Airforce
396,650	Hohn Tower	Luftwaffe
397,050	München Radar	WR
397,575	Spangdahlem	US Air Force 81 FS Panther Ops
397,600	Neubrandenburg Tower	Luftwaffe
397,700	Eggebek Egmont Tower	Marineflieger MFG 2
398,400	Düsseldorf Radar	Arrival Süd
	Neubrandenburg Radar	Luftwaffe
398,450	Hamburg Tower	Prüffrequenz
398,575	Spangdahlem	US Air Force 53 FS Air-to-Air
398,950	Geilenkirchen	Magic ACI Fighter Control
399,050	Geilenkirchen	Magic ACI Fighter Control
399,850	Eggebek Egmont Tower	Marineflieger MFG 2
406,025	Notfallpositionssender (EPIRB - Emergency Position Indicationg Radiobeacon)	

CTR	ICAO-Code	IATA-Code
Altenburg	**EDAC**	**AOC**
Name	**Höhe über N.N.**	**Referenzpunkt**
Nobitz	641 ft/195 m	50°58'55" N 012°30'23" E

Start- und Landebahnen

Bahn	Länge	ILS/LLZ	ILS-Id	GP-Freq	NDB	Freq
04	2095 m				ABU	330 kHz
22	2095 m	108,700 MHz	IALW	330,500 MHz		
DME		115,300 MHz	AGD			

Sprechfunkfrequenzen

ATIS	Tower	Apron	Ground
	123,575 MHz		

Volmet	De-Icing	Airport-Operations	FIS
			125,800 MHz Berlin Info

Bemerkungen: Telefon Ops 03447-590150

Approach	Arrival	Departure	CVFR-Radar
124,175 MHz Berlin Radar		124,175 MHz Berlin Radar	

Area Control Center (ACC)

Sektor/Frequenz	Sektor/Frequenz	Sektor/Frequenz	Sektor/Frequenz

CTR	ICAO-Code	IATA-Code
Augsburg	**EDMA**	**AGB**
Name	**Höhe über N.N.**	**Referenzpunkt**
	1515 ft/462 m	48°25'31" N 010°55'54" E

Start- und Landebahnen

Bahn	Länge	ILS/LLZ	ILS-Id	GP-Freq	NDB	Freq
07	1280 m				AGB	318 kHz
25	1280 m	108,500 MHz	AUG	329,900 MHz		
DME		115,900 MHz	AUG			

Sprechfunkfrequenzen

ATIS	Tower	Apron	Ground
124,575 MHz	124,975 MHz		

Volmet	De-Icing	Airport-Operations	FIS
		130,000 MHz IQ	126,950 MHz München Info

Bemerkungen: Telefon OPS 0821-704095

Approach	Arrival	Departure	CVFR-Radar
128,250 MHz München Radar		128,250 MHz München Radar	

Area Control Center (ACC)

Sektor/Frequenz	Sektor/Frequenz	Sektor/Frequenz	Sektor/Frequenz

CTR	ICAO-Code	IATA-Code
Barth	**EDBH**	**BBH**
Name	**Höhe über N.N.**	**Referenzpunkt**
	22 ft/7 m	54°20'17" N 012°42'36" E

Start- und Landebahnen

Bahn	Länge	ILS/LLZ	ILS-Id	GP-Freq	NDB	Freq
09	1200 m				BTH	373 kHz
27	1200 m					
DME		115,400 MHz	BHD			

Sprechfunkfrequenzen

ATIS	Tower	Apron	Ground
	118,075 MHz		

Volmet	De-Icing	Airport-Operations	FIS
		122,300 MHz Segelflug	126,350 MHz Berlin Info

Bemerkungen: Telefon OPS 038231-551

Approach	Arrival	Departure	CVFR-Radar
126,425 MHz Berlin Radar		126,425 MHz Berlin Radar	

Area Control Center (ACC)

Sektor/Frequenz	Sektor/Frequenz	Sektor/Frequenz	Sektor/Frequenz

CTR	ICAO-Code	IATA-Code
Bayreuth	**EDQD**	**BYU**
Name	**Höhe über N.N.**	**Referenzpunkt**
	1601 ft/488 m	49°59'04" N 011°38'19" E

Start- und Landebahnen

Bahn	Länge	ILS/LLZ	ILS-Id	GP-Freq	NDB	Freq
06	895 m				BAZ	420 kHz
25	895 m					
DME		110,600 MHz	BAZ			

Sprechfunkfrequenzen

ATIS	Tower	Apron	Ground
	127,525 MHz		

Volmet	De-Icing	Airport-Operations	FIS
			127,975 MHz Nürnberg Info

Bemerkungen:

Approach	Arrival	Departure	CVFR-Radar
118,975 MHz Nürnberg Radar		118,975 MHz Nürnberg Radar	

Area Control Center (ACC)

Sektor/Frequenz	Sektor/Frequenz	Sektor/Frequenz	Sektor/Frequenz

CTR/INT	ICAO-Code	IATA-Code
Berlin	**EDDB**	**SXF**
Name	**Höhe über N.N.**	**Referenzpunkt**
Schönefeld	155 ft/47 m	52°22'43" N 013°31'15" E

Start- und Landebahnen

Bahn	Länge	ILS/LLZ	ILS-Id	GP-Freq	LO	Freq
07R	3000 m	110,700 MHz	ISSE	330,200 MHz	MW	309 kHz
25L	3000 m	109,900 MHz	ISSW	333,800 MHz	SL	299 kHz
07L	2700 m					
25R	2700 m	110,300 MHz	SLR	335,000 MHz	SL	299 kHz
DME		114,400 MHz	SDD			

Sprechfunkfrequenzen

ATIS	Tower	Apron	Ground
124,950 MHz	120,025 MHz 127,875 MHz		121,600 MHz 121,800 MHz

Volmet	De-Icing	Airport-Operations	FIS
128,400 MHz		129,750 MHz OGD 130,550 MHz AHS 131,850 MHz DE	121,050 MHz 125,800 MHz 126,350 MHz

Bemerkungen:

Approach	Arrival	Departure	CVFR-Radar
	119,625 MHz 127,125 MHz 132,700 MHz	119,500 MHz 120,625 MHz	121,050 MHz

Area Control Center (ACC) "Berlin Radar"

Sektor/Frequenz	Sektor/Frequenz	Sektor/Frequenz	Sektor/Frequenz
NR1 126,425 MHz NR2 136,050 MHz	WR1 123,225 MHz WR2 133,575 MHz	OR1 136,450 MHz SR1 131,050 MHz	**UAC** UR1 119,425 MHz UR2 126,550 MHz UR3 120,275 MHz

CTR/INT	ICAO-Code	IATA-Code
Berlin	**EDDT**	**TXL**
Name	**Höhe über N.N.**	**Referenzpunkt**
Tegel	121 ft/37 m	52°33'35" N 013°17'16" E

Start- und Landebahnen

Bahn	Länge	ILS/LLZ	ILS-Id	GP-Freq	NDB	Freq
08L	3023 m	109,100 MHz	ITLE	331,400 MHz	RW	392 kHz
26R	3023 m	110,100 MHz	ITLW	334,400 MHz	GL	321 kHz
08R	2424 m	108,500 MHz	ITGE	329,900 MHz	RW	392 kHz
26L	2424 m	109,300 MHz	ITGW	332,000 MHz	GL	321 kHz

Sprechfunkfrequenzen

ATIS	Tower	Apron	Ground
112,300 MHz 124,950 MHz 125,900 MHz	118,700 MHz 124,525 MHz		121,750 MHz 121,925 MHz

Volmet	De-Icing	Airport-Operations	FIS
		130,025 MHz ST 130,425 MHz AB 130,550 MHz AHS 131,775 MHz AHS	121,050 MHz 125,800 MHz 126,350 MHz

Bemerkungen:

Approach	Arrival	Departure	CVFR-Radar
	119,625 MHz 127,125 MHz 132,700 MHz	119,500 MHz 120,625 MHz	121,050 MHz

Area Control Center (ACC) - "Berlin Radar"

Sektor/Frequenz	Sektor/Frequenz	Sektor/Frequenz	Sektor/Frequenz
NR1 126,425 MHz NR2 136,050 MHz	WR1 123,225 MHz WR2 133,575 MHz	OR1 136,450 MHz SR1 131,050 MHz	**UAC** UR1 119,425 MHz UR2 126,550 MHz UR3 120,275 MHz

CTR/INT	ICAO-Code	IATA-Code
Berlin	**EDDI**	**THF**
Name	**Höhe über N.N.**	**Referenzpunkt**
Tempelhof	164 ft/50 m	52°28'25" N 013°24'06" E

Start- und Landebahnen

Bahn	Länge	ILS/LLZ	ILS-Id	GP-Freq	NDB	Freq
09R	2116 m	109,700 MHz	IDBR	333,200 MHz	DBR	347 kHz
27L	2116 m	109,500 MHz	IDLB	332,600 MHz	DIP	327 kHz
09L	2094 m				DBR	347 kHz
27R	2094 m				DIP	327 kHz
DME		114,100 MHz	TOF			

Sprechfunkfrequenzen

ATIS	Tower	Apron	Ground
114,100 MHz 126,025 MHz	118,100 MHz 119,575 MHz		121,950 MHz

Volmet	De-Icing	Airport-Operations	FIS
		130,850 MHz IQ 131,550 MHz BAS 131,775 MHz MAS	121,050 MHz

Bemerkungen:

Approach	Arrival	Departure	CVFR-Radar
	119,625 MHz 127,125 MHz 132,700 MHz	119,500 MHz 120,625 MHz	121,050 MHz

Area Control Center (ACC) - "Berlin Radar"

Sektor/Frequenz	Sektor/Frequenz	Sektor/Frequenz	Sektor/Frequenz
NR1 126,425 MHz NR2 136,050 MHz	WR1 123,225 MHz WR2 133,575 MHz	OR1 136,450 MHz SR1 131,050 MHz	**UAC** UR1 119,425 MHz UR2 126,550 MHz UR3 120,275 MHz

CTR	ICAO-Code	IATA-Code
Braunschweig	**EDVE**	**BWE**
Name	**Höhe über N.N.**	**Referenzpunkt**
Waggum	291 ft/89 m	52°19'09" N 010°33'22" E

Start- und Landebahnen

Bahn	Länge	ILS/LLZ	ILS-Id	GP-Freq	NDB	Freq
08	1560 m				BRU	427 kHz
26	1560 m	108,500 MHz	BWG			

Sprechfunkfrequenzen

ATIS	Tower	Apron	Ground
136,950 MHz	119,350 MHz 366,000 MHz		

Volmet	De-Icing	Airport-Operations	FIS
		123,375 MHz Segelflug	120,225 MHz Hannover Radar

Bemerkungen:

Approach	Arrival	Departure	CVFR-Radar
131,325 MHz Hannover Radar		131,325 MHz Hannover Radar	

Area Control Center (ACC)

Sektor/Frequenz	Sektor/Frequenz	Sektor/Frequenz	Sektor/Frequenz

CTR/INT	ICAO-Code	IATA-Code
Bremen	**EDDW**	**BRE**
Name	**Höhe über N.N.**	**Referenzpunkt**
	13 ft/4 m	53°02'51" N 008°47'12" E

Start- und Landebahnen

Bahn	Länge	ILS/LLZ	ILS-Id	GP-Freq	NDB	Freq
09	2040 m	110,300 MHz	IBMN	335,000 MHz	BW	276,5 k
27	2040 m	110,900 MHz	DLR	330,800 MHz	BMN	346,5 k

Sprechfunkfrequenzen

ATIS	Tower	Apron	Ground
117,450 MHz 136,950 MHz	118,500 MHz 118,575 MHz		121,750 MHz

Volmet	De-Icing	Airport-Operations	FIS
127,400 MHz		130,550 MHz AHS 131,925 MHz LH 131,875 MHz LHFT	119,825 MHz 125,100 MHz 135,700 MHz

Bemerkungen:

Approach	Arrival	Departure	CVFR-Radar
119,450 MHz 125,650 MHz		119,450 MHz 125,650 MHz	119,450 MHz 277,700 MHz

Area Control Center (ACC) - "Bremen Radar"

Sektor/Frequenz	Sektor/Frequenz	Sektor/Frequenz	Sektor/Frequenz
NR4 118,550 MHz NR5 128,775 MHz	WR2 124,075 MHz WR4 124,650 MHz WR5 282,050 MHz WR5 276,900 MHz WR5 379,300 MHz	OR2 124,800 MHz OR3 125,850 MHz OR4 125,025 MHz	SR1 123,925 MHz SR2 125,350 MHz SR3 126,650 MHz SR4 125,500 MHz SR5 120,350 MHz

CTR	ICAO-Code	IATA-Code
Dortmund	**EDLW**	**DTM**
Name	**Höhe über N.N.**	**Referenzpunkt**
Wickede	419 ft/128 m	51°31'06" N 007°36'44" E

Start- und Landebahnen

Bahn	Länge	ILS/LLZ	ILS-Id	GP-Freq	NDB	Freq
06	1450 m	110,300 MHz	IDWE		DWI	357 kHz
24	1450 m	110,300 MHz	IDWW	335,000 MHz		
DME		117,600 MHz	DWD			

Sprechfunkfrequenzen

ATIS	Tower	Apron	Ground
	134,175 MHz 314,700 MHz		
Volmet	**De-Icing**	**Airport-Operations**	**FIS**
		130,250 MHz EW	118,650 MHz Düsseldorf Radar

Bemerkungen:

Approach	Arrival	Departure	CVFR-Radar
125,225 Düsseldorf Radar		125,225 MHz Düsseldorf Radar	

Area Control Center (ACC)

Sektor/Frequenz	Sektor/Frequenz	Sektor/Frequenz	Sektor/Frequenz

CTR/INT	ICAO-Code	IATA-Code
Dresden	**EDDC**	**DRS**
Name	**Höhe über N.N.**	**Referenzpunkt**
	755 ft/230 m	51°07'56" N 013°46'02" E

Start- und Landebahnen

Bahn	Länge	ILS/LLZ	ILS-Id	GP-Freq	LO	Freq
04	2500 m	110,500 MHz	IDRE	329,600 MHz		
22	2500 m	109,700 MHz	IDRW	333,200 MHz	FS	374 kHz
DME		116,900 MHz	DND			
DVOR		114,350 MHz	DRN			

Sprechfunkfrequenzen

ATIS	Tower	Apron	Ground
118,875 MHz	122,925 MHz	121,750 MHz	121,900 MHz

Volmet	De-Icing	Airport-Operations	FIS
		130,600 MHz FGD 131,925 MHz LH 136,825 MHz LH	125,800 MHz Berlin Info

Bemerkungen:

Approach	Arrival	Departure	CVFR-Radar
127,700 MHz Director		125,625 MHz Berlin Radar	125,625 MHz Berlin Radar

Area Control Center (ACC)

Sektor/Frequenz	Sektor/Frequenz	Sektor/Frequenz	Sektor/Frequenz

CTR/INT				ICAO-Code		IATA-Code
Düsseldorf				**EDDL**		**DUS**
Name				**Höhe über N.N.**		**Referenzpunkt**
Rhein-Ruhr-Flughafen				147 ft/45 m		51°16'51" N 006°45'26" E

Start- und Landebahnen

Bahn	Länge	ILS/LLZ	ILS-Id	GP-Freq	LO	Freq
05R	3000 m	111,500 MHz	IDSE	332,900 MHz	DY	284,5 k
23L	3000 m	109,900 MHz	IDSW	333,800 MHz	LI	417 kHz
15	1630 m					
33	1630 m					
05L	2700 m	109,500 MHz	IDNE	332,600 MHz	DY	284,5 k
23R	2700 m	109,300 MHz	IDNW	332,000 MHz	LI	417 kHz

Sprechfunkfrequenzen

ATIS	Tower	Delivery	Ground
115,150 MHz 123,775 MHz	118,300 MHz	121,775 MHz	121,900 MHz

Volmet	De-Icing	Airport-Operations	FIS
		129,750 MHz OGD 129,950 MHz EUF 130,550 MHz AHS 130,650 MHz LTU 131,925 MHz LH	118,650 MHz 129,875 MHz

Bemerkungen:

Approach	Arrival	Departure	CVFR-Radar
120,050 MHz 128,550 MHz	119,400 MHz	128,850 MHz	118,650 MHz

Area Control Center (ACC)

Sektor/Frequenz	Sektor/Frequenz	Sektor/Frequenz	Sektor/Frequenz
	WR3 124,675 MHz	SR1 387,250 MHz SR2 128,650 MHz SR3 118,750 MHz	OR1 129,175 MHz OR2 126,150 MHz OR3 136,700 MHz OR4 125,225 MHz

CTR	ICAO-Code	IATA-Code
Egelsbach	**EDFE**	
Name	**Höhe über N.N.**	**Referenzpunkt**
	384 ft/117 m	49°57'39" N 008°38'37" E

Start- und Landebahnen

Bahn	Länge	ILS/LLZ	ILS-Id	GP-Freq	ND	Freq
09	900 m	108,300 MHz			EH	386 kHz
27	900 m	109,900 MHz				

Sprechfunkfrequenzen

ATIS	Tower	Apron	Ground
	118,775 MHz	121,725 MHz	

Volmet	De-Icing	Airport-Operations	FIS
			119,150 MHz Frankfurt Radar

Bemerkungen:

Approach	Arrival	Departure	CVFR-Radar
			119,150 MHz Frankfurt Radar

Area Control Center (ACC)

Sektor/Frequenz	Sektor/Frequenz	Sektor/Frequenz	Sektor/Frequenz

CTR/INT	ICAO-Code	IATA-Code
Erfurt	**EDDE**	**ERF**
Name	**Höhe über N.N.**	**Referenzpunkt**
Bindersleben	1036 ft/316 m	50°58'48" N 010°57'29" E

Start- und Landebahnen

Bahn	Länge	ILS/LLZ	ILS-Id	GP-Freq	NDB/LO	Freq
10	2200 m	108,300 MHz	IERE			
28	2200 m	109,900 MHz	IERW	333,800 MHz	ERT	425 kHz
DME		116,300 MHz	EFD			

Sprechfunkfrequenzen

ATIS	Tower	Apron	Ground
136,175 MHz	121,150 MHz	121,900 MHz	121,750 MHz

Volmet	De-Icing	Airport-Operations	FIS
		130,450 MHz TAL 130,650 MHz FGE	125,800 MHz Berlin Info

Bemerkungen:

Approach	Arrival	Departure	CVFR-Radar
132,300 MHz Berlin Radar		132,300 MHz Berlin Radar	

Area Control Center (ACC)

Sektor/Frequenz	Sektor/Frequenz	Sektor/Frequenz	Sektor/Frequenz

CTR/INT	ICAO-Code	IATA-Code
Frankfurt	**EDDF**	**FRA**
Name	**Höhe über N.N.**	**Referenzpunkt**
Rhein-Main-Flughafen	364 ft/111 m	50°02'00" N 008°34'13" E

Start- und Landebahnen

Bahn	Länge	ILS/LLZ	ILS-Id	GP-Freq	LO	LO-Freq
07L	4000 m	110,100 MHz	IFNE	334,400 MHz	FW	382 kHz
25R	4000 M	109,950 MHz	IFNW	332,600 MHz	FR	297 kHz
07R	4000 m	111,100 MHz	IFSE	331,700 MHz	FW	382 kHz
25L	4000 m	110,700 MHz	IFSW	330,200 MHz	FR	297 kHz
26L	2500 m	109,750 MHz versetzter Aufsetzpunkt von RWY 25L				
18	4000 m	Nur für Starts				

Sprechfunkfrequenzen

ATIS	Tower	Apron	Ground
114,200 MHz (1) 118,025 MHz 136,950 MHz	119,900 MHz 124,850 MHz	121,700 MHz 121,850 MHz (2) 121,950 MHz (3)	121,800 MHz 121,900 MHz (4)

Bemerkungen: (1) FFM-VOR (2) Apron-West (3) Apron-East (4) Initial Call

Volmet	De-Icing	Airport-Operations	FIS
127,600 MHz (1) 135,775 MHz (2)	121,750 MHz 135,775 MHz	130,100 MHz FAG 130,050 MHz DFS 130,100 MHz DFS 130,150 MHz LH 131,750 MHz LH	119,150 MHz 120,575 MHz (3) 123,325 MHz (4) 123,525 MHz (5)

Bemerkungen: (1) Deutschland (2) Europa (3) Süd und Ost (4) West (5) CVFR-Gebiet

Approach	Arrival	Departure	CVFR-Radar
120,800 MHz 252,450 MHz 399,550 MHz	118,500 MHz 124,200 MHz 340,600 MHz	120,150 MHz 120,425 MHz 252,450 MHz 362,400 MHz	119,150 MHz 356,300 MHz

Area Control Center (ACC) - "Frankfurt Radar"

Sektor/Frequenz	Sektor/Frequenz	Sektor/Frequenz	Sektor/Frequenz
NR1 124,900 MHz NR2 124,725 MHz NR3 127,725 MHz NR4 124,425 MHz NR6 119,075 MHz NR7 123,525 MHz	WR1 124,475 MHz WR2 124,375 MHz WR4 125,600 MHz WR5 125,600 MHz	SR1 127,500 MHz SR2 127,050 MHz SR3 131,300 MHz SR4 129,675 MHz SR5 129,675 MHz	OR1 120,575 MHz OR2 125,200 MHz OR3 125,400 MHz OR4 120,450 MHz OR5 135,725 MHz OR6 134,200 MHz

CTR	ICAO-Code	IATA-Code
Friedrichshafen	**EDNY**	**FDH**
Name	**Höhe über N.N.**	**Referenzpunkt**
Löwenthal	1366 ft/416 m	47°40'13" N 009°30'42" E

Start- und Landebahnen

Bahn	Länge	ILS/LLZ	ILS-Id	GP-Freq	NDB	Freq
06	2356 m	111,900 MHz	IFHE	331,100 MHz	FHA	473 kHz
24	2356 m	111,900 MHz	IFHW	331,100 MHz		
DME		112,600 MHz	FHD			

Sprechfunkfrequenzen

ATIS	Tower	Apron	Ground
129,600 MHz	124,350 MHz 336,400 MHz		

Volmet	De-Icing	Airport-Operations	FIS
		130,650 MHz DBA 131,925 MHz LH	126,950 MHz München Info

Bemerkungen:

Approach	Arrival	Departure	CVFR-Radar
119,925 MHz Zürich Arrival	119,925 MHz Zürich Arrival	119,925 MHz Zürich Arrival	

Area Control Center (ACC)

Sektor/Frequenz	Sektor/Frequenz	Sektor/Frequenz	Sektor/Frequenz

CTR	ICAO-Code	IATA-Code
Hahn	**EDFH**	**HHN**
Name	**Höhe über N.N.**	**Referenzpunkt**
Rhein-Mosel-Flughafen	1649 ft/503 m	49°56'54" N 007°15'51" E

Start- und Landebahnen

Bahn	Länge	ILS/LLZ	ILS-Id	GP-Freq	NDB	Freq
03	3040 m	109,300 MHz	IHAE	332,000 MHz	HAN	376 kHz
21	3040 m	111,300 MHz	IHAW	332,300 MHz		
DME		116,950 MHz	HND			

Sprechfunkfrequenzen

ATIS	Tower	Apron	Ground
	119,650 MHz 337,450 MHz		

Volmet	De-Icing	Airport-Operations	FIS
		130,450 MHz Ops	123,325 MHz Frankfurt Info

Bemerkungen:

Approach	Arrival	Departure	CVFR-Radar
125,600 MHz Frankfurt Radar		125,600 MHz Frankfurt Radar	

Area Control Center (ACC)

Sektor/Frequenz	Sektor/Frequenz	Sektor/Frequenz	Sektor/Frequenz

CTR/INT	ICAO-Code	IATA-Code
Hamburg	**EDDH**	**HAM**
Name	**Höhe über N.N.**	**Referenzpunkt**
Fuhlsbüttel	53 ft/16 m	50°58'55" N 012°30'23" E

Start- und Landebahnen

Bahn	Länge	ILS/LLZ	ILS-Id	GP-Freq	LO	Freq
05	3250 m	110,500 MHz	IHB	329,600 MHz		
23	3250 m	111,500 MHz	DLH	332,900 MHz	FU	350,5 k
15	3666 m	111,100 MHz	IAM	331,700 MHz	GT	323 kHz
33	3666 m	109,900 MHz	IHHN			

Sprechfunkfrequenzen

ATIS	Tower	Apron	Ground
108,000 MHz 123,125 MHz	126,850 MHz 121,275 MHz	121,700 MHz	121,800 MHz

Volmet	De-Icing	Airport-Operations	FIS
		129,750 MHz IA 130,250 MHz DL 130,550 MHz AHS 131,925 MHz LH	124,625 MHz

Bemerkungen:

Approach	Arrival	Departure	CVFR-Radar
120,600 MHz 124,225 MHz	118,200 MHz 372,650 MHz	120,600 MHz 124,225 MHz	124,625 MHz 372,650 MHz

Area Control Center (ACC)

Sektor/Frequenz	Sektor/Frequenz	Sektor/Frequenz	Sektor/Frequenz

CTR	ICAO-Code	IATA-Code
Hamburg	**EDHI**	**XFW**
Name	**Höhe über N.N.**	**Referenzpunkt**
Finkenwerder (Airbus Werksflugh.)	15 ft/5 m	53°32'07" N 009°50'08" E

Start- und Landebahnen

Bahn	Länge	ILS/LLZ	ILS-Id	GP-Freq	LO	Freq
05	2321	110,700 MHz	HFE	330,200 MHz		
23	2321	108,500 MHz	HFW	329,900 MHz		
DME		108,500 MHz	HFW			

Sprechfunkfrequenzen

ATIS	Tower	Apron	Ground
108,000 MHz 123,125 MHz	123,250 MHz 130,350 MHz 259,150 MHz		

Volmet	De-Icing	Airport-Operations	FIS

Bemerkungen:

Approach	Arrival	Departure	CVFR-Radar
	118,200 MHz Director	120,600 MHz 124,225 MHz Hamburg Radar	

Area Control Center (ACC)

Sektor/Frequenz	Sektor/Frequenz	Sektor/Frequenz	Sektor/Frequenz

CTR/INT	ICAO-Code	IATA-Code
Hannover	**EDDV**	**HAJ**
Name	**Höhe über N.N.**	**Referenzpunkt**
Langenhagen	183 ft/56 m	52°27'37" N 009°49'01" E

Start- und Landebahnen

Bahn	Länge	ILS/LLZ	ILS-Id	GP-Freq	LO	Freq
09R	2340 m	108,700 MHz	IHSE	330,500 MHz	HW	358 kHz
27L	2340 m	109,500 MHz	IHSW	332,600 MHz	HA	320 kHz
09L	3800 m	108,300 MHz	IHNE	334,100 MHz	HW	358 kHz
27R	3800	108,900 MHz	IHNW		HA	320 kHz
09C	780 m					
27C	780 m					

Sprechfunkfrequenzen

ATIS	Tower	Apron	Ground
115,200 MHz 132,125 MHz	120,175 MHz 123,550 MHz		121,950 MHz

Volmet	De-Icing	Airport-Operations	FIS
		130,450 MHz HF 130,550 MHzAHS 131,550 MHz LH 131,775 MHz EW	120,225 MHz

Bemerkungen:

Approach	Arrival	Departure	CVFR-Radar
118,050 MHz 118,150 MHz 131,325 MHz	119,600 MHz	131,325 MHz	120,225 MHz

Area Control Center (ACC)

Sektor/Frequenz	Sektor/Frequenz	Sektor/Frequenz	Sektor/Frequenz

CTR	ICAO-Code	IATA-Code
Heringsdorf	**EDAH**	**HDF**
Name	**Höhe über N.N.**	**Referenzpunkt**
	92 ft/28 m	53°52’43” N 014°09’08” E

Start- und Landebahnen

Bahn	Länge	ILS/LLZ	ILS-Id	GP-Freq	NDB	Freq
10	2300 m				HC	330 kHz
28	2300 m	111,300 MHz	IHEW			
DME		111,300 MHz	IHEW			

Sprechfunkfrequenzen

ATIS	Tower	Apron	Ground
	132,825 MHz 119,700 MHz		

Volmet	De-Icing	Airport-Operations	FIS
			126,350 MHz Berlin Info

Bemerkungen:

Approach	Arrival	Departure	CVFR-Radar
126,425 MHz Berlin Radar		126,425 MHz Berlin Radar	

Area Control Center (ACC)

Sektor/Frequenz	Sektor/Frequenz	Sektor/Frequenz	Sektor/Frequenz

CTR	ICAO-Code	IATA-Code
Hof	**EDQM**	**HOQ**
Name	**Höhe über N.N.**	**Referenzpunkt**
	1958 ft/597 m	50°17'20" N 011°51'18" E

Start- und Landebahnen

Bahn	Länge	ILS/LLZ	ILS-Id	GP-Freq	NDB	Freq
09	1480 m	110,700 MHz	IHOW		HOF	484 kHz
27	1480 m	110,700 MHz	IHOW	330,200 MHz		
DME		110,700 MHz	HOD			

Sprechfunkfrequenzen

ATIS	Tower	Apron	Ground
	124,350 MHz		

Volmet	De-Icing	Airport-Operations	FIS
			127,975 MHz Nürnberg Info

Bemerkungen:

Approach	Arrival	Departure	CVFR-Radar
118,975 MHz 124,350 MHz Nürnberg Radar		118,975 MHz Nürnberg Radar	

Area Control Center (ACC)

Sektor/Frequenz	Sektor/Frequenz	Sektor/Frequenz	Sektor/Frequenz

CTR	ICAO-Code	IATA-Code
Ingolstadt	**ETSI**	
Name	**Höhe über N.N.**	**Referenzpunkt**
DASA Manching Test Centre	1202 ft/366 m	48°52'58" N 011°32'06" E

Start- und Landebahnen

Bahn	Länge	ILS/LLZ	ILS-Id	GP-Freq	NDB	Freq
07R	2940 m				IGL	345 kHz
25L	2940 m	108,100 MHz	MG			
07L	2440 m					
25R	2440 m					

Sprechfunkfrequenzen

ATIS	Tower	Apron	Ground
	122,100 MHz 129,850 MHz		

Volmet	De-Icing	Airport-Operations	FIS
		129,950 MHz DASA Flight Ops	120,650 MHz München Info

Bemerkungen:

Approach	Arrival	Departure	CVFR-Radar
129,100 MHz München Radar	123,300 MHz 120,600 MHz Ingo Radar	129,100 MHz München Radar	

Area Control Center (ACC)

Sektor/Frequenz	Sektor/Frequenz	Sektor/Frequenz	Sektor/Frequenz

CTR	ICAO-Code	IATA-Code
Karlsruhe	**EDSB**	**FKB**
Name	**Höhe über N.N.**	**Referenzpunkt**
Baden-Airport	407 ft/124 m	48°47'05" N 008°04'55" E

Start- und Landebahnen

Bahn	Länge	ILS/LLZ	ILS-Id	GP-Freq	NDB	Freq
03	2983 m				KBA	431 kHz
21	2983 m	108,750 MHz	IKBW	330,350 MHz		
DME		115,800 MHz	KBD			

Sprechfunkfrequenzen

ATIS	Tower	Apron	Ground
	118,400 MHz		

Volmet	De-Icing	Airport-Operations	FIS
			128,950 MHz Stuttgart Info

Bemerkungen:

Approach	Arrival	Departure	CVFR-Radar
119,200 MHz Stuttgart Radar 120,700 MHz Strassbourg App		119,200 MHz Stuttgart Radar	

Area Control Center (ACC)

Sektor/Frequenz	Sektor/Frequenz	Sektor/Frequenz	Sektor/Frequenz

CTR	ICAO-Code	IATA-Code
Kassel	**EDVK**	**KSF**
Name	**Höhe über N.N.**	**Referenzpunkt**
Calden	907 ft/277 m	51°24'24" N 009°22'27" E

Start- und Landebahnen

Bahn	Länge	ILS/LLZ	ILS-Id	GP-Freq	NDB	Freq
04	1500 m				KSL	349 kHz
22	1500 m	108,100 MHz				
DME		108,900 MHz	KSL			

Sprechfunkfrequenzen

ATIS	Tower	Apron	Ground
	118,100 MHz 366,000 MHz		

Volmet	De-Icing	Airport-Operations	FIS
		130,200 MHz HFS	135,700 MHz Bremen Info

Bemerkungen:

Approach	Arrival	Departure	CVFR-Radar
126,650 MHz Bremen Radar		126,650 MHz Bremen Radar	

Area Control Center (ACC)

Sektor/Frequenz	Sektor/Frequenz	Sektor/Frequenz	Sektor/Frequenz

CTR	ICAO-Code	IATA-Code
Kiel	**EDHK**	**KEL**
Name	**Höhe über N.N.**	**Referenzpunkt**
Holtenau	101 ft/31 m	54°22'46" N 010°08'43" E

Start- und Landebahnen

Bahn	Länge	ILS/LLZ	ILS-Id	GP-Freq	NDB	Freq
08	1260 m	109,500 MHz	IKHE	332,600 MHz	KIL	353 kHz
26	1260 m	109,500 MHz	IKHW	332,600 MHz		
DME			KHD			

Sprechfunkfrequenzen

ATIS	Tower	Apron	Ground
	119,975 MHz	121,900 MHz	

Volmet	De-Icing	Airport-Operations	FIS
			125,100 MHz Bremen Info

Bemerkungen:

Approach	Arrival	Departure	CVFR-Radar
118,550 MHz Bremen Radar		118,550 MHz Bremen Radar	

Area Control Center (ACC)

Sektor/Frequenz	Sektor/Frequenz	Sektor/Frequenz	Sektor/Frequenz

CTR/INT	ICAO-Code	IATA-Code
Köln/Bonn	**EDDK**	**CGN**
Name	**Höhe über N.N.**	**Referenzpunkt**
Konrad-Adenauer-Airport	302 ft/92 m	50°51'58" N 007°08'34" E

Start- und Landebahnen

Bahn	Länge	ILS/LLZ	ILS-Id	GP-Freq	LO	Freq
14L	3815 m	110,900 MHz	KBI	330,800 MHz	LJ	365 kHz
32R	3815 m	109,700 MHz	DLK	333,200 MHz	LV	327 kHz
14R	1863 m					
32L	1863 m					
07	2459 m					
25	2459 m	109,100 MHz	DLW	331,400 MHz	LW	300,5 k

Sprechfunkfrequenzen

ATIS	Tower	Apron	Ground
112,150 MHz 119,025 MHz 136,950 MHz	120,500 MHz 124,975 MHz		121,850 MHz

Volmet	De-Icing	Airport-Operations	FIS
		129,750 MHz OGD 130,150 MHz LH 130,550 MHz AHS 131,875 MHz LH	129,875 MHz Düsseldorf Radar

Bemerkungen:

Approach	Arrival	Departure	CVFR-Radar
120,900 MHz Düsseldorf Radar	121,050 MHz Düsseldorf Arrival	118,750 MHz 128,650 MHz Düsseldorf Radar	129,875 MHz Düsseldorf Radar

Area Control Center (ACC)

Sektor/Frequenz	Sektor/Frequenz	Sektor/Frequenz	Sektor/Frequenz

CTR	ICAO-Code	IATA-Code
Lahr	**EDTL**	
Name	**Höhe über N.N.**	**Referenzpunkt**
Flugplatz Freiburg-Lahr-Offenburg	508 ft/155 m	48°22'09" N 007°49'40" E

Start- und Landebahnen

Bahn	Länge	ILS/LLZ	ILS-Id	GP-Freq	NDB	Freq
03	3000 m				LHR	337 kHz
21	3000 m	109,700 MHz	ILRW			
DME		108,050 MHz	LRD			

Sprechfunkfrequenzen

ATIS	Tower	Apron	Ground
	125,175 MHz		

Volmet	De-Icing	Airport-Operations	FIS
			128,950 MHz Stuttgart Info

Bemerkungen:

Approach	Arrival	Departure	CVFR-Radar
119,200 MHz Stuttgart Radar		119,200 MHz Stuttgart Radar	

Area Control Center (ACC)

Sektor/Frequenz	Sektor/Frequenz	Sektor/Frequenz	Sektor/Frequenz

CTR/INT	ICAO-Code	IATA-Code
Leipzig	**EDDP**	**LEJ**
Name	**Höhe über N.N.**	**Referenzpunkt**
Flughafen Leipzig/Halle	463 ft/141 m	51°24'54" N 012°13'37" E

Start- und Landebahnen

Bahn	Länge	ILS/LLZ	ILS-Id	GP-Freq	LO	Freq
10	2500 m	111,900 MHz	ILZE	331,100 MHz	SK	434 kHz
28	2500 m	110,300 MHz	ILZW	335,000 MHz	MA	357 kHz
DME		112,150 MHz	LED			
VOR		115,850 MHz	LEG			

Sprechfunkfrequenzen

ATIS	Tower	Apron	Ground
120,525 MHz	119,700 MHz 121,100 MHz		121,800 MHz

Volmet	De-Icing	Airport-Operations	FIS
		131,975 MHz LH	125,800 MHz Berlin Info

Bemerkungen:

Approach	Arrival	Departure	CVFR-Radar
124,175 MHz Berlin Radar		124,175 MHz Berlin Radar	124,175 MHz Berlin Radar

Area Control Center (ACC)

Sektor/Frequenz	Sektor/Frequenz	Sektor/Frequenz	Sektor/Frequenz

CTR	ICAO-Code	IATA-Code
Lemwerder	**EDWD**	**XLW**
Name	**Höhe über N.N.**	**Referenzpunkt**
	20 ft/6 m	53°08'36" N 008°37'24" E

Start- und Landebahnen

Bahn	Länge	ILS/LLZ	ILS-Id	GP-Freq	LO	Freq
16	1900 m					
34	1900 m	111,300 MHz	ILEM			
DME		111,300 MHz	ILEM			

Sprechfunkfrequenzen

ATIS	Tower	Apron	Ground
117,450 MHz	122,350 MHz		

Volmet	De-Icing	Airport-Operations	FIS
			119,825 MHz Bremen Info

Bemerkungen:

Approach	Arrival	Departure	CVFR-Radar
125,650 MHz Bremen Radar		125,650 MHz Bremen Radar	119,450 MHz Bremen Radar

Area Control Center (ACC)

Sektor/Frequenz	Sektor/Frequenz	Sektor/Frequenz	Sektor/Frequenz

CTR	ICAO-Code	IATA-Code
Lübeck	**EDHL**	**LBC**
Name	**Höhe über N.N.**	**Referenzpunkt**
Blankensee	53 ft/16 m	53°48'19" N 010°43'09" E

Start- und Landebahnen

Bahn	Länge	ILS/LLZ	ILS-Id	GP-Freq	LO	Freq
07	1800 m	111,700 MHz	ILUE	333,500 MHz	LYE	394 kHz
25	1800 m	111,700 MHz	ILUW	333,500 MHz		
DME		115,650 MHz	LUD			

Sprechfunkfrequenzen

ATIS	Tower	Apron	Ground
	128,700 MHz		

Volmet	De-Icing	Airport-Operations	FIS
			124,625 MHz Hamburg Radar

Bemerkungen:

Approach	Arrival	Departure	CVFR-Radar
124,225 MHz Hamburg Radar		124,225 MHz Hamburg Radar	

Area Control Center (ACC)

Sektor/Frequenz	Sektor/Frequenz	Sektor/Frequenz	Sektor/Frequenz

CTR	ICAO-Code	IATA-Code
Mönchengladbach	**EDLN**	**MGL**
Name	**Höhe über N.N.**	**Referenzpunkt**
Düsseldorf-Express-Airport	123 ft/38 m	51°13'49" N 006°30'16" E

Start- und Landebahnen

Bahn	Länge	ILS/LLZ	ILS-Id	GP-Freq	LO	Freq
13	1200 m	108,950 MHz	IMGE	329,150 MHz		
31	1200 m	111,100 MHz	IMGW			
DME		112,500 MHz	MHD			
DVOR		109,800 MHz	MHV			

Sprechfunkfrequenzen

ATIS	Tower	Apron	Ground
109,800 MHz	118,125 MHz		121,925 MHz 257,800 MHz

Volmet	De-Icing	Airport-Operations	FIS
			118,650 MHz Düsseldorf Radar

Bemerkungen:

Approach	Arrival	Departure	CVFR-Radar
124,675 MHz Düsseldorf Radar		124,675 MHz Düsseldorf Radar	118,650 MHz Düsseldorf Radar

Area Control Center (ACC)

Sektor/Frequenz	Sektor/Frequenz	Sektor/Frequenz	Sektor/Frequenz

CTR/INT	ICAO-Code	IATA-Code
München	**EDDM**	**MUC**
Name	**Höhe über N.N.**	**Referenzpunkt**
Flughafen Franz-Josef-Strauß	1486 ft/453 m	48°21'14" N 011°47'10" E

Start- und Landebahnen

Bahn	Länge	ILS/LLZ	ILS-Id	GP-Freq	LO	Freq
08R	4000 m	110,900 MHz	IMSE	330,800 MHz	MSE	385 kHz
26L	4000 m	108,300 MHz	IMSW	334,100 MHz	MSW	400 kHz
08L	4000 m	110,300 MHz	IMNE	335,000 MHz	MNE	369 kHz
26R	4000 m	108,700 MHz	IMNW	330,500 MHz	MNW	338 kHz

Sprechfunkfrequenzen

ATIS	Tower	Apron	Ground
123,125 MHz	118,700 MHz (1) 120,500 MHz 121,975 MHz (2)	121,775 MHz (3) 121,925 MHz (4)	121,725 MHz Initial 121,975 MHz (1) 121,825 MHz (2)

Bemerkungen: (1) Nord (2) Süd (3) West (4) Ost

Volmet	De-Icing	Airport-Operations	FIS
	121,650 MHz 121,875 MHz 130,600 MHz	130,650 MHz MAS 131,775 MHz EW 131,800 MHz DBA 131,925 MHz LH	120,650 MHz 126,950 MHz

Bemerkungen:

Approach	Arrival	Departure	CVFR-Radar
118,825 MHz Director	120,775 MHz (2) 128,025 MHz (1)	123,900 MHz (1) 127,950 MHz (2) 128,250 MHz	131,225 MHz

Area Control Center (ACC) "München Radar"

Sektor/Frequenz	Sektor/Frequenz	Sektor/Frequenz	Sektor/Frequenz
NR1 124,825 MHz NR2 129,100 MHz NR3 371,700 MHz NR4 132,550 MHz	SR1 124,050 MHz SR2 133,675 MHz WR 129,450 MHz	UAC: HR1 133,750 MHz SR3 134,150 MHz UR1 132,725 MHz UR2 127,375 MHz UR3 132,875 MHz	

CTR/INT	ICAO-Code	IATA-Code
Münster/Osnabrück	**EDDG**	**FMO**
Name	**Höhe über N.N.**	**Referenzpunkt**
	159 ft/48 m	52°08'05" N 007°41'05" E

Start- und Landebahnen

Bahn	Länge	ILS/LLZ	ILS-Id	GP-Freq	NDB	Freq
07	2170 m	111,900 MHz	IMOE	331,100 MHz	MST	305 kHz
25	2170 m	110,100 MHz	IMOW	334,400 MHz	MYN	371 kHz
DME		114,050 MHz	MUB			

Sprechfunkfrequenzen

ATIS	Tower	Apron	Ground
127,175 MHz	129,800 MHz 257,800 MHz		119,900 MHz 121,950 MHz

Volmet	De-Icing	Airport-Operations	FIS
		130,175 MHz LH	129,875 MHz Düsseldorf Info

Bemerkungen:

Approach	Arrival	Departure	CVFR-Radar
136,700 MHz Düsseldorf Radar		136,700 MHz Düsseldorf Radar	

Area Control Center (ACC)

Sektor/Frequenz	Sektor/Frequenz	Sektor/Frequenz	Sektor/Frequenz

CTR/INT	ICAO-Code	IATA-Code
Nürnberg	**EDDN**	**NUE**
Name	**Höhe über N.N.**	**Referenzpunkt**
	1045 ft/319 m	49°29'55" N 011°04'41" E

Start- und Landebahnen

Bahn	Länge	ILS/LLZ	ILS-Id	GP-Freq	LO	Freq
10	2700 m	111,300 MHz	DNB	332,200 MHz		
28	2700 m	109,100 MHz	DLN	331,400 MHz	NB	295 kHz

Sprechfunkfrequenzen

ATIS	Tower	Apron	Ground
123,075 MHz	118,300 MHz	121,800 MHz	118,100 MHz

Volmet	De-Icing	Airport-Operations	FIS
		129,950 MHz Ops 130,850 MHz AF 131,925 MHz LH	127,975 MHz Nürnberg Info

Bemerkungen:

Approach	Arrival	Departure	CVFR-Radar
118,975 MHz 119,525 MHz	119,475 MHz 119,525 MHz	118,975 MHz 119,525 MHz	127,975 MHz

Area Control Center (ACC)

Sektor/Frequenz	Sektor/Frequenz	Sektor/Frequenz	Sektor/Frequenz

CTR	ICAO-Code	IATA-Code
Neubrandenburg	**ETNU**	**FNB**
Name	**Höhe über N.N.**	**Referenzpunkt**
Trollenhagen	228 ft/69 m	53°36'04" N 013°18'22" E

Start- und Landebahnen

Bahn	Länge	ILS/LLZ	ILS-Id	GP-Freq	NDB	Freq
09	2290 m				NRG	357 kHz
27	2290 m					
DME		108,050 MHz	THA			

Sprechfunkfrequenzen

ATIS	Tower	Apron	Ground
	119,175 MHz 122,050 MHz		

Volmet	De-Icing	Airport-Operations	FIS
			126,350 MHz Berlin Info

Bemerkungen:

Approach	Arrival	Departure	CVFR-Radar
129,000 MHz			

Area Control Center (ACC)

Sektor/Frequenz	Sektor/Frequenz	Sektor/Frequenz	Sektor/Frequenz

CTR	ICAO-Code	IATA-Code
Oberpfaffenhofen	**EDMO**	
Name	**Höhe über N.N.**	**Referenzpunkt**
Fairchild-Dornier Werksflughafen	1947 ft/594 m	48°04'53" N 011°16'59" E

Start- und Landebahnen

Bahn	Länge	ILS/LLZ	ILS-Id	GP-Freq	NDB	Freq
04	2286 m				OBI	429
22	2286 m	110,500 MHz	OBI	329,600 MHz		

Sprechfunkfrequenzen

ATIS	Tower	Apron	Ground
	119,550 MHz 122,100 MHz		

Volmet	De-Icing	Airport-Operations	FIS
			126,950 MHz München Info

Bemerkungen:

Approach	Arrival	Departure	CVFR-Radar
	128,025 MHz 120,775 MHz München Arrival	127,950 MHz München Departure	119,050 MHz München Radar

Area Control Center (ACC)

Sektor/Frequenz	Sektor/Frequenz	Sektor/Frequenz	Sektor/Frequenz

CTR	ICAO-Code	IATA-Code
Paderborn	**EDLP**	**PAD**
Name	**Höhe über N.N.**	**Referenzpunkt**
Flughafen Paderborn/Lippstadt	699 ft/213 m	51°36'50" N 008°36'58" E

Start- und Landebahnen

Bahn	Länge	ILS/LLZ	ILS-Id	GP-Freq	NDB	Freq
06	2180 m	111,700 MHz	IPLE	333,500 MHz	PAD	354 kHz
24	2180 m	108,550 MHz	IPLW	329,750 MHz		

Sprechfunkfrequenzen

ATIS	Tower	Apron	Ground
125,725 MHz	118,275 MHz 125,225 MHz		

Volmet	De-Icing	Airport-Operations	FIS
			129,875 MHz Düsseldorf Info

Bemerkungen:

Approach	Arrival	Departure	CVFR-Radar
125,225 MHz 126,150 MHz Düsseldorf Radar		125,225 MHz 126,150 MHz Düsseldorf Radar	

Area Control Center (ACC)

Sektor/Frequenz	Sektor/Frequenz	Sektor/Frequenz	Sektor/Frequenz

CTR	ICAO-Code	IATA-Code
Rostock	**ETNL**	**RLG**
Name	**Höhe über N.N.**	**Referenzpunkt**
Laage AB/Flughafen Rostock-Laage	138 ft/42 m	55°55'01" N 012°16'48" E

Start- und Landebahnen

Bahn	Länge	ILS/LLZ	ILS-Id	GP-Freq	NDB	Freq
10	2500 m	108,550 MHz	ILAE	333,500 MHz	LAG	383 kHz
28	2500 m	108,300 MHz	ILAW	329,750 MHz		
DME		114,250 MHz	LAG			

Sprechfunkfrequenzen

ATIS	Tower	Apron	Ground
	118,425 MHz		

Volmet	De-Icing	Airport-Operations	FIS
			126,350 MHz Berlin Info

Bemerkungen:

Approach	Arrival	Departure	CVFR-Radar
133,625 MHz			

Area Control Center (ACC)

Sektor/Frequenz	Sektor/Frequenz	Sektor/Frequenz	Sektor/Frequenz

CTR/INT	ICAO-Code	IATA-Code
Saarbrücken	**EDDR**	**SCN**
Name	**Höhe über N.N.**	**Referenzpunkt**
Ensheim	1057 ft/322 m	49°12'52" N 007°06'34" E

Start- und Landebahnen

Bahn	Länge	ILS/LLZ	ILS-Id	GP-Freq	LO	Freq
09	2000 m					
27	2000 m	108,700 MHz	DSB	330,500 MHz	SR	360 kHz

Sprechfunkfrequenzen

ATIS	Tower	Apron	Ground
113,850 MHz	118,350 MHz 118,550 MHz		

Volmet	De-Icing	Airport-Operations	FIS
			123,325 MHz Frankfurt Info

Bemerkungen:

Approach	Arrival	Departure	CVFR-Radar
129,675 MHz Frankfurt Radar		129,675 MHz Frankfurt Radar	

Area Control Center (ACC)

Sektor/Frequenz	Sektor/Frequenz	Sektor/Frequenz	Sektor/Frequenz

CTR	ICAO-Code	IATA-Code
Schwerin	**EDOP**	
Name	**Höhe über N.N.**	**Referenzpunkt**
Flughafen Parchim Mecklenburg	165 ft/50 m	53°25'37" N 011°47'01" E

Start- und Landebahnen

Bahn	Länge	ILS/LLZ	ILS-Id	GP-Freq	NDB	Freq
06	3000 m				PI	333 kHz
24	3000 m	108,700 MHz	IPAW	330,500 MHz		
DME		117,500 MHz	PMD			

Sprechfunkfrequenzen

ATIS	Tower	Apron	Ground
	120,000 MHz		

Volmet	De-Icing	Airport-Operations	FIS
			126,350 MHz Berlin Info

Bemerkungen:

Approach	Arrival	Departure	CVFR-Radar
126,425 MHz Berlin Radar		126,425 MHz Berlin Radar	

Area Control Center (ACC)

Sektor/Frequenz	Sektor/Frequenz	Sektor/Frequenz	Sektor/Frequenz

CTR/INT	ICAO-Code	IATA-Code
Stuttgart	**EDDS**	**STR**
Name	**Höhe über N.N.**	**Referenzpunkt**
	1267 ft/386 m	48°41'24" N 009°13'19" E

Start- und Landebahnen

Bahn	Länge	ILS/LLZ	ILS-Id	GP-Freq	LO	Freq
07	3345 m	110,900 MHz	ISTE	330,800 MHz	SY	384 kHz
25	3345 m	109,900 MHz	ISTW	333,800 MHz	SG	306 kHz

Sprechfunkfrequenzen

ATIS	Tower	Apron	Ground
126,125 MHz	118,800 MHz 119,050 MHz	121,700 MHz 121,775 MHz	121,900 MHz

Volmet	De-Icing	Airport-Operations	FIS
		129,750 MHz Ops 130,000 MHz CT 131,925 MHz LH	128,950 MHz

Bemerkungen:

Approach	Arrival	Departure	CVFR-Radar
119,200 MHz 125,050 MHz	119,850 MHz	125,050 MHz	118,600 MHz

Area Control Center (ACC)

Sektor/Frequenz	Sektor/Frequenz	Sektor/Frequenz	Sektor/Frequenz

CTR	ICAO-Code	IATA-Code
Westerland/Sylt	**EDXW**	**GWT**
Name	**Höhe über N.N.**	**Referenzpunkt**
Flughafen Sylt	51 ft/16 m	54°54'42" N 008°20'33" E

Start- und Landebahnen

Bahn	Länge	ILS/LLZ	ILS-Id	GP-Freq	NDB	Freq
06	1696 m				SLT	387 kHz
24	1696 m					
15	2113 m					
33	2113 m	111,500 MHz	IWES	332,900 MHz		
DME		111,500 MHz	WES			

Sprechfunkfrequenzen

ATIS	Tower	Apron	Ground
	119,750 MHz		

Volmet	De-Icing	Airport-Operations	FIS
		130,250 MHz FR 130,600 MHz AL	125,100 MHz Bremen Info

Bemerkungen:

Approach	Arrival	Departure	CVFR-Radar
118,550 MHz 128,775 MHz Bremen Radar		128,775 MHz Bremen Radar	

Area Control Center (ACC)

Sektor/Frequenz	Sektor/Frequenz	Sektor/Frequenz	Sektor/Frequenz

CTR	ICAO-Code	IATA-Code
Zweibrücken	**EDRZ**	
Name	**Höhe über N.N.**	**Referenzpunkt**
	1132 ft/345 m	49°12'34" N 007°24'04" E

Start- und Landebahnen

Bahn	Länge	ILS/LLZ	ILS-Id	GP-Freq	NDB	Freq
03	2950 m				ZBN	435 kHz
21	2950 m					
DME		109,100 MHz	ZND			
VOR		114,800 MHz	ZWN			

Sprechfunkfrequenzen

ATIS	Tower	Apron	Ground
113,850 MHz	123,825 MHz		

Volmet	De-Icing	Airport-Operations	FIS
			123,525 MHz Frankfurt Info

Bemerkungen:

Approach	Arrival	Departure	CVFR-Radar
129,675 MHz Frankfurt Radar		129,675 MHz Frankfurt Radar	

Area Control Center (ACC)

Sektor/Frequenz	Sektor/Frequenz	Sektor/Frequenz	Sektor/Frequenz

Navigation

Grundlagen der Navigation

Im 4. Jahrhundert v. Chr. konnten griechische Mathematiker und Philosophen glaubhaft machen, daß die alten Anschauungen von der Gestalt der Erde als Scheibe, Zylinder oder Würfel nicht zutrafen. Aristoteles, Archimedes und Eratosthenes zogen aus ihren naturwissenschaftlichen Beobachtungen den Schluß, daß die Erde eine Kugel sei oder zumindest eine kugelähnliche Gestalt und eine gekrümmte Oberfläche habe. Eine für damalige Verhältnisse sehr genaue Bestimmung des Erdumfangs gelang Eratosthenes um 250 v.Chr. in Ägypten. Er bestimmte den Umfang mit 250000 Stadien. Eine genaue Übertragung in das metrische System ist nicht möglich, da das Verhältnis von Stadion zu Meter unbekannt ist. Der berechnete Wert dürfte jedoch in der Größenordnung von 39000 bis 46000 Kilometern gelegen haben und kommt dem tatsächlichen Erdumfang vom rund 40000 Kilometern am Äquator sehr nahe.

Heute weiß man, daß die Erde keine Kugel, sondern ein Rotationsellipsoid auf einer elliptischen Umlaufbahn um die Sonne ist. Bei der Navigation geht man jedoch von einer idealen Kugelform mit einem mittleren Radius von 6370 Kilometer aus.

Die örtliche Orientierung auf einem solchen, allseits gekrümmten Körper ist schwierig, da der Körper keinen Anfangs- und keinen Endpunkt hat. Durch zwei natürliche Fixpunkte, die Erdpole, ist es jedoch möglich, der annähernd kugeligen Oberfläche ein sphärische Koordinatensystem anzulegen. Durch die Pole, die als Punkte auf der Erde mit der Rotationsgeschwindigkeit null definiert sind, läßt sich eine Schar von Kreisen legen, die Meridiane, welche die Erde vom Nord- zum Südpol und umgekehrt umspannen. Da die Natur keinen Anfangsmeridian festlegt, mußte dieser bestimmt werden. Aus nationalistischen Gründen gab es im 16. und 17. Jahrhundert in Europa verschiedene Nullmeridiane. Sie verliefen durch die Hauptstädte der jeweiligen Länder, etwa durch Paris, Berlin und Sankt Petersburg. Nationale Kartenwerke waren auf diesen Null-Längengrad bezogen. Eine Anknüpfung an Karten anderer Länder war nicht möglich.

Seit 1884 ist der Meridian, der durch das königliche Observatorium von Greenwich, einem Vorort von London, verläuft, international als Nullmeridian und Festpunkt zur Längengradmessung auf der Erdoberfläche anerkannt. Die Erde wird in dem auf Greenwich bezogenen Gradnetz in 360 Längenkreise, 180 in östlicher und 180 in westlicher Richtung, unterteilt.

Durch die beiden Pole lassen sich auf der Kugeloberfläche zwei Tangentialebenen festlegen, denen sich eine Schar von parallelen Ebenen zuordnen läßt. Die Schnittlinien dieser Ebenen mit der Erdoberfläche werden Parallel- oder Breitenkreise genannt. Alle Breitenkreise treffen unter senkrechtem Winkel auf die Meridiane. Der Breitenkreis, der die Kugel in zwei Hälften, die

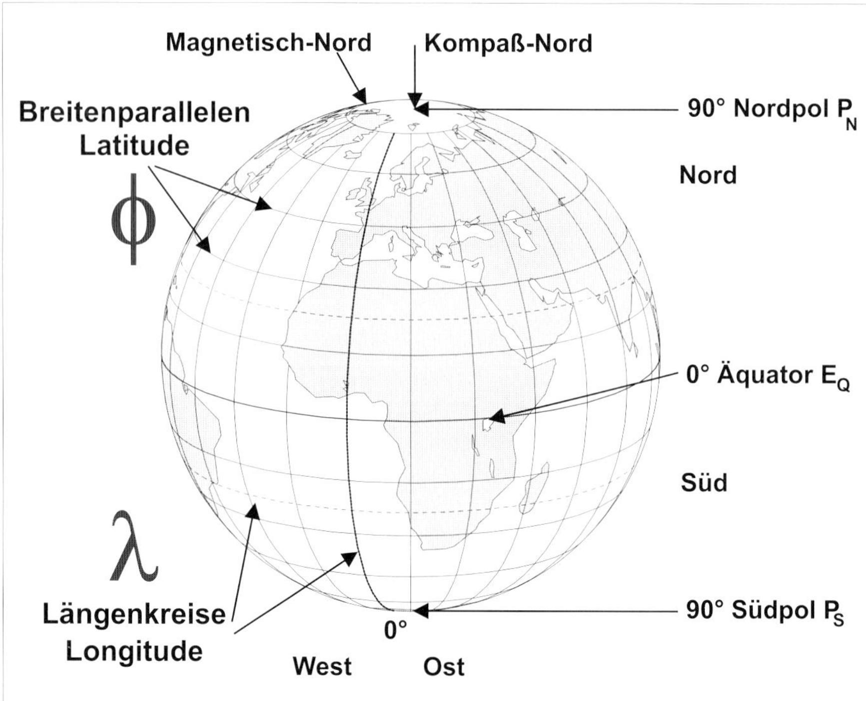

Die Erde und die wichtigsten Begriffe aus der Navigation, Breitenparallelen werden mit den griechischen Buchstaben phi, Längenkreise mit dem griechischen Buchstaben lambda bezeichnet.

nördliche und die südliche halbiert, ist der Null-Breitengrad, der Äquator. Von ihm aus werden die Breitenkreise von 0 bis 90 nach Norden und von 0 bis 90 nach Süden gezählt.

Die Längen zwischen zwei Breitenkreisen nehmen zwischen den Meridianbögen zu den Polen hin ab. Die Meridianbögen sind zwischen zwei Breitenbögen, sofern die Erde als Kugel angesehen wird, gleich groß. Am Äquator sind die Parallelkreisbögen genauso groß wie die Meridianbögen. Die Entfernung von einem Breitengrad zum nächsten beträgt am Äquator ebenso wie die Entfernung zwischen zwei Meridianen 111,2 Kilometer. Die Strecke zwischen zwei Meridianen an anderen Punkten der Erdoberfläche wird durch den Kosinus des Breitenwinkels bestimmt. Beispiel: Am 50. Breitengrad beträgt die Entfernung zwischen dem 8. und dem 9. Meridian cos(50)*111,2 = 71,48 km.

Mit einem solchen sphärischen Koordinatensystem ist jeder Ort auf der Erde durch seine geographische Breite und Länge eindeutig festlegbar und auf jedem Kartenwerk mit Koordinatensystem auffindbar. Orte, die zwischen dem

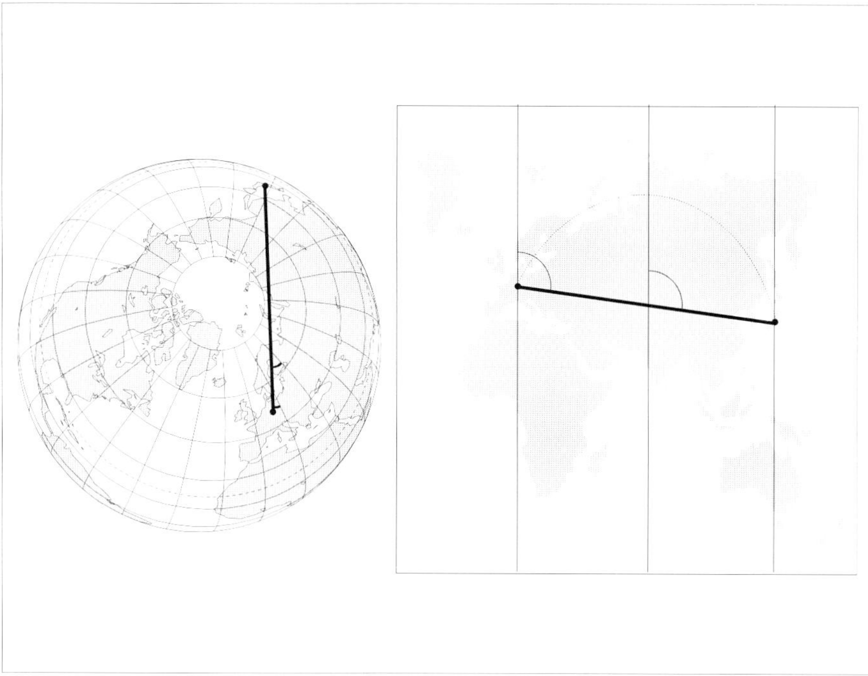

Die kürzeste Verbindung zwischen Frankfurt und Tokio in zwei verschiedenen Kartendarstellungen. Bewegt sich ein Flugzeug vom Abflugort zum Zielort auf dem kürzesten Weg entlang der Kugeloberfläche, in der linken Grafik als Gerade eingezeichnet, so fliegt es den Abschnitt eines Großkreises (Orthodrome). Die Winkel zwischen der Kurslinie und den Längenkreisen sind variabel. In der Projektion der rechten Grafik wird aus der Geraden eine Kurve. Wenn auf dem Weg vom Start- zum Zielort die Richtung jeweils auf Nord ermittelt wird und immer der gleiche Kurswinkel eingehalten wird, bildet der Flugweg eine Kursgleiche (Loxodrome). Die beiden Orte werden nicht auf dem kürzesten Weg erreicht, in der rechten Grafik als Gerade dargestellt.

Äquator und dem Nordpol liegen, werden mit nördlicher Breite oder Nord (N – North), Punkte östlich des Null-Meridians bis zum 180. Längengrad mit östlicher Länge oder Ost (E – East), westlich des 0-Meridians bis zum 180 Längengrad mit westlicher Länge oder West (W – West) und Orte, die südlich des Äquators liegen, mit südlicher Breite oder Süd (S – South) bezeichnet.
1 Grad Länge oder Breite ist unterteilt in 60 Bogenminuten, eine Bogenminute wiederum in 60 Bogensekunden. Da es Orte auf der Erde gibt, deren Koordinaten die gleichen Ziffern haben, ist zusätzlich die Angabe erforderlich, ob der Ort nördlich oder südlich des Äquators und östlich oder westlich des Greenwich-Meridians liegt.

Damit läßt sich jeder Punkt auf der Erdoberfläche eindeutig definieren. Der Referenzpunkt des Flughafen Haneda in Tokio hat die geographischen Koordinaten 35 Grad 33 Minuten 12 Sekunden Nord und 139 Grad 45 Minuten 54 Sekunden Ost. Der Rhein-Main-Flughafen in Frankfurt hat seinen Flugplatzbezugspunkt auf den Koordinaten 50 Grad 2 Minuten 4 Sekunden Nord und 8 Grad 34 Minuten 17 Sekunden Ost. Die in der Luftfahrt übliche Schreibweise für diesen Referenzpunkt ist: N5002,1 - E00834,3. Die Verbindungslinie zwischen Tokio-Haneda und Frankfurt Rhein-Main nennt man Großkreisbogen. Dies ist die kürzeste Entfernung zwischen zwei Punkten auf einer Kugeloberfläche. Beide Koordinatenpunkte stehen in einem mathematischen Bezug zueinander. Setzt man die beiden Koordinaten in die Gleichung des Kosinussatzes und ein entsprechendes Additionstheorem ein, erhält man die Entfernung zwischen beiden Orten als Winkel im Bogenmaß und die dazugehörenden Azimuthwinkel. Der kürzeste Weg von Frankfurt nach Tokio ist 9361,189 Kilometer lang. Dieser Entfernungsbogen auf einem Großkreis wird Orthodrome (gerader Weg), in der Umgangssprache auch „Luftlinie" genannt.
Liegen zwei Orte auf dem gleichen Breitengrad, ist der Großkreis eine Gerade, die alle Meridianbögen mit dem gleichen Winkel von 90 Grad schneidet. Bei unterschiedlichen Breitengraden ist die Verbindungslinie eine Kurve und alle Meridiane werden unter einem anderen Winkel geschnitten.
In der Navigation wird die Entfernung in Seemeilen oder Nautischen Meilen (NM) angegeben. Als Bezug dient der Breitengrad am Äquator. Eine Seemeile, das sind 1,852 Kilometer, entspricht einer Bogenminute am Äquator.

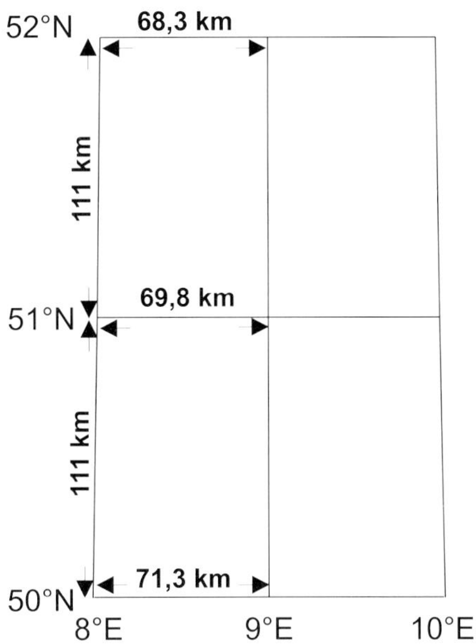

*Abweitung: Der Abstand der Längengrade (Meridiane) nimmt zu den Polen hin ab. Bei 90° Nord und 90° Süd beträgt er 0 km, am Äquator 111 km. Der Abstand der Breitenkreise bleibt konstant bei 111 km. Der Meridianabstand bei 51° Nord berechnet sich aus cos(51)*111=69,8 km.*

Funknavigation

Richtungen

Zwischen Start- und Zielpunkt muß die zu fliegende Richtung und damit der Kurs definiert werden. Hierzu wurde aus der Schiffahrt der Magnetkompaß übernommen. Seine Kompaßrose ist ein Kreis, der in 360° unterteilt ist. Oben liegt die 0° - Marke, die mit Nord bezeichnet ist, weil sie sich nach dem magnetischen Nordpol (mN) ausrichtet. Im Uhrzeigersinn steigen die Gradwerte an und erreichen nach einem Kreisviertel 90°, weshalb hier E für die Ostrichtung steht. Nach einem Halbkreis wird 180° erreicht, bezeichnet mit S für die Südrichtung. Nach einem weiteren Kreisviertel wird 270° erreicht, bezeichnet mit W für die Westrichtung. Nach einem Vollkreis sind 360° gezählt worden, die in Nord mit 0° zusammenfallen.

Standortbestimmung

Bewegt sich das Flugzeug auf dem Radial eines VOR, so kennt der Pilot seine Standlinie als Richtung zu einem Funkfeuer (TO, inbound) oder von einem Funkfeuer weg (FROM, outbound), nicht aber seinen Standort. Im dreidimensionalen Raum wird die Standlinie zur Standfläche. Mit den beiden Richtungsnadeln des Radio Magnetic Indicator werden gleichzeitig zwei verschiedene Funkfeuer angepeilt. Der Schnittpunkt der beiden Standlinien ergibt jetzt den genauen Standort des Flugzeugs. Der Winkelwert einer Standlinie wird Azimut genannt und mit dem griechischen Buchstaben „Theta" bezeichnet. Das Verfahren zur Standortbestimmung als Schnittpunkt zweier Radiale heißt daher Theta-Theta-Navigation.
Ein anderer Funkfeuertyp (DME) liefert dem Piloten eine Entfernungsanzeige. Sie ist die Angabe der direkten Entfernung - bezeichnet mit dem griechischen Buchstaben „Rho" - zwischen der Bodenstation und dem Flugzeug und wird Schrägentfernung genannt und in Nautischen Meilen angegeben. Mit der Entfernungsangabe befindet sich das Flugzeug auf einem Standkreis um die Bodenstation, bei räumlicher Betrachtung auf einer Stand-Halbkugel. Mit dieser Angabe alleine ist noch keine Standortbestimmung möglich. Zwei Entfernungsangaben zu zwei DME-Bodenstationen ergeben zwei Standkreise, die sich zweimal schneiden. Erst mit drei Entfernungsangaben zu drei DME-Bodenstationen ist eine eindeutige Standortbestimmung möglich, benannt als 3-DME-Verfahren. In Verbindung mit einer Richtungsangabe Theta ergibt eine Entfernungsangabe Rho einen genauen Standort als Schnittpunkt beider Werte, genannt Rho-Theta-Navigation.
Oft sind ein Richtungs- und ein Entfernungsfunkfeuer an einem Ort aufgestellt, was mit collocation bezeichnet wird. In der Militärluftfahrt liefert eine einzige Funkanlage beide Informationen gleichzeitig; die TACAN-Anlage, die ebenso wie die VOR im VHF-Frequenzbereich arbeiten.

Zeitzonen

Da die Erde sich in 24 Stunden um 360 Grad um die eigene Achse dreht und die Erde in 360 Längengrade unterteilt ist (0° bis 180° West und 0° bis 180° Ost), besteht eine Zusammenhang zwischen Meridian und Zeit. 360 Grad geteilt durch 24 Stunden ergibt 15 Grad pro Stunde. Ein Ort, der 15 Grad östlich von Greenwich liegt, weist einen Zeitunterschied von einer Stunde zum Nullmeridian auf. Östlich von Greenwich ist es später, westlich davon früher, als die Ortszeit in Greenwich. Mit wenigen, politisch bedingten Ausnahmen, läßt sich die mittlere Ortszeit (MOZ/LMT) an jeden Ort der Erde anhand des Längengrades berechnen. Die indische Stadt Calcutta liegt in der Nähe des 90. östlichen Längengrades. 90/15=6 - In Calcutta ist die mittlere Ortszeit sechs Stunden hinter der Greenwich-Ortszeit (UTC). 12.00 Uhr UTC = 12+6=18 Uhr LMT in Calcutta. Westlich von Greenwich wird die Zeitberechnung mit umgekehrten Vorzeichen durchgeführt. New Orleans in den USA liegt in der Nähe des 90. westlichen Meridians. Die Zeitdifferenz zum Nullmeridian beträgt 90/15=6 Stunden. Um 12.00 Uhr UTC ist die LMT in New Orleans 12-6= 6.00 Uhr LMT.

Die Mittlere Ortszeit am 0. Längengrad wurde als Bezugszeit für die Weltzeit festgelegt. Unabhängig von der tatsächlichen Ortszeit an irgendeinem Punkt der Welt werden Zeitangaben in der See- und Luftfahrt in Weltzeit angegeben. Startet ein Flugzeug um 18.00 Uhr Ortszeit in Calcutta, wird im Logbuch als Startzeit die Weltzeit, also 12.00 Uhr UTC eingetragen. Nach einer Flugzeit von acht Stunden zeigt die Borduhr 20.00 Uhr UTC an. Ist das Flugzeug von Calcutta aus in westnordwestlicher Richtung geflogen, befindet es sich nach acht Stunden etwa über Frankfurt. Die mittlere Ortszeit in Deutschland ist im Winter UTC+1, im Sommer UTC+2. Das Verkehrsflugzeug landet also um 21 Uhr Ortszeit in Frankfurt.

Der lange gebrauchte Begriff Greenwich Mean Time (GMT) für die Weltzeit wurde abgeschafft und durch Universal Time Coordinated (UTC) ersetzt. In der Luftfahrt wird die Weltzeit anstatt mit UTC auch mit Zulu-Time (Z) bezeichnet. Eine Logbucheintragung „T/O 1200Z“ heißt, daß das Flugzeug um 12 Uhr Weltzeit gestartet ist.

Kursbegriffe und Kursarten

Die vier Himmelsrichtungen Norden, Süden, Westen und Osten und die Aufteilung der Windrose in 360 Grad ist bekannt. Weniger bekannt ist, daß es verschiedene Definitionen der Richtungsangabe auf der Erde gibt, die sich in der Bezugsrichtung unterscheiden. In der Navigation verwendet man verschiedene Bezugsrichtungen. Diese sind:

rechtweisendes (wahres) Nord (rwN) - true north (TN) ist gleichbedeutend mit geographisch Nord. Es ist die auf jeder Navigationskarte leicht auffindbare Richtung des Meridians zum Nordpol hin und zeigt immer zum geographischen Nordpol.

Mißweisendes (magnetische) Nord (mwN) - magnetic north (MN) ist die Richtung, die sich am Magnetfeld der Erde orientiert. Es ist die Richtung, in welche die Nadel der Kompaßrose zeigt, wenn außer dem Erdmagnetfeld keine anderen Kräfte auf die Nadel einwirken. Die ungestörte Magnetnadel zeigt in die Richtung des sogenannten magnetischen Meridians, der zum magnetischen Nordpol hinführt. Da der magnetische Nordpol wandert und derzeit seine Lage bei 75° Nord 101° West hat, ist er mit dem geographischen Nordpol nicht identisch.
Der Winkel, den TN (rwN) und MN (mwN) miteinander am Standort einschließen, heißt Ortsmißweisung (variation). Sie ist von Ort zu Ort unterschiedlich und wird von TN aus gemessen: nach rechts, östlich positiv von 0 bis +180 Grad, nach links, westlich - negativ von 0 bis -180 Grad.
Kompaß Nord (KN) - compass north (CN) entsteht durch Anzeigefehler des Kompasses. Es ist die Richtung, in welche die Kompaßnadel im unbeschleunigten, horizontalen Geradeausflug tatsächlich zeigt. Eine Ablenkung erfolgt beispielsweise durch den Flugzeugmagnetismus. Der Winkel, den CN (KN) und MN (mwN) miteinander einschließt heißt Ablenkung (deviation).
Die Ablenkung wird von MN aus gemessen nach rechts, östlich positiv, nach links, westlich negativ. Auf sogenannten Deviationstabellen am Kompaß kann der Anzeigefehler kompensiert werden.
Unter einer Kurslinie versteht man immer einen Flugweg, der geplant, geflogen oder tatsächlich entstanden ist. Bei gekrümmten Kurslinien (Flugwegen) gilt für Betrachtung und Berechnung stets die Tangente an die Kurslinie in dem Punkt, in dem sich das Flugzeug gerade befindet.
In der Navigation werden verschiedene Kurslinien verwendet:

Kartenkurs (K) - course ©
Der Kartenkurs ist der in der Navigationskarte ausgewählte und eingezeichnete Flugweg. Es ist der geplante Flugweg (intended track - course).

Steuerkurslinie (SK) - heading (H)
Dies ist die Richtung der Flugzeuglängsachse während des Fluges. Wenn der Wind von der Seite weht, wird ein Flugzeug, dessen Längsachse in der Richtung des Kartenkurses liegt, von diesem abgetrieben werden. Die Längsachse wird gegen den Wind gestellt. Würde das Flugzeug ohne Wind in dieser Richtung fliegen, dann würde es den Windkurs anstelle des Kartenkurses abfliegen.

Grundkurslinie (gk) - track (T)
Dies ist der tatsächlich geflogene Weg, auf die Erdoberfläche projiziert. Durch unvorhergesehene Änderung der Windgeschwindigkeit oder der Windrichtung fliegt das Flugzeug nicht immer die geplante Fluglinie, sondern die Grundkurslinie (track made good - actual track - track).
Der Winkel zwischen einer Bezugsrichtung und einer Kurslinie wird Kurs ge-

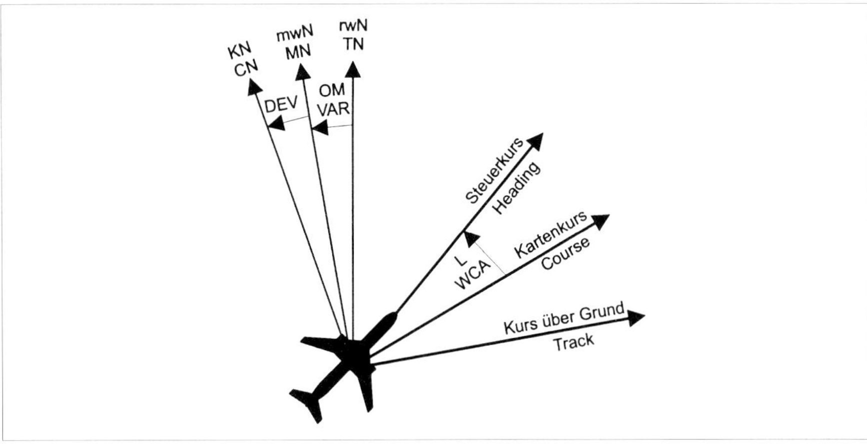

nannt. Da es drei verschiedene Bezugsrichtungen gibt (TN, MN, CN) und drei verschiedene Kurslinienarten, gibt es durch Kombinationen der Bezugsrichtungen mit dem Kurs neun verschiedene Kursbegriffe.
Der Kurs bzw. Kurswinkel wird immer von der Bezugslinie ausgehend nach rechts im Uhrzeigersinn von 000 bis 360 Grad gemessen. Negative Kurse gibt es nicht. Die Bezeichnung der einzelnen Kurse erfolgt durch Angabe der Bezugsrichtung und durch Angabe der Kursart.

- Bezugsrichtungen: T (rw), M (mw), C (K), (statt TM, MN, CN)
- Kursarten: C (K), H (SK), T (gk).

Kursbezeichnungen

Rechtweisender Kurs	rwK	True Course	TC
Luvwinkel	L	Wind Correction Angle	WCA
Rechtweisender Steuerkurs	rwSK	True Heading	TH
Ortsmißweisung	OM	Variation	VAR
Mißweisender Steuerkurs	mwSK	Magnetic Heading	MH
Deviation	DEV	Deviation	DEV
Kompaßsteuerkurs	KSK	compass Heading	CH

Eigennavigation

Das Wort „Navigation“ wurde aus dem lateinischen Wort „navigare“ abgeleitet. In der Seefahrt dient die Navigation seit rund 3000 Jahren als Hilfsmittel zur Bestimmung von Standort und Kurs. Man unterscheidet dabei zwischen astronomischer Navigation und terrestrischer Navigation. Die astronomische Navigation beruht auf der Beobachtung von Sternen mit Spiegelinstrumenten (Sextanten) und sehr genauen Uhren. Der Vergleich der aufgenommenen Sternkoordinaten mit den Daten in einem nautischen Jahrbuch erlaubt eine sehr genaue Standortbestimmung.
In Küstennähe findet die terrestrische Navigation Anwendung. Der Standort

des Schiffes läßt sich durch das optische Anpeilen von bekannten und weithin sichtbaren Landmarken, Leuchttürmen oder Seezeichen bestimmen. Bei schlechter Sicht, wenn weder Sterne noch Landmarken zu erkennen sind, kann der Kurs und der Standort nach der letzten Standortbestimmung durch Messung der Fahrtgeschwindigkeit und der Anzeige des magnetischen Kompasses berechnet werden.
Entsprechend den aus der Seefahrt bekannten Navigationsmethoden wurde in der Frühzeit der Fliegerei der Standort des Flugzeuges und des zu fliegende Kurs zum Ziel bestimmt. Eigens errichtete markante Zeichen dienten als Bezugspunkte.
Noch in den 60er Jahren dieses Jahrhunderts waren Verkehrsflugzeuge im Cockpit mit einem aus dem Dach ausfahrbaren optischen Gerät zum Anpeilen von Sternen ausgestattet. Zu Beginn der interkontinentalen Fliegerei verrichteten fünf Besatzungsmitglieder im Cockpit ihren Dienst. Neben dem Kommandanten und dem Ersten Offizier (Co-Pilot) waren dort ein Bordingenieur, ein Navigator und ein Funker anzutreffen.
Heute arbeiten selbst auf Langstreckenflügen nur noch zwei Besatzungsmitglieder im Cockpit. Die Arbeit des Navigators erledigt aufwendige Elektronik und Computer. Bei Nonstopflügen um den halben Globus, eine moderne Boeing 747-400 oder ein Airbus A340 können ohne Auftanken bis zu 14000 Kilometer zurücklegen, wird die Cockpitcrew nach Erreichen der von den Luftfahrtbehörden erlaubten maximalen Arbeitszeit während des Fluges von einer mitfliegenden zweiten Besatzung abgelöst.
Sextant und nautisches Jahrbuch sind aus den Flugzeugen heutiger Zeit verschwunden und haben computergekoppelten Funkempfängern und Funknavigationskarten Platz gemacht. Elektronisch auf Computermonitoren erzeugte Landkarten und Satellitennavigationsempfänger werden in absehbarer Zeit auch UKW- und Langwellenfunkfeuer entbehrlich machen.
Funk- oder Radionavigation ist ein Standort- und Kursbestimmungsverfahren, das mit eigens dafür errichteten Sendestationen am Boden, den sogenannten Funkfeuern, sowie Empfangs- und Anzeigegeräten an Bord der Flugzeuge arbeitet. Dabei bedient man sich verschiedener Sendeverfahren, die auf unterschiedlichen Wellenlängen arbeiten. Das Prinzip ist jedoch das gleiche: Die von einem Bodensender ausgestrahlten Signale werden von einem Bordempfänger empfangen und elektronisch ausgewertet.

Trägheitsnavigation

Den Großkreis als kürzeste Verbindung zwischen zwei Orten auf der Erdoberfläche kann ein Flugzeug erfliegen, wenn es mit einem Trägheitsnavigationssystem ausgerüstet ist. Dabei handelt es sich um ein abgeschlossenes Koppelnavigationssystem, das ohne landgestützte Navigationshilfen arbeitet. Bei einem mechanischen Inertial Navigation System (INS) wird die Trägheit von Massen ausgewertet, um damit die positive Beschleunigung oder ne-

gative Beschleunigung (Verzögerung) zu messen. Daraus wird die Geschwindigkeit der Massenbewegung berechnet.
Mit der Weginformation ergibt sich, von einem bekannten Standort ausgehend, der augenblickliche Standort. Die Flugzeugbeschleunigung wird in den drei Achsen Nord-Süd, West-Ost sowie von und zum Erdmittelpunkt gemessen. Dazu benötigt man drei träge Massen, die in jeweils eine dieser Richtungen stabilisiert werden müssen. Die Lagestabilisierung der Massen erfolgt über sehr schnell rotierende Kreisel und Meßsensoren. Über Stellmotore werden die Kreisel bei Bewegung des Flugzeuges in die alte Lage zurückgedreht. Dem mechanischen, kardanisch gelagerten Kreisel, folgte die Entwicklung der Strapdown-Kreisel, der fest am Flugzeugrumpf montiert ist. Er liefert nicht nur die Daten für die Trägheitsnavigation sondern zugleich auch Informationen über die Fluglage und den geflogenen Kurs. Neueste Entwicklung ist der Faseroptische Kreisel, der einen Effekt im Lichtwellenleiter ausnutzt. Ein Lichtimpuls wird dabei in beide Enden eines aufgewickelten Lichtwellenleiterrings eingekoppelt. Durch eine Drehung des Rings infolge einer Flugzeugbewegung kommt ein Lichtimpuls am anderen Ende früher an, als der andere Lichtimpuls. Der daraus resultierende Phasenunterschied ist ein Maß für die Drehbewegung.
Alle Trägheitsnavigationssysteme müssen vor dem Start mit den Koordinaten des Standortes programmiert werden. Auf speziellen Karten sind die Parkpositionen mit ihren genauen Koordinaten angegeben. Setzt sich das Flugzeug in Bewegung, werden in einem Navigationsrechner die Startortkoordinaten durch die Informationen des Trägheitsnavigationssystems aktualisiert. Die Koordinaten werden als Ziffern in einem Display angezeigt.
In älteren Langstreckenverkehrsflugzeugen wie der Boeing 747-200 oder McDonnell-Douglas DC-10 findet man solche INS-Systeme, die aus drei Kreiselplattformen und den Navigationsrechnern bestehen. Die Plattformen liefern geringfügig unterschiedlich Daten, die im Rechner nach der Innenkreismethode zum aktuellen Standort des Flugzeuges hochgerechnet werden. Aus mechanischen Gründen läßt die Genauigkeit im Verlauf der Flugzeit nach. Die ersten Systeme waren auf vier Seemeilen pro Stunde genau. Heute im Linienflugverkehr genutzte Systeme weichen um maximal 1,5 Seemeilen pro Stunde ab.
Weil das System jede Bewegung wahrnimmt und ständig weiß, wo rechtweisend Nord ist, kann der angeschlossene Navigationscomputer zusätzliche Daten berechnen, beispielsweise den Kurs über Grund aus der Zeit, die für die Überbrückung einer bekannten Entfernung zwischen zwei Punkten gebraucht wurde, den Abdrift als Winkel zwischen Steuerkurs und Kurs über Grund, den Abstand vom Kurs aus Vergleich zwischen dem tatsächlichen und dem gewünschten Kurs sowie Restentfernung und Restflugzeit aus dem Vergleich des augenblicklichen Standortes zu einem ausgewählten Wegpunkt.

Funknavigationsanlagen

VOR-Drehfunkfeuer

Drehfunkfeuer im VHF-Bereich 111,975 bis 117,950 MHz werden mit VOR (Very High Frequency Omnidirectional Radiorange - Ultrakurzwellen-Allrichtungs-Funkbereich) bezeichnet. Diese Funkstationen für die Kurz- und Mittelstreckennavigation auf Luftstraßen über Land ist die am weitesten verbreitete Art der Funknavigation und stellt dem Piloten Standlinien (Radials) im Bereich von 0 bis 360 Grad zum VOR-Funkfeuer zur Verfügung. Die Radials geben die mißweisende Richtung von der Bodenstation zum Flugzeug an.

Die VOR-Bodenstationen senden ein Funksignal aus, das eine richtungsabhängige 30-Hz-Schwingung und eine richtungsunabhängige 30-Hz- Schwingung enthält. Die Phasendifferenz zwischen den beiden Schwingungen entspricht dem Azimuthwinkel. Das richtungsunabhängige Signal entsteht durch die elektronisch simulierte Rotation des von der Antenne ausgehenden „Funkstrahls" mit 30 Umdrehungen pro Sekunde, der sich der ungerichtet abgestrahlten Trägerwelle überlagert und im Raum eine Amplitudenmodulation mit 30 Hz bildet. Im Bordempfänger wird neben dem AM-Signal auch das frequenzmodulierte 30-Hz-Signal empfangen. Während das FM-Signal in allen

Blick auf die DVORTAC-Antennen des Funkfeuers "Taunus" bei Limburg.

Richtungen die gleiche Phasenlage hat, weist das AM-Signal für jeden Standort um das Funkfeuer eine unterschiedliche Phase auf. Von der VOR-Bodenstation aus gesehen liegen die beiden Signal in Richtung magnetisch Nord in Phase. Jede gemessene Phasenverschiebung zwischen dem AM- und dem FM-Signal entspricht einer mißweisenden Peilung von der Bodenstation zum Flugzeugstandort.

Bei der Doppler-VOR-Anlage (DVOR) handelt es sich im Unterschied zur VOR-Anlage um ein signalstabileres Drehfunkfeuer, das auf der Grundlage des Doppler-Effektes arbeitet. Dieser Effekt entsteht dadurch, daß bei einer Abstandsänderung zwischen Sender und Empfänger eine Frequenzverschiebung am Empfangsort stattfindet. Beim DVOR-Verfahren entsteht das gleiche Signal wie bei einem VOR-Signal. Zum Empfang von DVOR-Signalen kann deshalb der gleiche Bordempfänger wie für VOR-Signale verwendet werden. Die simulierte Antennenrotation von 30 U/min entsteht durch die Aufschaltung des Senderausgangssignals auf eine Vielzahl von kreisförmig angeordnete Einzelantennen. Durch die Rotation entsteht im Bordempfänger wegen des Doppler-Effekts eine Frequenzmodulation. Die darin enthaltene 30-Hz-Schwingung ist das richtungsabhängige Signal, das mit einem fest im Raum stehenden Signal verglichen wird.

Die Standlinie führt zu einem Funkfeuer hin (inbound) oder von ihm weg (outbound). Die Flugrichtung entlang der Luftstraße wird durch das Radial des VOR-Funkfeuers festgelegt. Dieses Radial muß vom Piloten im Cockpitanzeigeinstrument eingestellt werden. Fliegt das Flugzeug in der Mitte der Luftstraße, liegt der Leitbalken des Instruments mittig über der Anzeigeskala. Beim Verlassen der Mittellinie schwenkt der Leitbalken im Instrument nach links oder rechts aus. VOR-Funkfeuer lassen sich obendrein zur Standortbestimmung nutzen. Der Schnittpunkt der Standlinien zweier Funkfeuer ist der Flugzeugstandort.

ILS-Leitstrahlsystem

Eine Landung unter erschwerten Bedingungen, etwa bei dichtem Schneetreiben oder Nebel, gehört heute zur Routine. Das Instrumentenlandesystem ILS (Instrument Landing System) ist eine aus mehreren Einzelsystemen bestehende Funknavigationshilfe für die Landung von Flugzeugen auf einem elektronischen Leitstrahl. Obwohl das System bereits seit vier Jahrzehnten in Gebrauch und technisch sehr unflexibel ist, wird es von Piloten in aller Welt gerne benutzt, um insbesondere bei schlechtem Wetter, geringen Sichtweiten und tiefen Wolkenuntergrenzen sicher auf die Piste zu gelangen.

Beim ILS-Verfahren bedient man sich eines kombinierten Funkleitstrahls, der sowohl die Landebahnrichtung als auch den Gleitweg (Sinkflugweg) zum Aufsetzpunkt zeigt.

Dieser Leitstrahl entsteht durch den Schnitt von zwei Leitebenen. Die erste Leitebene steht senkrecht auf der Anfluggrundlinie, der gedachten Verlänge-

rung der Landebahnmittellinie, und wird vom Landekurssender (LLZ - Localizer) erzeugt. Sender und Antennen des Kurssenders stehen vom Flugzeug aus gesehen am Ende der Landebahn im rechten Winkel zur Bahn. Die Antennen sind vor einer Reflektorwand angebracht und strahlen zwei amplitudenmodulierte, horizontal polarisierte Modulationsgrad-Richtdiagramme (Funkkeulen) auf einer festgelegten Frequenz im VHF-Frequenzbereich zwischen 108,1 und 111,9 MHz ab. Bedingt durch die Bauart der Antennen hat der Kursleitstrahl eine räumliche Ausdehnung von nur sechs Grad. Jede Landekursfrequenz im VHF-Band ist mit einem Gleitwegkanal im UHF-Band im Bereich von 329,3 bis 334,0 MHz gepaart. Bei der Einstellung der Landekursfrequenz im ILS-Bordempfänger wird die Gleitwegfrequenz automatisch eingestellt. Auf ILS-Anflugkarten ist deshalb nur die VHF-Frequenz für den Landekurs zu finden.
Die Trägerwellen des VHF-Senders sind mit 90 Hz und mit 150 Hz moduliert. Zusätzlich wird, wie bei ungerichteten Funkfeuern, eine Identifizierung im Morsecode ausgestrahlt. Auf der Anfluggrundlinie sind die Modulationsgrade gleich groß. Befindet sich das Flugzeug beim Anflug zu weit rechts von der Anfluggrundlinie, überwiegt das 150-Hz-Signal, links von der Grundlinie überwiegt das 90-Hz-Signal. Bei einer Abweichung vom Landekurs wird die Differenz im Kreuzzeigerinstrument im Cockpit als Auslenkung von der Mittellage angezeigt.
Die zweite Leitebene des Systems ist eine am Aufsetzpunkt der Landebahn beginnende Leitebene, die in einem Winkel von etwa drei Grad gegenüber dem Erdboden geneigt ist. Diese Gleitebene, die vom Gleitwegsender (GS - Glideslope) erzeugt wird und nur 1,4 Grad breit ist, markiert den vom Piloten zu fliegenden Gleitpfad (Glidepath).
Analog zum Landekurssender werden zwei vertikal polarisierte Funkkeulen ausgestrahlt. In der Mitte der beiden Keulen sind die Modulationsgrade für 90 Hz und 150 Hz gleich groß und die Differenz beträgt Null.
Unterhalb des Gleitpfades überwiegt die Modulationsfrequenz des 150-Hz-Signals, oberhalb die Modulation des 90-Hz-Signals. Im Flugzeug werden Abweichungen von dieser Mittellinie als Zeigerausschlag nach oben oder unten angezeigt.
Zur Markierung der Entfernung zum Aufsetzpunkt hinter der Landebahnschwelle werden zwei Markierungsfunkfeuer (Marker Beacon) entlang der Anfluggrundlinie als Einflugzeichen eingesetzt. Diese Funkfeuer strahlen fächerförmige, nach oben gerichtete und tonfrequenzmodulierte Funksignale auf der UKW-Frequenz 75 MHz nach oben ab. Aufgrund der sehr geringen Sendeleistung von etwa fünf Watt sind die Signale nur unmittelbar beim Überfliegen im Bordempfänger zu hören.
Etwa neun Kilometer vor der Landebahn steht das Voreinflugzeichen (VEZ/OM - Outer Marker). Der Marker strahlt eine unterbrochene tiefe Tonfrequenz von 400 Hz nach dem Strich-Strich-Muster (zwei Striche pro Sekunde) aus,

das beim Überfliegen im Bordempfänger zu hören ist. Gleichzeitig leuchtet im Cockpit eine blaue Signallampen auf. Das Haupteinflugzeichen (HEZ/MM - Middle Marker) befindet sich 0,5 NM vor der Landebahnschwelle. Der Sender strahlt einen unterbrochenen 1300-Hz-Ton nach dem Stich-Punk-Muster (zwei Striche, sechs Punkte pro Sekunde) ab. Beim Überfliegen blinkt eine gelbe Lampe im Cockpit im Takt der Tonsignale auf.
Auf vielen Flugplätzen ist das Voreinflugzeichen mit dem Platzfunkfeuer in Form eines UKW-Drehfunkfeuers (VOR) oder eines ungerichteten Langwellenfunkfeuers (NDB) kombiniert.
Auf Militärflugplätzen mit ILS findet man neben den beschriebenen Markern unmittelbar vor dem Aufsetzpunkt ein Platzeinflugzeichen (PEZ/IM - Inner Marker). Dieser Marker strahlt einen 3000-Hz-Ton nach dem Punkt-Punkt-Muster mit sechs Zeichen pro Sekunde aus, im Cockpit blinkt beim Überfliegen ein weißes Licht auf.
Neben den Markierungsfunkfeuern sind große Flughäfen mit ILS-Landehilfe mit einer elektronischen Entfernungsmessung (DME) ausgestattet, die mit der Frequenzeinstellung am Landekursempfänger gekoppelt ist. Die DME-Ausstattung erlaubt ein Ablesen der Entfernung zum Aufsetzpunkt.
Ähnlich wie bei der Einteilung nach Größe werden Flughäfen auch im Hinblick auf ihre technische Ausstattung in Kategorien (Betriebsstufen) eingestuft. Jede dieser Kategorien enthält Richtlinien über technische Einrichtungen und legt die Mindestwerte für die Flughöhe fest, von der an der Pilot die Landebahnschwelle sehen muß und wie weit er die Bahn überblicken kann. Man spricht dabei auch von Entscheidungshöhe (Decision High - DH) und horizontaler Landebahnsichtweite.

- Kategorie 1 (CAT I) ist die niedrigste Stufe. Sie verlangt eine Entscheidungshöhe von mindestens 60 m/200 ft und eine Horizontalsicht von mindestens 800 m/2600 ft entlang der Bahn.
- Kategorie 2 (CAT II) hat eine Entscheidungshöhe zwischen 30 und 60 Meter (100 bis 200 ft) und eine Bahnsicht von 400 m/1300 ft.
- Kategorie 3a (CAT III a) legt die Entscheidungshöhe zwischen Null und 30 Meter und gestattet eine Bahnsicht von 200 m/650 ft als Minimum.
- Kategorie 3b (CAT III b) ermöglicht eines Entscheidungshöhe von weniger als 15 Meter und eine Bahnsicht zwischen 50 und 200 Meter (150 bis 650 ft).
- Kategorie 3c (CAT III c) legt beide Anforderungen auf Null. In dieser Stufe ist nur eine vollautomatische Landung ohne Eingriffe des Piloten möglich.

Das ILS-Landesystem kann bis zur Kategorie 3b genutzt werden. Ein weiterer Nachteil des Systems ist die relativ geringe Breite der Funkkeulen (horizontal 6 Grad, vertikal 1,4 Grad). Daher müssen anfliegende Flugzeuge sehr früh, in einer Entfernung von rund 10 NM (18,52 km) vor dem Aufsetzpunkt, in die Leitstrahlebene einschwenken.

Cockpitanzeigegerät (oben) und Bedienteil einer Navigationsfunkanlage.

Blick auf die Localizer-Antennen einer ILS-Anlage.

Die ICAO hat im November 1982 ein ILS-Anflugverfahren unter der Bezeichnung Procedure for Air Navigation Services, Aircraft Operations PANS OPS DOC 8168 veröffentlicht.
Danach wird das Anflugverfahren in fünf Segmente unterteilt:
Arrival Route (Ankunftstrecke), Initial Approach Segment (Anfangsanflugsegment), Intermediate Approach Segment (Zwischenanflugsegment), Final Approach Segment (Endanflugsegment) und Missed Approach Segment (Fehlanflugsegment). Die Segmente unterscheiden sich in ihrer Breite und in der Mindesthindernisfreiheitshöhe.
Das ILS-Anflugverfahren gliedert sich in das Precision Approach Procedure (Präzisionsanflugverfahren) und das Non Precision Approach Procedure (Nichtpräzisionsanflugverfahren).
Zum Präzisionsanflugverfahren gehören folgende Navigationsanlagen: ILS (Instrument Landing System mit Localizer und Glidepath), PAR (Precision Approach Radar - Präzisionsanflugradar), MLS (Microwave Landing System Mikrowellenlandesystem).
Zum Nicht-Präzisionsverfahren, das keine Höheninformation liefert, gehören ILS-GP inop (Gleitweg außer Betrieb), NDB (ungerichtetes Funkfeuer), VOR und SRE (Surveillance Radar Element - Rundsichtradar).
Die Landeminimumhöhe wird bestimmt beim Präzisionsanflug durch die Entscheidungshöhe (DH), beim Nicht-Präzisionsanflug durch die Mindestsinkflughöhe Minimum Descent Altitude (MDA).
Von der Arrival Route wird das Luftfahrtzeug zum IAF geführt. Vom IAF (Initial Approach Fix) an beträgt die Sinkrate vier bis acht Prozent, das entspricht 150 bis 500 Fuß pro Meile. Die Kursführung muß nicht unbedingt geradlinig sein, sondern kann eine Umkehrung (Reversal Procedure) oder eine Warteschleife (Race Track) enthalten. Vom IF (Intermediate Approach Fix) beträgt die Sinkrate 0; ab hier wird auf den Landekurs stabilisiert. Vom FAF (Final Approach Fix) an wird zusätzlich auf den Gleitweg stabilisiert.
Vom MAPt (Missed Approach Point) an muß der Luftfahrtzeugführer Landebahnsicht haben oder ansonsten Durchstarten mit einem 15 sekündigen Horizontalflug, der dann nach einem Steigflug zum nächsten Wartefunkfeuer führt.

MLS-Leitstrahlsystem

Die nächste Generation von Präzisionsanflughilfen heißt Microwave Landing System (Mikrowellenlandesystem – MLS). Konzipiert als ILS-Nachfolgesystem sollte MLS bereits ab 1998 die ILS-Anlagen weltweit ablösen. Diese Planung wurde wegen den hohen Verfügbarkeit von Satellitennavigationssystemen und Weiterentwicklungen durch Differential-GPS aufgehoben.
MLS verfügt über Eigenschaften, die bei ILS nicht vorhanden sind. So kann der Anflugwinkel, der dem Landekurs eines ILS entspricht, zu beiden Seiten der Landerichtung um 60 Grad geöffnet sein. Über die ganze Kursbreite wird

eine seitliche Führung mit Links-Rechts-Anzeige im Cockpitinstrument geboten und ermöglichen wesentlich flexiblere Anflugwege. Die Entfernungen zum Aufsetzpunkt werden nicht von Einflugzeichen markiert, sondern kommen von einem Präzisionsentfernungsmeßgerät (DME/P), das auf 100 Fuß genau anzeigt. Es ermöglicht die exakte Positionsbestimmung eines an- oder abfliegenden Flugzeuges und bietet darüber hinaus die Möglichkeit, zusätzliche Informationen, etwa über den Zustand der Landebahn, momentane Windrichtung und Windgeschwindigkeit am Boden, Schlupfverhalten des Bahnbelages und andere Daten an das Flugzeug zu übermitteln. Gegenüber dem ILS-Verfahren stehen die Positionsinformationen bei MLS über einen wesentlich größeren Sektor zur Verfügung.
Das am Boden installierte System ist viel einfacher aufgebaut als bei ILS. Es besteht aus den Komponenten Horizontalwinkelstation (Azimut Station - AZF), Erhebungswinkelstation (Elevation-Station - ELEN), Rückwärts-Horizontalwinkelstation (Back-Azimut-Station - BAU), Präzisionsentfernungsmeßanlage (DME/P) sowie automatischen Überwachungsstationen (Monitoring-Station) und Einrichtungen zur Fernbedienung der Komponenten (Remote Control Equipment).
Die MLS-Bodenstationen senden im Frequenzbereich zwischen 5031,0 MHz (Kanal 500) und 5090,7 MHz (Kanal 699) auf 200 Kanälen (ILS wird auf 40 Kanälen betrieben, in Ballungsgebieten herrscht Kanalknappheit) mit einem Kanalabstand von 300 kHz in spezifiziertem Zeitmultiplexbetrieb (Time-Division-Multiplex - TDM). Das DME/P-System zur exakten Entfernungsmessung sendet seinen Abfragecode im Bereich von 1025 bis 1150 MHz aus und erhält das Antwortsignal aus dem Flugzeug auf gepaarten Frequenzen im gleichen Frequenzbereich. Die Winkelinformation aller drei Stationen wird durch eine Messung der Zeitintervalle zwischen Hinschwenk (TO) und Rückschwenk (FROM) bzw. Aufschwenk (TO) und Abschwenk (FROM) des schmalen Richtdiagramms errechnet. MLS liefert bei der Übermittlung der Winkelinformation 40 Meßwerte pro Sekunde.
Der von den Antennen dieser Stationen ausgesendete Schwenkstrahl wird im Flugzeugbordempfänger empfangen und an einen Computer zur Auswertung weitergeleitet. Aus der Zeit, in welcher der schmale MLS-Strahl zwischen den TO- und FROM-Durchgängen an Bord empfangen wird, errechnet der Computer exakte Positionsdaten, die Höhe über dem Erdboden und die Entfernung zum Aufsetzpunkt.
Die Azimutstation ist mit einer herkömmlichen ILS-Landekursanlage vergleichbar, die Elevationsstation erfüllt wesentlich verbessert die Aufgabe eines Gleitpfadsenders, wie er beim ILS-Verfahren verwendet wird. Im Unterschied zum ILS-Gleitpfad, der in der Regel 2,5 bis 3 Grad beträgt, deckt die Elevationsstation des MLS-Systems einen Erhebungswinkel zwischen 1 und 15 Grad ab. Dadurch ist, anders als beim ILS, ein Präzisionsanflug auf unterschiedlichen Gleitpfaden möglich.

Das neue System wurde nach dem Frequenzbereich benannt, in dem die Funkleitstrahlen gesendet werden. Verwendet werden Frequenzen um 5000 MHz (5 GHz) bei Wellenlängen von rund 6 Zentimetern. Dieser Frequenzbereich wurde gewählt, um die geforderte hohe Genauigkeit bei relativ kleinen Abmessungen der Sendeanlagen am Boden zu erreichen. Grundlage des Systems ist das sogenannte Großbasisverfahren. Dieses Verfahren beruht auf dem Prinzip, daß zur Ortsbestimmung maßgebende Antennensysteme eine Ausdehnung von mehreren Wellenlängen der verwendeten Frequenz haben. Dadurch lassen sich sehr hohe Genauigkeiten erreichen.
Durch eine exakte Positionsbestimmung eines an- oder abfliegenden Flugzeuges innerhalb eines Horizontalwinkels von +/- 40 Grad und eines Vertikalwinkels zwischen 1 und 15 Grad ermöglicht MLS ein völlig neues An- und Abflugverfahren, bei dem die Maschinen entweder höhenversetzt oder in verschiedenen Winkeln zur Landebahn starten und landen können. Beim ILS-Verfahren müssen anfliegende Flugzeuge bereits rund 10 NM vor dem Aufsetzpunkt der Landebahn auf die Bahn ausgerichtet (established) werden und fliegen dann alleine in dem engen Kanal des Leitstrahls. Beim MLS-Verfahren kann in Kurven angeflogen werden. Eine Ausrichtung auf die Bahn erfolgt erst kurz vor dem Aufsetzen. Die Vorteile sind eine Kapazitätserweiterung durch Verkürzung der Mindesstaffelung bei Abflug und Landung sowie eine Verringerung der ökologischen Belastung im Flughafenumfeld durch die Nutzung unterschiedlicher Gleitwege. Außerdem werden die Anflugkontrolldienste entlastet, da die vom Fluglotsen zu beobachtende Referenzzone verkleinert wird. Die ersten Versuche mit dem MLS-System wurden bereits 1989 auf dem Flughafen Braunschweig durchgeführt. Damit das System weltweit mit der gleichen Genauigkeit funktioniert, hat die ICAO bereits 1978 einen Katalog mit Spezifikationen erarbeitet, der allen Mitgliedsstaaten der Organisation einheitliche Systemkonfigurationen vorschreibt (Aeronautical Telecommunications, Annex 10, Volume 1).

TACAN

TACAN steht als Abkürzung für Tactical Air Navigation und wurde als militärische Standortbestimmungsanlage nach dem Rho-Theta-Prinzip ursprünglich für amerikanische Flugzeugträger entwickelt. Das System beinhaltet sowohl eine DME-Komponente, als auch eine Azimutkomponente. Die DME- Komponente wurde nachträglich für die Zivilluftfahrt freigegeben und dort in Verbindung mit NDB, VOR oder ILS eingesetzt. In Gebieten mit gemischtem militärischen und zivilen Luftverkehr wird auch TACAN mit VOR unter der Bezeichnung VORTAC verwendet.
Die Azimutkomponente gleicht dem VOR-Prinzip. Eine im Uhrzeigersinn rotierende Kardioide liefert im Bordempfänger nach der Demodulation ein 15 Hz-Umlaufsignal. Während bei VOR ein kontinuierlicher Träger mit 30 Hz amplitudenmoduliert wird, sind es bei TACAN die glockenförmigen DME-Ant-

wortimpulse, die mit 15 Hz pulsamplitudenmoduliert werden. Statt eines kontinuierlichen 15 Hz-Bezugssignals wird bei TACAN eine Hauptbezugsimpulsgruppe alle 66 Millisekunden abgestrahlt, wenn das Maximum der Kardioide gerade nach Osten ausgerichtet ist. Dem niederfrequenten Phasenvergleich entspricht hier ein periodischer Zeitvergleich.
Die Bordauswertung (Anzeige) erfolgt auf dem von NDB und VOR bekannten Radio Magnetic Indicator sowie dem Autopiloten, der neun mal genauer gesteuert werden kann.
Die ersten mechanisch rotierenden TACAN-Antennen bestanden aus einem Vertikaldipol, der umrundet wurde von einem Reflektor; ein Kupferdraht, der in einer mit 15 Umdrehungen pro Sekunde rotierenden Kunststofftrommel eingelassener war. Eine weitere Kunststofftrommel mit etwas größerem Durchmesser und auf der gleichen Antriebsachse montiert, enthielt neun Kupferdraht-Direktoren. Die Synchronisation der Bezugsimpulsgruppen mit der Antennenstellung erfolgte über Erregermagnete und Abnehmerspulen, deren räumliche Lage von der Anlagennordung abhängig war.
Bei der neuen elektronische TACAN-Antenne ELTA 200 wird die mechanische Rotation der Reflektoren durch eine elektronisch erzeugte Diagrammrotation ersetzt. Das vertikal polarisierte Strahlungsfeld wird durch eine Vertikal-Dipolstrahlergruppe erzeugt. Die Dipole sind als Kupferbahnen auf einer Epoxydharzplatte in Streifenleitertechnik aufgebaut. Die Platte hat eine Höhe von 2067 mm; die Länge eines Dipols beträgt 159 mm. Bei einer Sendefrequenz von 1000 MHz beträgt die Wellenlänge 30 cm; mit 159 mm Baulänge sind die Dipole also Halbwellenstrahler.
Die Strahlergruppe ist in einem Abstand von einer viertel Wellenlänge vor einer leitenden Reflexionswand angeordnet. Diese leitende Rückwand ist als senkrecht stehendes Rohr zylindrisch geformt. Davor sind insgesamt 16 Strahlergruppen angeordnet.

DME-Entfernungsmessung

Neben der VOR-Information über die relative Flugzeugposition in Bezug auf das gewählte Radial des Funkfeuers liefert eine elektronische Entfernungsmeßeinrichtung den räumlichen Abstand zur Bodenstation. Diese Navigationshilfe heißt Distance Measuring Equipment (DME).
An Bord des Flugzeuges befindet sich ein Abfragegerät, das zum Beispiel auf der Frequenz 1213 MHz Doppelimpulse aussendet, die am Boden von einem Antwortgerät empfangen und auf der gepaarten Frequenz 1150 MHz beantwortet werden. Aus der Zeit zwischen der Aussendung und dem Empfang der Antwort wird im Bordcomputer die Entfernung zur Bodenstation berechnet: Eine Laufzeit des Funksignals von 12 Mikrosekunden entsprechen einer Distanz von einer nautischen Meile (1,852 km). Fliegt das Flugzeug direkt über der DME-Anlage, so wird als Entfernung zur Bodenstation die Flughöhe über Grund angezeigt.

Ein Abfragegenerator im Flugzeug erzeugt mit einer Rate von 120 bis 150 Abfragen pro Sekunde unregelmäßig Impulse. Sie werden zu Doppelimpulsen codiert. Die Rechteckimpulse werden zu glockenkurvenförmigen Impulsen (auch Gaußsche Kurvenform) umgewandelt. Diese modulieren einen Hochfrequenzsender im Bereich von 962 MHz bis 1213 MHz, und werden dann abgestrahlt. Sie erreichen mit Lichtgeschwindigkeit die Bodenanlage.
Die Entfernung errechnet sich aus der Laufzeitdifferenz zwischen dem Aussenden der Doppelimpulsfolge zum Zeitpunkt der Ausstrahlung und zum Zeitpunkt des Empfangs abzüglich der Verzögerungszeit.
Die Entfernungsauswertung an Bord beginnt mit einer Zeitverzögerung von 2400 Mikrosekunden, was etwa 200 NM oder 360 km Entfernung entspricht.
Bei der Entfernungsmessung aus der Impulslaufzeit wird der direkte Verbindungsabstand gemessen, also die Schrägentfernung. Dagegen ist die Entfernung über Grund, wie sie sich auf der Streckenkarte oder im Radarbild ergibt, meist kürzer, abhängig von der Höhe des Flugzeugs über Grund.
Die hohe Abfragerate von etwa 150 Impulsen tritt nur im Suchlauf auf. Wenn dann die Synchronisation eintritt, wird die Abfragerate etwa auf 1/10 verringert. Jetzt erst wird die Bordanzeige freigegeben. Die Bodenanlage wird nun durch weniger Abfragen belastet. Ihre durchschnittliche Verkehrsleistung beträgt 100 Bordabfragen pro Sekunde. Die einmal erreichte Synchronisation zwischen einer Bordabfrage und der Bodenantwort bleibt auch dann erhalten, wenn die Verbindung für nicht länger als zehn Sekunden unterbrochen wird. Ansonsten beginnt ein neuer Suchlaufvorgang.
Der Frequenzbereich von DME reicht von 962 MHz bis 1213 MHz. Hier sind 126 Kanäle im Abstand von 1 MHz eingerichtet.
Im X-Mode belegen die Bordabfragekanäle 1 bis 63 den Frequenzbereich 1025 MHz bis 1088 MHz. Die Bodenantwortkanäle liegen dazu um 63 MHz tiefer von 962 MHz bis 1025 MHz. Die Bordabfragekanäle 64 bis 126 belegen die Frequenzen 1089 MHz bis 1151 MHz; die dazugehörenden Bordantwortkanäle 1151 MHz bis 1213 MHz.
Im Y-Mode belegen die Bordabfragekanäle die gleichen Frequenzen, jedoch werden die Bodenantworten der Kanäle 1 bis 63 jetzt um 63 MHz höher abgestrahlt und die Kanäle 64 bis 126 um 63 MHz tiefer.
Da DME-Anlagen nie alleine betrieben werden sondern immer zusammen mit einer VOR-Anlage, mit einem Landekurssender LLZ, hat die ICAO eine Tabelle veröffentlicht, nach der den DME-Kanälen VHF-Frequenzen und MLS-Kanäle zugeordnet sind. Für den Luftfahrtzeugführer vereinfacht sich dadurch die Einstellung: er wählt an seiner Bedienkonsole nur die VOR-, LLZ-Frequenz und stimmt damit gleichzeitig die DME-Einstellung ab.

Frequenzliste der VHF-Funknavigationsanlagen

108,000 bis 117,975 MHz Flugnavigationsfunkdienst

108,000	AHL	Ahlhorn TACAN	Luftwaffe
		Hamburg ATIS/VOT	
108,025		Frankfurt ATIS	Departure
108,050	LRD	Lahr DME	Kanal 17Y
	THA	Neubrandenburg TACAN	Kanal 17Y
108,100	MG	Ingolstadt	ILS (25L)
	KSL	Kassel-Calden	LLZ (22)
	ISPA	Spangdahlem	ILS (23)
108,200	LAG	Laage TACAN	Luftwaffe
108,300	IERE	Erfurt-Bindersleben	LLZ (10)
	IHNE	Hannover	LLZ (09L)
	ILAW	Laage	LLZ (28)
	IMSW	München	LLZ (26L)
108,400	MAH	Maisach DVOR/DME	Kanal 21X
108,450	TRT	Trent VOR/DME	Kanal 21Y
108,500	AUG	Augsburg	LLZ (25)
	ITGE	Berlin-Tegel	LLZ (08R)
	BWG	Braunschweig-Waggum	LLZ (27)
	HFW	Hamburg-Finkenwerder	LLZ (23) DASA/Airbus
	PAD	Paderborn/Lippstadt DME	Kanal 22X
108,550	ILAE	Laage	LLZ (10)
	IPLW	Paderborn/Lippstadt	LLZ (24)
108,600	DMS	München DME	Kanal 23X
108,700	IALW	Altenburg-Nobitz	LLZ (22)
	IHSE	Hannover	LLZ (09R)
	IMNW	München	LLZ (26R)
	DSB	Saarbrücken-Ensheim	LLZ (27)
	IPAW	Schwerin-Parchim	LLZ (24)
108,750	IKBW	Karlsruhe-Baden-Baden	LLZ (21)
108,800	COL	Cola DVOR-TAC	Kanal 25X
	LCH	Lechfeld TACAN	Luftwaffe
108,900	IHNW	Hannover	LLZ (27R)
	HN	Hohn	ILS (26)
	KSL	Kassel-Calden DME	Kanal 26X
	NEU	Neuburg-Egweil TACAN	Luftwaffe
108,950	IMGE	Mönchengladbach	LLZ (13)
109,000	HDM	Mannheim-Coleman TVOR	
	HOP	Hopsten TACAN	Luftwaffe
109,100	ITLE	Berlin-Tegel	LLZ (08L)
	DLW	Köln/Bonn	LLZ (25)
	DLN	Nürnberg	LLZ (28)
	ZND	Zweibrücken DME	Kanal 28X
109,200	LBU	Luburg VOR/DME	Stuttgart ATIS Kanal 29X
109,300	ITGW	Berlin-Tegel	LLZ (26L)
	IDNW	Düsseldorf	LLZ (23R)
	IHAE	Hahn	LLZ (03)
109,500	IDLB	Berlin-Tempelhof DME	LLZ (27L) Kanal 32X
	IDNE	Düsseldorf	LLZ (05L)
	IFNW	Frankfurt	LLZ (25R)
	IHSW	Hannover	LLZ (27L)
	IKHE	Kiel-Holtenau	LLZ (08)
	IKHW	Kiel-Holtenau	LLZ (26)
	SPA	Spangdahlem TACAN	US Air Force
109,600	KPT	Kempten DVOR/DME	Kanal 33X

	WYP	Wipper VOR	
109,700	IDBR	Berlin-Tempelhof	LLZ (09R)
	IDRW	Dresden	LLZ (22)
	DLK	Köln/Bonn	LLZ (32R)
	ILRW	Lahr	LLZ (21)
	WUN	Wunstorf	ILS (26)
109,750		Frankfurt	LLZ (26L)
109,800	MHV	Mönchengladbach DVOR	ATIS
109,900	ISSW	Berlin-Schönefeld	LLZ (25L)
	IDSW	Düsseldorf	LLZ (23L)
	IERW	Erfurt-Bindersleben	ILS (28)
	IHHN	Hamburg	LLZ (33)
	ISTE	Stuttgart	LLZ (07)
	ISTW	Stuttgart	LLZ (25)
110,000	MTR	Metro VOR	
110,100	ITLW	Berlin-Tegel	LLZ (26R)
	IFNE	Frankfurt	LLZ (07L)
	IMOE	Münster/Osnabrück	LLZ (07)
	IMOW	Münster/Osnabrück	LLZ (25)
110,200	GIX	Geilenkirchen TACAN	ILS (27) NATO
	WUR	Würzburg VOR	
110,300	SLR	Berlin-Schönefeld	LLZ (25R)
	IBMN	Bremen	LLZ (09)
	IDWE	Dortmund-Wickede	LLZ (06)
	IDWW	Dortmund-Wickede	LLZ (24)
	ILZW	Leipzig/Halle	LLZ (28)
	IMNE	München	LLZ (08L)
110,450	MAG	Magdeburg VOR/DME	Kanal 41Y
110,500	IDRE	Dresden	LLZ (04)
	IHB	Hamburg	LLZ (05)
	OBI	Oberpfaffenhofen DME	LLZ (22) Kanal 42X
110,600	BAY	Bayreuth VOR	DMEKanal 43X
	LUB	Lübeck DVOR	
110,700	ISSE	Berlin-Schönefeld	LLZ (07R)
	IFSW	Frankfurt	LLZ (25L)
110,700	HFE	Hamburg-Finkenwerder	LLZ (05) DASA/Airbus
	IHOE	Hof	LLZ (09)
	IHOW	Hof	LLZ (27)
	HOD	Hof DME	Kanal 44X
	LL	Laarbruch	ILS (27)
110,800	GED	Gedern DVOR-TAC	Kanal 45X
110,900	DLR	Bremen	LLZ (27)
	KBI	Köln/Bonn	LLZ (14L)
	IMSE	München	LLZ (08R)
111,000	GBL	Giebelstadt Airfield TACAN	US Army
111,100	IFSE	Frankfurt	LLZ (07R)
	IAM	Hamburg	LLZ (15)
	IMGW	Mönchengladbach	LLZ (31)
	ISWH	Schwäbisch Hall-Hessental	ILS (26)
111,200	ALB	Allersberg VOR/DME	Kanal 49X
111,300	BG	Brüggen	ILS (27) Royal Airforce
	IHAW	Hahn	ILS (21)
	IHEW	Heringsdorf DME/LLZ 28	Kanal 50X
	ILEM	Lemwerder DME	LLZ (34) DASA/Airbus
	DNB	Nürnberg	LLZ (10)
111,400	IGL	Ingolstadt TACAN	Luftwaffe
	KTG	Kitzingen Airfield TVOR	US Army
111,500	IDSE	Düsseldorf	LLZ (05R)
	DLH	Hamburg	LLZ (23)
	IRST	Ramstein	ILS (09)

	WES	Westerland DME	Kanal 52X
	IWES	Westerland/Sylt	LLZ (33)
111,700	ILUE	Lübeck-Blankensee	ILS (07)
	ILUW	Lübeck-Blankensee	ILS (25)
	IPLE	Paderborn/Lippstadt	LLZ (06)
111,800	GRF	Grafenwöhr Airfield TACAN	US Army
	SWG	Schleswig-Jagel TACAN	Marineflieger
111,900	BK	Binningen	ILS (21)
	BIT	Bitburg TACAN	US Air Force
	IFHE	Friedrichshafen	LLZ (06)
	IFHW	Friedrichshafen	LLZ (24)
	ILZE	Leipzig/Halle	LLZ (10)
	IMOE	Münster/Osnabrück	LLZ (07)
	NDO	Nordholz	ILS (26)
112,000	ARP	Arpe DVOR	
112,100	FUL	Fulda DVOR/DME	Kanal 58X
112,150	KBO	Köln/Bonn TVOR/DME	Kanal 58Y ATIS
	LED	Leipzig/Halle DME	Kanal 58Y
112,200	MIC	Michaelsdorf DVOR	FIS-Flugrundfunkdienst 08-18Z
	RID	Ried DVOR/DME	Kanal 59X
112,300	TGL	Berlin-Tegel DVOR/DME	Kanal 70 Tegel ATIS
	MUN	München VOR/DME	Kanal 70X
112,500	MHD	Mönchengladbach DME	Kanal 72X
	TGO	Tango DVOR-TAC	Kanal 72X
112,600	FHD	Friedrichshafen DME	Kanal 73X
112,700	DOM	Dortmund DVOR/DME	Kanal 74X
112,800	WLD	Walda DVOR/DME	Kanal 75X
112,900	WSR	Weser VOR/DME	FIS-Flugrundfunkdienst 08-18Z
113,100	HAM	Hamburg DVOR-TAC	Kanal 78X
113,300	FWE	Fürstenwalde VOR/DME	Kanal 80X
113,400	RMS	Ramstein TACAN	US Air Force
113,500	WTM	Wittmundhafen TACAN	Marineflieger
113,600	BAM	Barmen DVOR-TAC	Kanal 83X
113,700	WRB	Warburg DVOR/DME	Kanal 84X
113,850	ERF	Erfurt-Bindersleben DVOR/DME	Kanal 85Y
	SAA	Saarbrücken TVOR/DME	Kanal 85Y ATIS
113,950	HAD	Hannover DME	Kanal 86Y
114,050	MUB	Münster/Osnabrück DME	Kanal 87Y
114,100	TOF	Berlin-Tempelhof DVOR/DME	Kanal 88X ATIS
	WIB	Wiesbaden-Erbenheim TACAN	US Army
114,200	FFM	Frankfurt DVORTAC	Kanal 89X ATIS
114,250	LAG	Laage TACAN	Luftwaffe
114,300	OSN	Osnabrück DVOR	FIS-Flugrundfunkdienst 08-18Z
114,350	DRN	Dresden DVOR/DME	Kanal 90Y
114,400	SDD	Berlin-Schönefeld DME	Kanal 91X
114,550	LWB	Löwenberg DVOR/DME	Kanal 92Y
114,700	RDG	Roding DVOR-TAC	Kanal 94X
114,800	ZWN	Zweibrücken	Kanal 95X
114,900	ERL	Erlangen VOR/DME	Kanal 96X
115,000	HDO	Hermsdorf DVOR/DME	Kanal 97X
115,100	LBE	Elbe VOR/DME	Kanal 98X
115,150	DUS	Düsseldorf VOR/DME	Kanal 98Y Düsseldorf ATIS
	KLF	Klasdorf DVOR/DME	Kanal 98Y
115,200	EUR	Eurach DVOR/DME	Kanal 99X
	DLE	Leine DVOR/DME	Kanal 99X Hannover ATIS
115,250	GOT	Gotem DVOR/DME	Kanal 99Y
115,300	AGD	Altenburg-Nobitz DME	Kanal 100X

	HNT	Hohn TACAN	
	NTM	Nattenheim VOR-TAC	Kanal 100X
115,400	BHD	Barth DME	Kanal 101X
	GMH	Germeringhausen DVOR/DME	Kanal 101X
	NGD	Nürnberg DME	Kanal 101X
115,450	SGD	Stuttgart DME	Kanal 101Y
115,500	CHA	Charlie VOR	
	LAH	Laarbruch TACAN	
115,600	FLD	Friedland VOR	
115,650	HMM	Hamm DVOR/DME	Kanal 103Y
	LUD	Lübeck-Blankensee DME	Kanal 103Y
115,800	ALF	Alster DME	Kanal 105X
	KBD	Karlsruhe-Baden DME	Kanal 105X
115,850	LEG	Leipzig/Halle VOR/DME	Kanal 105Y
115,900	AUG	Augsburg DME	Kanal 106X
115,950	KRH	Karlsruhe DVOR/DME	Kanal 106Y
116,000	DMN	München DME	Kanal 107X
116,100	GSO	Gütersloh TACAN	
	SUL	Sulz DVOR	Kanal 109X
116,200	NOR	Nörvenich VORTAC	Kanal 109X
116,300	EFD	Erfurt-Bindersleben DME	Kanal 110X
	DHE	Helgoland VOR-TAC	FIS-Flugrundfunkdienst 08-18Z
116,400	EGB	Eggebek TACAN	
116,500	NIE	Nienburg VOR	
116,700	TAU	Taunus DVOR-TAC	Kanal 114
116,900	DND	Dresden DME	Kanal 116X
	WUN	Wunstorf TACAN	
116,950	HND	Hahn DME	Kanal 116Y
117,000	MDF	Milldorf DVOR/DME	Kanal 117X
117,100	BUE	Büchel TACAN	Luftwaffe
	NDO	Nordholz TACAN	
117,150	MBG	Moosburg DVOR/DME	Kanal 118Y
117,200	MEM	Memmingen TACAN	Luftwaffe
117,250	HOZ	Holzdorf TACAN	
117,300	HLZ	Hehlingen DVOR/DME	FIS-Flugrundfunkdienst 08-18Z
117,450	BMN	Bremen TVOR/DME	Kanal 121Y Bremen ATIS
117,500	KIR	Kirn VOR-TAC	Kanal 122X
	PMD	Schwerin-Parchim DME	Kanal 122X
117,600	DWD	Dortmund-Wickede DME	Kanal 123X
117,700	BKD	Brünkendorf DVOR/DME	Kanal 124X
117,800	DKB	Dinkelsbühl DVOR-TAC	Kanal 125X
117,900	BGG	Brüggen TACAN	Royal Airforce

NDB Funkbaken

Zu den Funkbaken oder Funkfeuern im Lang- und Mittelwellenbereich (150 kHz bis 1800 kHz) gehören gerichtete und ungerichtete Baken (DB, NDB), Kompaßstationen mit Mittel- und Außenorientierungshilfen (LMM/LOM) im Instrumentenlandesystem (ILS) sowie Konsolstationen als Navigationshilfe für die See- und Luftfahrt. Flugfunkbaken sind hauptsächlich im Bereich zwischen 180 kHz und 525 kHz zu finden. Wegen der starken Belegung des Mittelwellenrundfunkbereichs, der Erweiterung des Rundfunkbandes in den USA oberhalb von 1610 kHz und Interferenzen mit Stationen des mobilen Seefunkdienstes werden immer mehr Baken aus dem Frequenzbereich 525 kHz bis 1800 kHz herausgenommen und in den Langwellenbereich verlegt. Es gibt zivile, militärische und private Baken. Letztere werden von Ölborgesellschaften auf Bohrplattformen betrieben und dienen anfliegenden Versorgungshubschraubern und Schiffen als Richtungswegweiser.
Charakteristisch für alle Langwellenfunkbaken ist, daß sie in regelmäßigen Abständen ein aus einem, zwei oder drei Buchstaben bestehenden Rufzeichen im internationalen Morsecode ausstrahlen. Zusätzlich unterscheiden sich die einzelnen NDB durch unterschiedliche Tonhöhen des Dauertones und dem Zeitraum, durch den der Dauerton von der Rufzeichenausstrahlung unterbrochen wird. Es sind auch Baken in Betrieb, die anstatt eines Dauertones nur kurze Tonfolgen ausstrahlen und solche, die nur eine Morsekennung abgeben.

ADF Richtungsfindung

Das älteste und am weitesten verbreitete Funknavigationsverfahren ist die automatische Richtungsfindung (Automatic Direction Finding - ADF). Die Sender dieses Systems arbeiten im Langwellenbereich und heißen ungerichtete Funkfeuer (Nondirectional Beacon - NDB). Zu Peilzwecken können auch beliebige Rundfunksender im Lang- und Mittelwellenbereich eingestellt werden. Allerdings sind die Frequenzen und Standorte dieser Stationen nicht auf allen Luftfahrerkarten eingetragen.
Im Bordempfänger wird beim ADF-Indicator die Sendefrequenz eingestellt und anhand der bei NDB ausgestrahlten Morsekennung überprüft, ob es sich bei der empfangenen Station um die gewählte Bodenfunkstelle handelt. Viele Luftfahrerkarten bieten dabei eine Hilfe indem neben dem Standort und der Sendefrequenz der Bodenstation auch die Kennungsbuchstaben in Punkten und Strichen des Morsealphabets abgedruckt sind.
Die von der Bodenfunkstelle empfangenen elektromagnetischen Schwingungen werden von der Bordelektronik ausgewertet und verstärkt. An das Anzeigeinstrument gelangt eine Spannung mit der eine Nadel ausgelenkt wird. Der Nadelausschlag am Anzeigeinstrument zeigt die Richtung zur Bodenfunkstelle an. Da aus der Auswertung der Funksignale eine Richtungsanzeige erfolgt, nennt man das Anzeigegerät auch Radiokompaß. Die Nadel wird

allerdings nicht, wie bei einem magnetischen Kompaß zum Nordpol, sondern zur Sendestation hin ausgerichtet. Man spricht deshalb im Gegensatz zum Kompaßkurs (Magnetic Bearing - MB) von Relative Bearing (RB).
Das ADF-Gerät eignet sich für Zielflüge auf ein Funkfeuer, für Kursflüge zum und vom NDB-Standort und für Positionsbestimmungen mittels zweier Standlinien.
Beim ADF-Verfahren unterscheidet man drei unterschiedliche Arten von Anzeigegeräten. Ein einfaches ADF-Gerät ist der Relative Bearing Indicator (RBI). Bei diesem Radiokompaß besteht das Anzeigegerät aus einer feststehenden Windrose mit Gradeinteilung. Die 0-Grad-Marke steht oben und stellt die Flugzeuglängsachse in Flugrichtung dar. Beim Empfang eines Funkfeuers wird die Nadel über der Kompaßrose in Richtung auf das Funkfeuer ausgerichtet. Auf der Gradskala kann die Peilung in bezug auf die Flugzeuglängsachse abgelesen werden. Zur Ermittlung einer Standlinie zwischen Flug-zeugstandort und Bodenfunkstelle muß noch der Winkel zwischen Flugzeuglängsachse und Norden am Magnetkompaß, also der Magnetic Heading (MH), abgelesen werden. Der RBI eignet sich am besten für Zielflüge auf ein Funkfeuer, die Anzeigenadel steht dann genau auf der 0-Grad-Marke. Ist die Flugzeuglängsachse durch Betätigen der Steuerorgane so ausgerichtet, daß kein Peilwinkel zum Bodenfunkfeuer mehr angezeigt wird, so bewegt man sich direkt auf die Bake zu.
Die Rechenarbeit, die für die Ermittlung einer Standlinie anhand der RBI- Anzeige erforderlich ist, wird von einem anderen Radiokompaß, dem Moving Dial Indicator (MDI) abgenommen. Dieses Gerät verfügt über eine drehbare Kompaßrose, die mit einem Einstellknopf beliebig bewegt werden kann. Überträgt man den vom Magnetkompaß abgelesenen Wert der Flugrichtung auf den MDI so, daß der Gradwert auf der Einstellscheibe unterhalb des Markierungsdreiecks (Heading Indicator) steht, zeigt die Nadel des Radiokompaß wieder in Richtung des Funkfeuers. Auf der Einstellskala kann der Peilwert (QDM) der Standlinie direkt abgelesen werden.
Noch eleganter ist der RMI-Radiokompaß (RMI - Radio Magnetic Indicator). Dabei ist die Skala mit der Gradeinteilung mit dem Magnetkompaß gekoppelt. Unter der Dreiecksmarke ist der Winkel des Steuerkurs (MH - Magnetic Heading) zum magnetische Nordpol direkt ablesbar. Auch hierbei wird die Anzeigenadel in Richtung auf das Funkfeuer ausgelenkt. Der Wert auf der Kompaßrose, auf den die Nadel zeigt, ist der mißweisende Peilkurs (QDM) zur Bodenstation. Der Peilwinkel, unter dem ein Betrachter an der Bodenstation das Flugzeug sehen würde, wird mit QDR bezeichnet. QDM und QDR haben eine konstante Differenz von 180 Winkelgrad.
Die Standortbestimmung ist mit allen drei beschriebenen Geräten (RBI, MDI und RMI) möglich. Zunächst wird ein bekanntes Funkfeuer eingestellt und das QDM ermittelt oder beim RMI abgelesen. Aus dem QDM wird anschließend das QDR durch Addition oder Subtraktion von 180 Grad berechnet bzw.

auf der Skala an den Nadelenden abgelesen und die Standlinie auf der Karte vom Funkfeuer aus eingetragen. Danach wird ein weiteres Funkfeuer eingestellt, das QDR berechnet und in die Karte eingezeichnet. Der Schnittpunkt der mit diesem Verfahren gewonnenen zwei Standlinien ist der Flugzeugstandort.

Moderne RMI-Geräte sind mit zwei Funkempfängern gekoppelt und haben zwei Anzeigenadeln. Wahlweise kann dabei auf den Empfang von zwei Lang- oder Mittelwellenfunkfeuern (NDB) gleichzeitig oder einem NDB und einem UKW-Funkfeuer (VOR) umgeschaltet werden. In der Regel ist die breitere Nadel mit dem UKW-Funknavigationsempfänger fest gekoppelt eingestellt und die dünnere Nadel weist auf ein VOR oder NDB. Das QDM zu beiden Stationen kann direkt auf der Skala abgelesen werden. Gleichzeitig zeigen die Enden der Nadeln auf das QDR, das auf die Karte übertragen wird. Somit ist der eigene Standort sehr schnell ermittelt.

Derzeit sind noch einige tausend Funkbaken weltweit in Betrieb. Es zeichnete sich allerdings der Trend ab, diese Langwellenfunkfeuer abzuschalten.

Kombination von einem ungerichteten Funkfeuer, links im Bild die Rundstrahlantenne des NDB, und einem ILS-Voreinflugzeichen. Die auf dem Dach des Sendergebäudes montierte Vierelement-Yagiantenne strahlt das Signal auf 75 MHz senkrecht nach oben ab.

Frequenzliste der Langwellenfunkfeuer

Zur Zeit sind in Deutschland folgende Flugfunkfeuer im Langwellenbereich in Betrieb (NDB = Streckenfunkfeuer, LOC = Einflugfunkfeuer):

Frequenz	Kennung	Standort	Typ
276,5 kHz	BW	Bremen	LOC
284,0 kHz	FSB	Faßberg	NDB
284,5 kHz	DY	Düsseldorf	LOC
286,0 kHz	HFX	Hohenfels Army Airfield	NDB
289,0 kHz	MBA	Mansbach	NDB
292,0 kHz	FLD	Friedland	NDB
292,0 kHz	NKR	Neckar	NDB
295,0 kHz	NB	Nürnberg	LOC
297,0 kHz	FR	Frankfurt	LOC
299,0 kHz	SL	Berlin-Schönefeld	LOC
300,5 kHz	LW	Köln/Bonn	LOC
301,0 kHz	AMG	Amberg	NDB
305,0 kHz	MST	Münster/Osnabrück	LOC
306,0 kHz	SG	Stuttgart	LOC
309,0 kHz	MW	Berlin-Schönefeld	LOC
311,0 kHz	CEL	Celle	NDB
311,0 kHz	LMA	Lima	NDB
311,0 kHz	NSN	Niederstetten	NDB
314,0 kHz	GIN	Gießen	NDB
318,0 kHz	AGB	Augsburg	NDB
320,0 kHz	HA	Hannover	LOC
321,0 kHz	GL	Berlin-Tegel	LOC
322,0 kHz	QT	Basepohl	LOC
323,0 kHz	GT	Hamburg	LOC
325,0 kHz	DP	Diepholz	NDB
327,0 kHz	DIP	Planter	NDB
327,0 kHz	LV	Köln/Bonn	LOC
330,0 kHz	ABU	Altenburg-Nobitz	NDB
330,0 kHz	HC	Heringsdorf	NDB
331,0 kHz	NMN	Mendig	NDB
332,0 kHz	HAE	Hannover	NDB
333,0 kHz	PI	Parchim	NDB
334,0 kHz	HDM	Mannheim-Coleman	NDB
338,0 kHz	MNW	München	LOC
338,0 kHz	RUD	Rüdesheim	NDB
339,0 kHz	HAM	Hamburg	LOC
341,0 kHz	LAU	Lichtenau	NDB
343,0 kHz	SBN	Saarbrücken-Ensheim	NDB
344,0 kHz	HN	Hohn	NDB
345,0 kHz	IGL	Ingolstadt	NDB
346,5 kHz	BMN	Bremen	NDB
347,0 kHz	DBR	Helmholtz	NDB
349,0 kHz	KSL	Kassel-Calden	NDB
350,0 kHz	SPM	Speyer	NDB
350,5 kHz	FU	Hamburg	LOC
353,0 kHz	KIL	Kiel	NDB
354,0 kHz	PAD	Paderborn/Lippstadt	NDB
355,0 kHz	DRW	Cottbus-Drewitz	NDB

355,0 kHz	KNG	König	NDB
357,0 kHz	DWI	Dortmund-Wickede	NDB
357,0 kHz	MA	Leipzig/Halle	LOC
357,0 kHz	NRG	Neubrandenburg	NDB
358,0 kHz	HW	Hannover	LOC
358,0 kHz	MNE	Mönchengladbach	LOC
359,0 kHz	ITZ	Itzehoe	NDB
360,0 kHz	SR	Saarbrücken-Ensheim	LOC
363,0 kHz	SCF	Schweinfurt-Süd	NDB
365,0 kHz	GLX	Glückstadt	NDB
365,0 kHz	LJ	Köln/Bonn	LOC
368,0 kHz	BYC	Bückeburg	NDB
370,0 kHz	PSA	Spessart	NDB
371,0 kHz	MYN	Münster/Osnabrück	LOC
372,0 kHz	NDO	Nordholz	NDB
373,0 kHz	BT	Barth	NDB
374,0 kHz	FS	Dresden	LOC
374,5 kHz	SOG	Solling	NDB
375,0 kHz	NDG	Nördlingen	NDB
376,0 kHz	HAN	Hahn	NDB
377,0 kHz	MGB	Mönchengladbach	NDB
380,0 kHz	FLB	Flensburg-Schäferhaus	LOC
382,0 kHz	FW	Frankfurt	LOC
383,0 kHz	LAG	Laage/Rostock	NDB
384,0 kHz	SY	Stuttgart	LOC
385,0 kHz	MSE	München	LOC
386,0 kHz	EH	Egelsbach	NDB
387,0 kHz	SLT	Westerland/Sylt	LOM
390,0 kHz	JEV	Jever	NDB
392,0 kHz	RW	Berlin-Tegel	LOC
394,0 kHz	LYE	Lübeck-Blankensee	LOC
399,0 kHz	WBD	Wiesbaden-Erbenheim	NDB
400,0 kHz	MSW	München	LOC
401,0 kHz	MEG	Mengen-Hohentengen	NDB
401,5 kHz	BET	Rheine-Bentlage	NDB
403,0 kHz	EGB	Eggebek	NDB
403,0 kHz	HAB	Hammelburg	NDB
405,0 kHz	GRW	Grafenwöhr	NDB
406,0 kHz	HOZ	Holzdorf	NDB
406,5 kHz	BOT	Bottrop	NDB
407,0 kHz	LUP	Laupheim	NDB
407,0 kHz	MIC	Michaelsdorf	NDB
410,0 kHz	RF	Erfurt-Bindersleben	LOC
413,5 kHz	DLS	Lubars	NDB
415,0 kHz	RTB	Rothenbach	NDB
417,0 kHz	LI	Düsseldorf	LOC
417,0 kHz	HDL	Heidelberg	NDB
419,0 kHz	WUN	Wunstorf	NDB
420,0 kHz	BAZ	Bayreuth	NDB
422,0 kHz	BAM	Barmen	NDB
422,0 kHz	TGO	Tango	NDB
425,0 kHz	ERT	Erfurt-Bindersleben	NDB
426,0 kHz	WYP	Wipper	NDB
426,5 kHz	MIQ	Mike	NDB

427,0 kHz	BRU	Braunschweig-Waggum	NDB
429,0 kHz	GBL	Giebelstadt	NDB
429,0 kHz	OBI	Oberpfaffenhofen	NDB
431,0 kHz	KBA	Karlsruhe-Baden-Baden	NDB
432,0 kHz	HNU	Hanau Army Airfield	NDB
432,0 kHz	RO	Rothenburg/Oberlausitz	NDB
434,0 kHz	SK	Leipzig/Halle	LOC
435,0 kHz	ZBN	Zweibrücken	NDB
448,0 kHz	LQ	Landsberg	NDB
452,0 kHz	ANS	Ansbach	NDB
468,0 kHz	FTZ	Fritzlar	NDB
473,0 kHz	FHA	Friedrichshafen	NDB
482,0 kHz	SWH	Schwäbisch Hall	NDB
484,0 kHz	HOF	Hof	NDB
488,0 kHz	ILM	Illesheim Storck Kaserne	NDB
489,0 kHz	SIL	Siegen-Siegerland	LOC
490,0 kHz	DVI	Donaueschingen-Villingen	NDB

GPS-Satellitennavigation

Das militärische Satellitennavigationssystem GPS (Global Positioning System) der amerikanischen Streitkräfte bietet geradezu revolutionäre Möglichkeiten bei der Positions- und Kursbestimmung. Das System kann und darf auch von zivilen Anwendern genutzt werden. In den USA, Japan und mittlerweile auch in Europa boomt der Markt. Kein Wunder - noch nie war es so einfach, mit kleinen und leicht zu bedienenden Geräte so exakt die eigene Position auf der Erde zu bestimmen und den Weg zu einem vorgegebenen Ziel- oder Wegpunkt zu finden.
Das System bietet vielfältige Anwendungsmöglichkeiten. Zahlreiche Nutzer in Wirtschaft und Wissenschaft, aber auch Hobbysegler und Sportpiloten, haben die Vorteile von GPS erkannt und setzten die inzwischen zu erschwinglichen Preisen erhältlichen Empfänger ein. Je nach Ausstattung und Anzahl der Betriebskanäle sind GPS-Empfänger in Deutschland bereits für unter 1000 Mark zu kaufen.
Von den Satelliten werden absichtlich falsche Daten zur Erde gesendet. Der Grund: GPS ist ein militärisches System. Weil die Signale der Satelliten von jedermann auf der Erde empfangen werden können, wollten die amerikanischen Militärs ihren potentiellen Gegnern, wo immer die auch stecken mögen, keinen Zugriff auf ihr hochgenaues Navigationsmittel geben, das möglicherweise einmal gegen sie selbst eingesetzt werden kann.
Die GPS-Satelliten strahlen zwei verschiedene Signale zur Erde. Auf einem Kanal wird der P-Code (Precise/Protected) und auf dem zweiten Kanal der C/A-Code (Clear/Acquisition) ausgestrahlt. Der hochpräzise P-Code ist verschlüsselt und kann nur von militärischen GPS-Empfängern ausgewertet werden. Der C/A-Code ist dagegen unverschlüsselt und der Allgemeinheit zugänglich. Aus oben genannten Gründen werden die Daten des C/A-Code absichtlich verfälscht und die Genauigkeit von wenigen Meter auf 15 bis 250

Meter vermindert. Ein Wert, der bei der Streckennavigation auf Schiffen und in Flugzeugen aber immer noch tolerierbar ist.
Bei GPS handelt es sich um ein hochpräzises Navigationssystem, das sich durch hochgenaue dreidimensionale Positions- und Geschwindigkeitsbestimmung, kontinuierliche Überdeckung der gesamten Erdoberfläche, unbegrenzte Anzahl von Benutzern durch bordseitig passiven Betrieb, Unabhängigkeit von Wetterbedingungen und Tageszeiten auszeichnet.
Realisiert wurden dies Merkmale durch die drei Teilsysteme Bodenkontrolle, Weltraumsystem und Empfänger des Nutzers. Die Bodenkontrollstationen überwachen die NAVSTAR genannten Satelliten; sie berechnen die Flugbahnen und übermitteln Korrekturdaten an die Satelliten. Aus den von den Satelliten abgestrahlten Signalen ermittelt der Empfänger seine Position.
Das Weltraumsegment besteht derzeit aus 24 Satelliten zuzüglich drei Reservesatelliten, die in einer 12-Stunden-Umlaufbahn mit einer Bahnneigung von 55 Grad gegenüber dem Äquator die Erde in einer Höhe von 20200 km umkreisen. Die Satelliten sind in sechs Bahnen zu je drei Satelliten angeordnet. Die Aufgabe eines jeden Satelliten ist es, die eigene Satallitenposition und die Sendeuhrzeit an den Empfänger des Nutzers zu übermitteln.
Die Spuren der Satellitenbahnen sind erdfest, da heißt, daß sich die Satellitenkonstellation für einen bestimmten Beobachtungspunkt auf der Erde alle 23 Stunden und 56 Minuten (ein siderischer Tag) wiederholt.
Jeder Satellit sendet verschiedene Informationen wie Almanach-, Ephemeriden- und Zeitdaten. Die Signale aller Satelliten werden auf zwei Trägerfrequenzen im L-Band auf 1227,6 MHz (L2) und 1575,42 MHz (L1) gleichzeitig abgestrahlt. Die Informationsübermittlung erfolgt mittels kodierter Datenströme, die den beiden Trägerfrequenzen aufmoduliert sind. P- und C/A-Code unterscheiden sich bezüglich der Taktfrequenz sowie der Sequenzlänge. Die Frequenz L1 enthält sowohl den P-Code als auch den C/A-Code, die Frequenz L2 nur den P-Code.
Kennt der Nutzer die direkte Schrägentfernung zu einem Satelliten und die Position dieses Satelliten, so weiß er, daß er sich geometrisch auf einer Kugeloberfläche aufhält, in deren Mittelpunkt sich der Satellit befindet. Ist eine zweite Schrägentfernung zu einem zweiten Satelliten und dessen Position bekannt, so ist der mögliche Aufenthaltsort des Empfängers von der Kugeloberfläche auf die Schnittlinie zweier Kugeln reduziert. Mit der Kenntnis einer dritten Schrägentfernung und einer dritten Satellitenposition läßt sich die Schnittlinie auf zwei Schnittpunkte reduzieren und die Position in den drei Koordinaten x, y, z oder Länge, Breite, Höhe bestimmen.
Die Positionsbestimmung läßt sich also theoretisch durch die Ermittlung von Schrägentfernungen und von Satellitenpositionen zu drei Satelliten ermitteln. Die Schrägentfernungsmessung wird mit Kenntnis der Ausbreitungsgeschwindigkeit der Funksignale durch eine Laufzeitmessung der Signale vom Satelliten zum Empfänger durchgeführt.

Bei der Übertragung der Signale treten jedoch Laufzeitverzögerungseffekte durch Ionosphären- und Troposphäreneinfluß auf. Zusätzlich ergeben sich systembedingte Fehler bei der Laufzeitmessung, die prinzipiell durch einen Uhrenvergleich gegenüber einer Referenzzeit von einer hochgenauen Satellitenuhr mit einer weniger genauen Empfängeruhr auftreten. Hierdurch entarten die Kugeloberflächen zu Kugelschalen mit einer Schichtdicke, und der Schnittpunkt als Aufenthaltsort zu einem Fehlervolumen. Dieses Fehlervolumen läßt sich durch die Auswertung einer vierten Schrägentfernungsmessung zu einem weiteren Satelliten reduzieren. Durch diese Messung kann der Einfluß der weniger genauen Empfängeruhr vermindert werden, da ihr Fehler in allen vier Messungen gleich ist.
Zur Positionsbestimmung mit Hilfe von GPS müssen also mindestens vier Schrägentfernungen sowie die Positionen von vier Satelliten bekannt sein, um drei Positionskoordinaten des Empfängers zu bestimmen. GPS- Empfänger der gehobenen Leistungsklasse können derzeit die Daten von sechs Satelliten empfangen und auswerten.
Während die Meßfehler vom Empfangsgerät abhängen, treten die Laufzeitfehler systembedingt auf der Strecke Satellit - Empfangsantenne auf. Auf dieser Strecke durchlaufen die elektromagnetischen Wellen verschiedene Schichten, in denen sich der Brechungsindex und die Ausbreitungsgeschwindigkeit ändern, wodurch die Wellen von einem geradlinigen Ausbreitungsweg abweichen und einen längeren Weg zurücklegen, als es der direkten Verbindung entsprechen würde. Werden diese Einflüsse nicht korrigiert, würde man alleine durch den Ionosphäreneinfluß einen Entfernungsfehler von 15 bis 60 Meter erhalten. Die Eigenschaften der Ionosphäre hängen von der Sonneneinstrahlung und Sonnenfleckentätigkeit ab. Zusätzlich überlagern sich noch unregelmäßige statistische Schwankungen. Die hieraus resultierenden Fehler lassen sich durch umfangreiche komplexe Modelle reduzieren, jedoch müssen für diese Modelle eine große Anzahl von Parametern bekannt sein, die zum Teil wiederum nur auf Prognosen beruhen. Von den Satelliten werden mit dem Datenstrom Parameter für ein einfaches Näherunsmodell übermittelt. Mit diesem Modell ist man in der Lage, weltweit ungefähr 50 bis 60 Prozent des ionosphärischen Laufzeitfehlers zu korrigieren.
Der gesamte Schrägentfernungsmeßfehler bewirkt je nach Satellitenkonstellation einen unterschiedlichen Positionsfehler von 20 bis 40 Meter.
Da die bereits erreichten Genauigkeiten (10 bis 15 Meter Horizontalpositionsfehler) der für jeden frei zugänglichen Signale des GPS bereits heute so hoch sind, wie sie für die autorisierten militärischen Nutzer ursprünglich geplant waren, wird die Genauigkeit für nicht autorisierte Nutzer künstlich verschlechtert. Das Fehlerverhalten kann jedoch mit vielen Stützungsverfahren verbessert werden. Eine Möglichkeit, die Abweichung zu reduzieren, stellt das Differential GPS dar. Unter günstigen Empfangsverhältnissen läßt sich ein Abweichungsfehler von weniger als zwei Meter erreichen.

LORAN

LORAN (Long Range Navigation), OMEGA und DECCA sind die bekanntesten Hyperbelnavigationsverfahren zur Funkortung, bei denen die Laufzeitdifferenz von Funksignalen gemessen werden. Erforderlich sind dafür zwei oder mehreren Sendestationen, die im Abstand von mehreren hundert bis einigen tausend Kilometer voneinander aufgestellt sind. Dabei macht man sich zunutze, daß die Laufzeitdifferenz proportional zur Entfernungsdifferenz ist. Es entsteht eine Schar von Punkten auf der Erdoberfläche, zu denen das Sendesignal die gleiche Laufzeit benötigt. Diese Punkte lassen sich auf einer Karte verbinden und es entstehen Hyperbeln. Die Zeitdifferenz zwischen dem Eintreffen der Funksignale von verschieden weit vom Empfänger aufgestellten Stationen wird in einem Bordgerät als Zahlwert angezeigt. Auf speziellen Hyperbelnavigationskarten werden die Hyperbeln mit dem ermittelten Zahlwert aufgesucht. Der Schnittpunkt von zwei oder mehreren Hyperbeln ergibt den gesuchten Standort. Moderne Hyperbelnavigationsempfänger zeigen die aus der Laufzeitdifferenz ermittelte Position direkt in geographischen Koordinaten an.

Das LORAN-A-System arbeitet im 2-MHz-Grenzwellenbereich auf den Frequenzen 1850 kHz (Kanal 2), 1900 kHz (Kanal 3) und 1950 kHz (Kanal 1). Im Unterschied zu LORAN-A werden die Pulsfolgen des LORAN-C-Systems auf der Langwellenfrequenz 100 kHz abgestrahlt. Außerdem bietet LORAN-C mit mehr als 1000 km eine größere Reichweite und eine etwa zehnmal höhere Genauigkeit, als LORAN-A.

Für ein LORAN-Netz werden drei bis fünf Sendestationen benötigt, die im Abstand von mehreren hundert bis tausend Kilometer voneinander entfernt sind. Ein solches Netz besteht aus einer Master-Station (M) sowie mehreren Nebenstationen (Slaves), die mit Z, Y, X, W, usw. bezeichnet sind. Außerdem haben einige LORAN-Netze noch sogenannte Monitorstationen, von denen aus die Impulse überwacht werden.

Jede Station strahlt eine Gruppe von Impulsen nach einem festgesetzten Gruppenwiederholungsintervall (GRI) aus, wobei jedes Netz mit einem anderen Wiederholungsintervall arbeitet.

Die synchronisierten aber geringfügig zeitversetzten Signale der Haupt- und einer Nebenstationen werden im Empfänger an Bord eines Schiffes oder Flugzeuges ausgewertet. Durch unterschiedliche Phasenlagen ist ein automatisches Erkennen der Impulse von Master- und Slave-Stationen möglich.

Weltweit gibt es derzeit 15 Gebiete, in denen mit Hilfe des LORAN-C-Verfahrens genaue Standortbestimmungen durchgeführt werden können. Dazu gehören unter anderem Nordatlantik und Karibik, das Mittelmeer, Nordpazifik und der mittlere Pazifik um Hawaii. Der Vorteil des Langwellennavigationsfunkverfahrens ist, daß mit der sehr weit reichenden Bodenwelle große Gebiete mit dem Hyperbelnetz überzogen werden können. Dafür sind enorme Sendeleistungen um 1000 Kilowatt erforderlich.

Neben der zivilen Version LORAN-C existiert noch ein militärisches LORAN-D-Verfahren, das sich durch besonders hohe Flexibilität auszeichnet. Die Master- und Slave-Stationen sind so kompakt, daß eine solche Station in einem Transporthubschrauber zu jedem Standort gebracht und in wenigen Stunden aufgebaut werden kann.
Bei aller Technik sind die Tage des LORAN-Systems gezählt. LORAN- Bordempfänger sind teurer, als Empfänger für das moderne Satellitennavigationssystem GPS. Außerdem erlaubt die Standortbestimmung über Navigationssatelliten ein genaueres Meßergebnis.

DECCA

DECCA ist ein Hyperbelnavigationsverfahren, bei dem die Laufzeitdifferenz als Phasendifferenz gemessen wird. Es ist für die Standortbestimmung im Umkreis von 250 NM um die Master-Station geeignet. Eine DECCA-Kette besteht aus dem Leitsender (Master) und drei Nebensendern (Slave), die mit Slave-Red, Slave-Green und Slave-Purple bezeichnet sind. Die Sender arbeiten im Bereich zwischen 70 und 130 kHz und strahlen modulierte Dauerträger aus. Um eine Signaltrennung im Empfänger zu ermöglichen, strahlen die Sender ihre Signale auf Frequenzen aus, die ganze Vielfache von 14 kHz sind. In der Regel senden der Purple-Sender auf der fünffachen, der Master-Sender auf der sechsfachen, der Red-Sender auf der achtfachen und der Green-Sender auf der neunfachen Grundfrequenz. Eine zusätzlich von allen DECCA-Stationen ausgestrahlte Orange-Frequenz hat den 8,2-fachen Wert der Grundfrequenz. Auf diese Weise werden die Sender auf verschiedenen Frequenzen empfangen und in einem Mischer im Empfänger auf eine gemeinsame Vergleichsfrequenz umgesetzt. Auf der erzeugten Vergleichsfrequenz wird der Phasenunterschied gemessen und die Hyperbelstandlinie ermittelt. Die bestehenden DECCA-Netze werden voraussichtlich alle bis zum Jahr 2001 abgeschaltet.

CONSOL

CONSOL arbeitet im Frequenzbereich zwischen 260 und 320 kHz. Von drei Sendeantennen, die im Abstand von drei Kilometern aufgestellt sind, werden Dauerstrichsendungen abgestrahlt. Dabei sind die Phasenlagen der beiden äußeren Sender und Antennen spiegelbildlich zur Phasenlage des mittleren Senders. Durch die Phasenumtastung des Punkt-Strich-Verhältnisses wird die Phase um 180 Grad geändert. Dabei entsteht in bestimmten Richtungen ein Feldstärkegleichheit, es ergeben sich Leitstrahlen mit Dauerton. Durch zusätzliche kontinuierliche Phasenänderung mit einer Periodendauer von etwa 60 Sekunden in den äußeren Antennen ergeben sich scheinbar umlaufende Leitstrahlen. Aus der Zeit zwischen Beginn der Tastung bis zum Empfang eines Dauertons kann die Richtung bestimmt werden, wegen Mehrdeutigkeiten allerdings nur in Sektoren, die in spezielle Karten eingezeichnet sind.

Kurzwellenflugfunk

Kurzwellensprechfunk wird in der Luftfahrt vor allem dort eingesetzt, wo die Infrastruktur ein dichtes Netz von UKW-Bodenstationen nicht zuläßt. Zu diesen Gebieten gehören sowohl große aber dünnbesiedelte Landflächen und die Ozeane Atlantik, Pazifik und Indischer Ozean. Da sich die Funkwellen auf VHF und UHF quasioptisch ausbreiten, ist die Reichweite etwas größer als die Horizontsicht. Selbst in einem hoch fliegenden Flugzeug kann eine VHF-Bodenstation nur empfangen werden, wenn sie sich in einer Entfernung von etwa 200 bis 400 Kilometer vom Flugzeugstandort entfernt befindet. Eine Möglichkeit, die ständige Kommunikation zwischen Flugzeugbesatzung und Fluglotse auf VHF aufrechtzuerhalten, ist es, ein Netz von ferngesteuerten Sende- und Empfangsanlagen zu errichten, die über Telefonleitungen oder Richtfunk miteinander verbunden sind. Solche Netze, die von der Infrastruktur her sehr teuer sind, existieren zum Beispiel in den USA und Kanada. Eine andere Möglichkeit besteht darin, das Übertragungsmedium zu wechseln. Der Kurzwellenbereich zwischen 3000 kHz und 30000 kHz mit Wellenlängen zwischen 100 Meter und 10 Meter ermöglicht fast weltumspannenden Funkverkehr bei kleinen Sendeleistungen. Der Nachteil des Kurzwellenfunks ist, daß die Signale sich sogar weiter ausbreiten, als dies für eine Kommunikation mit der zuständigen Bodenfunkstelle erforderlich ist. Bei Überreichweiten stören weit entfernte Funkstationen. Ebenso machen atmosphärische Störungen mit Rausch-, Prassel- und Knackgeräuschen die Verständigung schwierig und manchmal sogar unmöglich. Zwar gibt es bereits heute Alternativen, die Umstellung auf ein weltumspannendes Satellitenfunknetz wird jedoch noch Jahre bis Jahrzehnte dauern.
Für den Kurzwellenflugfunk gibt es eine Reihe von Nutzern. Diese sind:

- Air Traffic Control für die Kontrolle und Bewegungslenkung von Langstreckenverkehrsflügen
- Volmet-Ausstrahlungen für die Information der Flugzeugbesatzungen über das Wettergeschehen
- Militärischer Flugfunk
- Betriebsfunk der Fluggesellschaften
- Funkfernschreibverbindungen zwischen den Kontrollzentralen
- Funkfernschreib- und Wetterkartenfunk für die Übermittlung von Wetterdaten und Wetterkarten

Im Februar 1983 trat die auf einer weltweiten Funkverwaltungskonferenz in Genf 1978 getroffene Vereinbarung über die Frequenzzuweisung für den beweglichen Flugfunkdienst in Kraft. Als internationale Norm wurde J3E-Modulation im oberen Seitenband festgelegt. Das englische Fachwort für diese Modulation ist Single Side Band, abgekürzt SSB. Als Kanalraster innerhalb der ausschließlich für den Flugfunk reservierten Kurzwellenbänder zwischen 3 und 21 MHz einigte man sich auf 3 kHz um Intermodulationsstörungen von

Nachbarkanälen zu vermeiden. Alle Frequenzen des beweglichen Flugfunkdienstes enden geradzahlig.
Auf der Funkverwaltungskonferenz wurden die Frequenzbereiche in zwei Gruppen unterteilt, die Route-Strecken (R) und die Off-Route-Strecken (OR). Frequenzen der R-Gruppe werden fast ausschließlich von zivilen Flugzeugen, die der OR-Gruppe ausschließlich von militärischen Flugzeugen und Bodenstationen genutzt.

Frequenzbereiche des beweglichen Flugfunkdienstes auf Kurzwelle:

2850 kHz	bis	3025 kHz	Route (R)
3025 kHz	bis	3155 kHz	Off-Route (OR)
3400 kHz	bis	3500 kHz	Route (R)
3800 kHz	bis	3950 kHz	Off-Route (OR)
4650 kHz	bis	4700 kHz	Route (R)
4700 kHz	bis	4750 kHz	Off-Route (OR)
5450 kHz	bis	5680 kHz	Route (R)
5680 kHz	bis	5730 kHz	Off-Route (OR)
6525 kHz	bis	6685 kHz	Route (R)
6685 kHz	bis	6765 kHz	Off-Route (OR)
8815 kHz	bis	8965 kHz	Route (R)
8965 kHz	bis	9040 kHz	Off-Route (OR)
10005 kHz	bis	10100 kHz	Route (R)
11175 kHz	bis	11275 kHz	Off-Route (OR)
11275 kHz	bis	11400 kHz	Route (R)
13200 kHz	bis	13260 kHz	Off-Route (OR)
13260 kHz	bis	13360 kHz	Route (R)
15010 kHz	bis	15100 kHz	Off-Route (OR)
17900 kHz	bis	17970 kHz	Route (R)
17970 kHz	bis	18030 kHz	Off-Route (OR)
21925 kHz	bis	22000 kHz	Route (R)
23000 kHz	bis	23350 kHz	Off-Route (OR)

Zwischen den Eckfrequenzen der Off-Route-Bereiche gibt es keine Aufteilung oder Reservierung für bestimmte Nutzer oder Regionen. Anders im Route-Bereich. Zwischen den Eckfrequenzen dieser Bereich findet eine Aufteilung in ATC-Dienste, Volmet-Dienste und LDOC (Long Distance Operations Communications – Langstreckenbetriebsfunk der Fluggesellschaften).

Regionen

Für die Flugfunkdienste auf Kurzwelle ist die Welt in Regionen aufgeteilt. Jede Region verfügt über eine Reihe von fest zugewiesenen Frequenzen. Die Frequenzbänder sind so ausgewählt, daß sie entweder am Tag, in der Nacht oder rund um die Uhr eine sichere Kommunikation gewährleisten.
Wegen der wenigen zur Verfügung stehenden Frequenzen innerhalb der zivilen Flugfunkbereiche sind die Kanäle mehrfach belegt. Die regionale Aufteilung erfolgt nach den Gesichtspunkten, daß sich Stationen in verschiedenen Gebiete nicht gegenseitig stören. Wegen der Ausbreitungsbedingungen auf Kurzwelle ist dies jedoch nicht immer möglich. So kommt es häufig vor, daß die Cockpit-Besatzungen eine Bodenfunkstelle aus einer Region weit außerhalb des eigenen Fluggebietes besser hören, als die für den durchflogenen Luftraum zuständige Station.

MWARA

Die Abkürzung MWARA steht für „Major World Air Route Area". Gemeint sind damit die interkontinentalen Hauptluftstraßen, die von Linienflugzeugen im Passagierverkehr beflogen werden. Auch transkontinentale Militärflüge werden von den Fluglotsen des MWARA-Dienstes betreut.
Die Gebiete für den Flugfunk auf diesen Luftstraßen zwischen den Kontinenten werden mit Abkürzungen aus zwei oder drei Buchstaben gekennzeichnet. Die einzelnen MWARA-Gebiete sind wiederum unterteilt in Regionen. Beispiel: AFI-1 für Nordwest- und Westafrika, AFI-2 Nordafrika, AFI-3 Nordost-, Ostafrika und Arabien, AFI-4 Südafrika. Die MID-Zone ist in die Gebiete MID-1 (Arabien) und MID-2 (Afghanistan, Indien, Pakistan) aufgeteilt.

AFI	Africa - Afrika
EUR	Europe - Europa
MID	Middle East - Mittlerer Osten
NAT	North Atlantic - Nordatlantik
SAT	South Atlantic - Südatlantik
CAR	Caribbean - Karibik
SAM	South America - Südamerika
NP	North Pacific - Nordpazifik
CWP	Central and West Pacific - Mittel- und Westpazifik
CEP	Central and East Pacific - Mittel- und Ostpazifik
SP	South Pacific - Südpazifik
INO	Indian Ocean - Indischer Ozean
NCA	North and Central Asia - Nord- und Mittelasien
EA	East Asia - Ostasien
SEA	Southeast Asia – Südostasien

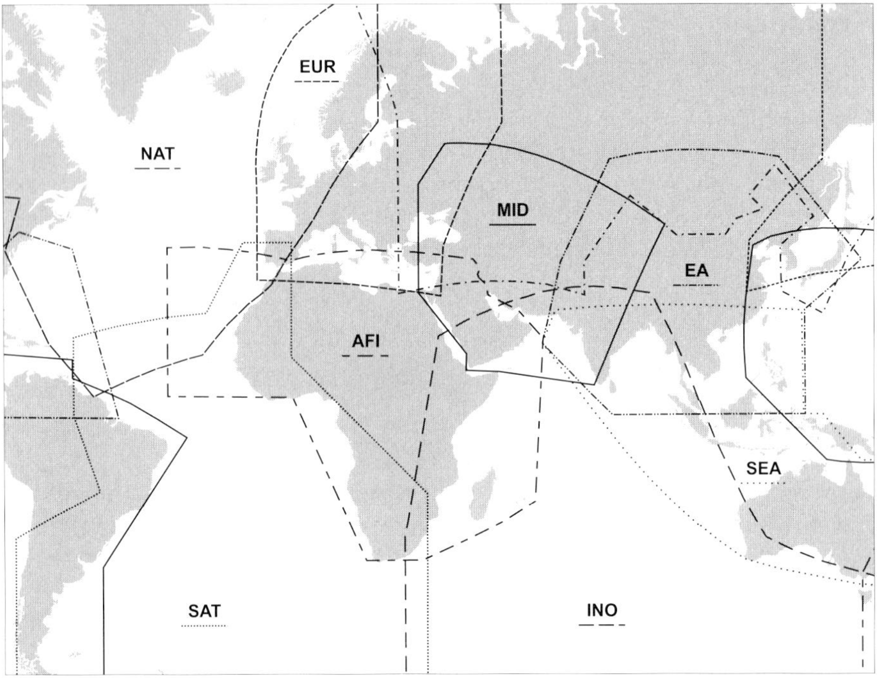
EUR
NAT
MID
EA
AFI
SEA
SAT
INO

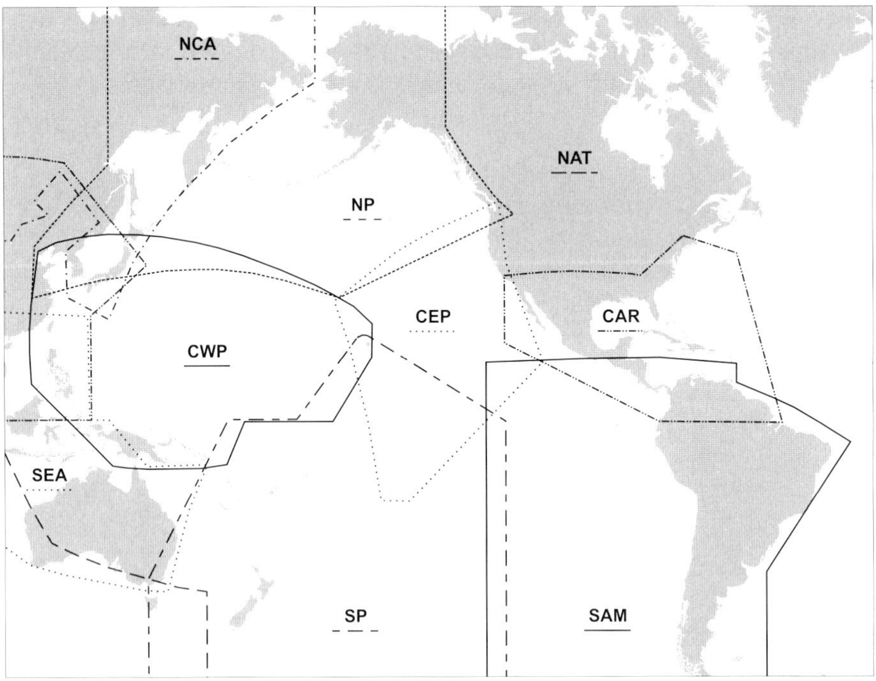
NCA
NAT
NP
CEP
CAR
CWP
SEA
SP
SAM

MWARA-Frequenzen

2851	AFI/NCA
2854	SAT 2
2869	CEP 2
2872	NAT C
2878	AFI 4
2887	CAR A
2899	NAT B
2932	NP 1+2
2935	SAT
2944	SAM 1
2962	NAT E
2971	NAT D
2988	CWP 2
2992	MID 1
2998	CWP
3016	EA 1/NAT A
3019	NCA
3413	CEP 1
3419	AFI 2
3425	AFI
3452	AFI 1/SAT 1
3455	CAR B/CWP 1
3467	AFI 3/MID 2/SP
3470	SEA 1/3
3473	MID
3476	AFI 5/INO 1/NAT F
3479	EUR A/SAM 2
3485	EA/SEA 2
3491	EA
4657	AFI/CEP
4666	CWP 2
4669	MID/SAM 1
4675	NAT D
4678	NCA
5440	SAT 2
5493	AFI 4
5517	AFI 3
5520	CAR A+B
5526	SAM 2
5547	CEP 2
5550	CAR A
5559	SP
5565	SAT 2
5574	CEP 1
5598	NAT A
5601	MID 2
5616	NAT B
5622	EUM A
5628	NP 1
5634	AFI 5/INO 1
5643	SP
5646	NCA
5649	NAT C/EA/SEA
5652	AFI 2/CWP
5655	EA/SEA 2
5658	AFI 3/MID 1+2
5661	EUR A/CWP
5664	NCA
5667	MID 1+2/NP
5670	EA
6532	CWP 1
6535	AFI 1/SAT 1
6556	SEA 1/3
6559	AFI/INO 1
6562	CWP
6571	EA 1
6574	AFI 3
6577	CAR A
6586	AFI 4/CAR B
6592	NCA
6598	EUR A
6622	NAT F
6625	MID
6628	NAT E
6631	MID
6649	CAR/SAM 1
6655	NP 2
6661	NP
6673	AFI 1/CEP 2
8825	NAT A+E
8831	NAT F
8843	CEP 1
8846	CAR B
8855	SAM 2
8861	AFI 1/SAT 1
8864	NAT B
8867	SP
8879	AFI 5/INO 1/ MID 2/NAT C
8891	NAT D
8894	AFI 2
8897	EA 1
8903	AFI 4/CWP 1+22
8906	NAT A
8918	AFI 3/MID 1+2/ CAR A
8942	EA/SEA 2
8951	MID/NP 2
10018	INO 1/MID 1+2
10024	SAM 1
10039	NCA
10042	EA
10048	NP 1
10057	CEP 1
10066	SEA
10081	CWP
10084	EUR A/SP
10096	NCA/SAM 2
11279	NAT B+D
11282	CEP 2
11285	SEA 1
11291	SAT 2
11300	AFI 3
11309	NAT E
11327	SP
11330	AFI/CAR/NP 2
11336	NAT C+F
11360	SAM 1
11375	MID
11384	CWP 2/EUM A
11387	CAR B
11396	CAR A/EA/SEA 2+3
13261	SP
13273	AFI 2/NP 1
13288	AFI 3/CEP 2/EUR A/ MID 1+2
13291	NAT B+D+F
13294	AFI 2+3+4
13297	CAR A/EA/SAM 2/ SEA 3
13300	NP/SP/CWP 1+2
13303	EA/NCA
13306	AFI 5/INO 1/NAT A+C
13309	EA/SEA 2
13312	MID 1+2
13315	NCA/SAT 2
13318	SEA 1+3
13354	CEP 1/NAT E
13357	AFI 1/SAT 1
17904	CEP 1+2/CWP 1+2/ NP/SP
17907	CAR A+B/EA/ SAM 1+2/SEA 1
17946	NAT A+B+C+D+E
17955	AFI 1/SAT 1+2
17958	EA/NCA
17961	AFI 2+3+4+5/INO 1 EUR A/MID

MWARA-Gebiete und ATC/ACC Bodenstationen

NAT-A

3016 5598 8825 8906 13306 17946
Canarias, Gander, New York, Piarco, Santa Maria, Shanwick

NAT-B

2899 5616 8864 11279 13291 17946
Gander, Iceland, New York, Santa Maria, Shanwick

NAT-C

2872 5649 8879 13306 13336 17946
Gander, Iceland, Shanwick

NAT-D

2971 4675 8891 11279 13291 17946
Arctic, Baffin (Cambridge Bay), Bodö, Churchill, Gander, Iceland, Montreal

NAT-E

2962 6628 8825 11309 13354 17946
Canarias, New York, Santa Maria

NAT-F

3476 6622 8831 13291 Gander, Shanwick

CAR-A

2887 5550 6577 8918 11396 13297 17907
Barranquilla, Havanna (Call: Boyeros), Guatemala City, Merida, New York, Panama, Port of Spain (Call: Piarco), San Andres, San Jose, Tegucigalpa (Call: Cenamer)

CAR-B

3455 5520 6586 8846 11387 17907
Barranquilla, Havanna (Call: Boyeros), Cayenne, Georgetown, Maiquetia, New York, Panama, Paramaribo, Port of Spain (Call: Piarco), San Andres

SAM-1

2944 4669 6649 10024 11360 17907
Antofagasta, Asuncion, Bariloche, Barranquilla, Bogota, Buenos Aires (Call: Ezeiza), Comodoro Rivadavia, Cordoba, Isla del Pascua (Call: Pascua), La Paz, Lima, Maiquetia, Mendoza, Panama, Puerto Montt, Punta Arenas, Quito, Resistencia, Salta, Santa Cruz, Santiago, Talara, Ushuaia

SAM-2

3479 5526 8855 10096 13297 17907
Asuncion, Belem, Bogota, Brasilia, Buenos Aires (Call: Ezeiza), Campo Grande, Caracas (Call: Maiquetia), Cayenne, Curitiba, Georgetown, Iquitos, La Paz, Leticia, Lima, Manaus, Montevideo, Paramaribo, Port of Spain (Call: Piarco), Porto Alegre, Porto Velho, Recife, Resistencia, Rio de Janeiro, Salvador, Santa Cruz

SAT-1

3452 6535 8861 13357 17955
Brasilia, Canarias, Cayenne, Dakar, Manaus, Paramaribo, Recife, Rio de Janeiro, Sal

SAT-2

2854 5440 5565 11291 13315 17955
Canarias, Cayenne, Dakar, Johannesburg, Manaus, Paramaribo, Recife, Rio de Janeiro, Sal, Salvador, Windhoek

AFI-1

3452 6535 6673 8861 13357 17955
Abidjan, Bamako, Bangui, Bissau, Bobo Dioulasso, Bouake, Casablanca, Conakry, Canarias, Dakar, Freetown, Kano, Niamey, Nouadhibou, Nouakchott, Ouagadougou, Roberts (Monrovia)

AFI-2

3419 5652 8894 13273 13294 17961
Algiers, Kano, Gao, Niamey, N'Djamena, Tamanrasset, Timimoun, Tripoli, Tunis

AFI-3

3467 5517 11300 13288 17961
Addis Abeba, Aden, Asmara, Bahrain, Benghazi, Bombay, Bujumbura, Cairo, Comores, Dar es Salaam, Entebbe, Hargeisa, Djibouti, Jeddah, Khartoum, Kigali, Kisimayu, Male, Mogadishu, Nairobi, Port Sudan, Sanaa, Seychelles, Tripoli

AFI-4

2878 5493 6586 8903 13294 17961
Accra, Bangui, Brazzaville, Douala, Entebbe, Garoua, Goma, Harare, Johannesburg, Kano, Kinshasa, Kisangani, Lagos, Libreville, Luanda, Lubumbashi, Lusaka, Maiduguri, Maroua, N'Djamena, Niamey, Niamtougou, Pointe Noire, Port Gentil, Roberts, Sao Tome, Windhoek, Yaounde

AFI-5

3476 5634 8879 13306 17961

Antananarivo, Beira, Bombay, Cocos Islands, Colombo, Dar es Salaam, Harare, Jeddah, Johannesburg, Kigali, Lilongwe, Lusaka, Madras, Mahajanga, Male, Mauritius, Moroni, Nairobi, Perth, Seychelles, St. Denis, Toamasina

INO-1

3476 5634 8879 13306 17961

Antananarivo, Beira, Bombay, Cocos Islands, Colombo, Dar es Salaam, Harare, Jeddah, Johannesburg, Kigali, Lilongwe, Lusaka, Madras, Mahajanga, Male, Mauritius, Moroni, Nairobi, Perth, Seychelles, St. Denis, Toamasina

MID-1

2992 5667 8918 11312

Aden, Amman, Ankara, Baghdad, Bahrain, Basrah, Beirut, Cairo, Damascus, Jeddah, Kuwait, Odessa, Sanaa, Simferopol, Tehran, Tbilisi, Yerevan

MID-2

3467 5601 5658 10018 13288

Abadan, Almaty, Ashkabad, Bishkek, Bombay (Mumbai), Delhi, Dushanbe, Kabul, Karachi, Kathmandu, Kuwait, Lahore, Male, Muscat, Odessa, Samarkhand, Seychelles, Tashkent, Tehran, Tbilisi, Urumqi, Yerevan

MID-3

2944 4669 6631 8951 11375 17961

Aktyubinsk, Almaty, Bishkek, Dushanbe, Kzyl-Orda, Moscow, Samara, Samarkhand, Tashkent, Uralsk, Yerevan

EUR-A

3479 5661 6598 10084 13288 17961

Arkhangelsk, Beirut, Kiev, Lvov, Minsk, Moscow, Murmansk, Odessa, Riga, Simferopol, Sofia, St. Petersburg, Syktyvkar, Tunis, Velikiye Luki, Vilnius, Vologda

NCA-1

3019 5646 13315 17958

Ivdel, Khanty-Mansiysk, Moscow, Syktyvkar, Sverdlovsk, Vologda

NCA-2

2851 4678 6592 10096 17958

Barnaul, Irkutsk, Khanty Mansiysk, Kirensk, Kolpashevo, Krasnoyarsk, Novosibirsk, Podkamennaya, Surgut, Yeniseysk

NCA-3

3004 5664 10039 13303 17958
Chita, Chulman, Ekimchan, Irkutsk, Kirensk, Khabarovsk, Pyongyang, Ulan Bator, Ulan Ude

EA-1

3016 6571 8897 10042 17958
Beijing, Guangzhou, Hailar, Irkutsk, Jinan, Kunming, Lanzhou, Pyongyang, Shanghai, Shenyang, Taegu, Ulan Bator, Urumqi, Wuhan, Zhengzhou

EA-2

3485 5649 5655 8942 11396 13309 17907
Guangzhou, Irkutsk, Pyongyang, Ulan Bator

SEA-1

3470 6556 10066 11285 13318 17907
Bali, Bangkok, Colombo, Calcutta, Dhaka, Guangzhou, Jakarta, Kathmandu, Kuala Lumpur, Kunming, Madras, Male, Singapore, Yangon

SEA-2

3485 5655 8942 11396 13309
Bali, Bangkok, Guangzhou, Hanoi, Ho Chi Minh, Hong Kong, Jakarta, Kuala Lumpur, Kota Kinabalu, Manila, Seoul, Singapore, Tokyo, Vientiane

SEA-3

3470 6556 11396 13318 13297
Bali, Cocos Islands, Darwin, Jakarta, Male, Perth, Singapore, Ujung Pandang

CEP-1

3413 5574 8843 10057 13354 17904 Honolu-lu, San Francisco

CEP-2

2869 5547 6673 11282 13288 17904
Honolulu, San Francisco

CWP-1

3455 6532 8903 13300 17904
Hong Kong, Manila, Guam (Call: Naha), Seoul, Taipei, Tokyo

CWP-2

2988 4666 8903 11384 13300 17904
Hong Kong, Manila, Guam (Call: Naha), Port Moresby, Seoul, Taipei, Tokyo

NP-1

2932 5628 10048 13273 Beijing, San Francisco, Honolulu, Tokyo

NP-2

2932 6655 8951 11330 Beijing, San Francisco, Honolulu, Tokyo

SP

3467 5643 8867 13261 17904
Auckland, Brisbane, Honolulu, Nadi, Isla de Pascua (Call: Pascua), Port Vila, Rarotonga, Tahiti, Wallis

RDARA

RDARA steht für „Regional and Domestic Air Route Area". Damit sind die Luftstraßen gemeint, die nicht Kontinente verbinden, sondern für den Flugverkehr zwischen den Staaten eines Kontinents oder innerhalb eines Landes vorgesehen sind. Viele Frequenzen, die von der Funkverwaltungskonferenz genehmigt wurden, sind heute noch nicht in Gebrauch. Andererseits ist man in einigen Gebieten, etwa in Südamerika und Südostasien, noch nicht mit der Umstellung auf die Frequenzen im 3-kHz-Raster fertig, so daß viele Stationen die eingeräumte Übergansfrist großzügig nutzen und auf den alten Kanälen senden. Die Gebietszuteilung der RDARA-Dienste erfolgt durch Ziffern:

- 1 Europa
- 2 Rußland und ehemalige UdSSR (europäischer Teil)
- 3 Rußland und ehemalige UdSSR (asiatischer Teil), Mongolei
- 4 Nordwestafrika
- 5 Nordostafrika bis Afghanistan und Pakistan
- 6 Asien
- 7 Südafrika
- 8 Indischer Ozean
- 9 Südpazifik
- 10 Alaska, Kanada und Grönland
- 11 USA und Nordpazifik
- 12 Hawaii, Karibik und nördliches Südamerika
- 13 Südamerika
- 14 Australien

Eine weitere regionale Unterteilung erfolgt durch das Anhängen eines Buchstabens. Beispiel für die Region 1: RDARA 1A erstreckt sich über den Nordatlantik mit der Ostgrenze bei 20 Grad West. 1B umfaßt Island, Großbritannien und Deutschland, 1C Skandinavien und Osteuropa, 1D Südosteuropa und östliches Mittelmeer, 1E Südwesteuropa und das westliche Mittelmeer.

RDARA-Frequenzen

2851 2A 3B 3C 9C 11B 13E 13F 14
2854 3A 3B 6E 10B
2857 2B 2C 6B 13J
2860 1B 3A 3C 9B 10B 12E 12J 13I
2863 2A 2C 7B 13C 13J 13K
2866 2C 3C 4B 6D 10A
2869 2A 2B 3A 6G 10E 13C 14G
2872 3B 6A 6E 13G
2875 2AB 3A 6G 10A 12G
2878 3B 3C 11B 13I 13J 14
2881 1B 2A 2B 3A 6C
2884 2C 3B 6D
2887 2A 2B 3A 7E 13I 14C
2890 1B 6G 13J
2893 2C 3 4B 10D 12F
2896 2A 2B 3A 6G
2899 5D 6G 13H
2902 2B 2C 3B 6G 12J
2905 3A 3C 5C 9B
2908 2B 2C 3B 13M
2911 3A 5B 6G 10A
2914 2B 2C 3B 13D
2917 2A 6E 6G
2920 2B 2C 6B 12C 13J
2923 3A 6A
2926 2A 2C 4A 6F 10C 12J
2929 2B 9B
2932 2A 2C 13K
2935 3 10D
2938 2 6G
2941 2A 6F
2944 10A 10E 14G
2947 6A
2950 2 3C 7C 10F 12A 14A 14D
2953 4A 6G
2956 6C 7F 10A 12E 12F 12G 12H 13F
2959 3A
2962 6G
2965 1E 7B 10C 12F 12J 13H
2968 3B 5B 6G
2971 5D 6G 13G
2974 1D 3C
2977 1C 6G 13M
2980 1D 3C 12C
2983 1C 6G 13D
2986 3C 5A 13N
2989 1D 6G
2992 10A 10E 13C
2995 6G
2998 7D 12E 12F 12G 12H 13F
3001 6A 6E
3004 11B 13K
3016 9D 13G
3019 11B 13K
3401 2B 2C 3B 9B 12C 13K
3404 3A 3C 9C 9D 10B
3407 2B 2C 3B 7C 12D 14D
3410 1D 3C 11B 13J
3413 3B 6G 13C 14A 14E
3416 1D 2A 2B 3A 6D
3419 3B 3C 9B 10D 12J 13I
3422 2A 2B 3A 6G
3425 3B 3C 9B 10D 13D
3428 2B 2C 11B 13J
3431 3A 3B 5B 6G
3434 2A 2C 6F 11B 13G
3437 3B 4A 6G 13M
3440 2A 2C 6F 12
3443 3A 3B 4B 6E 11B 13N
3446 1D 6G 10E 13F 14
3449 2B 2C 6G 10A 13M
3452 3A 3C 5A 5C 14C
3455 2A 2C 7B 13H
3458 1B 10D 13C 13J 13K
3461 7F 9C 12E 12F 12G 12H 14
3464 1C 6G 12C 13K
3467 10B 13D
3470 1C 10A 13G
3473 1B 6C 10E 13C
3476 9B 13F
3479 6A 6B 14
3482 5D 6G
3485 7E 13H
3488 1B 5B 6B 10B 12E 12F 12G 12H 14B 14F
3491 1E 4A 10C 13E
4651 1D 6C 6G 10B 10E 13E 13F
4657 2A 2C 3B 6A 6E 13H
4660 2B 2C 9B 10C 13D 13M
4663 6G 10F 13E 13F 13K
4666 1C 10B 10D 10E
4669 6G 10C 10D
4672 2A 2B 3A 4A 6G 11B 13K
4675 6A 6E 9C 13G
4678 10D 13I 14A 14G
4681 2B 2C 3B 10B 12E
4684 3A 3C 10E 13J 14B 14C
4690 2A 2B 3A 6G 10B 13M
4693 2B 2C 3 10B 12C 13I 14D
4696 2 6G 9 10 13J
5451 10F 11B 12F 12H 13I 13J
5454 10 12E 13F 13J
5457 10C 13N
5460 10B 10E 12C 13D
5463 11B 13H 13K 13M
5466 10B 13I
5469 11B 13G
5472 10A 10D 13H
5475 10A 10D 12E 12F 13G
5481 2A 2C 4B 6G 7D 9C 10C 10E 12E 12J 13E 13F 13K 14D 14G
5484 1B 3A 3C 6A 9B 10A 10D 12C 12G 13H
5487 2C 6G 10C 12E
5490 2A 2B 3A 6D 10A 10D 12C 13C
5493 3B 6G
5496 2A 2B 3A 6F 10A 10D 12C 12J 13I
5499 3B 6G
5502 2A 2B 3A 6B 10C 12C 13M
5505 3B 6G
5508 2B 2C 6F 7 9B 11B 12F 13N
5511 3A 5B 6G
5514 2C 3B 3C 6E 11B 13C
5517 3A 6G
5520 2B 2C 3B 6D 7E
5523 2A 6G 9B 11B 12G 13I
5526 2B 2C 3B 5D 6E 10F 14
5547 2A 4A 6G 7F 13H 13K
5550 2B 2C 3B 5D 6C 6E 14G
5553 6G 10B 13C
5556 2 3 12F
5559 2A 4A 6G 10E 12G 13J
5562 2C 3B 3C 10C 12D 13D
5565 6G 9B 10A
5568 1B 3A 3C 5B 6D 7F 10B 12 13J
5571 6G 11B 13C
5574 2B 2C 4B 6D 13G
5577 1C 5A 6G 7B 10E 13C 13J 13K
5580 3A 3B 6A 6C 14G
5583 1E 5A 5C 6G 7B 9 10B 12E 12F 12H 13E 13F
5586 2C 3C 10D
5589 12C
5592 6G 7C 9D

5595 1C 2B 6B 10C 12E
5598 6G
5601 3A 3B 6A
5604 2A 2C 4B 6G 10 12A 12E 12F 13E 13F 13K 14
5607 2B
5610 6G
5613 2B 12C
5616 6G
5619 2B 12J
5622 1D 6G
5625 3A 5B 6B 10D
5628 1D 6G
5631 6D 10A
5634 6G
5637 1D 3C
5640 6G
5643 3C
5646 12G
6526 2A 2B 3A 4A 6F 12G 14F
6529 3B 6G
6532 2A 2B 3A 4A 12F
6535 2C 5D 6G 9D 10A 10D 12C 12J 14B
6538 3A 3B 9B 11B
6541 2C 6G 10C 13C 14C
6544 1C 3A 3B 5A 5C 6C 10D
6547 2A 2C 5D 6G 9B 10B 10E 12E 12J 13F 13K 14A
6550 1B 3A 3C 5B 6D 11B 13J
6553 2A 2C 4B 6G 9 10 12E 12F 13E 13F 13K14A
6556 3A 3C 10C 13C
6559 2A 3B 6G 11B 13J 14D
6562 2B 2C 10D 13C
6565 2A 4 6G 11B 14E
6568 2B 2C 3B 6D 7C 10C 13C
6571 12C
6574 2A 6G 13I 13M 14D
6577 2B 2C 3B 4B 6D 13E
6580 6G 7E 9C 10A 13C 13J 13K 14
6583 2 3 6E
6586 2C 6G 7 13G 14C
6589 3
6592 12C
6595 1B 3B 3C 5B 6D
6598 4B 6G 9B 10B 10E 12E 13H
6601 2
6604 1D 6G 7C 10A 13N 14B
6607 3A 6A 6B
6610 1D 6G 14F
6613 3A 6A 6B 13G
6616 4A 6G 12G 14E
6619 3A 6B
6622 6G 7F 9B 12C 13D
6625 3B
6628 6G 7E 12C 13D 13M 14
6631 3B 6C
6634 6G
6649 3A 6G
6652 6G 7B
6655 2B 6E
6658 3C 6A
6661 2B 6E
6664 3C 5A
6667 1E 2B 6F
6670 3C
6673 2A 6G 10F 12D 13D 14B
6682 6G
8816 4A 6G 12C 13J 14A
8819 2B 2C 9B 10 13C
8822 2A 3B 5A 5C 11B 13G 14
8825 6G 13H 14F
8828 1D 13N
8831 6G 13F 14F
8834 2B 2C 6C 7C 10 13C
8837 3A 3C 4A 9B 10B 13M
8840 1C 6
8843 5D 6G 10E 13C 13J 13K 14D
8846 2 3 7F 9
8849 13K
8852 3B 3C 9 12E
8855 2 10A 14
8858 4A 6G 10D 13E 13F 14D
8861 3A 3B 6E 9B
8864 2B 6B 6F 7E 13F
8867 6G 10C 13D 13M
8870 5 6G 14
8873 4 6G 9C 9D 12E 12F 13I
8876 2A 10A 12D 14G
8879 3B
8882 2C 6D
8885 5 6B 11B 13G 14C
8888 2 6G 7
8891 6A 14E
8894 3C 12F 14A
8900 3A 10D 13G 14B
8903 10B 13M
8906 6A 6E 7B 9B 13H
8909 2A 6E
8912 5B 6G 11B 13D 14C
8915 3C 5A
8918 6C
8939 2A 2C 6F 10B 13C
8942 3A
8945 10F 13K 14E
8948 6A 12C
8954 3 10E 12J 14B
8957 3B 6D 12C 13D 14G
8960 6G 7F
10006 6A 10 13G
10009 2B 2C 7B 9B 13K
10012 5 10 13J
10015 2 6C 12D
10018 6G 9 13J 13K
10021 6B 12C 13G
10024 2B 2C 3B 9B
10036 1E 6E 13G 13H
10039 3B 3C 4A 9B 12C
10042 9C 10F 13C 13J 13K
10045 2 3A 11B 13H 14
10048 2A 5D 13A 13B
10051 6A 6E 13I
10054 2A 2C 6G 12
10057 3A
10060 1D 6F 13K
10063 4B 6G 12E
10066 1B 10A 13M
10081 4A 6A 7C 13F
10084 6E 13D
10087 3 14
10090 12E 12F
10093 5B 6B 11B 13N
10096 7D
11276 2A 2C 6G 10E 13J
11279 2B 6F 9C
11282 4A 6G 13H
11285 2A 3B 7
11288 5A 6G 11B
11291 3B 3C
11294 2A 6G 7C
11297 2 12F
11300 6G 13H
11303 3C 13E
11306 6G 7E 11B
11309 3A 6D
11312 5 9C 9D
11315 6G
11318 3 4A 13D
11321 6A 13F
11324 3A 3C 4B 12C
11327 3B 5 13C
11330 3A 13F
11333 2B 2C 10
11336 3
11339 2B 6B 9 13K
11357 6A 6E 10A
11360 2 3 14
11363 6E 10A

11366	1C 6B 6F 13K
11369	6G 13G
11372	2C 3B 6D
11375	10A 13C
11378	3C 13M
11381	6 12E 12J
11384	1D 12J
11390	2 10
11393	9B 12E
13264	14
13267	3 13H
13270	6G
13276	6G
13285	10
13291	6
13300	4
13309	13C 13K
13312	11B
13318	13
13321	2 3
13354	5 7
13357	2
17901	12
17904	4
17910	3 10
17913	6G 13
17943	6
17946	14
17949	3 5
17955	6B
17964	2 11B
17967	5 13A 13B 13E 13F

Volmet

Volmet-Stationen auf Kurzwelle senden ebenso wie die Stationen auf VHF laufend aktualisierte Wettermeldungen für internationale Verkehrsflugplätze. Den Flugzeugbesatzungen ist es möglich, sich durch das Abhören dieser Dienste während des Fluges ein Bild über das Wettergeschehen zu machen. Dies ist besonders bei Langstreckenflügen wichtig, da zwischen der Wetterberatung der Piloten im MET-Office des Startflughafens und dem Anflug auf den Zielort einige Stunden vergehen. In dieser Zeit kann sich die Wetterlage über dem Zielgebiet erheblich verändert haben. Neben dem aktuellen Wetter des Landeortes hören die Piloten auch die Meldungen der vorher festgelegten Ersatzlandeorte (Ausweichflughäfen) ab. Dadurch wird die Entscheidungszeit verlängert, ob der ursprüngliche Landeort anfliegbar ist, oder auf ein Alternate ausgewichen werden muß.
Die Grenzen der Volmet-Gebiete sind nicht identisch mit denen der MWARA-Gebiete. Sie sind ausgedehnter und überlappen sich gegenseitig in größerem Maße als die MWARA.

V-AFI	Afrika	V-NCA	Nördliches Zentralasien
V-CAR	Karibik	V-PAC	Pazifik
V-EUR	Europa	V-SAM	Südamerika
V-MID	Naher und Mittlerer Osten	V-SEA	Südostasien
V-NAT	Nordatlantik		

Volmet-Frequenzen

2860 AFI	5580 CAR	8957 EUR
2863 PAC	5589 MID	10051 NAT
2881 SAM	5592 NAT	10057 AFI
2905 NAT	5601 SAM	10087 SAM
2950 CAR	5673 SEA	10090 NCA
2956 MID	5676 NCA	11315 CAR
2965 SEA	6538 AFI	11378 EUR
2998 EUR	6580 EUR	11387 SEA
3404 AFI	6604 NAT	11393 MID
3413 EUR	6676 SEA	13261 AFI
3458 SEA	6679 PAC	13264 EUR
3461 NCA	8828 PAC	13270 NAT
3485 NAT	8849 SEA	13276 NAT
4663 NCA	8852 AFI	13279 NCA/SAM
5499 AFI	8870 NAT	13282 PAC
5505 EUR	8945 MID	13285 SEA

HF-VOLMET BROADCASTS

Station		Zeit	Service	Sequenz der Flughäfen
AUCKLAND		H+20	METAR	Auckland, Christchurch, Wellington, Nadi, Apia, Noumea, Pago Pago, Tahiti
6679 8828 13282	H24 H24 H24		TAF	Nadi, Noumea
		H+50	METAR	Auckland, Christchurch, Wellington, Nadi, Apia, Noumea, Pago Pago, Tahiti
			TAF	Auckland, Christchurch
BAKU		H+25 H+55	METAR Trend	Baku, Tbilisi, Sochi, Mineralnye Vody, Tehran, Turkmenbashi
3407 6730 8819 11279	HN H24 H24 HJ			
BANGKOK		H+10	SIGMET	Bangkok
2965 6676 11387	(a) H24 (b)		METAR	Dhaka, Yangon, Hanoi, Kuala Lumpur, Chiang Mai, U-Taphao, Phuket, Songkhla
			TAF	Bangkok
		H+40	SIGMET	Bangkok
			METAR	Dhaka, Yangon, Hanoi, Kuala Lumpur, Chiang Mai, U-Taphao, Phuket, Songkhla
(a) 1210-2245Z (b) 2310-1145Z				

BEIJING		H+15 H+45	TAF	Beijing
3458 5673 8849 13285 0000-1600Z	HN HN HJ HJ		METAR	Beijing, Dalian, Shanghai, Shenyang, Taiyuan, Tianjin
BOMBAY		H+25	METAR/ TAF	Bombay (Mumbai), Colombo
2965 6676 11387	H24 H24 H24		METAR/ Trend	Ahmedabad, Chennai, Karacki
BRAZZAVILLE		H+00 H+15 H+30 H+45	METAR Trend	Brazzaville, N'djamena, Douala, Bangui, Libreville, Yaounde, Kinshasa, Kano, Lagos, Luanda
5499 10057 13261	HN H24 HJ			
CALCUTTA		H+05 H+35	METAR	Calcutta
2965 6676 11387	H24 HJ HN		TAF	Bombay (Mumbai), Delhi
			Trend	Dhaka, Yangon (Rangoon)
GANDER		H+20	TAF	Montreal, Toronto, Ottawa
3485 6604 10051 13270	H24 H24 H24 H24		METAR	Gander, Montreal, Toronto, Ottawa, Goose Bay
		H+25	TAF	Winnipeg, Edmonton, , Calgary, Churchill
			METAR	Kuujjuaq, Winnipeg, Churchill
		H+50	TAF	Gander, St. Johns, Halifax
			METAR	Gander, St. Johns, Halifax, Stephenville, Montreal
		H+55	TAF	Goose Bay, Iqualuit, Sondrestrom
			METAR	Goose Bay, Iqualuit, Sondrestrom, Kuujjuaq
GUANGZHOU		H+10 H+40	TAF	Guangzhou
3458 5673 8849 13285 0000-1600Z	HN HN HJ HJ		METAR	Guangzhou, Guilin, Haiku, Nanning, Shantou, Shenyang, Xiamen
HONG KONG		H+15 H+45	METAR	Guangzhou, Taipei, Kaohsiung, Manila
2863 6679 8828 13282	H24 H24 H24 H24		TREND	Macao, Naha
			TAF	Hong Kong

HONOLULU		H+00	TAF	Honolulu, Hilo, Guam
2863 6679 8828 13282	H24 H24 H24 H24		SIGMET	Oakland FIR
			METAR	Honolulu, Hilo, Kahului, Guam
KARACHI		H+15 H+45	METAR	Karachi, Nawabshar, Lahore, Islamabad, Delhi
2965 6676 11387	HJ H24 HN		TAF	Bombay (Mumbai)
			TAF	Singapore
KHABAROVSK		H+15 H+45	METAR Trend	Khabarovsk, Vladivostok, Yuzhno-Sakhalinsk, Blagovoshensk, Komsomolsk-na-Amure, Petropavlovsk
3116 5691 8861 13267	HN H24 H24 HJ			
4663 10090 13279	HN H24 HJ	H+15 H+45	TAF METAR	Khabarovsk, Novosibirsk, Irkutsk, Chita
NEW YORK		H+00	TAF	Detroit, Chicago, Cleveland
3485 6604 10051 13270	HN H24 H24 HJ		METAR	Detroit, Chicago, Cleveland, Niagara Falls, Milwaukee, Indianapolis
		H+05	SIGMET	New York Oceanic FIR
			TAF	Bangor, Pittsburgh, Charlotte
			METAR	Bangor, Pittsburgh, Windsor Locks, St. Louis
SINGAPORE		H+20	SIGMET	Singapore
6676 (a) 11387 (b)			METAR	Kuala Lumpur, Jakarta, Brunei, Kuching, Kota Kinabalu, Bali, Penang, Singapore
			TAF	Singapore, Kuala Lumpur
		H+50	METAR	Singapore
				Kuala Lumpur, Jakarta, Kuching, Brunei, Kuching
(a) 1230-2230 Z (b) 223ß-1230 Z			TAF	Kota Kinabalu, Bali, Penang, Singapore, Kuala Lumpur
SYDNEY		H+00 H+30	TAF	Melbourne, Sydney, Brisbane, Perth, Darwin, Cairns, Townsville, Adelaide
6676 11387	H24 H24		SIGMET	Sydney, Melbourne
TASHKENT		H+10 H+40	TAF METAR	Tashkent, Almaty, Dushanbe, Samarkand, Aktyubinsk
4663 10090 13279	HN H24 HJ			

TOKYO		H+10 H+40	METAR	Tokyo-Narita, Osaka-Kansai
2863 6679 8828 13282	H24 H24 H24 H24		TAF METAR	Tokyo-Haneda, Chitose, Nagoya, Fukuoka, Seoul
SHANNON		H+00	SIGMET	Brussels, Hamburg
3413 5505 8957 13264	HN H24 H24 HJ		TAF	Brussels, Hamburg, Frankfurt, Köln-Bonn, Düsseldorf, München
		H+05	TAF	Shannon, Prestwick, London-Heathrow,
			METAR	Shannon, Prestwick, London-Heathrow, Amsterdam, Manchester, London-Gatwick
		H+10	METAR	Copenhagen, Stockholm, Gothenburg, Bergen, Oslo, Helsinki, Dublin, Barcelona
		H+15	TAF	Madrid, Lisboa, Paris-Orly
			METAR	Madrid, Lisboa, Santa Maria, Paris-Orly, Paris Charles de Gaulle, Lyon
		H+20	TAF	Roma-Fiumichino, Milano-Malpensa
			METAR	Roma-Fiumichino, Milano-Malpensa, Zürich, Geneva, Turino, Keflavik
		H+30	TAF	Frankfurt, Köln-Bonn
			METAR	Brussels, Hamburg, Frankfurt, Köln-Bonn, Düsseldorf, München
		H+35	TAF	Amsterdam, Manchester, London-Gatwick,
			METAR	Shannon, Prestwick, London-Heathrow, Amsterdam, Manchester, London-Gatwick
		H+40	METAR	Copenhagen, Stockholm, Gothenburg, Bergen, Oslo, Helsinki, Dublin, Barcelona
		H+45	TAF	Santa Maria, Athens, Paris Charles de Gaulle,
			METAR	Madrid, Lisboa, Santa Maria, Paris-Orly, Paris Charles de Gaulle, Lyon
		H+55	TAF	Zürich, Geneva
			METAR	Roma Fiumichino, Milano-Malpensa, Zürich, Geneva, Turino, Keflavik
ROYAL AIR FORCE		Cont.	METAR	Belfast-Aldergrove, Benson, Brize Norton, Kinloss, Leuchars, London-Heathrow, Lyneham, Manchester, Northolt, Odiham, Prestwick, St. Mawgan, Waddington, Düsseldorf, Laarbruch, Keflavik, Ascension Island
5450 11253	H24 H24			

EDMONTON MILITARY	H+20	ACTUAL	Edmonton, Vancouver, Winnipeg, Comox, Cold Lake, Calgary, Resolute Bay, Cambridge Bay, Churchill, Yellowknife, Whitehorse, Thule, Abbotsfield, Victoria
6753 HN 15035 HJ			
TRENTON MILITARY	H+30	ACTUAL	Trenton, Ottawa, Toronto, Quebec, Bagotville, North Bay
6753 HN 15035 HJ			
ST.JOHN'S MILITARY	H+40	ACTUAL	Greenwood, Shearwater, St. John's, Gander, Goose Bay, Sydney, Halifax, Yarmouth, Brunswick, Stephenville
6753 H24 15035 HJ			

LDOC

LDOC ist die Abkürzung für „Long Distance Operations Communication". Dies ist eine Art Langstreckenbetriebsfunk. Er wird von den Fluggesellschaften in eigener Regie und Verantwortung durchgeführt. Auf den LDOC-Kanälen haben die Besatzungen die Möglichkeit, Mitteilungen, die den Flugbetrieb betreffen, direkt mit den jeweils zuständigen Abteilungen ihrer Fluggesellschaft zu besprechen.

Viele Fluggesellschaften, die keine eigene LDOC-Station betreiben, haben die Möglichkeit, auf bestimmten LDOC-Frequenzen die Stationen „Stockholm Radio", „Berna Radio", „Portishead Radio" oder die Funkstellen von ARINC Incorporated anzurufen und sich von dort über Telefonleitung mit ihren Gesellschaften verbinden zu lassen.

Neben der Koordinierung des Flugplanes, etwa wenn unvorhergesehene Verspätungen während des Fluges auftreten, dient der LDOC-Dienst auch als technische Nothilfe. Dafür unterhalten die Gesellschaften sogenannte „troubleshooting"-Abteilungen, die über alle technischen Unterlagen der die verwendeten Flugzeugtypen verfügen. Über den Kurzwellenfunk ist es den Ingenieuren am Boden möglich, den Piloten Hinweise zur Behebung kleinerer Fehler während des Fluges zu geben.

Für die Verbindung zwischen Luftfahrzeugen weltweit und den Bodenfunkstellen sind die Frequenzen ebenfalls nach Gebieten aufgeteilt:

W1	Europa (RDARA 1, 2, 3)
W2	Nordamerika (RDARA 10, 11, 12A-12D)
W3	Asien, Australien, Südpazifik (RDARA 6, 8, 9, 14)
W4	Südamerika (RDARA 12E-12J, 13)
W5	Afrika und Naher Osten (RDARA 4, 5, 7)

LDOC-Frequenzen

3007 W2 W3	10033 W2 W5	
3010 W1 W4	10069 W1 W4	17931 W1 W5
3013 W2 W5	10072 W1 W3	17934 W2 W3
3494 W2	10075 W2 W5	17937 W4 W5
3497 W2	10078 W1 W3	17940 W2 W3
4654 W1 W2	11342 W2 W3	21940 W1
4687 W1 W2 W3	11345 W1 W4	21943 W5
5529 W1 W2	11348 W2 W5	21946 W1
5532 W1 W5	11351 W1 W3	21949 W3
5535 W1 W4	11354 W2 W2 W5	21952 W1
5538 W2 W5	13324 W1 W3	21955 W4
5541 W1 W4	13327 W1 W4	21958 W1
5544 W2 W5	13330 W2 W2 W5	21961 W5
6637 W1 W2 W3	13333 W1 W3	21964 W2
6640 W2 W5	13336 W1 W4	21967 W1
6643 W1 W4	13339 W2 W5	21970 W3
6646 W2 W5	13342 W1 W3	21973 W1
8921 W1 W3	13345 W1 W4	21976 W4
8924 W1 W4	13348 W2 W5	21979 W1
8927 W2 W5	13351 W1 W3	21982 W5
8930 W1 W3	17916 W1 W3	21985 W2
8933 W2 W5	17919 W2 W4	21988 W1
8936 W1 W2	17922 W1 W3	21991 W4 W5
10027 W1 W2	17925 W2 W5	21994 W4 W5
10030 W1 W4	17928 W3 W4	21997 W1

BERNA RADIO	STOCKHOLM RADIO	PORTISHEAD RADIO
4654 kHz	3494 kHz	4807 kHz
6643 kHz	5541 kHz	5610 kHz
8936 kHz	8930 kHz	6634 kHz
10069 kHz	11345 kHz	8170 kHz
13205 kHz	13342 kHz	8960 kHz
15046 kHz	17916 kHz	10291 kHz
18023 kHz	23210 kHz	11306 kHz
21988 kHz		12133 kHz
23285 kHz		14890 kHz
		15964 kHz
		16273 kHz
		17335 kHz
		18210 kHz
		19510 kHz
		20065 kHz
		23142 kHz

ARINC Aeronautical Radio Inc.				
S.FRANCISCO	NEW YORK	HOUSTON	HONOLULU	CEDAR RAP.
3013 kHz	3494 kHz	6637 kHz	3013 kHz	6637 kHz
6640 kHz	6640 kHz	10075 kHz	6640 kHz	8933 kHz
11342 kHz	8933 kHz	13330 kHz	11342 kHz	10075 kHz
13348 kHz	11342 kHz	17940 kHz	13348 kHz	13348 kHz
17925 kHz	13330 kHz	21964 kHz	17925 kHz	17940 kHz
21964 kHz	17925 kHz		21964 kHz	21964 kHz

Nordatlantik

Die kürzeste Entfernung zwischen der „alten Welt“ Europa und der „neuen Welt“ Amerika beträgt 3040 Kilometer. Zwischen der Insel Valencia im Südwesten Irlands und der kanadischen Stadt St.John's im Osten Neufundlands liegen nur die rauhen Wellen des Nordatlantiks. Weit über den oft meterhohen Wellenkämmen spielt sich in Flughöhen zwischen 10000 und 12000 Metern ein teilweise erbitterter geführter Luftkampf um die Gunst der Passagiere ab. Die Nordatlantikroute zwischen den europäischen Luftverkehrskreuzen London, Frankfurt, Amsterdam und Paris und der nordamerikanischen Drehscheibe New York zählt zu den „Rennstrecken“ der internationalen Zivilluftfahrt. Alleine vom Frankfurter Rhein/Main-Flughafen, einem der drei wichtigsten Plätze in Europa, starten täglich zwischen 10 und 14 Uhr mehr als zehn Flüge in Richtung John F. Kennedy International Airport New York. Der Start am späten Vormittag ist von den von Europa aus startenden Passagier besonders interessant. Aufgrund der fünfstündigen Zeitdifferenz zwischen Frankfurt und New York kommt er nach rund 7 1/2stündigem Flug über eine Distanz von 6200 Kilometern zu einer Ortszeit an, die nur zwei Stunden hinter der Abflugzeit in Europa liegt.

Zum Nordatlantik-Flugverkehr zählen aber nicht nur die Direktflüge nach New York, sondern auch, auf weiter nördlich verlaufenden Kursen, die Verbindungen nach Kanada, dem Mittleren Westen und der Westküste (Kalifornien) der USA sowie über Anchorage in Alaska nach Tokyo über die sogenannte Polarroute. Auf diese Art kommt es täglich zu vielen hundert Flugbewegungen in beiden Richtungen. Dazu kommen noch eine beträchtliche Anzahl militärischer Flüge, mit denen die in Europa stationierten amerikanischen Soldaten aus der Heimat vom Panzermotor bis zum Popcorn versorgt werden.

An Spitzentagen zählen die Fluglotsen über dem Nordatlantik mehr als 500 Flugverbindungen über dem Nordatlantik. Diese Flüge werden grob unterschieden in Westbound-Tracks (Flüge in Richtung Westen von Europa nach Nordamerika), die überwiegend in der Zeit von 08.00 bis 19.00 Uhr UTC durchgeführt werden und Eastbound-Tracks (Flüge von Nordamerika nach Europa), die zwischen 22.00 und 08.00 Uhr UTC stattfinden. Während der

Spitzenverkehrszeiten zwischen 12.00 und 18.00 Uhr UTC für Westbound-Flüge und zwischen 00.00 und 06.00 Uhr UTC für Eastbound-Flüge herrscht quasi Einbahnstraßenverkehr über dem Atlantik.
Um eine Überbelegung der Kurzwellenfunkkanäle zu vermeiden, wurde das Nordatlantikgebiet in sechs Regionen unterteil und mit den MWARA-Kennungen A bis F versehen. Jede dieser Regionen verwendet eigene Frequenzen.

NAT-A	alle Flüge auf den südlichen Nordatlantikrouten
NAT-B	Flugzeuge, die westlich von 30° West registriert sind (USA, Kanada) und die zentralen und nördlichen Routen befliegen
NAT-C	Flugzeuge, die östlich von 30° West registriert sind (Europa, Asien, Afrika) und die mittleren und nördlichen Routen befliegen
NAT-D	alle Flüge auf den nördlichen Routen
NAT-E	alle Flüge auf südlichen Routen
NAT-F	alle Flüge auf den zentralen Routen

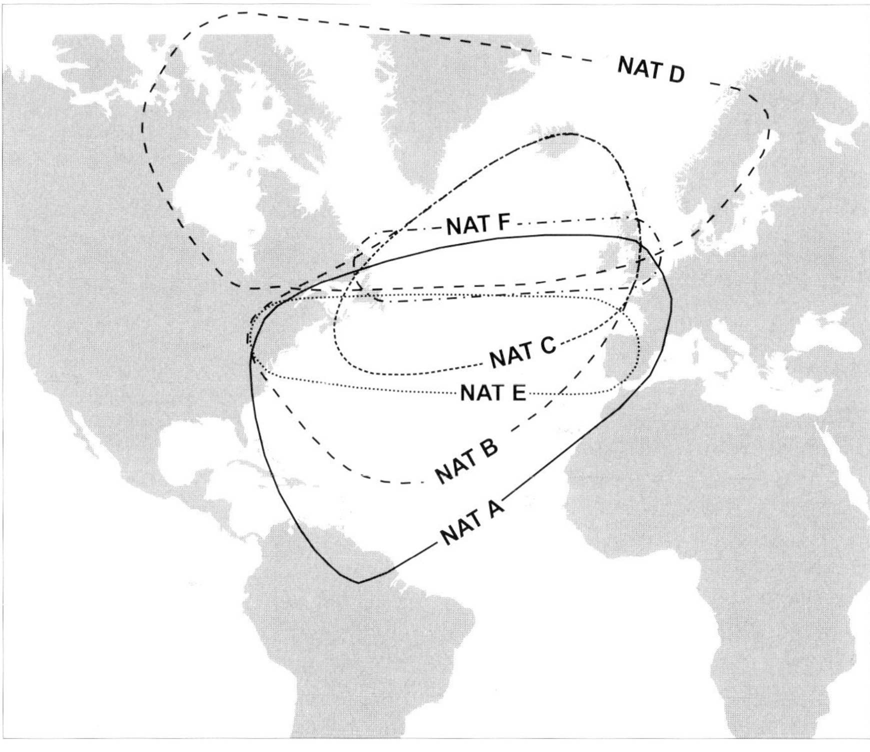

Eine weitere Besonderheit über dem Nordatlantik ist, daß es keine festen Luftstraßen gibt. Die Streckenführung wird jeden Tag neu festgelegt, am frühen Morgen für die Westbound-Tracks, am nachmittag für die Eastbound-Tracks. Der Verlauf dieser Routen ist abhängig von den jeweils herrschenden Windverhältnissen. Die Tracks sind zur Unterscheidung mit Kennbuchstaben versehen, die am nördlichsten verlaufende Route trägt den Kennbuchstaben A, die südlichste ist Track Z. Festgelegt sind die Ein- und Ausflugpunkte (Entry-/Exit-Points) für das Atlantic Crossing System. In Europa liegen diese Punkte zwischen dem 10 und dem 15 Längengrad West. Diese Punkte, die zugleich Pflichtmeldepunkte sind, werden durch Kunstworte unterschieden, die aus fünf Buchstaben bestehen. Innerhalb der Shanwick Oceanic Control Area sind diese Punkte LASNO (48°36'N/9°W), KORIB (54°13'N/13°W), MASIT (54°N/12°W) und OMOKO (48°50'N/12°W). Im Bereich der Gander Oceanic Control Area gibt es wesentlich mehr Ein- und Ausflugpunkte. Diese sind zum Beispiel ELSET, DUMRO, LAKES, MOATT, PRAWN, PORGY, LOACH, OYSTR, CARPE, HECKK, CRONO, DOTTY, CYMON, VIXUN, COLOR, BANCS und RAFIN.

Für einen beliebigen Tag kann das Tracking-System so aussehen:

TRACK A:
56°N/10°W – 58°N/20°W – 60°N/30°W – 61°N/40°W – 61°N/50°W – 61°N/60°W – ELSET

TRACK B:
55°N//10 – 57°N/20°W – 58°N/30°W – 59°N/40°W – 58°N/50°W – PORGY

TRACK C:
MASIT – 56°N/20°W – 57°N/30°W – 58°N/40°W – 57°N/50°W – LOACH

TRACK D:
BURAK – 54°N/15°W – 54°N/20°W – 55°N/30°W – 55°N/40°W – 54°N/50°W – CARPE

TRACK E:
DOLIP – 53°N/15°W – 53°N/20°W – 54°N/30°W – 54°N/40°W - 53°N/50°W – HECKK

TRACK F:
GIPER – 52°N/15°W – 52°N/20°W – 53°N/30°W – 53°N/40°W – 52°N/50°W – DOTTY

Die Koordinaten der Punkte (Waypoints) werden nach Erteilung der Oceanic Clearance (bei Westbound-Flügen durch Shannon, bei Eastbound-Flügen durch Gander) in das Inertial Navigation System (INS) beziehungsweise in das Flight Management System eingegeben. Mit dem Autopiloten gekoppelt fliegt das Flugzeug automatisch den eingegebenen Track ab. Die Cockpitbesatzung muß während dieser Zeit bei Erreichen eines Waypoints eine Positionsmeldung an die zuständige Bodenkontrollstelle abgeben. Diese Position reports werden abhängig von der Geschwindigkeit des Flugzeuges, dem

Track und den Windverhältnissen im Abstand von 45 bis 80 Minuten abgegeben. Eine Boeing 747 benötigt bei der Nordatlantiküberquerung, zum Beispiel auf dem Weg von Frankfurt nach Miami vom Waypoint 48°N/20°W zum Waypoint 46°N/30°W (Entfernung 427 NM/791 km) bei einer Groundspeed (Geschwindigkeit über Grund) von 470 kts/870 km/h etwa 55 Minuten. Im Cockpit vieler Verkehrsflugzeuge findet man fest eingebaute mechanische Wecker. Die kalkulierte Zeit bis zum Erreichen des nächsten Waypoints wird dort eingestellt und ein Rasseln erinnert die Besatzung daran, die nächste Positionsmeldung abzusetzen.

Position Report

Eine der häufigsten im Kurzwellenflugfunk zu hörenden Mitteilungen der Cockpitcrew an die Bodenstationen ist die Position report genannte Positionsmeldung. Die Flugzeugführer auf den internationalen Strecken sind angewiesen, sich regelmäßig mit ihrem aktuellen Standort zu melden, weil es über großen Wasserflächen oder dünn besiedelten Ländern keine Radarüberwachung gibt. Anhand dieser Positionsmeldungen können sich die Fluglotsen ein Bild von der Situation in ihrem Überwachungsgebiet machen und für eine sichere Staffelung der Flüge sorgen.

Die Standortmeldungen werden über sogenannten „Compulsory Reporting Points“ (Pflichtmeldepunkten) abgesetzt, die international festgelegt und in allen Flugkarten eingetragen sind. Die Punkte haben entweder Namen, die aus fünf Buchstaben bestehen, wobei die Buchstabenkombination so gewählt ist, daß sie sich wie ein Wort aussprechen lassen, oder sie sind nach einem Funkfeuer (NDB) benannt, das an- und überflogen wird. Über Ägypten und dem Sudan gibt es beispielsweise entlang der Luftstraße B12/A10 in Richtung Nairobi die Meldepunkte KATAR, New Valley (NDB), NUBAR, Merowe (NDB), ALPOX, TOVIL, GAGNI, Kenana (NDB), KUMRU usw. Anstatt des vollen Namens des Funkfeuers wird häufig nur das aus zwei oder drei Buchstaben bestehende Rufzeichen des NDB ausgesprochen. Anstatt „Abu Simbel“ sagt der Pilot dann zur Bodenstation „Sierra Mike Lima“ (SML) und für Kenana wird „Kilo November Alpha“ (KNA) verwendet.

Ein Position Report besteht aus mindestens folgenden Bestandteilen:

Funkrufzeichen oder Flugnummer

Erlaubt ist entweder „Delta Alpha Bravo Zulu Hotel“ als nationale Registriernummer für den Lufthansa-Jumbo D-ABZH, oder „Lufthansa four six two“ für den Flug DLH 462 von Frankfurt nach Miami.

Position

Die Position wird in Grad und Minute des Längen- und des Breitengrades; mit dem Namen des Pflichtmeldepunktes, des Funkfeuers das als Pflichtmeldepunkt ausgewiesen ist oder einem anderen vereinbarten Punkt übermittelt.

Zeit
Als Zeitangabe wird die Zeit in Universal Coordinated Time angegeben, zu der das Luftfahrzeug den Meldepunkt überfliegen wird, oder bereits überflogen hat.

Flugfläche oder Flughöhe
Mit wenigen Ausnahmen wird die Flugfläche entsprechend dem Flight Level System durchgegeben. In Rußland und China wird die Flughöhe in Meter, bezogen auf die Standardatmosphäre übermittelt.

Nächster Punkt
Nach der aktuellen Position wird ein mit „next" bezeichneter nächster Waypoint angegeben. Neben dem Namen oder den Koordinaten des Waypoints teilt die Besatzung der Bodenkontrollstelle die geschätzte Ankunftszeit beziehungsweise Überflugzeit für diesen Punkt mit.
Beim Beispiel Frankfurt-Miami klingt ein Position report so:
Pilot: „Gander, Gander, Lufthansa five six two, position."
Gander „Lufthansa five six two, Gander, go ahead."
Pilot: „Lufthansa five six two, position 43 north 40 west at 1306, flight level 310. Position 39 north 50 west at 1414, 35 north 60 west next, over."
Die oben beschriebenen Punkte müssen auf jeden Fall in der Positionsmeldung enthalten sein. Auf Anfrage kann die Bodenfunkstelle auch den Flugbetrieb betreffende Daten wie die geschätzte Ankunftszeit am Zielflughafen (ETA - Estimated Time of Arrival), die Fluggeschwindigkeit in Mach und die Reichweite mit dem noch vorhandenen Treibstoffvorrat erfragen.
Für die Streckenplanung in Gebieten mit wenigen meteorologischen Meßstationen, wie beispielsweise über dem Atlantik, ist es sinnvoll, die Besatzungen nach den aktuellen Wetterdaten zu fragen. Diese können auch Bestandteil des Position reports sein. Angegeben werden die Luftaußentemperatur in Grad Celsius, Gegen- oder Rückenwind mit Richtung und Stärke, Wolkenart und Wolkenhöhe, Vereisungen am Flugzeug und Turbulenzen.
Abweichend von diesem Standard Position report gibt es Prozeduren für den Fall, daß vom angemeldeten Flugplan während des Fluges abgewichen wird oder wenn sich die im Flugplan angegebene Ankunftszeit am Zielflughafen um mehr als 15 Minuten verändert.
Im beweglichen Flugfunkdienst, damit ist der Funkdienst zwischen Bodenfunkstellen und Luftfunkstellen oder zwischen Luftfunkstellen gemeint, sind folgende Meldungen zulässig: Luftnotmeldung, Dringlichkeitsmeldung, Peilfunkmeldung, Flugsicherheitsmeldung, Wettermeldung, Flugbetriebsmeldung, Staatstelegramme. Die Reihe der Aufzählung gibt die Priorität der Meldungsarten bei der Abwicklung des Funkverkehrs an.

Shanwick Aeradio

Die Koordination der Flugbewegungen findet auf den Nordatlantikstrecke über Kurzwellensprechfunk statt, weil die Entfernungen zwischen Europa und Nordamerika für VHF-Funkverkehr zu groß sind. Die Shanwick Oceanic Control Area (OCA) ist eine von sechs Gebieten zur Überwachung des Flugverkehrs über dem Nordatlantik. Die übrigen OCA werden von New York, Gander (Kanada), Reykjavik (Island), Canarias (Kanarische Inseln) und Santa Maria (Azoren) überwacht.
Die VHF-Sender von Shanwick/Shannon Aeradio haben eine Reichweite von etwa 200 NM (370 km), ab dieser Entfernung von der Irischen Küste muß auf Kurzwelle umgeschaltet werden. Bei Erreichen des Längengrades 10 West melden sich die von Europa in Richtung Nordamerika fliegenden Flugzeuge bei Shanwick Oceanic Radio erstmals auf Kurzwelle an. Der Funkrufname der Station „Shanwick" ist ein Kunstwort aus den Ortsnamen „SHANnon" und „PrestWICK". Verantwortlich für diese Station ist der britische National Air Traffic Service (NATS), eine zivil-militärischen Luftfahrtbehörde. Die Fluglotsen des „Scottish and Oceanic Air Traffic Control Centre" verrichten ihren Dienst im schottischen Prestwick während die Sendeanlagen im irischen Ballygirreen, nicht weit vom früher sehr bedeutenden Flughafen Shannon, stehen. Gesendet wird seit 1983 ausschließlich in A3J-Modulation und, entsprechend internationalem Standard, im oberen Seitenband (Upper Side Band – USB). Die Sender leistet 2,5 kW. Im Boden-Luft-Sprechfunkverkehr finden horizontal polarisierte Dipole Verwendung. Die Station an der Südwestküste Irlands, 17 Meilen von der Stadt Limerick entfernt und sechs Meilen nördlich des Shannon-Flughafens, unterhält außerdem eine Reihe von VHF-Frequenzen und eine Funkfernschreibverbindung zum Flughafen Santa Maria auf den portugiesischen Azoren-Inseln. Die Telexlinie ist für die Übermittlung von Flugplänen und allgemeinen Fluginformationen vorgesehen und dient als Reserve für die Satelliten- und Seekabel-Telexleitung zu den Azoren.

Gander Aeradio

Nach etwa eineinhalbstündiger Nordatlantiküberquerung bei Westbound-Flügen übernimmt die kanadische Station „Gander Aeradio" die Flüge ab dem 30 Längengrad West, beziehungsweise übergibt die Kontrolle an Shanwick, wenn die Flugzeuge von West nach Ost fliegen. Die westliche Grenze der Gander Oceanic Control Area reicht bis zum 50 Längengrad West. Von dort, etwa 120 Meilen östlich von Neufundland, übernehmen VHF-Bodenstationen den Sprechfunkverkehr. Lediglich die Flüge nach Kalifornien, an die kanadische Westküste und über Anchorage nach Tokyo über die sogenannte Polarroute bleiben auch jenseits des 50. Längengrades auf Kurzwelle. Diese Flugzeuge steuern ihre Ziele auf weiter nördlich verlaufenden Kursen an, die zwischen dem 60. und dem 80. Breitengrad liegen. Sie unterliegen nicht dem NAT-Tracking-System. Unter diesen Luftstraßen liegt die

dünnbesiedelte nordkanadische Wildnis, in der größere Ortschaften mehrere hundert Kilometer voneinander entfernt liegen. Der Einsatz von UKW-Frequenzen macht auch hier wegen der großen Distanzen keinen Sinn. Zu den kanadischen Flight-Service Stationen der internationalen Zivilluftfahrtorganisation ICAO gehören neben Gander die Stationen Arctic (Churchill) Aeradio, Edmonton Aeradio, Baffin (Cambridge Bay) Aeradio und Iqualuit Aeradio (früher Frobisher Bay Aeradio). Verwendet werden AIR-COM-1330- Transceiver mit 5 Kilowatt Ausgangsleistung an mittengespeisten Doublet-Antennen.
Neben den bereits erwähnten Kurzwellen-Flugfunkstationen gibt es noch weiter Bodenfunkstellen für den Nordatlantikverkehr. Ausschließlich auf Frequenzen der D-Familie arbeitet Bodö Aeradio. Diese Station an der norwegischen Atlantikküste betreut in erster Linie Polarflüge, deren Kurs von Europa aus nicht Richtung Neufundland, sondern in Richtung Nordgrönland führt.
Auf Frequenzen der B-,C- und D-Gruppe ist die isländische Kontrollstation in Reykjavik zu hören. Die Station mit dem Funkrufnamen „Iceland Radio" kontrolliert Flüge auf Kursen nördlich des 61. Breitengrades über Grönland bis zur kanadischen Küste. In Grönland selbst sind einige regionale Funkstationen auf Kurzwelle aktiv. Sie sind in erster Linie für den innergrönländischen Regionalflugverkehr zuständig, wickeln aber auch die Kommunikation mit Atlantiküberquerern ab, die unterhalb der Flugfläche 195 (6500 m) fliegen.

SELCAL

SELCAL steht als Abkürzung für Selective Calling, ein Selektivtonrufverfahren, das ausschließlich im Flugfunkbereich auf Kurzwelle Anwendung findet. Wegen der Störungen und Hintergrundgeräusche auf Kurzwelle aktivieren die Cockpit-Crews die Stummschaltung ihrer HF-Geräte. Will nun eine Bodenstation mit dem Flugzeug Kontakt aufnehmen, gibt der Operator einen aus vier Buchstaben bestehenden Code in den SELCAL-Encoder ein. Aus den vier Buchstaben werden zwei Töne erzeugt, die auf der Kurzwellenfrequenz ausgestrahlt, auf der sich das anzurufende Flugzeug zuletzt gemeldet hat. Alle Flugzeuge, welche diese Frequenz eingestellt haben, empfangen das Tonpaar aber nur in dem Flugzeug, dessen registrierter Code mit dem ausgestrahlten Code übereinstimmt, reagiert. Beim Empfang des richtigen Codes wird die Besatzung durch ein Klingelzeichen oder eine Hupe und das Aufleuchten einer Kontrollampe alarmiert und meldet sich bei der rufenden Bodenfunkstelle.
Die Zahl der zur Verfügung stehenden Codes ist aufgrund des Übertragungsverfahrens eingeschränkt. Es kann passieren, daß sich zwei Flugzeuge mit der gleichen Kennung melden, wenn die Bodenstation einen bestimmten Code ausstrahlt.
Vor dem 1. September 1985 standen nur 12 verschiedene Töne für die Bildung des SELCAL-Rufzeichens zur Verfügung. Daraus ließen sich maximal 2970 verschiedene Codes bilden. Jeder Code kombiniert zwei Tonpaare, das

erste Paar wird etwa eine Sekunde lang gesendet, nach einer Pause von 0,2 Sekunden erfolgt die Ausstrahlung des zweiten Paares für ebenfalls eine Sekunde. Die individuellen Tonpaare waren mit den Buchstaben A bis M, jedoch ohne den Buchstaben I gekennzeichnet. Ein typischer SELCAL-Code ist „AB-CD". Der zweite Buchstabe eines jeden Paares muß dabei im Alphabet immer tiefer stehen als der erste Buchstabe. Dabei werden die dem Buchstaben A und B zugewiesenen Tonfrequenzen gleichzeitig ausgestrahlt, nach der Pause folgen die Tonpaare für die Buchstaben C und D. Doppelte Buchstaben (AA-CD oder AB-CC) beziehungsweise ein duplizieren der Töne ist nicht möglich, da jedes Tonpaar aus unterschiedlichen Frequenzen bestehen muß. Auch ist es nicht möglich, einen im ersten Paar des SELCAL-Codes verwendeten Buchstaben auch im zweiten Paar zu verwenden (AB-AC).
Nach dem 1. September 1985 wurde das System um vier weitere Töne und damit die Buchstaben P, Q, R und S erweitert. Die Gesamtzahl der möglichen Tonpaare und der damit verbundenen SELCAL-Codes konnte damit auf insgesamt 10920 erweitert werden. Ältere Flugzeuge mit dem bis dahin üblichen 12-Ton-Encoder konnten mit dem neuen aus 16 Tönen bestehenden System aber nur mit 2970 Codes angesprochen werden.
Seit 1994 wurden mehr als 2500 Anträge auf Zuteilung eines SELCAL-Codes von den Flugzeugbetreibern gestellt. Etwa 30 Prozent der Anträge bezogen sich auf den 12-Ton-Code. Nach wie vor besteht eine Knappheit an eindeutigen Codes, da pro Jahr nur etwa 30 Flugzeugbetreiber den ihnen zugewiesenen Code, etwa bei Einstellung des Flugbetriebs oder Außerdienststellung des Flugzeuges, an das Aeronautical Frequency Committee zurückgeben. Eine Entspannung der Situation wird sich erst dann abzeichnen, wenn die großen Fluggesellschaften in den USA von 12- auf das 16-Ton-System umstellen. Von den 2970 Codes des 12er-Systems werden alleine 375 Codierungen von einer einzigen Fluggesellschaft belegt.

Selcal-Töne

A 312,6 Hz	**E** 473,2 Hz	**J** 716,1 Hz	**P** 1083,7 Hz
B 346,7 Hz	**F** 524,8 Hz	**K** 794,3 Hz	**Q** 1201,8 Hz
C 384,6 Hz	**G** 482,1 Hz	**L** 881,0 Hz	**R** 1332,8 Hz
D 426,6 Hz	**H** 645,7 Hz	**M** 977,2 Hz	**S** 1478,1 Hz

Beispiel: SELCAL „AB-CD" = A=312,6 Hz + B=346,7 Hz = 659,3 Hz – C=384,6 Hz + D=426,6 Hz = 811,2 Hz. Ausgestrahlt werden eine Sekunde der erste Ton mit 659,3 Hz, 0,2 sec Pause, eine Sekunde lang der zweite Ton mit 811,2 Hz

SELCAL-Check

Im Kurzwellenflugfunkverkehr ist im Anschluß an einen Position report häufig die Bitte der Cockpitcrew nach einem „SELCAL-Check" zu hören. Dazu nennt die Crew den für das Flugzeug registrierten aus vier Buchstaben bestehenden Code. Die Bodenfunkstelle gibt den Code in eine spezielle Tastatur des Encoders ein und strahlt die beiden Töne aus. Wenn der SELCAL im Cockpit richtig empfangen wurde und Warnleuchte und Klingel oder Horn aktiviert hat, bestätigt die Crew dies der Bodenstation. Anderenfalls wird die Überprüfung wiederholt oder nach einem Systemfehler gesucht.

Militärischer Kurzwellenflugfunk

Zahlreiche Kurzwellenfrequenzen werden von den Luftstreitkräften verschiedener Länder für die Kommunikation zwischen Bodenfunkstellen und Luftfahrzeugen genutzt. Zu hören ist sowohl Sprechfunkverkehr in klarer Sprache als auch gescrambelter, also Sprachverschlüsselter Funkverkehr. In der Regel haben die militärisch genutzten Funkfrequenzen eine aus Buchstaben und Ziffern bestehende Kenn-Nummer. Bei einem Frequenzwechsel wird nicht die neue Frequenz sondern nur der Designator genannte Code genannt. Zu den am häufigsten zu hörenden Nutzern der militärischen Kurzwellenfrequenzen gehören die Langstreckenbomber- und Lufttransport-Kommandos der U.S. Air Force. Von zahlreichen über die ganze Welt verteilten Bodenstationen halten diese Einheiten Verbindung zu ihren Flugzeugen.

Frequenzen des Strategic Command der U.S. Air Force

3068	Z100	6715	Z160	13242	Z215
3116	Z105	6757	Z165	13245	Z220
3134	Z110	7831	Z170	13907	Z225
3143	Z115	9016	Z175	15046	Z230
3295	Z120	9057	Z180	15094	Z235
4472	Z130	9809	Z185	15097	Z240
4495	Z125	10204	Z190	15962	Z250
4745	Z135	11104	Z195	17973	Z255
5026	Z140	11181	Z200	18027	Z270
5705	Z145	11229	Z210	18046	Z275
5800	Z150	11494	Z205	19665	Z290
5875	Z155	12070	Z211	23872	Z315

Frequenzen der kanadischen Streitkräfte - CANFORCE

3047	5850	6754	11249
4560	6694	8110	11265
4700	6706	8968	13206
4721	6715	8989	13257
4739	6735	9007	15031
5684	6736	9023	15034
5694	6745	9027	17994
5702	6750	11214	18012
5717	6751	11232	18027

»MYSTIC STAR«-VIP-Netzwerk der U.S. Air Force

2448	F487	6986	F114	10580	F545	13565	F567	18590	F243
3032	F690	6989	F814	10583	F987	13822	F846	18626	F483
3046	F186	6993	F117	10586	F974	13823	F046	18675	F533
3064	F673	7316	F108	10589	F707	13825	F194	18755	F631
3078	F182	7325	F268	10648	F184	13878	F600	18761	F337
3113	F777	7330	F912	10717	F262	13960	F291	19002	F943
3144	F380	7469	F639	10877	F595	14420	F173	19047	F825
3821	F435	7500	F301	10881	F039	14585	F098	19063	F453
4442	F499	7605	F481	10883	F717	14863	F611	19267	F444
4452	F758	7687	F909	11052	F561	14864	F326	19343	F626
4488	F614	7690	F404	11053	F354	14864	F466	19671	F910
4490	F700	7693	F264	11056	F211	14870	F063	20397	F369
4524	F906	7735	F228	11058	F701	15011	F732	20631	F195
4610	F463	7827	F356	11059	F365	15018	F363	20972	F433
4645	F516	7873	F741	11059	F496	15036	F066	23242	F128
4721	F877	7910	F627	11118	F102	15038	F948	23265	F061
4731	F249	7919	F360	11153	F277	15041	F236	23325	F530
4742	F058	7927	F920	11153	F576	15048	F662	23377	F708
4757	F734	7933	F420	11159	F919	15091	F250		
4763	F988	7997	F266	11214	F064	15094	F382		
4850	F007	8026	F290	11217	F124	15667	F997		
4894	F555	8032	F498	11220	F311	15677	F080		
4942	F134	8036	F003	11226	F287	15687	F785		
4982	F197	8040	F465	11229	F823	15707	F300		
4992	F417	8047	F752	11232	F522	15724	F980		
5026	F452	8053	F649	11236	F728	15733	F265		
5043	F350	8057	F706	11407	F419	15821	F644		
5078	F803	8058	F054	11413	F574	15962	F033		
5152	F486	8063	F153	11445	F940	16008	F864		
5398	F248	8077	F529	11460	F295	16014	F202		
5404	F540	8989	F500	11466	F965	16090	F869		
5411	F497	9006	F505	11484	F521	16117	F020		
5429	F136	9017	F094	11488	F103	16123	F372		
5431	F542	9023	F467	11494	F736	16157	F464		
5435	F226	9027	F146	11627	F754	16246	F713		
5437	F489	9043	F784	12057	F204	16317	F924		
5684	F437	9057	F395	12103	F807	16323	F790		
5700	F809	9120	F005	12106	F101	17177	F370		
5710	F895	9215	F523	12270	F722	17440	F441		
5817	F622	9218	F868	13204	F089	17972	F009		
6683	F731	9270	F517	13205	F084	18023	F778		
6716	F090	9317	F709	13207	F885	18218	F642		
6717	F875	9320	F616	13211	F461	18267	F832		
6728	F400	9323	F702	13217	F251	18290	F633		
6730	F267	9414	F292	13241	F624	18317	F623		
6731	F432	9461	F086	13246	F874	18320	F271		
6756	F748	9991.	F703	13247	F099	18323	F723		
6761	F957	10202	F904	13248	F451	18331	F551		
6817	F667	10205	F917	13248	F873	18387	F569		
6830	F867	10427	F575	13440	F646	18393	F406		
6972	F405	10544	F577	13482	F918	18532	F078		

Bundesluftwaffe

Auch die Bundesluftwaffe (German Air Force) steht mit ihren Flugzeugbesatzungen über Kurzwellenfunk in Verbindung. Sitz der Hauptfunkstelle des Lufttransportkommandos (LTK) ist Münster in Westfalen. Die Funkstation hat das Rufzeichen DHM91, im Sprechfunkverkehr in deutscher und englischer Sprache wird auch die Abkürzung Nine-One verwendet. Die Frequenzen sind mit Kennbuchstaben nach den ICAO-Alfabeth gekennzeichnet. Anruffrequenz und primärer Arbeitskanal ist Channel E auf 5687 kHz. Die Modulationsart ist SSB (J3E) im unteren Seitenband (USB).
Auf den unten genannten Frequenzen sind auch die Funkstationen der Lufttransportgeschwader (LTG) in Landsberg am Lech (61. LTG Rufzeichen DHO23), Wunsdorf bei Hannover (62. LTG Rufzeichen DHO32) und Hohn in Schleswig-Holstein (63. LTG Rufzeichen DHO60) zu hören.

Kurzwellenfrequenzen der Bundesluftwaffe

3107	Alpha	13203	Oscar
3143	Bravo	13233	Papa
3903	Charlie	15073	Quebec
4721	Delta	17973	Romeo
5687	Echo	17991	Sierra
5717	Foxtrot	18012	Tango
6700	Golf	23201	Uniform
6715	Hotel	23215	Victor
6730	India	23255	Whisky
6751	Juliett	23318	X-Ray
8965	Kilo	23341	Yankee
9025	Lima	23345	Zulu
11217	Mike	29724	Alpha Bravo
11265	November		

NATO-AWACS

Von der Luftwaffenbasis Geilenkirchen an der deutsch-niederländischen Grenze nördlich von Aachen starten die NATO-Radaraufklärungsflugzeuge E3A AWACS und Luftbetankungsflugzeuge zu ihren Missionen in Europa. Auf Kurzwelle sind die Bodenstation mit dem Rufnamen »MAGIC« und die Flugzeuge des Frühwarnsystems auf diesen Frequenzen aktiv:

NATO AWACS Frequenzen in Europa

3081	NB	6728		10315	XE
3225	NC	6754	XC	11228	AB
4542	NE	6760	KD	11270	NK
4720	NF	6762	NI	12165	
4758	NH	8971	AC	15050	NL
5691		8980	XD	17996	NM
6695	KF	8986	NJ	23241	
6700	AA	10315	A4		

Royal Air Force

Die britische Luftwaffe ist auf zahlreichen Kurzwellenfrequenzen aktiv. Radarstationen der Luftverteidigung in Großbritannien sind auf Kurzwelle ebenso präsent wie die Auslandsstützpunkte der RAF auf Zypern (Akrotiri), Gibraltar und der Insel Ascension im Südatlantik. Wenn Mitglieder der königlichen Familie mit dem Flugzeug unterwegs sind (Royal Flights) findet die Kommunikation ebenfalls über das Funknetzwerk der Royal Air Force statt. Wenn Queen Elisabeth II an Bord ist, wird der Rufname »KITTYHAWK« verwendet, der Prince of Wales Charles hat den Code-Namen »UNICORN« und Prince Andrew »LEOPARD«.

Das »Strike Command Integrated Communications System (STCICS)« arbeitet mit dem Netzwerk A und dem Funkrufnamen »ARCHITECT« auf den Frequenzen:

4742 kHz, 5714 kHz, 6739 kHz, 9031 kHz, 11205 kHz und 18018 kHz

Um H+00 werden auf diesen Frequenzen Luftdruckbodenwerte der Militärflugplätze, um H+30 aktuelle Wetterberichte ausgestrahlt.

Das Netzwerk B strahlt um H+15 und H+45 Wettermeldungen der RAF Airfields in Deutschland aus. Die Frequenzen sind:

2591 kHz, 4540 kHz, 8190 kHz, 13257 kHz und 15031 kHz

RAF Ascension hat den Rufnamen »HAVEN«, RAF Akrotiri »CYPRUS FLIGHTWATCH«, RAF Gibraltar »GIBRALTAR« und RAF Mount Pleasant auf den Falkland Inseln »VIPER«. Die Frequenzen sind 4730 kHz, 4742 kHz, 9031 kHz, 11247 kHz

Die RAF betreibt für die Luftverteidigung von Großbritannien ein Netz von weitreichenden Radarstationen in Benbecula, Boulmer, Buchan und Neatishead. Diese Stationen sind mit den fliegenden Frühwarnsystemen vom Typ AWACS und den Abfangjägern über Kurzwellenfunk verbunden. Über diese Kanäle werden Positionsdaten und Radar-Tracks im Klartext übermittelt.

Die am häufigsten verwendeten RAF-RADAR-Frequenzen sind:

Kanal 401A	2250,5 kHz
Kanal 401B	3347,0 kHz
Kanal 401C	4478,5 kHz
	4745,0 kHz
	5095,0 kHz
Kanal 401D	6673,5 kHz
Kanal 401E	8500,5 kHz

Kurzwellenfrequenzen der Royal Air Force

2261	KW	3763	ZF	5693	AB	10919	UB	15061	GA
2266	MB	3864	PR	5705	NJ	11181	AP	15064	FV
2274	GD	3867	KD	5714	ZZ	11184	EX	15072	LE
2350	BT	3915	G	5720	EF	11205	A	15076	EN
2396	AQ	3924	E	5747	W	11208	FG	15091	DB
2577	KX	3930	AH	6691	RD	11217	VE	17970	BA
2591	ST	3939	AE	6701	LC	11235	EK	17979	UR
2641	KP	3942	HE	6715	PO	11241	YC	17982	IN
2762	SA	3945	BK	6724	TG	11247	HW	17988	BJ
3026	WM	4042	AW	6736	CA	11253	EZ	17995	DQ
3036	LA	4484	KR	6739	B	11259	EH	18000	BS
3038	AK	4540	UT	6748	HM	11268	BL	18009	CM
3083	BF	4706	D	6760	PE	12057	KH	18018	BE
3092	LB	4709	TW	8156	AC	13206	HO	18024	DT
3095	QV	4718	KJ	8190	RA	13211	YM	18850	MD
3101	FA	4724	UA	8971	PH	13218	FT	20030	YZ
3110	RM	4739	DS	8972	QR	13236	I	23245	CO
3119	CY	4742	FS	8980	J	13248	HZ	23250	YP
3125	WG	4745	AG	8983	HJ	13257	F	23257	HX
3131	FW	5095	PK	8989	BX	14460	ME	23270	EI
3218	MS	5178	RE	8998	DM	14724	PZ	23281	AZF
3224	X	5270	MC	9010	AD	14812	SE	26385	GT
3302	PA	5403	XA	9022	AF	15013	DH	27000	IP
3345	TQ	5420	KT	9031	DW	15025	EM	29800	CZ
3380	KA	5436	DA	9034	HK	15031	H		
3391	TO	5447	L	9459	RZ	15040	EP		
3512	QB	5684	TS	10634	PF	15046	LD		

Das weltweite HF-System der U.S. Air Force

Dem amerikanischen Präsidenten beim dienstlichen oder privaten Telefongespräch zuhören ? Ein Wunschtraum vieler Geheimdienste? Weit gefehlt! Mit ein wenig Glück kann jeder, der über einen Kurzwellenempfänger verfügt, vertrauliche Gespräche der amerikanischen Regierungsmitglieder und des Präsidenten abhören.

Das Global High Frequency System der U.S. Air Force löste am 1. Juni 1992 das Global Command Control System" kurz GCCS ab. Es ist dem 1961 entstandenen "Air Force Communications Command (AFCC)" unterstellt. In erster Linie dient es als Verbindungsknotenpunkt für die Übermittlung von Informationen und Befehlen, der Weiterleitung von Wettermeldungen, der Koordinierung von Luftrettungseinsätzen und der Unterstützung des Air Mobility Command AMC, des Air Combat Command ACC und der strategischen Bomberflotte (B-52 und B-1B) des Strategic Command STRATCOM.

Um eine lückenlose Verbindung in jede Ecke der Welt zu gewährleisten, wurde die Erdoberfläche in 14 Kontrollzonen aufgeteilt. In jeder Zone ist eine GHFS-Station für die Kommunikation in diesem Gebiet verantwortlich. Diese

Bodenstationen befinden sich auf amerikanischen Luftwaffenbasen in Puerto Rico, Chagos Inseln, Azoren, Grönland, Japan, Philippinen, Guam, Großbritannien, Türkei, Alaska, Hawaii, USA und der Ascension Insel.
Die Station auf der Andrews Air Force Base im US-Bundesstaat Maryland vor den Toren von Washington D.C. ist die Leitstation für den gesamten kontinentalen Bereich der USA.
Für die Kurzwellenkommunikation benutzen die Stationen in den meisten Fällen Sender vom Typ Collins 310V-1 mit nachgeschalteter 208U-10-Endstufe. Die Sendeleistung von 3 Kilowatt wird über breitbandige Rundstrahlantennen abgestrahlt. Für die Überbrückung größerer Entfernungen oder bei schlechten Ausbreitungsbedingungen kommen 10-kW-Endstufen an drehbaren logarithmisch-periodischen Richt- oder Rhombusantennen zum Einsatz.
Die Empfänger vom Typ 651F-1 sind über einen Vielfachkoppler mit Monocone-Antennen (Rosette) verbunden. Über ein Schaltfeld können die Antennen so angeschlossen werden, daß eine Richtwirkung mit einem entsprechenden Signalgewinn entsteht.
Die Empfangs- und Sendeanlagen der GHFS-Stationen sind zur Entkopplung der Sendeenergie von den empfindlichen Empfangsgeräten immer einige Kilometer voneinander entfernt und werden über Mikrowellenrichtfunkstrecken von den Konsolen der Funker fernbedient.
Eine der Standarddienstleistungen der GHFS-Stationen ist die Vermittlung von Telefongesprächen aus Flugzeugen an Kommandozentralen oder Operationszentren der amerikanischen Streitkräfte in allen Teilen der Welt. Diese "phone-patch" genannten Verbindungen können entweder in das militärische Telefonnetz AUTOVON/AUTODIN oder in jedes öffentliche Fernsprechnetz eingespeist werden. Von der Möglichkeit des phone-patching wird vor allem dann Gebrauch gemacht, wenn während des Fluges technische Probleme auftauchen. Der Kommandant oder Bordingenieur kann über Kurzwellenfunktelefon das Problem mit dem Flugzeugingenieur auf seiner Heimatbasis besprechen. Auf diese Weise kann je nach Sachlage schnell entschieden werden, ob der Flug abgebrochen werden muß, ob das Ziel angeflogen werden kann, oder ob bei einer Zwischenlandung ein Ersatzteil eingebaut werden soll. Dieses zeitsparende computerunterstützte Verfahren wird "Trouble Shooting" genannt.
Häufige Nutzer des GHFS-Netzes sind die Besatzungen der Flugzeuge des Air Mobility Command, der "Luftfrachtabteilung" der U.S. Air Force, das nach der Air-Force-Reform aus dem Military Airlift Command hervorging. Dutzende Transporter, von der viermotorigen C-131 Hercules über die neue MD-17 bis zur riesigen C-5A Galaxy, sind zu jeder Zeit irgendwo auf der Welt in der Luft, um Menschen und Material zu befördern. Die regulären Transportflüge verwenden den Funkrufnamen REACH, gefolgt von der fünfstelligen Registernummer (Tailnumber) oder einer dreistelligen Missionsnummer. Das Kurzwellenfunktelefon ist dann besonders nützlich, wenn die Technik oder

das Wetter eine schnelle Umstellung des Flugplanes erforderlich machen.
Der Sprechfunkverkehr über die GHFS-Stationen wird in Einseitenband-Modulation (J3E) im oberen Seitenband (USB) durchgeführt. Das allgemein übliche Funkrufzeichen für die Luft-Boden-Kommunikation lautet MAINSAIL. Jede Bodenstation des Netzes, die ein MAINSAIL-rufendes Flugzeug hört, ist verpflichtet, sofort zu antworten und Unterstützung anzubieten.
Da die Reichweite der Stationen bei normalen Funkwetterbedingungen um einiges über das eigentliche Gebiet der jeweiligen Kontrollzone hinausragt und die Bodenstation in der Nachbarzone auf der gleichen Frequenz arbeitet, ist eine Verbindungsaufnahme immer gewährleistet.
Neben der üblichen Sprechfunkverbindung ist auch die Vermittlung von klaren und verschlüsselten Fernschreibverbindungen aus dem Flugzeug an einen Adressaten am Boden möglich. Dabei wird als Norm der militärische Standard MIL STD 188C mit einer Übertragungsgeschwindigkeit von 75 Baud bei einer Shift-Frequenz von 850 Hz verwendet. Gesendet wird im Baudot Code mit dem ITA-2-Alphabet. Die Mark-Frequenz beträgt 1575 Hz, die Space-Frequenz 2425 Hz.
Für die funkmäßige Begleitung wichtiger Persönlichkeiten der amerikanischen Regierung und des Präsidenten wurde die GHFS-Station auf der Andrews Air Force Base, dem Heimatflughafen der Präsidentenmaschine “Air Force One” zur VIP-Station deklariert. Befinden sich Angehörige des Präsidenten an Bord eines US Air Force Flugzeuges, so wird bei der Verbindungsaufnahme der Codename EXECUTIVE verwendet. Die Buchstabenkombination SAM für Special Air Mission und fünf Ziffern sind für Regierungsmitglieder reserviert. Auf das Rufzeichen SAM86971 hört etwa die Besatzung des Flugzeuges, in dem sich gewöhnlich die US-Außenministerin bei Auslandsreisen befindet. Mit SAM86972 wird der Nationale Sicherheitsberater - ein überaus wichtiger Mann in der Umgebung des Präsidenten - gerufen.
Interessant wird es immer dann, wenn Air Force One oder ein anderes VIP-Flugzeug über die Station Andrews eine Verbindung mit CROWN wünscht. Mit diesem Codenamen ist nichts anderes als das Weiße Haus in Washington, dem Amtssitz des Präsidenten gemeint.
Zu festgelegten Zeiten senden die GHFS-Stationen mit EAM für Emergency Action Message gekennzeichnete Mitteilungen. Diese Aussendungen sind von hoher Wichtigkeit. Während der Ausstrahlung muß der übrige Funkverkehr ruhen. In diesen EAM-Sprüchen werden Befehle an die Flugzeugführer in verschlüsselter Form weitergeleitet. SKYKING gekennzeichnete Mitteilungen unterliegen der allerhöchsten Geheimhaltungsstufe (Cosmic). Mit dieser Art von EAM-Mitteilungen werden die Besatzungen der Atombomberflotte zu ihren Einsatzzielen beordert. Ein anderer regelmäßig zu hörender Dienst sind die CAPSULE-Sendungen. Diese sind an die Transportflugzeuge des AMC gerichtet.

Kurzwellenfrequenzen des weltweiten GHFS-Netzes

(Betriebszeiten: H24 = rund um die Uhr, S = Sommer, W = Winter)

4724 kHz	Andersen (S 1300-2000, W 1200-2030)
	Andrews (S 0430-0930, W 0200-1230)
	Croughton (S 2230-0400, W 1800-0800)
	Elmendorf (S 1000-1300, W 0230-1900)
	Hickam (S 0900-1600, W 0800-1700)
	Incirlik (H24)
	McClellan (S 0730-1300, W 0500-1530)
	Offutt (S 0600-1100, W 0300-1400)
	Salinas (S 0300-1000, W 0200-1100)
	Thule (H24)
	Yokota (S 1200-1930, W 0930-2200)
6712 kHz	Andrews (S 0230-0930, W2400-1230)
	Croughton (S 2230-0400, W 1800-0800)
6739 kHz	Andersen (S 1100-2000, W 1000-2030)
	Ascension (1900-2400)
	Elmendorf (S 0800-1400, W 0030-2130)
	Hickam (S 0700-1600, W 0600-1700)
	Incirlik (H24)
	McClellan (S 0530-1300, S 0300-1530)
	Salinas (S 0100-1000, W 2400-1100)
	Offutt (S 0400-1100, W 0100-1400)
	Thule (H24)
	Yokota (S 1000-2130, W 0730-2400)
8992 kHz	Andersen (H24)
	Andrews (H24)
	Ascension (H24)
	Croughton (H24)
	Elmendorf (H24)
	Hickam (H24)
	McClellan (H24)
	Offutt (H24)
	Salinas (H24)
	Thule (H24)
	Yokota (H24)
11175 kHz	Andersen (H24)
	Andrews (H24)
	Ascension (H24)
	Croughton (H24)
	Elmendorf (H24)
	Hickam (H24)
	Incirlik (H24)

	McClellan (H24)
	Salinas (H24)
	Offutt (H24)
	Thule (H24)
	Yokota (H24)
13200 kHz	Andersen (S 2000-1300, W 2030-1200)
	Andrews (S 0930-0430, W 1230-2400)
	Croughton (S 0400-2230, W 0800-1800)
	Elmendorf (S 1300-1000, W 1900-0230)
	Hickam (S 1600-0900, W 1700-0800)
	McClellan (S 1300-0730, W 1530-0500)
	Offutt (S 1100-0600, W 1400-0300)
	Salinas (S 1000-0300, W 1100-0200)
	Thule (H24)
	Yokota (S 1930-1200, W 2200-0930)
15016 kHz	Andersen (S 2000-1100, W 2030-1000)
	Andrews (S 0930-0230, W 1230-2400)
	Ascension (0700-1900)
	Croughton (S 0400-2230, W 0800-1800)
	Elmendorf (S 1400-0800, W 2130-0030)
	Hickam (S 1600-0700, W 1700-0600)
	Incirlik (H24)
	Lajes (H24)
	McClellan (S 1300-0530, W 1530-0300)
	Offutt (S 1100-0400, W 1400-0100)
	Salinas (S 1000-0100, W 1100-2400)
	Thule (S only H24)
	Yokota (S 2130-1000, W 2400-0730)

Die GHFS-Bodenstationen sind:

ANDERSEN	Andersen AFB, Guam
ANDREWS	Andrews AFB, Camp Springs, Maryland
ASCENSION	Ascension Island Air Base
CROUGHTON	Croughton Air Base, England
ELMENDORF	Elmendorf AFB, Alaska, Anchorage
HICKAM	Hickam AFB, Hawaii, nähe Honolulu/Pearl Harbor
INCIRLIK	Incirlik AB, Türkei
LAJES	Lajes Air Base, Azoren
McCLELLAN	McClellan AFB, bei Sacramento
OFFUTT	Offutt AFB, Omaha, Nebraska
SALINAS	Salinas, Puerto Rico
THULE	Thule Air Base, Grönland
YOKOTA	Yokota Air Base, Japan

2023	Quetta-Samungli	PAK	
2142	Kodiak	ALS	USCG
2207	Cape Radio	USA	NASA
2207	Noordwijk	HOL	Air Force
2250	Royal Air Force	G	Kanal: 401A
2261	Royal Air Force	G	Kanal: KW
2261	USCG Helicopter Net	ALS	USCG
2266	Royal Air Force	G	Kanal: MB
2274	Royal Air Force	G	Kanal: GD
2325	Jenisej	RUS	
2345	Asuncion	PRG	
2345	Resistencia	ARG	
2350	Royal Air Force	G	Kanal: BT
2357	Cape Radio	USA	NASA
2368	Strubby	G	
2369	Almirante Brown	ANT	Air Force
2369	Buenos Aires-Ezeiza	ARG	Air Force
2369	Mar del Plata	ARG	Air Force
2369	Puerto Deseado	ARG	Air Force
2369	Rio Gallegos	ARG	Air Force
2371	Civil Air Patrol	USA	USAF
2374	Civil Air Patrol	USA	USAF
2382	Capitan Parallada	URG	
2382	Montevideo-Carrasco	URG	
2396	Royal Air Force	G	Kanal: AQ
2431	Cape Radio	USA	NASA
2445	Montevideo-Carrasco	URG	
2448	US Air Force	USA	Kanal: F487
2474	Los Angeles	USA	Lockheed
2488	Treinta y Tres	URG	
2495	Tachilek	BRM	
2541	Cape Radio	USA	NASA
2545	Montevideo-Carrasco	URG	
2562	Abu Simbel	EGY	
2562	Cairo	EGY	
2577	Royal Air Force	G	Kanal: KX
2591	Royal Air Force	G	Kanal: ST
2622	Cape Radio	USA	NASA
2635	Magadan	RUS	
2638	Cape Radio	USA	NASA
2641	Royal Air Force	G	Kanal: KP
2649	King Salmon	ALS	Amoco Co.
2660	Asuncion	PRG	
2678	Great Lakes Region	USA	USCG
2681	Camaguey	CUB	
2681	Santiago de Cuba	CUB	
2720	Davis Base	ANT	Navy
2728	Camaguey	CUB	
2728	Cienfuegos	CUB	
2728	Holguin	CUB	
2728	Magangue	CUB	
2728	Rancho Boyeros	CUB	
2728	Santiago de Cuba	CUB	
2758	Magong	CHN	
2762	Royal Air Force	G	Kanal: SA
2764	Cape Radio	USA	NASA
2793	Artigas	URG	
2793	Bella Union	URG	
2793	Durazno	URG	
2793	Melo	URG	
2793	Mercedes	URG	

2793	Montevideo-Carrasco	URG	
2793	Paysandu	URG	
2793	Punta del Este	URG	
2793	Rivera	URG	
2793	Salto	URG	
2793	San Gregorio	URG	
2793	Tacuarembo	URG	
2793	Teniente Parallada	URG	
2793	Vichadero	URG	
2800	Cape Radio	USA	NASA
2811	Baracoa	CUB	
2811	Bayamo	CUB	
2811	Cienfuegos	CUB	
2811	Guantanamo	CUB	
2811	Holguin	CUB	
2811	Magangue	CUB	
2811	Maisi	CUB	
2811	Manzanillo	CUB	
2811	Moa	CUB	
2811	Nueva Gerona	CUB	
2811	Rancho Boyeros	CUB	
2811	Santiago de Cuba	CUB	
2811	Varadero	CUB	
2821	Cape Radio	USA	NASA
2837	Cape Radio	USA	NASA
	2850 kHz bis 3025 kHz Route		
2851	MWARA AFI/NCA		
2851	RDARA 2A 3B 3C 9C 11B 13E 13F 14		
2851	Barnaul	RUS	
2851	Chanty-Mansijsk	RUS	
2851	Irkutsk	RUS	
2851	Jenisej	RUS	
2851	Kamina	ZAI	
2851	Kinshasa	ZAI	
2851	Kirensk	RUS	
2851	Kitona Base	ZAI	
2851	Kolpashevo	RUS	
2851	Krasnoyarsk	RUS	
2851	Luanda	AGL	
2851	Moscow	RUS	
2851	Novosibirsk	RUS	
2851	Podkamennaja	RUS	
2851	Seattle	USA	Boeing
2851	St.Louis	USA	Boeing
2851	Surgut	RUS	
2851	Sverdlovsk	RUS	
2851	Syktyvkar	RUS	
2851	Vologda	RUS	
2854	MWARA SAT		
2854	RDARA 3A 3B 6E 10B		
2854	Algiers	ALG	
2854	Balmaceda	CHL	
2854	Camaguey	CUB	
2854	Canaries	CNR	
2854	Cayenne	GUF	
2854	Chelagskii Mys	RUS	
2854	Concepcion	CHL	
2854	Coyhaique	CHL	
2854	Dakar	SEN	
2854	Elazig	TUR	
2854	Ghardaia-Noumerate	ALG	

2854	Johannesburg	AFS	
2854	Luanda	AGL	
2854	Magangue	CUB	
2854	Manaus	B	
2854	Manzanillo	CUB	
2854	Moa	CUB	
2854	Montchegorsk	RUS	
2854	Paramaribo	SUR	
2854	Puerto Montt	CHL	
2854	Puerto Natales	CHL	
2854	Punta Arenas	CHL	
2854	Recife	B	
2854	Rio de Janeiro	B	
2854	Sal	CPV	
2854	Salvador	B	
2854	Santiago de Chile	CHL	
2854	Santiago de Cuba	CUB	
2854	Svobodnyj	RUS	
2854	Tamanrasset	ALG	
2854	Tiksi	RUS	
2854	Vilnius	LTU	
2854	Windhoek	NMB	
2857	RDARA 2B 2C 6B 13J		
2860	RDARA 1B 3A C 9B 10B 12E 12J 13I		
2860	VOLMET AFI		
2860	Artigas	URG	
2860	Bella Union	URG	
2860	Colonia	URG	
2860	Melo	URG	
2860	Mercedes	URG	
2860	Montevideo-Carrasco	URG	
2860	Paysandu	URG	
2860	Rivera	URG	
2860	Salto	URG	
2860	Tacuarembo	URG	
2863	RDARA 2A 2C 7B 13C 13J 13K		
2863	VOLMET PAC		
2863	Brasilia	B	
2863	Hong Kong	CHN	V H15/45
2863	Honolulu	HWA	V H25/55
2863	Sao Paulo-Congonhas	B	
2863	Tokyo	J	V H10/40
2866	RDARA 2C 3C 4B 6D 10A		
2866	Barrow	ALS	
2866	Cold Bay	ALS	
2866	Cordova	ALS	
2866	Eagle River	ALS	
2866	Ketchikan	ALS	
2866	Kotzebue	ALS	
2866	Madang	PNG	
2866	McGrath	ALS	
2866	Nadzab	PNG	
2866	Port Moresby	PNG	
2866	Yakutat	ALS	
2868	Khabarovsk	RUS	
2868	Kiev	UKR	
2868	Luanda	AGL	
2868	Nikolayevsk Amure	RUS	
2868	Tilichiki	RUS	
2868	Vladivostok	RUS	
2869	MWARA CEP		
2869	RDARA 2A 2B 3A 6G 10E 13C 14G		
2869	Adelaide	AUS	
2869	Dallas	USA	Rockwell
2869	Dubbo	AUS	
2869	Honolulu	HWA	
2869	Melbourne	AUS	
2869	Mildura	AUS	
2869	Novosibirsk	RUS	V H10 H40
2869	Samara	RUS	V H15 H45
2869	San Francisco	USA	
2869	Sydney	AUS	
2869	Syktyvkar	RUS	V H00 H30
2869	Tyumen	RUS	V H20 H50
2869	Yekaterinburg	RUS	V H05 H35
2872	MWARA NAT-C		
2872	RDARA 3B 6A 6E 13G		
2872	Ahmadabad	IND	
2872	Amritsar	IND	
2872	Bangalore	IND	
2872	Bhopal	IND	
2872	Bhubaneswar	IND	
2872	Bhuntar-Kulu	IND	
2872	Bombay	IND	
2872	Calcutta	IND	
2872	Chennai	IND	
2872	Coimbatore	IND	
2872	Delhi	IND	
2872	Gander	CAN	
2872	Hyderabad	IND	
2872	Iceland Radio	ISL	
2872	Madras	IND	
2872	Madurai	IND	
2872	Mangalore-Bajpe	IND	
2872	Nagpur	IND	
2872	Patna	IND	
2872	Shanwick	IRL	
2872	Trichur	IND	
2872	Trivandrum	IND	
2872	Vijayawada	IND	
2872	Vishakhapatnam	IND	
2875	RDARA 2A 2B 3A 6G 10A 12G		
2875	Jedinka	RUS	
2878	MWARA AFI		
2878	RDARA 3B 3C 11B 13I 13J 14		
2878	Accra	GHA	
2878	Bangui-M'poko	CAF	
2878	Beira	MOZ	
2878	Brazzaville	COG	
2878	Bulawayo	ZWE	
2878	Colonia	URG	
2878	Cotonou	BEN	
2878	Douala	CME	
2878	Entebbe	UGA	
2878	Franceville-Mvengue	GAB	
2878	Francistown	BOT	
2878	Garoua	CME	
2878	Goma	ZAI	
2878	Harare	ZWE	
2878	Johannesburg	AFS	
2878	Kamina	ZAI	
2878	Kano	NIG	
2878	Kinshasa	ZAI	
2878	Kisangani-Bangoka	ZAI	
2878	Kitona Base	ZAI	
2878	La Paloma	URG	
2878	Lagos	NIG	
2878	Libreville	GAB	

2878	Lome-Tokoin	TGO	
2878	Luanda	AGL	
2878	Lubumbashi	ZAI	
2878	Lusaka	ZMB	
2878	Maiduguri	NIG	
2878	Maroua-Salak	CME	
2878	Maseru-Moshoeshoe	LSO	
2878	Monrovia-Roberts	LBR	
2878	Montevideo-Carrasco	URG	
2878	Morro Cavalao	B	
2878	N'Djamena	TCD	
2878	Nairobi	KEN	
2878	Navegantes	B	
2878	Niamey	NGR	
2878	Niamtougou	TGO	
2878	Port Gentil	GAB	
2878	Port Harcourt	NIG	
2878	Punta del Este	URG	
2878	Sao Paulo-Congonhas	B	
2878	Sao Tome	STP	
2878	Windhoek	NMB	
2878	Yaounde	CME	
2880	Taipei-Chiayi	TWN	V H07
2881	RDARA 1B 2A 2B 3A 6C		
2881	VOLMET SAM		
2881	Buenos Aires-Ezeiza	ARG	V H15
2884	RDARA 2C 3B 6D		
2884	Anadyr	RUS	
2884	Chaibukha	RUS	
2884	Gomel	BLR	
2884	Magadan	RUS	
2884	Markovo	RUS	
2884	Minsk	BLR	
2884	Vitebsk	BLR	
2887	MWARA CAR		
2887	RDARA 2A 2B 3A 7E 13I 14C		
2887	Artigas	URG	
2887	Barranquilla	CLM	
2887	Bogota	CLM	
2887	Caracas-Maiquetia	VEN	
2887	Georgetown	GUY	
2887	Guatemala-Le Aurora	GTM	
2887	Havana-Boyeros	CUB	
2887	Melo	URG	
2887	Merida	MEX	
2887	Montevideo-Carrasco	URG	
2887	Nassau	BAH	
2887	New York	USA	
2887	Panama City	PNR	
2887	Port of Spain-Piarco	TRD	
2887	Port-au-Prince	HTI	
2887	San Andres Is.	CLM	
2887	San Jose	CTR	
2887	San Juan	PTR	
2887	Tegucigalpa	HND	CENAMER
2890	RDARA 1B 6G 13J		
2890	Amsterdam	HOL	Heliport
2893	RDARA 2C 3 4B 10D 12F		
2893	Char'kov	UKR	
2893	Chisinau	MDO	
2893	Kiev	UKR	
2893	Lvov	UKR	
2893	Magadan	RUS	
2893	Odessa	UKR	

2893	Simferopol	UKR	
2896	RDARA 2A 2B 3A 6G		
2896	Ankara	TUR	Air Force
2896	Buenos Aires-Ezeiza	ARG	
2896	Istanbul	TUR	Air Force
2896	Izmir	TUR	Air Force
2896	Moscow	RUS	
2896	Naha	J	
2896	Seoul	KOR	
2896	Tashkent	UZB	
2896	Tver'	RUS	
2899	MWARA NAT-B		
2899	RDARA 5D 6G 13H		
2899	Bahia Blanca	ARG	
2899	Comodoro Rivadavia	ARG	
2899	Gander	CAN	
2899	Iceland Radio	ISL	
2899	Macau	MAC	
2899	New York	USA	
2899	Rio Gallegos	ARG	
2899	Santa Maria	AZR	
2899	Shanwick	IRL	
2899	Trelew/Almirante Zar	ARG	
2902	RDARA 2B 2C 3B 6G 12J		
2902	Brest	BLR	
2902	Gomel	BLR	
2902	Minsk	BLR	
2902	Vitebsk	BLR	
2902	Yerevan	ARM	
2902	Yuzhno-Sakhalinsk	RUS	
2905	RDARA 3A 3C 5C 9B		
2905	VOLMET NAT		
2905	Gan	MLD	
2905	Port Moresby	PNG	
2905	Tomsk	RUS	
2908	RDARA 2B 2C 3B 13M		
2908	Asuncion	PRG	
2908	Buenos Aires-Ezeiza	ARG	
2910	Port of Spain-Piarco	TRD	
2911	RDARA 3A 5B 6G 10A		
2911	Adak	ALS	
2911	Bettles	ALS	
2911	Cold Bay	ALS	
2911	Kathmandu	NPL	
2911	Kodiak	ALS	
2911	Point Hope	ALS	
2911	Shemya	ALS	
2911	Trichur	IND	
2911	Trivandrum	IND	
2914	RDARA 2B 2C 3B 13D		
2914	Santa Cruz-Vira Viru	BOL	
2917	RDARA 2A 6E 6G		
2917	Bloemfontein	AFS	
2917	Cape Town	AFS	
2917	Irkutsk	RUS	
2917	Manzini	SWZ	
2917	Matsapa	SWZ	
2917	Port Elizabeth	AFS	
2917	Sankt Petersburg	RUS	
2920	RDARA 2B 2C 6B 12C 13J		
2920	Acapulco	MEX	
2920	Chihuahua	MEX	
2920	Ensenada	MEX	
2920	Fukuoka	J	

2920	Manzanillo	MEX
2920	Matamoros	MEX
2920	Mexico City	MEX
2920	Moscow	RUS
2920	Osaka	J
2920	Puebla	MEX
2920	Sapporo	J
2920	Tokyo	J
2923	RDARA 3A 6A	
2923	Agartala	IND
2923	Calcutta	IND
2923	Dibrugarh	IND
2923	Gilgit	PAK
2923	Guwahati	IND
2923	Imphal-Tulihal	IND
2923	Islamabad-Chaklala	PAK
2923	Karachi	PAK
2923	Kathmandu	NPL
2923	Lahore	PAK
2923	Mohanbari	IND
2923	Patna	IND
2923	Peshawar	PAK
2923	Quetta-Samungli	PAK
2923	Rawalpindi	PAK
2923	Saidu Sharif	PAK
2923	Skardu	PAK
2923	Turbat	PAK
2926	RDARA 2A 2C 4A 6F 10C 12J	
2926	Adrar/Touat	ALG
2926	Annaba	ALG
2926	Baku	AZE
2926	Batna	ALG
2926	Bechar	ALG
2926	Biskra	ALG
2926	Bordj Badji	ALG
2926	Constantine	ALG
2926	Djanet-Tiska	ALG
2926	El Golea	ALG
2926	El Oued-Guemar	ALG
2926	Fukuoka	J
2926	Ghardaia-Noumerate	ALG
2926	Hassi-Messaoud	ALG
2926	In Amenas	ALG
2926	In Salah	ALG
2926	Krasnodar	RUS
2926	Makhachkala	RUS
2926	Mascara	ALG
2926	Mineralnyye-Vody	RUS
2926	Oran	ALG
2926	Ouargla	ALG
2926	Rostov-na-Donu	RUS
2926	Sochi	RUS
2926	Sukhumi	GEO
2926	Tamanrasset	ALG
2926	Tbilisi	GEO
2926	Tebessa	ALG
2926	Timimoun	ALG
2926	Tindouf	ALG
2926	Tokyo	J
2926	Touggourt-Sidi Mahdi	ALG
2926	Vilnius	LTU
2926	Volgograd	RUS
2926	Yerevan	ARM
2929	RDARA 2B 9B	
2929	Aktyubinsk	KAZ
2929	Barnaul	RUS
2929	Samara	RUS
2929	Ufa	RUS
2931	Agartala	IND
2931	Ahmedabad	IND
2931	Amritsar	IND
2931	Artigas	URG
2931	Baghdogra	IND
2931	Bangalore	IND
2931	Bhubaneswar	IND
2931	Bombay	IND
2931	Calcutta	IND
2931	Chaklala	PAK
2931	Chennai	IND
2931	Coimbatore	IND
2931	Delhi	IND
2931	Dibrugarh	IND
2931	Gauhati	IND
2931	Gilgit	PAK
2931	Goa	IND
2931	Guwahati	IND
2931	Hyderabad	IND
2931	Islamabad-Chaklala	PAK
2931	Lucknow	IND
2931	Madras	IND
2931	Melo	URG
2931	Mohanbari	IND
2931	Montevideo-Carrasco	URG
2931	Nagpur	IND
2931	Patna	IND
2931	Paysandu	URG
2931	Port Blair	IND
2931	Rawalpindi	PAK
2931	Rivera	URG
2931	Salto	URG
2931	Sargodha	PAK
2931	Skardu	PAK
2931	Trichur	IND
2931	Trivandrum	IND
2931	Upata	VEN
2931	Varanasi	IND
2931	Vichadero	URG
2931	Vijayawada	IND
2931	Vishakhapatnam	IND
2932	MWARA	
2932	RDARA 2A 2C 13K	
2932	Beijing	CHN
2932	Honolulu	HWA
2932	Khabarovsk	RUS
2932	Tokyo	J
2935	MWARA SAT	
2935	RDARA 3 10D	
2935	Atherley	CAN
2935	Herlen	MNG
2935	North Bay	CAN
2935	Ottawa	CAN
2938	RDARA 2 6G	
2938	Arkhangelsk	RUS
2938	Invercargill	NZL
2938	Milford Sound	NZL
2938	Murmansk	RUS
2938	Queenstown	NZL
2938	Sankt Petersburg	RUS

2938	Timaru	NZL	
2938	Vjatka	RUS	
2941	RDARA 2A 6F		
2941	Bhubaneswar	IND	Air Force
2941	Goa	IND	Air Force
2941	Hyderabad	IND	Air Force
2941	Kiev	UKR	V H20/50
2941	Madras	IND	Air Force
2941	Moscow	RUS	V H10/40
2941	Rostov-na-Donu	RUS	V H25/55
2941	Sankt Petersburg	RUS	V H05/35
2944	MWARA MID/SAM		
2944	RDARA 10A 10E 14G		
2944	Adelaide	AUS	
2944	Aktyubinsk	KAZ	
2944	Almaty	KAZ	
2944	Antofagasta	CHL	
2944	Asuncion	PRG	
2944	Barranquilla	CLM	
2944	Bishkek	KGZ	
2944	Bogota	CLM	
2944	Buenos Aires-Ezeiza	ARG	
2944	Cali	CLM	
2944	Caracas-Maiquetia	VEN	
2944	Chiclayo	PRU	
2944	Comodoro Rivadavia	ARG	
2944	Cordoba	ARG	
2944	Dubbo	AUS	
2944	Dushanbe	TJA	
2944	Guayaquil-Bolivar	EQA	
2944	Iquitos	PRU	
2944	Kzyl-Orda	KAZ	
2944	La Paz	BOL	
2944	Lima	PRU	
2944	Melbourne	AUS	
2944	Mendoza	ARG	
2944	Mildura	AUS	
2944	Moscow	RUS	
2944	Panama City	PNR	
2944	Pascua-Mataveri	PAQ	
2944	Puerto Montt	CHL	
2944	Punta Arenas	CHL	
2944	Quito	EQA	
2944	Resistencia	ARG	
2944	Salta	ARG	
2944	Samara	RUS	
2944	Samarkand	UZB	
2944	San Carlos Bariloche	ARG	
2944	Santa Cruz-Vira Viru	BOL	
2944	Santiago de Chile	CHL	
2944	Sydney	AUS	
2944	Talara	PRU	
2944	Tashkent	UZB	
2944	Uralsk	KAZ	
2944	Ushuaia	ARG	
2944	Yerevan	ARM	
2945	Bassein	BRM	
2945	Bhamo	BRM	
2945	Dawei	BRM	
2945	Heho	BRM	
2945	Hpa-an	BRM	
2945	Hpapun	BRM	
2945	Kawthoung	BRM	
2945	Kengtung	IND	
2945	Kyaukpyu	BRM	
2945	Loikaw	IND	
2945	Magway	BRM	
2945	Magwe	BRM	
2945	Mawlamyine	BRM	
2945	Mergui	BRM	
2945	Monghsat	BRM	
2945	Moulmein	BRM	
2945	Myeik	BRM	
2945	Pa-an	BRM	
2945	Papun	BRM	
2945	Pathein	BRM	
2945	Putao	BRM	
2945	Rangoon/Yangon	BRM	
2945	Sandoway	BRM	
2945	Sinkaling Khamti	BRM	
2945	Sittwe	IND	
2945	Tachilek	BRM	
2945	Tavoy	BRM	
2945	Thandwe	BRM	
2945	Vishakhapatnam	IND	
2947	RDARA 6A		
2947	Calcutta	IND	
2947	Dhaka	BGD	
2950	RDARA 2 3C 7C 10F 12A 14A 14D		
2950	VOLMET CAR		
2950	Kangerlussuaq	GRL	
2950	Nassau	BAH	
2950	Sondre Stromfjord	GRL	
2952	Bishkek	KGZ	
2952	Carmelita	GTM	
2952	Dushanbe	TJA	
2952	Georgetown	GUY	
2952	Moscow	RUS	
2952	Samarkand	UZB	
2952	Tashkent	UZB	
2952	Termez	UZB	
2953	RDARA 4A 6G		
2953	Adrar/Touat	ALG	
2953	Annaba	ALG	
2953	Batna	ALG	
2953	Bechar	ALG	
2953	Biskra	ALG	
2953	Bordj Badji	ALG	
2953	Constantine	ALG	
2953	Djanet-Tiska	ALG	
2953	El Golea	ALG	
2953	El Oued-Guemar	ALG	
2953	Ghardaia-Noumerate	ALG	
2953	Hassi-Messaoud	ALG	
2953	In Amenas	ALG	
2953	In Salah	ALG	
2953	Macau	MAC	
2953	Mascara	ALG	
2953	Oran	ALG	
2953	Ouargla	ALG	
2953	Tamanrasset	ALG	
2953	Tebessa	ALG	
2953	Timimoun	ALG	
2953	Tindouf	ALG	
2953	Touggourt-Sidi Mahdi	ALG	
2956	RDARA 6C 7F 10A 12E 12F 12G 12H 13F		
2956	VOLMET MID		
2956	Adak	ALS	

2956	Ambon	INS	
2956	Biak	INS	
2956	Concepcion	CHL	
2956	Jayapura	INS	
2956	Loncoche	CHL	
2956	Menado	INS	
2956	Sand Point	ALS	
2956	Santiago de Chile	CHL	
2956	Temuco	CHL	
2956	Ujung Pandang	INS	
2956	Valparaiso	CHL	
2959	RDARA 3A		
2959	Kolpashevo	RUS	
2959	Surgut	RUS	
2959	Tobolsk	RUS	
2962	MWARA NAT-E		
2962	RDARA 6G		
2962	Canaries	CNR	
2962	Gander	CAN	
2962	Iceland Radio	ISL	
2962	New York	USA	
2962	Santa Maria	AZR	
2962	Shanwick	IRL	
2964	Petropavlovsk	RUS	
2965	RDARA 1E 7B 10C 12F 12J 13H		
2965	VOLMET SEA		
2965	Bahia Blanca	ARG	
2965	Bangkok	THA	V H10/40
2965	Bombay	IND	V H25/55
2965	Buenos Aires-Ezeiza	ARG	
2965	Calcutta	IND	V H05/35
2965	Karachi	PAK	V H15/45
2965	Rio Gallegos	ARG	
2965	San Carlos Bariloche	ARG	
2965	Santa Cruz	ARG	
2965	Santa Rosa	ARG	
2965	Trelew/Almirante Zar	ARG	
2968	RDARA 3B 5B 6G		
2968	Kabul	AFG	
2968	Teheran	IRN	
2971	MWARA NAT-D		
2971	RDARA 5D 6G 13G		
2971	Arctic Radio	CAN	
2971	Baffin Radio	CAN	
2971	Bodö	NOR	
2971	Churchill	CAN	
2971	Gander	CAN	
2971	Iceland Radio	ISL	
2971	Montreal	CAN	
2971	Resolute Bay	CAN	
2971	Shanwick	IRL	
2971	Sondre Stromfjord	GRL	
2972	Baghdad	IRQ	
2972	Basrah	IRQ	
2972	Comodoro Rivadavia	ARG	
2972	Vitebsk	BLR	
2973	Bagan	BRM	
2973	Banmaw	BRM	
2973	Bhamo	BRM	
2973	Htilin	BRM	
2973	Kalay	IND	
2973	Kalemyo	BRM	
2973	Kanti	BRM	
2973	Kyauktu	BRM	

2973	Lashio	BRM	
2973	Mandalay	BRM	
2973	Momeik	BRM	
2973	Myitkyina-Pamti	BRM	
2973	Nyaung U	BRM	
2973	Putao	BRM	
2973	Sinkaling Khamti	BRM	
2974	RDARA 1D 3C		
2974	Beograd	SER	
2974	Irkutsk	RUS	
2974	Sofia	BUL	
2977	RDARA 1C 6G 13M		
2977	Budapest	HNG	
2977	Isfjord	SVB	
2980	RDARA 1D 3C 12C		
2980	Acapulco	MEX	
2980	Bruzual	VEN	
2980	Chihuahua	MEX	
2980	Colima	MEX	
2980	Dushanbe	TJA	
2980	Ensenada	MEX	
2980	Khabarovsk	RUS	
2980	Manzanillo	MEX	
2980	Matamoros	MEX	
2980	Mexico City	MEX	
2980	Puebla	MEX	
2980	Sofia	BUL	
2980	Upata	VEN	
2980	Vladivostok	RUS	
2983	RDARA 1C 6G 13D		
2983	Bodö	NOR	Heliport
2983	Esbjerg	DNK	Heliport
2986	RDARA 3C 5A 13N		
2986	Aldan	RUS	
2986	Chulman	RUS	
2986	Irkutsk	RUS	
2986	Mirny	RUS	
2986	Olekminsk	RUS	
2986	Ulan Ude	RUS	
2986	Vitim	RUS	
2989	RDARA 1D 6G		
2989	Alexandroupolis	GRC	
2989	Araxos	GRC	
2989	Athinai	GRC	
2989	Ioannina	GRC	
2989	Iraklion	GRC	
2989	Kalamata	GRC	
2989	Karpathos	GRC	
2989	Kasos	GRC	
2989	Kastelorizo	GRC	
2989	Kastoria	GRC	
2989	Kavala	GRC	
2989	Kefallinia	GRC	
2989	Kerkira	GRC	
2989	Khania-Souda	GRC	
2989	Khios	GRC	
2989	Kithira	GRC	
2989	Kos	GRC	
2989	Kozani	GRC	
2989	Larisa	GRC	
2989	Leros	GRC	
2989	Limnos	GRC	
2989	Mikonos	GRC	
2989	Milos	GRC	

2989	Mitilini	GRC	
2989	Paros	GRC	
2989	Preveza	GRC	
2989	Rodos	GRC	
2989	Saloniki	GRC	
2989	Samos	GRC	
2989	Santorini	GRC	
2989	Sitia	GRC	
2989	Skiathos	GRC	
2989	Zakinthos	GRC	
2992	MWARA MID		
2992	RDARA 10A 10E 13C		
2992	Aden	YEM	
2992	Amman	JOR	
2992	Ankara	TUR	
2992	Baghdad	IRQ	
2992	Bahrain	BHR	
2992	Basrah	IRQ	
2992	Beirut	LBN	
2992	Cairo	EGY	
2992	Damascus	SYR	V H00/30
2992	Jeddah	ARS	
2992	Kuwait	KWT	
2992	Odessa	UKR	
2992	Sanaa	YEM	
2992	Simferopol	UKR	
2992	Tbilisi	GEO	
2992	Teheran	IRN	
2992	Yerevan	ARM	
2995	RDARA 6G		
2995	Aktyubinsk	KAZ	
2995	Almaty	KAZ	
2995	Dushanbe	TJA	
2995	Kzyl-Orda	KAZ	
2995	Moscow	RUS	
2995	Samara	RUS	
2995	Samarkand	UZB	
2995	Tashkent	UZB	
2995	Uralsk	KAZ	
2995	Yerevan	ARM	
2998	MWARA CWP		
2998	RDARA 7D 12E 12F 12G 12H 13F		
2998	VOLMET EUR		
2998	Bigara	MAU	
2998	Fukuoka	J	
2998	Guam	GUM	
2998	Hong Kong	CHN	
2998	Honolulu	HWA	
2998	Manila	PHL	
2998	Naha	J	
2998	Nauru	NRU	
2998	Port Moresby	PNG	
2998	Santiago de Chile	CHL	
2998	Seoul	KOR	
2998	Taipei	TWN	
2998	Tokyo	J	
3001	RDARA 6A 6E		
3001	Beirut	LBN	
3004	MWARA NCA		
3004	RDARA 11B 13K		
3004	Barnaul	RUS	
3004	Chita	RUS	
3004	Chulman	RUS	
3004	Dallas	USA	Rockwell
3004	Ekimchan	RUS	
3004	Irkutsk	RUS	
3004	Khabarovsk	RUS	
3004	Kirensk	RUS	
3004	Kolpashevo	RUS	
3004	Novosibirsk	RUS	
3004	Pyongyang	KRE	
3004	Seattle	USA	Boeing
3004	St.Louis	USA	Boeing
3004	Surgut	RUS	
3004	Ulan Bator	MNG	
3004	Ulan Ude	RUS	
3007	LDOC W2 W3		
3007	Auckland	NZL	LDOC
3007	Bangkok	THA	LDOC
3007	Beijing	CHN	LDOC
3007	Bombay	IND	LDOC
3007	Curacao	ATN	LDOC
3007	Delhi	IND	LDOC
3007	Havana-Boyeros	CUB	LDOC
3007	Hong Kong	CHN	LDOC
3007	Jakarta	INS	LDOC
3007	Manila	PHL	LDOC
3007	Matamoros	MEX	LDOC
3007	Merida	MEX	LDOC
3007	Nadi	FJI	LDOC
3007	Rangoon/Yangon	BRM	LDOC
3007	Seoul	KOR	LDOC
3007	Sydney	AUS	LDOC
3007	Tijuana	MEX	LDOC
3007	Toronto	CAN	LDOC
3007	Vancouver	CAN	LDOC
3010	LDOC W1 W4		
3010	Amsterdam	HOL	LDOC
3010	Athinai	GRC	LDOC
3010	Beograd	SER	LDOC
3010	Bogota	CLM	LDOC
3010	Brussels	BEL	LDOC
3010	Buenos Aires-Ezeiza	ARG	LDOC
3010	Caracas-Maiquetia	VEN	LDOC
3010	Dublin	IRL	LDOC
3010	El Salvador	SLV	LDOC
3010	Helsinki	FIN	LDOC
3010	Lima	PRU	LDOC
3010	Lisboa	POR	LDOC
3010	Montevideo-Carrasco	URG	LDOC
3010	Paris	F	LDOC
3010	Port of Spain-Piarco	TRD	LDOC
3010	Rio de Janeiro	B	LDOC
3010	Santiago de Chile	CHL	LDOC
3010	Tel Aviv	ISR	LDOC
3013	LDOC W2 W5		
3013	Addis Ababa	ETH	LDOC
3013	Bahrain	BHR	LDOC
3013	Beirut	LBN	LDOC
3013	Blantyre	MWI	LDOC
3013	Cairo	EGY	LDOC
3013	Dar Es Salaam	TZA	LDOC
3013	Dhahran	ARS	LDOC
3013	Djibouti-Ambouli	DJI	LDOC
3013	Entebbe	UGA	LDOC
3013	Harare	ZWE	LDOC
3013	Honolulu	HWA	LDOC
3013	Jiddah	ARS	LDOC

3013	Johannesburg	AFS	LDOC
3013	Kabul	AFG	LDOC
3013	Kigali	RRW	LDOC
3013	Kinshasa	ZAI	LDOC
3013	Kuwait	KWT	LDOC
3013	Lagos	NIG	LDOC
3013	Mahe	SEY	LDOC
3013	Monrovia	LBR	LDOC
3013	Muscat	OMA	LDOC
3013	Nairobi	KEN	LDOC
3013	Port Louis	MAU	LDOC
3013	San Francisco	USA	LDOC
3013	Teheran	IRN	LDOC
3013	Tunis	TUN	LDOC
3015	Agrinion	GRC	
3015	Alexandroupolis	GRC	
3015	Andravida	GRC	
3015	Athinai	GRC	
3015	Ioannina	GRC	
3015	Iraklion	GRC	
3015	Kalamata	GRC	
3015	Kastoria	GRC	
3015	Kavala	GRC	
3015	Kefallinia	GRC	
3015	Kerkira	GRC	
3015	Khania-Souda	GRC	
3015	Khios	GRC	
3015	Kos	GRC	
3015	Kozani	GRC	
3015	Larisa	GRC	
3015	Limnos	GRC	
3015	Mikonos	GRC	
3015	Mitilini	GRC	
3015	Preveza	GRC	
3015	Rodos	GRC	
3015	Samos	GRC	
3015	Santorini	GRC	
3015	Skiathos	GRC	
3015	Thessaloniki	GRC	
3015	Zakinthos	GRC	
3016	MWARA NAT-A/EA		
3016	RDARA 9D 13G		
3016	Auckland	NZL	
3016	Baffin Radio	CAN	
3016	Beijing	CHN	
3016	Buenos Aires-Ezeiza	ARG	
3016	Canaries	CNR	
3016	Ceropevets	RUS	
3016	Changsha	CHN	
3016	Chengdu	CHN	
3016	Cordoba	ARG	
3016	Dalian	CHN	
3016	Gander	CAN	
3016	Guangzhou	CHN	
3016	Hailar	CHN	
3016	Harbin-Yanjiagang	CHN	
3016	Hefei	CHN	
3016	Invercargill	NZL	
3016	Irkutsk	RUS	
3016	Jinan	CHN	
3016	Kunming	CHN	
3016	Lanzhou	CHN	
3016	Lisboa	POR	
3016	Mendoza	ARG	
3016	Monte Caseros	ARG	
3016	Nanchang	CHN	
3016	New York	USA	
3016	Paramaribo	SUR	
3016	Parana	ARG	
3016	Port of Spain-Piarco	TRD	
3016	Pyongyang	KRE	
3016	Qingdao	CHN	
3016	Resistencia	ARG	
3016	Rosario	ARG	
3016	Salta	ARG	
3016	San Juan	PTR	
3016	Sankt Petersburg	RUS	
3016	Santa Maria	AZR	
3016	Shanghai	CHN	
3016	Shanwick	IRL	
3016	Shenyang	CHN	
3016	Syktyvkar	RUS	
3016	Taegu	KOR	
3016	Ulan Bator	MNG	
3016	Urumqi	CHN	
3016	Velikye Luki	RUS	
3016	Vologda	RUS	
3016	Wuhan	CHN	
3016	Xi'an	CHN	
3016	Xiamen-Gaoqi	CHN	
3016	Zhengzhou	CHN	
3019	MWARA NCA		
3019	RDARA 11B 13K		
3019	Belo Horizonte	B	
3019	Campos	B	
3019	Chanty-Mansijsk	RUS	
3019	Goiania	B	
3019	Ivdel	RUS	
3019	Moscow	RUS	
3019	Sao Luiz	B	
3019	Sverdlovsk	RUS	
3019	Syktyvkar	RUS	
3019	Tucurui	B	
3019	Vologda	RUS	
3019	Yekaterinburg	RUS	
3023	Internationale Anruffrequenz (SAR/Rescue)		
3023	Adana	TUR	Rescue
3023	Ankara	TUR	Rescue
3023	Antalya	TUR	Rescue
3023	Baghdogra	IND	Air Force
3023	Bampton	G	Rescue
3023	Belaga	MLA	
3023	Bodö	NOR	Rescue
3023	Bremen	D	Rescue
3023	Byrd Surface Camp	ANT	USN
3023	Cali-Suarez	CLM	
3023	Cape Dyer	CAN	
3023	Cape Parry	CAN	
3023	Castries St.Lucia	LCA	
3023	Colonia	URG	
3023	Concepcion	BOL	
3023	Croughton	G	Rescue
3023	Davis Base	ANT	Navy
3023	Edinburgh	G	Rescue
3023	Elazig	TUR	Rescue
3023	Fua' Amotu	TON	
3023	Funchal	MDR	Rescue
3023	German Olando	CLM	

3023	Glücksburg	D	Rescue
3023	Golden Rock	SCN	
3023	Groennedal	GRL	
3023	Horta	AZR	Rescue
3023	Istanbul	TUR	Rescue
3023	Izmir	TUR	Rescue
3023	Jamnagar	IND	Air Force
3023	Jorhat	IND	Air Force
3023	Kanpur-Chakeri	IND	Air Force
3023	Karup	DNK	Rescue
3023	Koksijde	BEL	Rescue
3023	Laayoun	ASO	Rescue
3023	Lanzarote	CNR	Rescue
3023	Las Palmas	CNR	Rescue
3023	Leiden-Valkenburg	HOL	Rescue
3023	Lifou-Ouanaham	NCL	
3023	Lulea	S	Rescue
3023	Managua	NCG	
3023	McMurdo Station	ANT	USN
3023	Noumea-La Tontouta	NCL	
3023	Nuuk	GRL	
3023	Pearls	GRD	
3023	Plymouth	G	Rescue
3023	Poona	IND	Air Force
3023	Ronneby	S	Rescue
3023	Sal	CPV	Rescue
3023	San Jose Chiquitos	BOL	
3023	Santa Maria	AZR	Rescue
3023	Sevilla	E	Rescue
3023	Shannon	IRL	Rescue
3023	South Pole Station	ANT	
3023	St.Kitts	SKN	
3023	Stavanger	NOR	Rescue
3023	Stockholm	S	Rescue
3023	Svalbard	SVB	Rescue
3023	Trondheim	NOR	Rescue
	3025 kHz bis 3155 kHz Off-Route		
3026	Royal Air Force	G	Kanal: WM
3032	Auckland	NZL	Air Force
3032	Darwin	AUS	Air Force
3032	Perth	AUS	Air Force
3032	Sydney	AUS	Air Force
3032	Townsville	AUS	Air Force
3032	US Air Force	USA	Kanal: F690
3032	Woodbourn	NZL	Air Force
3036	Royal Air Force	G	Kanal: LA
3038	Royal Air Force	G	Kanal: AK
3044	Edmonton	CAN	MACS
3044	Trenton	CAN	MACS
3046	Barnaul	RUS	
3046	Bratsk	RUS	
3046	Irkutsk	RUS	
3046	Jenisej	RUS	
3046	Kirensk	RUS	
3046	Krasnoyarsk	RUS	
3046	Nizneudinsk	RUS	
3046	US Air Force	USA	Kanal: F186
3046	Vanavara	RUS	
3046	Yeniseysk	RUS	
3047	Halifax	CAN	MACS
3047	Santiago de Cuba	CUB	
3051	Edinburgh	G	Rescue
3053	Karup	DNK	Air Force
3056	Wilhelmshaven	D	Bundesmarine
3064	US Air Force	USA	Kanal: F673
3068	US Air Force	USA	Kanal: Z100
3078	US Air Force	USA	Kanal: F182
3080	Novosibirsk	RUS	
3083	Royal Air Force	G	Kanal: BF
3081	NATO AWACS	D	
3092	Edmonton	CAN	MACS
3092	Royal Air Force	G	Kanal: LB
3092	St.John's	CAN	MACS
3092	Trenton	CAN	MACS
3095	Al Baha	ARS	
3095	Al Jouf	ARS	
3095	Arar	ARS	
3095	Bisha	ARS	
3095	Butterworth	MLA	
3095	Dhahran	ARS	
3095	Gassim	ARS	
3095	Gizan	ARS	
3095	Guriat	ARS	
3095	Hafr Al Batin	ARS	
3095	Hail	ARS	
3095	Jeddah	ARS	
3095	Khamis Mushayt	ARS	
3095	Medina	ARS	
3095	Nejran	ARS	
3095	Qaisuma	ARS	
3095	Rafha	ARS	
3095	Riyadh	ARS	
3095	Royal Air Force	G	Kanal: QV
3095	Salalah	OMA	
3095	Sulayel	ARS	
3095	Tabuk	ARS	
3095	Taif	ARS	
3095	Turaif	ARS	
3095	Wejh	ARS	
3095	Yanbu'	ARS	
3101	Brest	F	Air Frorce
3101	Royal Air Force	G	Kanal: FA
3102	Jenisej	RUS	
3102	Khabarovsk	RUS	
3102	Magadan	RUS	
3102	Nikolayevsk Amure	RUS	
3102	Okha	RUS	
3102	Petropavlovsk	RUS	
3102	Sovetskaya Gavan	RUS	
3102	Turukhansk	RUS	
3102	Yuzhno-Sakhalinsk	RUS	
3102	Zonalnoye	RUS	
3107	Bundesluftwaffe	D	Kanal: A
3110	Royal Air Force	G	Kanal: RM
3113	US Air Force	USA	Kanal: F777
3116	Irkutsk	RUS	V H25 H55
3116	Jakutsk	RUS	V H10 H40
3116	Khabarovsk	RUS	V H15 H45
3116	Kirensk	RUS	V H00 H30
3116	Langebaanweg	AFS	Air Force
3116	Magadan	RUS	V H20 H50
3116	Merida	MEX	
3116	Mexico City	MEX	
3116	Oaxaca	MEX	
3116	US Air Force	USA	Kanal: Z105
3116	Waterkloof	AFS	Air Force
3116	Wilhelmshaven	D	Bundesmarine
3119	Royal Air Force	G	Kanal: CY

3120	Cape Radio	USA	NASA
3121	Glücksburg	D	Bundesmarine
3122	Borinquen	PTR	USCG
3122	Boston	USA	USCG
3122	Charleston	USA	USCG
3122	Corpus Christi	USA	USCG
3122	Guantanamo Bay	GTB	USCG
3122	Jacksonville	USA	USCG
3122	Kingston	JMC	Coast Guard
3122	Lindbergh	USA	USCG
3122	New Orleans	USA	USCG
3122	Plymouth	USA	USCG
3122	Traverse City	USA	USCG
3125	Royal Air Force	G	Kanal: WG
3128	Kirensk	RUS	
3130	Timaru	NZL	Air Force
3131	Royal Air Force	G	Kanal: FW
3134	US Air Force	USA	Kanal: Z110
3137	French Air Force	F	Rescue
3137	Las Palmas	CNR	Rescue
3137	Madrid	E	Rescue
3137	Palma de Mallorca	E	Rescue
3137	Sevilla	E	Rescue
3141	Salvador	B	
3143	Bundesluftwaffe	D	Kanal: B
3143	US Air Force	USA	Kanal: Z115
3144	US Air Force	USA	Kanal: F380
3150	Accra	GHA	Rescue
3151	Sofia	BUL	
3151	St.John's	CAN	MACS
3152	Bodaybo	RUS	
3152	Kirensk	RUS	
3152	Vitim	RUS	
3158	Parsabad	IRN	
3167	Antofagasta	CHL	V H20
3175	Abu Simbel	EGY	
3175	Cairo	EGY	
3175	Lae	PNG	Air Force
3175	Port Moresby	PNG	Air Force
3181	McIntosh Lake	CAN	
3187	Cape Radio	USA	NASA
3218	Royal Air Force	G	Kanal: MS
3224	Royal Air Force	G	Kanal: X
3225	NATO AWACS	D	Kanal: NC
3235	Royal Air Force	G	Kanal: Golf 02
3241	Great Lakes Region	USA	USCG
3281	Bethpage	USA	Grumman
3281	Seattle	USA	Boeing
3291	Nuuk	GRL	Air Force
3295	US Air Force	USA	Kanal: Z120
3302	Royal Air Force	G	Kanal: PA
3304	Royal Air Force	G	Kanal: Kilo 17
3310	Rea Point	CAN	
3312	Artigas	URG	
3330	Akureyri	ISL	
3330	Bloenduos	ISL	
3330	Egilsstadir	ISL	
3330	Höfn-Hornafjordur	ISL	
3330	Isafjordur	ISL	
3330	Reykjavik	ISL	
3330	Sandur	ISL	
3330	Saudarkrokur	ISL	
3330	Vestmannaeyjar	ISL	
3343	Accra	GHA	

3343	Palmdale	USA	Lockheed
3343	Radiora	GHA	
3345	Royal Air Force	G	Kanal: TQ
3346	Tame	CLM	
3349	Anchorage	ALS	LDOC
3349	Bethel	ALS	LDOC
3349	Chugiak	ALS	LDOC
3357	Royal Air Force	G	Kanal: KJ 02
3365	Cape Radio	USA	NASA
3378	St.Johns	CAN	LDOC
3380	Cape Radio	USA	NASA
3380	Royal Air Force	G	Kanal: KA
3385	Cape Radio	USA	NASA
3391	Royal Air Force	G	Kanal: TO
3395	Cape Radio	USA	NASA
	3400 kHz bis 3500 kHz Route		
3401	RDARA 2B 2C 3B 9B 12C 13K		
3401	Belo Horizonte	B	
3401	Petropavlovsk	RUS	
3404	RDARA 3A 3C 9C 9D 10B		
3404	VOLMET AFI		
3404	Ankara	TUR	
3404	Auckland	NZL	
3404	Baghdad	IRQ	
3404	Basrah	IRQ	
3404	Beirut	LBN	
3404	Christchurch	NZL	
3404	Damascus	SYR	
3404	Elazig	TUR	
3404	Kuwait	KWT	
3404	Mexico City	MEX	
3404	Papeete	OCE	
3407	RDARA 2B 2C 3B 7C 12D 14D		
3407	Aktyubinsk	KAZ	V H05 H35
3407	Almaty	KAZ	V H10 H40
3407	Camaguey	CUB	
3407	Cayo Largo del Sur	CUB	
3407	Ciego de Avila	CUB	
3407	Cienfuegos	CUB	
3407	Havana-Boyeros	CUB	
3407	Las Tunas	CUB	
3407	Miami	USA	NOAA
3407	Nueva Gerona	CUB	
3407	Santiago de Cuba	CUB	
3407	Tashkent	UZB	V H20 H50
3407	Tbilisi	GEO	V H00 H30
3407	Varadero	CUB	
3410	RDARA 1D 3C 11B 13J		
3410	Kano	NIG	
3410	Kirensk	RUS	
3410	Tunis	TUN	
3410	Vitim	RUS	
3411	Luanda	AGL	
3413	MWARA CEP		
3413	RDARA 3B 6G 13C 14A 14E		
3413	VOLMET EUR		
3413	Honolulu	HWA	
3413	San Francisco	USA	
3413	Shannon	IRL	V H00 H30
3416	RDARA 1D 2A 2B 3A 6D		
3416	Bali-Banjarmasin	INS	
3416	Balikpapan	INS	
3416	Beograd	SER	
3416	Jakarta	INS	

3416	Kaunas	LTU	
3416	Kupang	INS	
3416	Medan	INS	
3416	Palembang	INS	
3416	Pontianak	INS	
3416	Tallinn	EST	
3416	Ubon-Ratchathani	THA	
3416	Vilnius	LTU	
3419	MWARA AFI		
3419	RDARA 3B 3C 9B 10D 12J 13I		
3419	Algiers	ALG	
3419	Artigas	URG	
3419	Bella Union	URG	
3419	Gao	MLI	
3419	Jubany Base	ANT	Air Force
3419	Kano	NIG	
3419	Madang	PNG	
3419	Melo	URG	
3419	Montevideo-Carrasco	URG	
3419	Montreal	CAN	
3419	N'Djamena	TCD	
3419	Nadzab	PNG	
3419	Niamey	NGR	
3419	Paysandu	URG	
3419	Port Moresby	PNG	
3419	Rivera	URG	
3419	Salto	URG	
3419	Tamanrasset	ALG	
3419	Timimoun	ALG	
3419	Tripoli	LBY	
3419	Tunis	TUN	
3419	Vichadero	URG	
3419	Wewak-Boram	PNG	
3422	RDARA 2A 2B 3A 6G		
3422	Arkhangelsk	RUS	
3422	Naryan-Mar	RUS	
3422	Omsk	RUS	
3422	Pechora	RUS	
3422	Syktyvkar	RUS	
3422	Ukhta	RUS	
3422	Vjatka	RUS	
3422	Vorkuta	RUS	
3422	Yekaterinburg	RUS	
3425	MWARA AFI		
3425	RDARA 3B 3C 9B 10D 13D		
3425	Abemama	KIR	
3425	Apia-Faleolo	SMO	
3425	Beira	MOZ	
3425	Bodaybo	RUS	
3425	Butaritari	KIR	
3425	Cape Town	AFS	
3425	Chita	RUS	
3425	Christmas Is.	KIR	
3425	Fua' Amotu	TON	
3425	Funafuti	KIR	
3425	Harare	ZWE	
3425	Honiara	SLM	
3425	Irkutsk	RUS	
3425	Johannesburg	AFS	
3425	Kirensk	RUS	
3425	Labasa	FJI	
3425	Lilongwe	MWI	
3425	Madang	PNG	
3425	Manzini	SWZ	

3425	Matei	FJI
3425	Nadi	FJI
3425	Nadzab	PNG
3425	Nauru	NRU
3425	Nausori	FJI
3425	Port Moresby	PNG
3425	Port Vila	VUT
3425	Rarotonga	CKN
3425	Rotuma	FJI
3425	Santa Cruz-Vira Viru	BOL
3425	Santo-Pekoa	VUT
3425	Savusavu	FJI
3425	Seychelles	SEY
3425	Tabiteuea North	KIR
3425	Tarawa-Bonriki	KIR
3425	Ulan Ude	RUS
3425	Wewak-Boram	PNG
3428	RDARA 2B 2C 11B 13J	
3428	Gomel	BLR
3428	Minsk	BLR
3428	Porto Alegre	B
3428	Vitebsk	BLR
3431	RDARA 3A 3B 5B 6G	
3432	Bissau	GNB
3432	Casablanca	MRC
3432	Karachi	PAK
3434	RDARA 2A 2C 6F 11B 13G	
3434	Buenos Aires-Ezeiza	ARG
3434	Busan	KOR
3434	Catamarca	ARG
3434	Concordia	ARG
3434	Cordoba	ARG
3434	Corrientes	ARG
3434	Fukuoka	J
3434	Mendoza	ARG
3434	Osaka	J
3434	Phuket	THA
3434	Posadas	ARG
3434	Resistencia	ARG
3434	Salta	ARG
3434	Seoul	KOR
3434	Tokyo	J
3437	RDARA 3B 4A 6G 13M	
3437	Adrar/Touat	ALG
3437	Annaba	ALG
3437	Batna	ALG
3437	Bechar	ALG
3437	Biskra	ALG
3437	Bordj Badji	ALG
3437	Constantine	ALG
3437	Djanet-Tiska	ALG
3437	El Golea	ALG
3437	El Oued-Guemar	ALG
3437	Ghardaia-Noumerate	ALG
3437	Hassi-Messaoud	ALG
3437	In Amenas	ALG
3437	In Salah	ALG
3437	Mascara	ALG
3437	Oran	ALG
3437	Ouargla	ALG
3437	Tamanrasset	ALG
3437	Tebessa	ALG
3437	Timimoun	ALG
3437	Tindouf	ALG

3437	Touggourt-Sidi Mahdi	ALG	
3440	RDARA 2A 2C 6F 12		
3440	Aktyubinsk	KAZ	
3440	Bangkok	THA	
3440	Chelyabinsk	RUS	
3440	Kazan	BLR	
3440	Kotlas	RUS	
3440	Orenburg	RUS	
3440	Penza	RUS	
3440	Samara	RUS	
3440	Severouralsk	RUS	
3440	Uralsk	KAZ	
3440	Yekaterinburg	RUS	
3443	RDARA 3A 3B 4B 6E 11B 13N		
3443	Dallas	USA	Rockwell
3443	Los Angeles	USA	Lockheed
3443	Petropavlovsk	RUS	
3443	Seattle	USA	Boeing
3443	St.Louis	USA	Boeing
3443	Yuzhno-Sakhalinsk	RUS	
3446	RDARA 1D 6G 10E 13F 14		
3446	Arauca	CLM	
3446	Armenia	CLM	
3446	Bahia Solano	CLM	
3446	Barrancabermeja	CLM	
3446	Barranquilla	CLM	
3446	Bogota	CLM	
3446	Bucaramanga	CLM	
3446	Bucarest	ROU	
3446	Buenaventura	CLM	
3446	Cali	CLM	
3446	Carolina	B	
3446	Cartagena	CLM	
3446	Cartago	CLM	
3446	Condoto-Mandinga	CLM	
3446	Corozal-Las Brujas	CLM	
3446	Cucuta	CLM	
3446	Delhi	IND	
3446	El Banco	CLM	
3446	Florencia	CLM	
3446	Gander	CAN	LDOC
3446	Girardot-Santiago Vila	CLM	
3446	Guapi	CLM	
3446	Ibague-Perales	CLM	
3446	Ipales-San Luis	CLM	
3446	Jose Celestino Mutis	CLM	
3446	Kabul	AFG	
3446	Karachi	PAK	
3446	Lahore	PAK	
3446	Leguizamo	CLM	
3446	Leticia	CLM	
3446	Los Cedros	CLM	
3446	Madrid	CLM	
3446	Magangue	CLM	
3446	Mcui	CLM	
3446	Medellin	CLM	
3446	Mitu	CLM	
3446	Monteria-Los Garzones	CLM	
3446	Neiva	CLM	
3446	Niaba	CLM	
3446	Ocana	CLM	
3446	Otu	CLM	
3446	Ovibdo	CLM	
3446	Pasto	CLM	

3446	Pereira	CLM	
3446	Pitalito	CLM	
3446	Popayan	CLM	
3446	Puerto Asis	CLM	
3446	Puerto Carreno	CLM	
3446	Puerto Montt	CHL	
3446	Punta Arenas	CHL	
3446	Quibdo	CLM	
3446	Riohacha	CLM	
3446	San Jose Guaviare	CLM	
3446	San Vicente Caguan	CLM	
3446	Santa Marta	CLM	
3446	Santiago de Chile	CHL	
3446	Tame	CLM	
3446	Trinidad	CLM	
3446	Tumaco-La Florida	CLM	
3446	Turbo-Gonzalo Mejia	CLM	
3446	Valledupar	CLM	
3446	Velasquez	CLM	
3446	Villavicencia	CLM	
3446	Zagreb	HRB	
3449	RDARA 2B 2C 6G 10A 13M		
3449	Adak	ALS	
3449	Cold Bay	ALS	
3449	Fairbanks	ALS	
3449	Juneau	ALS	
3449	King Salmon	ALS	Amoco Co
3449	Montevideo-Carrasco	URG	
3452	MWARA AFI/SAT		
3452	RDARA 3A 3C 5A 5C 14C		
3452	Abidjan	CTI	
3452	Adelaide	AUS	
3452	Alice Springs	AUS	
3452	Bamako-Senou	MLI	
3452	Bangui-M'poko	CAF	
3452	Bissau	GNB	
3452	Bobo-Dioulasso	BFA	
3452	Bouake	CTI	
3452	Brasilia	B	
3452	Brisbane	AUS	
3452	Cairns	AUS	
3452	Canaries	CNR	
3452	Casablanca	MRC	
3452	Cayenne	GUF	
3452	Charleville	AUS	
3452	Conakry	GUI	
3452	Dakar	SEN	
3452	Darwin	AUS	
3452	Derby	AUS	
3452	Freetown-Lungi	SRL	
3452	Gan	MLD	
3452	Kano	NIG	
3452	Kinshasa	ZAI	
3452	Longreach	AUS	
3452	Manaus	B	
3452	Monrovia-Roberts	LBR	
3452	Mount Isa	AUS	
3452	Niamey	NGR	
3452	Nouadhibou	MTN	
3452	Ouagadougou	BFA	
3452	Paramaribo	SUR	
3452	Perth	AUS	
3452	Powell River	CAN	
3452	Recife	B	

3452	Rio de Janeiro	B	
3452	Rockhampton	AUS	
3452	Sal	CPV	
3452	Salvador	B	
3452	Tennant Creek	AUS	
3452	Townsville	AUS	
3452	Weipa	AUS	
3452	Yirrkala Mission-Gove	AUS	
3453	Aberdeen	G	Heliport
3453	Amman	JOR	
3453	Amsterdam	HOL	Heliport
3453	Den Helder	HOL	Heliport
3453	Great Yarmouth	G	Heliport
3453	Jeddah	ARS	
3453	Medina	ARS	
3453	North Denes	G	Heliport
3453	Stavanger	NOR	Heliport
3453	Stewart	CAN	
3453	Taif	ARS	
3455	MWARA CAR/CWP		
3455	RDARA 2A 2C 7B 13H		
3455	Bahia Blanca	ARG	
3455	Barranquilla	CLM	
3455	Caracas-Maiquetia	VEN	
3455	Cayenne	GUF	
3455	Comodoro Rivadavia	ARG	
3455	Georgetown	GUY	
3455	Havana-Boyeros	CUB	
3455	Kingston	JMC	
3455	Managua	NCG	
3455	Merida	MEX	
3455	Naha	J	
3455	New York	USA	
3455	Panama City	PNR	
3455	Paramaribo	SUR	
3455	Port of Spain-Piarco	TRD	
3455	Rio Gallegos	ARG	
3455	San Andres Is.	CLM	
3455	Seoul	KOR	
3455	Tokyo	J	
3455	Trelew/Almirante Zar	ARG	
3458	RDARA 1B 10D 13C 13J 13K		
3458	VOLMET SEA		
3458	Beijing	CHN	V H15 H45
3458	Guangzhou	CHN	V H10 H40
3458	Hailar	CHN	
3458	Schanghai	CHN	V H20 H50
3458	St.Johns	CAN	LDOC
3460	Butaritari	KIR	
3460	Chi Faledo	SMO	
3460	Fua' Amotu	TON	
3460	Funafuti	TUV	
3460	Mexico City	MEX	
3460	Nadi	FJI	
3460	Nausori	FJI	
3460	Port Vila	VUT	
3460	Samarkand	UZB	
3460	Suva	FJI	
3460	Tabiteuea North	KIR	
3460	Tarawa-Bonriki	KIR	
3460	Tashkent	UZB	
3460	Uralsk	KAZ	
3461	RDARA 7F 9C 12E 12F 12G 12H 14		
3461	VOLMET NCA		
3461	Adelaide	AUS	
3461	Alice Springs	AUS	
3461	Bali-Banjarmasin	INS	
3461	Benguela	AGL	
3461	Blagoveschensk	RUS	
3461	Brisbane	AUS	
3461	Broken Hill	AUS	
3461	Bundaberg	AUS	
3461	Cairns	AUS	
3461	Carnarvon	AUS	
3461	Ceduna	AUS	
3461	Charleville	AUS	
3461	Chulman	RUS	
3461	Darwin	AUS	
3461	Derby	AUS	
3461	Dundo	AGL	
3461	Ekimchan	RUS	
3461	Geraldton	AUS	
3461	Irkutsk	RUS	
3461	Jedinka	RUS	
3461	Kalgoorlie	AUS	
3461	Kununurra	AUS	
3461	Leigh Creek South	AUS	
3461	Luanda	AGL	
3461	Luena	AGL	
3461	Meekatharra	AUS	
3461	Melbourne	AUS	
3461	Mildura	AUS	
3461	Moscow	RUS	V H25 H55
3461	Mount Isa	AUS	
3461	Perth	AUS	
3461	Port Hedland	AUS	
3461	Riga	LVA	
3461	Sydney	AUS	
3461	Townsville	AUS	
3461	Vladivostok	RUS	
3464	RDARA 1C 6G 12C 13K		
3464	Esbjerg	DNK	Heliport
3464	Juan de Nova	REU	
3464	Saint Denis	REU	
3464	Tromelin Is.	REU	
3467	MWARA AFI/MID/SP		
3467	RDARA 10B 13D		
3467	Abadan	IRN	
3467	Addis Ababa	ETH	
3467	Aden	YEM	
3467	Al-Gaidah	YEM	
3467	Almaty	KAZ	
3467	Antananarivo	MDG	
3467	Arauca	CLM	
3467	Ashkhabad	TKM	
3467	Auckland	NZL	
3467	Bahia Solano	CLM	
3467	Benghazi	LBY	
3467	Bishkek	KGZ	
3467	Bogota	CLM	
3467	Bombay	IND	
3467	Brisbane	AUS	
3467	Buenaventura	CLM	
3467	Bujumbura	BDI	
3467	Cairo	EGY	
3467	Cali	CLM	
3467	Cartagena	CLM	
3467	Cocos Island	ICO	

3467	Dar Es Salaam	TZA	
3467	Delhi	IND	
3467	Dushanbe	TJA	
3467	Entebbe	UGA	
3467	Hargeisa	SOM	
3467	Honolulu	HWA	
3467	Johannesburg	AFS	
3467	Kabul	AFG	
3467	Kandahar	PAK	
3467	Karachi	PAK	
3467	Kathmandu	NPL	
3467	Khartoum	SDN	
3467	Kigali	RRW	
3467	Kuwait	KWT	
3467	Lahore	PAK	
3467	Leguizamo	CLM	
3467	Leticia	CLM	
3467	Lord Howe Island	AUS	
3467	Male	MLD	
3467	Matamoros	MEX	
3467	Mauritius	MAU	
3467	Medellin	CLM	
3467	Merida	MEX	
3467	Mexico City	MEX	
3467	Mogadishu	SOM	
3467	Moroni	COM	
3467	Muscat	OMA	
3467	Nadi	FJI	
3467	Nairobi	KEN	
3467	Odessa	UKR	
3467	Papeete	OCE	
3467	Pascua-Mataveri	PAQ	
3467	Perth	AUS	
3467	Port Vila	VUT	
3467	Rarotonga	CKN	
3467	Riyan-Mukalla	YEM	
3467	Samarkand	UZB	
3467	Seychelles	SEY	
3467	St.Denis-Gillot	REU	
3467	Sydney	AUS	
3467	Tashkent	UZB	
3467	Tbilisi	GEO	
3467	Teheran	IRN	
3467	Tripoli	LBY	
3467	Urumqi	CHN	
3467	Wallis-Hihifo	WAL	
3467	Yerevan	ARM	
3470	MWARA SEA		
3470	RDARA 1C 10A 13G		
3470	Bali-Banjarmasin	INS	
3470	Bangkok	THA	
3470	Bethel	ALS	LDOC
3470	Calcutta	IND	
3470	Chennai	IND	
3470	Cocos Island	ICO	
3470	Colombo	SLK	
3470	Darwin	AUS	
3470	Dhaka	BGD	
3470	Guangzhou	CHN	
3470	Guilin	CHN	
3470	Jakarta	INS	
3470	Kathmandu	NPL	
3470	Kuala Lumpur	MLA	
3470	Kunming	CHN	
3470	Madras	IND	
3470	Male	MLD	
3470	Manaus	B	
3470	Manila	PHL	
3470	Medan	INS	
3470	Perth	AUS	
3470	Rangoon/Yangon	BRM	
3470	Singapore	SNG	
3470	Stavanger	NOR	Air Force
3470	Trivandrum	IND	
3470	Ujung Pandang	INS	
3470	Xichang	CHN	
3473	MWARA MID		
3473	RDARA 1B 6C 10E 13C		
3473	Aktyubinsk	KAZ	
3473	Almaty	KAZ	
3473	Amsterdam	HOL	Heliport
3473	Bishkek	KGZ	
3473	Dallas	USA	Rockwell
3473	Dushanbe	TJA	
3473	Moscow	RUS	
3473	Samara	RUS	
3473	Stavanger	NOR	Heliport
3473	Tashkent	UZB	
3476	MWARA AFI/INO/NAT-F		
3476	RDARA 9B 13F		
3476	Antananarivo	MDG	
3476	Beira	MOZ	
3476	Bombay	IND	
3476	Cocos Island	ICO	
3476	Colombo	SLK	
3476	Dar Es Salaam	TZA	
3476	Gander	CAN	
3476	Harare	ZWE	
3476	Jeddah	ARS	
3476	Johannesburg	AFS	
3476	Kigali	RRW	
3476	Lilongwe	MWI	
3476	Lusaka	ZMB	
3476	Madras	IND	
3476	Mahajanga-Amborovy	MDG	
3476	Male	MLD	
3476	Mauritius	MAU	
3476	Medan	INS	
3476	Moroni	COM	
3476	Nairobi	KEN	
3476	New York	USA	
3476	Perth	AUS	
3476	Sainte Denis-Gillot	MDG	
3476	Santa Maria	AZR	
3476	Santiago de Chile	CHL	
3476	Seychelles	SEY	
3476	Shanwick	IRL	
3476	St.Denis-Gillot	REU	
3476	Toamasina	MDG	
3479	MWARA EUR/SAM		
3479	RDARA 6A 6B 14		
3479	Arkhangelsk	RUS	
3479	Asuncion	PRG	
3479	Athinai	GRC	
3479	Beirut	LBN	
3479	Belem	B	
3479	Bogota	CLM	
3479	Brasilia	B	

3479	Brisbane	AUS	
3479	Buenos Aires-Ezeiza	ARG	
3479	Campo Grande	B	
3479	Caracas-Maiquetia	VEN	
3479	Cayenne	GUF	
3479	Curitiba	B	
3479	Darwin	AUS	
3479	Georgetown	GUY	
3479	Iquitos	PRU	
3479	Kiev	UKR	
3479	La Paz	BOL	
3479	Leticia	CLM	
3479	Lima	PRU	
3479	Lvov	UKR	
3479	Malta	MLT	
3479	Manaus	B	
3479	Minsk	BLR	
3479	Montevideo-Carrasco	URG	
3479	Moscow	RUS	
3479	Murmansk	RUS	
3479	Nicosia	CYP	
3479	Odessa	UKR	
3479	Panama City	PNR	
3479	Paramaribo	SUR	
3479	Port of Spain-Piarco	TRD	
3479	Porto Alegre	B	
3479	Porto Velho	B	
3479	Recife	B	
3479	Resistencia	ARG	
3479	Riga	LVA	
3479	Rio de Janeiro	B	
3479	Salvador	B	
3479	Sankt Petersburg	RUS	
3479	Santa Cruz-Vira Viru	BOL	
3479	Sao Paulo-Congonhas	B	
3479	Simferopol	UKR	
3479	Sofia	BUL	
3479	Syktyvkar	RUS	
3479	Townsville	AUS	
3479	Tunis	TUN	
3479	Velikye Luki	RUS	
3479	Vilnius	LTU	
3479	Vologda	RUS	
3480	Cel'abinsk	RUS	
3481	Auckland	NZL	
3481	Chatham Island	NZL	
3481	Christchurch	NZL	
3481	Dunedin	NZL	
3481	Gisborne	NZL	
3481	Hokitika	NZL	
3481	Invercargill	NZL	
3481	Milford Sound	NZL	
3481	Moroni	COM	
3481	New Plymouth	NZL	
3481	Queenstown	NZL	
3481	Rotorua	NZL	
3481	Timaru	NZL	
3482	RDARA 5D 6G		
3482	Bassein	BRM	
3482	Rangoon/Yangon	BRM	
3482	Sandoway	BRM	
3482	Sittwe	BRM	
3485	MWARA EA/SEA		
3485	RDARA 7E 13H		
3485	VOLMET NAT		
3485	Bahia Blanca	ARG	
3485	Bali-Banjarmasin	INS	
3485	Bangkok	THA	
3485	Comodoro Rivadavia	ARG	
3485	Gander	CAN	V H20 H54
3485	Guangzhou	CHN	
3485	Hanoi	VTN	
3485	Hochiminh	VTN	
3485	Hong Kong	CHN	
3485	Irkutsk	RUS	
3485	Jakarta	INS	
3485	Kota Kinabalu	MLA	
3485	Kuala Lumpur	MLA	
3485	Manila	PHL	
3485	New York	USA	V H00 H30
3485	Pyongyang	KRE	
3485	Rio Gallegos	ARG	
3485	Rio Grande	ARG	
3485	Santa Cruz	ARG	
3485	Seoul	KOR	
3485	Singapore	SNG	
3485	Tokyo	J	
3485	Trelew/Almirante Zar	ARG	
3485	Ulan Bator	MNG	
3485	Vientiane	LAO	
3488	RDARA 1B 5B 6B 10B 12E-H 14B 14F		
3488	Arauca	CLM	
3488	Armenia	CLM	
3488	Bahia Solano	CLM	
3488	Barrancabermeja	CLM	
3488	Barranquilla	CLM	
3488	Beccles	G	Heliport
3488	Benito Salas	CLM	
3488	Bogota	CLM	
3488	Bucaramanga	CLM	
3488	Buenaventura	CLM	
3488	Busan	KOR	
3488	Cali	CLM	
3488	Carepa	CLM	
3488	Cartagena	CLM	
3488	Condoto-Mandinga	CLM	
3488	Corozal-Las Brujas	CLM	
3488	Cucuta	CLM	
3488	Daegu	KOR	
3488	Eddontenajon	CAN	
3488	El Banco	CLM	
3488	El Carano	CLM	
3488	Florencia	CLM	
3488	Fukuoka	J	
3488	Girardot-Santiago Vila	CLM	
3488	Great Yarmouth	G	Heliport
3488	Guapi	CLM	
3488	Gunsan	KOR	
3488	Gustavo Artunduaga	CLM	
3488	Ibague-Perales	CLM	
3488	Ipales-San Luis	CLM	
3488	Jose Maria Cordova	CLM	
3488	Kirensk	RUS	
3488	La Mina	CLM	
3488	Leticia	CLM	
3488	Los Cedros	CLM	
3488	Madrid	CLM	
3488	Magangue	CLM	

3488	Maicao-Carrejon	CLM	
3488	Manizales-La Nubia	CLM	
3488	Medellin-Rionegro	CLM	
3488	Mitu	CLM	
3488	Monteria	CLM	
3488	Montreal	CAN	
3488	Neiva	CLM	
3488	Ocana	CLM	
3488	Otu	CLM	
3488	Pasto	CLM	
3488	Pereira	CLM	
3488	Pitalito	CLM	
3488	Playa Herrera	CLM	
3488	Popayan	CLM	
3488	Puerto Asis	CLM	
3488	Puerto Carreno	CLM	
3488	Puerto Leguizamo	CLM	
3488	Quibdo	CLM	
3488	Rafael Nunez	CLM	
3488	Richmond	CAN	
3488	Riohacha	CLM	
3488	San Jose Guaviare	CLM	
3488	San Vicente Caguan	CLM	
3488	Santa Marta	CLM	
3488	Seoul	KOR	
3488	Stewart	CAN	
3488	Tame	CLM	
3488	Teheran	IRN	
3488	Tokyo	J	
3488	Trinidad	CLM	
3488	Tumaco-La Florida	CLM	
3488	Turbo-Gonzalo Mejia	CLM	
3488	Valledupar	CLM	
3488	Velasquez	CLM	
3488	Villavicencia	CLM	
3488	Vitim	RUS	
3491	MWARA EA		
3491	RDARA 1E 4A 10C 13E		
3491	Adrar/Touat	ALG	
3491	Aktyubinsk	KAZ	
3491	Almaty	KAZ	
3491	Annaba	ALG	
3491	Batna	ALG	
3491	Bechar	ALG	
3491	Biskra	ALG	
3491	Bordj Badji	ALG	
3491	Brentwood	CAN	
3491	Calcutta	IND	
3491	Constantine	ALG	
3491	Dhaka	BGD	
3491	Djanet-Tiska	ALG	
3491	El Golea	ALG	
3491	El Oued-Guemar	ALG	
3491	Ghardaia-Noumerate	ALG	
3491	Guilin	CHN	
3491	Hailar	CHN	
3491	Hassi-Messaoud	ALG	
3491	In Amenas	ALG	
3491	In Salah	ALG	
3491	Kirensk	RUS	
3491	Kzyl-Orda	KAZ	
3491	Mascara	ALG	
3491	Oran	ALG	
3491	Ouargla	ALG	

3491	Samara	RUS	
3491	Tamanrasset	ALG	
3491	Tashkent	UZB	
3491	Tbilisi	GEO	
3491	Tebessa	ALG	
3491	Timimoun	ALG	
3491	Tindouf	ALG	
3491	Touggourt-Sidi Mahdi	ALG	
3491	Uralsk	KAZ	
3491	Victoria	CAN	
3491	Vitim	RUS	
3494	LDOC W2		
3494	Houston	USA	LDOC
3494	New York	USA	LDOC
3494	San Juan	PTR	LDOC
3495	Yerevan	ARM	
3497	LDOC W2		
3497	Agartala	IND	
3497	Agha Jari	IRN	
3497	Baghdogra	IND	
3497	Bucarest	ROU	LDOC
3497	Calcutta	IND	
3497	Calcutta	IND	
3497	Dibrugarh	IND	
3497	La Valetta	MLT	LDOC
3497	Praha	CZE	LDOC
3497	Silchar-Kumbhirgram	IND	
3512	Royal Air Force	G	Kanal: QB
3518	Sampit	INS	
3523	Hamada	LBY	
3526	Tachilek	BRM	
3604	Pendoro	INS	
3608	Basco	PHL	
3608	Laoang	PHL	
3644	Gahani	LBY	
3644	Tagrift	LBY	
3650	Agha Jari	IRN	
3650	Ahvaz	IRN	
3650	Gach Saran	IRN	
3650	Khark	IRN	
3650	Masjed Soleiman	IRN	
3665	Chisinau	MDO	
3671	Davao	PHL	
3682	Harare	ZWE	
3725	San Domingo	VEN	
3756	Malala	INS	
3763	Royal Air Force	G	Kanal: ZF
3787	Puerto Montt	CHL	
	3800 kHz bis 3950 kHz Off-Route		
3800	Baghdad	IRQ	
3805	Royal Air Force	G	Kanal: KJ 04
3811	Schleswig	D	Luftwaffe
3815	Pilangkaraya	INS	
3821	US Air Force	USA	Kanal: F435
3822	Dumaguete	PHL	
3834	Legazpi	PHL	
3845	Hochiminh	VTN	
3855	Ketapang	INS	
3855	Putussibau	INS	
3855	Singkawang	INS	
3855	Sintang	INS	
3856	Koksijde	HOL	Rescue
3864	Kinloss	G	Rescue
3864	Royal Air Force	G	Kanal: PR

3865	Bula	INS	
3865	Koksijde	BEL	Air Force
3867	Royal Air Force	G	Kanal: KD
3872	Bacolod	PHL	
3872	Lapu-Lapu	PHL	
3879	Lyon-Rambert	F	Air Force
3903	Bundesluftwaffe	D	Kanal: C
3904	Reykjavik	ISL	LDOC
3905	Irkutsk	RUS	
3906	Ekimchan	RUS	
3906	Jedinka	RUS	
3906	Khabarovsk	RUS	
3906	Vladivostok	RUS	
3915	Royal Air Force	G	Kanal: G
3918	Voronez	RUS	
3921	Amsterdam	HOL	LDOC
3924	Royal Air Force	G	Kanal: E
3925	Chita	RUS	
3930	Royal Air Force	G	Kanal: AH
3930	Vitebsk	BLR	
3939	Alcantarilla	E	
3939	Royal Air Force	G	Kanal: AE
3940	Chisinau	MDO	
3942	Kinloss	G	Rescue
3942	Royal Air Force	G	Kanal: HE
3945	Royal Air Force	G	Kanal: BK
3950	Libreville	GAB	LDOC
3990	Saipan	CAR	LDOC
4000	Lampedusa	I	Air Force
4005	Moroni	COM	
4012	Royal Air Force	G	Kanal: Kilo 36
4020	Royal Air Force	G	Kanal: Kilo 06
4020	Tirana	ALB	
4042	Royal Air Force	G	Kanal: AW
4045	San Domingo	VEN	
4050	Kure Island	MDW	
4050	La Sarre	CAN	
4050	La Tabatiere	CAN	
4050	Lac Cache	CAN	
4050	Lac Rapides	CAN	
4050	Matagami	CAN	
4050	Senneterre	CAN	
4058	Maseru-Moshoeshoe	LSO	
4058	Mokhotlong	LSO	
4058	Qacha's Nek	LSO	
4058	Semonkong	LSO	
4095	Dushanbe	TJA	
4128	London Watchdog	G	Nordsee
4212	Tbilisi	GEO	
4223	Byrd Surface Camp	ANT	USN
4223	McMurdo Station	ANT	USN
4223	South Pole Station	ANT	
4390	Pyongyang	KRE	
4421	Air National Guard	USA	USAF
4426	New Orleans	USA	USCG
4440	Bharatpur	NPL	
4441	Atikokan	CAN	
4442	US Air Force	USA	Kanal: F499
4448	US Coast Guard	USA	Kanal: 3A4
4450	Bharatpur	NPL	
4451	Baracoa	CUB	
4451	Bayamo	CUB	
4451	Guantanamo	CUB	
4451	Holguin	CUB	
4451	Magangue	CUB	
4451	Maisi	CUB	
4451	Manzanillo	CUB	
4451	Moa	CUB	
4451	Santiago de Cuba	CUB	
4452	US Air Force	USA	Kanal: F758
4454	Zamboanga	PHL	
4464	Civil Air Patrol	USA	USAF
4465	Blagoveschensk	RUS	
4465	Khabarovsk	RUS	
4465	Vladivostok	RUS	
4466	Civil Air Patrol	USA	USAF
4468	Civil Air Patrol	USA	USAF
4472	US Air Force	USA	Kanal: Z130
4477	Royal Air Force	G	Kanal: Kilo 30
4478	Air National Guard	USA	USAF
4478	Royal Air Force	G	Kanal: 401C
4484	Royal Air Force	G	Kanal: KR
4488	US Air Force	USA	Kanal: F614
4490	Marambio Base	ANT	
4490	US Air Force	USA	Kanal: F700
4495	Lhok Sukon	INS	
4495	Rutenga Satartacik	INS	
4495	Tapaktuan-Teuku	INS	
4495	US Air Force	USA	Kanal: Z125
4504	Civil Air Patrol	USA	USAF
4507	Civil Air Patrol	USA	USAF
4520	Royal Air Force	G	Kanal: Kilo 05
4524	US Air Force	USA	Kanal: F906
4540	Royal Air Force	G	Kanal: UT
4542	NATO AWACS	D	Kanal: NE
4550	Belfast	IRL	Heliport
4553	Evans Head	AUS	Air Force
4555	Kerinci	INS	
4555	Muko Muko	INS	
4572	Royal Air Force	G	Kanal: Golf 08
4575	Sumenep	INS	
4576	Goroka	PNG	
4582	Civil Air Patrol	USA	USAF
4599	Civil Air Patrol	USA	USAF
4602	Civil Air Patrol	USA	USAF
4610	Buffalo Narrows	CAN	
4610	US Air Force	USA	Kanal: F463
4627	Civil Air Patrol	USA	USAF
4638	Athinai	GRC	
4638	Sanaa	YEM	
4645	King Salmon	ALS	Amoco
4645	Tallinn	EST	ATIS H20/H50
4645	US Air Force	USA	Kanal: F516
	4650 kHz bis 4700 kHz Route		
4651	RDARA 1D 6C 6G 10B 10E 13E 13F		
4651	Antofagasta	CHL	
4651	Arica	CHL	
4651	Beograd	SER	
4651	Breevort Island	CAN	
4651	Bucarest	ROU	
4651	Burns Lake	CAN	
4651	Gander	CAN	
4651	Goose Bay	CAN	
4651	Iqaluit	CAN	
4651	Iquique	CHL	
4651	Laval	CAN	
4651	Resolute Bay	CAN	
4651	Santiago de Chile	CHL	

4651	Sofia	BUL	
4651	St.John's	CAN	
4651	Valparaiso	CHL	
4651	Vancouver	CAN	
4654	LDOC W1 W2		
4654	Helsinki	FIN	LDOC
4654	Madrid	E	LDOC
4657	MWARA AFI/CEP		
4657	RDARA 2A 2C 3B 6A 6E 13H		
4657	Algiers	ALG	
4657	Antananarivo	MDG	
4657	Bahia Blanca	ARG	
4657	Beira	MOZ	
4657	Comodoro Rivadavia	ARG	
4657	In Amenas	ALG	
4657	Lilongwe	MWI	
4657	Mahajanga-Amborovy	MDG	
4657	Majunga	MDG	
4657	Maputo	MOZ	
4657	Moroni	COM	
4657	Rio Grande	ARG	
4657	Seychelles	SEY	
4657	Tamanrasset	ALG	
4657	Tamatave	MDG	
4657	Toamasina	MDG	
4660	RDARA 2B 2C 9B 10C 13D 13M		
4660	Gomel	BLR	
4660	Minsk	BLR	
4660	Port Moresby	PNG	
4660	Vitebsk	BLR	
4663	RDARA 6G 10F 13E 13F 13K		
4663	VOLMET NCA		
4663	Belem	B	
4663	Brasilia	B	
4663	Campo Grande	B	
4663	Corumba	B	
4663	Cuiaba	B	
4663	Egedesminde	GRL	
4663	Frederikshab	GRL	
4663	Holsteinsborg	GRL	
4663	Jakobshavn	GRL	
4663	Julianehaab	GRL	
4663	Khabarovsk	RUS	V H05 H35
4663	Kiev	UKR	V H15 H45
4663	Manaus	B	
4663	Moscow	RUS	V H25 H55
4663	Narsarsuaq	GRL	
4663	Novosibirsk	RUS	V H20 H50
4663	Nuuk	GRL	
4663	Porto Velho	B	
4663	Recife	B	
4663	Rio de Janeiro	B	
4663	Salvador	B	
4663	Santarem	B	
4663	Santiago de Chile	CHL	
4663	Sao Paulo-Congonhas	B	
4663	Sondre Stromfjord	GRL	
4663	Tashkent	UZB	V H10 H40
4663	Tucurui	B	
4666	MWARA CWP		
4666	RDARA 1C 10B 10D 10E		
4666	Bodö	NOR	
4666	Fukuoka	J	
4666	Guam	GUM	
4666	Hong Kong	CHN	
4666	Honolulu	HWA	
4666	Hopen	SVB	
4666	Manila	PHL	
4666	Naha	J	
4666	North Bay	CAN	
4666	Ottawa	CAN	
4666	Port Moresby	PNG	
4666	Seoul	KOR	
4666	Svalbard	SVB	
4666	Sydney	AUS	LDOC
4666	Taipei	TWN	
4666	Tokyo	J	
4668	Hat Yai	THA	
4668	Miami	USA	
4668	Narathiwat	THA	
4668	Nome	ALS	
4668	Pattani	THA	
4668	Phuket	THA	
4668	Trang	THA	
4669	MWARA MID/SAM		
4669	RDARA 6G 10C 10D		
4669	Aden	YEM	
4669	Aktyubinsk	KAZ	
4669	Almaty	KAZ	
4669	Amman	JOR	
4669	Ankara	TUR	
4669	Antofagasta	CHL	
4669	Aralsk	KAZ	
4669	Arica	CHL	
4669	Ashkhabad	TKM	
4669	Asuncion	PRG	
4669	Baghdad	IRQ	
4669	Bahrain	BHR	
4669	Baltra-Galapagos	EQA	
4669	Barranquilla	CLM	
4669	Basrah	IRQ	
4669	Beirut	LBN	
4669	Bishkek	KGZ	
4669	Bogota	CLM	
4669	Buenos Aires-Ezeiza	ARG	
4669	Cairo	EGY	
4669	Cali	CLM	
4669	Caracas-Maiquetia	VEN	
4669	Comodoro Rivadavia	ARG	
4669	Concepcion	CHL	
4669	Cordoba	ARG	
4669	Damascus	SYR	
4669	Dushanbe	TJA	
4669	Guayaquil-Bolivar	EQA	
4669	Jeddah	ARS	
4669	Kuwait	KWT	
4669	Kzyl-Orda	KAZ	
4669	La Paz	BOL	
4669	Lima	PRU	
4669	Mendoza	ARG	
4669	Moscow	RUS	
4669	Odessa	UKR	
4669	Panama City	PNR	
4669	Pascua-Mataveri	PAQ	
4669	Prince Rupert	CAN	
4669	Puerto Montt	CHL	
4669	Punta Arenas	CHL	
4669	Quito	EQA	

4669	Resistencia	ARG	
4669	Salta	ARG	
4669	Samara	RUS	
4669	Samarkand	UZB	
4669	San Carlos Bariloche	ARG	
4669	Sanaa	YEM	
4669	Santa Cruz-Vira Viru	BOL	
4669	Santiago de Chile	CHL	
4669	Simferopol	UKR	
4669	Talara	PRU	
4669	Tashkent	UZB	
4669	Tbilisi	GEO	
4669	Teheran	IRN	
4669	Thunder Bay	CAN	
4669	Uralsk	KAZ	
4669	Ushuaia	ARG	
4669	Yerevan	ARM	
4672	RDARA 2A 2B 3A 4A 6G 11B 13K		
4672	Adrar/Touat	ALG	
4672	Annaba	ALG	
4672	Arkhangelsk	RUS	
4672	Batna	ALG	
4672	Bechar	ALG	
4672	Biskra	ALG	
4672	Bordj Badji	ALG	
4672	Constantine	ALG	
4672	Djanet-Tiska	ALG	
4672	El Golea	ALG	
4672	El Oued-Guemar	ALG	
4672	Ghardaia-Noumerate	ALG	
4672	Hassi-Messaoud	ALG	
4672	In Amenas	ALG	
4672	In Salah	ALG	
4672	Kotlas	RUS	
4672	Mascara	ALG	
4672	Minsk	BLR	
4672	Murmansk	RUS	
4672	Oran	ALG	
4672	Ouargla	ALG	
4672	Pechora	RUS	
4672	Petrozavodsk	RUS	
4672	Sankt Petersburg	RUS	
4672	Syktyvkar	RUS	
4672	Tamanrasset	ALG	
4672	Tebessa	ALG	
4672	Timimoun	ALG	
4672	Tindouf	ALG	
4672	Touggourt-Sidi Mahdi	ALG	
4672	Ukhta	RUS	
4672	Velikye Luki	RUS	
4672	Vjatka	RUS	
4672	Vologda	RUS	
4675	MWARA NAT-D		
4675	RDARA 6A 6E 9C 13G		
4675	Arctic Radio	CAN	
4675	Baffin Radio	CAN	
4675	Bodö	NOR	
4675	Catamarca	ARG	
4675	Churchill	CAN	
4675	Comodoro Rivadavia	ARG	V H30
4675	Cordoba	ARG	
4675	Dallas	USA	Rockwell
4675	Formosa	ARG	
4675	Gander	CAN	
4675	Haulbowline	IRL	
4675	Iceland Radio	ISL	
4675	Mendoza	ARG	
4675	Monte Caseros	ARG	
4675	Montreal	CAN	
4675	Resistencia	ARG	V H20 H50
4675	Resolute Bay	CAN	
4675	Salta	ARG	
4675	Santiago Estero	ARG	
4675	Shanwick	IRL	
4675	Sondre Stromfjord	GRL	
4675	Sudbury	CAN	
4675	Tucuman	ARG	
4678	MWARA NCA		
4678	RDARA 10D 13I 14A 14G		
4678	Adelaide	AUS	
4678	Artigas	URG	
4678	Barnaul	RUS	
4678	Chanty-Mansijsk	RUS	
4678	Dubbo	AUS	
4678	Irkutsk	RUS	
4678	Jenisej	RUS	
4678	Kirensk	RUS	
4678	Kolpashevo	RUS	
4678	Krasnoyarsk	RUS	
4678	Melbourne	AUS	
4678	Melo	URG	
4678	Mildura	AUS	
4678	Montevideo-Carrasco	URG	
4678	Novosibirsk	RUS	
4678	Paysandu	URG	
4678	Podkamennaja	RUS	
4678	Rivera	URG	
4678	Surgut	RUS	
4678	Sydney	AUS	
4678	Treinta y Tres	URG	
4678	Yeniseysk	RUS	
4681	RDARA 2B 2C 3B 10B 12E		
4681	Armavir	RUS	
4681	Ashkhabad	TKM	
4681	Fort Nelson	CAN	
4681	Gomel	BLR	
4681	Karakalinsk	RUS	
4681	Kasatka	RUS	
4681	Minsk	BLR	
4681	Prince Rupert	CAN	
4681	Seal Cove	CAN	
4681	Ust-Kamcatsk	RUS	
4681	Vancouver	CAN	
4681	Williams Lake	CAN	
4682	Adana	TUR	
4682	Ankara	TUR	
4682	Antalya	TUR	
4682	Bandirma	TUR	
4682	Dallas	USA	Rockwell
4682	Istanbul	TUR	
4682	Izmir	TUR	
4684	RDARA 3A 3C 10E 13J 14B 14C		
4684	Baskatong Lake	CAN	
4684	Brasilia	B	
4684	Carnarvon	AUS	
4684	Cartwright	CAN	
4684	Cesar Lake	CAN	
4684	Clearwater	CAN	

4684	Geraldton	AUS	
4684	Goose Bay	CAN	
4684	Halifax	CAN	
4684	Hessey Lake	CAN	
4684	Hopedale	CAN	
4684	Kalgoorlie	AUS	
4684	Lac Tortour	CAN	
4684	Meekatharra	AUS	
4684	Novosibirsk	RUS	
4684	Otter Lake	CAN	
4684	Perth	AUS	
4684	Port Hedland	AUS	
4684	Sao Paulo-Congonhas	B	
4684	St.Anthony	CAN	
4684	St.Laurent	CAN	
4687	LDOC W1 W2 W3		
4687	Amsterdam	HOL	LDOC
4687	Bangkok	THA	LDOC
4687	Bucarest	ROU	LDOC
4687	Colombo	SLK	LDOC
4687	La Valetta	MLT	LDOC
4687	Rangoon/Yangon	BRM	LDOC
4687	Seoul	KOR	LDOC
4687	Sydney	AUS	LDOC
4687	Tokyo	J	LDOC
4687	Warsaw	POL	LDOC
4688	Bishkek	KGZ	
4690	RDARA 2A 2B 3A 6G 10B 13M		
4690	Cluff Lake	CAN	
4690	Prince Albert	CAN	
4690	Saskatoon	CAN	
4693	RDARA 2B 2C 3 10B 12C 13I 14D		
4693	Adelaide	AUS	
4693	Alice Springs	AUS	
4693	Artigas	URG	
4693	Bella Union	URG	
4693	Broken Hill	AUS	
4693	Ceduna	AUS	
4693	Guadalajara	MEX	
4693	Leigh Creek South	AUS	
4693	Melbourne	AUS	
4693	Melo	URG	
4693	Mercedes	URG	
4693	Mexicali	MEX	
4693	Mexico City	MEX	
4693	Mildura	AUS	
4693	Monterrey	MEX	
4693	Montevideo-Carrasco	URG	
4693	Paysandu	URG	
4693	Rivera	URG	
4693	Salto	URG	
4693	Sydney	AUS	
4693	Tampico	MEX	
4693	Tijuana	MEX	
4696	RDARA 2 6G 9 10 13J		
4696	Aktyubinsk	KAZ	
4696	Almaty	KAZ	
4696	Aralsk	KAZ	
4696	Auckland	NZL	
4696	Bukhara	UZB	
4696	Cali	CLM	
4696	Christchurch	NZL	
4696	Guayaquil-Bolivar	EQA	
4696	Kzyl-Orda	KAZ	

4696	Lima	PRU	
4696	Magadan	RUS	
4696	Quito	EQA	
4696	Santiago de Chile	CHL	
4696	Semipalatinsk	KAZ	
4696	Ust-Kamenogorsk	KAZ	
	4700 kHz bis 4750 kHz Off-Route		
4702	Karup	DNK	Air Force
4703	Auckland	NZL	Air Force
4703	Edmonton	CAN	MACS
4703	Manaus	B	Air Force
4703	Natal	B	Air Force
4703	Ohakea	NZL	Air Force
4703	Recife	B	Air Force
4703	Rio de Janeiro	B	Air Force
4703	Salvador	B	Air Force
4703	Sao Paulo-Congonhas	B	Air Force
4703	St.John's	CAN	MACS
4703	Trenton	CAN	MACS
4703	Waterkloof	AFS	Air Force
4703	Whenuapai	NZL	Air Force
4706	Royal Air Force	G	Kanal: D
4709	Royal Air Force	G	Kanal: TW
4709	Wilhelmshaven	D	Bundesmarine
4710	Beograd	SER	LDOC
4710	Tegucigalpa	HND	V H50
4710	Tel Aviv	ISR	LDOC
4711	Yerevan	ARM	
4712	Chelyabinsk	RUS	
4712	Kiev	UKR	
4712	Kirovohrad	UKR	
4712	Kolpashevo	RUS	
4712	Koltsovo	RUS	
4712	Krasnodar	RUS	
4712	Krasnoyarsk	RUS	
4712	Lvov	UKR	
4712	Magadan	RUS	
4712	Makhachkala	RUS	
4712	Mineralnyye-Vody	RUS	
4712	Minsk	BLR	
4712	Mirny	RUS	
4712	Novosibirsk	RUS	
4712	Novy Vasyugan	RUS	
4712	Odessa	UKR	
4712	Omsk	RUS	
4712	Orenburg	RUS	
4712	Pechora	RUS	
4712	Penza	RUS	
4712	Rostov-na-Donu	RUS	
4712	Samara	RUS	
4712	Severouralsk	RUS	
4712	Simferopol	UKR	
4712	Sochi	RUS	
4712	Syktyvkar	RUS	
4712	Tbilisi	GEO	
4712	Ufa	BLR	
4712	Ukhta	RUS	
4712	Uralsk	KAZ	
4712	Vinnytsia	UKR	
4712	Vitebsk	BLR	
4712	Volgograd	RUS	
4712	Yakutsk	RUS	
4712	Yekaterinburg	RUS	
4718	Auckland	NZL	

4718	Byrd Surface Camp	ANT	USN
4718	McMurdo Station	ANT	
4718	Royal Air Force	G	Kanal: KJ
4718	Siple Station	ANT	
4718	South Pole Station	ANT	
4720	NATO AWACS	D	Kanal: NF
4720	Tilichiki	RUS	
4721	Bundesluftwaffe	D	Kanal: D
4721	US Air Force	USA	Kanal: F877
4724	Andersen AFB	GUM	GHFS
4724	Andrews AFB	USA	GHFS
4724	Augusta	I	Air Force
4724	Brindisi	I	Air Force
4724	Cagliari	I	Air Force
4724	Croughton	G	GHFS
4724	Elmendorf AFB	ALS	GHFS
4724	Hickam AB	HWA	GHFS
4724	Incirlik AB	TUR	GHFS
4724	McClellan AFB	USA	GHFS
4724	Offutt AFB	USA	GHFS
4724	Roma-Ciampino	I	Air Force
4724	Royal Air Force	G	Kanal: UA
4724	Salinas AB	PTR	GHFS
4724	Thule AB	GRL	GHFS
4724	Yokota AB	J	GHFS
4728	Aktyubinsk	KAZ	
4728	Aldan	RUS	
4728	Almaty	KAZ	
4728	Arkhangelsk	RUS	
4728	Ashkhabad	TKM	
4728	Bodaybo	RUS	
4728	Brussels	BEL	Air Force
4728	Chita	RUS	
4728	Chulman	RUS	
4728	Dashkhovuz	RUS	
4728	Dushanbe	TJA	
4728	Irkutsk	RUS	
4728	Kirensk	RUS	
4728	Krasnovodsk	TKM	
4728	Melsbroek	BEL	Air Force
4728	Mirny	RUS	
4728	Olekminsk	RUS	
4728	Samarkand	UZB	
4728	Sankt Petersburg	RUS	
4728	Stavanger	NOR	Air Force
4728	Tashauz	UZB	
4728	Tashkent	UZB	
4728	Termez	UZB	
4728	Turkmenbashi	TKM	
4728	Ulan Ude	RUS	
4728	Velikye Luki	RUS	
4728	Vitim	RUS	
4728	Vologda	RUS	
4729	Sydney	AUS	Air Force
4730	Stavanger	NOR	
4731	US Air Force	USA	Kanal: F249
4736	Chulman	RUS	
4738	Ceropevets	RUS	
4738	Las Palmas	CNR	
4738	Madrid	E	
4738	Palma de Mallorca	E	
4738	Sankt Petersburg	RUS	
4738	Sevilla	E	
4739	Royal Air Force	G	Kanal: DS
4742	Boulogne	F	
4742	Karup	DNK	Air Force
4742	Mount Pleasant	FLK	V H15
4742	Royal Air Force	G	Kanal: FS
4742	US Air Force	USA	Kanal: F058
4745	Belgian Air Force	BEL	Kanal: YD
4745	Egedesminde	GRL	
4745	Groennedal	GRL	
4745	Julianehaab	GRL	
4745	Kulusuk	GRL	
4745	Maarmorilik	GRL	
4745	Mesters Vig	GRL	
4745	Narsarsuaq	GRL	
4745	Nuuk	GRL	
4745	Quaqortoq	GRL	
4745	Royal Air Force	G	Kanal: AG
4745	Sondre Stromfjord	GRL	
4745	Umanak	GRL	
4745	US Air Force	USA	Kanal: Z135
4749	St.John's	CAN	MACS
4752	St.John's	CAN	MACS
4755	Wilhelmshaven	D	Bundesmarine
4757	US Air Force	USA	Kanal: F734
4758	NATO AWACS	D	Kanal: NH
4760	Air National Guard	USA	USAF
4761	Wilhelmshaven	D	Marine
4763	US Air Force	USA	Kanal: F988
4765	Wilhelmshaven	D	Bundesmarine
4779	Royal Air Force	G	Kanal: Kilo 24
4785	Royal Air Force	G	Kanal: Kilo 22
4807	Portishead Radio	G	LDOC
4815	Ouagadougou	BFA	
4842	Moscow	RUS	Air Force
4850	US Air Force	USA	Kanal: F007
4872	Elmendorf AFB	ALS	NORAD
4872	North Bay	CAN	
4894	US Air Force	USA	Kanal: F555
4895	Berens River	CAN	
4895	Bloodvein River	CAN	
4895	Brochet	CAN	
4895	Cross Lake	CAN	
4895	Gods Lake North	CAN	
4895	Ilford	CAN	
4895	Island Lake	CAN	
4895	Little Grand Rapids	CAN	
4895	Norway House	CAN	
4895	Pikwitonei	CAN	
4895	Red Sucker Lake	CAN	
4895	Shamattawa	CAN	
4895	South Indian Lake	CAN	
4895	Thicket Portage	CAN	
4895	York Landing	CAN	
4898	Anchorage	ALS	
4920	Royal Air Force	G	Kanal: Kilo 09
4940	Rarotonga	CKN	
4942	US Air Force	USA	Kanal: F134
4945	Sudbury	CAN	
4982	Blue Sea Lake	CAN	
4982	US Air Force	USA	Kanal: F197
4992	US Air Force	USA	Kanal: F417
5010	Taipei-Chiayi	TWN	V H07
5018	Padua	I	Air Force
5026	US Air Force	USA	Kanal: F452
5043	US Air Force	USA	Kanal: F350

5045	Royal Air Force	G	Kanal: Kilo 31
5050	Sanaa	YEM	
5062	Cauayan	PHL	
5062	Laoang	PHL	
5078	US Air Force	USA	Kanal: F803
5085	Pendoro	INS	
5095	Kigali	RRW	
5095	Royal Air Force	G	Kanal: PK
5100	Aden	YEM	
5100	Al-Gaidah	YEM	
5152	US Air Force	USA	Kanal: F486
5168	Dolbeau	CAN	
5173	Royal Air Force	G	Kanal: Kilo 10
5178	Royal Air Force	G	Kanal: RE
5180	Nairobi	KEN	Air Force
5188	Muko Muko	INS	
5188	Sibolga Pinang Sori	INS	
5188	Tabing	INS	
5188	Tanjung Balai-Karimun	INS	
5190	Cape Radio	USA	NASA
5205	Airai-Babelthuap	KIR	Rescue
5205	Bacolod	PHL	
5205	Cagayan de Oro	PHL	
5205	Caticlan	PHL	
5205	Dumaguete	PHL	
5205	Iloilo	PHL	
5205	Koror-Babelthuap	CAR	Rescue
5205	Kosrae	KIR	Rescue
5205	Lapu-Lapu	PHL	
5205	Majuro	MRS	Rescue
5205	Majuro-Dalap	CAR	Rescue
5205	Pohnpei	KIR	Rescue
5205	Ponape	CAR	Rescue
5205	Saipan	GUM	
5205	Tacloban	PHL	
5205	Truk-Weno	CAR	Rescue
5205	Ulithi	KIR	Rescue
5205	Yap	CAR	Rescue
5215	Camaguey	CUB	
5215	Santiago de Cuba	CUB	
5224	Moscow	RUS	Air Force
5245	Santo Domingo	DOM	
5250	Chulman	RUS	
5250	Pechora	RUS	
5270	Royal Air Force	G	Kanal: MC
5272	US Coast Guard	USA	Kanal: 3E6
5275	Fort Saint James	CAN	
5277	Royal Air Force	G	Kanal: Kilo 11
5280	Puerto Montt	CHL	V H20
5280	Royal Air Force	G	Kanal: KJ 07
5281	Rea Point	CAN	
5290	Royal Air Force	G	Kanal: Kilo 12
5293	Evans Head	AUS	Air Force
5295	Big Gun	GRL	
5295	Red River	GRL	
5295	Sob Story	GRL	
5297	Elmendorf AFB	ALS	NORAD
5297	North Bay	CAN	NORAD
5320	Corpus Christi	USA	USCG
5320	Great Lakes Region	USA	USCG
5320	Mobile	USA	USCG
5340	Bunju	IND	
5340	El Oued-Guemar	ALG	
5340	Gorontalo	INS	Air Force
5340	Kendari	INS	Air Force
5340	Palang Kasayu	INS	Air Force
5340	Rutenga Satartacik	INS	
5385	Royal Air Force	G	Kanal: Kilo 33
5390	Alma	CAN	Rescue
5398	US Air Force	USA	Kanal: F248
5400	Agha Jari	IRN	
5400	Ahvaz	IRN	
5400	Chesapeake	USA	USCG
5400	Davis Base	ANT	Navy
5400	Gach Saran	IRN	
5400	Khark	IRN	
5400	Masjed Soleiman	IRN	
5403	Royal Air Force	G	Kanal: XA
5404	US Air Force	USA	Kanal: F540
5411	Rea Point	CAN	
5411	US Air Force	USA	Kanal: F497
5420	Royal Air Force	G	Kanal: KT
5422	US Coast Guard	USA	Kanal: 3A3
5429	US Air Force	USA	Kanal: F136
5430	Alma	CAN	Rescue
5430	Palang Kasayu	INS	
5431	US Air Force	USA	Kanal: F542
5435	US Air Force	USA	Kanal: F226
5436	Royal Air Force	G	Kanal: DA
5437	US Air Force	USA	Kanal: F489
5445	Almaty	KAZ	
5445	Yerevan	ARM	
5447	Clark	PHL	
5447	Legazpi	PHL	
5447	Manila	PHL	
5447	Puerto Princesa	PHL	
5447	Royal Air Force	G	Kanal: L
	5450 kHz bis 5680 kHz Route		
5450	Al Hudaydah	YEM	
5450	Sanaa	YEM	
5451	RDARA 10F 11B 12F 12H 13I 13J		
5451	Artigas	URG	
5451	Bahia Blanca	ARG	
5451	Bella Union	URG	
5451	Colonia	URG	
5451	Comodoro Rivadavia	ARG	
5451	Dallas	USA	Rockwell
5451	Laguna Sauce	URG	
5451	Melo	URG	
5451	Mercedes	URG	
5451	Montevideo-Carrasco	URG	V H15
5451	Paysandu	URG	
5451	Punta del Este	URG	
5451	Rivera	URG	
5451	Salto	URG	
5451	Seattle	USA	Boeing
5451	St.Louis	USA	Boeing
5451	Tacuarembo	URG	
5451	Treinta y Tres	URG	
5454	RDARA 10 12E 13F 13J		
5454	Alto Palena	CHL	
5454	Ancud	CHL	
5454	Anta	PRU	
5454	Arequipa	PRU	
5454	Ayacucho	PRU	
5454	Balmaceda	CHL	
5454	Cajamarca	PRU	
5454	Castro	CHL	

5454	Chaiten	CHL	
5454	Chiclayo	PRU	
5454	Chile Chico	CHL	
5454	Chimbote	PRU	
5454	Cochrane	CHL	
5454	Coyhaique	CHL	
5454	Cuzco	PRU	
5454	Futaleufu	CHL	
5454	Juliaca	PRU	
5454	Lima	PRU	
5454	Lllanada Grande	CHL	
5454	Padre Aldamiz	PRU	
5454	Pisco	PRU	
5454	Piura	PRU	
5454	Puerto Aysen	CHL	
5454	Puerto Maldonado	PRU	
5454	Puerto Montt	CHL	
5454	Quellon	CHL	
5454	Quincemil	PRU	
5454	Santiago de Chile	CHL	
5454	Tacna	PRU	
5454	Talara	PRU	
5454	Tarapoto	PRU	
5454	Trujillo	PRU	
5454	Tumbes	PRU	
5457	RDARA 10C 13N		
5457	Aracatuba	B	
5460	RDARA 10B 10E 12C 13D		
5460	Acapulco	MEX	
5460	Camaguey	CUB	
5460	Chihuahua	MEX	
5460	Cienfuegos	CUB	
5460	Colima	MEX	
5460	Ensenada	MEX	
5460	Holguin	CUB	
5460	Laval	CAN	
5460	Magangue	CUB	
5460	Maisi	CUB	
5460	Manzanillo	CUB	
5460	Manzanillo	MEX	
5460	Matamoros	MEX	
5460	Mexico City	MEX	
5460	Moa	CUB	
5460	Nicaro	CUB	
5460	Nueva Gerona	CUB	
5460	Prince Rupert	CAN	
5460	Puebla	MEX	
5460	Santa Clara	CUB	
5460	Santiago de Cuba	CUB	
5460	Stewart	CAN	
5460	Varadero	CUB	
5461	Nicaro	CUB	
5462	Powell River	CAN	
5463	RDARA 11B 13H 13K 13M		
5463	Auckland	NZL	
5463	Bahia Blanca	ARG	
5463	Comodoro Rivadavia	ARG	
5463	Rio Gallegos	ARG	
5463	Royal Air Force	G	Kanal: Kilo 34
5466	RDARA 10B 13I		
5466	Artigas	URG	
5466	Melo	URG	
5466	Montevideo-Carrasco	URG	
5466	Prince Rupert	CAN	
5466	Stewart	CAN	
5466	Yellowknife	CAN	
5469	RDARA 11B 13G		
5469	Buenos Aires-Ezeiza	ARG	
5469	Camiri	BOL	
5469	Cochabamba	BOL	
5469	Dallas	USA	Rockwell
5469	Gualeguaychu	ARG	
5469	Junin	ARG	
5469	La Paz	BOL	
5469	Los Angeles	USA	Lockheed
5469	Mendoza	ARG	
5469	Parana	ARG	
5469	Rosario	ARG	
5469	Rurrenabaque	BOL	
5469	Seattle	USA	Boeing
5469	St.Louis	USA	Boeing
5469	Sucre	BOL	
5469	Trinidad-Heinrich Arauz	BOL	
5469	Yacuiba	BOL	
5472	RDARA 10A 10D 13H		
5472	Anchorage	ALS	LDOC
5472	Bahia Blanca	ARG	
5472	Bethel	ALS	LDOC
5472	Chugiak	ALS	LDOC
5472	Cold Bay	ALS	
5472	Esquel	ARG	
5472	Fairbanks	ALS	
5472	Gander	CAN	
5472	Juneau	ALS	
5472	Ketchikan	ALS	
5472	King Salmon	ALS	Amoco
5472	Kodiak	ALS	
5472	Nassau Lake	CAN	
5472	Neuquen	ARG	
5472	Nome	ALS	
5472	Resolute Bay	CAN	
5472	Rio Gallegos	ARG	
5472	Saint Jovite	CAN	
5472	Santa Rosa	ARG	
5472	Toronto	CAN	
5472	Trelew/Almirante Zar	ARG	
5475	RDARA 10A 10D 12E 12F 13G		
5475	Cordoba	ARG	V H25
5475	Salta	ARG	V H15 H45
5481	RDARA 12E 12J 13E 13F 13K 14D 14G		
5481	RDARA 2A 2C 4B 6G 7D 9C 10C 10E		
5481	Bigara	MAU	
5481	Edmonton	CAN	
5481	Santiago de Chile	CHL	
5481	Sept Iles	CAN	
5481	Tver'	RUS	
5484	RDARA 12C 12G 13H		
5484	RDARA 1B 3A 3C 6A 9B 10A 10D		
5484	Agartala	IND	
5484	Albino Corzo	MEX	
5484	Ambatondrazaka	MDG	
5484	Anjouan-Ouani	COM	
5484	Antalaha	MDG	
5484	Antsiranana-Arrachart	MDG	
5484	Antsohihy-Ambalabe	MDG	
5484	Bahia Blanca	ARG	
5484	Beccles	G	Heliport
5484	Bettles	ALS	

5484	Calcutta	IND	
5484	Cozumel	MEX	
5484	Curacao	ATN	
5484	Dibrugarh	IND	
5484	Diego Suarez	MDG	
5484	Dzaoudzi	COM	
5484	Ensenada	MEX	
5484	Farafangana	MDG	
5484	Fianarantsoa	MDG	
5484	Fort Dauphin	MDG	
5484	Georgetown	GUY	
5484	Great Yarmouth	G	Heliport
5484	Guam	GUM	
5484	Guwahati	IND	
5484	Imphal-Tulihal	IND	
5484	King Salmon	ALS	
5484	Maintirano	MDG	
5484	Mananara-Avaratra	MDG	
5484	Mananjary	MDG	
5484	Mandrivazo	MDG	
5484	Maroantsetra	MDG	
5484	Merida	MEX	
5484	Miandrivazo	MDG	
5484	Mohanbari	IND	
5484	Morombe	MDG	
5484	Morondava	MDG	
5484	Moroni	COM	
5484	Nassau	BAH	
5484	North Bay	CAN	
5484	Nosy-Be Fascene	MDG	
5484	Paramaribo	SUR	
5484	Patna	IND	
5484	Rio Gallegos	ARG	
5484	Rio Grande	ARG	
5484	Rota	MRA	
5484	Sainte-Marie	MDG	
5484	Saipan		
5484	Sambava	MDG	
5484	Savamba	MDG	
5484	Tijuana	MEX	
5484	Tolagnaro	MDG	
5484	Toliara	MDG	
5484	Tulear	MDG	
5487	RDARA 2C 6G 10C 12E		
5487	Baku	AZE	
5487	Krasnodar	RUS	
5487	Krasnoyarsk	RUS	
5487	Macau	MAC	
5487	Makhachkala	RUS	
5487	Mineralnyye-Vody	RUS	
5487	Rostov-na-Donu	RUS	
5487	Saskatoon	CAN	
5487	Sochi	RUS	
5487	Sukhumi	GEO	
5487	Tbilisi	GEO	
5487	Volgograd	RUS	
5487	Yerevan	ARM	
5490	RDARA 2A 2B 3A 6D 10A 10D 12C 13C		
5490	Bangkok	THA	
5490	Bhumiphol Dam	THA	
5490	Chiang Mai	THA	
5490	Guangzhou	CHN	
5490	Hua Hin	THA	
5490	Lac Sebastien	CAN	
5490	Lampang	THA	
5490	Mae Sot	THA	
5490	Nakhon Sawan	THA	
5490	Nakon Si Thammarat	THA	
5490	Narathiwat	THA	
5490	Pattani	THA	
5490	Phuket	THA	
5490	Samui	THA	
5490	Songkhla Hat Yai	THA	
5490	Surat Thani-Samui	THA	
5490	Trang	THA	
5490	Uttaradit	THA	
5491	Fermont	CAN	
5491	Inuvik	CAN	
5491	Mineralnyye-Vody	RUS	
5491	Monte Caseros	ARG	
5491	Tbilisi	GEO	
5493	MWARA AFI		
5493	RDARA 3B 6G		
5493	Accra	GHA	
5493	Bangui-M'poko	CAF	
5493	Beira	MOZ	
5493	Brazzaville	COG	
5493	Bulawayo	ZWE	
5493	Cotonou	BEN	
5493	Douala	CME	
5493	Entebbe	UGA	
5493	Franceville-Mvengue	GAB	
5493	Francistown	BOT	
5493	Gaborone	BOT	
5493	Garoua	CME	
5493	Goma	ZAI	
5493	Harare	ZWE	
5493	Johannesburg	AFS	
5493	Kamina	ZAI	
5493	Kano	NIG	
5493	Kigali	RRW	
5493	Kinshasa	ZAI	
5493	Kisangani-Bangoka	ZAI	
5493	Kitona Base	ZAI	
5493	Lagos	NIG	
5493	Libreville	GAB	
5493	Lome-Tokoin	TGO	
5493	Luanda	AGL	
5493	Lubumbashi	ZAI	
5493	Lusaka	ZMB	
5493	Maiduguri	NIG	
5493	Malabo	GNE	
5493	Maroua-Salak	CME	
5493	Maseru-Moshoeshoe	LSO	
5493	Monrovia-Roberts	LBR	
5493	N'Djamena	TCD	
5493	Nairobi	KEN	
5493	Niamey	NGR	
5493	Niamtougou	TGO	
5493	Port Gentil	GAB	
5493	Sao Tome	STP	
5493	Windhoek	NMB	
5493	Yaounde	CME	
5493	Yuzhno-Sakhalinsk	RUS	
5496	RDARA 2A 2B 3A 6F 10A 10D 12C 12J 13I		
5496	Adak	ALS	
5496	Anchorage	ALS	
5496	Colonia	URG	

5496	Ensenada	MEX	
5496	Inuvik	CAN	
5496	Kaunas	LTU	
5496	Mazatlan	MEX	
5496	Melo	URG	
5496	Montevideo-Carrasco	URG	
5496	Punta del Este	URG	
5496	Salto	URG	
5496	Syktyvkar	RUS	
5496	Tijuana	MEX	
5496	Vichadero	URG	
5496	Vitim	RUS	
5496	Vologda	RUS	
5498	Adelaide	AUS	
5498	Beira	MOZ	
5498	Brisbane	AUS	
5498	Broken Hill	AUS	
5498	Honiara	SLM	
5498	Kamina	ZAI	
5498	Kisangani-Bangoka	ZAI	
5498	Luanda	AGL	
5498	Madang	PNG	
5498	Melbourne	AUS	
5498	Nadzab	PNG	
5498	Nauru	NRU	
5498	Port Moresby	PNG	
5498	Rabaul	PNG	
5498	Wewak-Boram	PNG	
5499	RDARA 3B 6G		
5499	VOLMET AFI		
5502	RDARA 2A 2B 3A 6B 10C 12C 13M		
5502	Mexico City	MEX	
5502	Omsk	RUS	
5502	Perm	RUS	
5502	Tijuana	MEX	
5505	RDARA 3B 6G		
5505	VOLMET EUR		
5505	Beira	MOZ	
5505	Djibouti-Ambouli	DJI	
5505	Naha	J	
5505	Riyan-Mukalla	YEM	
5505	Sain-Shand	MNG	
5505	Seoul	KOR	
5505	Shannon	IRL	V H00 H30
5505	Taipei	TWN	
5505	Ulan Bator	MNG	
5508	RDARA 2B 2C 6F 7 9B 11B 12F 13N		
5508	Bahia Solano	CLM	
5508	Barrancabermeja	CLM	
5508	Bhamo	BRM	
5508	Bigara	MAU	
5508	Bogota	CLM	
5508	Bucaramanga	CLM	
5508	Busan	KOR	
5508	Carepa	CLM	
5508	Condoto-Mandinga	CLM	
5508	Cucuta	CLM	
5508	El Carano	CLM	
5508	Hommelinn	BRM	
5508	Jose Celestino Mutis	CLM	
5508	Jose Maria Cordova	CLM	
5508	La Nubia	CLM	
5508	Los Cedros	CLM	
5508	Manizales-La Nubia	CLM	
5508	Medellin-Rionegro	CLM	
5508	Momeik	BRM	
5508	Monteria-Garzones	CLM	
5508	Ocana	CLM	
5508	Otu	CLM	
5508	Pereira	CLM	
5508	Playa Herrera	CLM	
5508	Quibdo	CLM	
5508	Rio Negro	CLM	
5508	Seoul	KOR	
5508	Turbo-Gonzalo Mejia	CLM	
5508	Velasquez	CLM	
5509	Bangalore	IND	
5509	Calcutta	IND	
5509	Goa	IND	
5509	Jamnagar	IND	
5509	Madras	IND	
5509	Vishakhapatnam	IND	
5511	RDARA 3A 5B 6G		
5511	Chitral	PAK	Air Force
5511	Gilgit	PAK	Air Force
5511	Islamabad-Chaklala	PAK	Air Force
5511	Kathmandu	NPL	
5511	Lahore	PAK	Air Force
5511	Peshawar	PAK	Air Force
5511	Quetta-Samungli	PAK	Air Force
5511	Rawalpindi	PAK	Air Force
5511	Teheran	IRN	
5511	Tomsk	RUS	
5514	RDARA 2C 3B 3C 6E 11B 13C		
5514	Bhubaneswar	IND	
5514	Calcutta	IND	
5514	Chennai	IND	
5514	Chisinau	MDO	
5514	Hyderabad	IND	
5514	Kasatka	RUS	
5514	Madras	IND	
5514	Sargodha	PAK	
5514	Trichur	IND	
5514	Trivandrum	IND	
5514	Vladivostok	RUS	
5517	MWARA AFI		
5517	RDARA 3A 6G		
5517	Addis Ababa	ETH	
5517	Aksarka	RUS	
5517	Asmara	ERI	
5517	Benghazi	LBY	
5517	Cairo	EGY	
5517	Dar Es Salaam	TZA	
5517	Djibouti-Ambouli	DJI	
5517	Entebbe	UGA	
5517	Hargeisa	SOM	
5517	Khartoum	SDN	
5517	Luanda	AGL	
5517	Lusaka	ZMB	
5517	Mogadishu	SOM	
5517	Moroni	COM	
5517	Nairobi	KEN	
5517	Novyj Port	RUS	
5517	Port Louis	MAU	
5517	Sanaa	YEM	
5517	Seychelles	SEY	
5517	Tripoli	LBY	
5517	Tunis	TUN	

5520	MWARA CAR		
5520	RDARA 2B 2C 3B 6D 7E		
5520	Bangkok	THA	
5520	Barranquilla	CLM	
5520	Bonanza	NCG	
5520	Caracas-Maiquetia	VEN	
5520	Cayenne	GUF	
5520	Chiang Mai	THA	
5520	Chiang Rai-Ban Du	THA	
5520	Georgetown	GUY	
5520	Havana-Boyeros	CUB	
5520	Kingston	JMC	
5520	Lampang	THA	
5520	Lop Buri	THA	
5520	Mae Hong Son	THA	
5520	Mae Sariang	THA	
5520	Managua	NCG	
5520	Merida	MEX	
5520	Nan	THA	
5520	New York	USA	
5520	Pai	THA	
5520	Panama City	PNR	
5520	Paramaribo	SUR	
5520	Phitsanulok	BRM	
5520	Phrae	THA	
5520	Port of Spain-Piarco	TRD	
5520	Prachuap Khiri Khan	THA	
5520	Puerto Cabezas	NCG	
5520	San Andres Is.	CLM	
5520	Surat Thani-Samui	THA	
5520	Tak	THA	
5520	Tak-Mae Sot	THA	
5520	Tbilisi	GEO	
5520	Tegucigalpa	HND	CENAMER
5520	Uttaradit	THA	
5520	Yekaterinburg	RUS	
5520	Yerevan	ARM	
5523	RDARA 2A 6G 9B 11B 12G 13I		
5523	Artigas	URG	
5523	Bella Union	URG	
5523	Montevideo-Carrasco	URG	
5523	Port Moresby	PNG	
5523	Rivera	URG	
5523	Salto	URG	
5523	Tallinn	EST	
5526	MWARA SAM		
5526	RDARA 2B 2C 3B 5D 6E 10F 14		
5526	Adelaide	AUS	
5526	Almaty	KAZ	
5526	Antofagasta	CHL	
5526	Arauca	CLM	
5526	Asuncion	PRG	
5526	Barnaul	RUS	
5526	Barranquilla	CLM	
5526	Bassein	BRM	
5526	Belem	B	
5526	Bhamo	BRM	
5526	Bogota	CLM	
5526	Brasilia	B	
5526	Buenos Aires-Ezeiza	ARG	
5526	Campo Grande	B	
5526	Caracas-Maiquetia	VEN	
5526	Cayenne	GUF	
5526	Constable Point	GRL	
5526	Cucuta	CLM	
5526	Curitiba	B	
5526	Dawei	BRM	
5526	Dubbo	AUS	
5526	Egedesminde	GRL	
5526	El Yopal	CLM	
5526	Georgetown	GUY	
5526	Guapi	CLM	
5526	Heho	BRM	
5526	Hpa-an	BRM	
5526	Hpapun	BRM	
5526	Illulissat	GRL	
5526	Iquitos	PRU	
5526	Jenisej	RUS	
5526	Julianehaab	GRL	
5526	Kangerlussuaq	GRL	
5526	Kawthoung	BRM	
5526	Kengtung	IND	
5526	Kulusuk	GRL	
5526	Kyaukpyu	BRM	
5526	La Paz	BOL	
5526	Leticia	CLM	
5526	Lima	PRU	
5526	Loikaw	IND	
5526	Maarmorilik	GRL	
5526	Magway	BRM	
5526	Magwe	BRM	
5526	Manaus	B	
5526	Mawlamyine	BRM	
5526	Melbourne	AUS	
5526	Mergui	BRM	
5526	Mildura	AUS	
5526	Mitu	CLM	
5526	Monghsat	BRM	
5526	Mongtong	BRM	
5526	Montevideo-Carrasco	URG	
5526	Moulmein	BRM	
5526	Myeik	BRM	
5526	Narsarsuaq	GRL	
5526	Pa-an	BRM	
5526	Panama City	PNR	
5526	Papun	BRM	
5526	Paramaribo	SUR	
5526	Pascua-Mataveri	PAQ	
5526	Pathein	BRM	
5526	Port of Spain-Piarco	TRD	
5526	Porto Alegre	B	
5526	Porto Velho	B	
5526	Puerto Asis	CLM	
5526	Puerto Carreno	CLM	
5526	Putao	BRM	
5526	Quaqortoq	GRL	
5526	Rangoon/Yangon	BRM	
5526	Recife	B	
5526	Resistencia	ARG	
5526	Rio de Janeiro	B	
5526	Riyadh	ARS	
5526	Salvador	B	
5526	San Jose Guaviare	CLM	
5526	Sandoway	BRM	
5526	Santa Cruz-Vira Viru	BOL	
5526	Sao Paulo-Congonhas	B	
5526	Sinkaling Khamti	BRM	
5526	Sittwe	IND	

5526	Sogamos	CLM	
5526	Sondre Stromfjord	GRL	
5526	Sydney	AUS	
5526	Tabuk	ARS	
5526	Tachilek	BRM	
5526	Tame	CLM	
5526	Tavoy	BRM	
5526	Thandwe	BRM	
5526	Trinidad	CLM	
5526	Turukhansk	RUS	
5526	Velasquez	CLM	
5526	Villavicencia	CLM	
5526	Ye	BRM	
5529	LDOC W1 W2		
5529	Caracas-Maiquetia	VEN	LDOC
5529	Houston	USA	LDOC
5529	Las Palmas	CNR	LDOC
5529	Madrid	E	LDOC
5529	Moscow	RUS	LDOC
5529	Oostend Radio	BEL	LDOC
5529	Santo Domingo	DOM	LDOC
5530	Aurora	GTM	
5530	Carmelita	GTM	
5530	Coban	GTM	
5530	Flores	GTM	
5532	LDOC W1 W5		
5532	Amsterdam	HOL	LDOC
5532	Beograd	SER	LDOC
5532	Budapest	HNG	LDOC
5532	Johannesburg	AFS	LDOC
5532	Lagos	NIG	LDOC
5532	Praha	CZE	LDOC
5532	Roma	I	LDOC
5533	Bishkek	KGZ	
5533	Chita	RUS	
5533	Hua Hin	THA	
5533	Irkutsk	RUS	
5533	Lampang	THA	
5533	Mexico City	MEX	
5533	Nan	THA	
5533	Phitsanulok	THA	
5533	Phrae	THA	
5533	Ulan Ude	RUS	
5535	LDOC W1 W4		
5535	Addis Ababa	ETH	LDOC
5535	Assab	ETH	LDOC
5535	Axum	ETH	LDOC
5535	Bahar Dar	ETH	LDOC
5535	British Airways London	G	LDOC
5535	Dire Dawa	ETH	LDOC
5535	Gondar	ETH	LDOC
5535	Lima	PRU	LDOC
5535	Montevideo-Carrasco	URG	LDOC
5536	Morotai	INS	Air Force
5536	Pitu	INS	Air Force
5536	Tanjung	INS	Air Force
5538	LDOC W2 W5		
5538	Abidjan	CTI	LDOC
5538	Addis Ababa	ETH	LDOC
5538	Bahrain	BHR	LDOC
5538	Beirut	LBN	LDOC
5538	Kinshasa	ZAI	LDOC
5538	Lagos	NIG	LDOC
5538	Muscat	OMA	LDOC
5538	New York	USA	LDOC
5538	Port Louis	MAU	LDOC
5538	San Francisco	USA	LDOC
5540	Antananarivo	MDG	
5540	Burgas	BUL	
5540	Guarapuava	B	
5540	Jedinka	RUS	
5540	Khabarovsk	RUS	
5540	Moroni	COM	
5540	Sofia	BUL	
5540	Tamatave	MDG	
5541	LDOC W1 W4		
5541	Hapag-Lloyd Hannover	D	LDOC
5541	LTU Düsseldorf	D	LDOC
5541	Oakland	USA	LDOC
5541	Rio de Janeiro	B	LDOC
5541	Stockholm Radio	S	LDOC
5544	LDOC W2 W5		
5544	Blantyre	MWI	LDOC
5544	Curacao	ATN	LDOC
5544	Dhahran	ARS	LDOC
5544	Djibouti-Ambouli	DJI	LDOC
5544	Havana-Boyeros	CUB	LDOC
5544	Jeddah	ARS	LDOC
5544	Luanda	AGL	LDOC
5544	Mahe	SEY	LDOC
5544	Matamoros	MEX	LDOC
5544	Merida	MEX	LDOC
5544	Mexico City	MEX	LDOC
5544	Riyadh	ARS	LDOC
5544	Tijuana	MEX	LDOC
5544	Vancouver	CAN	LDOC
5547	MWARA CEP		
5547	RDARA 2A 4A 6G 7F 13H 13K		
5547	Adrar/Touat	ALG	
5547	Ahmadabad	IND	
5547	Amritsar	IND	
5547	Annaba	ALG	
5547	Bahia Blanca	ARG	
5547	Bangalore	IND	
5547	Batna	ALG	
5547	Bechar	ALG	
5547	Benguela	AGL	
5547	Bhopal	IND	
5547	Bhubaneswar	IND	
5547	Bhuntar-Kulu	IND	
5547	Biskra	ALG	
5547	Bombay	IND	
5547	Bordj Badji	ALG	
5547	Buenos Aires-Ezeiza	ARG	
5547	Calcutta	IND	
5547	Chennai	IND	
5547	Coimbatore	IND	
5547	Comodoro Rivadavia	ARG	
5547	Constantine	ALG	
5547	Delhi	IND	
5547	Djanet-Tiska	ALG	
5547	El Golea	ALG	
5547	El Oued-Guemar	ALG	
5547	Gauhati	IND	
5547	Ghardaia-Noumerate	ALG	
5547	Guwahati	IND	
5547	Hassi-Messaoud	ALG	
5547	Honolulu	HWA	

5547	Huambo	AGL	
5547	Hyderabad	IND	
5547	In Amenas	ALG	
5547	In Salah	ALG	
5547	Luanda	AGL	
5547	Lucknow	IND	
5547	Madras	IND	
5547	Mascara	ALG	
5547	Moscow	RUS	
5547	Nagpur	IND	
5547	Oran	ALG	
5547	Ouargla	ALG	
5547	Patna	IND	
5547	Perm	RUS	
5547	Port Blair	IND	
5547	Port Stanley	FLK	
5547	Rio Gallegos	ARG	
5547	Rio Grande	ARG	
5547	San Carlos Bariloche	ARG	
5547	San Francisco	USA	
5547	Santa Cruz	ARG	
5547	Santa Rosa	ARG	
5547	Tamanrasset	ALG	
5547	Tbilisi	GEO	
5547	Tebessa	ALG	
5547	Timimoun	ALG	
5547	Tindouf	ALG	
5547	Trelew/Almirante Zar	ARG	
5547	Varanasi	IND	
5547	Vijayawada	IND	
5547	Vishakhapatnam	IND	
5547	Yerevan	ARM	
5550	MWARA CAR		
5550	RDARA 2B 2C 3B 5D 6C 6E 14G		
5550	Ambon	INS	
5550	Anadyr	RUS	
5550	Barranquilla	CLM	
5550	Bishkek	KGZ	
5550	Caracas-Maiquetia	VEN	
5550	Cayenne	GUF	
5550	Chaibukha	RUS	
5550	Char'kov	UKR	
5550	Curacao	ATN	
5550	Georgetown	GUY	
5550	Guatemala-Le Aurora	GTM	
5550	Havana-Boyeros	CUB	
5550	Magadan	RUS	
5550	Markovo	RUS	
5550	Menado	INS	
5550	Merida	MEX	
5550	Nassau	BAH	
5550	New York	USA	
5550	Panama City	PNR	
5550	Paramaribo	SUR	
5550	Port of Spain-Piarco	TRD	
5550	Rio Gallegos	ARG	
5550	San Andres Is.	CLM	
5550	San Jose	CTR	
5550	San Juan	PTR	
5550	Tashkent	UZB	
5550	Tegucigalpa	HND	CENAMER
5550	Ujung Pandang	INS	
5553	RDARA 6G 10B 13C		
5553	Bassein	BRM	

5553	Belem	B	LDOC
5553	Campbell Island	CAN	
5553	Edmonton	CAN	
5553	Heho	BRM	
5553	Kawthoung	BRM	
5553	Kyaukpyu	BRM	
5553	Magwe	BRM	
5553	Mergui	BRM	
5553	Monghsat	BRM	
5553	Mongtong	BRM	
5553	Morro Cavalao	B	
5553	Moulmein	BRM	
5553	Mount Jackson	CAN	
5553	Mount Lake	CAN	
5553	Navegantes	B	
5553	Pa-an	BRM	
5553	Papun	BRM	
5553	Rangoon/Yangon	BRM	
5553	Sandoway	BRM	
5553	Sittwe	IND	
5553	Tachilek	BRM	
5553	Taguatinga	B	
5553	Tavoy	BRM	
5553	Ye	BRM	
5554	Casablanca	MRC	
5556	RDARA 2 3 12F		
5556	Armenia	CLM	
5556	Bahia Solano	CLM	
5556	Benito Salas	CLM	
5556	Bogota	CLM	
5556	Buenaventura	CLM	
5556	Cali-Aragon	CLM	
5556	Cel'abinsk	RUS	
5556	Condoto-Mandinga	CLM	
5556	Darasun	RUS	
5556	Dushanbe	TJA	
5556	Florencia	CLM	
5556	Girardot-Santiago Vila	CLM	
5556	Guapi	CLM	
5556	Gustavo Artunduaga	CLM	
5556	Ibague-Perales	CLM	
5556	Ipales-San Luis	CLM	
5556	Kansk	RUS	
5556	Karaganda	KAZ	
5556	Khabarovsk	RUS	
5556	Kiev	UKR	
5556	Krasnovodsk	TKM	
5556	Magadan	RUS	
5556	Medellin-Rionegro	CLM	
5556	Minsk	BLR	
5556	Neiva	CLM	
5556	Nikolayevsk Amure	RUS	
5556	Olen'ok	RUS	
5556	Pasto	CLM	
5556	Pereira	CLM	
5556	Piltun	RUS	
5556	Pitalito	CLM	
5556	Popayan	CLM	
5556	Providenia	RUS	
5556	Puerto Asis	CLM	
5556	Puerto Leguizamo	CLM	
5556	Quibdo	CLM	
5556	Rostov-na-Donu	RUS	
5556	San Vicente Caguan	CLM	

5556	Santa Marta	CLM	
5556	Sittwe	IND	
5556	Surgut	RUS	
5556	Tiksi	RUS	
5556	Tres Esquinas	CLM	
5556	Tumaco-La Florida	CLM	
5556	Vilnius	LTU	
5556	Vyborg	RUS	
5556	Yerevan	ARM	
5557	Khabarovsk	RUS	
5557	Kiev	UKR	
5557	Nikolayevsk Amure	RUS	
5557	Vladivostok	RUS	
5559	MWARA SP		
5559	RDARA 2A 4A 6G 10E 12G 13J		
5559	Adrar/Touat	ALG	
5559	Algiers	ALG	
5559	Amderma	RUS	
5559	Annaba	ALG	
5559	Arkhangelsk	RUS	
5559	Batna	ALG	
5559	Bechar	ALG	
5559	Biskra	ALG	
5559	Bordj Badji	ALG	
5559	Constantine	ALG	
5559	Criciuma	B	
5559	Djanet-Tiska	ALG	
5559	El Golea	ALG	
5559	El Oued-Guemar	ALG	
5559	Fermont	CAN	
5559	Ghardaia-Noumerate	ALG	
5559	Hassi-Messaoud	ALG	
5559	In Amenas	ALG	
5559	In Salah	ALG	
5559	Kotlas	RUS	
5559	Mascara	ALG	
5559	Murmansk	RUS	
5559	Oran	ALG	
5559	Ouargla	ALG	
5559	Petrozavodsk	RUS	
5559	Porto Alegre	B	
5559	Pskov	RUS	
5559	Sankt Petersburg	RUS	
5559	Tamanrasset	ALG	
5559	Tebessa	ALG	
5559	Timimoun	ALG	
5559	Tindouf	ALG	
5559	Touggourt-Sidi Mahdi	ALG	
5559	Velikye Luki	RUS	
5559	Vologda	RUS	
5562	RDARA 2C 3B 3C 10C 12D 13D		
5562	Camaguey	CUB	
5562	Cayo Largo del Sur	CUB	
5562	Ciego de Avila	CUB	
5562	Cienfuegos	CUB	
5562	Havana-Boyeros	CUB	
5562	Las Tunas	CUB	
5562	Miami	USA	NOAA
5562	Norway House	CAN	
5562	Nueva Gerona	CUB	
5562	Prince Albert	CAN	
5562	Santa Cruz-Vira Viru	BOL	
5562	Santiago de Cuba	CUB	
5562	Varadero	CUB	

5562	Winnipeg	CAN	
5565	MWARA SAT		
5565	RDARA 6G 9B 10A		
5565	Bissau	GNB	
5565	Canaries	CNR	
5565	Cayenne	GUF	
5565	Dakar	SEN	
5565	Johannesburg	AFS	
5565	Manaus	B	
5565	Nadzab	PNG	
5565	Paramaribo	SUR	
5565	Port Moresby	PNG	
5565	Recife	B	
5565	Rio de Janeiro	B	
5565	Sal	CPV	
5565	Salvador	B	
5565	Wewak-Boram	PNG	
5565	Windhoek	NMB	
5568	RDARA 1B 3A 3C 5B 6D 7F 10B 12 13J		
5568	Aberdeen	G	Heliport
5568	Agartala	IND	
5568	Aldan	RUS	
5568	Amsterdam	HOL	Heliport
5568	Baghdogra	IND	
5568	Benguela	AGL	
5568	Calcutta	IND	
5568	Chulman	RUS	
5568	Cork	IRL	Heliport
5568	Dibrugarh	IND	
5568	Gauhati	IND	
5568	Guatemala-Le Aurora	GTM	
5568	Guwahati	IND	
5568	Huambo	AGL	
5568	Imphal-Tulihal	IND	
5568	Kumbhirgram	INS	
5568	LIAT Anguilla	ANG	LDOC
5568	LIAT Bridgetown	BRB	LDOC
5568	LIAT Dominica	DMA	LDOC
5568	LIAT Grenada	GRD	LDOC
5568	LIAT Montserrat	MSR	LDOC
5568	LIAT Nevis	SCN	LDOC
5568	LIAT St.Croix	VIR	LDOC
5568	LIAT St.Johns	ATG	LDOC
5568	LIAT St.Kitts	SCN	LDOC
5568	LIAT St.Lucia	LCA	LDOC
5568	LIAT St.Maarten	ATN	LDOC
5568	LIAT St.Thomas	VIR	LDOC
5568	LIAT St.Vincent	VCT	LDOC
5568	LIAT Tortola	VIR	LDOC
5568	Luanda	AGL	
5568	Luena	AGL	
5568	Mazatlan	MEX	
5568	Mirny	RUS	
5568	Mohanbari	IND	
5568	Montreal	CAN	
5568	Morro Cavalao	B	
5568	Navegantes	B	
5568	Olekminsk	RUS	
5568	Paro	BTN	
5568	Sao Paulo-Congonhas	B	
5568	Shannon	IRL	Heliport
5568	Silchar-Kumbhirgram	IND	
5568	Tegucigalpa	HND	CENAMER
5568	Teheran	IRN	

5568	Vancouver	CAN	
5568	Vitim	RUS	
5571	RDARA 6G 11B 13C		
5571	Dallas	USA	Rockwell
5571	St.Louis	USA	Boeing
5571	Testflug-Frequenz	USA	FCC
5573	Jeddah	ARS	LDOC
5574	MWARA CEP		
5574	RDARA 2B 2C 4B 6D 13G		
5574	Bali-Banjarmasin	INS	
5574	Bali-Banjarmasin	INS	
5574	Balikpapan	INS	
5574	Buenos Aires-Ezeiza	ARG	
5574	Formosa	ARG	
5574	Gurjev	KAZ	
5574	Honolulu	HWA	
5574	Houston	USA	LDOC
5574	Kupang	INS	
5574	Kzyl-Orda	KAZ	
5574	Monte Caseros	ARG	
5574	Penza	RUS	
5574	Resistencia	ARG	
5574	San Francisco	USA	
5574	St.Louis	USA	LDOC
5574	Volgograd	RUS	
5577	RDARA 1C 5A 6G 7B 10E 13C 13J 13K		
5577	Abha	ARS	
5577	Al Baha	ARS	
5577	Al Jouf	ARS	
5577	Arar	ARS	
5577	Bisha	ARS	
5577	Fermont	CAN	
5577	Gander	CAN	
5577	Gassim	ARS	
5577	Gizan	ARS	
5577	Goose Bay	CAN	
5577	Hafuf	ARS	
5577	Hail	ARS	
5577	Halifax	CAN	
5577	Jeddah	ARS	
5577	Medina	ARS	
5577	Nejran	ARS	
5577	Qaisuma	ARS	
5577	Rafha	ARS	
5577	St.Johns	CAN	
5577	Tabuk	ARS	
5577	Taif	ARS	
5577	Turaif	ARS	
5577	Wejh	ARS	
5577	Yanbu'	ARS	
5580	RDARA 3A 3B 6A 6C 14G		
5580	VOLMET CAR		
5580	Agartala	IND	
5580	Baghdogra	IND	
5580	Biak	INS	
5580	Calcutta	IND	
5580	Dibrugarh	IND	
5580	Goa	IND	
5580	Jayapura	INS	
5580	Kathmandu	NPL	
5580	Kumbhirgram	INS	
5580	Lucknow	IND	
5580	Merauke-Mopah	INS	
5580	Patna	IND	
5580	Port Stanley	FLK	
5580	Silchar-Kumbhirgram	IND	
5580	Tiksi	RUS	
5580	Veranssi	IND	
5583	RDARA 12F 12H 13E 13F		
5583	RDARA 1E 5A 5C 6G 7B 9 10B 12E		
5583	Balmaceda	CHL	
5583	Cambridge Bay	CAN	
5583	Carlos Ibanez	CHL	
5583	Cerro Sombrero	CHL	
5583	Churchill	CAN	
5583	Concepcion	CHL	
5583	Coyhaique	CHL	
5583	Gan	MLD	
5583	Guardiamarina Zanart	CHL	
5583	Kumbhirgram	INS	
5583	La Serena	CHL	
5583	Marsh Martin Base	ANT	
5583	Papeete	OCE	
5583	Puerto Montt	CHL	
5583	Punta Arenas	CHL	
5583	Santiago de Chile	CHL	
5583	Vancouver	CAN	
5585	Calcutta	IND	
5585	Silchar-Kumbhirgram	IND	
5586	RDARA 2C 3C 10D		
5586	Aktyubinsk	KAZ	
5586	Cel'abinsk	RUS	
5586	Dibrugarh	IND	
5586	Ivdel	RUS	
5586	Kazan	BLR	
5586	Kotlas	RUS	
5586	Novosibirsk	RUS	
5586	Orenburg	RUS	
5586	Penza	RUS	
5586	Perm	RUS	
5586	Samara	RUS	
5586	Sapporo	J	
5586	Severouralsk	RUS	
5586	St.Johns	CAN	
5586	Syktyvkar	RUS	
5586	Thunder Bay	CAN	
5586	Tula	RUS	
5586	Ukhta	RUS	
5586	Uralsk	KAZ	
5586	Yekaterinburg	RUS	
5589	RDARA 12C		
5589	VOLMET MID		
5589	Armenia	CLM	
5589	Bogota	CLM	
5589	Buenaventura	CLM	
5589	Cali	CLM	
5589	Cel'abinsk	RUS	
5589	Cochi	CLM	
5589	Condoto-Mandinga	CLM	
5589	Damascus	SYR	V H00 H30
5589	Dibrugarh	IND	
5589	Florencia	CLM	
5589	Girardot-Santiago Vila	CLM	
5589	Guapi	CLM	
5589	Ibague-Perales	CLM	
5589	Ipales-San Luis	CLM	
5589	Ivdel	RUS	
5589	Leguizamo	CLM	

5589	Neiva	CLM	
5589	Pasto	CLM	
5589	Pereira	CLM	
5589	Pitalito	CLM	
5589	Popayan	CLM	
5589	Puerto Asis	CLM	
5589	San Vicente Caguan	CLM	
5589	Santa Marta	CLM	
5589	Syktyvkar	RUS	
5589	Tel Aviv	ISR	LDOC
5589	Tres Esquinas	CLM	
5589	Tumaco-La Florida	CLM	
5589	Yekaterinburg	RUS	
5592	RDARA 6G 7C 9D		
5592	VOLMET NAT		
5592	Auckland	NZL	
5592	Campbell Island	NZL	
5592	Chatham Island	NZL	
5592	Christchurch	NZL	
5592	Dunedin	NZL	
5592	Invercargill	NZL	
5592	Milford Sound	NZL	
5592	Napier	NZL	
5592	Queenstown	NZL	
5592	Raoul Island	NZL	
5595	RDARA 1C 2B 6B 10C 12E		
5595	Baltra-Galapagos	EQA	
5595	Bishkek	KGZ	
5595	Busan	KOR	
5595	Daegu	KOR	
5595	Edmonton	CAN	
5595	Guayaquil-Bolivar	EQA	
5595	Gunsan	KOR	
5595	Gwangju	KOR	
5595	Padang Sidempuan	INS	
5595	Quito	EQA	
5595	Samarkand	UZB	
5595	Seoul	KOR	
5595	Stavanger	NOR	
5595	Tashkent	UZB	
5595	Termez	UZB	
5596	Arkhangelsk	RUS	
5596	Bagan	BRM	
5596	Banmaw	BRM	
5596	Dallas	USA	Rockwell
5596	Gantgaw	IND	
5596	Hommelinn	BRM	
5596	Htilin	BRM	
5596	Kalay	IND	
5596	Kanti	BRM	
5596	Kyauktu	BRM	
5596	Lashio	BRM	
5596	Leshugonskoye	RUS	
5596	Mandalay	BRM	
5596	Momeik	BRM	
5596	Myitkyina-Pamti	BRM	
5596	Pakkokku	BRM	
5596	Pauk	BRM	
5596	Pechora	RUS	
5596	Putao	BRM	
5596	Syktyvkar	RUS	
5596	Ukhta	RUS	
5598	MWARA NAT-A		
5598	RDARA 6G		
5598	Baffin Radio	CAN	
5598	Banda Aceh	INS	
5598	Bhamo	BRM	
5598	Canaries	CNR	
5598	Gander	CAN	
5598	Islamabad-Chaklala	PAK	
5598	Jakarta	INS	
5598	Karachi	PAK	
5598	Lahore	PAK	
5598	Lisboa	POR	
5598	Medan	INS	
5598	New York	USA	
5598	Paramaribo	SUR	
5598	Peshawar	PAK	
5598	Port of Spain-Piarco	TRD	
5598	Quetta-Samungli	PAK	
5598	San Juan	PTR	
5598	Santa Maria	AZR	
5598	Shanwick	IRL	
5598	Skardu	PAK	
5601	MWARA MID		
5601	RDARA 3A 3B 6A		
5601	VOLMET SAM		
5601	Ahmadabad	IND	
5601	Amritsar	IND	
5601	Asuncion	PRG	V H05 H15
5601	Bhopal	IND	
5601	Bhuntar-Kulu	IND	
5601	Bombay	IND	
5601	Buenos Aires-Ezeiza	ARG	V H15
5601	Delhi	IND	
5601	Gilgit	PAK	
5601	Islamabad-Chaklala	PAK	
5601	Kabul	AFG	
5601	Karachi	PAK	
5601	Lahore	PAK	
5601	Multan	PAK	
5601	Nagpur	IND	
5601	Peshawar	PAK	
5601	Quetta-Samungli	PAK	
5601	Rawalpindi	PAK	
5601	Saidu Sharif	PAK	
5601	Skardu	PAK	
5601	Turbat	PAK	
5601	Upata	VEN	
5604	RDARA 2A 2C 4B 6G 10 12A 12E 12F		
5604	13E 13F 13K 14		
5604	Antofagasta	CHL	
5604	Belo Horizonte	B	
5604	Campos	B	
5604	Diego Aracena	CHL	
5604	Gander	CAN	LDOC
5604	Goiania	B	
5604	Imperatriz	B	
5604	Iquique	CHL	
5604	Kodiak	ALS	USCG
5604	Kumayri	ARM	
5604	Maraba	B	
5604	Sankt Petersburg	RUS	
5604	Sao Luiz	B	
5604	St.Johns	CAN	LDOC
5604	Tucurui	B	
5604	Ueberlandia	B	
5607	RDARA 2B		

5610	RDARA 6G		
5610	Bermuda	BER	LDOC
5610	Lima	PRU	LDOC
5610	London	G	LDOC
5610	Montevideo-Carrasco	URG	
5610	Panama City	PNR	LDOC
5610	Portishead Radio	G	LDOC
5610	Santiago de Chile	CHL	LDOC
5613	RDARA 2B 12C		
5613	Aktyubinsk	KAZ	
5613	Mexico City	MEX	
5616	MWARA NAT-B		
5616	RDARA 6G		
5616	Gander	CAN	
5616	Iceland Radio	ISL	
5616	New York	USA	
5616	Santa Maria	AZR	
5616	Shanwick	IRL	
5619	RDARA 2B 12J		
5619	Belize City	BLZ	
5619	El Salvador Ilopango	SLV	
5622	MWARA EUR		
5622	RDARA 1D 6G		
5622	Beograd	SER	
5622	Burgas	BUL	
5622	Dushanbe	TJA	
5622	Jenisej	RUS	
5622	Kolpashevo	RUS	
5622	Malta	MLT	
5622	Niznevartovsk	RUS	
5622	Novy Vasyugan	RUS	
5622	Sofia	BUL	
5624	Kota Kinabalu	MLA	
5625	RDARA 3A 5B 6B 10D		
5625	Kolpashevo	RUS	
5625	La Sarre	CAN	
5625	Lac Rapides	CAN	
5625	Seoul	KOR	
5625	Surgut	RUS	
5625	Teheran	IRN	
5625	Thunder Bay	CAN	
5625	Yao	J	
5628	MWARA NP		
5628	RDARA 1D 6G		
5628	Anchorage	ALS	
5628	Beijing	CHN	
5628	Cold Bay	ALS	
5628	Honolulu	HWA	
5628	Khabarovsk	RUS	
5628	San Francisco	USA	
5628	Shanghai	CHN	
5628	Tokyo	J	
5630	Bruzual	VEN	
5630	Palo Negro-Libertador	VEN	
5631	RDARA 6D 10A		
5631	Aktyubinsk	KAZ	
5631	Anchorage	ALS	
5631	Bahia Solano	CLM	
5631	Barrancabermeja	CLM	
5631	Barranquilla	CLM	
5631	Barrow	ALS	
5631	Bogota	CLM	
5631	Bucaramanga	CLM	
5631	Cold Bay	ALS	
5631	Cordova	ALS	
5631	Cucuta	CLM	
5631	Jakarta	INS	
5631	Juneau	ALS	
5631	Ketchikan	ALS	
5631	Khon Kaen	THA	
5631	Kotzebue	ALS	
5631	La Nubia	CLM	
5631	Loei	BRM	
5631	Los Cedros	CLM	
5631	Madang	PNG	
5631	McGrath	ALS	
5631	Mcui	CLM	
5631	Medan	INS	
5631	Nakhon Phanom	BRM	
5631	Ocana	CLM	
5631	Otu	CLM	
5631	Palembang	INS	
5631	Pereira	CLM	
5631	Pontianak	INS	
5631	Resolute Bay	CAN	
5631	Sakon Nakhon	THA	
5631	Samara	RUS	
5631	Sitia	ALS	
5631	Turbo-Gonzalo Mejia	CLM	
5631	Ubon-Ratchathani	THA	
5631	Udon Thani	THA	
5631	Uralsk	KAZ	
5631	Velasquez	CLM	
5631	Wewak-Boram	PNG	
5631	Yakutat	ALS	
5631	Yellowknife	CAN	
5632	Petropavlovsk	RUS	
5634	MWARA AFI/INO		
5634	RDARA 6G		
5634	Antananarivo	MDG	
5634	Arequipa	PRU	
5634	Bahia Solano	CLM	
5634	Barrancabermeja	CLM	
5634	Beira	MOZ	
5634	Bombay	IND	
5634	Bucaramanga	CLM	
5634	Cocos Island	ICO	
5634	Colombo	SLK	
5634	Cucuta	CLM	
5634	Dar Es Salaam	TZA	
5634	Harare	ZWE	
5634	Jeddah	ARS	
5634	Johannesburg	AFS	
5634	Kigali	RRW	
5634	La Nubia	CLM	
5634	Lilongwe	MWI	
5634	Los Cedros	CLM	
5634	Lusaka	ZMB	
5634	Madras	IND	
5634	Mahajanga-Amborovy	MDG	
5634	Male	MLD	
5634	Mauritius	MAU	
5634	Medellin	CLM	
5634	Moroni	COM	
5634	Nairobi	KEN	
5634	Ocana	CLM	
5634	Otu	CLM	
5634	Perth	AUS	

5634	Quibdo	CLM	
5634	Sainte Denis-Gillot	MDG	
5634	Seychelles	SEY	
5634	St.Denis-Gillot	REU	
5634	Toamasina	MDG	
5634	Turbo-Gonzalo Mejia	CLM	
5637	RDARA 1D 3C		
5637	Agrinion	GRC	
5637	Alexandroupolis	GRC	
5637	Andravida	GRC	
5637	Araxos	GRC	
5637	Athinai	GRC	
5637	Bucarest	ROU	LDOC
5637	Hios	GRC	
5637	Ioannina	GRC	
5637	Iraklion	GRC	
5637	Kalamata	GRC	
5637	Karpathos	GRC	
5637	Kasos	GRC	
5637	Kastelorizo	GRC	
5637	Kastoria	GRC	
5637	Kavala	GRC	
5637	Kefallinia	GRC	
5637	Kerkira	GRC	
5637	Khania-Souda	GRC	
5637	Khios	GRC	
5637	Kithira	GRC	
5637	Kos	GRC	
5637	Kozani	GRC	
5637	Krisoupolis	GRC	
5637	Larisa	GRC	
5637	Leros	GRC	
5637	Limnos	GRC	
5637	Malta	MLT	
5637	Mikonos	GRC	
5637	Milos	GRC	
5637	Mitilini	GRC	
5637	Paros	GRC	
5637	Preveza	GRC	
5637	Rodos	GRC	
5637	Saloniki	GRC	
5637	Samos	GRC	
5637	Santorini	GRC	
5637	Sitia	GRC	
5637	Skiathos	GRC	
5637	Thessaloniki	GRC	
5637	Zakinthos	GRC	
5640	RDARA 6G		
5643	MWARA SP		
5643	RDARA 3C		
5643	Apia-Faleolo	SMO	
5643	Auckland	NZL	
5643	Brisbane	AUS	
5643	Fua' Amotu	TON	
5643	Honolulu	HWA	
5643	Longreach	AUS	
5643	Lord Howe Island	AUS	
5643	Nadi	FJI	
5643	Nauru	NRU	
5643	Papeete	OCE	
5643	Pascua-Mataveri	PAQ	
5643	Perth	AUS	
5643	Port Vila	VUT	
5643	Rarotonga	CKN	
5643	Sydney	AUS	
5643	Wallis-Hihifo	WAL	
5645	Amsterdam	HOL	Heliport
5645	Den Helder	HOL	Heliport
5645	Great Yarmouth	G	Heliport
5645	North Denes	G	Heliport
5645	Stavanger	NOR	Heliport
5646	MWARA NCA		
5646	RDARA 12G		
5646	Chanty-Mansijsk	RUS	
5646	Ivdel	RUS	
5646	Moscow	RUS	
5646	Paramaribo	SUR	
5646	St.Vincent	VCT	
5646	Syktyvkar	RUS	
5646	Vologda	RUS	
5646	Yekaterinburg	RUS	
5647	Herat	AFG	
5649	MWARA EA/NAT-C/SEA		
5649	Bali-Banjarmasin	INS	
5649	Bangkok	THA	
5649	Gander	CAN	
5649	Guangzhou	CHN	
5649	Hanoi	VTN	
5649	Hochiminh	VTN	
5649	Hong Kong	CHN	
5649	Iceland Radio	ISL	
5649	Irkutsk	RUS	
5649	Jakarta	INS	
5649	Kota Kinabalu	MLA	
5649	Kuala Lumpur	MLA	
5649	Manila	PHL	
5649	Pyongyang	KRE	
5649	Seoul	KOR	
5649	Shanwick	IRL	
5649	Singapore	SNG	
5649	Tokyo	J	
5649	Ujung Pandang	INS	
5649	Ulan Bator	MNG	
5649	Vientiane	LAO	
5652	MWARA AFI/CWP		
5652	Algiers	ALG	
5652	Bobo-Dioulasso	BFA	
5652	Gao	MLI	
5652	Ghardaia-Noumerate	ALG	
5652	Honolulu	HWA	
5652	In Amenas	ALG	
5652	Kano	NIG	
5652	Maiduguri	NIG	
5652	N'Djamena	TCD	
5652	Niamey	NGR	
5652	Ouagadougou	BFA	
5652	Tamanrasset	ALG	
5652	Timimoun	ALG	
5652	Tripoli	LBY	
5652	Tunis	TUN	
5655	MWARA EA/SEA		
5655	Bali-Banjarmasin	INS	
5655	Bangkok	THA	
5655	Chita	RUS	
5655	Guangzhou	CHN	
5655	Hanoi	VTN	
5655	Hochiminh	VTN	
5655	Hong Kong	CHN	

5655	Irkutsk	RUS	
5655	Jakarta	INS	
5655	Kota Kinabalu	MLA	
5655	Kuala Lumpur	MLA	
5655	Manila	PHL	
5655	Pyongyang	KRE	
5655	Seoul	KOR	
5655	Singapore	SNG	
5655	Tokyo	J	
5655	Ulan Bator	MNG	
5655	Vientiane	LAO	
5657	Karachi	PAK	
5657	Lahore	PAK	
5658	MWARA AFI/MID		
5658	Abadan	IRN	
5658	Aden	YEM	
5658	Al-Gaidah	YEM	
5658	Almaty	KAZ	
5658	Ashkhabad	TKM	
5658	Asmara	ERI	
5658	Bahrain	BHR	
5658	Benghazi	LBY	
5658	Bishkek	KGZ	
5658	Bombay	IND	
5658	Bujumbura	BDI	
5658	Delhi	IND	
5658	Djibouti-Ambouli	DJI	
5658	Dushanbe	TJA	
5658	Hargeisa	SOM	
5658	Istanbul	TUR	
5658	Jeddah	ARS	
5658	Johannesburg	AFS	
5658	Kabul	AFG	
5658	Karachi	PAK	
5658	Kathmandu	NPL	
5658	Khartoum	SDN	
5658	Kigali	RRW	
5658	Kisimayu	SOM	
5658	Kuwait	KWT	
5658	Lahore	PAK	
5658	Libreville	GAB	
5658	Male	MLD	
5658	Moroni	COM	
5658	Muscat	OMA	
5658	N'Djamena	TCD	
5658	Nairobi	KEN	
5658	Odessa	UKR	
5658	Port Sudan	SDN	
5658	Riyan-Mukalla	YEM	
5658	Samarkand	UZB	
5658	Sanaa	YEM	
5658	Shiraz	IRN	
5658	Tashkent	UZB	
5658	Tbilisi	GEO	
5658	Teheran	IRN	
5658	Urumqi	CHN	
5658	Yerevan	ARM	
5661	MWARA CWP/EUR		
5661	Arkhangelsk	RUS	
5661	Beirut	LBN	
5661	Beograd	SER	
5661	Brest	BLR	
5661	Budapest	HNG	
5661	Gomel	BLR	
5661	Kiev	UKR	
5661	Lvov	UKR	
5661	Malta	MLT	
5661	Minsk	BLR	
5661	Moscow	RUS	
5661	Murmansk	RUS	
5661	Odessa	UKR	
5661	Riga	LVA	
5661	Sankt Petersburg	RUS	
5661	Simferopol	UKR	
5661	Sofia	BUL	
5661	Syktyvkar	RUS	
5661	Tunis	TUN	
5661	Velikye Luki	RUS	
5661	Vilnius	LTU	
5661	Vitebsk	BLR	
5661	Vologda	RUS	
5664	MWARA NCA		
5664	Chita	RUS	
5664	Chulman	RUS	
5664	Ekimchan	RUS	
5664	Irkutsk	RUS	
5664	Khabarovsk	RUS	
5664	Kirensk	RUS	
5664	Pyongyang	KRE	
5664	Ulan Bator	MNG	
5664	Ulan Ude	RUS	
5667	MWARA MID/NP		
5667	Aden	YEM	
5667	Amman	JOR	
5667	Ankara	TUR	
5667	Baghdad	IRQ	
5667	Bahrain	BHR	
5667	Basrah	IRQ	
5667	Beirut	LBN	
5667	Cairo	EGY	
5667	Damascus	SYR	V H00 H30
5667	Honolulu	HWA	
5667	Jeddah	ARS	
5667	Kuwait	KWT	
5667	Odessa	UKR	
5667	Riyan-Mukalla	YEM	
5667	Sanaa	YEM	
5667	Simferopol	UKR	
5667	Tbilisi	GEO	
5667	Teheran	IRN	
5667	Tokyo	J	
5667	Yerevan	ARM	
5670	MWARA EA		
5670	Bali-Banjarmasin	INS	
5670	Bangkok	THA	
5670	Calcutta	IND	
5670	Ceropevets	RUS	
5670	Chennai	IND	
5670	Colombo	SLK	
5670	Dhaka	BGD	
5670	Guangzhou	CHN	
5670	Jakarta	INS	
5670	Kathmandu	NPL	
5670	Kuala Lumpur	MLA	
5670	Kunming	CHN	
5670	Madras	IND	
5670	Male	MLD	
5670	Medan	INS	

5670	Nouadhibou	MTN	
5670	Nouakchott	MTN	
5670	Rangoon/Yangon	BRM	
5670	Singapore	SNG	
5670	Trivandrum	IND	
5673	VOLMET SEA		
5673	Beijing	CHN	V H15 H47
5673	Guangzhou	CHN	V H10 H42
5673	Hailar	CHN	
5673	Kunming	CHN	
5673	Lanzhou	CHN	
5673	Shanghai	CHN	
5673	Urumqi	CHN	
5673	Wuhan	CHN	
5676	VOLMET NCA		
5676	Khabarovsk	RUS	V H05 H35
5676	Kiev	UKR	V H15 H45
5676	Novosibirsk	RUS	V H20 H50
5676	Svalbard	SVB	
5676	Tashkent	UZB	V H10 H40
5677	Juticalpa	HND	
5677	Tela	HND	
	5680 kHz bis 5730 kHz Off-Route		
5680	Abidjan	CTI	
5680	Accra	GHA	
5680	Adana	TUR	Rescue
5680	Agades	NGR	
5680	Aioun El Atrouss	MTN	
5680	Akjoujt	MTN	
5680	Alert	CAN	
5680	Alexander Bay	AFS	
5680	Ankara	TUR	Rescue
5680	Antalya	TUR	Rescue
5680	Atar	MTN	
5680	Atuona	OCE	
5680	Baker Lake	CAN	
5680	Bamako-Senou	MLI	
5680	Banjul-Yundum	GMB	
5680	Base Libertador	VEN	
5680	Beira	MOZ	
5680	Berga	S	Rescue
5680	Bir Moghrein	MTN	
5680	Bissau	GNB	
5680	Bobo-Dioulasso	BFA	
5680	Bora Bora	OCE	
5680	Bouake	CTI	
5680	Bremen	D	Rescue
5680	Cabinda	AGL	
5680	Cambridge Bay	CAN	
5680	Cap Skiring	SEN	
5680	Churchill	CAN	
5680	Ciudad Bolivar	VEN	
5680	Conakry	GUI	
5680	Coppermine	CAN	
5680	Coral Harbour	CAN	
5680	Cotonou	BEN	
5680	Culdrose	G	Rescue
5680	Dakar	SEN	
5680	Dawson	CAN	
5680	Dori	BFA	
5680	Edinburgh	G	Rescue
5680	Elazig	TUR	Rescue
5680	Erzurum	TUR	Rescue
5680	Fada N'gourma	BFA	
5680	Falmouth	G	Rescue
5680	Fort Chipewyan	CAN	
5680	Fort Nelson	CAN	
5680	Fort Simpson	CAN	
5680	Fort Smith	CAN	
5680	Freetown-Lungi	SRL	
5680	Gao	MLI	
5680	Glücksburg	D	Rescue
5680	Goose Bay	CAN	
5680	Gosling Lake	CAN	
5680	Göteborg	S	Rescue
5680	Goundam	MLI	
5680	Grootfontein	NMB	
5680	Hao	OCE	
5680	Hat Yai	THA	
5680	Hauhine	OCE	
5680	Hiva-Oa	OCE	
5680	Holyhead	G	Rescue
5680	Incirlik AB	MOZ	
5680	Internationale Not- und Anruffrequenz (SAR)		
5680	Inuvik	CAN	
5680	Iqaluit	CAN	
5680	Istanbul	TUR	Rescue
5680	Izmir	TUR	Rescue
5680	Kallax	S	Rescue
5680	Karup	DNK	Rescue
5680	Kayes	MLI	
5680	Keetmanshoop	NMB	
5680	Kiffa	MTN	
5680	Kigali	RRW	
5680	Kinloss	G	Rescue
5680	Koksijde	BEL	Rescue
5680	Kolwezi	ZAI	
5680	Kuujjuaq	CAN	
5680	Kuujjuarapik	CAN	
5680	La Grande Riviere	CAN	
5680	La Ronge	CAN	
5680	Lac Rapides	CAN	
5680	Leiden-Valkenburg	HOL	Rescue
5680	Lobito	AGL	
5680	Lome-Tokoin	TGO	
5680	Luanda	AGL	
5680	Lulea	S	Rescue
5680	Malabo	GNE	
5680	Manihi	OCE	
5680	Manzini	SWZ	
5680	Maputo	MOZ	
5680	Maracay	VEN	
5680	Maradi	NGR	
5680	Maseru-Moshoeshoe	LSO	
5680	Matagami	CAN	
5680	Matagami	CAN	
5680	Matsapa	SWZ	
5680	Mayo	CAN	
5680	Mejametalana	LSO	
5680	Mekemo	OCE	
5680	Mhlume	SWZ	
5680	Mokhotlong	LSO	
5680	Monrovia-Roberts	LBR	
5680	Moorea	OCE	
5680	Mopti-Barbe	MLI	
5680	Mururoa	OCE	
5680	Nampula	MOZ	
5680	Nara-Keibane	MLI	

5680	Narathiwat	THA	
5680	Nauru	NRU	Rescue
5680	Nema	MTN	
5680	Niamey	NGR	
5680	Nioro	MLI	
5680	Norman Wells	CAN	
5680	Norman Wells	CAN	
5680	Nouadhibou	MTN	
5680	Nouakchott	MTN	
5680	Noumea-La Tontouta	NCL	
5680	Ouagadougou	BFA	
5680	Papeete	OCE	
5680	Parakou	BEN	
5680	Patrick AFB	USA	Rescue
5680	Pattani	THA	
5680	Plymouth	G	Rescue
5680	Port Vila	VUT	
5680	Porto Amelia-Pemba	MOZ	
5680	Principe-Gorgulho	STP	
5680	Puerto Ayacucho	VEN	
5680	Qacha's Nek	LSO	
5680	Quelimane	MOZ	
5680	Raiatea	OCE	
5680	Rangiroa	OCE	
5680	Rankin Inlet	CAN	
5680	Resolute Bay	CAN	
5680	Roberval	CAN	
5680	Ronneby	S	Rescue
5680	Rurutu	OCE	
5680	Sainte Louis	SEN	
5680	San Domingo	VEN	
5680	San Domingo	VEN	
5680	San Fernando Apures	VEN	
5680	Satenas	S	Rescue
5680	Segou	MLI	
5680	Semonkong	LSO	
5680	Sept Iles	CAN	
5680	Squaw Lake	CAN	
5680	Stavanger	NOR	Rescue
5680	Stockholm	S	Rescue
5680	Svalbard	SVB	Rescue
5680	Tahoua	NGR	
5680	Tambacounda	SEN	
5680	Tessalit	MLI	
5680	Thompson	CAN	
5680	Thompson	CAN	
5680	Tidjikja	MTN	
5680	Tombouctou	MLI	
5680	Trang	THA	
5680	Trondheim	NOR	Rescue
5680	Tuamoto	OCE	
5680	Tubuai	OCE	
5680	Ua Huka	OCE	
5680	Vilanculos	MOZ	
5680	Wabush	CAN	
5680	Wabush	CAN	
5680	Wellington	NZL	Rescue
5680	Whitehorse	CAN	
5680	Whitehorse	CAN	
5680	Yellowknife	CAN	
5680	Ziguinchor	SEN	
5680	Zinder	NGR	
5680	Zoueratte	MTN	
5681	Jorhat	IND	
5681	Kuwait	KWT	Air Force
5681	Nimes	F	Air Force
5684	Royal Air Force	G	Kanal: TS
5684	US Air Force	USA	Kanal: F437
5685	Roma	I	Air Force
5687	Auckland	NZL	Air Force
5687	Bundesluftwaffe	D	Kanal: E
5687	Darwin	AUS	Air Force
5687	Edinburgh	G	Rescue
5687	Hohn	D	Luftwaffe
5687	Landsberg	D	Luftwaffe
5687	Lisboa	POR	Air Force
5687	Münster	D	Luftwaffe
5687	Nordholz	D	Luftwaffe
5687	Papeete	OCE	Rescue
5687	Perth	AUS	Air Force
5687	Sydney	AUS	Air Force
5687	Tamale	GHA	
5687	Townsville	AUS	Air Force
5687	Woodbourn	NZL	Air Force
5687	Wunstorf	D	Luftwaffe
5688	Beograd	SER	LDOC
5688	Dubrovnik	HRB	
5688	Johannesburg	AFS	
5688	Ljubljana	SVN	
5688	Split	HRB	
5690	Agha Jari	IRN	
5690	Ahvaz	IRN	
5690	Dublin	IRL	Air Force
5690	Gach Saran	IRN	
5690	Khark	IRN	
5690	Masjed Soleiman	IRN	
5690	Roma	I	Air Force
5691	Irkutsk	RUS	V H25 H55
5691	Jakutsk	RUS	V H10 H40
5691	Khabarovsk	RUS	V H15 H45
5691	Kirensk	RUS	V H00 H30
5691	Magadan	RUS	V H20 H50
5691	NATO AWACS	D	
5692	Astoria	USA	USCG
5692	Borinquen	PTR	USCG
5692	Boston	USA	USCG
5692	Brooklyn	USA	USCG
5692	Cape Cod	USA	USCG
5692	Cape May	USA	USCG
5692	Chicago	USA	USCG
5692	Corpus Christi	USA	USCG
5692	Detroit	USA	USCG
5692	Elisabeth City	USA	USCG
5692	Ellington	USA	USCG
5692	Houston	USA	USCG
5692	Mobile	USA	USCG
5692	New Orleans	USA	USCG
5692	Ponce	PTR	USCG
5692	Port Angeles	USA	USCG
5692	Portsmouth	USA	USCG
5692	San Diego	USA	USCG
5692	San Francisco	USA	USCG
5692	Savannah	USA	USCG
5692	Selfridge AFB	USA	USCG
5692	USCG Airstations	USA	Helicopter
5693	Royal Air Force	G	Kanal: AB
5695	Atsugi	J	Defense
5695	Barquisimeto	VEN	

5695	Base Libertador	VEN	
5695	Canberra	AUS	
5695	Caracas-Maiquetia	VEN	
5695	Edinburgh	G	Rescue
5695	Fort Macon	USA	USCG
5695	General Miranda	VEN	
5695	Jose Antonio Anzoate	VEN	
5695	Landaeta	VEN	
5695	Langebaanweg	AFS	Air Force
5695	Leiden-Valkenburg	HOL	Rescue
5695	Maracay	VEN	
5695	Mbesa	TZA	
5695	Miranda	VEN	
5695	Palo Negro-Libertador	VEN	
5695	Plymouth	G	Rescue
5695	Salalah	OMA	
5695	Sampit	INS	
5695	San Domingo	VEN	
5695	Santo Domingo	VEN	
5695	Tanjung Harapan	INS	
5695	Todos los Santos	BOL	
5695	Townsville	AUS	Air Force
5695	Waterkloof	AFS	Air Force
5696	Borinquen	PTR	USCG
5696	Boston	USA	USCG
5696	Brooklyn	USA	USCG
5696	Cape Cod	USA	USCG
5696	Cape Hateras	USA	USCG
5696	Charleston	USA	USCG
5696	Chesapeake	USA	USCG
5696	Chicago	USA	USCG
5696	Corpus Christi	USA	USCG
5696	Detroit	USA	USCG
5696	Elisabeth City	USA	USCG
5696	Galveston	USA	USCG
5696	Guantanamo Bay	GTB	USCG
5696	Hamilton	USA	USCG
5696	Honolulu	HWA	USCG
5696	Jacksonville	USA	USCG
5696	Kingston	JMC	Coast Guard
5696	Kodiak	ALS	USCG
5696	Lindbergh	USA	USCG
5696	Mobile	USA	USCG
5696	New Orleans	USA	USCG
5696	New York	USA	USCG
5696	Nimes	F	Air Force
5696	Norfolk	USA	USCG
5696	Point Brown	USA	USCG
5696	Point Monroe	USA	USCG
5696	Point Reyes	USA	USCG
5696	Port Aronsas	USA	USCG
5696	Portsmouth	USA	USCG
5696	San Diego	USA	USCG
5696	San Francisco	USA	USCG
5696	San Juan	PTR	USCG
5696	San Rafael	USA	USCG
5696	Sankt Petersburg	USA	USCG
5696	Traverse City	USA	USCG
5696	USCG Frequency	USA	USCG
5700	US Air Force	USA	Kanal: F809
5702	Leiden-Valkenburg	HOL	Air Force
5702	Madrid	E	Air Force
5702	Punta Arenas	CHL	
5702	Thumrait	OMA	Air Force
5705	Leiden-Valkenburg	HOL	Air Force
5705	US Air Force	USA	Kanal: Z145
5706	Casement	IRL	Rescue
5706	Dublin	IRL	Air Force
5706	Finner Camp	IRL	Rescue
5707	Auckland	NZL	Air Force
5707	Nimes	F	Air Force
5710	Alpinopolis	B	
5710	Antofagasta	CHL	
5710	Arica	CHL	
5710	Cali-Suarez	CLM	
5710	Fahud Central	OMA	
5710	Fronteira	B	
5710	Furnas	B	
5710	Haditha	IRQ	
5710	Iquique	CHL	
5710	Itumbiara	B	
5710	Khabarovsk	RUS	
5710	La Serena	CHL	
5710	Manoel Ribas	B	
5710	Nadym	RUS	
5710	Pedregulho	B	
5710	Quintero	CHL	
5710	Salechard	RUS	
5710	Sao Carlos	B	
5710	Seattle	USA	Boeing
5710	Tango One	IRQ	
5710	Tarko Sale	RUS	
5710	Tres Esquinas	CLM	
5710	US Air Force	USA	Kanal: F895
5710	Vallenar	CHL	
5711	Cape Radio	USA	NASA
5711	Minacu	B	
5714	Royal Air Force	G	Kanal: ZZ
5715	Muren	MNG	
5715	Ulan Bator	MNG	
5717	Bundesluftwaffe	D	Kanal: F
5717	Darwin	AUS	Air Force
5717	Edmonton	CAN	MACS SAR
5717	Halifax	CAN	MACS SAR
5717	St.John's	CAN	MACS SAR
5717	Sydney	AUS	Air Force
5717	Trenton	CAN	MACS SAR
5717	Vancouver	CAN	MACS SAR
5717	Victoria	CAN	MACS SAR
5720	Auckland	NZL	Air Force
5720	Royal Air Force	G	Kanal: EF
5721	Roma	I	Air Force
5723	Brest	F	Air Frorce
5723	Flores	AZR	Air Force
5725	Lllanada Grande	CHL	
5725	Putussibau	INS	
5726	Auckland	NZL	
5726	Byrd Surface Camp	ANT	USN
5726	Dome Charlie	ANT	
5726	McMurdo Station	ANT	
5726	Siple Station	ANT	
5726	South Pole Station	ANT	
5736	Macenta	GUI	
5740	Kendari	INS	Air Force
5744	El Arish	EGY	
5745	Air National Guard	USA	USAF
5745	Chisinau	MDO	
5746	Lae	PNG	Air Force

5746	Port Moresby	PNG	Air Force
5747	Royal Air Force	G	Kanal: W
5750	Pendoro	INS	
5766	Orlanchito	HND	
5770	Bagabag	PHL	
5775	Abu Simbel	EGY	
5775	Cairo	EGY	
5775	El Kharga-New Valley	EGY	
5775	Luxor	EGY	
5775	Matrah	EGY	
5775	Port Said	EGY	
5775	Sinai	EGY	
5787	Accra	GHA	
5790	El Arish	EGY	
5790	Taba	EGY	
5800	US Air Force	USA	Kanal: Z150
5805	Air National Guard	USA	USAF
5805	Surkhet	NPL	
5810	Cape Radio	USA	NASA
5817	US Air Force	USA	Kanal: F622
5827	Air National Guard	USA	USAF
5830	Abu Simbel	EGY	
5830	Cairo	EGY	
5830	Taba	EGY	
5835	Davis Base	ANT	Navy
5835	Perth	AUS	Air Force
5850	Halifax	CAN	
5858	Surkhet	NPL	
5859	Abu Simbel	EGY	
5859	Cairo	EGY	
5861	Schleswig	D	Luftwaffe
5873	Douala	CME	
5875	US Air Force	USA	Kanal: Z155
5889	Carolina	B	
5889	King Salmon	ALS	Amoco
5896	Artigas	URG	
5910	Royal Air Force	G	Kanal: KJ 37
5920	Montevideo-Carrasco	URG	
5935	Al Hudaydah	YEM	
5935	Sanaa	YEM	
5960	Khark	IRN	
5965	Sumenep	INS	
6234	US Coast Guard	USA	Kanal: 3E4
6237	Royal Air Force	G	Kanal: TL 04
6425	Taegu	KOR	Air Force
6501	Chesapeake	USA	USCG
6513	Boston	USA	USCG
6514	Kigali	RRW	
	6525 kHz bis 6685 kHz Route		
6525	Yuzhno-Sakhalinsk	RUS	
6526	RDARA 2A 2B 3A 4A 6F 12G 14F		
6526	Algiers	ALG	
6526	Atbasar	KAZ	
6526	Bridgetown	BRB	LDOC
6526	Kazan	RUS	
6526	Kingston	JMC	LDOC
6526	Novgorod	RUS	
6526	Orsk	RUS	
6526	Samara	RUS	
6526	Sydney	AUS	LDOC
6526	Tver'	RUS	
6526	Yekaterinburg	RUS	
6529	RDARA 3B 6G		
6529	Amga	RUS	
6529	Kamenskoe	RUS	
6529	Yuzhno-Sakhalinsk	RUS	
6532	MWARA CWP		
6532	RDARA 2A 2B 3A 4A 12F		
6532	Ashkhabad	TKM	
6532	Barranquilla	CLM	
6532	Bogota	CLM	
6532	Bucaramanga	CLM	
6532	Cartagena	CLM	
6532	Corozal-Las Brujas	CLM	
6532	Cucuta	CLM	
6532	El Banco	CLM	
6532	Fukuoka	J	
6532	Guam	GUM	
6532	Guangzhou	CHN	
6532	Hong Kong	CHN	
6532	Honolulu	HWA	
6532	Jose Maria Cordova	CLM	
6532	La Mina	CLM	
6532	Magangue	CLM	
6532	Maicao-Carrejon	CLM	
6532	Manila	PHL	
6532	Medellin-Rionegro	CLM	
6532	Monteria-Los Garzones	CLM	
6532	Naha	J	
6532	Nauru	NRU	
6532	Pereira	CLM	
6532	Playa Herrera	CLM	
6532	Port Moresby	PNG	
6532	Rafael Nunez	CLM	
6532	Riohacha	CLM	
6532	San Andres Is.	CLM	
6532	Seoul	KOR	
6532	Shanghai	CHN	
6532	Taipei	TWN	
6532	Tashkent	UZB	
6532	Tokyo	J	
6532	Turbo-Gonzalo Mejia	CLM	
6532	Valledupar	CLM	
6533	Alice Springs	AUS	
6533	Bangalore	IND	
6533	Bhubaneswar	IND	
6533	Bombay	IND	
6533	Brisbane	AUS	
6533	Bundaberg	AUS	
6533	Cairns	AUS	
6533	Calcutta	IND	
6533	Charleville	AUS	
6533	Chennai	IND	
6533	Cochin	IND	
6533	Coimbatore	IND	
6533	Douala	CME	
6533	Fua' Amotu	TON	
6533	Hyderabad	IND	
6533	Lampang	THA	
6533	Longreach	AUS	
6533	Madras	IND	
6533	Madurai	IND	
6533	Mangalore-Bajpe	IND	
6533	Matei	FJI	
6533	Nagpur	IND	
6533	Nausori	FJI	
6533	Paramaribo	SUR	
6533	Pastaza	EQA	

6533	Port Blair	IND	
6533	Suva	FJI	
6533	Tiruchirapalli	IND	
6533	Trichur	IND	
6533	Trivandrum	IND	
6533	Vijayawada	IND	
6533	Vishakhapatnam	IND	
6533	Yaounde	CME	
6535	MWARA SAT/AFI 1		
6535	RDARA 2C 5D 6G 9D 10A 10D 12C 12J 14B		
6535	Abidjan	CTI	
6535	Baltra-Galapagos	EQA	
6535	Bamako-Senou	MLI	
6535	Bangui-M'poko	CAF	
6535	Bissau	GNB	
6535	Bobo-Dioulasso	BFA	
6535	Bouake	CTI	
6535	Brasilia	B	
6535	Canaries	CNR	
6535	Carp	CAN	
6535	Casablanca	MRC	
6535	Cayenne	GUF	
6535	Conakry	GUI	
6535	Dakar	SEN	
6535	Freetown-Lungi	SRL	
6535	Guayaquil-Bolivar	EQA	
6535	Iqaluit	CAN	
6535	Kano	NIG	
6535	Manaus	B	
6535	Mexico City	MEX	
6535	Monrovia-Roberts	LBR	
6535	Montevideo-Carrasco	URG	
6535	Niamey	NGR	
6535	Nouadhibou	MTN	
6535	Ouagadougou	BFA	
6535	Paramaribo	SUR	
6535	Quito	EQA	
6535	Recife	B	
6535	Rio de Janeiro	B	
6535	Sal	CPV	
6535	Toronto	CAN	LDOC
6536	Samarkand	UZB	
6536	Tashkent	UZB	
6536	Uralsk	KAZ	
6537	Bata	GNE	
6537	Bissau	GNB	
6537	Dakhla	MRC	
6537	El Fasher	SDN	
6537	El Obeid	SDN	
6537	Nzerekore	GUI	
6537	Sao Tome	STP	
6538	RDARA 3A 3B 9B 11B		
6538	VOLMET AFI		
6538	Labasa	FJI	
6538	Madang	PNG	
6538	Magadan	RUS	
6538	Nausori	FJI	
6538	Omsk	RUS	
6538	Port Moresby	PNG	
6538	Savusavu	FJI	
6538	Tiksi	RUS	
6541	RDARA 2C 6G 10C 13C 14C		
6541	Adelaide	AUS	
6541	Alice Springs	AUS	
6541	Altamira	B	
6541	Baku	AZE	
6541	Belem	B	
6541	Campo Grande	B	
6541	Corumba	B	
6541	Cuiaba	B	
6541	Curitiba	B	
6541	Darwin	AUS	
6541	Florianopolis	B	
6541	Macapa	B	
6541	Macau	MAC	
6541	Porto Velho	B	
6541	Rio de Janeiro	B	
6541	Santarem	B	
6541	Sao Paulo-Congonhas	B	
6541	Tbilisi	GEO	
6541	Tennant Creek	AUS	
6541	Tucurui	B	
6541	Yerevan	ARM	
6541	Yirrkala Mission-Gove	AUS	
6544	RDARA 1C 3A 3B 5A 5C 6C 10D		
6544	Abha	ARS	
6544	Al Baha	ARS	
6544	Al Jouf	ARS	
6544	Ambon	INS	
6544	Arar	ARS	
6544	Bisha	ARS	
6544	Bodö	NOR	
6544	Gan	MLD	
6544	Gassim	ARS	
6544	Gizan	ARS	
6544	Hafuf	ARS	
6544	Hail	ARS	
6544	Jeddah	ARS	
6544	Medina	ARS	
6544	Menado	INS	
6544	Montreal	CAN	
6544	Nejran	ARS	
6544	Qaisuma	ARS	
6544	Rafha	ARS	
6544	Tabuk	ARS	
6544	Taif	ARS	
6544	Turaif	ARS	
6544	Ujung Pandang	INS	
6544	Wejh	ARS	
6544	Yanbu'	ARS	
6547	RDARA 12J 13F 13K 14A		
6547	RDARA 2A 2C 5D 6G 9B 10B 10E 12E		
6547	Bandar Abbas	IRN	
6547	Belem	B	
6547	Br'ansk	RUS	
6547	Imperatriz	B	
6547	Kabul	AFG	
6547	Kermanshah	IRN	
6547	Mashhad	IRN	
6547	Mazar-i-Sharif	AFG	
6547	Qala-I-Naw	AFG	
6547	Ramsar	IRN	
6547	Rasht	IRN	
6547	Recife	B	
6547	Santiago de Chile	CHL	
6547	Sao Paulo-Congonhas	B	
6547	Shiraz	IRN	
6547	Tallinn	EST	

6547	Valdivia	CHL	
6547	Yazd	IRN	
6547	Zahedan	IRN	
6550	RDARA 1B 3A 3C 5B 6D 11B 13J		
6550	Dallas	USA	Rockwell
6550	Franca	B	
6550	Ijmuiden	HOL	Coast Guard
6550	Irkutsk	RUS	
6550	Kirensk	RUS	
6550	Los Angeles	USA	Lockheed
6550	Palmdale	USA	Lockheed
6550	Seattle	USA	Boeing
6550	St.Louis	USA	Boeing
6550	Teheran	IRN	
6551	Karup	DNK	Rescue
6552	Carp	CAN	LDOC
6552	Kupang	INS	
6552	Mogadishu	SOM	
6553	RDARA 2A 2C 4B 6G 9 10 12E 12F		
6553	13E 13F 13K 14A		
6553	Abemama	KIR	
6553	Arauca	CLM	
6553	Barranquilla	CLM	
6553	Belo Horizonte	B	
6553	Bogota	CLM	
6553	Brisbane	AUS	
6553	Broken Hill	AUS	
6553	Butaritari	KIR	
6553	Cairns	AUS	
6553	Charleville	AUS	
6553	Chisinau	MDO	
6553	Christmas Is.	KIR	
6553	Cucuta	CLM	
6553	El Yopal	CLM	
6553	Fua' Amotu	TON	
6553	Funafuti	KIR	
6553	Honiara	SLM	
6553	Iqaluit	CAN	
6553	Kiev	UKR	
6553	Leticia	CLM	
6553	Lvov	UKR	
6553	Matei	FJI	
6553	Mitu	CLM	
6553	Montreal	CAN	
6553	Nadi	FJI	
6553	Nauru	NRU	
6553	Nausori	FJI	
6553	Niue	NIU	
6553	Panama City	PNR	
6553	Perth	AUS	
6553	Port Hedland	AUS	
6553	Port Vila	VUT	
6553	Puerto Carreno	CLM	
6553	Rarotonga	CKN	
6553	Resolute Bay	CAN	
6553	Rotuma	FJI	
6553	San Jose Guaviare	CLM	
6553	Santiago de Chile	CHL	
6553	Santo-Pekoa	VUT	
6553	Savusavu	FJI	
6553	Sogamos	CLM	
6553	Tabiteuea North	KIR	
6553	Tame	CLM	
6553	Tarawa-Bonriki	KIR	
6553	Trinidad	CLM	
6553	Valdivia	CHL	
6553	Velasquez	CLM	
6553	Villavicencia	CLM	
6553	Wallis-Hihifo	WAL	
6554	Bali-Banjarmasin	INS	
6554	Balikpapan	INS	
6554	Cakung	INS	
6554	Carp	CAN	LDOC
6554	Chisinau	MDO	
6554	Gorontalo	INS	
6554	Kendari	INS	Air Force
6554	Kiev	UKR	
6554	Komoro	INS	
6554	Lvov	UKR	
6554	Odessa	UKR	
6554	Palu	INS	
6554	Salta	ARG	
6554	Sankt Petersburg	RUS	
6554	Tarakan	INS	
6554	Tucuman	ARG	
6554	Waingapu	INS	
6556	MWARA SEA		
6556	RDARA 3A 3C 10C 13C		
6556	Bali-Banjarmasin	INS	
6556	Bangkok	THA	
6556	Brasilia	B	
6556	Calcutta	IND	
6556	Campo Grande	B	
6556	Cocos Island	ICO	
6556	Colombo	SLK	
6556	Darwin	AUS	
6556	Dhaka	BGD	
6556	Guangzhou	CHN	
6556	Guilin	CHN	
6556	Guiyang	CHN	
6556	Jakarta	INS	
6556	Kathmandu	NPL	
6556	Kuala Lumpur	MLA	
6556	Kunming	CHN	
6556	Madras	IND	
6556	Male	MLD	
6556	Nanning	CHN	
6556	Perth	AUS	
6556	Rangoon/Yangon	BRM	
6556	Rio de Janeiro	B	
6556	Sao Paulo-Congonhas	B	
6556	Singapore	SNG	
6556	Trivandrum	IND	
6556	Ujung Pandang	INS	
6556	Xichang	CHN	
6557	Luanda	AGL	
6559	MWARA AFI - INO		
6559	RDARA 2A 3B 6G 11B 13J 14D		
6559	Bangui-M'poko	CAF	
6559	Beira	MOZ	
6559	Belem	B	
6559	Brasilia	B	
6559	Brazzaville	COG	
6559	Bulawayo	ZWE	
6559	Douala	CME	
6559	Fortaleza	B	
6559	Franceville-Mvengue	GAB	
6559	Garoua	CME	

6559	Goiania	B
6559	Goma	ZAI
6559	Harare	ZWE
6559	Johannesburg	AFS
6559	Kamina	ZAI
6559	Kinshasa	ZAI
6559	Kisangani-Bangoka	ZAI
6559	Kitona Base	ZAI
6559	Libreville	GAB
6559	Luanda	AGL
6559	Lubumbashi	ZAI
6559	Malabo	GNE
6559	Manaus	B
6559	Maroua-Salak	CME
6559	Mogadishu	SOM
6559	N'Djamena	TCD
6559	N'Gaoundere	CME
6559	Nairobi	KEN
6559	Port Gentil	GAB
6559	Recife	B
6559	Rio de Janeiro	B
6559	Salvador	B
6559	Windhoek	NMB
6559	Yaounde	CME
6562	MWARA CWP	
6562	RDARA 2B 2C 10D 13C	
6562	Almaty	KAZ
6562	Belem	B
6562	Brasilia	B
6562	Carnarvon	AUS
6562	Fukuoka	J
6562	Geraldton	AUS
6562	Guam	GUM
6562	Hong Kong	CHN
6562	Honolulu	HWA
6562	Kalgoorlie	AUS
6562	Manila	PHL
6562	Meekatharra	AUS
6562	Naha	J
6562	Ottawa	CAN
6562	Perth	AUS
6562	Port Hedland	AUS
6562	Port Moresby	PNG
6562	Sao Paulo-Congonhas	B
6562	Seoul	KOR
6562	Taipei	TWN
6562	Tokyo	J
6562	Tula	RUS
6565	RDARA 2A 4 6G 11B 14E	
6565	Algiers	ALG
6565	Carnarvon	AUS
6565	Geraldton	AUS
6565	Kalgoorlie	AUS
6565	Kaunas	LTU
6565	Meekatharra	AUS
6565	Perth	AUS
6565	Port Hedland	AUS
6565	Vyborg	RUS
6567	Saint Thomas	AVI
6568	RDARA 2B 2C 3B 6D 7C 10C 13C	
6568	Belem	B
6568	Belize City	BLZ
6568	Guatemala-Le Aurora	GTM
6568	Lagos	NIG
6568	Manaus	B
6568	Montreal	CAN
6568	New Orleans (Moisant)	USA
6568	Selebi-Pikwe	BOT
6568	Tucuma	B
6568	Tucuman	ARG
6571	MWARA EA	
6571	RDARA 12C	
6571	Acapulco	MEX
6571	Beijing	CHN
6571	Changsha	CHN
6571	Chengdu	CHN
6571	Chihuahua	MEX
6571	Colima	MEX
6571	Dalian	CHN
6571	Ensenada	MEX
6571	Guangzhou	CHN
6571	Hailar	CHN
6571	Hefei	CHN
6571	Irkutsk	RUS
6571	Jinan	CHN
6571	Kunming	CHN
6571	Lanzhou	CHN
6571	Manzanillo	MEX
6571	Maracay	VEN
6571	Matamoros	MEX
6571	Mexico City	MEX
6571	Palo Negro-Libertador	VEN
6571	Puebla	MEX
6571	Pyongyang	KRE
6571	Qingdao	CHN
6571	Shanghai	CHN
6571	Shenyang	CHN
6571	Taegu	KOR
6571	Taiyuan	CHN
6571	Ulan Bator	MNG
6571	Urumqi	CHN
6571	Wuhan	CHN
6571	Zhengzhou	CHN
6574	MWARA AFI	
6574	RDARA 2A 6G 13I 13M 14D	
6574	Addis Ababa	ETH
6574	Artigas	URG
6574	Asmara	ERI
6574	Bobo-Dioulasso	BFA
6574	Cairo	EGY
6574	Djibouti-Ambouli	DJI
6574	Hargeisa	SOM
6574	Khartoum	SDN
6574	Kigali	RRW
6574	Kisimayu	SOM
6574	Melo	URG
6574	Mogadishu	SOM
6574	Nizhniy Novgorod	RUS
6574	Ouagadougou	BFA
6574	Paysandu	URG
6574	Rivera	URG
6574	Riyan-Mukalla	YEM
6574	Sebha	LBY
6575	Al-Gaidah	YEM
6575	Tabiteuea North	KIR
6575	Tarawa-Bonriki	KIR
6577	MWARA CAR	
6577	RDARA 2B 2C 3B 4B 6D 13E	

6577	Almaty	KAZ	
6577	Baku	AZE	
6577	Bali-Banjarmasin	INS	
6577	Barranquilla	CLM	
6577	Caracas-Maiquetia	VEN	
6577	Gomel	BLR	
6577	Guatemala-Le Aurora	GTM	
6577	Hat Yai	THA	
6577	Havana-Boyeros	CUB	
6577	Kingston	JMC	
6577	Kupang	INS	
6577	Merida	MEX	
6577	Nakon Si Thammarat	THA	
6577	Narathiwat	THA	
6577	Nassau	BAH	
6577	New York	USA	
6577	Panama City	PNR	
6577	Paramaribo	SUR	
6577	Pattani	THA	
6577	Phuket	THA	
6577	Port of Spain-Piarco	TRD	
6577	Port-au-Prince	HTI	
6577	San Andres Is.	CLM	
6577	San Jose	CTR	
6577	San Juan	PTR	
6577	Santo Domingo	DOM	
6577	Songkhla Hat Yai	THA	
6577	Surat Thani-Samui	THA	
6577	Tashkent	UZB	
6577	Tegucigalpa	HND	CENAMER
6577	Trang	THA	
6580	RDARA 6G 7E 9C 10A 13C 13J 13K 14		
6580	VOLMET EUR		
6580	Adelaide	AUS	
6580	Alice Springs	AUS	
6580	Barranquilla	CLM	
6580	Belem	B	
6580	Bethel	ALS	LDOC
6580	Brasilia	B	
6580	Broken Hill	AUS	
6580	Campo Grande	B	
6580	Cape Town	AFS	
6580	Ceduna	AUS	
6580	Cordova	ALS	
6580	Juneau	ALS	
6580	Kodiak	ALS	
6580	Leigh Creek South	AUS	
6580	Manaus	B	
6580	Melbourne	AUS	
6580	Porto Alegre	B	
6580	Porto Velho	B	
6580	Recife	B	
6580	Val de Caes	B	
6582	Durazno	URG	
6582	Khon Kaen	THA	
6582	Mercedes	URG	
6582	San Gregorio	URG	
6582	Teniente Parallada	URG	
6582	Treinta y Tres	URG	
6582	Ubon-Ratchathani	THA	
6583	RDARA 2 3 6E		
6583	Calcutta	IND	
6583	Dushanbe	TJA	
6583	Hyderabad	IND	

6583	Madras	IND	
6583	Magadan	RUS	
6583	Nagpur	IND	
6583	Vijayawada	IND	
6583	Vishakhapatnam	IND	
6583	Vitebsk	BLR	
6585	Buenos Aires-Ezeiza	ARG	
6585	Mendoza	ARG	
6585	Salta	ARG	
6586	MWARA AFI/CAR		
6586	RDARA 2C 6G 7 13G 14C		
6586	Abidjan	CTI	
6586	Accra	GHA	
6586	Barranquilla	CLM	
6586	Beira	MOZ	
6586	Bulawayo	ZWE	
6586	Caracas-Maiquetia	VEN	
6586	Cayenne	GUF	
6586	Cordoba	ARG	
6586	Cotonou	BEN	
6586	Dakar	SEN	
6586	Formosa	ARG	
6586	Francistown	BOT	
6586	Gaborone	BOT	
6586	Georgetown	GUY	
6586	Guatemala-Le Aurora	GTM	
6586	Harare	ZWE	
6586	Havana-Boyeros	CUB	
6586	Johannesburg	AFS	
6586	Kano	NIG	
6586	Kasama	ZMB	
6586	Kinshasa	ZAI	
6586	Kota Kinabalu	MLA	
6586	Kuching	MLA	
6586	Kumasi	GHA	
6586	La Rioja	ARG	
6586	Lagos	NIG	
6586	Lilongwe	MWI	
6586	Lome-Tokoin	TGO	
6586	Lusaka	ZMB	
6586	Managua	NCG	
6586	Maseru-Moshoeshoe	LSO	
6586	Mejametalana	LSO	
6586	Mendoza	ARG	
6586	Mongu	ZMB	
6586	N'Djamena	TCD	
6586	New York	USA	
6586	Niamey	NGR	
6586	Niamtougou	TGO	
6586	Nouadhibou	MTN	
6586	Nouakchott	MTN	
6586	Ouagadougou	BFA	
6586	Parakou	BEN	
6586	Paramaribo	SUR	
6586	Port of Spain-Piarco	TRD	
6586	Resistencia	ARG	
6586	Salta	ARG	
6586	San Andres Is.	CLM	
6586	Sao Tome	STP	
6586	Seretse Khama	BOT	
6586	Sunyani	GHA	
6586	Takoradi	GHA	
6586	Tegucigalpa	HND	CENAMER
6586	Tucuman	ARG	

6586	Windhoek	NMB
6589	RDARA 3	
6589	Aktyubinsk	KAZ
6589	Almaty	KAZ
6589	Bacolod	PHL
6589	Baguio	PHL
6589	Banankore Gbenko	GUI
6589	Bassein	BRM
6589	Bhamo	BRM
6589	Blagoveschensk	RUS
6589	Boke	GUI
6589	Chulman	RUS
6589	Conakry	GUI
6589	Dawei	BRM
6589	Djerdjan	RUS
6589	Ekimchan	RUS
6589	Faranah	GUI
6589	Franceville-Mvengue	GAB
6589	Freetown-Lungi	SRL
6589	Fria-Katourou	GUI
6589	Heho	BRM
6589	Hpa-an	BRM
6589	Hpapun	BRM
6589	Jedinka	RUS
6589	Kamsar	GUI
6589	Kankan-Diankana	GUI
6589	Kawthoung	BRM
6589	Kengtung	IND
6589	Khabarovsk	RUS
6589	Kinabalu	INS
6589	Kissidougou	GUI
6589	Konia	GUI
6589	Korsakov	RUS
6589	Kota Kinabalu	MLA
6589	Kyaukpyu	BRM
6589	Labe	GUI
6589	Lhok Sukon	INS
6589	Libreville	GAB
6589	Loikaw	IND
6589	Macenta	GUI
6589	Magway	BRM
6589	Magwe	BRM
6589	Maroua-Salak	CME
6589	Mawlamyine	BRM
6589	Mergui	BRM
6589	Mexico City	MEX
6589	Monghsat	BRM
6589	Mongtong	BRM
6589	Moulmein	BRM
6589	Muko Muko	INS
6589	Myeik	BRM
6589	Nzerekore	GUI
6589	Pa-an	BRM
6589	Padang Sidempuan	INS
6589	Pakkokku	BRM
6589	Papun	BRM
6589	Pathein	BRM
6589	Putao	BRM
6589	Rangoon/Yangon	BRM
6589	Roxas	PHL
6589	Sambailo	GUI
6589	Sandoway	BRM
6589	Sangaredi	GUI
6589	Santo Domingo	DOM
6589	Siguiri	SEN
6589	Sittwe	IND
6589	Surigao	PHL
6589	Tabuk	ARS
6589	Tachilek	BRM
6589	Talcoban	PHL
6589	Tapaktuan-Teuku	INS
6589	Tavoy	BRM
6589	Thandwe	BRM
6589	Tomsk	RUS
6589	Tuguegarao	PHL
6589	Vladivostok	RUS
6589	Ye	BRM
6592	MWARA NCA	
6592	RDARA 12C	
6592	Acapulco	MEX
6592	Barnaul	RUS
6592	Chanty-Mansijsk	RUS
6592	Chihuahua	MEX
6592	Colima	MEX
6592	Ensenada	MEX
6592	Irkutsk	RUS
6592	Jenisej	RUS
6592	Kirensk	RUS
6592	Kolpashevo	RUS
6592	Krasnoyarsk	RUS
6592	Manzanillo	MEX
6592	Matamoros	MEX
6592	Mexico City	MEX
6592	Novosibirsk	RUS
6592	Podkamennaja	RUS
6592	Puebla	MEX
6592	Surgut	RUS
6595	RDARA 1B 3B 3C 5B 6D	
6595	Bandar Abbas	IRN
6595	Jakarta	INS
6595	Khon Kaen	THA
6595	Kirensk	RUS
6595	Loei	BRM
6595	Mashhad	IRN
6595	Medan	INS
6595	Nakhon Phanom	BRM
6595	Palembang	INS
6595	Pontianak	INS
6595	Sakon Nakhon	THA
6595	Shiraz	IRN
6595	Teheran	IRN
6595	Timikia-Tembagapura	INS
6595	Ubon-Ratchathani	THA
6595	Udon Thani	THA
6595	Vitim	RUS
6598	MWARA EUR	
6598	RDARA 4B 6G 9B 10B 10E 12E 13H	
6598	Arkhangelsk	RUS
6598	Athinai	GRC
6598	Bahia Blanca	ARG
6598	Beirut	LBN
6598	Beograd	SER
6598	Budapest	HNG
6598	Comodoro Rivadavia	ARG
6598	Cotonou	BEN
6598	Kiev	UKR
6598	Lvov	UKR
6598	Madang	PNG

6598	Malta	MLT	
6598	Minsk	BLR	
6598	Moscow	RUS	
6598	Murmansk	RUS	
6598	N'Djamena	TCD	
6598	Nicosia	CYP	
6598	Odessa	UKR	
6598	Ottawa	CAN	
6598	Riga	LVA	
6598	Rio Gallegos	ARG	
6598	Sankt Petersburg	RUS	
6598	Simferopol	UKR	
6598	Sofia	BUL	
6598	Syktyvkar	RUS	
6598	Tel Aviv	ISR	
6598	Tunis	TUN	
6598	Velikye Luki	RUS	
6598	Vilnius	LTU	
6598	Vologda	RUS	
6598	Wewak-Boram	PNG	
6601	RDARA 2		
6601	Bloemfontein	AFS	
6601	Cape Town	AFS	
6601	Chulman	RUS	
6601	Ekimchan	RUS	
6601	Francistown	BOT	
6601	Gaborone	BOT	
6601	Khabarovsk	RUS	
6601	Kirensk	RUS	
6601	Kolpashevo	RUS	
6601	Manzini	SWZ	
6601	Matsapa	SWZ	
6601	Novosibirsk	RUS	
6601	Podkamennaja	RUS	
6601	Port Elizabeth	AFS	
6601	Windhoek	NMB	
6601	Yekaterinburg	RUS	
6603	Belem	B	V H24
6603	Manaus	B	V H24
6603	Rio de Janeiro	B	V H24
6604	RDARA 1D 6G 7C 10A 13N 14B		
6604	VOLMET NAT		
6604	Adak	ALS	
6604	Adelaide	AUS	
6604	Anchorage	ALS	
6604	Beograd	SER	
6604	Darwin	AUS	
6604	Derby	AUS	
6604	Gander	CAN	V H20 H55
6604	Kununurra	AUS	
6604	New York	USA	V H00 H30
6604	Perth	AUS	
6604	Port Hedland	AUS	
6607	RDARA 3A 6A 6B		
6607	Dikson	RUS	
6610	RDARA 1D 6G 14F		
6610	Adelaide	AUS	
6610	Amman	JOR	
6610	Bamako-Senou	MLI	
6610	Banjul-Yundum	GMB	
6610	Bissau	GNB	
6610	Brisbane	AUS	
6610	Canaries	CNR	
6610	Carnarvon	AUS	
6610	Casablanca	MRC	
6610	Ceduna	AUS	
6610	Charleville	AUS	
6610	Conakry	GUI	
6610	Davis Base	ANT	Navy
6610	Freetown-Lungi	SRL	
6610	Jeddah	ARS	
6610	Longreach	AUS	
6610	Medina	ARS	
6610	Monrovia-Roberts	LBR	
6610	Mount Isa	AUS	
6610	Perth	AUS	
6610	Port Hedland	AUS	
6610	Riyadh	ARS	
6610	Rockhampton	AUS	
6610	Tabuk	ARS	
6610	Taif	ARS	
6610	Zagreb	HRB	
6613	RDARA 3A 6A 6B 13G		
6613	Buenos Aires-Ezeiza	ARG	
6613	Cebu	PHL	
6613	Concordia	ARG	
6613	Davao	PHL	
6613	Manila	PHL	
6613	Mendoza	ARG	
6613	Rosario	ARG	
6613	Tomsk	RUS	
6613	Tucuman	ARG	
6616	RDARA 4A 6G 12G 14E		
6616	Adrar/Touat	ALG	
6616	Annaba	ALG	
6616	Batna	ALG	
6616	Bechar	ALG	
6616	Beijing	CHN	
6616	Biskra	ALG	
6616	Bordj Badji	ALG	
6616	Brisbane	AUS	
6616	Cairns	AUS	
6616	Constantine	ALG	
6616	Djanet-Tiska	ALG	
6616	El Golea	ALG	
6616	El Oued-Guemar	ALG	
6616	Ghardaia-Noumerate	ALG	
6616	Hassi-Messaoud	ALG	
6616	In Amenas	ALG	
6616	In Salah	ALG	
6616	Mascara	ALG	
6616	Mount Isa	AUS	
6616	Oran	ALG	
6616	Ouargla	ALG	
6616	Tamanrasset	ALG	
6616	Tebessa	ALG	
6616	Timimoun	ALG	
6616	Tindouf	ALG	
6616	Touggourt-Sidi Mahdi	ALG	
6616	Townsville	AUS	
6616	Weipa	AUS	
6617	Ambon	INS	
6617	Bewair	PNG	
6617	Biak	INS	
6617	Chachapoyas	PRU	
6617	Chiclayo	PRU	
6617	Davao	PHL	
6617	Gorontalo	INS	Air Force

6617	Huanuco	PRU	
6617	Iquitos	PRU	
6617	Jayapura	INS	
6617	Juanjui	PRU	
6617	Kendari	INS	
6617	Khon Kaen	THA	
6617	Kiev	UKR	V H20 H50
6617	Lima	PRU	
6617	Manokwari	INS	
6617	Menado	INS	
6617	Merauke-Mopah	INS	
6617	Moscow	RUS	V H10 H40
6617	Moyobamba	PRU	
6617	Mulia	INS	
6617	Nabire	INS	
6617	Palu	INS	
6617	Pucallpa	PRU	
6617	Puerto Maldonado	PRU	
6617	Rostov-na-Donu	RUS	V H25 H55
6617	Sankt Petersburg	RUS	V H05 H35
6617	Sorong	INS	
6617	Sumenep	INS	
6617	Tarapoto	PRU	
6617	Timikia-Tembagapura	INS	
6617	Tingo Maria	PRU	
6617	Torea	INS	
6617	Trujillo	PRU	
6617	Tual	INS	
6617	Ubon-Ratchathani	THA	
6617	Wamera	INS	
6617	Yurimaguas	PRU	
6617	Zamboanga	PHL	
6619	RDARA 3A 6B		
6619	Todos los Santos	BOL	
6622	MWARA NAT-F		
6622	RDARA 6G 7F 9B 12C 13D		
6622	Benguela	AGL	
6622	Cabinda	AGL	
6622	Gander	CAN	
6622	Huambo	AGL	
6622	Luanda	AGL	
6622	Lubango	AGL	
6622	Luena	AGL	
6622	Madang	PNG	
6622	Merida	MEX	
6622	Mexico City	MEX	
6622	Nadzab	PNG	
6622	Port Moresby	PNG	
6622	Shanwick	IRL	
6622	Tijuana	MEX	
6624	Abadan	IRN	
6624	Beijing	CHN	
6624	Delhi	IND	
6624	Dushanbe	TJA	
6624	Guangzhou	CHN	
6624	Huilai	CHN	
6624	Kabul	AFG	
6624	Karachi	PAK	
6624	Kathmandu	NPL	
6624	Kirensk	RUS	
6624	Kunming	CHN	
6624	Kuwait	KWT	
6624	Lahore	PAK	
6624	Lanzhou	CHN	
6624	Riyan-Mukalla	YEM	
6624	Tashkent	UZB	
6624	Teheran	IRN	
6624	Urumqi	CHN	
6624	Vitim	RUS	
6624	Wuhan	CHN	
6625	MWARA MID		
6625	RDARA 3B		
6625	Almaty	KAZ	
6625	Bishkek	KGZ	
6625	Dushanbe	TJA	
6628	MWARA NAT-E		
6628	RDARA 6G 7E 12C 13D 13M 14		
6628	Canaries	CNR	
6628	Caracas-Maiquetia	VEN	
6628	Lima	PRU	
6628	New York	USA	
6628	Santa Maria	AZR	
6631	MWARA MID		
6631	RDARA 3B 6C		
6631	Aden	YEM	
6631	Aktyubinsk	KAZ	
6631	Almaty	KAZ	
6631	Amman	JOR	
6631	Ankara	TUR	
6631	Baghdad	IRQ	
6631	Bahrain	BHR	
6631	Basrah	IRQ	
6631	Beirut	LBN	
6631	Biak	INS	
6631	Bishkek	KGZ	
6631	Cairo	EGY	
6631	Damascus	SYR	
6631	Dushanbe	TJA	
6631	Jayapura	INS	
6631	Jeddah	ARS	
6631	Kuwait	KWT	
6631	Kzyl-Orda	KAZ	
6631	Merida	MEX	
6631	Mexico City	MEX	
6631	Moscow	RUS	
6631	Odessa	UKR	
6631	Samara	RUS	
6631	Samarkand	UZB	
6631	Sanaa	YEM	
6631	Simferopol	UKR	
6631	Tashkent	UZB	
6631	Tbilisi	GEO	
6631	Teheran	IRN	
6631	Uralsk	KAZ	
6631	Yerevan	ARM	
6633	Bhubaneswar	IND	
6633	Townsville	AUS	
6634	RDARA 6G		
6634	Ankara	TUR	Air Force
6634	Istanbul	TUR	Air Force
6634	Izmir	TUR	Air Force
6634	Portishead Radio	G	LDOC
6637	LDOC W1 W2 W3		
6637	Athinai	GRC	LDOC
6637	Auckland	NZL	LDOC
6637	Beijing	CHN	LDOC
6637	Bombay	IND	LDOC
6637	Cedar Rapids	USA	LDOC

6637	Colombo	SLK	LDOC
6637	Delhi	IND	LDOC
6637	Hong Kong	CHN	LDOC
6637	Honolulu	HWA	LDOC
6637	Houston	USA	LDOC
6637	Jakarta	INS	LDOC
6637	Larnaca	CYP	LDOC
6637	Manila	PHL	LDOC
6637	Miami	USA	LDOC
6637	Nadi	FJI	LDOC
6637	Nauru	NRU	LDOC
6637	Singapore	SNG	LDOC
6637	Sydney	AUS	LDOC
6637	Tel Aviv	ISR	LDOC
6637	Tokyo	J	LDOC
6638	Accra	GHA	
6638	Adrar/Touat	ALG	
6638	Agades	NGR	
6638	Apolo	BOL	
6638	Ascension Guarayos	BOL	
6638	Banjul-Yundum	GMB	
6638	Bechar	ALG	
6638	Bermejo	BOL	
6638	Biskra	ALG	
6638	Bo	SRL	
6638	Camiri	BOL	
6638	Cobija	BOL	
6638	Cochabamba	BOL	
6638	Cotonou	BEN	
6638	Djanet-Tiska	ALG	
6638	El Golea	ALG	
6638	Freetown-Lungi	LBR	
6638	Freetown-Lungi	SRL	
6638	Ghardaia-Noumerate	ALG	
6638	Guayaramerin	BOL	
6638	Hassi-Messaoud	ALG	
6638	Hat Yai	THA	
6638	In Amenas	ALG	
6638	In Salah	ALG	
6638	Kenema	SRL	
6638	Kumasi	GHA	
6638	La Paz	BOL	
6638	Lagos	NIG	
6638	Magdalena	BOL	
6638	Monrovia-Roberts	LBR	
6638	Odienne	CTI	
6638	Oruro	BOL	
6638	Ouargla	ALG	
6638	Potosi	BOL	
6638	Puerto Suarez	BOL	
6638	Rafael Pabon	BOL	
6638	Reyes	BOL	
6638	Riberalta	BOL	
6638	Robore	BOL	
6638	Rurrenabaque	BOL	
6638	San Borja	BOL	
6638	San Ignacio Moxos	BOL	
6638	San Ignacio Velasco	BOL	
6638	San Javier	BOL	
6638	San Joaquin	BOL	
6638	San Jose Chiquitos	BOL	
6638	San Matias	BOL	
6638	San Ramon	BOL	
6638	Santa Ana Yacuma	BOL	
6638	Santa Cruz-Vira Viru	BOL	
6638	Sucre	BOL	
6638	Sunyani	GHA	
6638	Takoradi	GHA	
6638	Tamale	GHA	
6638	Tamanrasset	ALG	
6638	Tarija	BOL	
6638	Timimoun	ALG	
6638	Touggourt-Sidi Mahdi	ALG	
6638	Trinidad-Heinrich Arauz	BOL	
6638	Villa Montes	BOL	
6638	Yacuiba	BOL	
6638	Yengema	SRL	
6638	Zarzaitine-In Amenas	ALG	
6638	Zinder	NGR	
6640	LDOC W2 W5		
6640	Cairo	EGY	LDOC
6640	Dar Es Salaam	TZA	LDOC
6640	Entebbe	UGA	LDOC
6640	Honolulu	HWA	LDOC
6640	Kabul	AFG	LDOC
6640	Kigali	RRW	LDOC
6640	Kuwait	KWT	LDOC
6640	Nairobi	KEN	LDOC
6640	New York	USA	LDOC
6640	San Francisco	USA	LDOC
6640	San Juan	PTR	LDOC
6640	Tunis	TUN	
6643	LDOC W1 W4		
6643	Algiers	ALG	LDOC
6643	Berna Radio	SUI	LDOC
6643	Buenos Aires-Ezeiza	ARG	LDOC
6643	Caracas-Maiquetia	VEN	LDOC
6643	DRF Stuttgart	D	LDOC
6643	El Salvador	SLV	LDOC
6643	Hapag-Lloyd Hannover	D	LDOC
6643	Santiago de Chile	CHL	LDOC
6645	Bahar Dar	ETH	LDOC
6645	Dire Dawa	ETH	LDOC
6645	Gondar	ETH	LDOC
6645	Jimma	ETH	LDOC
6646	LDOC W2 W5		
6646	Monrovia	LBR	LDOC
6646	Toronto	CAN	LDOC
6647	London Watchdog	G	Nordsee
6649	MWARA CAR/SAM		
6649	RDARA 3A 6G		
6649	Antofagasta	CHL	
6649	Arica	CHL	
6649	Asuncion	PRG	
6649	Baltra-Galapagos	EQA	
6649	Barranquilla	CLM	
6649	Bogota	CLM	
6649	Buenos Aires-Ezeiza	ARG	
6649	Cali	CLM	
6649	Caracas-Maiquetia	VEN	
6649	Chiclayo	PRU	
6649	Chimbote	PRU	
6649	Comodoro Rivadavia	ARG	
6649	Concepcion	CHL	
6649	Cordoba	ARG	
6649	Guatemala-Le Aurora	GTM	
6649	Guayaquil-Bolivar	EQA	
6649	Havana-Boyeros	CUB	

6649	Iquitos	PRU	
6649	La Paz	BOL	
6649	Lima	PRU	
6649	Medellin-Rionegro	CLM	
6649	Mendoza	ARG	
6649	Merida	MEX	
6649	Montevideo-Carrasco	URG	
6649	New York	USA	
6649	Panama City	PNR	
6649	Pascua-Mataveri	PAQ	
6649	Port of Spain-Piarco	TRD	
6649	Puerto Montt	CHL	
6649	Puerto Williams	CHL	
6649	Punta Arenas	CHL	
6649	Quito	EQA	
6649	Resistencia	ARG	
6649	Salta	ARG	
6649	San Andres Is.	CLM	
6649	San Carlos Bariloche	ARG	
6649	San Jose	CTR	
6649	Santa Cruz-Vira Viru	BOL	
6649	Santiago de Chile	CHL	
6649	Talara	PRU	
6649	Taungoo	BRM	
6649	Tegucigalpa	HND	CENAMER
6649	Ushuaia	ARG	
6649	Valdivia	CHL	
6652	RDARA 6G 7B		
6652	Carnarvon	AUS	
6652	Geraldton	AUS	
6652	Hat Yai	THA	
6652	Nadi	FJI	
6652	Narathiwat	THA	
6652	Pattani	THA	
6652	Perth	AUS	
6652	Port Hedland	AUS	
6652	Trang	THA	
6655	MWARA		
6655	RDARA 2B 6E		
6655	Anchorage	ALS	
6655	Bangalore	IND	
6655	Beijing	CHN	
6655	Bombay	IND	
6655	Coimbatore	IND	
6655	Honolulu	HWA	
6655	Hyderabad	IND	
6655	Khabarovsk	RUS	
6655	Madras	IND	
6655	Madurai	IND	
6655	Mangalore-Bajpe	IND	
6655	Tokyo	J	
6655	Trichur	IND	
6655	Trivandrum	IND	
6658	RDARA 3C 6A		
6658	Ashio	BRM	
6658	Bagan	BRM	
6658	Banmaw	BRM	
6658	Bhamo	BRM	
6658	Dallas	USA	Rockwell
6658	Gangow	BRM	
6658	Garoua	CME	
6658	Hommelinn	BRM	
6658	Htilin	BRM	
6658	Jakarta	INS	
6658	Kalay	IND	
6658	Kalemyo	BRM	
6658	Kanti	BRM	
6658	Kerinci	INS	
6658	Ketapang	INS	
6658	Khabarovsk	RUS	
6658	Kyauktu	BRM	
6658	La Paz	BOL	
6658	Lashio	BRM	
6658	Mandalay	BRM	
6658	Medan	INS	
6658	Momeik	BRM	
6658	Myitkyina-Pamti	BRM	
6658	Nyaung U	BRM	
6658	Pauk	BRM	
6658	Putao	BRM	
6658	Putussibau	INS	
6658	Sinkaling Khamti	BRM	
6658	Sintang	INS	
6661	MWARA NP		
6661	RDARA 2B 6E		
6661	Bishkek	KGZ	
6661	Minsk	BLR	
6661	Samarkand	UZB	
6664	RDARA 3C 5A		
6664	Bata	GNE	
6665	Taegu	KOR	
6667	RDARA 1E 2B 6F		
6667	Bangkok	THA	
6667	Chiang Mai	THA	
6667	Chiang Rai-Ban Du	THA	
6667	Hua Hin	THA	
6667	Lampang	THA	
6667	Lop Buri	THA	
6667	Mae Hong Son	THA	
6667	Mae Sot	THA	
6667	Nan	THA	
6667	Pai	THA	
6667	Phitsanulok	BRM	
6667	Phrae	THA	
6667	Prachuap Khiri Khan	THA	
6667	Seoul	KOR	
6667	Surat Thani-Samui	THA	
6667	Tak	THA	
6667	Tak-Mae Sot	THA	
6667	Tel Aviv	ISR	LDOC
6670	RDARA 3C		
6670	Bodaybo	RUS	
6670	Chita	RUS	
6670	Irkutsk	RUS	
6670	Kirensk	RUS	
6670	Ulan Ude	RUS	
6673	MWARA AFI/CEP		
6673	RDARA 2A 6G 10F 12D 13D 14B		
6673	Abidjan	CTI	
6673	Algiers	ALG	
6673	Bamako-Senou	MLI	
6673	Bangkok	THA	
6673	Bangui-M'poko	CAF	
6673	Barranquilla	CLM	
6673	Bobo-Dioulasso	BFA	
6673	Bouake	CTI	
6673	Cartagena	CLM	
6673	Chiang Mai	THA	

6673	Conakry	GUI	
6673	Corozal-Las Brujas	CLM	
6673	Cucuta	CLM	
6673	Dakar	SEN	
6673	Daloa	CTI	
6673	El Banco	CLM	
6673	Freetown-Lungi	SRL	
6673	Hua Hin	THA	
6673	Korhogo	CTI	
6673	Lampang	THA	
6673	Mae Sot	THA	
6673	Man	CTI	
6673	Medellin	CLM	
6673	Miami	USA	NOAA
6673	Monrovia-Roberts	LBR	
6673	Monteria-Los Garzones	CLM	
6673	Nan	THA	
6673	Nouadhibou	MTN	
6673	Nouakchott	MTN	
6673	Odienne	CTI	
6673	Ouagadougou	BFA	
6673	Phitsanulok	THA	
6673	Phrae	THA	
6673	Riga	LVA	
6673	Riohacha	CLM	
6673	Royal Air Force	G	Kanal: 401D
6673	San Francisco	USA	
6673	San Pedro	CTI	
6673	Sankt Petersburg	RUS	
6673	Santiago de Cuba	CUB	
6673	Sassandra	CTI	
6673	Tabou	CTI	
6673	Taipei	TWN	
6673	Tamanrasset	ALG	
6673	Uttaradit	THA	
6673	Valledupar	CLM	
6673	Varadero	CUB	
6673	Yamoussoukro	CTI	
6675	Taegu	KOR	Air Force
6675	Townsville	AUS	
6675	Wallis-Hihifo	WAL	
6676	VOLMET SEA		
6676	Bangkok	THA	V H10 H40
6676	Bombay	IND	V H25 H55
6676	Calcutta	IND	V H05 H35
6676	Karachi	PAK	V H15 H45
6676	Singapore	SNG	V H20 H50
6679	VOLMET PAC		
6679	Auckland	NZL	V H20 H50
6679	Hong Kong	CHN	V H15 H45
6679	Honolulu	HWA	V H25 H55
6679	Sydney	AUS	V H00 H30
6679	Tokyo	J	V H10 H40
6682	RDARA 6G		
6683	US Air Force	USA	Kanal: F731
	6685 kHz bis 6765 kHz Off-Route		
6685	Lisboa	POR	Air Force
6686	Wilhelmshaven	D	Bundesmarine
6687	Langebaanweg	AFS	Air Force
6687	Waterkloof	AFS	Air Force
6688	Tunis	TUN	
6691	Royal Air Force	G	Kanal: RD
6692	Khabarovsk	RUS	
6692	Magadan	RUS	
6692	Nikolayevsk Amure	RUS	
6692	Okha	RUS	
6692	Petropavlovsk	RUS	
6692	Sovetskaya Gavan	RUS	
6692	Ust-Khayruzovo	RUS	
6692	Yuzhno-Sakhalinsk	RUS	
6693	Bethpage	USA	Grumman
6693	Butterworth	MLA	
6693	Novosibirsk	RUS	V H10 H40
6693	Samara	RUS	V H15 H45
6693	Sebha	LBY	
6693	Singapore	SNG	Air Force
6693	St.John's	CAN	MACS
6693	Syktyvkar	RUS	V H00 H30
6693	Trenton	CAN	MACS
6693	Tyumen	RUS	V H20 H50
6693	Yekaterinburg	RUS	V H05 H35
6694	Kununurra	AUS	
6695	Gantgaw	IND	
6695	NATO AWACS	D	Kanal: KF
6700	Bacolod	PHL	
6700	Baguio	PHL	
6700	Bundesluftwaffe	D	Kanal: G
6700	Cordoba	ARG	Air Force
6700	Legazpi	PHL	
6700	NATO AWACS	D	Kanal: AA
6701	Al Jouf	ARS	
6701	Arar	ARS	
6701	Dhahran	ARS	
6701	Gassim	ARS	
6701	Guriat	ARS	
6701	Hail	ARS	
6701	Jeddah	ARS	
6701	Medina	ARS	
6701	Qaisuma	ARS	
6701	Rafha	ARS	
6701	Riyadh	ARS	
6701	Royal Air Force	G	Kanal: LC
6701	Tabuk	ARS	
6701	Taif	ARS	
6701	Turaif	ARS	
6701	Wejh	ARS	
6701	Yanbu'	ARS	
6704	Barnaul	RUS	
6704	Bratsk	RUS	
6704	Irkutsk	RUS	
6704	Jenisej	RUS	
6704	Krasnoyarsk	RUS	
6704	Niznevartovsk	RUS	
6704	Novosibirsk	RUS	
6704	Yeniseysk	RUS	
6706	Alert	CAN	MACS
6706	Edmonton	CAN	MACS
6706	St.John's	CAN	MACS
6706	Trenton	CAN	MACS
6708	Baracoa	CUB	
6708	Bayamo	CUB	
6708	Byrd Surface Camp	ANT	USN
6708	Guantanamo	CUB	
6708	Holguin	CUB	
6708	Magangue	CUB	
6708	Manzanillo	CUB	
6708	McMurdo Station	ANT	
6708	Moa	CUB	

6708	North Bay	CAN	
6708	Rio de Janeiro	B	Air Force
6708	Santiago de Cuba	CUB	
6708	South Pole Station	ANT	
6709	Cape Radio	USA	NASA
6709	Elmendorf AFB	ALS	NORAD
6709	Patrick AFB	USA	Rescue
6712	Andrews AFB	USA	GHFS
6712	Croughton	G	GHFS
6715	Andrews AFB	USA	Rescue
6715	Bundesluftwaffe	D	Kanal: H
6715	Hayward AFB	USA	Rescue
6715	Pisa	I	Air Force
6715	Roma	I	Air Force
6715	Royal Air Force	G	Kanal: PO
6715	Selfridge AFB	USA	Rescue
6715	Spanish Air Force	E	
6715	US Air Force	USA	Kanal: Z160
6716	US Air Force	USA	Kanal: F090
6717	US Air Force	USA	Kanal: F875
6718	Roma	I	Air Force
6720	Copenhagen-Vaerlose	DNK	Air Force
6723	Auckland	NZL	Air Force
6723	Guantanamo Bay	GTB	USCG
6723	Kaneoehe	HWA	
6723	Ohakea	NZL	Air Force
6724	Cape Radio	USA	NASA
6724	Ceropevets	RUS	
6724	Royal Air Force	G	Kanal: TG
6724	Sankt Petersburg	RUS	
6725	Mandalay	BRM	
6726	Sydney	AUS	Air Force
6728	NATO AWACS	D	
6728	Providencia	CLM	
6728	San Andres Is.	CLM	
6728	US Air Force	USA	Kanal: F400
6730	Aktyubinsk	KAZ	V H05 H35
6730	Almaty	KAZ	V H10 H40
6730	Bundesluftwaffe	D	Kanal: I
6730	Copenhagen-Vaerlose	DNK	Air Force
6730	Georgetown	GUY	
6730	Karup	DNK	Air Force
6730	Tashkent	UZB	V H20 H50
6730	Tbilisi	GEO	V H00 H30
6730	US Air Force	USA	Kanal: F267
6731	US Air Force	USA	Kanal: F432
6733	Buenos Aires-Ezeiza	ARG	LDOC
6736	Royal Air Force	G	Kanal: CA
6737	Canaries	CNR	Rescue
6737	Madrid	E	Rescue
6737	Maracay	VEN	
6737	Palma de Mallorca	E	Rescue
6737	Sevilla	E	Rescue
6739	Andersen AFB	GUM	GHFS
6739	Ascension Is.	ASC	GHFS
6739	Elmendorf AFB	ALS	GHFS
6739	Hickam AB	HWA	GHFS
6739	Incirlik AB	TUR	GHFS
6739	Lajes AB	AZR	GHFS
6739	McClellan AFB	USA	GHFS
6739	Royal Air Force	G	Kanal: B
6739	Salinas AB	PTR	GHFS
6739	Thule AB	GRL	GHFS
6739	Yokota AB	J	GHFS
6740	Roma-Ciampino	I	Air Force
6742	Paris	F	Air Force
6742	Roma	I	Air Force
6745	Edmonton	CAN	MACS
6745	Halifax	CAN	MACS
6745	Khabarovsk	RUS	
6745	Moscow	RUS	LDOC
6745	St.John's	CAN	MACS
6745	Trenton	CAN	MACS
6746	French Air Force	F	
6748	Royal Air Force	G	Kanal: HM
6749	N'Djamena	TCD	Air Force
6751	Bundesluftwaffe	D	Kanal: J
6754	Edmonton	CAN	Vol MACS
6754	NATO AWACS	D	Kanal: XC
6754	St.John's	CAN	Vol MACS
6754	Trenton	CAN	Vol MACS
6754	Vancouver	CAN	Vol MACS
6756	US Air Force	USA	Kanal: F748
6757	US Air Force	USA	Kanal: Z165
6760	Calcutta	IND	
6760	NATO AWACS	D	Kanal: KD
6760	Royal Air Force	G	Kanal: PE
6760	Udhampur	IND	
6761	Hat Yai	THA	
6761	Koksijde	BEL	Air Force
6761	Lyon-Rambert	F	Air Force
6761	Pattani	THA	
6761	Phuket	THA	
6761	Roma	I	Air Force
6761	Trang	THA	
6761	US Air Force	USA	Kanal: F957
6762	Lyon-Rambert	F	Air Force
6762	NATO AWACS	D	Kanal: NI
6767	Koksijde	BEL	Air Force
6768	Phuket	THA	
6769	Air National Guard	USA	USAF
6779	Wilhelmshaven	D	Bundesmarine
6781	Pulau Tioman	MLA	
6787	Lampedusa	I	Air Force
6787	Pantelleria	I	Air Force
6787	Punta Raisi	I	Air Force
6795	Jolo	PHL	
6799	Lop Buri	THA	
6800	Air National Guard	USA	USAF
6805	McIntosh Lake	CAN	
6813	Tripoli	LBY	
6817	US Air Force	USA	Kanal: F667
6830	US Air Force	USA	Kanal: F867
6833	Vishakhapatnam	IND	
6850	Davis Base	ANT	Navy
6866	Moscow	RUS	Air Force
6879	Kano	NIG	
6890	Air National Guard	USA	USAF
6890	Kamina	ZAI	Air Force
6895	Air National Guard	USA	USAF
6897	Cape Radio	USA	NASA
6915	Harare	ZWE	
6925	Teheran	IRN	
6937	Cape Radio	USA	NASA
6940	Air National Guard	USA	USAF
6941	Moscow	RUS	Air Force
6972	US Air Force	USA	Kanal: F405
6986	US Air Force	USA	Kanal: F114

6989	US Air Force	USA	Kanal: F814
6993	US Air Force	USA	Kanal: F117
7230	Ouagadougou	BFA	
7310	Kanpur-Chakeri	IND	Air Force
7316	US Air Force	USA	Kanal: F108
7325	US Air Force	USA	Kanal: F268
7330	US Air Force	USA	Kanal: F912
7365	Civil Air Patrol	USA	USAF
7421	US Coast Guard	USA	Kanal: 3A9
7460	Air National Guard	USA	USAF
7461	Cape Radio	USA	NASA
7465	Antofagasta	CHL	V H20
7469	US Air Force	USA	Kanal: F639
7480	Parsabad	IRN	
7496	Lae	PNG	Air Force
7496	Port Moresby	PNG	Air Force
7500	US Air Force	USA	Kanal: F301
7508	Miami	USA	FAA
7510	Ain Zalah	IRQ	
7525	Cape Radio	USA	NASA
7527	Libreville	GAB	LDOC
7541	Bahar Dar	ETH	LDOC
7541	Dire Dawa	ETH	LDOC
7541	Gondar	ETH	LDOC
7541	Jimma	ETH	LDOC
7552	Antananarivo	MDG	
7579	Mogadishu	SOM	
7589	Bula	INS	
7595	Addis Ababa	ETH	
7595	Aden	YEM	
7595	Djibouti-Ambouli	DJI	
7595	Mogadishu	SOM	
7595	Sanaa	YEM	
7595	Seychelles	SEY	
7605	US Air Force	USA	Kanal: F481
7621	Pendoro	INS	
7626	US Coast Guard	USA	Kanal: 3E10
7635	Civil Air Patrol	USA	USAF
7676	Cape Radio	USA	NASA
7685	Nairobi	KEN	Air Force
7687	US Air Force	USA	Kanal: F909
7690	US Air Force	USA	Kanal: F404
7693	US Air Force	USA	Kanal: F264
7710	Maracay	VEN	
7710	Palo Negro-Libertador	VEN	
7735	US Air Force	USA	Kanal: F228
7740	Rarotonga	CKN	
7765	Cape Radio	USA	NASA
7771	Camaguey	CUB	
7771	Santiago de Cuba	CUB	
7773	US Coast Guard	USA	Kanal: 3A8
7783	US Coast Guard	USA	Kanal: 3E11
7819	Tarempa	INS	
7824	Ampernan	INS	
7824	Waingapu	INS	
7825	Rutenga Satartacik	INS	
7827	US Air Force	USA	Kanal: F356
7831	US Air Force	USA	Kanal: Z170
7845	US Coast Guard	USA	Kanal: 3E12
7853	Air National Guard	USA	USAF
7860	Royal Air Force	G	Kanal: Kilo 15
7870	Khabarovsk	RUS	
7870	Magadan	RUS	
7870	Moscow	RUS	
7870	Nikolayevsk Amure	RUS	
7870	Nizhni-Novgorod	RUS	
7870	Rostov-na-Donu	RUS	
7870	Sochi-Adler	RUS	
7870	Sovetskaya Gavan	RUS	
7870	Volgograd	RUS	
7873	US Air Force	USA	Kanal: F741
7884	US Coast Guard	USA	Kanal: 3E13
7909	US Coast Guard	USA	Kanal: 3E14
7910	US Air Force	USA	Kanal: F627
7918	Civil Air Patrol	USA	USAF
7919	US Air Force	USA	Kanal: F360
7922	Davis Base	ANT	Navy
7927	US Air Force	USA	Kanal: F920
7933	US Air Force	USA	Kanal: F420
7935	Saipan	CAR	LDOC
7938	El Oued-Guemar	ALG	
7938	Timimoun	ALG	
7979	Nzerekore	GUI	
7985	Cape Radio	USA	NASA
7997	US Air Force	USA	Kanal: F266
8026	US Air Force	USA	Kanal: F290
8032	US Air Force	USA	Kanal: F498
8036	US Air Force	USA	Kanal: F003
8040	US Air Force	USA	Kanal: F465
8047	US Air Force	USA	Kanal: F752
8053	US Air Force	USA	Kanal: F649
8057	US Air Force	USA	Kanal: F706
8058	US Air Force	USA	Kanal: F054
8063	US Air Force	USA	Kanal: F153
8070	La Paz	BOL	V H15
8070	Muko Muko	INS	
8077	US Air Force	USA	Kanal: F529
8082	Bunju	IND	
8082	Tanjung Harapan	INS	
8091	Teheran	IRN	
8095	Kiev	UKR	
8095	Sankt Petersburg	RUS	
8100	Freeport	BAH	
8100	Georgtown	BAH	
8100	Governors Harbor	BAH	
8100	Marsh Harbor	BAH	
8100	Miami	USA	
8110	Davis Base	ANT	Navy
8125	Washington	USA	FAA
8145	Dushanbe	TJA	
8156	Royal Air Force	G	Kanal: AC
8170	Portishead Radio	G	LDOC
8185	Bermuda	BER	LDOC
8185	London	G	LDOC
8185	Panama City	PNR	LDOC
8190	Royal Air Force	G	Kanal: RA
8315	Artigas	URG	
8315	Montevideo-Carrasco	URG	
8335	Wilhelmshaven	D	Bundesmarine
8337	La Mina	CLM	
8337	Maicao-Carrejon	CLM	
8364	Auckland	NZL	
8364	Koksijde	BEL	Air Force
8364	Legazpi	PHL	
8364	Reykjavik	ISL	Rescue
8500	Royal Air Force	G	Kanal: 401E
8535	Pyongyang	KRE	
8586	Mendoza	ARG	

8731	Air National Guard	USA	USAF
8811	Bahrain	BHR	LDOC
	8815 kHz bis 8965 kHz Route		
8816	RDARA 4A 6G 12C 13J 14A		
8816	Adrar/Touat	ALG	
8816	Annaba	ALG	
8816	Batna	ALG	
8816	Bechar	ALG	
8816	Biskra	ALG	
8816	Bordj Badji	ALG	
8816	Constantine	ALG	
8816	Djanet-Tiska	ALG	
8816	El Golea	ALG	
8816	El Oued-Guemar	ALG	
8816	Ghardaia-Noumerate	ALG	
8816	Hassi-Messaoud	ALG	
8816	In Amenas	ALG	
8816	In Salah	ALG	
8816	Manaus	B	
8816	Mascara	ALG	
8816	Merida	MEX	
8816	Mexico City	MEX	
8816	Oran	ALG	
8816	Ouargla	ALG	
8816	Porto Alegre	B	
8816	Tamanrasset	ALG	
8816	Tebessa	ALG	
8816	Timimoun	ALG	
8816	Tindouf	ALG	
8816	Touggourt-Sidi Mahdi	ALG	
8819	RDARA 2B 2C 9B 10 13C		
8819	Aktyubinsk	KAZ	V H05 H35
8819	Almaty	KAZ	V H10 H40
8819	Baku	AZE	
8819	Beirut	LBN	V H15 H45
8819	Belem	B	
8819	Brasilia	B	
8819	Criciuma	B	
8819	Gander	CAN	LDOC
8819	Madang	PNG	
8819	Port Moresby	PNG	
8819	Sao Paulo-Congonhas	B	
8819	St.Johns	CAN	LDOC
8819	Surabaya	INS	Air Force
8819	Tashkent	UZB	V H20 H50
8819	Tbilisi	GEO	V H00 H30
8822	RDARA 2A 3B 5A 5C 11B 13G 14		
8822	Buenos Aires-Ezeiza	ARG	
8822	Carnarvon	AUS	
8822	Dallas	USA	Rockwell
8822	Gan	MLD	
8822	Jeddah	ARS	
8822	Kalgoorlie	AUS	
8822	Los Angeles	USA	Lockheed
8822	Meekatharra	AUS	
8822	Mendoza	ARG	
8822	Palmdale	USA	Lockheed
8822	Perth	AUS	
8822	Port Hedland	AUS	
8822	Rosario	ARG	
8822	Seattle	USA	Boeing
8822	St.Louis	USA	Boeing
8822	Testflug-Frequenz	USA	FCC
8824	Tabiteuea North	KIR	

8825	MWARA NAT-A/NAT-E		
8825	RDARA 6G 13H 14F		
8825	Baffin Radio	CAN	
8825	Bahia Blanca	ARG	
8825	Buenos Aires-Ezeiza	ARG	
8825	Canaries	CNR	
8825	Comodoro Rivadavia	ARG	
8825	Gander	CAN	
8825	Lisboa	POR	
8825	New York	USA	
8825	Paramaribo	SUR	
8825	Port of Spain-Piarco	TRD	
8825	Rio Gallegos	ARG	
8825	San Carlos Bariloche	ARG	
8825	Santa Maria	AZR	
8825	Santa Rosa	ARG	
8825	Shanwick	IRL	
8825	St.Georges	GRD	
8825	Trelew/Almirante Zar	ARG	
8826	Lubumbashi	ZAI	
8826	Tunis	TUN	
8828	RDARA 1D 13N		
8828	VOLMET PAC		
8828	Auckland	NZL	V H20 H50
8828	Beograd	SER	
8828	Bucarest	ROU	
8828	Hong Kong	CHN	V H15 H45
8828	Honolulu	HWA	V H25 H55
8828	Tokyo	J	V H10 H40
8829	Ankara	TUR	LDOC
8831	MWARA NAT-F		
8831	RDARA 6G 13F 14F		
8831	Balmaceda	CHL	
8831	Bhamo	BRM	
8831	Brisbane	AUS	
8831	Charleville	AUS	
8831	Gander	CAN	
8831	Longreach	AUS	
8831	Momeik	BRM	
8831	Mount Isa	AUS	
8831	Puerto Montt	CHL	
8831	Rockhampton	AUS	
8831	Santiago de Chile	CHL	
8831	Shanwick	IRL	
8831	Townsville	AUS	
8831	Valparaiso	CHL	
8831	Weipa	AUS	
8834	RDARA 2B 2C 6C 7C 10 13C		
8834	Biak	INS	
8834	Jayapura	INS	
8834	Merauke-Mopah	INS	
8837	RDARA 3A 3C 4A 9B 10B 13M		
8837	Madang	PNG	
8837	Nadzab	PNG	
8837	Port Moresby	PNG	
8837	Tel Aviv	ISR	LDOC
8840	RDARA 1C 6		
8840	Beira	MOZ	
8840	Bodö	NOR	Air Force
8840	Goma	ZAI	
8840	Guam	GUM	
8840	Hanoi	VTN	
8840	Hochiminh	VTN	
8840	Jan Mayen	JMY	Air Force

8840	Kamina	ZAI	
8840	Kigali	RRW	
8840	Kisangani-Bangoka	ZAI	
8840	Luanda	AGL	
8840	Rota	MRA	
8840	Saipan		
8840	Stavanger	NOR	Air Force
8840	Svalbard	SVB	Air Force
8840	Vientiane	LAO	
8842	Asuncion	PRG	
8842	Havana-Boyeros	CUB	LDOC
8842	Lima	PRU	
8842	Moscow	RUS	LDOC
8842	Resistencia	ARG	
8842	Santiago de Chile	CHL	
8843	MWARA CEP		
8843	RDARA 5D 6G 10E 13C 13J 13K 14D		
8843	Adelaide	AUS	
8843	Alice Springs	AUS	
8843	Carolina	B	
8843	Cucui	B	
8843	Darwin	AUS	
8843	Derby	AUS	
8843	Honolulu	HWA	
8843	Perth	AUS	
8843	Salvador	B	
8843	San Francisco	USA	
8843	Tefe	B	
8843	Tennant Creek	AUS	
8843	Yirrkala Mission-Gove	AUS	
8846	MWARA CAR		
8846	RDARA 2 3 7F 9		
8846	Apia-Faleolo	SMO	
8846	Barranquilla	CLM	
8846	Butaritari	KIR	
8846	Caracas-Maiquetia	VEN	
8846	Cayenne	GUF	
8846	Christmas Is.	KIR	
8846	Dundo	AGL	
8846	Fua' Amotu	TON	
8846	Funafuti	KIR	
8846	Funafuti	TUV	
8846	Georgetown	GUY	
8846	Havana-Boyeros	CUB	
8846	Honiara	SLM	
8846	Kingston	JMC	
8846	Luanda	AGL	
8846	Nadi	FJI	
8846	Nauru	NRU	
8846	New York	USA	
8846	Niue	NIU	
8846	Panama City	PNR	
8846	Paramaribo	SUR	
8846	Port of Spain-Piarco	TRD	
8846	Port Vila	VUT	
8846	Rarotonga	CKN	
8846	San Andres Is.	CLM	
8846	San Juan	PTR	
8846	Santo-Pekoa	VUT	
8846	Tabiteuea North	KIR	
8846	Tarawa-Bonriki	KIR	
8846	Wallis-Hihifo	WAL	
8849	RDARA 13K		
8849	VOLMET SEA		
8849	Beijing	CHN	V H15 H50
8849	Belo Horizonte	B	
8849	Campos	B	
8849	Goiania	B	
8849	Guangzhou	CHN	V H10 H43
8849	Harare	ZWE	
8852	RDARA 3B 3C 9 12E		
8852	VOLMET AFI		
8855	MWARA SAM		
8855	RDARA 2 10A 14		
8855	Asuncion	PRG	
8855	Barranquilla	CLM	
8855	Belem	B	
8855	Bogota	CLM	
8855	Brasilia	B	
8855	Buenos Aires-Ezeiza	ARG	
8855	Campo Grande	B	
8855	Caracas-Maiquetia	VEN	
8855	Cayenne	GUF	
8855	Curitiba	B	
8855	Dakar	SEN	
8855	Georgetown	GUY	
8855	Iquitos	PRU	
8855	La Paz	BOL	
8855	Leticia	CLM	
8855	Lima	PRU	
8855	Managua	NCG	
8855	Manaus	B	
8855	Merida	MEX	
8855	Montevideo-Carrasco	URG	
8855	Paramaribo	SUR	
8855	Port of Spain-Piarco	TRD	
8855	Porto Alegre	B	
8855	Porto Velho	B	
8855	Recife	B	
8855	Resistencia	ARG	
8855	Rio de Janeiro	B	
8855	Salvador	B	
8855	Santa Cruz-Vira Viru	BOL	
8855	Sao Paulo-Congonhas	B	
8858	RDARA 4A 6G 10D 13E 13F 14D		
8858	Adelaide	AUS	
8858	Adrar/Touat	ALG	
8858	Alice Springs	AUS	
8858	Annaba	ALG	
8858	Batna	ALG	
8858	Bechar	ALG	
8858	Biskra	ALG	
8858	Bordj Badji	ALG	
8858	Broken Hill	AUS	
8858	Ceduna	AUS	
8858	Constantine	ALG	
8858	Djanet-Tiska	ALG	
8858	El Golea	ALG	
8858	El Oued-Guemar	ALG	
8858	Ghardaia-Noumerate	ALG	
8858	Hassi-Messaoud	ALG	
8858	In Amenas	ALG	
8858	In Salah	ALG	
8858	Leigh Creek South	AUS	
8858	Mascara	ALG	
8858	Melbourne	AUS	
8858	Oran	ALG	
8858	Ouargla	ALG	

8858	Santiago de Chile	CHL	
8858	Tamanrasset	ALG	
8858	Tebessa	ALG	
8858	Timimoun	ALG	
8858	Tindouf	ALG	
8858	Touggourt-Sidi Mahdi	ALG	
8861	MWARA AFI/SAT		
8861	RDARA 3A 3B 6E 9B		
8861	Abidjan	CTI	
8861	Aktyubinsk	KAZ	
8861	Almaty	KAZ	
8861	Bamako-Senou	MLI	
8861	Bangui-M'poko	CAF	
8861	Banjul-Yundum	GMB	
8861	Banjul-Yundum	GMB	
8861	Bhubaneswar	IND	
8861	Bissau	GNB	
8861	Bobo-Dioulasso	BFA	
8861	Bouake	CTI	
8861	Brasilia	B	
8861	Calcutta	IND	
8861	Canaries	CNR	
8861	Casablanca	MRC	
8861	Cayenne	GUF	
8861	Conakry	GUI	
8861	Dakar	SEN	
8861	Freetown-Lungi	SRL	
8861	Harare	ZWE	
8861	Havana-Boyeros	CUB	
8861	Honiara	SLM	
8861	Hyderabad	IND	
8861	Irkutsk	RUS	V H25 H55
8861	Jakarta	INS	
8861	Johannesburg	AFS	
8861	Kano	NIG	
8861	Khabarovsk	RUS	V H15 H45
8861	Kinshasa	ZAI	
8861	Kirensk	RUS	V H00 H30
8861	Kzyl-Orda	KAZ	
8861	Lagos	NIG	
8861	Madras	IND	
8861	Magadan	RUS	V H20 H50
8861	Manaus	B	
8861	Medan	INS	
8861	Monrovia-Roberts	LBR	
8861	Nadzab	PNG	
8861	Nagpur	IND	
8861	Niamey	NGR	
8861	Nouadhibou	MTN	
8861	Nouakchott	MTN	
8861	Ouagadougou	BFA	
8861	Palembang	INS	
8861	Paramaribo	SUR	
8861	Port Moresby	PNG	
8861	Recife	B	
8861	Rio de Janeiro	B	
8861	Sal	CPV	
8861	Salvador	B	
8861	Samara	RUS	
8861	Tashkent	UZB	
8861	Uralsk	KAZ	
8861	Vijayawada	IND	
8861	Vishakhapatnam	IND	
8861	Wewak-Boram	PNG	
8861	Windhoek	NMB	
8861	Yakutsk	RUS	V H10 H40
8864	MWARA NAT-B		
8864	RDARA 2B 6B 6F 7E 13F		
8864	Gander	CAN	
8864	Iceland Radio	ISL	
8864	Marsh Martin Base	ANT	
8864	New York	USA	
8864	Puerto Montt	CHL	
8864	Santa Maria	AZR	
8864	Shanwick	IRL	
8864	Valdivia	CHL	
8867	MWARA SP		
8867	RDARA 6G 10C 13D 13M		
8867	Auckland	NZL	
8867	Brisbane	AUS	
8867	Christmas Is.	KIR	
8867	Fua' Amotu	TON	
8867	Honolulu	HWA	
8867	Longreach	AUS	
8867	Lord Howe Island	AUS	
8867	Nadi	FJI	
8867	Papeete	OCE	
8867	Pascua-Mataveri	PAQ	
8867	Port Vila	VUT	
8867	Rarotonga	CKN	
8867	Sydney	AUS	
8867	Wallis-Hihifo	WAL	
8870	RDARA 5 6G 14		
8870	VOLMET NAT		
8870	Addis Ababa	ETH	
8870	Antananarivo	MDG	
8870	Asmara	ERI	
8870	Bujumbura	BDI	
8870	Dar Es Salaam	TZA	
8870	Entebbe	UGA	
8870	Kigali	RRW	
8873	RDARA 4 6G 9C 9D 12E 12F 13I		
8873	Artigas	URG	
8873	Bangui-M'poko	CAF	
8873	Bata	GNE	
8873	Bella Union	URG	
8873	Brazzaville	COG	
8873	Colonia	URG	
8873	Douala	CME	
8873	Franceville-Mvengue	GAB	
8873	Garoua	CME	
8873	Kano	NIG	
8873	Libreville	GAB	
8873	Lilongwe	MWI	
8873	Lusaka	ZMB	
8873	Madang	PNG	
8873	Malabo	GNE	
8873	Melo	URG	
8873	Montevideo-Carrasco	URG	V H15
8873	N'Djamena	TCD	
8873	Niamey	NGR	
8873	Paysandu	URG	
8873	Rivera	URG	
8873	Salto	URG	
8873	Sao Tome	STP	
8875	Tirana	ALB	
8876	RDARA 2A 10A 12D 14G		
8876	Adelaide	AUS	

8876	Bethel	ALS	LDOC
8876	Camaguey	CUB	
8876	Cayo Largo del Sur	CUB	
8876	Ciego de Avila	CUB	
8876	Dubbo	AUS	
8876	Havana-Boyeros	CUB	
8876	Kansas City	USA	NOAA
8876	Keesler AFB	USA	NOAA
8876	Kodiak	ALS	
8876	Las Tunas	CUB	
8876	Melbourne	AUS	
8876	Miami	USA	NOAA
8876	Mildura	AUS	
8876	Nome	ALS	
8876	Nueva Gerona	CUB	
8876	Port Hedland	AUS	
8876	Santiago de Cuba	CUB	
8876	Sydney	AUS	
8876	Varadero	CUB	
8879	MWARA AFI/INO/MID/NAT-C		
8879	RDARA 3B		
8879	Addis Ababa	ETH	
8879	Antananarivo	MDG	
8879	Beira	MOZ	
8879	Bombay	IND	
8879	Bujumbura	BDI	
8879	Cocos Island	ICO	
8879	Colombo	SLK	
8879	Dar Es Salaam	TZA	
8879	Durban	AFS	
8879	Francistown	BOT	
8879	Gander	CAN	
8879	Harare	ZWE	
8879	Iceland Radio	ISL	
8879	Jeddah	ARS	
8879	Johannesburg	AFS	
8879	Kigali	RRW	
8879	Lilongwe	MWI	
8879	Lusaka	ZMB	
8879	Madras	IND	
8879	Mahajanga-Amborovy	MDG	
8879	Majunga	MDG	
8879	Male	MLD	
8879	Manzini	SWZ	
8879	Maputo	MOZ	
8879	Mauritius	MAU	
8879	Moroni	COM	
8879	Nairobi	KEN	
8879	Perth	AUS	
8879	Sainte Denis-Gillot	MDG	
8879	Santa Maria	AZR	
8879	Selebi-Pikwe	BOT	
8879	Seychelles	SEY	
8879	Shanwick	IRL	
8879	St.Denis-Gillot	REU	
8879	Tamatave	MDG	
8879	Toamasina	MDG	
8882	RDARA 2C 6D		
8882	Bali-Banjarmasin	INS	
8882	Balikpapan	INS	
8882	Bangkok	THA	
8882	Freetown-Lungi	SRL	
8882	Kathmandu	NPL	
8882	Kupang	INS	
8882	Nicobar Islands	IND	Air Force
8882	Rangoon/Yangon	BRM	
8882	Trichur	IND	
8882	Trivandrum	IND	
8885	RDARA 5 6B 11B 13G 14C		
8885	Buenos Aires-Ezeiza	ARG	
8885	Busan	KOR	
8885	Concordia	ARG	
8885	Corrientes	ARG	
8885	Lima	PRU	LDOC
8885	Panama City	PNR	LDOC
8885	Salta	ARG	
8885	Santiago de Chile	CHL	LDOC
8885	Seoul	KOR	
8885	Tucuman	ARG	
8888	RDARA 2 6G 7		
8888	Beira	MOZ	
8888	Bujumbura	BDI	
8888	Bulawayo	ZWE	
8888	Cabinda	AGL	
8888	Cape Town	AFS	
8888	Capindela	AGL	
8888	Cotonou	BEN	
8888	Douala	CME	
8888	Dundo	AGL	
8888	Franceville-Mvengue	GAB	
8888	Gaborone	BOT	
8888	Goma	ZAI	
8888	Harare	ZWE	
8888	Huambo	AGL	
8888	Johannesburg	AFS	
8888	Kaduna	NIG	
8888	Kamina	ZAI	
8888	Kinshasa	ZAI	
8888	Kisangani-Bangoka	ZAI	
8888	Kitona Base	ZAI	
8888	Libreville	GAB	
8888	Lilongwe	MWI	
8888	Luanda	AGL	
8888	Lubumbashi	ZAI	
8888	Lueno	AGL	
8888	Lusaka	ZMB	
8888	Luzamba	AGL	
8888	Menongue	AGL	
8888	Nairobi	KEN	
8888	Ngiva	AGL	
8888	Novosibirsk	RUS	V H10 H40
8888	Samara	RUS	V H15 H45
8888	Saurimo	AGL	
8888	Seretse Khama	BOT	
8888	Soyo	AGL	
8888	Syktyvkar	RUS	V H00 H30
8888	Tyumen	RUS	V H20 H50
8888	Windhoek	NMB	
8888	Yekaterinburg	RUS	V H05 H35
8889	Delhi	IND	
8889	Madras	IND	
8889	Udhampur	IND	
8891	MWARA NAT-D		
8891	RDARA 6A 14E		
8891	Arctic Radio	CAN	
8891	Baffin Radio	CAN	
8891	Bhopal	IND	
8891	Bodö	NOR	

8891	Bombay	IND
8891	Cairns	AUS
8891	Churchill	CAN
8891	Gander	CAN
8891	Iceland Radio	ISL
8891	Montreal	CAN
8891	Mount Isa	AUS
8891	Resolute Bay	CAN
8891	Shanwick	IRL
8891	Sondre Stromfjord	GRL
8891	Townsville	AUS
8891	Weipa	AUS
8894	MWARA AFI	
8894	RDARA 3C 12F 14A	
8894	Accra	GHA
8894	Adrar/Touat	ALG
8894	Algiers	ALG
8894	Arauca	CLM
8894	Bechar	ALG
8894	Beira	MOZ
8894	Biskra	ALG
8894	Bordj Mokhtar	ALG
8894	Brazzaville	COG
8894	Djanet-Tiska	ALG
8894	El Golea	ALG
8894	El Oued-Guemar	ALG
8894	Gao	MLI
8894	Ghardaia-Noumerate	ALG
8894	Hargeisa	SOM
8894	Hassi-Messaoud	ALG
8894	In Amenas	ALG
8894	In Salah	ALG
8894	Juba	SDN
8894	Kano	NIG
8894	Leticia	CLM
8894	Luanda	AGL
8894	Mitu	CLM
8894	N'Djamena	TCD
8894	Niamey	NGR
8894	Ouargla	ALG
8894	Port Sudan	SDN
8894	Puerto Carreno	CLM
8894	San Jose Guaviare	CLM
8894	Tamanrasset	ALG
8894	Tame	CLM
8894	Tebessa	ALG
8894	Timimoun	ALG
8894	Touggourt-Sidi Mahdi	ALG
8894	Trinidad	CLM
8894	Tripoli	LBY
8894	Tunis	TUN
8894	Villavicencia	CLM
8894	Zarzaitine-In Amenas	ALG
8896	Alice Springs	AUS
8896	Brisbane	AUS
8896	Cairns	AUS
8896	Charleville	AUS
8896	Chiclayo	PRU
8896	Darwin	AUS
8896	Dubbo	AUS
8896	Piura	PRU
8896	Townsville	AUS
8896	Yirrkala Mission-Gove	AUS
8897	MWARA EA	
8897	Beijing	CHN
8897	Changsha	CHN
8897	Chengdu	CHN
8897	Dalian	CHN
8897	Guangzhou	CHN
8897	Hailar	CHN
8897	Harbin-Yanjiagang	CHN
8897	Hefei	CHN
8897	Irkutsk	RUS
8897	Jinan	CHN
8897	Kunming	CHN
8897	Lanzhou	CHN
8897	Nanchang	CHN
8897	Pyongyang	KRE
8897	Qingdao	CHN
8897	Shanghai	CHN
8897	Shenyang	CHN
8897	Taegu	KOR
8897	Taiyuan	CHN
8897	Ulan Bator	MNG
8897	Urumqi	CHN
8897	Wuhan	CHN
8897	Xi'an	CHN
8897	Xiamen-Gaoqi	CHN
8897	Zhengzhou	CHN
8900	RDARA 3A 10D 13G 14B	
8900	Cordoba	ARG
8900	Darwin	AUS
8900	Derby	AUS
8900	Kununurra	AUS
8900	Mendoza	ARG
8900	Perth	AUS
8900	Port Hedland	AUS
8900	Salta	ARG
8900	Tucuman	ARG
8903	MWARA AFI/CWP	
8903	RDARA 10B 13M	
8903	Abuja	NIG
8903	Accra	GHA
8903	Algiers	ALG
8903	Bangui-M'poko	CAF
8903	Bata	GNE
8903	Beijing	CHN
8903	Beira	MOZ
8903	Bissau	GNB
8903	Bobo-Dioulasso	BFA
8903	Brazzaville	COG
8903	Bujumbura	BDI
8903	Bulawayo	ZWE
8903	Cotonou	BEN
8903	Darwin	AUS
8903	Douala	CME
8903	Entebbe	UGA
8903	Franceville-Mvengue	GAB
8903	Francistown	BOT
8903	Fukuoka	J
8903	Garoua	CME
8903	Gbadolite	ZAI
8903	Goma	ZAI
8903	Guam	GUM
8903	Guangzhou	CHN
8903	Harare	ZWE
8903	Hong Kong	CHN
8903	Honolulu	HWA

8903	Johannesburg	AFS	
8903	Kamina	ZAI	
8903	Kano	NIG	
8903	Kinshasa	ZAI	
8903	Kisangani-Bangoka	ZAI	
8903	Kitona Base	ZAI	
8903	Kumasi	GHA	
8903	Lagos	NIG	
8903	Libreville	GAB	
8903	Lome-Tokoin	TGO	
8903	Luanda	AGL	
8903	Lubumbashi	ZAI	
8903	Lusaka	ZMB	
8903	Macau	MAC	
8903	Maiduguri	NIG	
8903	Malabo	GNE	
8903	Manila	PHL	
8903	Maroua-Salak	CME	
8903	Maseru-Moshoeshoe	LSO	
8903	Mogadishu	SOM	
8903	Mongu	ZMB	
8903	Monrovia-Roberts	LBR	
8903	Montreal	CAN	LDOC
8903	N'Djamena	TCD	
8903	Naha	J	
8903	Nairobi	KEN	
8903	Nauru	NRU	
8903	Niamey	NGR	
8903	Niamtougou	TGO	
8903	Ouagadougou	BFA	
8903	Perth	AUS	
8903	Port Gentil	GAB	
8903	Port Moresby	PNG	
8903	Sao Tome	STP	
8903	Seoul	KOR	
8903	Seychelles	SEY	
8903	Shanghai	CHN	
8903	Sydney	AUS	
8903	Taipei	TWN	
8903	Tokyo	J	
8903	Windhoek	NMB	
8903	Yaounde	CME	
8906	MWARA NAT-A		
8906	RDARA 6A 6E 7B 9B 13H		
8906	Agartala	IND	
8906	Bahia Blanca	ARG	
8906	Buenos Aires-Ezeiza	ARG	
8906	Bujumbura	BDI	
8906	Calcutta	IND	
8906	Canaries	CNR	
8906	Comodoro Rivadavia	ARG	
8906	Dibrugarh	IND	
8906	Gander	CAN	
8906	Guwahati	IND	
8906	Imphal-Tulihal	IND	
8906	Kinshasa	ZAI	
8906	Kisangani-Bangoka	ZAI	
8906	Lucknow	IND	
8906	Madang	PNG	
8906	Mohanbari	IND	
8906	New York	USA	
8906	Paramaribo	SUR	
8906	Paro	BTN	
8906	Patna	IND	
8906	Port of Spain-Piarco	TRD	
8906	Rio Gallegos	ARG	
8906	San Carlos Bariloche	ARG	
8906	San Juan	PTR	
8906	Santa Maria	AZR	
8906	Santa Rosa	ARG	
8906	Shanwick	IRL	
8906	Trelew/Almirante Zar	ARG	
8906	Veranssi	IND	
8906	Wewak-Boram	PNG	
8907	Camaguey	CUB	
8907	Santiago de Cuba	CUB	
8909	RDARA 2A 6E		
8909	Bangalore	IND	
8909	Bombay	IND	
8909	Coimbatore	IND	
8909	Hyderabad	IND	
8909	Madras	IND	
8909	Madurai	IND	
8909	Mangalore-Bajpe	IND	
8909	Nizhniy Novgorod	RUS	
8909	Riga	LVA	
8909	Trichur	IND	
8909	Trivandrum	IND	
8909	Vologda	RUS	
8910	Port of Spain-Piarco	TRD	
8912	RDARA 5B 6G 11B 13D 14C		
8912	Abadan	IRN	
8912	Kermanshah	IRN	
8912	Mashhad	IRN	
8912	Santa Cruz-Vira Viru	BOL	
8912	Shiraz	IRN	
8912	Teheran	IRN	
8913	Bujumbura	BDI	
8913	Entebbe	UGA	
8913	Kinshasa	ZAI	
8913	Lubumbashi	ZAI	
8915	RDARA 3C 5A		
8915	Honolulu	HWA	
8915	Tokyo	J	
8917	Bangalore	IND	
8917	Bombay	IND	
8917	Calcutta	IND	
8917	Car Nicobar	IND	
8917	Dundigul	INS	
8917	Honiara	SLM	
8917	Hyderabad	IND	
8917	Madang	PNG	
8917	Madras	IND	
8917	Mangalore-Bajpe	IND	
8917	Nadzab	PNG	
8917	Nauru	NRU	
8917	Port Blair	IND	
8917	Rabaul	PNG	
8917	Seattle	USA	Boeing
8917	Trichur	IND	
8917	Trivandrum	IND	
8917	Wewak-Boram	PNG	
8918	MWARA AFI/CAR/MID		
8918	RDARA 6C		
8918	Aden	YEM	
8918	Al-Gaidah	YEM	
8918	Ambon	INS	
8918	Amman	JOR	

8918	Ankara	TUR	
8918	Baghdad	IRQ	
8918	Bahrain	BHR	
8918	Baku	AZE	
8918	Barranquilla	CLM	
8918	Basrah	IRQ	
8918	Beirut	LBN	
8918	Bogota	CLM	
8918	Cairo	EGY	
8918	Caracas-Maiquetia	VEN	
8918	Cayenne	GUF	
8918	Curacao	ATN	
8918	Dallas	USA	Rockwell
8918	Damascus	SYR	
8918	Georgetown	GUY	
8918	Guam	GUM	
8918	Guatemala-Le Aurora	GTM	
8918	Havana-Boyeros	CUB	
8918	Jeddah	ARS	
8918	Kingston	JMC	
8918	Kuwait	KWT	
8918	Manado	INS	
8918	Medellin-Rionegro	CLM	
8918	Merida	MEX	
8918	Nassau	BAH	
8918	New York	USA	
8918	Odessa	UKR	
8918	Panama City	PNR	
8918	Paramaribo	SUR	
8918	Port of Spain-Piarco	TRD	
8918	Port-au-Prince	HTI	
8918	Riyan-Mukalla	YEM	
8918	Rota	.MRA	
8918	Saipan	MRA	
8918	San Andres Is.	CLM	
8918	San Jose	CTR	
8918	San Juan	PTR	
8918	Sanaa	YEM	
8918	Santo Domingo	DOM	
8918	Tbilisi	GEO	
8918	Tegucigalpa	HND	CENAMER
8918	Teheran	IRN	
8918	Ujung Pandang	INS	
8918	Yerevan	ARM	
8921	LDOC W1 W3		
8921	British Airways London	G	LDOC
8921	Colombo	SLK	LDOC
8921	Hong Kong	CHN	LDOC
8921	Jakarta	INS	LDOC
8921	Jeddah	ARS	LDOC
8921	LTU Düsseldorf	D	LDOC
8921	Sydney	AUS	LDOC
8924	LDOC W1 W4		
8924	Adrar/Touat	ALG	
8924	Agartala	IND	
8924	Algiers	ALG	
8924	Amsterdam	HOL	LDOC
8924	Baghdogra	IND	
8924	Bechar	ALG	
8924	Biskra	ALG	
8924	Brussels	BEL	LDOC
8924	Butaritari	KIR	
8924	Calcutta	IND	
8924	Caracas-Maiquetia	VEN	LDOC
8924	Dibrugarh	IND	
8924	Dublin	IRL	LDOC
8924	Franceville-Mvengue	GAB	
8924	Funafuti	TUV	
8924	Gauhati	IND	
8924	Guwahati	IND	
8924	Hapag-Lloyd Hannover	D	LDOC
8924	Honiara	SLM	
8924	Imphal-Tulihal	IND	
8924	In Amenas	ALG	
8924	Khabarovsk	RUS	LDOC
8924	Kumbhirgram	INS	
8924	Lima	PRU	LDOC
8924	Lisboa	POR	LDOC
8924	Malabo	GNE	
8924	Mohanbari	IND	
8924	Montevideo-Carrasco	URG	LDOC
8924	Moscow	RUS	LDOC
8924	Nauru	NRU	
8924	Port of Spain-Piarco	TRD	LDOC
8924	Port Vila	VUT	
8924	Praha	CZE	LDOC
8924	Rio de Janeiro	B	LDOC
8924	Silchar-Kumbhirgram	IND	
8924	Tabiteuea North	KIR	
8924	Tamanrasset	ALG	
8924	Tarawa-Bonriki	KIR	
8924	Tashkent	UZB	LDOC
8924	Tel Aviv	ISR	LDOC
8924	Timimoun	ALG	
8924	Touggourt-Sidi Mahdi	ALG	
8924	Wallis-Hihifo	WAL	
8924	Warsaw	POL	LDOC
8927	LDOC W2 W5		
8927	Addis Ababa	ETH	LDOC
8927	Dar Es Salaam	TZA	LDOC
8927	Dhahran	ARS	LDOC
8927	Dire Dawa	ETH	LDOC
8927	Entebbe	UGA	LDOC
8927	Havana-Boyeros	CUB	LDOC
8927	Jeddah	ARS	LDOC
8927	Kadena AB	J	Rescue
8927	Karachi	PAK	LDOC
8927	Lagos	NIG	LDOC
8927	Luanda	AGL	LDOC
8927	Matamoros	MEX	LDOC
8927	Merida	MEX	LDOC
8927	Nairobi	KEN	LDOC
8927	Riyadh	ARS	LDOC
8927	Tijuana	MEX	LDOC
8927	Vancouver	CAN	LDOC
8930	LDOC W1 W3		
8930	Bangkok	THA	LDOC
8930	Beijing	CHN	LDOC
8930	Bombay	IND	LDOC
8930	Budapest	HNG	LDOC
8930	Delhi	IND	LDOC
8930	DRF Stuttgart	D	LDOC
8930	In Amenas	ALG	LDOC
8930	Karachi	PAK	LDOC
8930	Male	MLD	LDOC
8930	Nairobi	KEN	LDOC
8930	Singapore	SNG	LDOC
8930	Stockholm Radio	S	LDOC

8930	Sydney	AUS	LDOC
8930	Tel Aviv	ISR	LDOC
8931	Beijing	CHN	
8931	Guangzhou	CHN	
8931	Kunming	CHN	
8931	Lanzhou	CHN	
8931	Madang	PNG	
8931	Shanghai	CHN	
8931	Urumqi	CHN	
8931	Wuhan	CHN	
8933	LDOC W2 W5		
8933	Blantyre	MWI	LDOC
8933	Cairo	EGY	LDOC
8933	Cedar Rapids	USA	LDOC
8933	Djibouti-Ambouli	DJI	LDOC
8933	Johannesburg	AFS	LDOC
8933	Mahe	SEY	LDOC
8933	Mexico City	MEX	LDOC
8933	New York	USA	LDOC
8933	Port Louis	MAU	LDOC
8933	Sal	CPV	LDOC
8936	LDOC W1 W2		
8936	Ahmadabad	IND	
8936	Alice Springs	AUS	
8936	Amritsar	IND	
8936	Berna Radio	SUI	LDOC
8936	Bhopal	IND	
8936	Bhuntar-Kulu	IND	
8936	Bombay	IND	
8936	Broken Hill	AUS	
8936	Budapest	HNG	LDOC
8936	Cairns	AUS	
8936	Calcutta	IND	
8936	Carnarvon	AUS	
8936	Cartagena	CLM	LDOC
8936	Ceduna	AUS	
8936	Charleville	AUS	
8936	Chennai	IND	
8936	Comodoro Rivadavia	ARG	V H30
8936	Curacao	ATN	LDOC
8936	Darwin	AUS	
8936	Davis Base	ANT	Navy
8936	Delhi	IND	
8936	Hyderabad	IND	
8936	Khabarovsk	RUS	
8936	Las Palmas	CNR	LDOC
8936	Lucknow	IND	
8936	Madras	IND	
8936	Madrid	E	LDOC
8936	Nagpur	IND	
8936	Patna	IND	
8936	Port Hedland	AUS	
8936	Santo Domingo	DOM	LDOC
8936	Srinagar	IND	
8936	Sydney	AUS	LDOC
8936	Townsville	AUS	
8936	Udaipur	IND	
8936	Udhampur	IND	
8936	Varanasi	IND	
8939	RDARA 2A 2C 6F 10B 13C		
8939	Belem	B	
8939	Bogota	CLM	
8939	Calcutta	IND	
8939	Kiev	UKR	V H20 H50

8939	Moscow	RUS	V H10 H40
8939	Navegantes	B	
8939	Recife	B	
8939	Rio de Janeiro	B	
8939	Rostov-na-Donu	RUS	V H25 H55
8939	San Andres Is.	CLM	
8939	Sankt Petersburg	RUS	V H05 H35
8939	Sao Paulo-Congonhas	B	
8939	Srinagar	IND	
8939	Taguatinga	B	
8942	MWARA EA/SEA		
8942	RDARA 3A		
8942	Bali-Banjarmasin	INS	
8942	Bangkok	THA	
8942	Guangzhou	CHN	
8942	Hanoi	VTN	
8942	Hochiminh	VTN	
8942	Hong Kong	CHN	
8942	Irkutsk	RUS	
8942	Jakarta	INS	
8942	Kota Kinabalu	MLA	
8942	Kuala Lumpur	MLA	
8942	Manila	PHL	
8942	Pyongyang	KRE	
8942	Seoul	KOR	
8942	Singapore	SNG	
8942	Tokyo	J	
8942	Ulan Bator	MNG	
8942	Vientiane	LAO	
8945	RDARA 10F 13K 14E		
8945	VOLMET		
8945	Belo Horizonte	B	
8945	Bridgetown	BRB	LDOC
8945	Caracas-Maiquetia	VEN	
8945	Damascus	SYR	V H00 H30
8945	Salvador	B	
8945	Sondre Stromfjord	GRL	
8948	RDARA 6A 12C		
8948	Ahmadabad	IND	
8948	Amritsar	IND	
8948	Bhopal	IND	
8948	Bhuntar-Kulu	IND	
8948	Bombay	IND	
8948	Calcutta	IND	
8948	Delhi	IND	
8948	Mazatlan	MEX	
8948	Merida	MEX	
8948	Monterrey	MEX	
8948	Nagpur	IND	
8948	Patna	IND	
8948	Tijuana	MEX	
8949	Harare	ZWE	LDOC
8951	MWARA MID		
8951	Aden	YEM	
8951	Aktyubinsk	KAZ	
8951	Almaty	KAZ	
8951	Amman	JOR	
8951	Anchorage	ALS	
8951	Ankara	TUR	
8951	Aralsk	KAZ	
8951	Ashkhabad	TKM	
8951	Baghdad	IRQ	
8951	Bahrain	BHR	
8951	Basrah	IRQ	

8951	Beirut	LBN	
8951	Bishkek	KGZ	
8951	Cairo	EGY	
8951	Damascus	SYR	
8951	Dushanbe	TJA	
8951	Honolulu	HWA	
8951	Jeddah	ARS	
8951	Kuwait	KWT	
8951	Kzyl-Orda	KAZ	
8951	Moscow	RUS	
8951	Odessa	UKR	
8951	Samara	RUS	
8951	Samarkand	UZB	
8951	Sanaa	YEM	
8951	Simferopol	UKR	
8951	Tashkent	UZB	
8951	Tbilisi	GEO	
8951	Teheran	IRN	
8951	Tokyo	J	
8951	Uralsk	KAZ	
8951	Yerevan	ARM	
8952	Adelaide	AUS	
8952	Alice Springs	AUS	
8952	Carnarvon	AUS	
8952	Ceduna	AUS	
8952	Cordoba	ARG	V H25
8952	Darwin	AUS	
8952	Port Hedland	AUS	
8954	RDARA 3 10E 12J 14B		
8954	Guayaquil-Bolivar	EQA	
8954	Moscow	RUS	Air Force
8954	Panama City	PNR	
8954	Paramaribo	SUR	
8954	Port of Spain-Piarco	TRD	
8954	Quito	EQA	
8957	RDARA 3B 6D 12C 13D 14G		
8957	VOLMET EUR		
8957	Jakarta	INS	
8957	Medan	INS	
8957	Palembang	INS	
8957	Pontianak	INS	
8957	Shannon	IRL	V H00 H30
8959	Bombay	IND	
8959	Cocos Island	ICO	
8959	Djibouti-Ambouli	DJI	
8959	Ed Debba	SDN	
8959	Juba	SDN	
8959	Kassala	SDN	
8959	Khartoum	SDN	
8959	Kigali	RRW	
8959	Port Sudan	SDN	
8960	RDARA 6G 7F		
8960	Bassein	BRM	
8960	Macau	MAC	
8960	Magwe	BRM	
8960	Pa-an	BRM	
8960	Papun	BRM	
8960	Portishead Radio	G	LDOC
8960	Rangoon/Yangon	BRM	
8960	Sandoway	BRM	
8960	Sittwe	IND	
8960	Tavoy	BRM	
8960	Ye	BRM	
8962	Miami	USA	NOAA

8963	Calcutta	IND	
8963	Dibrugarh	IND	
8963	Lagos	NIG	LDOC
	8965 kHz bis 9040 kHz Off-Route		
8965	Bundesluftwaffe	D	Kanal: K
8967	Al Jouf	ARS	
8967	Arar	ARS	
8967	Beograd	SER	LDOC
8967	Burgas	BUL	
8967	Douala	CME	LDOC
8967	Gassim	ARS	
8967	Gizan	ARS	
8967	Guriat	ARS	
8967	Hail	ARS	
8967	Khamis Mushayt	ARS	Air Force
8967	Mahe	SEY	LDOC
8967	Medina	ARS	
8967	Nejran	ARS	
8967	Qaisuma	ARS	
8967	Rafha	ARS	
8967	Sulayel	ARS	
8967	Tabuk	ARS	
8967	Taif	ARS	
8967	Turaif	ARS	
8967	Wejh	ARS	
8967	Yanbu'	ARS	
8967	Zagreb	HRB	LDOC
8970	Kuwait	KWT	Air Force
8970	Mangalore-Bajpe	IND	
8971	Bangalore	IND	
8971	NATO AWACS	D	Kanal: AC
8971	Royal Air Force	G	Kanal: PH
8972	Paris	F	Air Force
8972	Royal Air Force	G	Kanal: QR
8972	St.Johns	ATG	NASA
8974	Auckland	NZL	Air Force
8974	Darwin	AUS	Air Force
8974	Perth	AUS	Air Force
8974	Sydney	AUS	Air Force
8974	Townsville	AUS	Air Force
8974	Woodbourn	NZL	Air Force
8974	Zaragoza	E	Air Force
8975	Byrd Surface Camp	ANT	USN
8975	Langebaanweg	AFS	Air Force
8975	McMurdo Station	ANT	
8975	South Pole Station	ANT	
8975	Waterkloof	AFS	Air Force
8980	Barbers Point NAS	HWA	USCG
8980	Borinquen	PTR	USCG
8980	Detroit	USA	USCG
8980	Houston	USA	USCG
8980	Ipswich-Amberley	AUS	Air Force
8980	NATO AWACS	D	Kanal: XD
8980	Royal Air Force	G	Kanal: J
8980	San Diego	USA	USCG
8980	USCG Airstations	USA	Helicopter
8981	Atsugi	J	
8981	Cape Radio	USA	NASA
8983	Borinquen	PTR	USCG
8983	Boston	USA	USCG
8983	Charleston	USA	USCG
8983	Chesapeake	USA	USCG
8983	Chicago	USA	USCG
8983	Corpus Christi	USA	USCG

8983	Guantanamo Bay	GTB	USCG
8983	Honolulu	HWA	USCG
8983	Jacksonville	USA	USCG
8983	Kingston	JMC	Coast Guard
8983	Kodiak	ALS	USCG
8983	Lindbergh	USA	USCG
8983	Miami	USA	USCG
8983	New Orleans	USA	USCG
8983	New York	USA	USCG
8983	Opa Locka	USA	USCG
8983	Patna	IND	
8983	Royal Air Force	G	Kanal: HJ
8983	San Francisco	USA	USCG
8983	Traverse City	USA	USCG
8984	Auckland	NZL	Air Force
8984	Sydney	AUS	Air Force
8986	NATO AWACS	D	Kanal: NJ
8989	Belgian Air Force	BEL	Kanal: YG
8989	Edmonton	CAN	MACS
8989	Royal Air Force	G	Kanal: BX
8989	St.John's	CAN	MACS
8989	Trenton	CAN	MACS
8989	US Air Force	USA	Kanal: F500
8990	Jeddah	ARS	
8990	Medina	ARS	
8991	Roma	I	Air Force
8992	Andersen AFB	GUM	GHFS
8992	Ascension Is.	ASC	GHFS
8992	Auckland	NZL	Air Force
8992	Croughton	G	GHFS
8992	Darwin	AUS	Air Force
8992	Elmendorf AFB	ALS	GHFS
8992	Hickam AB	HWA	GHFS
8992	Lajes	AZR	Air Force
8992	Lisbon	POR	Air Force
8992	McClellan AFB	USA	GHFS
8992	Offutt AFB	USA	GHFS
8992	Ohakea	NZL	Air Force
8992	Perth	AUS	Air Force
8992	Porto Santo	MDR	Air Force
8992	Salinas AB	PTR	GHFS
8992	Sydney	AUS	Air Force
8992	Thule AB	GRL	GHFS
8992	Villacoublay	F	Air Force
8992	Waterkloof	AFS	Air Force
8992	Whenuapai	NZL	Air Force
8992	Yokota AB	J	GHFS
8993	Miami	USA	LDOC
8993	Paris	F	Air Frorce
8993	San Jose	CTR	
8996	Auckland	NZL	Air Force
8997	Byrd Surface Camp	ANT	USN
8997	Christchurch	NZL	
8997	Dome Charlie	ANT	
8997	McMurdo Station	ANT	
8997	Palmer Station	ANT	
8997	Scott Base	ANT	
8997	Siple Station	ANT	
8997	South Pole Station	ANT	
8997	Vanda Base	ANT	
8998	McMurdo Station	ANT	
8998	Royal Air Force	G	Kanal: DM
9001	Havana-Boyeros	CUB	
9002	Cape Radio	USA	NASA
9003	Amman	JOR	LDOC
9005	Izmir	TUR	Air Force
9005	Warrnambool	AUS	Air Force
9006	US Air Force	USA	Kanal: F505
9007	Edmonton	CAN	MACS
9007	North Bay	CAN	MACS
9007	St.John's	CAN	MACS
9007	Trenton	CAN	MACS
9009	Auckland	NZL	Air Force
9009	Bandung	INS	Air Force
9009	Bethpage	USA	Grumman
9009	Kendari	INS	Air Force
9009	Melanguane	INS	Air Force
9009	Sabang	INS	Air Force
9010	Royal Air Force	G	Kanal: AD
9011	Miami	USA	NOAA
9012	Johannesburg	AFS	Air Force
9013	Buenos Aires-Ezeiza	ARG	LDOC
9013	Roma	I	Air Force
9016	US Air Force	USA	Kanal: Z175
9017	US Air Force	USA	Kanal: F094
9022	North Bay	CAN	
9022	Royal Air Force	G	Kanal: AF
9023	US Air Force	USA	Kanal: F467
9024	Minsk	BLR	
9024	Murmansk	RUS	
9024	Sankt Petersburg	RUS	
9025	Bundesluftwaffe	D	Kanal: L
9026	Buenos Aires-Ezeiza	ARG	Air Force
9026	Nadi	FJI	LDOC
9027	Butterworth	MLA	
9027	Dunedin	NZL	Air Force
9027	US Air Force	USA	Kanal: F146
9030	Antananarivo	MDG	LDOC
9031	Royal Air Force	G	Kanal: DW
9032	Darwin	AUS	Air Force
9032	Tirstrup	DNK	Air Force
9034	Royal Air Force	G	Kanal: HK
9035	Copenhagen-Vaerlose	DNK	Air Force
9035	Madrid	E	LDOC
9043	US Air Force	USA	Kanal: F784
9047	Port Blair	IND	
9055	Gorontalo	INS	Air Force
9055	Kendari	INS	Air Force
9057	US Air Force	USA	Kanal: F395
9080	Pendoro	INS	
9115	Sanaa	YEM	LDOC
9120	US Air Force	USA	Kanal: F005
9122	San Juan	PTR	
9132	Cape Radio	USA	NASA
9145	Rutenga Satartacik	INS	
9215	US Air Force	USA	Kanal: F523
9218	US Air Force	USA	Kanal: F868
9220	Buenos Aires-Ezeiza	ARG	LDOC
9265	Wallis-Hihifo	WAL	
9270	US Air Force	USA	Kanal: F517
9317	US Air Force	USA	Kanal: F709
9320	US Air Force	USA	Kanal: F616
9323	US Air Force	USA	Kanal: F702
9380	Grand Cayman	CYM	USCG
9414	US Air Force	USA	Kanal: F292
9420	Pendoro	INS	
9459	Royal Air Force	G	Kanal: RZ
9461	US Air Force	USA	Kanal: F086

9495	Kano	NIG	
9495	Lagos	NIG	
9630	Kure Island	MDW	
9793	Elmendorf AFB	ALS	NORAD
9793	North Bay	CAN	
9809	US Air Force	USA	Kanal: Z185
9855	Zandery	SUR	V H50
9885	Montevideo-Carrasco	URG	
9925	Baghdad	IRQ	
9940	Davis Base	ANT	Navy
9955	Dushanbe	TJA	
9960	Lagos	NIG	
9991	US Air Force	USA	Kanal: F703
	10005 kHz bis 10100 kHz Route		
10006	RDARA 6A 10 13G		
10006	Buenos Aires-Ezeiza	ARG	
10006	Cordoba	ARG	
10006	La Rioja	ARG	
10006	Mendoza	ARG	
10006	Monte Caseros	ARG	
10006	Resistencia	ARG	
10006	Salta	ARG	
10006	Tucuman	ARG	
10009	RDARA 2B 2C 7B 9B 13K		
10009	Altamira	B	
10009	Belem	B	
10009	Brasilia	B	
10009	Curitiba	B	
10009	Kabul	AFG	
10009	Karachi	PAK	
10009	Kinshasa	ZAI	
10009	Kisangani-Bangoka	ZAI	
10009	Kuwait	KWT	
10009	Lahore	PAK	
10009	Manaus	B	
10009	Porto Velho	B	
10009	Recife	B	
10009	Rio de Janeiro	B	
10009	Salvador	B	
10009	Santarem	B	
10009	Sao Paulo-Congonhas	B	
10012	RDARA 5 10 13J		
10012	Vancouver	CAN	
10015	RDARA 2 6C 12D		
10015	Ashkhabad	TKM	
10015	Camaguey	CUB	
10015	Char'kov	UKR	
10015	Dhaka	BGD	
10015	Havana-Boyeros	CUB	
10015	Miami	USA	NOAA
10015	Nueva Gerona	CUB	
10015	Santiago de Cuba	CUB	
10015	Varadero	CUB	
10017	Guatemala-Le Aurora	GTM	
10017	San Andres Is.	CLM	
10018	MWARA INO/MID		
10018	RDARA 6G 9 13J 13K		
10018	Abadan	IRN	
10018	Addis Ababa	ETH	
10018	Aden	YEM	
10018	Almaty	KAZ	
10018	Ashkhabad	TKM	
10018	Asmara	ERI	
10018	Bahrain	BHR	
10018	Benghazi	LBY	
10018	Bishkek	KGZ	
10018	Bombay	IND	
10018	Bujumbura	BDI	
10018	Cairo	EGY	
10018	Dar Es Salaam	TZA	
10018	Delhi	IND	
10018	Djibouti-Ambouli	DJI	
10018	Dushanbe	TJA	
10018	Entebbe	UGA	
10018	Hargeisa	SOM	
10018	Jeddah	ARS	
10018	Kabul	AFG	
10018	Karachi	PAK	
10018	Kathmandu	NPL	
10018	Khartoum	SDN	
10018	Kigali	RRW	
10018	Kisimayu	SOM	
10018	Kuwait	KWT	
10018	Lahore	PAK	
10018	Madras	IND	
10018	Male	MLD	
10018	Mogadishu	SOM	
10018	Moroni	COM	
10018	Muscat	OMA	
10018	Nairobi	KEN	
10018	Odessa	UKR	
10018	Port Sudan	SDN	
10018	Samarkand	UZB	
10018	Sanaa	YEM	
10018	Seychelles	SEY	
10018	Shiraz	IRN	
10018	Tashkent	UZB	
10018	Tbilisi	GEO	
10018	Teheran	IRN	
10018	Tripoli	LBY	
10018	Urumqi	CHN	
10018	Yerevan	ARM	
10021	RDARA 6B 12C 13G		
10021	Bucarest	ROU	LDOC
10021	El Salvador	SLV	
10021	Junin	ARG	
10021	London-Luton	G	LDOC
10021	Mendoza	ARG	
10021	Rio Cuarto	ARG	
10024	MWARA SAM		
10024	RDARA 2B 2C 3B 9B		
10024	Antofagasta	CHL	
10024	Arica	CHL	
10024	Asuncion	PRG	
10024	Baltra-Galapagos	EQA	
10024	Barranquilla	CLM	
10024	Bogota	CLM	
10024	Buenos Aires-Ezeiza	ARG	
10024	Cali	CLM	
10024	Caracas-Maiquetia	VEN	
10024	Chiclayo	PRU	
10024	Chimbote	PRU	
10024	Comodoro Rivadavia	ARG	
10024	Concepcion	CHL	
10024	Cordoba	ARG	
10024	Guayaquil-Bolivar	EQA	
10024	Iquitos	PRU	
10024	La Paz	BOL	

10024	Leticia	CLM	
10024	Lima	PRU	
10024	Marsh Martin Base	ANT	
10024	Mendoza	ARG	
10024	Monte Caseros	ARG	
10024	Montevideo-Carrasco	URG	
10024	Panama City	PNR	
10024	Pascua-Mataveri	PAQ	
10024	Puerto Montt	CHL	
10024	Puerto Williams	CHL	
10024	Punta Arenas	CHL	
10024	Quito	EQA	
10024	Resistencia	ARG	
10024	Rio Cuarto	ARG	
10024	Salta	ARG	
10024	San Carlos Bariloche	ARG	
10024	Santa Cruz-Vira Viru	BOL	
10024	Santiago de Chile	CHL	
10024	Talara	PRU	
10024	Tefe	B	
10024	Tucuman	ARG	
10024	Ushuaia	ARG	
10024	Yuzhno-Sakhalinsk	RUS	
10025	Moscow	RUS	LDOC
10027	LDOC W1 W2		
10027	Bombay	IND	LDOC
10027	Bucarest	ROU	LDOC
10027	Helsinki	FIN	LDOC
10027	Las Palmas	CNR	LDOC
10027	Madrid	E	LDOC
10027	Praha	CZE	LDOC
10027	Roma	I	LDOC
10027	Santo Domingo	DOM	LDOC
10027	Toronto	CAN	LDOC
10030	LDOC W1 W4		
10030	Aero Lloyd Oberursel	D	LDOC
10030	Avitrans München	D	LDOC
10030	Buenos Aires-Ezeiza	ARG	LDOC
10030	DRF Stuttgart	D	LDOC
10030	El Salvador	SLV	LDOC
10030	Khabarovsk	RUS	LDOC
10030	LTU Düsseldorf	D	LDOC
10030	Moscow	RUS	LDOC
10030	Santiago de Chile	CHL	LDOC
10030	Tashkent	UZB	LDOC
10033	LDOC W2 W5		
10033	Honolulu	HWA	LDOC
10033	Kinshasa	ZAI	LDOC
10033	Kuwait	KWT	LDOC
10033	Mexico City	MEX	LDOC
10033	Miami	USA	LDOC
10033	Muscat	OMA	LDOC
10033	Tunis	TUN	LDOC
10036	RDARA 1E 6E 13G 13H		
10036	Buenos Aires-Ezeiza	ARG	
10036	Concepcion	CHL	LDOC
10036	Cordoba	ARG	
10036	Mendoza	ARG	
10036	Posadas	ARG	
10036	Puerto Montt	CHL	LDOC
10036	Salta	ARG	
10036	Santiago de Chile	CHL	LDOC
10036	Temuco	CHL	LDOC
10036	Tucuman	ARG	

10039	MWARA NCA	
10039	RDARA 3B 3C 4A 9B 12C	
10039	Adrar/Touat	ALG
10039	Annaba	ALG
10039	Batna	ALG
10039	Bechar	ALG
10039	Biskra	ALG
10039	Bordj Badji	ALG
10039	Chita	RUS
10039	Chulman	RUS
10039	Constantine	ALG
10039	Djanet-Tiska	ALG
10039	Ekimchan	RUS
10039	El Golea	ALG
10039	El Oued-Guemar	ALG
10039	Ghardaia-Noumerate	ALG
10039	Hassi-Messaoud	ALG
10039	In Amenas	ALG
10039	In Salah	ALG
10039	Irkutsk	RUS
10039	Kamchatsky	RUS
10039	Khabarovsk	RUS
10039	Kirensk	RUS
10039	Mascara	ALG
10039	Oran	ALG
10039	Ouargla	ALG
10039	Pyongyang	KRE
10039	Tamanrasset	ALG
10039	Tebessa	ALG
10039	Timimoun	ALG
10039	Tindouf	ALG
10039	Touggourt-Sidi Mahdi	ALG
10039	Ulan Bator	MNG
10039	Ulan Ude	RUS
10039	Yuzhno-Sakhalinsk	RUS
10042	MWARA EA	
10042	RDARA 9C 10F 13C 13J 13K	
10042	Bahia Blanca	ARG
10042	Beijing	CHN
10042	Belem	B
10042	Brasilia	B
10042	Campo Grande	B
10042	Carolina	B
10042	Comodoro Rivadavia	ARG
10042	Cucui	B
10042	Guangzhou	CHN
10042	Hailar	CHN
10042	Irkutsk	RUS
10042	Jinan	CHN
10042	Khabarovsk	RUS
10042	Kunming	CHN
10042	Lanzhou	CHN
10042	Manaus	B
10042	Porto Alegre	B
10042	Porto Velho	B
10042	Pyongyang	KRE
10042	Recife	B
10042	Rio Gallegos	ARG
10042	Shanghai	CHN
10042	Shenyang	CHN
10042	Sondre Stromfjord	GRL
10042	Taegu	KOR
10042	Tarauaca	B
10042	Trelew/Almirante Zar	ARG

10042	Ulan Bator	MNG	
10042	Urumqi	CHN	
10042	Vilhena	B	
10042	Wuhan	CHN	
10042	Zhengzhou	CHN	
10043	Cucui	B	
10045	RDARA 2 3A 11B 13H 14		
10045	Dallas	USA	Rockwell
10045	Los Angeles	USA	Lockheed
10045	Seattle	USA	Boeing
10045	St.Louis	USA	Boeing
10045	Testflug-Frequenz	USA	FCC
10048	MWARA NP		
10048	RDARA 2A 5D 13A 13B		
10048	Anchorage	ALS	
10048	Beijing	CHN	
10048	Cold Bay	ALS	
10048	Honolulu	HWA	
10048	Khabarovsk	RUS	
10048	San Francisco	USA	
10048	Sapporo	J	
10048	Shanghai	CHN	
10048	Tokyo	J	
10049	Punta Arenas	CHL	
10051	RDARA 6A 6E 13I		
10051	VOLMET NAT		
10051	Artigas	URG	
10051	Colonia	URG	
10051	Gander	CAN	V H20 H56
10051	Montevideo-Carrasco	URG	
10051	New York	USA	V H00 H30
10051	Paysandu	URG	
10051	Punta del Este	URG	
10051	Rivera	URG	
10051	Salto	URG	
10051	Vichadero	URG	
10054	RDARA 2A 2C 6G 12		
10054	Vilnius	LTU	
10057	MWARA CEP		
10057	RDARA 3A		
10057	VOLMET AFI		
10057	Belem	B	V H24
10057	Brazzaville	COG	V-AFI
10057	Honolulu	HWA	
10057	San Francisco	USA	
10060	RDARA 1D 6F 13K		
10060	Belem	B	
10060	Beograd	SER	
10060	Navegantes	B	
10060	Recife	B	
10060	Sao Paulo-Congonhas	B	
10060	Sofia	BUL	
10063	RDARA 4B 6G 12E		
10063	Accra	GHA	
10063	N'Djamena	TCD	
10066	MWARA SEA		
10066	RDARA 1B 10A 13M		
10066	Adak	ALS	
10066	Anchorage	ALS	
10066	Bali-Banjarmasin	INS	
10066	Bangkok	THA	
10066	Bombay	IND	
10066	Calcutta	IND	
10066	Cocos Island	ICO	
10066	Cold Bay	ALS	
10066	Colombo	SLK	
10066	Cuzco	PRU	
10066	Delhi	IND	
10066	Dhaka	BGD	
10066	Guangzhou	CHN	
10066	Guilin	CHN	
10066	Guiyang	CHN	
10066	Iquitos	PRU	
10066	Jakarta	INS	
10066	Kathmandu	NPL	
10066	Kuala Lumpur	MLA	
10066	Kunming	CHN	
10066	Lima	PRU	
10066	Madras	IND	
10066	Male	MLD	
10066	Manila	PHL	
10066	Nanning	CHN	
10066	Perth	AUS	
10066	Pucallpa	PRU	
10066	Rangoon/Yangon	BRM	
10066	Singapore	SNG	
10066	Talara	PRU	
10066	Tarapoto	PRU	
10066	Trichur	IND	
10066	Trivandrum	IND	
10066	Trujillo	PRU	
10066	Ujung Pandang	INS	
10066	Xichang	CHN	
10069	LDOC W1 W4		
10069	Berna Radio	SUI	LDOC
10069	Hapag-Lloyd Hannover	D	LDOC
10069	Rio de Janeiro	B	LDOC
10072	LDOC W1 W3		
10072	Auckland	NZL	LDOC
10072	Bombay	IND	LDOC
10072	British Airways London	G	LDOC
10072	Delhi	IND	LDOC
10072	Jakarta	INS	LDOC
10072	Nadi	FJI	LDOC
10072	Seoul	KOR	LDOC
10072	Singapore	SNG	LDOC
10072	Sydney	AUS	LDOC
10075	LDOC W2 W5		
10075	Beirut	LBN	LDOC
10075	Cedar Rapids	USA	LDOC
10075	Harare	ZWE	LDOC
10075	Houston	USA	LDOC
10075	Kabul	AFG	LDOC
10075	Kigali	RRW	LDOC
10078	LDOC W1 W3		
10078	Athinai	GRC	LDOC
10078	Brussels	BEL	LDOC
10078	La Valetta	MLT	LDOC
10078	Larnaca	CYP	LDOC
10078	Praha	CZE	LDOC
10078	Singapore	SNG	LDOC
10078	Sydney	AUS	LDOC
10081	MWARA CWP		
10081	RDARA 4A 6A 7C 13F		
10081	Algiers	ALG	
10081	Bahia Blanca	ARG	
10081	Comodoro Rivadavia	ARG	
10081	Port Stanley	FLK	

10081	Rio Gallegos	ARG	
10081	San Carlos Bariloche	ARG	
10081	Santa Rosa	ARG	
10081	Santiago de Chile	CHL	
10081	Seoul	KOR	
10081	Tamanrasset	ALG	
10081	Trelew/Almirante Zar	ARG	
10081	Valparaiso	CHL	
10084	MWARA EUR/SP		
10084	RDARA 6E 13D		
10084	Arkhangelsk	RUS	
10084	Athinai	GRC	
10084	Beirut	LBN	
10084	Beograd	SER	
10084	Kiev	UKR	
10084	Lvov	UKR	
10084	Malta	MLT	
10084	Minsk	BLR	
10084	Moscow	RUS	
10084	Murmansk	RUS	
10084	Nicosia	CYP	
10084	Odessa	UKR	
10084	Riga	LVA	
10084	Sankt Petersburg	RUS	
10084	Santa Cruz-Vira Viru	BOL	
10084	Simferopol	UKR	
10084	Sofia	BUL	
10084	Syktyvkar	RUS	
10084	Tunis	TUN	
10084	Velikye Luki	RUS	
10084	Vilnius	LTU	
10084	Vologda	RUS	
10087	RDARA 3 14		
10087	VOLMET SAM		
10087	Koltsovo	RUS	
10087	Yekaterinburg	RUS	
10090	RDARA 12E 12F		
10090	VOLMET NCA		
10090	Khabarovsk	RUS	V H05 H15
10090	Kiev	UKR	V H15 H45
10090	Moscow	RUS	V H25 H55
10090	Novosibirsk	RUS	V H20 H50
10090	Tashkent	UZB	V H10 H40
10093	RDARA 5B 6B 11B 13N		
10093	Hong Kong	CHN	LDOC
10093	Kingston	JMC	LDOC
10093	Paris	F	LDOC
10093	Paulo Alfonso	B	
10093	Sydney	AUS	LDOC
10093	Tokyo	J	LDOC
10096	MWARA NCA/SAM		
10096	RDARA 7D		
10096	Asuncion	PRG	
10096	Barnaul	RUS	
10096	Belem	B	
10096	Bogota	CLM	
10096	Brasilia	B	
10096	Buenos Aires-Ezeiza	ARG	
10096	Campo Grande	B	
10096	Caracas-Maiquetia	VEN	
10096	Cayenne	GUF	
10096	Chanty-Mansijsk	RUS	
10096	Curitiba	B	
10096	Dakar	SEN	
10096	Georgetown	GUY	
10096	Iquitos	PRU	
10096	Irkutsk	RUS	
10096	Jenisej	RUS	
10096	Kirensk	RUS	
10096	Kolpashevo	RUS	
10096	Krasnoyarsk	RUS	
10096	La Paz	BOL	
10096	Leticia	CLM	
10096	Lima	PRU	
10096	Manaus	B	
10096	Montevideo-Carrasco	URG	
10096	Novosibirsk	RUS	
10096	Paramaribo	SUR	
10096	Podkamennaja	RUS	
10096	Port of Spain-Piarco	TRD	
10096	Porto Alegre	B	
10096	Porto Velho	B	
10096	Recife	B	
10096	Resistencia	ARG	
10096	Rio de Janeiro	B	
10096	Salvador	B	
10096	Santa Cruz-Vira Viru	BOL	
10096	Surgut	RUS	
10194	Elmendorf AFB	ALS	NORAD
10194	North Bay	CAN	
10202	US Air Force	USA	Kanal: F904
10204	US Air Force	USA	Kanal: Z190
10205	US Air Force	USA	Kanal: F917
10291	Portishead Radio	G	LDOC
10315	NATO AWACS	D	Kanal: XE
10427	US Air Force	USA	Kanal: F575
10544	US Air Force	USA	Kanal: F577
10580	US Air Force	USA	Kanal: F545
10583	US Air Force	USA	Kanal: F987
10586	US Air Force	USA	Kanal: F974
10589	US Air Force	USA	Kanal: F707
10608	US Coast Guard	USA	Kanal: 3E5
10634	Royal Air Force	G	Kanal: PF
10648	US Air Force	USA	Kanal: F184
10675	US Coast Guard	USA	Kanal: 3E19
10717	US Air Force	USA	Kanal: F262
10759	US Coast Guard	USA	Kanal: 3E20
10780	Cape Canaveral	USA	NASA
10788	US Coast Guard	USA	Kanal: 3E21
10877	US Air Force	USA	Kanal: F595
10881	US Air Force	USA	Kanal: F039
10883	US Air Force	USA	Kanal: F717
10919	Royal Air Force	G	Kanal: UB
11052	US Air Force	USA	Kanal: F561
11053	US Air Force	USA	Kanal: F354
11056	US Air Force	USA	Kanal: F211
11058	US Air Force	USA	Kanal: F701
11059	US Air Force	USA	Kanal: F365
11104	US Air Force	USA	Kanal: Z195
11118	US Air Force	USA	Kanal: F102
11135	Nairobi	KEN	Air Force
11153	US Air Force	USA	Kanal: F277
11157	US Coast Guard	USA	Kanal: 3E24
11159	US Air Force	USA	Kanal: F919
11160	Guayaquil-Bolivar	EQA	
11165	Kiev	UKR	
	11175 kHz bis 11271 kHz Off-Route		
11175	Andersen AFB	GUM	GHFS

11175	Andrews AFB	USA	GHFS
11175	Ascension Is.	ASC	GHFS
11175	Croughton	G	GHFS
11175	Elmendorf AFB	ALS	GHFS
11175	Hickam AB	HWA	GHFS
11175	Incirlik AB	TUR	GHFS
11175	Lajes AB	AZR	GHFS
11175	McClellan AFB	USA	GHFS
11175	Offutt AFB	USA	GHFS
11175	Salinas AB	PTR	GHFS
11175	Thule AB	GRL	GHFS
11175	Yokota AB	J	GHFS
11179	Curacao	ATN	Rescue
11181	Royal Air Force	G	Kanal: AP
11181	US Air Force	USA	Kanal: Z200
11182	Leiden-Valkenburg	HOL	Air Force
11182	Madrid	E	LDOC
11184	Royal Air Force	G	Kanal: EX
11186	Sydney	AUS	Air Force
11192	Khabarovsk	RUS	
11192	Novosibirsk	RUS	
11193	Moscow	RUS	LDOC
11194	Los Angeles	USA	Lockheed
11195	Altamira	B	
11195	Araguaina	B	
11195	Belem	B	
11195	Brasilia	B	
11195	Campo Grande	B	
11195	Carajas	B	
11195	Cruzeiro do Sul	B	
11195	Cuiaba	B	
11195	Darwin	AUS	Air Force
11195	Gabriel	B	
11195	Itaituba	B	
11195	Juiz de Fora	B	
11195	Macae	B	
11195	Manaus	B	
11195	Paulo Alfonso	B	
11195	Porto Alegre	B	
11195	Porto Velho	B	
11195	Recife	B	
11195	Rio de Janeiro	B	
11195	Salvador	B	
11195	Tarauaca	B	
11195	Tucurui	B	
11195	Vilhena	B	
11195	Vitoria da Conquista	B	
11196	USCG Airstations	USA	Helicopter
11197	Moscow	RUS	LDOC
11199	Boston	USA	USCG
11199	Brooklyn	USA	USCG
11199	Corpus Christi	USA	USCG
11199	Miami	USA	USCG
11199	San Francisco	USA	USCG
11202	Perth	AUS	Air Force
11202	Sydney	AUS	Air Force
11205	Royal Air Force	G	Kanal: A
11208	Royal Air Force	G	Kanal: FG
11209	Bethpage	USA	Grumman
11214	Ipswich-Amberley	AUS	Air Force
11214	Roma	I	Air Force
11214	US Air Force	USA	Kanal: F064
11217	Bundesluftwaffe	D	Kanal: M
11217	Kinloss	G	Rescue
11217	Royal Air Force	G	Kanal: VE
11217	US Air Force	USA	Kanal: F124
11220	US Air Force	USA	Kanal: F311
11223	Auckland	NZL	Air Force
11223	Biscarosse	F	Air Force
11225	Christchurch	NZL	
11225	Scott Base	ANT	
11225	Vanda Base	ANT	
11226	Havana-Boyeros	CUB	LDOC
11226	US Air Force	USA	Kanal: F287
11228	NATO AWACS	D	Kanal: AB
11229	US Air Force	USA	Kanal: F823
11232	Alert	CAN	MACS
11232	Chatham Island	CAN	MACS
11232	Edmonton	CAN	MACS
11232	St.John's	CAN	MACS
11232	Sydney	CAN	MACS
11232	Trenton	CAN	MACS
11232	US Air Force	USA	Kanal: F522
11232	Vancouver	CAN	MACS
11235	Auckland	NZL	Air Force
11235	Aviano AB	I	Air Force
11235	Darwin	AUS	Air Force
11235	Erzurum	TUR	Air Force
11235	Izmir	TUR	Air Force
11235	Perth	AUS	Air Force
11235	Royal Air Force	G	Kanal: EK
11235	Sydney	AUS	Air Force
11235	Townsville	AUS	Air Force
11235	Woodbourn	NZL	Air Force
11236	US Air Force	USA	Kanal: F728
11237	Langebaanweg	AFS	Air Force
11237	Waterkloof	AFS	Air Force
11240	Damascus	SYR	LDOC
11241	Royal Air Force	G	Kanal: YC
11243	Alpinopolis	B	
11243	Fronteira	B	
11243	Furnas	B	
11243	Manoel Ribas	B	
11243	Pedregulho	B	
11244	Auckland	NZL	Air Force
11244	Itumbiara	B	
11244	Minacu	B	
11244	Rarotonga	CKN	Air Force
11245	Sofia	BUL	
11246	Copenhagen-Vaerlose	DNK	Air Force
11246	Nuuk	GRL	Air Force
11246	Station Nord	GRL	Air Force
11246	Thule AB	GRL	Air Force
11247	Auckland	NZL	Air Force
11247	Ohakea	NZL	Air Force
11247	Rio de Janeiro	B	Air Force
11247	Royal Air Force	G	Kanal: HW
11247	Sydney	AUS	Air Force
11247	Whenuapai	NZL	Air Force
11253	RAF Upavon	G	Volmet
11253	Royal Air Force	G	Kanal: EZ
11255	Auckland	NZL	
11255	Byrd Surface Camp	ANT	USN
11255	McMurdo Station	ANT	
11255	Siple Station	ANT	
11255	South Pole Station	ANT	
11256	Addis Ababa	ETH	LDOC
11256	Asmara	ERI	LDOC

11256	Axum	ETH	LDOC
11256	Bahar Dar	ETH	LDOC
11256	Dire Dawa	ETH	LDOC
11256	Gondar	ETH	LDOC
11256	Jimma	ETH	LDOC
11256	Nadi	FJI	LDOC
11259	Royal Air Force	G	Kanal: EH
11265	Bundesluftwaffe	D	Kanal: N
11265	Edmonton	CAN	MACS
11265	St.John's	CAN	MACS
11265	Trenton	CAN	MACS
11268	Belgian Air Force	BEL	Kanal: YJ
11268	Royal Air Force	G	Kanal: BL
11270	Flores	AZR	Air Force
11270	Ladder	NOR	AWACS
11270	NATO AWACS	D	Kanal: NK
11271	Biscarosse	F	Air Force
11271	Douala	CME	
11271	Edmonton	CAN	MACS
11271	Sydney	AUS	Air Force
11271	Trenton	CAN	MACS
11275	Brussels	BEL	Air Force
11276	RDARA 2A 2C 6G 10E 13J		
	11276 kHz bis 11400 kHz Route		
11276	Murmansk	RUS	
11276	Perm	RUS	
11276	Tallinn	EST	
11276	Volgograd	RUS	
11279	MWARA NAT-B/NAT-D		
11279	RDARA 2B 6F 9C		
11279	Aktyubinsk	KAZ	V H05 H35
11279	Almaty	KAZ	V H10 H40
11279	Arctic Radio	CAN	
11279	Baffin Radio	CAN	
11279	Bodö	NOR	
11279	Churchill	CAN	
11279	Gander	CAN	
11279	Iceland Radio	ISL	
11279	Montreal	CAN	
11279	Papeete	OCE	
11279	Shanwick	IRL	
11279	Sondre Stromfjord	GRL	
11279	Tashkent	UZB	V H20 H50
11279	Tbilisi	GEO	V H00 H30
11282	MWARA CEP		
11282	RDARA 4A 6G 13H		
11282	Bahia Blanca	ARG	
11282	Buenos Aires-Ezeiza	ARG	
11282	Comodoro Rivadavia	ARG	
11282	Honolulu	HWA	
11282	Rio Gallegos	ARG	
11282	San Francisco	USA	
11282	Santa Rosa	ARG	
11282	Trelew/Almirante Zar	ARG	
11284	Elmendorf AFB	ALS	NORAD
11284	North Bay	CAN	
11285	MWARA SEA 1		
11285	RDARA 2A 3B 7		
11285	Asmara	ERI	
11285	Bigara	MAU	
11285	Chennai	IND	
11285	Kuala Lumpur	MLA	
11285	Madras	IND	
11285	Male	MLD	
11285	Medan	INS	
11285	Petropavlovsk	RUS	
11285	Singapore	SNG	
11285	Trivandrum	IND	
11288	RDARA 5A 6G 11B		
11288	Dallas	USA	Rockwell
11288	Jeddah	ARS	LDOC
11288	Seattle	USA	Boeing
11288	St.Louis	USA	Boeing
11291	MWARA SAT		
11291	RDARA 3B 3C		
11291	Bissau	GNB	
11291	Canaries	CNR	
11291	Cayenne	GUF	
11291	Dakar	SEN	
11291	Johannesburg	AFS	
11291	Manaus	B	
11291	Paramaribo	SUR	
11291	Recife	B	
11291	Rio de Janeiro	B	
11291	Sal	CPV	
11291	Salvador	B	
11291	Windhoek	NMB	
11294	RDARA 2A 6G 7C		
11294	Kaunas	LTU	
11294	Tver'	RUS	
11297	RDARA 2 12F		
11297	Barranquilla	CLM	
11297	Bogota	CLM	
11297	Kiev	UKR	V H20 H50
11297	Mitu	CLM	
11297	Moscow	RUS	V H10 H40
11297	Puerto Carreno	CLM	
11297	Rostov-na-Donu	RUS	V H25 H55
11297	Sankt Petersburg	RUS	V H05 H35
11297	Villavicencia	CLM	
11300	MWARA AFI		
11300	RDARA 6G 13H		
11300	Abadan	IRN	
11300	Addis Ababa	ETH	
11300	Aden	YEM	
11300	Al-Gaidah	YEM	
11300	Algiers	ALG	
11300	Almaty	KAZ	
11300	Ashkhabad	TKM	
11300	Asmara	ERI	
11300	Bahrain	BHR	
11300	Beira	MOZ	
11300	Benghazi	LBY	
11300	Bishkek	KGZ	
11300	Blantyre	MWI	
11300	Bombay	IND	
11300	Bujumbura	BDI	
11300	Cairo	EGY	
11300	Cocos Island	ICO	
11300	Dar Es Salaam	TZA	
11300	Delhi	IND	
11300	Djibouti-Ambouli	DJI	
11300	Dushanbe	TJA	
11300	El Obeid	SDN	
11300	Entebbe	UGA	
11300	Hargeisa	SOM	
11300	In Amenas	ALG	
11300	Jeddah	ARS	

11300	Juba	SDN	
11300	Kabul	AFG	
11300	Karachi	PAK	
11300	Kathmandu	NPL	
11300	Khartoum	SDN	
11300	Kigali	RRW	
11300	Kisimayu	SOM	
11300	Kitona Base	ZAI	
11300	Kuwait	KWT	
11300	Lahore	PAK	
11300	Male	MLD	
11300	Mogadishu	SOM	
11300	Moroni	COM	
11300	Muscat	OMA	
11300	Nairobi	KEN	
11300	Odessa	UKR	
11300	Port Sudan	SDN	
11300	Riyan-Mukalla	YEM	
11300	Samarkand	UZB	
11300	Sanaa	YEM	
11300	Seychelles	SEY	
11300	Tashkent	UZB	
11300	Tbilisi	GEO	
11300	Teheran	IRN	
11300	Tripoli	LBY	
11300	Urumqi	CHN	
11300	Yerevan	ARM	
11303	RDARA 3C 13E		
11303	Antofagasta	CHL	
11303	Arica	CHL	
11303	Santiago de Chile	CHL	
11306	RDARA 6G 7E 11B		
11306	Bermuda	BER	LDOC
11306	Dallas	USA	Rockwell
11306	Dar Es Salaam	TZA	
11306	Irkutsk	RUS	
11306	Lima	PRU	LDOC
11306	London	G	LDOC
11306	Los Angeles	USA	Lockheed
11306	Nairobi	KEN	
11306	Palmdale	USA	Lockheed
11306	Portishead Radio	G	LDOC
11306	Pyongyang	KRE	
11306	Santiago de Chile	CHL	LDOC
11306	Seattle	USA	Boeing
11306	St.Louis	USA	Boeing
11306	Testflug-Frequenz	USA	FCC
11309	MWARA NAT-E		
11309	RDARA 3A 6D		
11309	Ambon	INS	
11309	Bali-Banjarmasin	INS	
11309	Bali-Banjarmasin	INS	
11309	Balikpapan	INS	
11309	Biak	INS	
11309	Canaries	CNR	
11309	Jakarta	INS	
11309	Jayapura	INS	
11309	Kupang	INS	
11309	Manado	INS	
11309	New York	USA	
11309	Palembang	INS	
11309	Pontianak	INS	
11309	Santa Maria	AZR	
11309	Ujung Pandang	INS	
11312	RDARA 5 9C 9D		
11312	Havana-Boyeros	CUB	LDOC
11312	Khabarovsk	RUS	
11312	Moscow	RUS	LDOC
11312	Testflug-Frequenz	USA	FCC
11315	RDARA 6G		
11315	VOLMET CAR		
11318	RDARA 3 4A 13D		
11318	Adrar/Touat	ALG	
11318	Annaba	ALG	
11318	Batna	ALG	
11318	Bechar	ALG	
11318	Biskra	ALG	
11318	Bordj Badji	ALG	
11318	Constantine	ALG	
11318	Djanet-Tiska	ALG	
11318	El Golea	ALG	
11318	El Oued-Guemar	ALG	
11318	Ghardaia-Noumerate	ALG	
11318	Hassi-Messaoud	ALG	
11318	In Amenas	ALG	
11318	In Salah	ALG	
11318	Mascara	ALG	
11318	Novosibirsk	RUS	V H10 H40
11318	Oran	ALG	
11318	Ouargla	ALG	
11318	Samara	RUS	V H15 H45
11318	Syktyvkar	RUS	V H00 H30
11318	Tamanrasset	ALG	
11318	Tebessa	ALG	
11318	Tel Aviv	ISR	LDOC
11318	Timimoun	ALG	
11318	Tindouf	ALG	
11318	Touggourt-Sidi Mahdi	ALG	
11318	Tyumen	RUS	V H20 H50
11318	Yekaterinburg	RUS	V H05 H35
11319	Nauru	NRU	
11319	Tarawa-Bonriki	KIR	
11321	RDARA 6A 13F		
11321	Balmaceda	CHL	
11321	Puerto Montt	CHL	
11321	Santiago de Chile	CHL	
11324	RDARA 3A 3C 4B 12C		
11324	Accra	GHA	
11327	MWARA SP		
11327	RDARA 3B 5 13C		
11327	Belem	B	
11327	Georgetown	GUY	
11327	Morro Cavalao	B	
11327	Sao Paulo-Congonhas	B	
11330	MWARA AFI/CAR/NP		
11330	RDARA 3A 13F		
11330	Anchorage	ALS	
11330	Barranquilla	CLM	
11330	Caracas-Maiquetia	VEN	
11330	Cayenne	GUF	
11330	Georgetown	GUY	
11330	Havana-Boyeros	CUB	
11330	Honolulu	HWA	
11330	New York	USA	
11330	Panama City	PNR	
11330	Paramaribo	SUR	
11330	Port of Spain-Piarco	TRD	
11330	San Andres Is.	CLM	

11330	Santiago de Chile	CHL	
11330	Temuco	CHL	
11330	Tokyo	J	
11333	RDARA 2B 2C 10		
11333	Baku	AZE	
11333	Gomel	BLR	
11333	Yerevan	ARM	
11336	MWARA NAT-C/F		
11336	RDARA 3		
11336	Casablanca	MRC	
11336	Dikson	RUS	
11336	Gander	CAN	
11336	Khabarovsk	RUS	
11336	Petropavlovsk	RUS	
11336	Shanwick	IRL	
11339	RDARA 2B 6B 9 13K		
11339	Apia-Faleolo	SMO	
11339	Belem	B	
11339	Brasilia	B	
11339	Butaritari	KIR	
11339	Christmas Is.	KIR	
11339	Fua' Amotu	TON	
11339	Funafuti	KIR	
11339	Honiara	SLM	
11339	Nadi	FJI	
11339	Nauru	NRU	
11339	Port Vila	VUT	
11339	Rarotonga	CKN	
11339	Recife	B	
11339	Santo-Pekoa	VUT	
11339	Sao Paulo-Congonhas	B	
11339	Tabiteuea North	KIR	
11339	Tarawa-Bonriki	KIR	
11342	LDOC W2 W3		
11342	Atlanta	USA	LDOC
11342	Honolulu	HWA	LDOC
11342	Nadi	FJI	LDOC
11342	New York	USA	LDOC
11342	San Francisco	USA	LDOC
11342	San Juan	PTR	LDOC
11342	Suva	FJI	LDOC
11342	Sydney	AUS	LDOC
11342	Tokyo	J	LDOC
11345	LDOC W1 W4		
11345	Bogota	CLM	LDOC
11345	Caracas-Maiquetia	VEN	LDOC
11345	Hapag-Lloyd Hannover	D	LDOC
11345	London	G	LDOC
11345	Stockholm Radio	S	LDOC
11348	LDOC W2 W5		
11348	Mexico City	MEX	LDOC
11348	Monrovia	LBR	LDOC
11348	Port Louis	MAU	LDOC
11348	Teheran	IRN	LDOC
11351	LDOC W1 W3		
11351	Beijing	CHN	LDOC
11351	Beograd	SER	LDOC
11351	Budapest	HNG	LDOC
11351	Karachi	PAK	LDOC
11351	Krakow	POL	LDOC
11351	Manila	PHL	LDOC
11351	Rangoon/Yangon	BRM	LDOC
11351	Warsaw	POL	LDOC
11354	LDOC W2 W2 W5		
11354	Airbus Toulouse	F	LDOC
11354	Bahrain	BHR	LDOC
11354	Johannesburg	AFS	LDOC
11354	Luanda	AGL	LDOC
11354	Moscow	RUS	LDOC
11356	Pisa	I	Air Force
11356	Roma-Ciampino	I	Air Force
11356	Sigonella AB	I	Air Force
11357	RDARA 6A 6E 10A		
11357	Anchorage	ALS	
11357	Bethel	ALS	LDOC
11357	Prudhoe Bay	ALS	
11360	MWARA SAM		
11360	RDARA 2 3 14		
11360	Antofagasta	CHL	
11360	Asuncion	PRG	
11360	Baltra-Galapagos	EQA	
11360	Barranquilla	CLM	
11360	Bogota	CLM	
11360	Buenos Aires-Ezeiza	ARG	
11360	Caracas-Maiquetia	VEN	
11360	Comodoro Rivadavia	ARG	
11360	Concepcion	CHL	
11360	Cordoba	ARG	
11360	Guayaquil-Bolivar	EQA	
11360	Kiev	UKR	
11360	La Paz	BOL	
11360	Lima	PRU	
11360	Mendoza	ARG	
11360	Panama City	PNR	
11360	Pascua-Mataveri	PAQ	
11360	Puerto Montt	CHL	
11360	Punta Arenas	CHL	
11360	Quito	EQA	
11360	Resistencia	ARG	
11360	Salta	ARG	
11360	San Carlos Bariloche	ARG	
11360	Santa Cruz-Vira Viru	BOL	
11360	Santiago de Chile	CHL	
11360	Surgut	RUS	
11360	Talara	PRU	
11360	Ushuaia	ARG	
11360	Vilnius	LTU	
11361	Palembang	INS	
11363	RDARA 6E 10A		
11363	Adak	ALS	
11363	Anchorage	ALS	
11363	Bucarest	ROU	LDOC
11363	Cold Bay	ALS	
11363	Dublin	IRL	LDOC
11363	London-Luton	G	LDOC
11366	RDARA 1C 6B 6F 13K		
11366	Belem	B	
11366	Jakarta	INS	
11366	Manaus	B	
11366	Medan	INS	
11366	Navegantes	B	
11366	Palembang	INS	
11366	Pontianak	INS	
11366	Recife	B	
11366	Rio de Janeiro	B	LDOC
11366	Sao Paulo-Congonhas	B	LDOC
11367	Georgetown	GUY	
11369	RDARA 6G 13G		

11369	Buenos Aires-Ezeiza	ARG	V H15
11369	Catamarca	ARG	
11369	Cordoba	ARG	
11369	Jujuy	ARG	
11369	Salta	ARG	
11369	San Juan	ARG	
11369	San Luis	ARG	
11369	Tucuman	ARG	
11372	RDARA 2C 3B 6D		
11372	Lvov	UKR	
11375	MWARA MID		
11375	RDARA 10A 13C		
11375	Aden	YEM	
11375	Aktyubinsk	KAZ	
11375	Almaty	KAZ	
11375	Amman	JOR	
11375	Ankara	TUR	
11375	Baghdad	IRQ	
11375	Bahrain	BHR	
11375	Basrah	IRQ	
11375	Beirut	LBN	
11375	Belem	B	
11375	Bishkek	KGZ	
11375	Brasilia	B	
11375	Cairo	EGY	
11375	Corumba	B	
11375	Cuiaba	B	
11375	Dallas	USA	Rockwell
11375	Damascus	SYR	
11375	Dushanbe	TJA	
11375	Fortaleza	B	
11375	Jeddah	ARS	
11375	Kuwait	KWT	
11375	Kzyl-Orda	KAZ	
11375	Manaus	B	
11375	Moscow	RUS	
11375	Odessa	UKR	
11375	Porto Velho	B	
11375	Recife	B	
11375	Rio de Janeiro	B	
11375	Salvador	B	
11375	Samara	RUS	
11375	Samarkand	UZB	
11375	Sanaa	YEM	
11375	Sao Paulo-Congonhas	B	
11375	Seattle	USA	Boeing
11375	Simferopol	UKR	
11375	Tashkent	UZB	
11375	Tbilisi	GEO	
11375	Teheran	IRN	
11375	Uralsk	KAZ	
11375	Yerevan	ARM	
11378	RDARA 3C 13M		
11378	VOLMET EUR		
11381	RDARA 6 12E 12J		
11381	Guam	GUM	
11381	Macau	MAC	
11381	Rota	MRA	
11381	Saipan		
11384	MWARA CWP		
11384	RDARA 1D 12J		
11384	Beijing	CHN	
11384	Guam	GUM	
11384	Guangzhou	CHN	
11384	Hong Kong	CHN	
11384	Honolulu	HWA	
11384	Macau	MAC	
11384	Manila	PHL	
11384	Naha	J	
11384	Port Moresby	PNG	
11384	Seoul	KOR	
11384	Taipei	TWN	
11384	Tokyo	J	
11387	MWARA CAR		
11387	VOLMET SEA		
11387	Bangkok	THA	V H10 H40
11387	Barranquilla	CLM	
11387	Bogota	CLM	
11387	Bombay	IND	V H25 H55
11387	Calcutta	IND	V H05 H35
11387	Caracas-Maiquetia	VEN	
11387	Georgetown	GUY	
11387	Havana-Boyeros	CUB	
11387	Karachi	PAK	V H15 H45
11387	New York	USA	
11387	Port of Spain-Piarco	TRD	
11387	San Andres Is.	CLM	
11387	Singapore	SNG	V H20 H50
11387	Sydney	AUS	V H00 H30
11390	RDARA 2 10		
11390	Moscow	RUS	
11390	Orsk	RUS	
11390	Ottawa	CAN	
11390	Yellowknife	CAN	
11393	RDARA 9B 12E		
11393	VOLMET MID		
11393	Honiara	SLM	
11393	Nadzab	PNG	
11393	Port Moresby	PNG	
11396	MWARA CAR/EA/SEA		
11396	Bali-Banjarmasin	INS	
11396	Bangkok	THA	
11396	Barranquilla	CLM	
11396	Cocos Island	ICO	
11396	Darwin	AUS	
11396	El Coco	CTR	
11396	Guangzhou	CHN	
11396	Guatemala-Le Aurora	GTM	
11396	Hanoi	VTN	
11396	Havana-Boyeros	CUB	
11396	Hochiminh	VTN	
11396	Hong Kong	CHN	
11396	Irkutsk	RUS	
11396	Jakarta	INS	
11396	Kinabalu	INS	
11396	Kingston	JMC	
11396	Kota Kinabalu	MLA	
11396	Kuala Lumpur	MLA	
11396	Male	MLD	
11396	Managua	NCG	
11396	Manila	PHL	
11396	Medan	INS	
11396	Merida	MEX	
11396	Miami	USA	NOAA
11396	New York	USA	
11396	Panama City	PNR	
11396	Perth	AUS	
11396	Port of Spain-Piarco	TRD	

11396	Pyongyang	KRE	
11396	San Andres Is.	CLM	
11396	San Jose	CTR	
11396	San Juan	PTR	
11396	Seoul	KOR	
11396	Singapore	SNG	
11396	Tegucigalpa	HND	CENAMER
11396	Tokyo	J	
11396	Ujung Pandang	INS	
11396	Ulan Bator	MNG	
11396	Vientiane	LAO	
11401	Agana	GUM	LDOC
11401	Majuro-Dalap	CAR	LDOC
11401	Ponape	CAR	LDOC
11401	Saipan	CAR	LDOC
11401	Truk	CAR	LDOC
11401	Yap	CAR	LDOC
11407	US Air Force	USA	Kanal: F419
11413	US Air Force	USA	Kanal: F574
11440	US Air Force	USA	Rescue
11445	US Air Force	USA	Kanal: F940
11460	US Air Force	USA	Kanal: F295
11466	US Air Force	USA	Kanal: F965
11484	US Air Force	USA	Kanal: F521
11488	US Air Force	USA	Kanal: F103
11490	Davis Base	ANT	Navy
11494	US Air Force	USA	Kanal: F736
11627	US Air Force	USA	Kanal: F754
12003	Kigali	RRW	
12057	Royal Air Force	G	Kanal: KH
12057	US Air Force	USA	Kanal: F204
12070	US Air Force	USA	Kanal: Z211
12103	US Air Force	USA	Kanal: F807
12106	US Air Force	USA	Kanal: F101
12133	London	G	LDOC
12133	Portishead Radio	G	LDOC
12165	NATO AWACS	D	
12205	Kure Island	MDW	
12222	Hong Kong	CHN	LDOC
12270	US Air Force	USA	Kanal: F722
12277	Cape Radio	USA	NASA
12400	Taipei-Chiayi	TWN	V H07
13008	Madang	PNG	
	13200 kHz bis 13260 kHz Off-Route		
13200	Andersen AFB	GUM	GHFS
13200	Andrews AFB	USA	GHFS
13200	Ascension Is.	ASC	GHFS
13200	Croughton	G	GHFS
13200	Elmendorf AFB	ALS	GHFS
13200	Hickam AB	HWA	GHFS
13200	Incirlik AB	TUR	GHFS
13200	McClellan AFB	USA	GHFS
13200	Offutt AFB	USA	GHFS
13200	Salinas AB	PTR	GHFS
13200	Thule AB	GRL	GHFS
13200	Yokota AB	J	GHFS
13201	Johannesburg	AFS	
13203	Bundesluftwaffe	D	Kanal: O
13204	US Air Force	USA	Kanal: F089
13205	Aero Lloyd Oberursel	D	LDOC
13205	Berna Radio	SUI	LDOC
13205	Darwin	AUS	Air Force
13205	Havana-Boyeros	CUB	LDOC
13205	Hong Kong	CHN	LDOC
13205	Perth	AUS	Air Force
13205	Singapore	SNG	Air Force
13205	Sydney	AUS	Air Force
13205	Townsville	AUS	Air Force
13205	US Air Force	USA	Kanal: F084
13206	Auckland	NZL	Air Force
13206	Darwin	AUS	Air Force
13206	Royal Air Force	G	Kanal: HO
13206	Sydney	AUS	Air Force
13206	Townsville	AUS	Air Force
13206	Woodbourn	NZL	Air Force
13207	US Air Force	USA	Kanal: F885
13211	Auckland	NZL	Air Force
13211	Royal Air Force	G	Kanal: YM
13211	US Air Force	USA	Kanal: F461
13211	Whenuapai	NZL	Air Force
13217	US Air Force	USA	Kanal: F251
13218	Royal Air Force	G	Kanal: FT
13220	Moscow	RUS	LDOC
13224	Auckland	NZL	Air Force
13224	Bethpage	USA	Grumman
13225	Amman	JOR	LDOC
13225	Rio de Janeiro	B	Air Force
13226	Willemstad	ATN	Air Force
13228	Cape Radio	USA	NASA
13233	Bundesluftwaffe	D	Kanal: P
13236	Paris	F	Air Force
13236	Royal Air Force	G	Kanal: I
13240	Buenos Aires-Ezeiza	ARG	LDOC
13240	Karachi	PAK	LDOC
13241	US Air Force	USA	Kanal: F624
13242	US Air Force	USA	Kanal: Z215
13245	Flores	AZR	Air Force
13245	US Air Force	USA	Kanal: Z220
13246	US Air Force	USA	Kanal: F874
13247	US Air Force	USA	Kanal: F099
13248	Beograd	SER	LDOC
13248	Royal Air Force	G	Kanal: HZ
13248	US Air Force	USA	Kanal: F451
13250	Sanaa	YEM	LDOC
13251	Auckland	NZL	
13251	Byrd Surface Camp	ANT	USN
13251	Christchurch	NZL	
13251	Dome Charlie	ANT	
13251	McMurdo Station	ANT	
13251	Scott Base	ANT	
13251	Siple Station	ANT	
13251	South Pole Station	ANT	
13254	Diego Garcia	BIO	
13257	Edmonton	CAN	MACS
13257	Royal Air Force	G	Kanal: F
13257	St.John's	CAN	MACS
13257	Trenton	CAN	MACS
	13260 kHz bis 13360 kHz Route		
13260	Bridgetown	BRB	LDOC
13261	MWARA SP		
13261	VOLMET AFI		
13261	Auckland	NZL	
13261	Brisbane	AUS	
13261	Honolulu	HWA	
13261	Nadi	FJI	
13261	Papeete	OCE	
13261	San Francisco	USA	
13261	Sydney	AUS	

13264	RDARA 14		
13264	VOLMET EUR		
13264	Kamina	ZAI	Air Force
13264	Kisangani-Bangoka	ZAI	
13264	Shannon	IRL	V H00 H30
13267	RDARA 3 13H		
13267	Bahia Blanca	ARG	
13267	Comodoro Rivadavia	ARG	
13267	Dikson	RUS	
13267	Irkutsk	RUS	V H25 H55
13267	Jakutsk	RUS	V H10 H40
13267	Khabarovsk	RUS	V H15 H45
13267	Kirensk	RUS	V H00 H30
13267	Magadan	RUS	V H20 H50
13267	Miami	USA	NOAA
13267	Puerto Deseado	ARG	
13267	Rio Gallegos	ARG	
13267	Rio Grande	ARG	
13267	Trelew/Almirante Zar	ARG	
13270	RDARA 6G		
13270	VOLMET NAT		
13270	Gander	CAN	V H20 H57
13270	New York	USA	V H00 H30
13273	MWARA AFI/NP		
13273	Algiers	ALG	
13273	Auckland	NZL	
13273	Brisbane	AUS	
13273	Dakar	SEN	
13273	Gao	MLI	
13273	Ghardaia-Noumerate	ALG	
13273	Honolulu	HWA	
13273	Kano	NIG	
13273	N'Djamena	TCD	
13273	Nadi	FJI	
13273	Niamey	NGR	
13273	Papeete	OCE	
13273	Pascua-Mataveri	PAQ	
13273	Port Vila	VUT	
13273	Rarotonga	CKN	
13273	San Francisco	USA	
13273	Tamanrasset	ALG	
13273	Timimoun	ALG	
13273	Tokyo	J	
13273	Tripoli	LBY	
13273	Tunis	TUN	
13273	Wallis-Hihifo	WAL	
13276	RDARA 6G		
13276	VOLMET NAT		
13279	VOLMET NCA/SAM		
13279	Khabarovsk	RUS	V H05 H35
13279	Kiev	UKR	V H15 H45
13279	Moscow	RUS	V H25 H55
13279	Novosibirsk	RUS	V H20 H50
13279	Tashkent	UZB	V H10 H40
13280	Havana-Boyeros	CUB	
13280	Medan	INS	
13280	Tbilisi	GEO	
13280	Vilnius	LTU	
13282	VOLMET PAC		
13282	Auckland	NZL	V H20 H50
13282	Hong Kong	CHN	V H15 H45
13282	Honolulu	HWA	V H25 H55
13282	Tokyo	J	V H10 H40
13285	RDARA 10		

13285	VOLMET SEA		
13285	Beijing	CHN	V H15 H53
13285	Edmonton	CAN	LDOC
13285	Gander	CAN	LDOC
13285	Guangzhou	CHN	V H10 H45
13285	St.Johns	CAN	LDOC
13288	MWARA AFI/EUR/CEP/MID		
13288	Abadan	IRN	
13288	Addis Ababa	ETH	
13288	Aden	YEM	
13288	Al-Gaidah	YEM	
13288	Almaty	KAZ	
13288	Arkhangelsk	RUS	
13288	Ashkhabad	TKM	
13288	Asmara	ERI	
13288	Bahrain	BHR	
13288	Beirut	LBN	
13288	Benghazi	LBY	
13288	Beograd	SER	
13288	Bishkek	KGZ	
13288	Bombay	IND	
13288	Bujumbura	BDI	
13288	Cairo	EGY	
13288	Dar Es Salaam	TZA	
13288	Delhi	IND	
13288	Djibouti-Ambouli	DJI	
13288	Dushanbe	TJA	
13288	Entebbe	UGA	
13288	Hargeisa	SOM	
13288	Honolulu	HWA	
13288	Jeddah	ARS	
13288	Kabul	AFG	
13288	Karachi	PAK	
13288	Kathmandu	NPL	
13288	Khartoum	SDN	
13288	Kiev	UKR	
13288	Kigali	RRW	
13288	Kisimayu	SOM	
13288	Kuwait	KWT	
13288	Lahore	PAK	
13288	Lvov	UKR	
13288	Male	MLD	
13288	Minsk	BLR	
13288	Mogadishu	SOM	
13288	Moroni	COM	
13288	Moscow	RUS	
13288	Murmansk	RUS	
13288	Muscat	OMA	
13288	Nairobi	KEN	
13288	Odessa	UKR	
13288	Port Sudan	SDN	
13288	Rangoon/Yangon	BRM	
13288	Riga	LVA	
13288	Riyan-Mukalla	YEM	
13288	Samarkand	UZB	
13288	San Francisco	USA	
13288	Sanaa	YEM	
13288	Sankt Petersburg	RUS	
13288	Seychelles	SEY	
13288	Simferopol	UKR	
13288	Sofia	BUL	
13288	Syktyvkar	RUS	
13288	Tashkent	UZB	
13288	Tbilisi	GEO	

13288	Teheran	IRN	
13288	Tripoli	LBY	
13288	Tunis	TUN	
13288	Urumqi	CHN	
13288	Velikye Luki	RUS	
13288	Vilnius	LTU	
13288	Vologda	RUS	
13288	Yerevan	ARM	
13291	MWARA NAT-B/D/F		
13291	RDARA 6		
13291	Arctic Radio	CAN	
13291	Baffin Radio	CAN	
13291	Bodö	NOR	
13291	Churchill	CAN	
13291	Gander	CAN	
13291	Iceland Radio	ISL	
13291	Iqaluit	CAN	
13291	Montreal	CAN	
13291	New York	USA	
13291	Santa Maria	AZR	
13291	Shanwick	IRL	
13294	MWARA AFI		
13294	Abidjan	CTI	
13294	Accra	GHA	
13294	Anchorage	ALS	
13294	Bangui-M'poko	CAF	
13294	Beira	MOZ	
13294	Brazzaville	COG	
13294	Bujumbura	BDI	
13294	Bulawayo	ZWE	
13294	Cold Bay	ALS	
13294	Cotonou	BEN	
13294	Douala	CME	
13294	Entebbe	UGA	
13294	Franceville-Mvengue	GAB	
13294	Francistown	BOT	
13294	Gaborone	BOT	
13294	Garoua	CME	
13294	Goma	ZAI	
13294	Harare	ZWE	
13294	Honolulu	HWA	
13294	Johannesburg	AFS	
13294	Kamina	ZAI	
13294	Kano	NIG	
13294	Kinshasa	ZAI	
13294	Kisangani-Bangoka	ZAI	
13294	Kitona Base	ZAI	
13294	Lagos	NIG	
13294	Libreville	GAB	
13294	Lome-Tokoin	TGO	
13294	Luanda	AGL	
13294	Lubumbashi	ZAI	
13294	Lusaka	ZMB	
13294	Maroua-Salak	CME	
13294	Maseru-Moshoeshoe	LSO	
13294	Monrovia-Roberts	LBR	
13294	N'Djamena	TCD	
13294	Nairobi	KEN	
13294	Niamey	NGR	
13294	Niamtougou	TGO	
13294	Port Gentil	GAB	
13294	San Francisco	USA	
13294	Sao Tome	STP	
13294	Tokyo	J	
13294	Windhoek	NMB	
13294	Yaounde	CME	
13296	Seoul	KOR	
13297	MWARA CAR/SAM/SEA		
13297	Antofagasta	CHL	
13297	Arica	CHL	
13297	Asuncion	PRG	
13297	Balmaceda	CHL	
13297	Barranquilla	CLM	
13297	Beijing	CHN	
13297	Belem	B	
13297	Bogota	CLM	
13297	Brasilia	B	
13297	Buenos Aires-Ezeiza	ARG	
13297	Campo Grande	B	
13297	Caracas-Maiquetia	VEN	
13297	Cayenne	GUF	
13297	Curitiba	B	
13297	Georgetown	GUY	
13297	Guangzhou	CHN	
13297	Guatemala-Le Aurora	GTM	
13297	Hailar	CHN	
13297	Havana-Boyeros	CUB	
13297	Iquitos	PRU	
13297	Irkutsk	RUS	
13297	Kunming	CHN	
13297	La Paz	BOL	
13297	Lanzhou	CHN	
13297	Leticia	CLM	
13297	Lima	PRU	
13297	Manaus	B	
13297	Merida	MEX	
13297	Montevideo-Carrasco	URG	
13297	New York	USA	
13297	Panama City	PNR	
13297	Paramaribo	SUR	
13297	Port of Spain-Piarco	TRD	
13297	Porto Alegre	B	
13297	Porto Velho	B	
13297	Puerto Montt	CHL	
13297	Punta Arenas	CHL	
13297	Recife	B	
13297	Resistencia	ARG	
13297	Rio de Janeiro	B	
13297	Salvador	B	
13297	San Andres Is.	CLM	
13297	San Jose	CTR	
13297	San Juan	PTR	
13297	Santa Cruz-Vira Viru	BOL	
13297	Santiago de Chile	CHL	
13297	Shanghai	CHN	
13297	Shenyang	CHN	
13297	Tegucigalpa	HND	CENAMER
13297	Urumqi	CHN	
13297	Wuhan	CHN	
13300	MWARA CEP/CWP/NP/SP		
13300	RDARA 4		
13300	Adrar/Touat	ALG	
13300	Anchorage	ALS	
13300	Annaba	ALG	
13300	Auckland	NZL	
13300	Batna	ALG	
13300	Bechar	ALG	
13300	Beijing	CHN	

13300 Biskra ALG
13300 Bordj Badji ALG
13300 Christmas Is. KIR
13300 Constantine ALG
13300 Djanet-Tiska ALG
13300 El Golea ALG
13300 El Oued-Guemar ALG
13300 Fua' Amotu TON
13300 Fukuoka J
13300 Ghardaia-Noumerate ALG
13300 Guam GUM
13300 Guangzhou CHN
13300 Hassi-Messaoud ALG
13300 Hong Kong CHN
13300 Honolulu HWA
13300 In Amenas ALG
13300 In Salah ALG
13300 Khabarovsk RUS
13300 Manila PHL
13300 Mascara ALG
13300 Nadi FJI
13300 Naha J
13300 Nauru NRU
13300 Oran ALG
13300 Ouargla ALG
13300 Papeete OCE
13300 Pascua-Mataveri PAQ
13300 Port Moresby PNG
13300 San Francisco USA
13300 Santiago de Chile CHL
13300 Sapporo J
13300 Seoul KOR
13300 Shanghai CHN
13300 Sydney AUS
13300 Taipei TWN
13300 Tamanrasset ALG
13300 Tebessa ALG
13300 Timimoun ALG
13300 Tindouf ALG
13300 Tokyo J
13300 Touggourt-Sidi Mahdi ALG
13303 MWARA EA/NCA
13303 Chita RUS
13303 Chulman RUS
13303 Ekimchan RUS
13303 Irkutsk RUS
13303 Jenisej RUS
13303 Khabarovsk RUS
13303 Kirensk RUS
13303 Podkamennaja RUS
13303 Pyongyang KRE
13303 Ulan Bator MNG
13303 Ulan Ude RUS
13303 Yekaterinburg RUS
13304 Accra GHA
13304 Ghardaia-Noumerate ALG
13304 Kano NIG
13304 Kinshasa ZAI
13304 Kitona Base ZAI
13304 Luanda AGL
13304 Malabo GNE
13304 Sao Tome STP
13304 Tamanrasset ALG
13304 Tel Aviv ISR LDOC
13306 MWARA AFI/INO/NAT-A/C
13306 Antananarivo MDG
13306 Beira MOZ
13306 Bombay IND
13306 Bujumbura BDI
13306 Canaries CNR
13306 Cocos Island ICO
13306 Colombo SLK
13306 Dar Es Salaam TZA
13306 Gander CAN
13306 Harare ZWE
13306 Iceland Radio ISL
13306 Jeddah ARS
13306 Johannesburg AFS
13306 Kigali RRW
13306 Lilongwe MWI
13306 Lisboa POR
13306 Lusaka ZMB
13306 Madras IND
13306 Mahajanga-Amborovy MDG
13306 Male MLD
13306 Mauritius MAU
13306 Moroni COM
13306 Nairobi KEN
13306 New York USA
13306 Paramaribo SUR
13306 Perth AUS
13306 Port of Spain-Piarco TRD
13306 San Juan PTR
13306 Santa Maria AZR
13306 Seychelles SEY
13306 Shanwick IRL
13306 St.Denis-Gillot REU
13306 Toamasina MDG
13309 MWARA EA/SEA
13309 RDARA 13C 13K
13309 Bali-Banjarmasin INS
13309 Bangkok THA
13309 Belem B
13309 Guangzhou CHN
13309 Hanoi VTN
13309 Hochiminh VTN
13309 Hong Kong CHN
13309 Irkutsk RUS
13309 Jakarta INS
13309 Kota Kinabalu MLA
13309 Kuala Lumpur MLA
13309 Manila PHL
13309 Pyongyang KRE
13309 Recife B
13309 Rio de Janeiro B
13309 Seoul KOR
13309 Singapore SNG
13309 Tokyo J
13309 Ujung Pandang INS
13309 Ulan Bator MNG
13309 Vientiane LAO
13312 MWARA MID
13312 RDARA 11B
13312 Amman JOR
13312 Ankara TUR
13312 Bahrain BHR
13312 Basrah IRQ
13312 Beirut LBN

13312	Cocos Island	ICO	
13312	Dallas	USA	Rockwell
13312	Damascus	SYR	
13312	Delhi	IND	
13312	Jeddah	ARS	
13312	Kabul	AFG	
13312	Karachi	PAK	
13312	Kuwait	KWT	
13312	Los Angeles	USA	Lockheed
13312	Odessa	UKR	
13312	Palmdale	USA	Lockheed
13312	Seattle	USA	Boeing
13312	Simferopol	UKR	
13312	St.Louis	USA	Boeing
13312	Teheran	IRN	
13312	Yerevan	ARM	
13315	MWARA NCA/SAT		
13315	Canaries	CNR	
13315	Cayenne	GUF	
13315	Chanty-Mansijsk	RUS	
13315	Dakar	SEN	
13315	Ivdel	RUS	
13315	Johannesburg	AFS	
13315	Manaus	B	
13315	Moscow	RUS	
13315	Paramaribo	SUR	
13315	Recife	B	
13315	Rio de Janeiro	B	
13315	Sal	CPV	
13315	Salvador	B	
13315	Syktyvkar	RUS	
13315	Tripoli	LBY	
13315	Vologda	RUS	
13315	Windhoek	NMB	
13315	Yekaterinburg	RUS	
13318	MWARA SEA		
13318	RDARA 13		
13318	Artigas	URG	
13318	Bali-Banjarmasin	INS	
13318	Bangkok	THA	
13318	Calcutta	IND	
13318	Chennai	IND	
13318	Cocos Island	ICO	
13318	Colombo	SLK	
13318	Darwin	AUS	
13318	Dhaka	BGD	
13318	Guangzhou	CHN	
13318	Jakarta	INS	
13318	Kathmandu	NPL	
13318	Kuala Lumpur	MLA	
13318	Kunming	CHN	
13318	Madras	IND	
13318	Male	MLD	
13318	Medan	INS	
13318	Melo	URG	
13318	Paysandu	URG	
13318	Perth	AUS	
13318	Punta del Este	URG	
13318	Rangoon/Yangon	BRM	
13318	Rivera	URG	
13318	Salto	URG	
13318	Singapore	SNG	
13318	Ujung Pandang	INS	
13318	Vichadero	URG	
13320	Moscow	RUS	
13321	RDARA 2 3		
13321	Char'kov	UKR	
13321	Minsk	BLR	
13321	Moscow	RUS	
13321	Murmansk	RUS	
13321	Piltun	RUS	
13321	Surgut	RUS	
13321	Yerevan	ARM	
13324	LDOC W1 W3		
13324	Baghdad	IRQ	LDOC
13324	Colombo	SLK	LDOC
13324	DRF Stuttgart	D	LDOC
13324	Hapag-Lloyd Hannover	D	LDOC
13324	LTU Düsseldorf	D	LDOC
13324	Singapore	SNG	LDOC
13324	Tokyo	J	LDOC
13325	Amman	JOR	LDOC
13327	LDOC W1 W4		
13327	Aero Lloyd Oberursel	D	LDOC
13327	Athinai	GRC	LDOC
13327	Beirut	LBN	LDOC
13327	Buenos Aires-Ezeiza	ARG	LDOC
13327	Hapag-Lloyd Hannover	D	LDOC
13327	Harare	ZWE	LDOC
13327	Johannesburg	AFS	LDOC
13327	Kabul	AFG	LDOC
13327	Kuwait	KWT	LDOC
13327	Las Palmas	CNR	LDOC
13327	Madrid	E	LDOC
13327	Muscat	OMA	LDOC
13327	San Juan	PTR	LDOC
13330	LDOC W2 W2 W5		
13330	Beirut	LBN	LDOC
13330	Houston	USA	LDOC
13330	Johannesburg	AFS	LDOC
13330	Kano	NIG	LDOC
13330	Kinshasa	ZAI	LDOC
13330	Marsh Martin Base	ANT	
13330	New York	USA	LDOC
13330	Sal	CPV	LDOC
13330	San Juan	PTR	LDOC
13333	LDOC W1 W3		
13333	Auckland	NZL	LDOC
13333	British Airways London	G	LDOC
13333	Hong Kong	CHN	LDOC
13333	Nadi	FJI	LDOC
13333	Seoul	KOR	LDOC
13333	Singapore	SNG	LDOC
13336	LDOC W1 W4		
13336	Addis Ababa	ETH	
13336	Aden	YEM	
13336	Amsterdam	HOL	LDOC
13336	Ankara	TUR	LDOC
13336	Basrah	IRQ	
13336	Beira	MOZ	
13336	Beirut	LBN	
13336	Benghazi	LBY	
13336	Beograd	SER	LDOC
13336	Bogota	CLM	LDOC
13336	Brussels	BEL	LDOC
13336	Budapest	HNG	LDOC
13336	Cocos Island	ICO	
13336	Kabul	AFG	

13336	Karachi	PAK	
13336	Khartoum	SDN	
13336	Lisboa	POR	LDOC
13336	Montevideo-Carrasco	URG	LDOC
13336	Port of Spain-Piarco	TRD	LDOC
13336	Riyan-Mukalla	YEM	
13336	Roma	I	LDOC
13339	LDOC W2 W5		
13339	Addis Ababa	ETH	LDOC
13339	Bahrain	BHR	LDOC
13339	Blantyre	MWI	LDOC
13339	Curacao	ATN	LDOC
13339	Dar Es Salaam	TZA	LDOC
13339	Dhahran	ARS	LDOC
13339	Djibouti-Ambouli	DJI	LDOC
13339	Entebbe	UGA	LDOC
13339	Havana-Boyeros	CUB	LDOC
13339	Honolulu	HWA	LDOC
13339	Jeddah	ARS	LDOC
13339	Kigali	RRW	LDOC
13339	Kinshasa	ZAI	LDOC
13339	Lagos	NIG	LDOC
13339	Mahe	SEY	LDOC
13339	Merida	MEX	LDOC
13339	Mexico City	MEX	LDOC
13339	Nairobi	KEN	LDOC
13339	Quebec	CAN	LDOC
13339	Tijuana	MEX	LDOC
13339	Toronto	CAN	LDOC
13339	Tunis	TUN	LDOC
13339	Vancouver	CAN	LDOC
13342	LDOC W1 W3		
13342	Jeddah	ARS	LDOC
13342	Karachi	PAK	LDOC
13342	Rangoon/Yangon	BRM	LDOC
13342	Stockholm Radio	S	LDOC
13342	Sydney	AUS	LDOC
13345	LDOC W1 W4		
13345	Auckland	NZL	LDOC
13345	Bucarest	ROU	LDOC
13345	El Salvador	SLV	LDOC
13345	Khabarovsk	RUS	LDOC
13345	Moscow	RUS	LDOC
13345	Santiago de Chile	CHL	LDOC
13345	Tashkent	UZB	LDOC
13345	Warsaw	POL	LDOC
13348	LDOC W2 W5		
13348	Algiers	ALG	LDOC
13348	Cedar Rapids	USA	LDOC
13348	Dubai	UAE	LDOC
13348	Honolulu	HWA	LDOC
13348	Luanda	AGL	LDOC
13348	Monrovia	LBR	LDOC
13348	San Francisco	USA	LDOC
13348	Santo Domingo	DOM	LDOC
13348	Teheran	IRN	LDOC
13351	LDOC W1 W3		
13351	Bangkok	THA	LDOC
13351	Beijing	CHN	LDOC
13351	Bombay	IND	LDOC
13351	Delhi	IND	LDOC
13351	Dublin	IRL	LDOC
13351	Jakarta	INS	LDOC
13351	Krakow	POL	LDOC
13351	Larnaca	CYP	LDOC
13351	Manila	PHL	LDOC
13351	Nauru	NRU	LDOC
13351	Oostend Radio	BEL	LDOC
13351	Paris	F	LDOC
13351	Praha	CZE	LDOC
13351	Tel Aviv	ISR	LDOC
13352	Belem	B	V H24
13352	Manaus	B	V H24
13352	Porto Alegre	B	V H24
13352	Rio de Janeiro	B	V H24
13352	Sao Paulo	B	V H24
13354	MWARA NAT-E/CEP		
13354	RDARA 5 7		
13354	Bigara	MAU	
13354	Honolulu	HWA	
13354	Miami	USA	NOAA
13354	New York	USA	
13354	Rarotonga	CKN	
13354	San Francisco	USA	
13354	Santa Maria	AZR	
13354	Upata	VEN	
13356	Cairo	EGY	LDOC
13356	Kingston	JMC	LDOC
13356	Lagos	NIG	LDOC
13356	Sydney	AUS	LDOC
13357	MWARA AFI/SAT		
13357	RDARA 2		
13357	Abidjan	CTI	
13357	Bamako-Senou	MLI	
13357	Bangui-M'poko	CAF	
13357	Bissau	GNB	
13357	Bobo-Dioulasso	BFA	
13357	Bouake	CTI	
13357	Brasilia	B	
13357	Canaries	CNR	
13357	Casablanca	MRC	
13357	Cayenne	GUF	
13357	Conakry	GUI	
13357	Dakar	SEN	
13357	Freetown-Lungi	SRL	
13357	Kano	NIG	
13357	Manaus	B	
13357	Miami	USA	NOAA
13357	Monrovia-Roberts	LBR	
13357	Montevideo-Carrasco	URG	
13357	Niamey	NGR	
13357	Nouadhibou	MTN	
13357	Ouagadougou	BFA	
13357	Paramaribo	SUR	
13357	Recife	B	
13357	Rio de Janeiro	B	
13357	Sal	CPV	
13357	Salvador	B	
13357	Tripoli	LBY	
13413	US Coast Guard	USA	Kanal: 3E25
13440	US Air Force	USA	Kanal: F646
13482	US Air Force	USA	Kanal: F918
13565	US Air Force	USA	Kanal: F567
13600	Cape Radio	USA	NASA
13822	US Air Force	USA	Kanal: F846
13823	US Air Force	USA	Kanal: F046
13825	US Air Force	USA	Kanal: F194
13865	Portishead Radio	G	LDOC

13878	US Air Force	USA	Kanal: F600
13907	US Air Force	USA	Kanal: Z225
13960	US Air Force	USA	Kanal: F291
14364	Elmendorf AFB	ALS	NORAD
14420	US Air Force	USA	Kanal: F173
14460	Royal Air Force	G	Kanal: ME
14500	Rarotonga	CKN	LDOC
14552	Libreville	GAB	LDOC
14585	US Air Force	USA	Kanal: F098
14650	Air National Guard	USA	USAF
14724	Royal Air Force	G	Kanal: PZ
14792	Miami	USA	NOAA
14792	San Juan	PTR	FAA
14812	Royal Air Force	G	Kanal: SE
14863	US Air Force	USA	Kanal: F611
14864	US Air Force	USA	Kanal: F326
14870	US Air Force	USA	Kanal: F063
14890	Portishead Radio	G	LDOC
14894	Elmendorf AFB	ALS	NORAD
14905	Civil Air Patrol	USA	USAF
14937	Cape Radio	USA	NASA

15010 kHz bis 15100 kHz Off-Route

15010	Belgian Air Force	BEL	Kanal: YM
15011	US Air Force	USA	Kanal: F732
15013	Royal Air Force	G	Kanal: DH
15016	Andersen AFB	GUM	GHFS
15016	Andrews AFB	USA	GHFS
15016	Ascension Is.	ASC	GHFS
15016	Croughton	G	GHFS
15016	Elmendorf AFB	ALS	GHFS
15016	Hickam AB	HWA	GHFS
15016	Incirlik AB	TUR	GHFS
15016	Lajes AB	AZR	GHFS
15016	McClellan AFB	USA	GHFS
15016	Offutt AFB	USA	GHFS
15016	Salinas AB	PTR	GHFS
15016	Thule AB	GRL	GHFS
15016	Yokota AB	J	GHFS
15018	US Air Force	USA	Kanal: F363
15024	Havana-Boyeros	CUB	LDOC
15024	Moscow	RUS	LDOC
15025	Royal Air Force	G	Kanal: EM
15026	Bethpage	USA	Grumman
15026	Jeddah	ARS	LDOC
15026	Roma	I	Air Force
15031	Edmonton	CAN	MACS
15031	Royal Air Force	G	Kanal: H
15031	St.John's	CAN	MACS
15031	Trenton	CAN	MACS
15034	Edmonton	CAN	Vol MACS
15034	St.John's	CAN	Vol MACS
15034	Trenton	CAN	Vol MACS
15036	US Air Force	USA	Kanal: F066
15038	US Air Force	USA	Kanal: F948
15040	Royal Air Force	G	Kanal: EP
15041	US Air Force	USA	Kanal: F236
15046	Royal Air Force	G	Kanal: LD
15046	US Air Force	USA	Kanal: Z230
15048	Houston	USA	USCG
15048	US Air Force	USA	Kanal: F662
15050	NATO AWACS	D	Kanal: NL
15052	Cape Radio	USA	NASA
15053	Auckland	NZL	Air Force
15056	Waterkloof	AFS	Air Force
15061	Royal Air Force	G	Kanal: GA
15064	Royal Air Force	G	Kanal: FV
15072	Royal Air Force	G	Kanal: LE
15073	Bundesluftwaffe	D	Kanal: Q
15076	Royal Air Force	G	Kanal: EN
15084	USCG Airstations	USA	Helicopter
15091	Royal Air Force	G	Kanal: DB
15091	US Air Force	USA	Kanal: F250
15094	US Air Force	USA	Kanal: F382
15097	US Air Force	USA	Kanal: Z240
15667	US Air Force	USA	Kanal: F997
15677	US Air Force	USA	Kanal: F080
15687	US Air Force	USA	Kanal: F785
15707	US Air Force	USA	Kanal: F300
15724	US Air Force	USA	Kanal: F980
15733	US Air Force	USA	Kanal: F265
15821	US Air Force	USA	Kanal: F644
15962	US Air Force	USA	Kanal: F033
15964	Portishead Radio	G	LDOC
16008	US Air Force	USA	Kanal: F864
16014	US Air Force	USA	Kanal: F202
16090	US Air Force	USA	Kanal: F869
16117	US Air Force	USA	Kanal: F020
16123	US Air Force	USA	Kanal: F372
16157	US Air Force	USA	Kanal: F464
16246	US Air Force	USA	Kanal: F713
16273	Portishead Radio	G	LDOC
16317	US Air Force	USA	Kanal: F924
16323	US Air Force	USA	Kanal: F790
16370	Portishead Radio	G	LDOC
16964	Dallas	USA	Rockwell
17011	Bridgetown	BRB	LDOC
17177	US Air Force	USA	Kanal: F370
17335	Portishead Radio	G	LDOC
17428	Bridgetown	BRB	LDOC
17440	US Air Force	USA	Kanal: F441
17480	Davis Base	ANT	Navy
17485	Bridgetown	BRB	LDOC
17620	Honolulu	HWA	FAA

17900 kHz bis 17970 kHz Route

17901	RDARA 12		
17901	Miami	USA	NOAA
17904	MWARA CEP/CWP/NP/SP		
17904	RDARA 4		
17904	Anchorage	ALS	
17904	Auckland	NZL	
17904	Beijing	CHN	
17904	Brisbane	AUS	
17904	Cold Bay	ALS	
17904	Fukuoka	J	
17904	Guam	GUM	
17904	Hong Kong	CHN	
17904	Honolulu	HWA	
17904	Macau	MAC	
17904	Manila	PHL	
17904	Nadi	FJI	
17904	Naha	J	
17904	Papeete	OCE	
17904	Pascua-Mataveri	PAQ	
17904	Port Moresby	PNG	
17904	Port Vila	VUT	
17904	Rarotonga	CKN	
17904	San Francisco	USA	
17904	Seoul	KOR	

17904	Shanghai	CHN	
17904	Sydney	AUS	
17904	Taipei	TWN	
17904	Tokyo	J	
17904	Wallis-Hihifo	WAL	
17907	MWARA CAR/SEA/SAM		
17907	Antofagasta	CHL	
17907	Asuncion	PRG	
17907	Bali-Banjarmasin	INS	
17907	Bangkok	THA	
17907	Barranquilla	CLM	
17907	Belem	B	
17907	Bogota	CLM	
17907	Brasilia	B	
17907	Buenos Aires-Ezeiza	ARG	
17907	Calcutta	IND	
17907	Campo Grande	B	
17907	Caracas-Maiquetia	VEN	
17907	Cayenne	GUF	
17907	Chennai	IND	
17907	Cocos Island	ICO	
17907	Colombo	SLK	
17907	Comodoro Rivadavia	ARG	
17907	Cordoba	ARG	
17907	Curitiba	B	
17907	Darwin	AUS	
17907	Dhaka	BGD	
17907	Georgetown	GUY	
17907	Guangzhou	CHN	
17907	Guatemala-Le Aurora	GTM	
17907	Hanoi	VTN	
17907	Havana-Boyeros	CUB	
17907	Hochiminh	VTN	
17907	Hong Kong	CHN	
17907	Iquitos	PRU	
17907	Irkutsk	RUS	
17907	Jakarta	INS	
17907	Kathmandu	NPL	
17907	Kota Kinabalu	MLA	
17907	Kuala Lumpur	MLA	
17907	Kunming	CHN	
17907	La Paz	BOL	
17907	Leticia	CLM	
17907	Lima	PRU	
17907	Macau	MAC	
17907	Madras	IND	
17907	Male	MLD	
17907	Managua	NCG	
17907	Manaus	B	
17907	Manila	PHL	
17907	Marsh Martin Base	ANT	
17907	Medan	INS	
17907	Mendoza	ARG	
17907	Merida	MEX	
17907	Montevideo-Carrasco	URG	
17907	New York	USA	
17907	Panama City	PNR	
17907	Paramaribo	SUR	
17907	Pascua-Mataveri	PAQ	
17907	Perth	AUS	
17907	Port of Spain-Piarco	TRD	
17907	Porto Alegre	B	
17907	Porto Velho	B	
17907	Puerto Montt	CHL	
17907	Punta Arenas	CHL	
17907	Pyongyang	KRE	
17907	Quito	EQA	
17907	Rangoon/Yangon	BRM	
17907	Recife	B	
17907	Resistencia	ARG	
17907	Rio de Janeiro	B	
17907	Salta	ARG	
17907	Salvador	B	
17907	San Andres Is.	CLM	
17907	San Carlos Bariloche	ARG	
17907	San Jose	CTR	
17907	San Juan	PTR	
17907	Santa Cruz-Vira Viru	BOL	
17907	Santiago de Chile	CHL	
17907	Seoul	KOR	
17907	Singapore	SNG	
17907	Talara	PRU	
17907	Tegucigalpa	HND	CENAMER
17907	Tokyo	J	
17907	Ujung Pandang	INS	
17907	Ulan Bator	MNG	
17907	Ushuaia	ARG	
17907	Vientiane	LAO	
17910	RDARA 3 10		
17910	Anchorage	ALS	
17910	Bridgetown	BRB	LDOC
17910	Gander	CAN	LDOC
17910	Kinshasa	ZAI	
17910	Lubumbashi	ZAI	
17910	Ottawa	CAN	LDOC
17910	St.Johns	CAN	LDOC
17913	RDARA 6G 13		
17916	LDOC W1 W3		
17916	Athinai	GRC	LDOC
17916	Belem	B	
17916	Beograd	SER	LDOC
17916	Bombay	IND	LDOC
17916	Delhi	IND	LDOC
17916	Hapag-Lloyd Hannover	D	LDOC
17916	Morro Cavalao	B	
17916	Nadi	FJI	LDOC
17916	Recife	B	
17916	Seoul	KOR	LDOC
17916	Stockholm Radio	S	LDOC
17919	LDOC W2 W4		
17919	Buenos Aires-Ezeiza	ARG	LDOC
17919	Montevideo-Carrasco	URG	LDOC
17919	Quebec	CAN	LDOC
17919	Rio de Janeiro	B	LDOC
17922	LDOC W1 W3		
17922	British Airways London	G	LDOC
17922	Sydney	AUS	LDOC
17925	LDOC W2 W5		
17925	Algiers	ALG	
17925	Cocos Island	ICO	
17925	Honolulu	HWA	LDOC
17925	Houston	USA	LDOC
17925	Jeddah	ARS	LDOC
17925	Johannesburg	AFS	LDOC
17925	New York	USA	LDOC
17925	Sal	CPV	LDOC
17925	San Francisco	USA	LDOC
17925	San Juan	PTR	LDOC

17925	Tunis	TUN	LDOC
17928	LDOC W3 W4		
17928	Bogota	CLM	LDOC
17928	Buenos Aires-Ezeiza	ARG	LDOC
17928	Tokyo	J	LDOC
17931	LDOC W1 W5		
17931	Addis Ababa	ETH	LDOC
17931	Bahrain	BHR	LDOC
17931	Beirut	LBN	LDOC
17931	Bucarest	ROU	LDOC
17931	Cairo	EGY	LDOC
17931	DRF Stuttgart	D	LDOC
17931	Hapag-Lloyd Hannover	D	LDOC
17931	Lagos	NIG	LDOC
17931	Lilongwe	MWI	LDOC
17931	LTU Düsseldorf	D	LDOC
17931	Rio de Janeiro	B	LDOC
17934	LDOC W2 W3		
17934	Havana-Boyeros	CUB	LDOC
17934	Santo Domingo	DOM	LDOC
17937	LDOC W4 W5		
17937	Algiers	ALG	LDOC
17937	Caracas-Maiquetia	VEN	LDOC
17937	Harare	ZWE	LDOC
17937	Lima	PRU	LDOC
17937	Luanda	AGL	LDOC
17937	Port Louis	MAU	LDOC
17937	Santiago de Chile	CHL	LDOC
17940	LDOC W2 W3		
17940	Amsterdam	HOL	LDOC
17940	Auckland	NZL	LDOC
17940	Budapest	HNG	LDOC
17940	Cedar Rapids	USA	LDOC
17940	Hong Kong	CHN	LDOC
17940	Houston	USA	LDOC
17940	Karachi	PAK	LDOC
17940	Las Palmas	CNR	LDOC
17940	Madrid	E	LDOC
17940	Moscow	RUS	LDOC
17940	Oostend Radio	BEL	LDOC
17940	Praha	CZE	LDOC
17940	Roma	I	LDOC
17940	Sydney	AUS	LDOC
17940	Tel Aviv	ISR	LDOC
17940	Warsaw	POL	LDOC
17943	RDARA 6		
17943	Rio de Janeiro	B	LDOC
17943	Sydney	AUS	LDOC
17946	MWARA NAT-A/B/C/D/E		
17946	RDARA 14		
17946	Arctic Radio	CAN	
17946	Baffin Radio	CAN	
17946	Canaries	CNR	
17946	Churchill	CAN	
17946	Gander	CAN	
17946	Honolulu	HWA	
17946	Iceland Radio	ISL	
17946	Iqaluit	CAN	
17946	Montreal	CAN	
17946	New York	USA	
17946	Paramaribo	SUR	
17946	Port of Spain-Piarco	TRD	
17946	San Juan	PTR	
17946	Santa Maria	AZR	
17946	Shanwick	IRL	
17946	Tokyo	J	
17949	RDARA 3 5		
17949	Sydney	AUS	LDOC
17955	MWARA AFI/SAT		
17955	RDARA 6B		
17955	Abidjan	CTI	
17955	Bamako-Senou	MLI	
17955	Bangui-M'poko	CAF	
17955	Bissau	GNB	
17955	Bobo-Dioulasso	BFA	
17955	Bouake	CTI	
17955	Brasilia	B	
17955	Canaries	CNR	
17955	Casablanca	MRC	
17955	Cayenne	GUF	
17955	Conakry	GUI	
17955	Dakar	SEN	
17955	Freetown-Lungi	SRL	
17955	Johannesburg	AFS	
17955	Kano	NIG	
17955	Manaus	B	
17955	Monrovia-Roberts	LBR	
17955	Niamey	NGR	
17955	Nouadhibou	MTN	
17955	Ouagadougou	BFA	
17955	Paramaribo	SUR	
17955	Recife	B	
17955	Rio de Janeiro	B	
17955	Sal	CPV	
17955	Salvador	B	
17955	Windhoek	NMB	
17958	MWARA EA/NCA		
17958	Barnaul	RUS	
17958	Beijing	CHN	
17958	Chanty-Mansijsk	RUS	
17958	Chita	RUS	
17958	Chulman	RUS	
17958	Ekimchan	RUS	
17958	Guangzhou	CHN	
17958	Hailar	CHN	
17958	Irkutsk	RUS	
17958	Ivdel	RUS	
17958	Jenisej	RUS	
17958	Jinan	CHN	
17958	Khabarovsk	RUS	
17958	Kirensk	RUS	
17958	Kolpashevo	RUS	
17958	Krasnoyarsk	RUS	
17958	Kunming	CHN	
17958	Lanzhou	CHN	
17958	Moscow	RUS	
17958	Novosibirsk	RUS	
17958	Podkamennaja	RUS	
17958	Pyongyang	KRE	
17958	Shanghai	CHN	
17958	Shenyang	CHN	
17958	Surgut	RUS	
17958	Syktyvkar	RUS	
17958	Taegu	KOR	
17958	Ulan Bator	MNG	
17958	Ulan Ude	RUS	
17958	Urumqi	CHN	
17958	Vologda	RUS	

17958	Wuhan	CHN	
17958	Yekaterinburg	RUS	
17958	Zhengzhou	CHN	
17961	MWARA AFI/INO/EUR		
17961	Abadan	IRN	
17961	Accra	GHA	
17961	Addis Ababa	ETH	
17961	Aden	YEM	
17961	Aktyubinsk	KAZ	
17961	Algiers	ALG	
17961	Almaty	KAZ	
17961	Amman	JOR	
17961	Ankara	TUR	
17961	Antananarivo	MDG	
17961	Arkhangelsk	RUS	
17961	Ashkhabad	TKM	
17961	Asmara	ERI	
17961	Baghdad	IRQ	
17961	Bahrain	BHR	
17961	Bangui-M'poko	CAF	
17961	Basrah	IRQ	
17961	Beira	MOZ	
17961	Beirut	LBN	
17961	Benghazi	LBY	
17961	Beograd	SER	
17961	Bishkek	KGZ	
17961	Bombay	IND	
17961	Brazzaville	COG	
17961	Bujumbura	BDI	
17961	Bulawayo	ZWE	
17961	Cairo	EGY	
17961	Cocos Island	ICO	
17961	Colombo	SLK	
17961	Cotonou	BEN	
17961	Damascus	SYR	
17961	Dar Es Salaam	TZA	
17961	Delhi	IND	
17961	Djibouti-Ambouli	DJI	
17961	Douala	CME	
17961	Dushanbe	TJA	
17961	Entebbe	UGA	
17961	Franceville-Mvengue	GAB	
17961	Francistown	BOT	
17961	Gao	MLI	
17961	Garoua	CME	
17961	Ghardaia-Noumerate	ALG	
17961	Goma	ZAI	
17961	Harare	ZWE	
17961	Hargeisa	SOM	
17961	In Amenas	ALG	
17961	Jeddah	ARS	
17961	Johannesburg	AFS	
17961	Kabul	AFG	
17961	Kano	NIG	
17961	Karachi	PAK	
17961	Kathmandu	NPL	
17961	Khartoum	SDN	
17961	Kiev	UKR	
17961	Kigali	RRW	
17961	Kinshasa	ZAI	
17961	Kisangani-Bangoka	ZAI	
17961	Kisimayu	SOM	
17961	Kuwait	KWT	
17961	Kzyl-Orda	KAZ	
17961	Lagos	NIG	
17961	Lahore	PAK	
17961	Libreville	GAB	
17961	Lilongwe	MWI	
17961	Lome-Tokoin	TGO	
17961	Luanda	AGL	
17961	Lubumbashi	ZAI	
17961	Lusaka	ZMB	
17961	Lvov	UKR	
17961	Madras	IND	
17961	Mahajanga-Amborovy	MDG	
17961	Male	MLD	
17961	Maroua-Salak	CME	
17961	Maseru-Moshoeshoe	LSO	
17961	Mauritius	MAU	
17961	Minsk	BLR	
17961	Mogadishu	SOM	
17961	Monrovia-Roberts	LBR	
17961	Moroni	COM	
17961	Moscow	RUS	
17961	Murmansk	RUS	
17961	Muscat	OMA	
17961	N'Djamena	TCD	
17961	Nairobi	KEN	
17961	Niamey	NGR	
17961	Niamtougou	TGO	
17961	Odessa	UKR	
17961	Perth	AUS	
17961	Port Gentil	GAB	
17961	Port Sudan	SDN	
17961	Riga	LVA	
17961	Samara	RUS	
17961	Samarkand	UZB	
17961	Sanaa	YEM	
17961	Sankt Petersburg	RUS	
17961	Sao Tome	STP	
17961	Seychelles	SEY	
17961	Simferopol	UKR	
17961	Sofia	BUL	
17961	St.Denis-Gillot	REU	
17961	Syktyvkar	RUS	
17961	Tamanrasset	ALG	
17961	Tashkent	UZB	
17961	Tbilisi	GEO	
17961	Teheran	IRN	
17961	Timimoun	ALG	
17961	Toamasina	MDG	
17961	Tripoli	LBY	
17961	Tunis	TUN	
17961	Uralsk	KAZ	
17961	Urumqi	CHN	
17961	Velikye Luki	RUS	
17961	Vilnius	LTU	
17961	Vologda	RUS	
17961	Windhoek	NMB	
17961	Yaounde	CME	
17961	Yerevan	ARM	
17964	RDARA 2 11B		
17964	Ashkhabad	TKM	
17964	Dallas	USA	Rockwell
17964	Los Angeles	USA	Lockheed
17964	Palmdale	USA	Lockheed
17964	Rostov-na-Donu	RUS	
17964	Seattle	USA	Boeing

17964	St.Louis	USA	Boeing
17964	Testflug-Frequenz	USA	FCC
17964	Tver'	RUS	
17967	RDARA 5 13A 13B 13E 13F		
17967	Antofagasta	CHL	
17967	Puerto Montt	CHL	
17967	Punta Arenas	CHL	
17967	Santiago de Chile	CHL	
	17970 kHz bis 18030 kHz Off-Route		
17970	Lagos	NIG	LDOC
17970	Royal Air Force	G	Kanal: BA
17971	Johannesburg	AFS	
17972	US Air Force	USA	Kanal: F009
17973	Bundesluftwaffe	D	Kanal: R
17973	US Air Force	USA	Kanal: Z255
17975	Beograd	SER	
17979	Royal Air Force	G	Kanal: UR
17982	Jeddah	ARS	LDOC
17982	Royal Air Force	G	Kanal: IN
17983	Rio de Janeiro	B	Air Force
17983	Tel Aviv	ISR	LDOC
17988	Royal Air Force	G	Kanal: BJ
17991	Bundesluftwaffe	D	Kanal: S
17993	Langebaanweg	AFS	Air Force
17993	Waterkloof	AFS	Air Force
17994	Chatham Island	CAN	MACS
17994	Edmonton	CAN	MACS
17994	St.John's	CAN	MACS
17994	Trenton	CAN	MACS
17995	Royal Air Force	G	Kanal: DQ
17996	NATO AWACS	D	Kanal: NM
18000	Royal Air Force	G	Kanal: BS
18002	Brussels	BEL	Air Force
18002	Rouveroy	BEL	Air Force
18006	Belgian Air Force	BEL	Kanal: YO
18009	Royal Air Force	G	Kanal: CM
18010	Paris	F	Air Force
18012	Auckland	NZL	Air Force
18012	Brussels	BEL	LDOC
18012	Bundesluftwaffe	D	Kanal: T
18012	Edmonton	CAN	MACS
18012	Rarotonga	CKN	Air Force
18012	St.John's	CAN	MACS
18012	Trenton	CAN	MACS
18018	Royal Air Force	G	Kanal: BE
18018	Royal Air Force	G	
18023	Berna Radio	SUI	LDOC
18023	US Air Force	USA	Kanal: F778
18024	Royal Air Force	G	Kanal: DT
18025	Darwin	AUS	Air Force
18025	Pearce	AUS	Air Force
18025	Sydney	AUS	Air Force
18025	Townsville	AUS	Air Force
18027	Elmendorf AFB	ALS	NORAD
18027	Perth	AUS	Air Force
18027	Sydney	AUS	Air Force
18027	US Air Force	USA	Kanal: Z270
18046	US Air Force	USA	Kanal: Z275
18210	Portishead Radio	G	LDOC
18218	US Air Force	USA	Kanal: F642
18267	US Air Force	USA	Kanal: F832
18290	US Air Force	USA	Kanal: F633
18317	US Air Force	USA	Kanal: F623
18320	US Air Force	USA	Kanal: F271

18323	US Air Force	USA	Kanal: F723
18331	US Air Force	USA	Kanal: F551
18387	US Air Force	USA	Kanal: F569
18393	US Air Force	USA	Kanal: F406
18532	US Air Force	USA	Kanal: F078
18590	US Air Force	USA	Kanal: F243
18626	US Air Force	USA	Kanal: F483
18675	US Air Force	USA	Kanal: F533
18755	US Air Force	USA	Kanal: F631
18761	US Air Force	USA	Kanal: F337
18850	Royal Air Force	G	Kanal: MD
19002	US Air Force	USA	Kanal: F943
19047	US Air Force	USA	Kanal: F825
19063	US Air Force	USA	Kanal: F453
19255	Davis Base	ANT	Navy
19267	US Air Force	USA	Kanal: F444
19343	US Air Force	USA	Kanal: F626
19510	Portishead Radio	G	LDOC
19640	Cape Radio	USA	NASA
19665	US Air Force	USA	Kanal: Z290
19671	US Air Force	USA	Kanal: F910
19904	Moscow	RUS	LDOC
20030	Royal Air Force	G	Kanal: YZ
20050	Belgian Air Force	BEL	Kanal: YQ
20065	Portishead Radio	G	LDOC
20089	Cape Radio	USA	NASA
20186	Cape Radio	USA	NASA
20192	Ascension Is.	ASC	NASA
20390	Cape Radio	USA	NASA
20390	St.Johns	ATG	NASA
20397	US Air Force	USA	Kanal: F369
20620	Belgian Air Force	BEL	Kanal: YP
20631	US Air Force	USA	Kanal: F195
20873	Civil Air Patrol	USA	USAF
20972	US Air Force	USA	Kanal: F433
21415	Kuwait	KWT	Air Force
21860	Waterkloof	AFS	Air Force
21886	Sydney	AUS	LDOC
21896	Moscow	RUS	Air Force
21904	Houston	USA	LDOC
	21925 kHz bis 22000 kHz Route		
21925	Amsterdam	HOL	LDOC
21925	Honolulu	HWA	LDOC
21925	Houston	USA	LDOC
21925	San Juan	PTR	LDOC
21926	Johannesburg	AFS	
21928	Bombay	IND	LDOC
21931	Dallas	USA	Rockwell
21931	Los Angeles	USA	Lockheed
21931	Palmdale	USA	Lockheed
21931	Seattle	USA	Boeing
21931	St.Louis	USA	Boeing
21931	Testflug-Frequenz	USA	FCC
21937	Miami	USA	NOAA
21940	LDOC W1		
21940	Beograd	SER	LDOC
21940	Paris	F	LDOC
21943	LDOC W5		
21943	Abu Dhabi	UAE	LDOC
21943	Algiers	ALG	LDOC
21943	Bahrain	BHR	LDOC
21943	Beirut	LBN	LDOC
21943	Johannesburg	AFS	LDOC
21943	Muscat	OMA	LDOC

21946	LDOC W1		
21946	British Airways London	G	LDOC
21946	Houston	USA	LDOC
21949	LDOC W3		
21949	Beijing	CHN	LDOC
21949	Bombay	IND	LDOC
21949	Colombo	SLK	LDOC
21949	Delhi	IND	LDOC
21949	Manila	PHL	LDOC
21949	Nauru	NRU	LDOC
21949	Seoul	KOR	LDOC
21949	Singapore	SNG	LDOC
21949	Tokyo	J	LDOC
21952	LDOC W1		
21952	Bucarest	ROU	LDOC
21952	Dublin	IRL	LDOC
21952	Lisboa	POR	LDOC
21952	Tel Aviv	ISR	LDOC
21955	LDOC W4		
21955	Bogota	CLM	LDOC
21955	Buenos Aires-Ezeiza	ARG	LDOC
21955	Rio de Janeiro	B	LDOC
21958	LDOC W1		
21958	DRF Stuttgart	D	LDOC
21958	Hapag-Lloyd Hannover	D	LDOC
21958	Khabarovsk	RUS	LDOC
21958	Moscow	RUS	LDOC
21958	Tashkent	UZB	LDOC
21961	LDOC W5		
21961	Luanda	AGL	LDOC
21961	Monrovia	LBR	LDOC
21961	Teheran	IRN	LDOC
21964	LDOC W2		
21964	Cedar Rapids	USA	LDOC
21964	Honolulu	HWA	LDOC
21964	Houston	USA	LDOC
21964	New York	USA	LDOC
21964	San Francisco	USA	LDOC
21964	San Juan	PTR	LDOC
21967	LDOC W1		
21967	Douala	CME	LDOC
21967	Karachi	PAK	LDOC
21967	Las Palmas	CNR	LDOC
21967	Madrid	E	LDOC
21967	Praha	CZE	LDOC
21967	Warsaw	POL	LDOC
21970	LDOC W3		
21970	Auckland	NZL	LDOC
21970	Bangkok	THA	LDOC
21970	Hong Kong	CHN	LDOC
21970	Jakarta	INS	LDOC
21970	Karachi	PAK	LDOC
21970	Seoul	KOR	LDOC
21970	Sydney	AUS	LDOC
21973	LDOC W1		
21973	Amsterdam	HOL	LDOC
21973	Budapest	HNG	LDOC
21976	LDOC W4		
21976	Caracas-Maiquetia	VEN	LDOC
21976	Montevideo-Carrasco	URG	LDOC
21979	LDOC W1		
21979	Athinai	GRC	LDOC
21979	Bombay	IND	LDOC
21979	Larnaca	CYP	LDOC
21982	LDOC W5		
21982	Addis Ababa	ETH	LDOC
21982	Blantyre	MWI	LDOC
21982	Cairo	EGY	LDOC
21982	Dar Es Salaam	TZA	LDOC
21982	Entebbe	UGA	LDOC
21982	Kabul	AFG	LDOC
21982	Kigali	RRW	LDOC
21982	Kinshasa	ZAI	LDOC
21982	Lagos	NIG	LDOC
21982	Mahe	SEY	LDOC
21982	Nairobi	KEN	LDOC
21982	Port Louis	MAU	LDOC
21985	LDOC W2		
21985	Curacao	ATN	LDOC
21985	Havana-Boyeros	CUB	LDOC
21985	Toronto	CAN	LDOC
21985	Vancouver	CAN	LDOC
21988	LDOC W1		
21988	Lagos	NIG	LDOC
21991	LDOC W4 W5		
21991	Rio de Janeiro	B	LDOC
21994	LDOC W4 W5		
21994	Brazzaville	COG	LDOC
21994	Damascus	SYR	LDOC
21994	Jeddah	ARS	LDOC
21994	Kuwait	KWT	LDOC
21997	LDOC W1		
22995	Ascension Is.	ASC	NASA
	23000 kHz bis 23350 kHz Off-Route		
23134	Pisa	I	Air Force
23142	Portishead Radio	G	LDOC
23201	Bundesluftwaffe	D	Kanal: U
23206	Air Combat Command	USA	USAF
23210	Stockholm Radio	S	LDOC
23213	Madrid	E	LDOC
23215	Bundesluftwaffe	D	Kanal: V
23241	NATO AWACS	D	
23242	US Air Force	USA	Kanal: F128
23245	Royal Air Force	G	Kanal: CO
23250	Edmonton	CAN	MACS
23250	Halifax	CAN	MACS
23250	Royal Air Force	G	Kanal: YP
23250	St.John's	CAN	MACS
23250	Trenton	CAN	MACS
23250	Vancouver	CAN	MACS
23254	Paris	F	Air Frorce
23255	Bundesluftwaffe	D	Kanal: W
23257	Royal Air Force	G	Kanal: HX
23265	US Air Force	USA	Kanal: F061
23270	Royal Air Force	G	Kanal: EI
23281	Royal Air Force	G	Kanal: AZ
23285	Berna Radio	SUI	LDOC
23318	Bundesluftwaffe	D	Kanal: X
23325	US Air Force	USA	Kanal: F530
23332	Belgian Air Force	BEL	Kanal: YS
23341	Bundesluftwaffe	D	Kanal: Y
23345	Bundesluftwaffe	D	Kanal: Z
23377	US Air Force	USA	Kanal: F708
26385	Royal Air Force	G	Kanal: GT
26620	Civil Air Patrol	USA	USAF
27000	Royal Air Force	G	Kanal: IP
29724	Bundesluftwaffe	D	Kanal: AB
29800	Royal Air Force	G	Kanal: CZ

Abkürzungen

A

A/A	Air-to-air - Bord/Bord
A/G	Air-to-ground - Bord/Boden
A3J	Alte Bezeichnung für J3E Einseitenbandmodulation
AB	Airbase - Militärischer Flughafen, Flugplatz
ABM	Abeam - Querab
ABN	Aerodrome beacon - Flugplatzleuchtfeuer
ACARS	Aircraft Communications Addressing and Reporting System
ACC	Area Control Centre or Area Control - Bezirkskontrollstelle, Bezirkskontrolle
ACFT	Aircraft - Luftfahrzeug(e)
ACPT	Accept or accepted - Annehmen, angenommen
AD	Aerodrome - Flugplatz
ADA	Advisory area - Beratungsbezirk
ADDN	Addition or additional - Zusatz, zusätzlich
ADF	Automatic directionfinding equipment - Automatisches Peilgerät
ADR	Advisory route - Flugverkehrsberatungsstrecke
AF	Air Force - Luftwaffe
AFB	Air Force Base - Luftwaffenstützpunkt
AFIS	Aerodrome flight information service - Flugplatz-Fluginformationsdienst
AFS	Aeronautical fixed service - Fester Flugfernmeldedienst
AFTN	Aeronautical fixed telecommunication network - Festes Flugfernmeldenetz
AGA	Aerodromes and ground aids - Flugplätze und Bodenhilfen
AGL	Above ground level - Über Grund
AGN	Again - Wieder, nochmals
AIC	Aeronautical information circular - Luftfahrtinformationsrundschreiben
AIP	Aeronautical information publication - Luftfahrthandbuch
AIREP	Air-report - Flugmeldung
AIRMET	Information concerning enroute weather - Informationen, die Streckenwettererscheinungen betreffen und die Einfluß auf die Sicherheit von Flügen in niedrigen Höhen haben können
AIS	Aeronautical information services - Flugberatungsdienst
ALERFA	Alert phase - Bereitschaftsstufe
ALR	Alerting message - Alarmierungsmeldung
ALT	Altitude - Höhe über Meer, Flughöhe
ALTN	Alternate aerodrome - Ausweichflugplatz
AMC	Air Mobility Command – Lufttransportkommando der U.S. Air Force
AMOCO	American Oil Company - Ölbohrgesellschaft
AMS	Aeronautical mobile service - Beweglicher Flugfunkdienst
AMSL	Above mean sea level - Über mittlerem Meeresspiegel
AMSS	Aeronautical Mobile Satellite Service
AOC	Aerodrome obstruction chart - Flugplatzhinderniskarte
APCH	Approach - Anflug
APP	Approach control office or approach control - Anflugkontrollstelle, Anflugkontrolle
APRX	Approximate or approximately - Ungefähr, annähernd
ARFOR	Area forecast - Gebietswettervorhersage
ARMET	Forecast upper wind and temperature - Höhenwind- und Temperaturvorhersage an bestimmten Punkten
ARP	Aerodrome reference point - Flugplatzbezugspunkt
ARR	Arrive or arrival - Ankommen, Ankunft
ARS	Special air-report - Sonderflugmeldung
ASC	Ascent to or ascending to - Aufstieg bis, aufsteigend bis

ASDE	Airport surface detection equipment - Rollfeldüberwachungsradaranlage
ASR	Airport surveillance radar - Flughafenrundsichtradar
ATA	Actual time of arrival - Tatsächliche Ankunftszeit
ATC	Air traffic control (in general) - Flugverkehrskontrolle (im allgemeinen)
ATD	Actual time of departure - Tatsächliche Abflugzeit
ATIS	Automatic terminal information service - Automatische Ausstrahlung von Lande- und Startinformationen
ATM	Air Traffic Management
ATN	Aeronautical Telecommunication Network
ATS	Air traffic services - Flugverkehrsdienste
ATTN	Attention - Achtung, beachten
ATZ	Aerodrome traffic zone - Flugplatzverkehrszone
AVBL	Available - Verfügbar
AVGAS	Aviation gasoline - Luftfahrtbenzin
AVN	Aviation Regiment der U.S. Army
AWACS	Airborne warning and control system - Fliegendes Frühwarnsystem der NATO
AWY	Airway - Luftstraße
AZ	Azimut station - Azimutstation
AZM	Azimut - Azimut

B

BA	Braking action - Bremswirkung
BCN	Beacon (aeronautical ground light) - Luftfahrtbodenfeuer
BDRY	Boundary - Umgrenzung, Grenze
BLDG	Building - Gebäude
BLW	Below - Unter
BRG	Bearing - Peilung
BTN	Between - Zwischen

C

C	Degrees Celsius (Centigrade) – Celsiusgrade
CAT	Category - Betriebsstufe
CAVOK	Visibility, cloud and present weather better than prescribed values or conditions - Sicht, Wolken und gegenwärtiges Wetter besser als die vorgeschriebenen Werte oder Bedingungen
CENAMER	Central America - Mittelamerika, zugleich Funkrufname der Tegucigalpa/Honduras Flight Service Station
CFM	Confirm or I confirm - Bestätigen Sie, ich bestätige
CH	Channel - Kanal
CHG	Modification message - Änderungsmeldung
CIV	Civil - Zivil
CLR	Clear or cleared to or clearance - Freigegeben, freigegeben nach, Freigabe
CLSD	Closed - Geschlossen
CMPL	Completion or completed or complete - Beendigung, beendet, vollständig
CNL	Cancel - Aufheben
COM	Communications - Fernmeldewesen
CON	CONSOL radiobeacon
COND	Condition - Zustand, Beschaffenheit
CONT	Continue or continued - Fortsetzen, fortgesetzt
COP	Change-over point - Wechselpunkt (für Funkfeuer)
COR	Correct or corrected or correction - Richtig, berichtigt, Berichtigung
CRC/GCI	Control reporting center/Ground control intercept

CS	Call sign - Rufzeichen
CTA	Control area - Kontrollbezirk
CTL	Control - Kontrolle, Überwachung
CTR	Control zone - Kontrollzone
CVFR	Controlled VFR flight - Kontrollierter VFR-Flug
CW	Continuos wave - Ungedämpfte Welle, Morsefunk

D

D	Danger area - Gefahrengebiet
DA	Decision altitude - Entscheidungshöhe MSL
DEG	Degrees - Grad
DEP	depart or departure - Abfliegen, Abflug
DEP	departure message - Start-, Abflugmeldung
DES	Descend to or descending to - Sinken, sinkend auf
DEST	Destination - Bestimmungsort, Ziel
DETRESFA	Distress phase - Notstufe
DFS	Deutsche Flugsicherung GmbH
DGPS	Differential GPS
DH	Decision height - Entscheidungshöhe über Schwelle
DIST	Distance - Entfernung
DLA	Delay or delayed - Verspätung, verspätet
DME	Distance measuring equipment - Entfernungsmeßgerät
DNG	Danger or dangerous - Gefahr, gefährlich
DR	Dead reckoning - Koppeln, Koppelnavigation
DRG	During - Während
DTAM	Descend to and maintain - Sinken auf und beibehalten
DTRT	Deteriorate or deteriorating - Verschlechtern, verschlechternd
DUR	Duration - Dauer
DVOR	Doppler VOR - Doppler VOR
DVORTAC	Doppler VOR and TACAN - Doppler VOR und TACAN
DWD	Deutscher Wetterdienst

E

E	East or eastern longitude - Ost, östliche Länge
EAT	Expected approach time - Voraussichtlicher Anflugzeitpunkt
EET	Estimated elapsed time - Voraussichtliche Flugdauer
EHF	Extreme high frequency (30000 to 300000 MHz) - Millimeterwellen (30000 bis 300000 MHz)
EL	Elevation station - Elevationsstation
ELEV	Elevation - Ortshöhe über Meer
ELT	Emergency locator transmitter - Selbsttätiger Notsender
EM	Emission - Ausstrahlung
EMERG	Emergency - Dringlichkeit, Notlage
ENE	East-northeast - Ostnordost
ENRT	En-route - Auf Strecke, unterwegs
EOBT	Estimated off-block time - Voraussichtliche Abblockzeit
EQPT	Equipment - Ausrüstung, Gerät
ESE	East-southeast - Ostsüdost
EST	Estimate or estimated - Schätzung, geschätzt
ETA	Estimated time of arrival - Voraussichtliche Ankunftszeit
ETD	Estimated time of departure - Voraussichtliche Abflugzeit
ETO	Estimated time over significant point - Geschätzte Zeit über bestimmtem Punkt

ev	Every - Jede, alle
EXC	Except - Ausgenommen
EXER	Exercise(s) or exercising or to exercise - Übung(en), übend, üben
EXP	Expect or expected or expecting - Erwarten, erwartet, erwartend
EXTD	Extend or extending - Ausdehnen(d), erstrecken(d)

F

FAA	Federal Aviation Administration – Zivilluftfahrtbehörde der USA
FAC	Facilities - Einrichtungen, Anlagen
FAF	Final Approach Fix - Endanflugfix
FAF	French Air Force - Französische Luftwaffe
FAP	Final approach point – Endanflugpunkt
FCC	Federal Communication Commission - Fernmeldebehörde der Vereinigten Staaten von Amerika
FCST	Forecast - Wettervorhersage
FIC	Flight information centre - Fluginformationszentrale
FIR	Flight information region - Fluginformationsgebiet
FIS	Flight information service - Fluginformationsdienst
FL	Flight level - Flugfläche
FLT	Flight - Flug
FLTCK	Flight check - Überprüfung im Fluge
FLW	Follow(s) or following - Folgt, folgen, folgend
FLY	Fly or flying - Flug oder fliegen
FM	From – von
FMS	Flight management system - Flugdurchführungssystem
FNA	Final approach - Endanflug
FPL	Filed flight plan message - Aufgegebene Flugplanmeldung
FPM	Feet per minute - Fuß je Minute
FREQ	Frequency - Frequenz
FS	Fighter Squadron - Kampfgeschwader der U.S. Air Force
FSL	Full stop landing - Abschlußlandung
FSS	Flight service station - Flugsicherungsstation
ft	Feet (dimensional unit) - Fuß (Maßeinheit)

G

G/A	Ground-to-air - Boden/Bord
GAF	German Air Force - Deutsche Bundeswehr (Luftwaffe)
GAFOR	General Aviation forecast - Flugwettervorhersage für die Allgemeine Luftfahrt
GAMET	Area forecast for low-level flights - Gebietsvorhersage für Flüge in niedrigen Höhen
GAT	General Aviation Terminal - Abfertigung Allgemeine Luftfahrt
GCA	Ground controlled approach system or ground controlled approach - GCA-Anflugsystem, GCA-Anflug
GEN	General - Allgemeines
GEO	Geographic or true - Geographisch, rechtweisend
GHFS	Global High Frequency System - Kurzwellenfunknetz der U.S. Air Force
GLD	Glider - Segelflugzeug
GLONASS	Global Navigation Satellite System
GND	Ground - Grund
GNSS	Global navigation satellite system – Weltweites Navigationssatellitensystem
GP	Glide path - Gleitweg
GPS	Global positioning system - Global Positioning System

GRADU	Gradual or gradually - Allmählich, stufenweise
GS	Ground speed - Geschwindigkeit über Grund

H

H	Hours - Stunde(n) der Betriebszeit
H24	Continuos day and night service - Ununterbrochener Betrieb bei Tag und Nacht
HDG	Heading - Steuerkurs
HF	High frequency (3000 to 30000 kHz) - Kurzwelle (3000 bis 30000 kHz)
HFR	Heeresfliegerregiment
HFWS	Heeresfliegerwaffenschule
HGT	Height or height above - Höhe, Höhe über
HJ	Sunrise to sunset - Sonnenaufgang bis Sonnenuntergang
HMI	Human Machine Interface
HN	Sunset to sunrise - Sonnenuntergang bis Sonnenaufgang
hPa	Hektopascal – Hektopascal
HQ	Headquarter - Hauptquartier
HR	Hours - Stunden
HS	Service available during hours of scheduled operations - Verfügbar während der Zeiten des planmäßigen Verkehrs
HSI	Horizontal Situation Indicator
HX	Not permanently active, no specific working hours - Nicht ständig wirksam, keine festgelegte Betriebszeit
Hz	Hertz (cycle per second) - Hertz

I

IAF	Initial approach fix - Anfangsanflugfix
IAL	Instrument approach and landing chart - Instrumentenanflug- und Landekarte
IAS	Indicated air speed - Angezeigte Fluggeschwindigkeit (Air); (abgelesene) Fahrtmesseranzeige
ICAO	International Civil Aviation Organization - Internationale Zivilluftfahrtorganisation mit Hauptsitz in Kanada
ID	Identifier or identification or identify - Kennung, Identifizierung, erkennen
IFF	Identification friend/foe - Identifizierung Freund/Feind
IFR	Instrument flight rules - Instrumentenflugregeln
ILS	Instrument landing system - Instrumentenlandesystem
IM	Inner marker - Platzeinflugzeichen
IMC	Instrument meteorological conditions - Instrumentenwetterbedingungen
IMPR	Improve or improving - Verbessern, besser werdend
IMT	Immediate or immediately - Sofort
INA	Initial approach - Anfangsanflug
INBD	Inbound - Ankommend, Einflug
INCERFA	Uncertainty phase - Ungewißheitsstufe
INFO	Information - Information, Auskunft
INOP	Inoperative - Außer Betrieb, stillgelegt, ausgefallen
ins	Inch(es) (dimensional unit) - Zoll (Maßeinheit)
INS	Inertial navigation system - Trägheitsnavigationssystem
INT	Intersection - Kreuzung
INTER	Intermittent - Aussetzend, unterbrochen
INTL	International - International
IRS	Inertial Reference System – lasergesteuertes Bordnavigationssystem

J

J3E	Technische Bezeichnung für Einseitenbandmodulation
JAA	Joint Aviation Authorities
JBG	Fighterwing - Jagdbombergeschwader

K

kg	Kilogramme(s) - Kilogramm
kHz	Kilohertz - Kilohertz
km	Kilometer(s) - Kilometer
kmH	Kilometer(s) per hour - Kilometer je Stunde
kt	Knot(s) - Knoten
kW	Kilowatts - Kilowatt

L

L	Left - Links (Start- und Landebahnbezeichnung)
l	Litre(s) - Liter
L	Locator - (Platz)Anflugfunkfeuer (siehe LM, LO)
LAT	Latitude - Geographische Breite
lb	Pound(s) (weight) - Englisches Pfund (Gewicht)
LBA	Luftfahrtbundesamt - Luftfahrtbundesamt
LDG	Landing - Landung
LDOC	Long distance operations communication - Kurzwellenbetriebsfunk der Fluggesellschaften
LEFT	left (direction of turn) - links (Kurvenrichtung)
LF	Intermediate approach fix - Zwischenanflugfix
LGT	Light or lighting - Feuer, Befeuerung
LIAT	Leeward Island Air Transport - Regionalfluggesellschaft aus der Karibik mit eigenem Kurzwellenfunknetz
LLZ	Localizer - Landekurssender
LM	Locator, middle - Anflugfunkfeuer am Haupteinflugzeichen
LMT	Local mean time - Mittlere Ortszeit
LNG	Long (used to indicate the type of approach desired or required) - Lang
LOC	Locator, outer - (Platz)Anflugfunkfeuer am Voreinflugzeichen
LONG	Longitude - Geographische Länge
LOTA	Low level operational training area - Tiefflugübungsgebiet
LRG	Long range - Große Reichweite
LT	Left turn - Linkskurve
LTD	Limited - Begrenzt, beschränkt
LTG	Lufttransportgeschwader
LTK	Lufttransportkommando

M

m	Meter(s) - Meter
MACS	Military Aeronautical Communications System - Funknetz der kanadischen Streitkräfte (CANMIL)
Mag	Magnetic - Mißweisend
MAINT	Maintenance - Wartung
MAP	Aeronautical maps and charts - Luftfahrtkarten
MAX	Maximum - Höchst..., maximal(e)
MDA	Minimum descent altitude - Sinkflugmindesthöhe MSL
MEA	Minimum en-route altitude - Mindestreisehöhe über Meer
MET	Meteorological or meteorology - Wetter, Wetterkunde

METAR	Aviation routine weather report - Planmäßige Flugwettermeldung
MF	Medium frequency (300 to 3000 kHz) - Mittelwellen (300 bis 3000 kHz)
MFG	Marinefliegergeschwader
MHz	Megahertz - Megahertz
Mil	Military - Militärisch
MIN	Minute(s) - Minute(n)
MKR	Marker radio beacon - Markierungsfunkfeuer
MLS	Microwave landing system - Mikrowellenlandesystem
MM	Middle marker - Haupteinflugzeichen
MNM	Minimum - Mindest
MNPS	Minimum navigation performance specifications - Spezifikationen für Mindestnavigationsleistungen
MNT	Monitor or monitoring or monitored - Überwachungsgerät, überwachen, überwacht
MNTN	Maintain - Beibehalten
MOC	Minimum obstacle clearance (required) - Hindernismindestabstand
MOH	Minimum descent height - Sinkflugmindesthöhe über Flugplatz oder Schwelle
MPH	Statute mile(s) per hour - Statute mile(s) je Stunde
mps	Met re(s) per second - Meter je Sekunde
MRG	Medium range (SAR aircraft) - Mittlere Reichweite (SAR-Flugzeuge)
MRP	ATS/MET reporting point - ATS/MET Meldepunkt
MRVA	Minimum radar vectoring altitude - Radarführungsmindesthöhe
MS	Minus - Minus
MSA	Minimum safe altitude - Sicherheitsmindesthöhe MSL
MSA	Minimum sector altitude - Sektormindesthöhe MSL
MSG	Message - Meldung
MSL	Mean sea level - Mittlerer Meeresspiegel (entspricht auf amtlichen deutschen Karten NN)
MWO	Meteorological watch office - Flugwetter-Überwachungsstelle

N

N	North or northern latitude - Nord, nördliche Breite
NATO	North Atlantic Treaty Organisation – Nordatlantisches Verteidigungsbündnis
NASA	National Aeronautics and Space Administration - Weltraumbehörde der Vereinigten Staaten von America
NAV	Navigation – Navigation
NC	No change - Keine Veränderung
ND	Navigation Display - Cockpitbildschirmgerät
NDB	Non-direction radio beacon - Ungerichtetes Funkfeuer
NE	Northeast - Nordost
NEAN	North European ADS Broadcast Network
NfL	Nachrichten für Luftfahrer
NM	Nautical mile(s) - Seemeile(n) (1,852 km)
NML	Normal - Normal
NNE	North-northeast - Nordnordost
NNW	North-northwest - Nordnordwest
NOAA	National Oceanic and Atmospheric Administration - Wetter- und Klimabehörde der Vereinigten Staaten von Amerika
NORAD	Luftverteidigungssystem der USA und Kanada
NOSIG	No significant change - Keine bedeutsame Veränderung (beim Trend in der Landewettervorhersage)
NOTAM	Notice to airmen - Nachrichten für Luftfahrer, eine Nachricht über Errichtung, Zustand oder Veränderung von Luftfahrtanlagen aller Art sowie über Dienste,

	Verfahren oder Gefahren, deren rechtzeitige Kenntnis für das Luftfahrt- und Flugsicherungspersonal wichtig ist
Nr	Number - Nummer
NW	Northwest - Nordwest
NXT	Next - nächster, nächste

O

O/R	On request - Auf Anforderung
OAT	Operational air traffic - Operationeller Luftverkehr
OBS	Observe or observed or observation - Beobachten, beobachtet, Beobachtung
OCA	Obstacle clearance altitude - Hindernisfreihöhe über Meeresspiegel
OCH	Obstacle clearance height - Hindernisfreihöhe über Flugplatz oder Schwelle
OCNL	Occasional or occasionally - Gelegentlich
OFP	Operational flight plan - Ausführlicher Flugwegplan mit Wegpunkten, Flughöhenangaben und Treibstoffkalkulation
OM	Outer marker - Voreinflugzeichen
OPN	Open or opening or opened - Offen, Öffnung, geöffnet
OPR	Operator or operate or operative or operating or operational - Halter, betreiben, in Betrieb
OPS	Operations - Betrieb

P

P	Prohibited area - Sperrgebiet
PAR	Precision approach radar system - Präzisionsanflugradar
Pd	Entdeckungswahrscheinlichkeit
PERM	Permanent – Dauernd
PF	Pilot flying
PJE	Parachute jumping exercise - Fallschirmabsprungübung
PLA	Practice low approach - Übungsanflug im Tiefflug
PLN	Flight plan - Flugplan
PN	Prior notice required - Vorherige Meldung erforderlich
PNF	Pilot not flying
POB	Persons on board - Personen an Bord
PPI	Plan position indicator - Rundsichtanzeigegerät
PPR	Prior permission required - Vorherige Genehmigung erforderlich
PRKG	Parking - Parken
PROB	Probability - Wahrscheinlichkeit
PROC	Procedure - Verfahren
PROV	Provisional - Vorläufig
PS	Plus - Plus
PSN	Position - Standort
PTN	Procedure turn - Verfahrenskurve
PWR	Power - Leistung, Kraft

Q

QDM	Magnetic heading (zero wind) - Mißweisender Steuerkurs (Windstärke Null)
QDR	Magnetic bearing - Mißweisende Peilung
QFA	Route weather forecast - Streckenwettervorhersage
QFE	Atmospheric pressure at aerodrome elevation (or at runway threshold) - Luftdruck in Flugplatzhöhe (oder an der Start- und Landebahnschwelle)
QFU	Magnetic orientation of runway - Mißweisende Richtung der Start- und Landebahn

QRG	Frequency - Frequenz
QNH	Altimeter sub-scale setting to obtain elevation when on the ground - Höhenmesser-Skalaeinstellung, um bei der Landung die Flugplatzhöhe zu erhalten

R

R	Radial (followed by Mag track) - Leitstrahl (folgt Kursangabe)
R	Restricted area - Flugbeschränkungsgebiet
R	Right - Rechts (Start- und Landebahnbezeichnung)
RAC	Rules of the air and air traffic services - Luftverkehrsregeln und Flugverkehrsdienste
RAF	Royal Air Force - Britische Luftwaffe
RAFC	Regional Area Forecast Centre - Regionale Gebietsvorhersagezentrale
RCA	Reach cruising altitude - Erreichen der Reiseflughöhe
RCC	Rescue coordination centre - SAR-Leitstelle
RCF	Radio communication failure message - Funkausfallmeldung
RDL	Radial - Leitstrahl
RDO	Radio - Funk
REC	Receive or receiver - Empfangen, Empfänger
REF	Reference to or refer to - Bezugnahme auf..., beziehen auf...
REG	Registration - Luftfahrzeugkennung
REP	Reporting point - Meldepunkt
REQ	Request or requested - Ersuchen, ersucht
RFP	Replacement Flight Plan - Ersatzflugplan
RG	Range (lights) - Reichweite (Feuer)
RIF	Reclearance in flight - Freigabeänderung während des Fluges
RMK	Remark - Bemerkung
RNAV	Area navigation - Flächennavigation
RNG	Radio range - Kursfunkfeuer
RNP	Required Navigation Performance
ROFOR	Route forecast - Streckenwettervorhersage
RON	Receiving only - Nur Empfang
RPL	Repetitive flight plan - Dauerflugplan
RPT	Repeat or I repeat - Wiederholen, ich wiederhole
RQS	Request supplementary flight plan message - Anforderung für Flugplanergänzungsmeldung
RSC	Rescue sub-centre - SAR-Unterleitstelle
RSP	Responder beacon - Antwortsenderbake
RSR	En-route surveillance radar - Streckenrundsichtradar
RT	Right turn - Rechtskurve
RTD	Delayed - Verspätet (um die Verspätung einer Wettermeldung anzuzeigen)
RTF	Radiotelephone - Sprechfunkgerät
RTG	Radiotelegraph - Tastfunkgerät
RVR	Runway visual range - Start- und Landebahnsichtweite
RWY	Runway - Start- und Landebahn

S

S	South or southern latitude - Süd, südliche Breite
SAR	Search and rescue - Such- und Rettungsdienst
SATNAV	Satellite Navigation
SE	Southeast - Südost
SEC	Seconds - Sekunden

SELCAL	Selective Calling System - Selektivrufsystem
SFC	Surface - Oberfläche, Fläche, Decke, Boden
SHF	Super high frequency (3000 - 30000 MHz) - Zentimeterwelle (3000 - 30000 MHz)
SID	Standard instrument departure route- Standard-Instrumentenabflug
SIGMET	Information concerning en-route weather phenomena which may affect the safety of aircraft operations - Information bezüglich Wettererscheinungen auf der Flugstrecke, die die Sicherheit des Flugbetriebs beeinträchtigen können
SIGWX	Significant weather - Bedeutsame Wettererscheinung(en)
SIMUL	Simultaneous or simultaneously - Gleichzeitig
SKED	Schedule or scheduled - Plan, planmäßig
SLAP	Slot Allocation Procedure - Zeitraster-Zuweisungsverfahren
SMC	Surface movement control - Bodenbewegungskontrolle
SMR	Surface movement radar - Bodenbewegungsradar
SN	Snow - Schnee
SNOWTAM	A special NOTAM - Ein NOTAM das Auskunft gibt über das Vorhandensein oder die Beseitigung gefährlicher Zustände, verursacht durch Schnee, Eis, Schneematsch oder stehendes Wasser
SPL	Supplementary flight plan message - Flugplanergänzungsmeldung
SPOC	SAR point of contact - Such- und Rettungsdienst, Kontaktstelle
SQUAWK	wörtlich übersetzt: Hahnenschrei - Bezeichnung für den Transponderkode
SQN	Squadron - Bataillon
SR	Sunrise - Sonnenaufgang
SRE	Surveillance radar element of PAR - Rundsichtradarteil für Präzisionsanflüge
SRR	Search and rescue region - Such- und Rettungsgebiet
SS	Sunset - Sonnenuntergang
SSB	Single side band - Einseitenbandmodulation (J3E) auf Kurzwelle
SSE	South-southeast - Südsüdost
SSR	Secondary surveillance radar - Rundsicht-Sekundärradar
SSW	South-southwest - Südsüdwest
STA	Scheduled time of arrival (aircraft on blocks) - Planmäßige Ankunftszeit (Flugzeug und Parkposition)
STAR	Standard (instrument) arrival route - Standard-(Instrumenten-)einflugstrecke
STD	Scheduled time of departure (aircraft off blocks) - Planmäßige Abflugzeit (von Parkposition abrollendes Flugzeug)
STS	Status - Vorrangbehandlung
SUBJ	Subject to - Gegenstand von
SVC	Service message - Dienstmeldung
SVCBL	Serviceable - Benutzbar, einsatzbereit
SW	Southwest - Südwest
SWC	Significant weather chart - Signifikante Wetterkarte

T

T/O	Take off - Start
T	Temperature - Temperatur
t	Ton(s) (weight) - Tonne(n) (Gewicht)
TA	Transition altitude - Übergangshöhe
TACAN	UHF Tactical Air Navigation Aid - UHF Taktische Flugnavigationshilfe
TAF	Aerodrome forecast - Flughafenwettervorhersage
TAR	Terminal area surveillance radar - Platzrundsichtradar, Nahverkehrsbereichsradar
TAS	True airspeed - Wahre Eigengeschwindigkeit
TAX	Taxying or taxi - Rollend, rollen
TCAS	Traffic Alert and Collision Avoidance System - Kollisionsschutzsystem

TEMPO	Temporary or temporarily - Vorübergehend
TFC	Traffic - Verkehr
TGL	Touch-and-go landing - Aufsetzen und Durchstarten
THR	Threshold - Schwelle
TIL	Until - Bis
TKOF	Take-off - Start
TMA	Terminal control area - Nahverkehrsbereich
TP	Turning point - Kursänderungspunkt
TR	Track - Kurs über Grund
TRA	Temporary reserved airspace - Zeitweilig reservierter Luftraum
TRAMON	TRA-Monitor - Radarüberwachung des zeitweise reservierten Luftraumes
TRANS	Transmits or transmitter - Senden, Sender
TVOR	Terminal VOR - Platz-UKW-Drehfunkfeuer
TWR	Aerodrome control tower or aerodrome control - Platzkontrollstelle, Platzkontrolle
TWY	Taxiway - Rollbahn
TYP	Type of aircraft - Luftfahrzeugmuster

U

U/S	Unserviceable - Unbrauchbar
UAC	Upper area control centre - Bezirkskontrollstelle für den oberen Luftraum
UDF	UHF direction-finding station - Dezimeterwellen-Peilstelle
UFN	Until further notice - Bis auf weiteres
UHF	Ultra high frequency (300 to 3000 MHz) - Dezimeterwellen (300 bis 3000 MHz)
UIC	Upper information centre - Zentrale für das obere Fluginformationsgebiet
UIR	Upper flight information region - Oberes Fluginformationsgebiet
UNL	Unlimited - Unbegrenzt
UNREL	Unreliable - Unzuverlässig
USAF	United States Air Force - Luftwaffe der USA
USAFE	US Air Force Europe - Amerikanische Luftwaffe Europa
USAREUR	US Army - Europe - Amerikanische Armee - Europa
USCG	United States Coast Guard - Küstenwache der USA
USN	United States Navy - Marinestreitkräfte der USA
UTA	Upper control area - Oberer Kontrollbezirk
UTC	Co-ordinated Universal Time - Koordinierte Weltzeit

V

V	Volmet
VAR	Magnetic variation - Ortsmißweisung
VDF	VHF direction-finding station - UKW-Peilstelle
VFR	Visual flight rules - Sichtflugregeln
VHF	Very high frequency (30 to 300 MHz) - Ultrakurzwellen (30 bis 300 MHz)
VIA	By way of - Über
VIP	Very important person - Sehr wichtige Persönlichkeit
VLR	Very long range - Sehr große Reichweite
VMC	Visual meteorological conditions - Sichtwetterbedingungen
VOL	Volmet
VOLMET	Meteorological information for aircraft in flight - Wetterinformationen für Luftfahrzeuge im Fluge
VOR	VHF omnidirectional radio range - Drehfunkfeuer
VORTAC	VOR and TACAN combination - VOR- und TACAN-Kombination
VOT	VOR airborne equipment test facility - VOR Bordgeräteprüfanlage
VRB	Variable - Veränderlich

W

W	West or western longitude - West, westliche Länge
WEF	With effect from or effective from - Mit Wirkung vom
WGS	World Geodetic System - Geodätisches System von 1984
WIP	Work in progress - Durchführung von Arbeiten
WNW	West-northwest - Westnordwest
WSW	West-southwest - Westsüdwest
WX	Weather - Wetter

X

XBAR	Crossbar (of approach lighting system) - Querbalken (des Anflugbefeuerungssystems)
XX	Heavy - Stark (zur Bezeichnung von Wettererscheinungen, wie Regen, z.B. Starker Regen = XXRA)

Y

yd	Yard(s) - Yard(s)
YR	Your – Ihr

Z

Z	Zulu-Time – Weltzeit UTC

Ungewöhnliche Funkrufnamen

ADEBAR	Polizei Brandenburg	LIFESTAR	Helikopter-Service Mitte
ASCOT	Royal Air Force Transport	NITRO	TNT Parcel Service
AVITRANS	MTM Aviation München	PASSAT	Polizei Sachsen
BEEWEE	British West-Indian Airlines	PHÖNIX	Polizei Niedersachsen
BUSSARD	Polizei Baden-Württemberg	PIROL	Bundesgrenzschutz
CHRISTOPH	Rettungshubschrauber	REACH	USAF Transportflüge
DAGOBERT	Quick Air Jet	ROOSTER	Hahn Air
DYNASTY	China Air Lines	SAM	Special Air Mission USAF
EDELWEISS	Polizei Bayern	SHAMROCK	Air Lingus
FLUGWACHT	Deutsche Rettungsflugwacht	SHARK	Eurowings
HABICHT	Polizei Thüringen	SNOOPY	Air Traffic
HANSALINE	Lufthansa Cityline	SPEEDBIRD	British Airways
HUMMEL	Polizei Nordrhein-Westfalen	SPEEDWAY	Deutsche BA
IKARUS	Polizei Sachsen-Anhalt	SPRINGBOK	South African Airways
JETSET	Air 2000	SPERBER	Polizei Rheinland-Pfalz
KITTYHAWK	Her Majesty The Queen	SUNBEAM	Air Evex
LIBELLE	Polizei Hamburg	WATCHDOG	Ministerium für Fischerei

Länderabkürzungen

AFG....Afghanistan
AFS....South Africa
AGL....Angola
ALB....Albania
ALG....Algeria
ALS....Alaska
ANT....Antarctica
ARG...Argentina
ARM...Armenia
ARS....Saudi Arabia
ASC....Ascension I.
ASO...Western Sahara
ATG....Antigua
ATN....Neth. Leeward Antilles
AUS....Australia
AVI.....American Virgin Is.
AZE....Azerbaijan
AZR....Azores
B........Brasil
BAH....Bahamas
BDI.....Burundi
BEL....Belgium
BEN....Benin
BER....Bermuda
BFA....Burkina Faso
BGD...Bangla Desh
BHR...Bahrain
BIO.....Chagos Is.
BLR....Belarus
BLZ....Belize
BOL....Bolivia
BOT....Botswana
BRB....Barbados
BRM...Burma (Myanmar)
BTN....Bhutan
BUL....Bulgaria
CAF....Central African Rep.
CAN...Canada
CAR...Caroline Isl.
CHL....Chile
CHN...China P.R.
CKN...North Cook Isl.
CLM...Colombia
CME...Cameroon
CNR...Canary Is.
COG...Congo
COM...Comores
CPV....Cape Verde Is.
CTI.....Ivory Coast
CTR....Costa Rica
CUB...Cuba
CYM...Cayman Is.
CYP....Cyprus
CZE....Czech Republic
D........Germany
DJI......Djibouti
DMA...Dominica
DNK...Denmark
DOM...Dominican Republic
E........Spain
EGY...Egypt
EQA...Ecuador
ERI.....Eritrea
EST....Estonia
ETH....Ethiopia
F.........France
FIN.....Finland
FJI......Fiji Is.
FLK....Falkland Is.
G........Great Britain
GAB...Gabon
GEO...Georgia
GHA...Ghana
GIB.....Gibraltar
GMB...Gambia
GNB...Guinea-Bissau
GNE...Equatorial Guinea
GRC...Greece
GRD...Grenada
GRL....Greenland
GTB....Guantanamo Bay
GTM...Guatemala
GUF...French Guyana
GUI.....Guinea
GUM...Guam
GUY...Guyana
HND...Honduras
HNG...Hungary
HOL....Netherlands
HRB...Croatia
HTI.....Haiti
HWA...Hawaii Isl.
I..........Italy
ICO.....Cocos I.
IND.....India
INS.....Indonesia
IRL.....Ireland
IRN.....Iran
IRQ.....Iraq
ISL.....Iceland
ISR.....Israel
J.........Japan
JMC....Jamaica
JMY....Jan Mayen
JOR....Jordania
KAZ....Kazakhstan
KEN....Kenya
KGZ....Kyrgystan
KIR.....Kiribati
KOR...Korea (Republic)
KRE....Korea (P.D.R.)
KWT...Kuwait
LAO....Laos
LBN....Lebanon
LBR....Liberia
LBY....Libya
LCA....Saint Lucia
LSO....Lesotho
LTU....Lithuania
LVA....Latvia
MAC...Macao
MAU...Mauritius
MDG...Madagascar
MDO...Moldova
MDR...Madeira
MDW..Midway Is.
MEX...Mexico
MLA....Malaysia
MLD...Maldives
MLI.....Mali
MLT....Malta
MNG...Mongolia
MOZ...Mozambique
MRA...Northern Mariana Isl.
MRC...Morocco
MRS...Marshall Is.
MSR...Montserrat
MTN...Mauritania
MWI....Malawi
NCG...Nicaragua
NCL....New Caledonia
NGR...Niger
NIG.....Nigeria
NIU.....Niue

NMB ...Namibia
NOR ...Norway
NPL ....Nepal
NRU ...Nauru
NZL ....New Zealand
OCE ...Society Is. (Tahiti)
OMA ...Oman
PAK ....Pakistan
PAQ ...Easter I.
PHL ....Philippines
PNG ...Papua New Guinea
PNR ...Panama Republic
POL ....Poland
POR ...Portugal
PRG ...Paraguay
PRU ...Peru
PTR ....Puerto Rico
REU ...Reunion
ROU ...Roumania
RRW ..Rwanda
RUS ...Russian Federation
S ....Sweden
SCN ...Saint Kitts - Nevis
SDN ...Sudan
SEN ....Senegal
SER ....Serbia (Yugoslavia)
SEY ....Seychelles
SLK ....Sri Lanka
SLM ....Solomon Is.
SLV ....El Salvador
SMO ...Samoa (Western)
SNG ...Singapore
SOM ...Somalia
SRL ....Sierra Leone
STP ....Sao Tome & Principe
SUI .....Switzerland
SUR ...Suriname
SVB ....Svalbard
SVN ....Slovenia
SWZ ...Swaziland
SYR ....Syria
TCD ....Tchad
TGO ...Togo
THA ....Thailand
TJA .....Tadjikistan
TKM ...Turkmenistan
TON ...Tonga
TRD ....Trinidad & Tobago
TUN ....Tunisia
TUR ....Turkey
TUV ....Tuvalu
TWN ...Taiwan
TZA ....Tanzania
UAE ....United Arab Emirates
UGA ...Uganda
UKR ...Ukraine
URG ...Uruguay
USA ....U.S.A.
UZB ....Uzbekistan
VCT ....Saint Vincent
VEN ....Venezuela
VIR .....Virgin Is.
VTN ....Vietnam
VUT ....Vanuatu
WAL ...Wallis I.
YEM ...Yemen
ZAI .....Congo D.R.
ZMB ...Zambia
ZWE ...Zimbabwe

Interessante Kataloge / Bezugsquellen für Luftfahrtbedarf:

B.L.& P., Lilienthalstr. 13, 34123 Kassel, Tel. (0561) 571049, www.blp-airliner.com

Büscher Flugversand, Hohler Weg 6, 34466 Wolfhagen-Bründersen, Tel. (05692) 2363, www.flugversand.de

Eisenschmidt GmbH, Postfach 110 761, 60042 Frankfurt, Tel. (069) 9736590, www.eisenschmidt.de

flyaway, Tel. (0421), 895489, www.flyaway-germany.de

Friebe Luftfahrt-Bedarf, Flughafen Neuostheim, 68163 Mannheim, Tel. (0621) 412408, www.friebe-luftfahrtbedarf.de

Schorr Aviation Multimedia, 96226 Staffelstein, Tel. (09573)9690-12, www.schorr-aviation-multimedia.de

Schwarz-Luftfahrt-Service, Sender Str. 71, 33689 Bielefeld, Tel. (05205) 950900, home.t-online.de/home/schwarz-luftfahrt-service/

Siebert Luftfahrtbedarf, Rektoratsweg 40, 48159 Münster, Tel. (0251) 214437 www.siebert-luftfahrtbedarf.de

SKY FOX Pilot Shop, Pfalzburger Str. 43/44, 10717 Berlin, Tel. (030) 864746-0, www.Sky-Fox.com

Sporty´s Pilot Shop Europa, Hagenauer Str. 53, 65203 Wiesbaden, Tel. (0611) 22042, www.learn-to-fly.com/europa/

Leserservice

Der Siebel Verlag ist der Spezialist für Sendertabellen und Funk-Hobbybücher. Ausführliche Informationen enthält der Funk-Buch-Katalog, den wir auf Anfrage gern kostenlos und unverbindlich verschicken.

Nachfolgend eine Übersicht über die zur Zeit aktuellsten und wichtigsten Bücher. Zur Bestellung genügt eine Postkarte oder ein Anruf. Wir liefern sofort!

Die Spezial-Frequenzliste zeigt Ihnen die ganze Vielfalt der Funkdienste auf Kurzwelle – weltweit!

Außerhalb der Rundfunkbereiche senden unzählige andere Funkdienste auf Kurzwelle. Entdecken Sie mit diesem Buch die „Funkdienst"-Welt in SSB-Sprechfunk, CW-Telegrafie, Funkfernschreiben (RTTY) und FAX zwischen 9 kHz und 30 MHz! Lesen Sie in der „Spezial-Frequenzliste":

- Funkdienst-Empfang für Einsteiger: Was kann man (leicht) hören? Was ist erlaubt, was ist verboten?
- Empfangsausrüstung: Welche Geräte braucht man zum Funkdienst-Empfang?
- Einführung: Alles Wichtige über Feste Funkdienste (Point-to-Point), Utility, Flugfunk (Aero), Seefunk (Maritime), Wetterfunk (Meteo), Zeitzeichen.

- Im Hauptteil enthält die „Spezial-Frequenzliste" weit über 12.000 Sendernennungen über sämtliche Funkdienste (ausgenommen Rundfunk) im Bereich von 9 kHz bis 30 MHz. Im Stationsindex-Kapitel werden Land für Land alle Funkdienste mit den wichtigsten Frequenzen aufgelistet. Wer jetzt einen Funkdienst aus einem bestimmten Land sucht, findet hier auf Anhieb alle wichtigen Angaben und natürlich auch die Adressen. Und eine ausführliche Rufzeichenliste (mit allen neuen Rufzeichen und ITU-Landeskennern) hilft bei der Identifizierung unbekannter Stationen.

Außerdem bieten wir Ihnen in dieser neuen Ausgabe ein neues Extra-Kapitel:

Die **111 besten Empfangstips** mit den interessantesten Funkstationen aus allen Funkdienstbereichen.

In unserer „Spezial-Frequenzliste" finden Sie nur tatsächlich nachvollziehbare Angaben, basierend auf hiesige Empfangsverhältnisse! Das unentbehrliche Nachschlagewerk für alle Funkdienstfreunde!

„Die beste, aktuellste und preiswerteste Frequenzliste ihrer Art" (urteilte „funk")

Top-aktuelle, völlig neubearbeitete 10. Auflage 1998/99. 416 Seiten, Preis: DM 36,80

Computer, Radio & Internet

Dieses brandaktuelle Buch führt Sie durch die ganze Welt der Computeranwendungen für Kurzwellenfunk und Radiohören. Schwerpunkt sind die umfangreichen Testberichte über Software für Empfängersteuerung, Signaldekodierung, Frequenzverwaltung, Ausbreitungsprognosen u.a. Dazu werden die vielfältigen Möglichkeiten aufgezeigt, die das Internet dem Funk- und Radiohörer bietet.

304 Seiten, zahlr. Bildschirmfotos u. Abbildungen, Neuerscheinung 1999, DM 34,80

Immer wieder etwas Neues:

www.siebel-verlag.de

Zusatzgeräte für den Funkempfang

neu!

Die völlig neubearbeitete und stark erweiterte Ausgabe dieses Kompendiums zeigt die ganze Vielfalt der Geräte, mit denen man die Empfangsmöglichkeiten erweitern, und den Empfang verbessern kann.

Den vorhandenen Empfänger, ob Reiseradio, Weltempfänger oder semi-professioneller Kommunikations-Receiver, muß man nehmen, wie er ist. Aber rundherum bieten sich viele faszinierende Möglichkeiten zur Ergänzung und zum sinnvollen Ausbau der Empfangsanlage für die unterschiedlichsten Zwecke! In dieser aktuellen Ausgabe erfahren Sie alles über ...

- Antennen und Zubehör: Balun, Schalter, Vorverstärker, Anpaßgeräte, Collins-Filter, Preselektoren.
- Behelfsantennen und einfache Antennentricks mit großer Wirkung.
- Antennensysteme, Bausätze, Drahtantennen-Sets.
- Breitbandantennen, Mini-Dipole, Logperiodics.
- Magnetische Antennen und Rahmenantennen.
- Alles über Aktivantennen – welche ist die Richtige?
- Langwellen- und Längstwellenempfang, VLF/LW-Konverter.
- Störungen einfach ausblenden: Alles über NF-Filter, Digitalfilter (DSP) und Filterfunktionen.
- Kopfhörer und Zusatzlautsprecher.
- Aufzeichnungssysteme: Recorder, MiniDisc, Digitalrecorder/DAT.
- Empfang von Funkdiensten: Funkfernschreiben (RTTY) und Morsetelegrafie (CW), SITOR, AMTOR, FEC, NAVTEX, ACARS.
- Verschlüsselung und Decodierung.
- CW/RTTY-Decoder im Test – welcher ist der Richtige?
- FAX-Empfang, Bildfunk und SSTV, Wetterkarten.
- Gegen Störgeräusche: QRM-Eliminator u. Netzfilter.
- Funkuhren, RDS-Decoder, DX-Edge, Netzgeräte, Akkus, Batterien, Stecker, Buchsen, Kabel, ...

Alle Geräte werden gründlich erklärt, vorgestellt und beurteilt.

Ein äußerst nützlicher und informativer Ratgeber, den Sie immer wieder zur Hand nehmen werden!

288 Seiten mit vielen Fotos und Abbildungen,
4., völlig neubearbeitete Ausgabe 2000. DM 29,80

Mit dem Radio unterwegs

Radiohören im Urlaub und auf Reisen

Möchten Sie in Europa oder sonstwo auf der Welt Nachrichten aus der Heimat hören können, Fußballreportagen, Informationsmagazine oder Unterhaltungssendungen.

- In übersichtlichen Tabellen erfahren Sie in diesem Buch alles über die weltweiten Empfangsmöglichkeiten deutscher und internationaler Sender ebenso, wie über Touristensender in den Urlaubsgebieten.
- Empfehlenswerte Reiseradios werden vorgestellt und beurteilt. Viele nützliche Tips zeigen Ihnen, wie Sie den Empfang z.B. im Hotel oder unterwegs verbessern können.
- Lesen Sie auch, wie Sie mit kleinen, kompakten Satelliten-Empfangsanlagen europaweit TV- und Radioprogramme empfangen können.

Ein informativer Begleiter, den Sie leicht in der Jackentasche mitnehmen können, egal, wohin Sie auch immer reisen!

128 Seiten, 11x16 cm, viele Abb. u. Tabellen, nur DM 12,80

Weltempfänger-Testbuch Nr. 9

Noch nie war das Angebot an Weltempfängern so groß und vielfältig wie heute. Die Palette reicht vom kleinen Reiseradio bis hin zum semiprofessionellen Stationsempfänger. Bei so viel Auswahl hat der Kunde die Qual der Wahl.

Hier hilft das neue Testbuch Nr. 9! Alle auf dem Markt befindlichen Geräte, z.B. von AOR, Drake, Grundig, ICOM, JRC, Kenwood, Lowe, Panasonic, Sony, Yaesu u.v.a.m. werden mit ausführlichen, praxisnahen Testberichten vorgestellt und beurteilt.

Testberichte allein machen nicht schlau. Deshalb beinhaltet das Buch auch eine recht ausführliche, aber leichtverständliche Einführung in die (Welt-)Empfängertechnik und erklärt alle wichtigen Funktionen, Begriffe und Anforderungen. Damit ist diese Testbuch-Ausgabe wieder ein äußerst hilfreicher Ratgeber beim Empfängerkauf und ein informatives Nachschlagewerk dazu!

Aktuelle 9. Ausgabe,
192 Seiten im Großformat mit vielen Fotos. Preis: DM 29,80

UKW-Sprechfunk & Scanner-Handbuch

Das ultimative Handbuch für alle Scanner-Besitzer und Funkhörer!

Erst mit diesem Handbuch sind Sie wirklich in der Lage, alle Möglichkeiten eines Scanner-Funkempfängers auszuschöpfen! In der Einführung erfahren Sie leichtverständlich, was ein Scanner überhaupt ist und welche Funktionen und Besonderheiten diese Art von Funkempfängern auszeichnen.

● 22 empfehlenswerte Hand-, Mobil- und Stationsscanner werden detailliert vorgestellt und beurteilt. Ebenso werden die häufigen Fragen nach zusätzlichen Antennen, Aktivantennen, Verstärkern, Software für externe Scanner-Steuerung und Invertierungsdecodern (die den Abhörschutz knacken können) beantwortet. Praktische Tips für den erfolgreichen Scanner-Einsatz runden die Einführung ab.

● Im Hauptteil findet der Funkhörer die vollständige Information über sämtliche Funkdienste, die im VHF/UHF-Bereich arbeiten und mit Scannern abgehört werden können. Der jeweils deutlich hervorgehobene Scanner-Info-Kasten zeigt auf einen Blick, mit welchen Scanner-Einstellungen (Frequenzbereich, Kanalraster, Modulationsart) der jeweilige Funkdienst zu empfangen ist.

● Schnellübersicht über die Funkdienste im Bereich von 26,5 MHz bis 2 GHz.

● BOS-Funkdienste der Behörden (mit der sehr nützlichen Liste der wichtigsten Funkkanäle von Polizei, Feuerwehr, Rettungsdienst und Katastrophenschutz in Deutschland, sortiert nach Städten und Landkreisen).

● Betriebsfunk (vom Taxi bis zum Werttransport) – Bündelfunk – Datenfunkdienste – Zugfunk – Seefunk – Binnenschiffahrtsfunk – Flugfunk (u.a. alle deutschen Verkehrsflughäfen mit sämtlichen interessanten Frequenzen; Wetterfunk; ACARS-Flugdatenfunk) – Schnurlose Telefone – Mobilfunk (C-, D-, E-Netz) – Funkrufdienst (Cityruf, Scall, Skyper etc.) – Neuer Jedermannfunk FreeNet und LPD – CB-Funk – UKW-Amateurfunk (mit vollständigem Verzeichnis aller deutschen Amateurfunk-Relaisstationen und Kartenteil) – Empfang von Satelliten – und vieles mehr.

● Ein umfangreiches Mobilfunk- und Scanner-Lexikon, in dem zahlreiche Begriffe leichtverständlich erklärt werden, rundet das Handbuch ab.

Dieses Handbuch ist ein „Muß" für jeden Scannerfreund!

368 Seiten mit zahlreichen Fotografien, vielen Karten und Tabellen. Völlig neubearbeitete und wesentlich erweiterte 6. Ausg. 1998. Preis: DM 29,80

HÖRZU Radio Guide 2000

Alles über Rundfunksender u. Radiohören in Deutschland

Der HÖRZU Radio Guide 2000 präsentiert die ganze Vielfalt der Sender und Programme, die man heute mit dem Radio, über Kabel oder Satellit empfangen kann. Sie finden hier:

- Alle wichtigen Angaben über sämtliche Sender.
- Detaillierte Sendertabellen und Frequenzlisten.
- Zahlreiche Senderkarten.
- Alle Angaben sind auf dem allerneuesten Stand!

Außerdem werden leichtverständlich aktuelle Themen erklärt, die jeden Radiohörer interessieren:

- Rundfunkempfang via Satellit.
- Satelliten-Tabellen.
- Astra-Digitalradio (ADR).
- Digital Radio – die Zukunft des Radios.
- Neue Autoradio-Trends.
- RDS entschlüsselt!
- Neue Erlebniswelten: Radio im Internet.

Und zusätzlich: viele Extra-Kapitel und interessante Storys!

Aktuelle Neuerscheinung Sept. 1999, 304 S., viele Fotos u. Abbildungen, nur DM 19,80

Sender & Frequenzen 2000

Jahrbuch für weltweiten Rundfunkempfang

Das weltweite Radiohören und die „Jagd" nach neuen, interessanten oder exotischen Sendern von allen Erdteilen gelingt Ihnen jetzt noch leichter. Die Jahrbuch-Ausgabe 2000 informiert Sie nicht nur gründlich über sämtliche hörbaren Rundfunksender aus (fast) 200 Ländern der Welt, sondern bietet Ihnen jetzt zusätzlich **viele weitere, nützliche Vorteile**:

NEU: Auf den ersten Blick erkennen Sie jetzt bei jedem Land und bei jedem Sender, welche Empfangschancen Sie haben:

TIP **Gut hörbar:** Hier sehen Sie gleich, welche Sendungen mit einem normalen Weltempfänger leicht und regelmäßig zu empfangen sind. Selbstverständlich finden Sie dazu alle interessanten, aktuellen Sendepläne!

TIP **Profi-Tip:** Hier wird's spannend, denn wir sagen Ihnen klipp und klar, unter welchen Umständen, wann, wie und wo der Empfang auch schwieriger Sender, bis hin zu den exotischsten Stationen, klappen kann!

NEU: Neben den Postadressen aller Sender nennen wir ggf. auch Telefax-Nummern, Internet- und E-Mail-Adressen.

NEU: Auf **14 Kartenseiten** finden Sie alle wichtigen Senderstandorte – weltweit!

NEU: Die umfangreiche Frequenzliste (150 kHz – 30 MHz) enthält jetzt auch die Angaben über die Sendeleistungen (kW)! Parallel gibt es weiterhin die Hinweise auf erfahrungsgemäße Signalstärke/Hörbarkeit.

NEU: Erstmals informieren wir auch über die Piratensender und Free-Radio-Stationen, die häufig am Wochenende zu hören sind.

- Wieder mit den bewährten **Hörfahrplänen** der Sendungen in Deutsch, Englisch, Französisch, Spanisch, Russisch, Esperanto und Latein, geordnet nach Sendezeiten.
- Nicht fehlen darf ein aktueller Beitrag über **Untergrundsender** und über die aktuelle **Satelliten-Empfangsszene**.
- 480 Seiten, vollgepackt mit handfesten, wertvollen und nachvollziehbaren Informationen! Und **dazu** bekommen Sie im Laufe des Jahres wieder **kostenlos drei Nachtragshefte** mit je 48 Seiten!

Preis: DM 44,80 (inkl. drei Nachträge)

Bestellen Sie jetzt – wir liefern sofort! (erscheint jährlich neu im November)

Die Video-Cassetten zum Buch vom „Flugfunk“-Autor Michael Marten.

Erleben Sie einen Flug „live“ im Cockpit mit!

Mit dem Airbus A 310 in die Karibik

Sehen Sie Entwicklung, Produktion und Linieneinsatz dieses erfolgreichen, europäischen Flugzeuges. Erleben Sie eine Nordatlantiküberquerung an Bord des Hapag-Lloyd-Flugs 601 von Hannover in die Dominikanische Republik aus der Sicht der Cockpit-Crew. Dabei erfahren Sie alles über Besonderheiten einer Ozeanüberquerung, Langstreckennavigation und den Kurzwellenfunk mit der Heimatbasis in Hannover. Im weiteren Verlauf stellen wir Ihnen die Karibik-Flughäfen Punta Cana und Puerto Plata ausführlich vor. Dieser, von Dokumentar-Profis produzierte Film, ist ein Genuß für jeden Airbus und Karibik-Fan.
VHS 55 Minuten, DM 89,–

Atlantiküberquerung im Cockpit eines Jumbos B 747

Frankfurt–Miami im Cockpit eines Jumbos. Die Boeing 747-200. Setzen Sie sich mit in das Cockpit dieses Giganten der Lüfte und erleben Sie hautnah die Atlantiküberquerung einer Lufthansa 747-Besatzung mit. Kapitän, 1. Offizier und Flugingenieur beziehen Sie in das Geschehen im Cockpit mit ein. Herausgearbeitet sind in diesem Film die Besonderheiten der Navigation, der Funkverkehr, aber auch die Erklärung der Instrumente von Piloten und Flugingenieur. Außerdem: Streckeninfos Frankfurt–Miami, Anflug auf Miami International und natürlich viele interessante Details über die Boeing.
VHS 58 Minuten, DM 89,–

Tower – Alles über Flugfunk und Navigation

Flugfunk und Navigation werden in diesem Film ausführlich erklärt und beschrieben. Wie läuft der Sprechfunk an Bord eines Jumbos ab, wie funktioniert die Flugsicherung weltweit, und von wem wird sie durchgeführt, welche Kontrollzonen gibt es, wer ist dafür verantwortlich, wie funktioniert ein ILS-Schlechtwetteranflug bei fast null Sicht, wie wird über eine Distanz von 12.000 km im Jumbo ohne Referenzpunkt am Boden navigiert, was ist der Unterschied zwischen Flugfunk über Indien und beim Anflug auf New York? Praxisbeispiele, Erklärungen, viele interessante Bilder vom Boden und aus der Luft. Außerdem ein kompletter Flug mit Originalfunkverkehr, zusammengeschnitten im Zeitraffer. VHS 55 Min., DM 89,–

Bestellung: Postkarte, Anruf, Fax oder E-Mail genügt!
Wir liefern sofort mit Rechnung! Auch ins Ausland.

Unseren aktuellen **Katalog** erhalten Sie auf Anfrage kostenlos.
Bitte richten Sie Ihre Anfragen und Bestellungen an folgende Adresse:

Siebel Verlag – Leserservice

Auf dem Steinbüchel 6, D-53340 Meckenheim
Telefon: (0 22 25) 88 08-200, Telefax: (0 22 25) 88 08-150
E-Mail: Leserservice@siebel-verlag.de / www.siebel-verlag.de